你和 VBA 高手之间，还差一个"代码宝"

在本书的绪论部分，我们探讨了VBA学习的几个阶段，简而言之就是看懂别人的代码→修改代码为我所用→独立编写代码。同时，我们还提示了一条非常重要的技巧：

> 顶尖的编程高手通常都有自己的代码库，几乎所有的新程序都是从代码库中调取所需的模块，修改后搭建而成，而绝不是从头到尾一行一行写出来的；高手们平时很重要的一个工作就是维护好自己的代码库。

那么，现在有几个问题需要弄清楚。

一、什么时候开始创建自己的代码库呢？

答案很简单，现在。哪怕你还只是刚刚开始学习VBA，也应该开始着手建立自己的代码库，这会让你的学习更有效率，也更有成就感。

二、什么样的代码可以放进代码库呢？

首先，当然是可以正确运行的代码，这需要你亲自验证；然后，最好是经过你认真剖析理解过的代码，如有必要，为它们添加详细的代码注释；最后，如果代码是来自互联网，比如有几千万VBA讨论帖的Excel Home技术论坛，那么在整理代码的时候一定要留存原文链接，这样日后可以在必要的时候回访当时大家的讨论及具体的案例。

三、用示例文件代替代码库可以吗？

这两者并不冲突，示例文件包含原始数据、完整的VBA窗体和模块，是很好的学习素材，本书就提供了所有案例的示例文件。但是，当学习完成后，如果代码只保留在示例文件中，一来难以管理，二来不方便复用，所以，根据自己的实际需要整理到代码库仍是一项必要的工作。

四、如何建立代码库，如何把代码整理到代码库呢？

　　记事本、笔记软件不适合管理VBA代码，其他"高大上"的专业工具也都是为专业程序开发人员准备的。

　　在此，向大家隆重推荐Excel Home开发并持续维护升级的Office插件"VBA代码宝"，专为VBA用户打造自己的代码库而生。

　　首先，我们可以借助"VBA代码宝"方便地管理自己的常用代码。

　　只需在代码库窗口中单击一下，或者在代码宝工具栏中单击一下，库存代码就可以自动复制到当前代码窗口中，是不是超级方便？

　　其次，可以从Excel Home提供的官方代码库中搜索可用代码。官方代码库的代码来源主要是Excel Home出版的VBA图书（包括本书），以及由各位版主从Excel Home论坛海量发帖中筛选出的精华。内容会不定时更新哦，为大家省去了很多查找、辨别的时间吧。

　　另外，还有Windows API浏览器、代码一键缩进、VBA语法关键字着色等一大波可以提高代码编写效率的实用工具，限于篇幅，这里不多讲，大家自己去探索吧。

　　VBA代码宝是共享软件，目前，只需关注微信公众号"VBA编程学习与实践"就可以免费获得激活码进行试用。

本书的读者将获得特别赠礼：购书后一个月内关注微信公众号"VBA编程学习与实践"，发送消息"我要代码宝"，即可获得激活有效期为12个月的特别激活码哦。嘘，读者专享，不要到处传播啦。
VBA代码宝下载地址：http://vbahelper.excelhome.net。

Excel VBA

经典代码
应用大全

Excel Home 编著

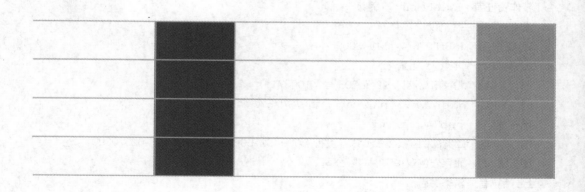

北京大学出版社

PEKING UNIVERSITY PRESS

内 容 提 要

本书内容侧重于 Excel VBA 的经典用法及其代码讲解，旨在帮助 Excel VBA 初学者和具备一定 VBA 应用基础希望进阶学习的广大读者。全书精选了大量经典实例，辅以深入浅出的代码讲解剖析，力求让更多希望深入学习 Excel VBA 的读者能够有更大的收获。

本书分为 7 篇，共 25 章：第一篇主要介绍 Excel VBA 基础知识；第二篇主要介绍常用的 Excel 对象的使用技巧；第三篇主要介绍交互设计的使用技巧；第四篇主要介绍使用 VBA 操作文件；第五篇以"员工管理"数据库为例，介绍 ADO 的应用；第六篇主要介绍访问 Internet 进行网络数据抓取、读写 XML 文档、操作 Office 应用程序，以及类模块、VBE 对象和数组与字典的使用技巧；第七篇主要介绍 VBA 代码调试和错误处理的技巧，以及代码优化技术。

本书内容丰富、图文并茂，适合各学习阶段的广大读者阅读。对于 Excel VBA 初学者，通过阅读本书能够学到正确的学习方法，快速掌握 VBA 编程的基础知识；对于已经具备一定 Excel VBA 应用基础的读者，可以借鉴本书中的经典示例代码，汲取本书的学习经验、解决方案和思路，进一步提高 VBA 应用水平。

图书在版编目(CIP)数据

Excel VBA经典代码应用大全 / Excel Home编著. — 北京：北京大学出版社，2019.1
ISBN 978-7-301-30095-4

Ⅰ.①E… Ⅱ.①E… Ⅲ.①表处理软件 Ⅳ.①TP391.13

中国版本图书馆CIP数据核字(2018)第272453号

书　　　名	Excel VBA经典代码应用大全
	Excel VBA JINGDIAN DAIMA YINGYONG DAQUAN
著作责任者	Excel Home　编著
责 任 编 辑	尹　毅
标 准 书 号	ISBN 978-7-301-30095-4
出 版 发 行	北京大学出版社
地　　　址	北京市海淀区成府路205 号　　100871
网　　　址	http://www.pup.cn　　新浪微博：@ 北京大学出版社
电 子 信 箱	pup7@ pup.cn
电　　　话	邮购部010-62752015　发行部010-62750672　编辑部010-62570390
印 刷 者	北京宏伟双华印刷有限公司
经 销 者	新华书店
	787毫米×1092毫米　16开本　40.5印张　彩插1页　1079千字
	2019年1月第1版　2022年6月第5次印刷
印　　　数	21001—24000册
定　　　价	119.00 元

前　言

注意：本书的示例文件获取有 3 种方式：①前往 Excel Home 网站的"图书"栏目（http://www.excelhome.net/book）进行下载；②加入 Excel Home 办公之家群（238190427）进行下载，关于入群方式我们在前言的最后有详细介绍；③扫描封底二维码，关注"博雅读书社"微信公众账号，找到"资源下载"模块，根据提示下载资源。

非常感谢您选择了《Excel VBA 经典代码应用大全》。

作为《别怕，Excel VBA 其实很简单（第 2 版）》的兄弟篇和进阶篇，本书的主要任务是向已经稍有 Excel VBA 编程基础的读者提供大量 Excel VBA 的经典用法及其代码，通过详尽的讲解让读者能够加速理解 Excel VBA 的各项技术点，从而达到学以致用的效果。

本书的编写目标在于展现以下内容。

◆ 优秀的 Excel VBA 编程技术；

◆ 简单而有效的 Excel VBA 基本知识和方法；

◆ 扩展 Excel 内置功能及补充有效功能的 VBA 技术；

◆ 打破 Excel 常规局限的技巧；

◆ 体现或发挥 VBA 独特优势的技术；

◆ 提高 Excel 数据处理和分析能力的技巧；

◆ 有效提高工作效率和自动化水平的技巧；

◆ 通常情况下难以实现的功能。

本书并不是一本逐步讲解最基本 Excel VBA 语法和对象模型等基础知识的著作，而是将 Excel VBA 的知识点和关键点穿插在案例中介绍，力求让读者在实际的应用环境中快速学习和提高，达到良好的学习效果。

当然，要想在一本书中罗列出 Excel VBA 的所有用法是不可能的事情。所以只能尽可能多地把最通用和实用的一部分实例挑选出来，展现给读者，尽管这些仍只是冰山一角。对于其他技巧，读者可以登录 Excel Home 技术论坛 (http://club.excelhome.net) 网站，在海量的文章库和帖子中搜索自己所需要的。

本书内容概要

本书分为 7 篇，共 25 章，涵盖了 VBA 编程的众多知识点，适合各学习阶段的读者阅读。

第一篇：**VBA 基础**，主要介绍如何使用 Excel 2016 中与 VBA 相关的设置。

第二篇：**操作 Excel 对象**，主要介绍常用的 Application 对象、Workbook 对象、Worksheet 对象、

Range 对象、Shape 对象和 Chart 对象的应用技巧。

第三篇：交互设计，主要介绍 Excel VBA 开发过程中交互设计的使用技巧，包括 MsgBox 函数，WshShell.Popup 方法，InputBox 函数和 InputBox 方法，内置对话框，菜单和工具栏，控件及用户窗体的应用等。

第四篇：文件系统操作，主要介绍如何使用 VBA 操作文件对话框，搜索文件，操作文件和文件夹，读写文本文件和二进制文件，以及如何使用 FileSystemObject 对象、读取未打开的 Excel 文件等技巧。

第五篇：数据库应用，以"员工管理"数据库为例，循序渐进地介绍 ADO 的应用，并穿插讲解了大量实用的 Excel 与数据库协同应用的技巧。

第六篇：高级编程，主要介绍如何使用 Excel VBA 访问 Internet 及进行相关网络数据抓取、读写 XML 文档、操作其他 Office 应用程序，以及类模块、VBE 对象和数组与字典的使用技巧。

第七篇：代码调试与优化，主要介绍 Excel VBA 代码调试和错误处理的技巧，以及一些有效的代码优化技术。

读者对象

本书面向的读者群是 Excel 的中高级用户及 IT 技术人员。因此，希望读者在阅读本书以前具备 Excel 2003 或更高版本的使用经验，了解键盘与鼠标在 Excel 中的使用方法，掌握 Excel 的基本功能和对菜单命令的操作方法。

本书约定

在正式开始阅读本书之前，建议读者花费几分钟时间来了解一下本书在编写和组织上使用的一些惯例，这会对读者的阅读有很大帮助。

软件版本

本书的写作基础是安装于 Windows 10 操作系统上的中文版 Excel 2016。尽管如此，本书中的许多内容也适用于 Excel 的早期版本，如 Excel 2003，或者其他语言版本的 Excel，如英文版、繁体中文版。但是为了能顺利学习本书介绍的全部功能，建议读者在中文版 Excel 2016 的环境下学习。

菜单命令

本书中会这样描述在 Excel 或 Windows 及其他 Windows 程序中的操作，如在讲到对某张 Excel 工作表进行隐藏时，通常会写成：在 Excel 功能区中单击【开始】选项卡中的【格式】下拉按钮，在其扩展菜单中选择【隐藏和取消隐藏】→【隐藏工作表】命令。

鼠标指令

本书中表示鼠标操作时都使用标准方法："指向""单击""右击""拖动""双击"等，读者可以很清楚地知道它们表示的意思。

键盘指令

当读者见到类似 <Ctrl+F3> 这样的键盘指令时，表示同时按下 <Ctrl> 键和 <F3> 键。

<Win> 表示 Windows 键，即键盘左下角 <Ctrl> 和 <Alt> 之间的印有微软视窗徽标的按键。本书还会出现一些特殊的键盘指令，表示方法相同，但操作方法会有些不一样，有关内容会在相应的技巧中详细说明。

Excel 函数与单元格地址

本书中涉及的 Excel 函数与单元格地址将全部使用大写，如 SUM( )、A1:B5。但在讲到函数的参数时，为了和 Excel 中显示一致，函数参数全部使用小写，如 SUM(number1,number2, ...)。

Excel 对象、属性、方法和事件

本书中涉及的 Excel 对象、属性、方法和事件的首字母使用大写，如 Application 对象、Font 属性、Add 方法。

Excel VBA 代码的排版

为便于代码分析和说明，本书中程序代码的前面添加了行号。读者在 VBE 中输入代码时，不必输入该行号。

阅读技巧

虽然本书按照一定的顺序组织案例，但这并不意味着读者需要逐页阅读。读者完全可以凭着自己的兴趣和需要，选择其中的某些章节来阅读。

当然，为了保证对将要阅读的技巧能够做到良好的理解，建议读者可以从难度较低的技巧开始。万一遇到不懂的地方也不必着急，可以先"知其然"而不必"知其所以然"，参照示例文件把技巧应用到练习或工作中，以解决燃眉之急。然后在空闲的时间，通过阅读其他相关章节的内容，或者按照本书中提供的学习方法把自己欠缺的知识点补上，便能逐步理解所有的技巧了。

计算机编程是一门实践性很强的技能，建议读者在阅读时，配合本书给出的示例，亲自动手输入程序代码，并调试实现结果。这样做对于迅速提升 VBA 编程能力将大有好处。

特别值得一提的是，如果读者需要完成 Excel VBA 基础知识的学习，推荐阅读 Excel Home 编写的《别怕，Excel VBA 其实很简单（第 2 版）》。

写作团队

本书由周庆麟担任策划并组织编写，前言和附录部分由周庆麟编写，第 1 章、第 21 章和第 23~25 章由郗金甲编写，第 2~5 章由时坤编写，第 6~11 章、第 14 章、第 15 章和第 20 章由王平编写，第 12 章、第 13 章、第 19 章和第 22 章由罗子阳编写，第 16~18 章由郭新建编写，最后由郗金甲完成全书校对和统稿。

致谢

感谢 Excel Home 全体专家作者团队成员对本书的支持和帮助，尤其 Excel Home 早期 VBA 图书作者——范进勇、李宏业、李练、刘晓鹰、罗江锋、施兆熊、文小锋、袁竹平、赵刚和赵启永等（排名不分先后），他们为本系列图书的出版贡献了重要的力量。

Excel Home 论坛管理团队和培训团队长期以来都是 Excel Home 图书的坚实后盾，他们是 Excel Home 中最可爱的人，在此向这些最可爱的人表示由衷的感谢。

衷心感谢 Excel Home 论坛的百万会员，是你们多年来不断地支持与分享，才营造出热火朝天的学习氛围，并成就了今天的 Excel Home 系列图书。

衷心感谢 Excel Home 微博的所有粉丝和 Excel Home 微信公众号的所有关注者，你们的"赞"和"转"是我们不断前进的新动力。

后续服务

在本书的编写过程中，尽管每一位团队成员都未敢稍有疏虞，但纰缪和不足之处仍在所难免。敬请读者能够提出宝贵的意见和建议，您的反馈将是我们继续努力的动力，本书的后继版本也将会更臻完善。

您可以访问 http://club.excelhome.net，我们开设了专门的版块用于本书的讨论与交流。您也可以发送电子邮件到 book@excelhome.net 或者 pup7@pup.cn，我们将尽力为您服务。

同时，欢迎您关注我们的官方微博（@Excelhome）和微信公众号（iexcelhome），我们每日更新很多优秀的学习资源和实用的 Office 技巧，并与大家进行交流。

此外，我们还特别准备了 QQ 学习群，群号为 238190427，您可以扫码入群，与作者和其他同学共同交流学习。

最后祝广大读者在阅读本书后，能学有所成！

提示：加入 QQ 群时，如系统提示"此群已满"或"该群不允许任何人加入"，请根据群介绍加入新群。

目　录

第一篇　VBA基础

第二篇　操作Excel对象

第三篇　交互设计

第四篇 文件系统操作

第五篇 数据库应用

第六篇　高级编程

第七篇　代码调试与优化

浅谈快速提高Excel VBA水平

如果您还不清楚 Excel VBA 将会怎样改变您的工作和生活，或者仍在犹豫是否需要学习 Excel VBA，那么本书不适合您，因为这不是一本普及讲解 Excel VBA 价值的书。

如果您已经意识到 Excel VBA 将是您未来的重要工作伙伴，决定开始学习它，那么请先阅读《别怕，Excel VBA 其实很简单》，那是 Excel VBA 入门学习的最好教程。

如果您已经掌握了 Excel VBA 的基本概念和简单语法，需要快速提高技术水平，以便可以早日完成各种简化工作的小程序，甚至能够编制功能强大的报表系统，那么本书可以助您一臂之力。

注意，刚才我提到了"快速提高"，这是一个很通俗又很有诱惑力的词。在这样一个高度发达的信息社会，每个人需要学习和掌握的知识和技能太多了，而时间和精力又是非常有限的，所以，如果可以"快速提高"，那将是一件令人非常高兴的事情。

于是，但凡有教程自称为"秘籍"或"宝典"的，都会引发大家的无限遐想。在各种武侠小说中，某人物因为一本（甚至只是几页）武学秘籍而改变命运的经典桥段实在太多了，让人无限向往。但是，如果冷静分析前后情节，你就可以了解到以下 3 个事实。

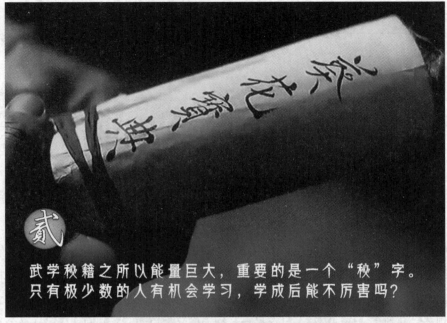

贰

武学秘籍之所以能量巨大，重要的是一个"秘"字。
只有极少数的人有机会学习，学成后能不厉害吗？

叁

即使得到武学秘籍，也需要长时间勤学苦练。
越厉害的武学，越讲究循序渐进，越需要持之以恒。

对应这 3 条，我们来看看 Excel VBA 这门武功如何。

如果要对 Sheet1 的 A1:A100 汇总，按 <Alt+=> 组合键就可以了，手快的话只需要 0.1 秒。如果每天要对 1000 个工作簿的 Sheet1 的 A1:A100 汇总，那么只会自动求和的高手者就想跳楼了。可是对于学习过 VBA 的人来说，几行代码就可以解决问题了。

在信息时代，技能学习信息只有过剩没有限制。对于多数学科、技能，只要你想学习，教材是永远不缺的，老师也非常容易找。以前都是"收徒弟"，现在基本上是"收师傅"了。

想学有所成，时间和精力是必需的，从古至今皆如此。当然，我很期待有一天能像电影《黑客帝国》里那样学习技能——直接下载到大脑里就行了。

经上述分析，我刚才说的"快速提高"岂非奢望？那也未必见得。首先，教材虽多，却有良莠之分，有适合之分，选择适合自己的优秀教材，那么就能快人一步。其次，注重学习方法，循序渐进，将有限的学习时间投入到最有价值的学习环节中，学习过程中少走弯路，那么又能快人一步。有了这两个基础，再辅以必要的学习时间，那么必能事半功倍，获得"快速提高"了。

谈到"循序渐进"，在 Excel VBA 学习之路上具体应该怎么做呢？下图内容是值得参考的阶段性指标和学习重点。

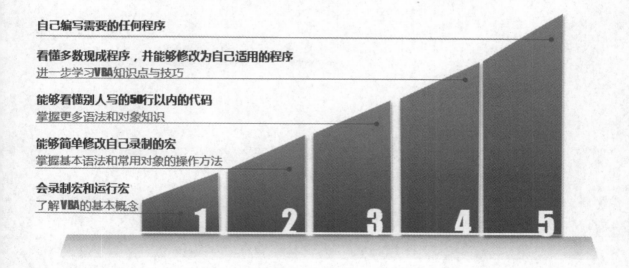

没有人可以掌握 Excel VBA 的全部，而我们都是为了工作而学习 Excel VBA，所以在掌握了基本语法后，我们没有推荐的知识点路径，您应该按需学习。

"拿来主义"很流行，也很有效。所以，看懂别人的代码，然后修改之，变为自己的代码，这是一种能力。先啃小段的代码，再研究完整的程序，逐步提高。顶尖的编程高手通常都有自己的代码库，几乎所有的新程序都是从代码库中调取所需的模块，修改后搭建而成的，而绝不是从头一行一行编写出来的。高手者平时很重要的工作就是维护好自己的代码库。

本书的一个很重要的使命就是成为学习者的代码库，所有的代码都可以拿来即用。对于学习者来说，花费时间去多读代码、读懂代码，是实现快速提高 Excel VBA 水平的目标保障。

当然，我们鼓励"拿来主义"，可不是在教您如何"抄袭软件"。我们只能学习他人分享的代码或教材上的代码。您不可以打着学习的幌子，破解别人的软件，而且还把作者编写的代码说成自己的。

最后，祝大家学习愉快。

Excel Home 站长　周庆麟

第一篇

VBA基础

众所周知，从 Excel 2007 开始，Office 产品家族引入了全新的操作界面。俗话说"工欲善其事，必先利其器"，为了便于广大读者更好地学习 VBA，下面为大家介绍在 Excel 2016 中如何使用 VBA。

第 1 章　Excel 2016 中 VBA 的工作环境

1.1　使用【开发工具】选项卡

利用【开发工具】选项卡提供的相关功能，可以非常方便地使用与 VBA 相关的功能。然而在 Excel 2016 的默认设置中，功能区中并不显示【开发工具】选项卡。

在功能区中显示【开发工具】选项卡的具体操作步骤如下。

步骤① 选择【文件】选项卡中的【选项】命令打开【Excel 选项】对话框。

步骤② 在打开的【Excel 选项】对话框中选择【自定义功能区】选项卡。

步骤③ 在右侧列表框中选中【开发工具】复选框，单击【确定】按钮，关闭【Excel 选项】对话框。

步骤④ 选择功能区中的【开发工具】选项卡，如图 1.1 所示。

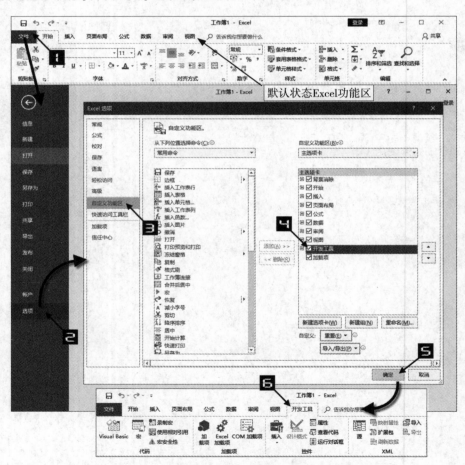

图 1.1　在功能区中显示【开发工具】选项卡

【开发工具】选项卡的功能按钮分为 4 个组：【代码】组、【加载项】组、【控件】组和【XML】组。【开发工具】选项卡中按钮的功能如表 1.1 所示。

表 1.1　【开发工具】选项卡按钮功能

组	按钮名称	按钮功能
代码	Visual Basic	打开 Visual Basic 编辑器
	宏	查看宏列表，可在该列表中运行、创建或删除宏
	录制宏	开始录制新的宏
	使用相对引用	录制宏时切换单元格引用方式（绝对引用 / 相对引用）
	宏安全性	自定义宏安全性设置
加载项	加载项	管理可用于此文件的 Office 应用商店加载项
	Excel 加载项	管理可用于此文件的 Excel 加载项
	COM 加载项	管理可用的 COM 加载项
控件	插入	在工作表中插入表单控件或 ActiveX 控件
	设计模式	启用或退出设计模式
	属性	查看和修改所选控件属性
	查看代码	编辑处于设计模式的控件或活动工作表对象的 Visual Basic 代码
	运行对话框	运行自定义对话框
XML	源	打开【XML 源】任务窗格
	映射属性	查看或修改 XML 映射属性
	扩展包	管理附加到此文档的 XML 扩展包，或者附加新的扩展包
	刷新数据	属性工作簿中的 XML 数据
	导入	导入 XML 数据文件
	导出	导出 XML 数据文件

在开始录制宏之后，【代码】组中的【录制宏】按钮，将变成【停止录制】按钮，如图 1.2 所示。

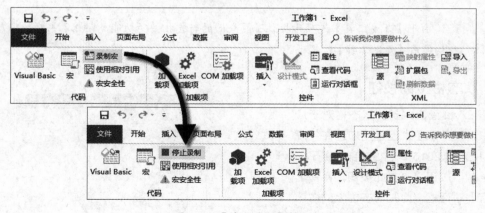

图 1.2　【停止录制】按钮

与宏相关的组合键在 Excel 2016 中可以继续使用。例如，按 <Alt+F8> 组合键显示【宏】对话框，按 <Alt+F11> 组合键打开 VBA 编辑窗口等。

【XML】组提供了在 Excel 中操作 XML 文件的相关功能，使用这部分功能需要具备一定的 XML 基础知识，读者可以自行查阅相关资料。

1.2 使用宏功能的其他方法

1.2.1 【视图】选项卡中的【宏】按钮

对于【开发工具】选项卡【代码】组中【宏】【录制宏】和【使用相对引用】按钮所实现的功能，在【视图】选项卡中也提供了具有相同功能的命令。在【视图】选项卡中单击【宏】下拉按钮，弹出下拉列表，如图 1.3 所示。

图 1.3 【视图】选项卡中【宏】按钮

在开始录制宏之后，下拉列表中的【录制宏】命令将变为【停止录制】命令，如图 1.4 所示。

图 1.4 【视图】选项卡中【停止录制】命令

> **注意** ➡ 由于【开发工具】选项卡提供了更全面的与宏相关的功能，因此本书后续章节的操作均使用【开发工具】选项卡。

1.2.2 状态栏上的按钮

位于 Excel 窗口底部的状态栏对于广大用户来说并不陌生，但是用户也许并没有注意到 Excel 2016 状态栏左部提供了一个【宏录制】按钮。单击此按钮，将弹出【录制宏】对话框，此时状态栏上的按钮变为【停止录制】按钮，如图 1.5 所示。

如果 Excel 2016 窗口状态栏左部没有【宏录制】按钮，可以按照下述具体操作步骤使其显示在状态栏上。

步骤① 在 Excel 窗口的状态栏上右击。

步骤② 在弹出的快捷菜单中选择【宏录制】命令。

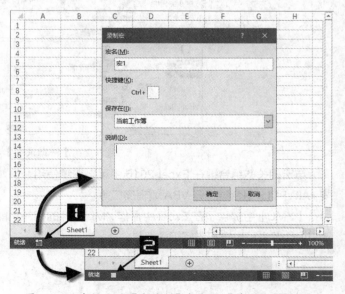

图 1.5 状态栏上的【宏录制】按钮和【停止录制】按钮

步骤③ 单击 Excel 窗口中的任意位置关闭快捷菜单。

此时，【宏录制】按钮将显示在状态栏左部，如图 1.6 所示。

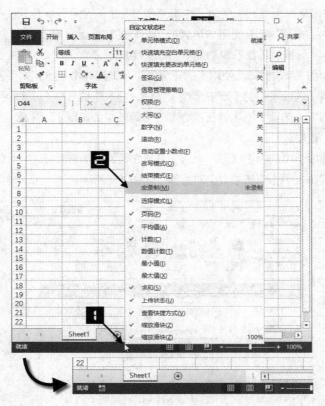

图 1.6　启用状态栏上的【宏录制】按钮

1.3　保存宏代码的文件格式

Microsoft Office 2016 支持使用 Office Open XML 格式的文件，具体对于 Excel 来说，除了 *.xls，*.xla 和 *.xlt 等兼容文件格式外，Excel 2016 支持更多的存储格式，如 *.xlsx，*.xlsm 等。在众多的新文件格式中，只有二进制工作簿和扩展名以字母"m"结尾的文件格式才可以用于保存 VBA 代码和 Excel 4.0 宏工作表（通常简称为"宏表"）。可以用于保存宏代码的文件类型如表 1.2 所示。

表 1.2　支持宏的文件类型

扩展名	文件类型
xlsm	启用宏的工作簿
xlsb	二进制工作簿
xltm	启用宏的模板
xlam	加载宏

在 Excel 2016 中为了兼容 Excel 2003 或更早版本而保留的文件格式（*.xls，*.xla 和 *.xlt）仍然可以用于保存 VBA 代码和 Excel 4.0 宏工作表。

1.4　宏安全性设置

宏在为 Excel 用户带来极大便利的同时，也带来了潜在的安全风险。这是由于宏的功能并不仅仅局限于重复用户在 Excel 中的简单操作，使用 VBA 代码也可以控制或运行 Microsoft Office 之外的应用程序，此特性可以被用来制作计算机病毒或恶意功能。因此，用户有必要了解 Excel 中的宏安全性设置，合理使用这些设置可以帮助用户有效地降低使用宏的安全风险，其具体操作步骤如下。

步骤① 单击【开发工具】选项卡中的【宏安全性】按钮，打开【信任中心】对话框。此外，在【文件】选项卡中依次选择【选项】→【信任中心】→【信任中心设置】→【宏设置】命令，也可以打开【信任中心】对话框。

步骤② 在【宏设置】选项卡中选中【禁用所有宏，并发出通知】单选按钮。

步骤③ 单击【确定】按钮关闭【信任中心】对话框，如图 1.7 所示。

图 1.7　【信任中心】对话框中的【宏设置】选项卡

一般情况下，推荐使用【禁用所有宏，并发出通知】单选按钮。选中该单选按钮后，打开保存在非受信任位置的包含宏的工作簿时，在 Excel 功能区下方将显示"安全警告"消息栏，告知用户工作簿中的宏已经被禁用，具体使用方法请参阅 1.5 节。

1.5　启用工作簿中的宏

在宏安全性设置中选中【禁用所有宏，并发出通知】单选按钮后，打开包含代码的工作簿时，在功能区和编辑栏之间将出现如图 1.8 所示的【安全警告】消息栏。如果用户信任该文件的来源，可以单击【安全警告】消息栏上的【启用内容】按钮，【安全警告】消息栏将自动关闭。此时，工作簿的宏功能已经被启用，用户可以运行工作簿的宏代码。

注意 → Excel窗口中出现【安全警告】消息栏时，用户的某些操作（如添加一个新的工作表）将导致该消息栏的自动关闭，此时的Excel已经禁用了工作簿中的宏功能。在此之后，如果用户希望运行该工作簿中的宏代码，只能先关闭工作簿，然后再次打开该工作簿，并单击【安全警告】消息栏上的【启用内容】按钮。

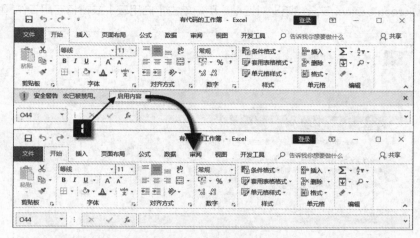

图 1.8 启用工作簿中的宏

完成上述操作后，该文档将成为受信任的文档。在 Excel 再次打开该文档时，将不再显示【安全警告】消息栏。值得注意的是，Excel 的这个"智能"功能可能会给用户带来潜在的危害。如果有恶意代码被人为地添加到这些受信任的文档中，并且原有文件名保持不变，那么当用户再次打开该文档时将不会出现任何安全警示，而直接激活其中包含恶意代码的宏程序，将对计算机安全造成危害。因此，如果需要进一步提高文档的安全性，可以考虑为文档添加数字签名和证书，或者按照如下具体操作步骤禁用"受信任文档"功能。

步骤① 单击【开发工具】选项卡中的【宏安全性】按钮，打开【信任中心】对话框，激活【受信任的文档】选项卡。

步骤② 选中【禁用受信任的文档】复选框。

步骤③ 单击【确定】按钮关闭对话框，如图 1.9 所示。

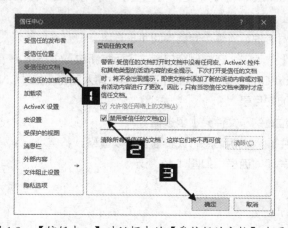

图 1.9 【信任中心】对话框中的【受信任的文档】选项卡

【受信任的文档】是从Excel 2010开始新增的功能，更早版本的Excel不支持此功能。

有关为 VBA 代码添加数字签名的相关内容，请参阅其他资料。

如果用户在打开包含宏代码的工作簿之前已经打开了 VBA 编辑窗口，那么 Excel 将直接显示如图 1.10 所示的【Microsoft Excel 安全声明】对话框，用户单击【启用宏】按钮将启用工作簿中的宏。

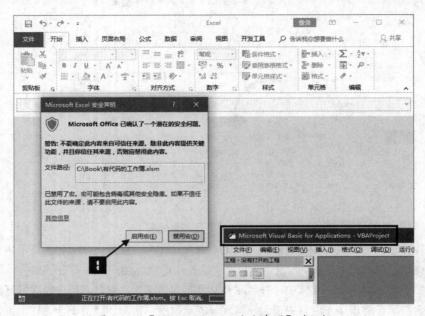

图 1.10　【Microsoft Excel 安全声明】对话框

1.6　受信任位置

对于广大 Excel 用户来说，为了提高安全性，打开任何包含宏的工作簿都需要手动启用宏，这个过程确实有些烦琐。利用 Excel 2016 中的【受信任位置】功能可以在不修改安全性设置的前提下，方便快捷地打开工作簿并启用宏，其具体操作步骤如下。

步骤① 打开【信任中心】对话框，具体步骤请参阅 1.5 节。

步骤② 选择【受信任位置】选项卡，在右侧窗口单击【添加新位置】按钮。

步骤③ 在弹出的【Microsoft Office 受信任位置】对话框中输入路径（如 "C:\Book"），或者单击【浏览】按钮选择要添加的目录。

步骤④ 选中【同时信任此位置的子文件夹】复选框。

步骤⑤ 在【描述】文本框中输入说明信息，此步骤也可以省略。

步骤⑥ 单击【确定】按钮关闭对话框，如图 1.11 所示。

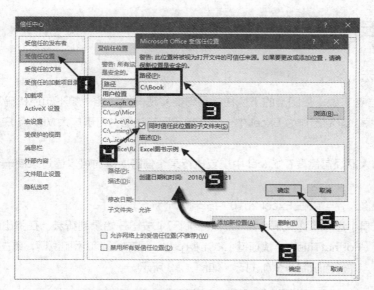

图 1.11　添加用户自定义的"受信任位置"

步骤⑦ 返回【信任中心】对话框，在右侧列表框中可以看到新添加的受信任位置，单击【确定】按钮关闭对话框，如图 1.12 所示。

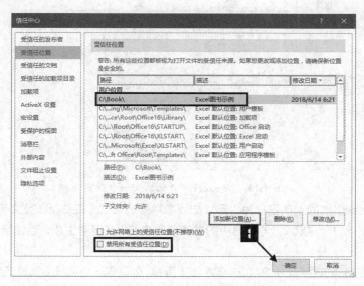

图 1.12　用户自定义受信任位置

此后，打开保存于受信任位置（C:\Book）中的任何包含宏的工作簿时，Excel 将自动启用宏，而不再显示安全警告提示窗口。

注意→　　如果在图1.12所示【信任中心】对话框的【受信任位置】选项卡中选中【禁用所有受信任位置】复选框，那么所有的受信任位置都将失效。

1.7 录制宏代码

1.7.1 录制新宏

对于 VBA 初学者来说，最困难的事情往往是想要实现一个功能，却不知道代码从何写起，录制宏可以很好地帮助大家。录制宏作为 Excel 中一个非常实用的功能，对于广大 VBA 用户来说是不可多得的学习帮手。

在日常工作中大家经常需要在 Excel 中重复执行某个任务，这时可以通过录制一个宏来快速地自动执行这些任务。

按照如下步骤操作，可以在 Excel 2016 中录制一个新宏。

单击【开发工具】选项卡【代码】组中的【录制宏】按钮开始录制新宏，在弹出的【录制宏】对话框中可以设置宏名（FormatTitle）、快捷键（<Ctrl+q>）、保存位置和添加说明，单击【确定】按钮关闭【录制宏】对话框，并开始录制一个新的宏，如图 1.13 所示。

图 1.13　在 Excel 中开始录制一个新宏

录制宏时，Excel 提供的默认名称为"宏"加数字序号的形式（在 Excel 英文版本中为"Macro"加数字序号），如"宏 1""宏 2"等，其中的数字序号由 Excel 自动生成，通常情况下数字序号依次增大。

宏的名称可以包含英文字母、中文字符、数字和下画线，但是第一个字符必须是英文字母或中文字符，如"1Macro"不是合法的宏名称。为了使宏代码具有更好的通用性，尽量不要在宏名称中使用中文字符，否则在非中文版本的 Excel 中应用该宏代码时，可能会出现兼容性问题。除此之外，还应尽量使用能够说明用途的宏名称，这样有利于代码的使用、维护与升级。

注意

如果宏名称为英文字母加数字的形式，那么不可以使用与单元格引用地址相同的字符串，即"A1"至"XFD1048576"，以及"R1C1"至"R1048576C16384"，不可以作为宏名称使用。例如，在图1.13所示的【录制宏】对话框中输入"ABC168"作为宏名，单击【确定】按钮后，将出现如图1.14所示的错误提示框。但是"ABC"或"ABC1048577"则可以作为合法的宏名称使用，因为Excel 2016工作表中不可能出现引用名称为"ABC"或"ABC1048577"的单元格。

图 1.14　宏名称错误提示框

开始录制宏后，用户可以在 Excel 中进行操作，其中绝大部分操作将被记录为宏代码。操作结束后，单击【停止录制】按钮，如图 1.15 所示，将停止本次录制。

图 1.15　【停止录制】按钮

单击【开发工具】选项卡【代码】组中的【Visual Basic】按钮或直接按 <Alt+F11> 组合键，将打开 VBE（Visual Basic Editor，即 VBA 集成开发环境）窗口，在【代码窗口】中可以查看刚录制的宏代码。

通过录制宏，可以看到整个操作过程所对应的代码，注意这只是一个"半成品"，需经过必要的修改才能得到更高效、更智能、更通用的代码。

1.7.2　录制宏的局限性

Excel 的录制宏功能可以"忠实"地记录 Excel 中的操作，但是也有其本身的局限性，主要表现在如下几个方面。

（1）录制宏产生的代码不一定完全等同于用户的操作。例如，用户设置保护工作表时输入的密码就无法记录在代码中；设置工作表控件的属性也无法产生相关的代码。

（2）一般来说，尽管录制宏产生的代码可以实现相关功能，但往往不是最优代码，这是由于录制的代码中经常会有很多冗余代码。例如，用户仅选中某个单元格或滚动屏幕之类的操作，都将被记录为代码，删除这些冗余代码后，宏代码将可以更高效地运行。

通常录制宏产生的代码执行效率不高，其原因主要有如下两点：第一，代码中大量使用 Activate 和 Select 等方法，影响了代码的执行效率，在实际应用中需要进行相应的优化；第二，录制宏无法产生控制程序流程的代码，如循环结构、判断结构等。

1.8　运行宏代码

在 Excel 中可采用多种方法运行宏，这些宏可以是在录制宏时由 Excel 生成的代码，也可以是由 VBA 开发人员编写的代码。

1.8.1　快捷键

步骤① 打开示例文件，单击工作表标签选择"快捷键"工作表。

步骤② 按 <Ctrl+Q> 组合键运行宏，设置标题行效果，如图 1.16 所示。

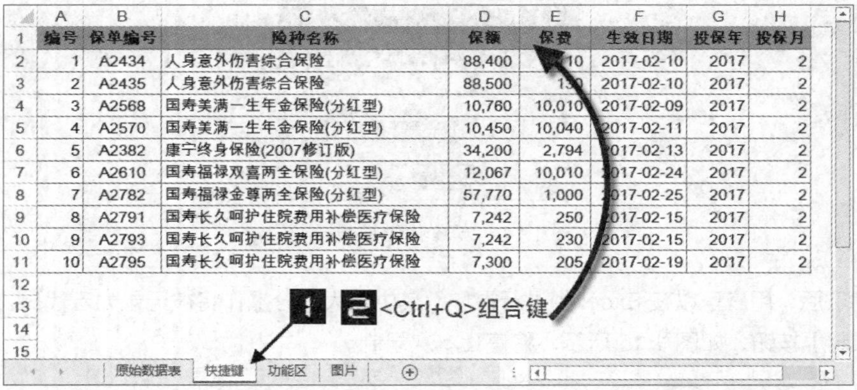

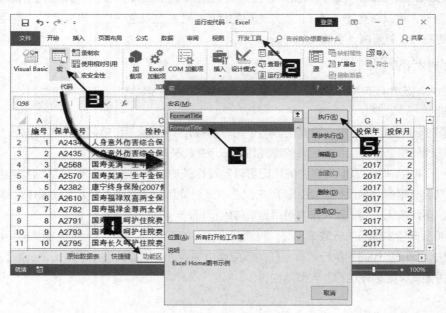

图 1.16　使用快捷键运行宏

本节将使用多种方法调用执行相同的宏代码，因此后续几种方法中不再提供代码运行效果截图。

1.8.2　功能区中的【宏】按钮

步骤① 打开示例文件，单击工作表标签选择"功能区"工作表。

步骤② 在【开发工具】选项卡中单击【宏】按钮。

步骤③ 在弹出的【宏】对话框中，选择【FormatTitle】选项，单击【执行】按钮运行宏，如图 1.17 所示。

图 1.17　使用功能区按钮运行宏

1.8.3　图片按钮

步骤① 打开示例文件，单击工作表标签选择"图片"工作表。

步骤② 在【插入】选项卡中单击【图片】按钮，在弹出的【插入图片】对话框中，选择图片文件"logo.gif"，单击【插入】按钮，如图 1.18 所示。

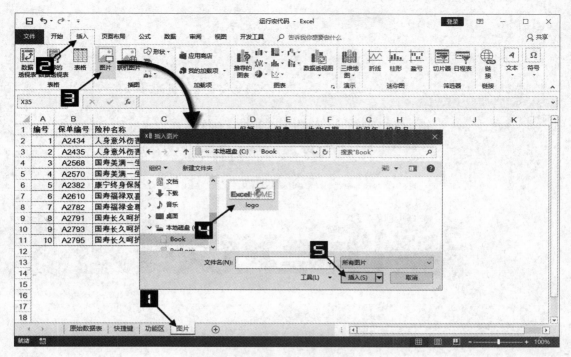

图 1.18　在工作表中插入图片

步骤③ 在图片上右击，在弹出的快捷菜单中选择【指定宏】命令。

步骤④ 在弹出的【指定宏】对话框中，选择【FormatTitle】选项，单击【确定】按钮关闭对话框，如图
1.19 所示。此时在工作表中单击新插入的图片，将运行 FormatTitle 过程设置标题行格式。

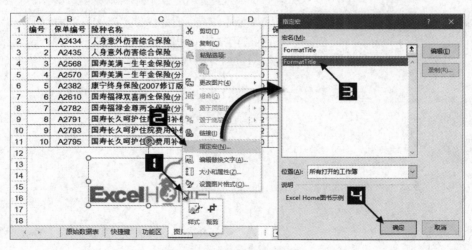

图 1.19　为图片按钮指定宏

在工作表中使用"形状"（通过【插入】选项卡中的【形状】下拉按钮插入的形状）或"按钮（窗体
控件）"（通过【开发工具】选项卡中的【插入】下拉按钮插入的控件）也可以实现类似的关联运行宏
代码的效果。

第二篇

操作Excel对象

　　Microsoft Excel 对象模型提供了大量的对象，通过 VBA 代码能够使用和操控这些对象及其属性、方法和事件，实现所需的功能。

　　本篇主要介绍最常用的 Application 对象、Workbook 对象、Worksheet 对象、Range 对象及 Shape 对象和 Chart 对象的应用技巧。通过学习这些技巧，可以帮助读者了解和熟悉这些对象及其属性、方法和事件的使用方法。

第 2 章　窗口和应用程序

2.1　设置 Excel 窗口状态

在 VBA 中通过访问 Application 对象的 WindowState 属性可以返回或设置 Excel 窗口的状态,该属性取值可为表 2.1 列举的 XlWindowState 常量之一。

表 2.1　XlWindowState 常量

常量	值	说明
xlMaximized	−4137	窗口最大化
xlMinimized	−4140	窗口最小化
xlNormal	−4143	窗口正常化

如下示例代码将应用程序窗口状态设置为最大化,同时将当前活动窗口设置为正常状态,并调整窗口的大小以适应应用程序的可用区域。

```
#001    Sub SetWindowState()
#002        Application.WindowState = xlMaximized
#003        With ActiveWindow
#004            .WindowState = xlNormal
#005            .Left = 0
#006            .Top = 0
#007            .Height = Application.UsableHeight
#008            .Width = Application.UsableWidth
#009        End With
#010    End Sub
```

注意　　当 Excel 窗口处于最大化或最小化状态时,不能设置窗口的 Left、Top、Width 和 Height 等属性。

2.2　设置 Excel 全屏显示

在某些情况下,即使在最小化功能区的前提下最大化应用程序窗口和活动窗口,用户仍然会觉得显示空间较小,无法在屏幕中同时查看足够多的数据信息。此时,可以将应用程序设置为全屏显示模式。

在全屏显示模式下,Excel 窗口可能仍然显示工作表的行标题、列标题、滚动条及工作表标签等元素,通过禁止显示上述元素,可以使 Excel 窗口获得更多的工作空间。

如下示例代码是设置 Excel 全屏显示,并隐藏活动窗口的行标题、列标题、水平滚动条、垂直滚动条及工作表标签。

```
#001  Sub ShowFullScreen()
#002      Application.DisplayFullScreen = True
#003      With ActiveWindow
#004          .DisplayHorizontalScrollBar = False
#005          .DisplayVerticalScrollBar = False
#006          .DisplayWorkbookTabs = False
#007          .DisplayHeadings = False
#008      End With
#009  End Sub
```

❖ 代码解析

第 2 行代码设置显示全屏。

第 4 行和第 5 行代码分别隐藏水平和垂直滚动条。

第 6 行代码隐藏工作表标签。

第 7 行代码隐藏行标题和列标题。

运行代码后应用程序界面如图 2.1 所示。

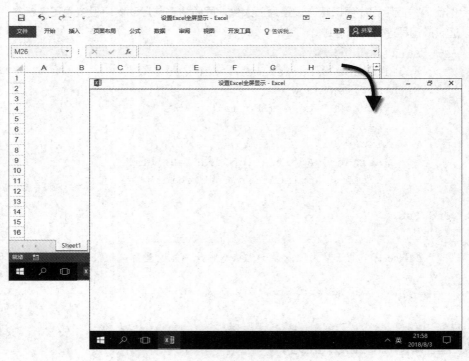

图 2.1　全屏显示界面

提示

　　在 Excel 2007 及以上版本中，Application 对象增加了 DisplayScrollBars 属性。因此，第 4 行和第 5 行代码可简化为如下代码。

```
#001  Sub ShowFullScreenA()
#002      Application.DisplayFullScreen = True
#003      Application.DisplayScrollBars = False
```

```
#004        ActiveWindow.DisplayHeadings = False
#005   End Sub
```

以上两个过程代码的区别在于 ActiveWindow 对象的属性仅对活动窗口有效，而 Application 对象的 DisplayScrollBars 属性属于应用程序级别，对 Excel 中所有工作簿窗口都有效。

2.3　限定工作簿窗口大小

在某些情况下，需要固定工作簿窗口的大小及限定显示单元格区域的功能。如下示例代码实现限制，只显示包含 9 行 9 列的单元格区域 A1:I9 的窗口界面。

```
#001   Sub SetGameWindow()
#002       Dim sngWidth As Single, sngHeight As Single
#003       Dim rngView As Range
#004       Set rngView = Range("A1:I9")
#005       With ActiveWindow
#006           .DisplayHeadings = False
#007           .DisplayHorizontalScrollBar = False
#008           .DisplayVerticalScrollBar = False
#009           .DisplayWorkbookTabs = False
#010           .WindowState = xlNormal
#011           sngWidth = .Width - .UsableWidth
#012           sngHeight = .Height - .UsableHeight
#013           .Width = rngView.Width + SngWidth
#014           .Height = rngView.Height + SngHeight
#015           .ScrollRow = 1
#016           .ScrollColumn = 1
#017           .ActiveSheet.ScrollArea = rngView.Address
#018           .EnableResize = False
#019       End With
#020       Set rngView = Nothing
#021   End Sub
```

❖ 代码解析

第 4 行代码将对象变量 rngView 指向单元格区域 A1:I9。有关单元格区域的引用方式，请参阅 4.1 节。

第 6 行代码隐藏行标题和列标题。

第 7 行和第 8 行代码分别隐藏水平和垂直滚动条。

第 9 行代码隐藏工作表标签。

第 10 行代码设置 Excel 窗口显示为正常状态（仅当窗口显示为正常状态时，才能够设置窗口大小）。

第 11 行代码获得窗口左右两个边框的总宽度，Width 属性以磅为单位返回窗口的宽度，UsableWidth 属性以磅为单位返回应用程序窗口区域中窗口能占有的最大宽度。

第 12 行代码获得窗口上下两个边框的总高度（包含标题栏），Height 属性以磅为单位返回窗口的高度，UsableHeight 属性以磅为单位返回应用程序窗口区域中窗口能占有的最大高度。

第 13 行和第 14 行代码分别设置窗口的宽度和高度。

第 15 行代码滚动工作表窗口，将第 1 行显示在窗口顶部。

第 16 行代码滚动工作表窗口，移动工作表的第 1 列到窗口最左侧。

第 17 行代码设置活动工作表允许滚动的区域。有关工作表的引用方式和工作表允许滚动区域，请参阅 3.6 节。

第 18 行代码设置禁止调整活动窗口大小。

运行 SetGameWindow 过程，结果如图 2.2 所示。

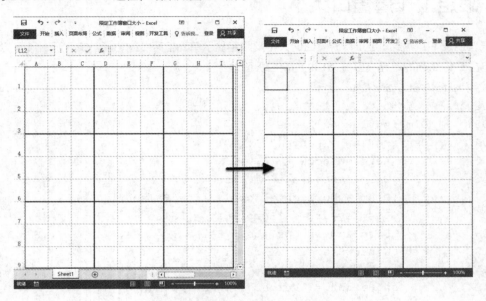

图 2.2　限定窗口大小与显示区域

2.4　隐藏 Excel 主窗口

如果用户希望在程序启动时或运行过程中隐藏 Excel 主窗口，有如下两种实现方法。

2.4.1　设置 Visible 属性

Application 对象的 Visible 属性决定了 Application 对象是否可见，当该属性值为 False 时，Application 对象不可见。

如下示例代码是当工作簿文件打开时，隐藏 Excel 主窗口，仅显示用户登录窗体 frm_Login，效果如图 2.3 所示。

```
#001  Private Sub Workbook_Open()
#002      Application.Visible = False
#003      frm_Login.Show
#004  End Sub
```

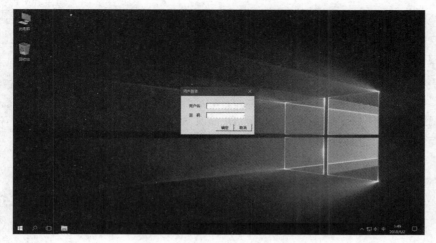

图 2.3　隐藏 Excel 主窗口

　　分别在【用户登录】对话框的【用户名】和【密码】文本框中输入"ExcelHome"，单击【确定】
按钮，即可重新显示 Excel 主窗口。

2.4.2　将窗口移出屏幕

　　设置 Application 对象的 Left 属性（从屏幕左边界至 Excel 主窗口左边界的距离）或 Top 属性（从
屏幕顶端到 Excel 主窗口顶端的距离），可以将 Application 对象移出屏幕显示区域，实现隐藏 Excel 主
窗口。示例代码如下。

```
#001   Sub MoveAppMainWindow()
#002       Application.WindowState = xlNormal
#003       Application.Left = 10000
#004       frm_Login.Show
#005   End Sub
```

❖　代码解析

　　第 3 行代码设置 Application 对象的 Left 属性为较大的数值，从而将应用程序窗口移出屏幕显示区域，
效果如图 2.4 所示。

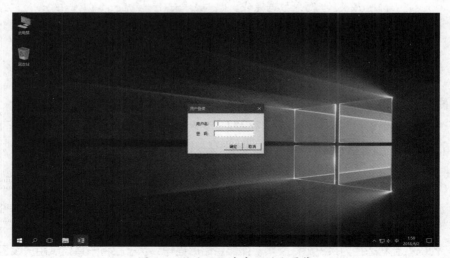

图 2.4　将应用程序窗口移出屏幕

只有当应用程序窗口处于正常状态（即 Application. WindowState=xlNormal）时，才能够设置 Application 对象的 Left 属性。与通过设置 Visible 属性实现的效果不同，本方法依然会在 Windows 任务栏中显示应用程序窗口按钮，如图 2.4 所示。

在使用将 Excel 主窗口移至屏幕外的方法时，还需要将用户窗体显示在可视范围之内（如屏幕中心），即在 VBE 的【属性】窗口中设置用户窗体的 StartUpPosition 属性值为"2 – 屏幕中心"，如图 2.5 所示。

此时，将应用程序窗口设置为最大化状态，可以显示 Excel 主窗口。

图 2.5　用户窗体的【属性】窗口

2.5　利用状态栏显示提示信息

一般情况下，Excel 2016 状态栏的第 1 个窗格显示应用程序的当前状态，如就绪模式或输入模式等，用户通过设置 Application 对象的 StatusBar 属性可以修改该窗格的显示信息。

使用代码将大量语句写入工作表时，可能耗时较长，此时可以在状态栏中显示数据写入的进度，示例代码如下。

```
#001   Sub SetStatusBar()
#002   Dim blnPreStatus As Boolean, i As Long
#003   With Application
#004       blnPreStatus = .DisplayStatusBar
#005       .DisplayStatusBar = True
#006       For i = 1 To 10000
#007           .StatusBar = " 正在写入第 " & i_
                   & " 个数据，共 10000 个数据，请稍候 ..."
#008           Cells(i) = Rnd()
#009       Next i
#010       MsgBox " 写入数据完成。", vbInformation + vbOKOnly, " 完成 "
#011       .StatusBar = False
#012       .DisplayStatusBar = blnPreStatus
#013   End With
#014   End Sub
```

❖ 代码解析

第 4 行代码将应用程序状态栏的当前属性保存在变量 blnPreStatus 中，以备代码执行结束后恢复原状态。在需要修改系统设置的代码过程中，预先保存被修改项目的原状态，然后在代码执行结束或程序退出时恢复系统设置是一个良好的编程习惯。

第 5 行代码设置 DisplayStatusBar 属性为 True，即显示状态栏。

第 6~9 行代码，通过 For 循环结构在工作表的前 10000 个单元格中写入随机数，同时通过设置 Application 对象的 StatusBar 属性在状态栏中提示当前数据写入的进度。

第 11 行代码恢复状态栏为系统默认文本。如果省略此语句，状态栏将一直显示用户设置的文本。

第 12 行代码恢复状态栏为原显示状态。

运行 SetStatusBar 过程，状态栏显示结果如图 2.6 所示。

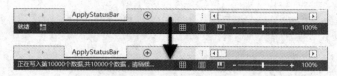

图 2.6　用户自定义状态栏信息

2.6　Excel 中的"定时器"

Excel 并没有提供定时器控件，不过用户可以通过 Application 对象提供的 OnTime 方法实现简单的定时器功能。

Application 对象的 OnTime 方法能够指定一个过程在将来的某个特定时间运行。过程运行的时间既可以是具体指定的某个时间点，也可以是指定的时间段之后的某个时间点，其语法格式如下。

```
OnTime(EarliestTime, Procedure, [LatestTime], [Schedule])
```

参数 EarliestTime：设置指定过程开始运行的时间。使用 TimeValue（time）方式可以设置在指定的时间运行某过程，使用 Now+TimeValue（time）方式可以设置从现在开始经过一段时间之后运行某过程。

参数 Procedure：设置要运行或取消运行的过程名称，其值为 String 类型。过程代码一般放置在公共模块中，也可以指定为其他模块的公用过程。

参数 LatestTime：设置过程开始运行的最晚时间，其值是可选的。例如，将其设置为 EarliestTime+10，当操作系统时间到了 EarliestTime 时间点，如果 Excel 未处于空闲状态，那么 Excel 将等待 10 秒，在 10 秒内 Excel 仍不能回到空闲状态，则不再运行相关过程。如果省略该参数，Excel 将一直等待到可以运行相关过程为止。

参数 Schedule：是可选的，为 Boolean 类型，默认值为 True，指定一个新的 OnTime 过程，当其值指定为 False 时，将停止执行先前设置定时运行的过程。

如下代码在 1 秒后运行 My_Procedure 过程。

```
Application.OnTime Now + TimeValue("00: 00: 01"), "My_Procedure"
```

如下代码设置在指定时间（12 点整）运行 My_Procedure 过程。

```
Application.OnTime TimeValue("12: 00: 00"), "My_Procedure"
```

如下代码取消 OnTime 方法先前指定时间（12 点整）设定的过程。

```
Application.OnTime TimeValue("12: 00: 00"), "My_Procedure", False
```

2.6.1　显示一个数字时钟

如下示例代码在 A1 单元格中显示一个数字时钟。

```
#001   Dim mdteTime As Date
#002   Sub RunTimer()
#003       mdteTime = Now() + TimeValue("00:00:01")
#004       Application.OnTime mdteTime, _
```

```
                   Procedure:="My_Procedure"
#005   End Sub
#006   Sub My_Procedure()
#007       Range("A1") = Format(Time(), "h:mm:ss")
#008       Call RunTimer
#009   End Sub
#010   Sub KillTimer()
#011       Application.OnTime mdteTime, _
                   Procedure:="My_Procedure", Schedule:=False
#012   End Sub
```

❖ 代码解析

第 3 行代码获得系统的下一秒时间并赋值给 mdteTime 变量。其中函数 Now( ) 返回系统的当前时间，TimeValue("00:00:01") 返回 1 秒时长。

第 4 行代码设置在 mdteTime 变量指定的时间运行 My_Procedure 过程。

第 7 行代码在 A1 单元格刷新当前时间。

第 8 行代码重新调用 RunTimer 过程，设置下一次刷新的时间。

第 11 行代码取消 Runtimer 过程的定时运行。

运行 RunTimer 过程，通过该过程和 My_Procedure 过程的循环调用，实现每隔 1 秒运行一次 My_Procedure 过程，从而不断在 A1 单元格中显示当前时间，如图 2.7 所示。

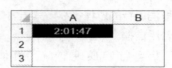

图 2.7　A1 单元格显示数字时钟

2.6.2　实现倒计时功能

在日常生活中，经常会看到倒计时显示牌，显示牌上不断刷新显示从现在到将来某一特定期限还剩下多少时间，如下代码可以实现类似的倒计时功能。

```
#001   Private mdteTime As Date
#002   Private Const MDTE_SPECIALDATE As Date = #10/1/2018#
#003   Private Const MDTE_SPECIALTIME As Date = #12:00:00 AM#
#004   Sub StartTimer()
#005       Call TimeOn
#006   End Sub
#007   Sub TimeOn()
#008       Dim intNum As Integer
#009       Dim dteNowTime As Date, dteTime As Date
#010       dteNowTime = Now()
#011       If dteNowTime >= MDTE_SPECIALDATE + MDTE_SPECIALTIME Then
#012           ActiveSheet.Range("B10:B11").Value = 0
#013           MsgBox "时间到！", vbExclamation
#014           Exit Sub
```

```
#015        End If
#016        If TimeValue(dteNowTime) > MDTE_SPECIALTIME Then intNum = 1
#017        With ActiveSheet
#018            .Range("B10").Value = MDTE_SPECIALDATE - Date - intNum
#019            dteTime = MDTE_SPECIALTIME - TimeValue(dteNowTime) + _
                   intNum * 86400
#020            .Range("B11").Value = Hour(dteTime)
#021            .Range("B12").Value = Minute(dteTime)
#022            .Range("B13").Value = Second(dteTime)
#023        End With
#024        mdteTime = dteNowTime + TimeValue("0:0:1")
#025        Application.OnTime mdteTime, "TimeOn"
#026  End Sub
#027  Sub StopTimer()
#028        On Error Resume Next
#029        Application.OnTime mdteTime, "TimeOn", , False
#030  End Sub
```

❖ 代码解析

第 11~15 行代码判断当前时间是否大于指定时间（代码中预设的时间为 2018 年 10 月 1 日零时整），若条件成立则结束倒计时。

第 16 行代码从当前时间 dteNowTime 中取得时间部分，并与 MDTE_SPECIALTIME 比较。如果当前时间大于 MDTE_SPECIALTIME，则将变量 intNum 指定值为 1（在第 23 行代码将天数减少 1 天，并将其转换为秒数参与第 28 行代码时间部分的计算）。

第 18 行代码取得并在 B10 单元格刷新相距指定时间的天数。

第 19 行代码取得时间部分的差值，其中 intNum*86400 将天数转换为秒数。

第 20~22 行代码在单元格区域 B11:B13 中分别显示与指定时间相距的小时、分和秒。

第 24 行代码将下一秒时间点保存在变量 mdteTime 中。

第 25 行代码再次定时调用 TimeOn 过程。

运行 StartTimer 过程，将调用 TimeOn 过程开启倒计时，运行结果如图 2.8 所示。

第 27~30 行为 StopTimer 过程，用于停止 TimeOn 过程的定时运行。

修改声明部分的 MDTE_SPECIALDATE 常量和 MDTE_SPECIALTIME 常量，可以完成指定时间的倒计时任务。

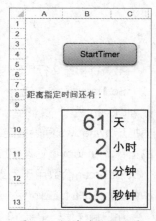

图 2.8　倒计时运行结果

2.7　精美的数字秒表

使用 Application 对象的 OnTime 方法只能实现最小精度为 1 秒的定时功能，如果需要实现更高精度的定时功能，可以使用 API 函数 SetTime。

示例文件模块中的代码如下。

```
#001   Public Declare Function SetTimer Lib "user32" ( _
           ByVal hWnd As Long, ByVal nIDEvent As Long, _
           ByVal uElapse As Long, _
           ByVal lpTimerFunc As Long) As Long
#002   Public Declare Function KillTimer Lib "user32" ( _
           ByVal hWnd As Long, ByVal nIDEvent As Long) _
           As Long
#003   Public glngTimerID As Long, gsngTimeX As Single
#004   Public Sub OnTimer()
#005       gsngTimeX = gsngTimeX + 0.1
#006       frm_Time.lblShowTime.Caption = Format(gsngTimeX, "0.0")
#007   End Sub
#008   Sub ShowUserForm()
#009       frm_Time.Show
#010   End Sub
```

示例文件用户窗体中的代码如下。

```
#011   Private Sub cmdStart_Click()
#012       gsngTimeX = 0
#013       glngTimerID = SetTimer(0, 0, 100, AddressOf OnTimer)
#014   End Sub
#015   Private Sub cmdStop_Click()
#016       Call KillTimer(0, glngTimerID)
#017   End Sub
#018   Private Sub UserForm_Terminate()
#019       Call KillTimer(0, glngTimerID)
#020   End Sub
```

❖ 代码解析

第 1 行和第 2 行代码声明 API 函数。

SetTimer 函数生成一个计时器，在 SetTimer 函数中，参数 hWnd 是与计时器关联的窗口句柄，参数 nIDEvent 是计时器的标识（计时器 ID），为非零值，参数 uElapse 是以毫秒指定的计时间隔值，该值指示 Windows 间隔指定时长之后给程序发送 WM_TIMER 消息，参数 lpTimerFunc 是一个回调函数的指针，Windows 处理相应 WM_TIMER 消息时调用 lpTimerFunc 所指向的回调函数。

KillTimer 函数用于销毁计时器。计时器为有限的系统资源，使用后应及时销毁。其第一个参数 hWnd 为关联的窗口句柄，第二个参数 nIDEvent 为计时器标识（计时器 ID）。

用户窗体代码中第 13 行代码使用 SetTimer 函数产生一个计时器，计时器的计时间隔为 100 毫秒（0.1 秒），回调函数为模块中的公用过程 OnTimer（当 Windows 处理相应的 WM_TIMER 消息时，将调用该过程），并返回计时器 ID 存入变量 glngTimerID 中。

模块中的 OnTimer 过程刷新窗体中标签的标题。

用户窗体中的 cmdStop_Click 过程使用 KillTimer 函数销毁计时器。

运行示例代码将在用户窗体中显示一个数字秒表，如图 2.9 所示。

图 2.9　数字秒表

2.8　暂停宏代码的运行

2.8.1　使用 Wait 方法

如果在程序运行过程中，需要暂时停止宏代码的执行，可以使用 Application 对象的 Wait 方法。Wait 方法暂停运行宏，直到一个特定时间点才继续运行宏。该方法将暂停 Excel 除了后台操作（如打印和重新计算等）以外的所有操作。

如下示例代码显示窗体 3 秒钟后自动关闭，如图 2.10 所示，并且在窗体显示期间不接受用户的操作。

```
#001  Private Sub UserForm_Activate()
#002      Application.Wait Now() + VBA.TimeValue("00:00:03")
#003      Unload Me
#004  End Sub
```

❖ 代码解析

第 2 行代码使用 Wait 方法使应用程序从窗体激活开始暂停 3 秒。Wait 方法的语法格式如下。

```
Application.Wait(Time)
```

其中，参数 Time 用于指定重新继续执行宏的时间点，其值以 Excel 日期格式表示。

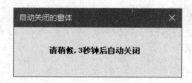

图 2.10　自动关闭的用户窗体

2.8.2　使用 Sleep API 函数

Wait 方法提供精度为 1 秒的延时，如果需要更高精度的延时，可以使用 API 函数 Sleep，该函数的声明如下。

```
Declare Sub Sleep Lib "kernel32" (ByVal dwMilliseconds As Long)
```

其中，参数 dwMilliseconds 为毫秒数，为 Long 类型变量。

如下示例代码模拟打字效果在单元格 A1 中输入一行文字。

```
#001  Private Declare Sub Sleep Lib "kernel32"_
          (ByVal dwMilliseconds As Long)
#002  Sub TypeDemo()
#003      Dim strTest As String, i As Integer
#004      strTest = " 这是 Sleep API 函数的一个简单演示。"
#005      For i = 1 To Len(strTest)
#006          Range("A1").Value = Left(strTest, i)
#007          Sleep 200
#008      Next i
#009  End Sub
```

❖ 代码解析

第 5~8 行代码在每次循环中逐个增加 A1 单元格显示的字符长度，同时在显示字符后使用 Sleep 语句延时 200 毫秒，看似字符被逐个输入，从而达到模拟打字输入的效果。

2.9 防止用户干预宏代码的运行

在执行需要长时间运行的宏代码时，用户的某些操作可能影响代码的执行，导致代码不能实现预期的目标。例如，运行如下示例代码时，用户在工作表中的某些操作（如选择其他单元格或双击单元格）会导致代码不能完全执行或中断。

```
#001  Sub DataInput()
#002      Dim i As Long
#003      For i = 1 To 50000
#004          DoEvents
#005          ActiveCell.Value = i
#006      Next i
#007  End Sub
```

此时，可以修改 Application 对象的 Interactive 属性，禁止所有的键盘输入和鼠标操作，以避免代码运行过程中受到影响，示例代码如下。

```
#001  Sub DataInputInteractive()
#002      Dim i As Long
#003      Application.Interactive = False
#004      For i = 1 To 50000
#005        DoEvents
#006        ActiveCell.Value = i
#007      Next i
#008      Application.Interactive = True
#009  End Sub
```

❖ 代码解析

第 3 行代码将 Application 对象的 Interactive 属性值设置为 False，使应用程序处于非交互模式，避免用户操作影响宏代码的执行。

第 8 行代码将 Application 对象的 Interactive 属性的值恢复为 True。

 将Application对象的Interactive属性值设置为False后，Excel并不会在宏代码运行结束后将该属性自动恢复为True，所以在过程结束前需将该属性重新设置为True，否则用户将无法操作Excel。

2.10 调用变量名称指定的宏过程

在代码执行过程中，有时可能需要根据用户的选择调用不同功能的宏过程。通常使用 Select Case

语句根据用户的选择分别调用指定名称的宏，示例代码如下。

```
#001  Sub SelectCall(intIndex As Integer)
#002      Select Case intIndex
#003          Case 1
#004              Call Macro1
#005          Case 2
#006              Call Macro2
#007          ......
#008          Case n
#009              Call Macron
#010      End Select
#011  End Sub
```

❖ 代码解析

第 2~10 行代码根据过程参数 intIndex 的匹配情况使用 Call 方法调用相应的过程。在使用 Call 方法调用过程时，被调用的过程名称不能使用变量。在处理类似上述情况的代码时，使用 Application 对象的 Run 方法可以使代码更简洁且更灵活，示例代码如下。

```
#001  Sub SelectRun(intIndex As Integer)
#002      Application.Run "Macro" & intIndex
#003  End Sub
```

❖ 代码解析

上述过程使用 Run 方法运行变量指定的过程。Application 对象的 Run 方法运行一个宏或调用一个函数，其语法格式如下。

```
Run(Macro, Arg1, Arg2, Arg3, Arg4, Arg5, Arg6, Arg7, Arg8, Arg9, Arg10,
Arg11, Arg12, Arg13, Arg14, Arg15, Arg16, Arg17, Arg18, Arg19, Arg20,
Arg21, Arg22, Arg23, Arg24, Arg25, Arg26, Arg27, Arg28, Arg29, Arg30)
```

其中，参数 Macro 指定要运行的宏的名称。

参数 Arg1~Arg30 指定传递给函数的参数。在传递参数时，不能使用命名参数，必须按照参数位置顺序进行传递。例如，如下示例代码在 RunParameter 过程中使用 Run 方法调用 strGetString 函数并显示函数返回的结果。

```
#001  Function strGetString(ByVal intNum As Integer, _
          ByVal strName As String) As String
#002      strGetString = strName & " " & intNum
#003  End Function
#004  Sub RunParameter()
#005      Dim strResult As String
#006      strResult = Application.Run("strGetString", 2016, "Excel")
#007      MsgBox strResult, vbOKOnly + vbInformation, "Run 传递参数"
#008  End Sub
```

运行 RunParameter 过程，结果如图 2.11 所示

图 2.11　Run方法传递参数

2.11　利用 OnKey 方法捕捉键盘输入

2.11.1　禁止使用 <F11> 功能键插入图表工作表

在 Excel 的默认设置中，功能键 <F11> 是快速插入图表工作表的快捷键。在执行 OnkeyF11 过程后，功能键 <F11> 被禁止使用，当用户按该键时，将不执行任何操作。

```
#001  Sub OnkeyF11()
#002      Application.OnKey "{F11}", ""
#003  End Sub
```

Application 对象的 OnKey 方法能够实现当用户在 Excel 中按特定键或组合键时运行指定的过程，其语法格式如下。

```
Application.OnKey(Key, [Procedure])
```

其中参数 Key 可以指定任何与 <Alt> <Ctrl> 或 <Shift> 组合使用的键，也可以指定这些键的任何组合。每一个键可由一个或多个字符表示，如 "a" 表示字符 a，或者 "{ENTER}" 表示 <Enter> 键。表 2.2 列出了非打印字符键盘代码，表格中的每一个代码对应键盘上的一个按键。

表 2.2　非打印字符键盘代码

键	代码
Backspace	{BACKSPACE} 或 {BS}
Break	{BREAK}
Caps	Lock {CAPSLOCK}
Clear	{CLEAR}
Delete 或 Del	{DELETE} 或 {DEL}
End	{END}
Enter	~（波形符）
Enter（数字小键盘）	{ENTER}
Esc	{ESCAPE} 或 {ESC}
F1 到 F15	{F1} 到 {F15}
Help	{HELP}
Home	{HOME}
Ins	{INSERT}
Num Lock	{NUMLOCK}
Page Down	{PGDN}
Page Up	{PGUP}
Return	{RETURN}
Scroll Lock	{SCROLLLOCK}

键	代码
Tab	{TAB}
向上键	{UP}
向下键	{DOWN}
向右键	{RIGHT}
向左键	{LEFT}

功能键 <Shift><Ctrl> 和 <Alt> 的代码如表 2.3 所示。

表 2.3　<Shift><Ctrl> 和 <Alt> 功能键代码

功能键	代码
Shift	+（加号）
Ctrl	^（插入符号）
Alt	%（百分号）

如果要为特定字符指定处理过程（如 +、^、% 等），则应该使用大括号 "{}" 将相关字符括起来。例如，应使用 {+} 表示字符 "+"。

参数 Procedure 是可选的，指定运行过程名称的字符串。如果参数 Procedure 为空文本，则按参数 Key 指定的键（或组合键）时不执行任何操作，OnKey 方法将更改按键在 Excel 中产生的正常结果。如果省略参数 Procedure，则恢复参数 Key 指定的键在 Excel 中的默认功能，同时清除先前使用 OnKey 方法所做的设置。

执行如下代码将还原功能键 <F11> 的默认功能。

```
Application.OnKey "{F11}"
```

2.11.2　捕捉 <Ctrl+V> 组合键

使用 Application 对象的 OnKey 方法能够修改应用程序中组合键的默认功能，示例代码如下。

```
#001   Sub CtrlV()
#002       Application.OnKey "^v", "CatchPaste"
#003   End Sub
#004   Sub CatchPaste()
#005       MsgBox "按下 Ctrl+V 组合键", vbInformation
#006   End Sub
```

❖ 代码解析

运行 Ctrl+V 过程将屏蔽 <Ctrl+V> 组合键的粘贴功能。此时，当用户在应用程序中按 <Ctrl+V> 组合键时，将不执行粘贴操作，而是调用 CatchPaste 过程弹出消息提示框，如图 2.12 所示。

图 2.12　不执行粘贴操作提示

2.12 使用 SendKeys 方法模拟键盘输入

Application 对象的 SendKeys 方法模拟键盘操作，可以将按键发送到活动应用程序。例如，实现选中或取消选中"信任对 VBA 工程对象模型的访问"，示例代码如下。

```
#001  Sub SendKeysDemo()
#002      If Not Application.ShowDevTools Then
#003          Application.ShowDevTools = True
#004      End If
#005      Application.SendKeys "%las%V~"
#006  End Sub
```

❖ 代码解析

第 2~4 行代码设置【开发工具】选项卡为可见状态。

第 5 行代码使用 SendKeys 方法，模拟键盘依次输入 <Alt+l> <a> <s> <Alt+V> 和 <Enter>，执行该语句时需要保证 Excel 窗口为活动窗口。

SendKeys 方法语法格式如下。

```
Application.SendKeys(String, [Wait])
```

其中，参数 String 为字符串表达式，用来指定要发送的按键消息。可指定任何单个键或与 <Alt> <Ctrl> 或 <Shift> 的组合键（或这些键的组合），具体用法请参阅表 2.3。

使用 {key number} 的形式可以模拟多次重复按键，在 key 与 number 之间必须保留一个空格作为分隔。例如，{LEFT 4} 相当于按向左键 4 次。

如下示例代码选中单元格 A1 中的最后 4 个字符。

```
#001  Sub SelectSpecialChar()
#002      Range("A1").Select
#003      Application.SendKeys "{F2}+{Left 4}"
#004  End Sub
```

❖ 代码解析

第 3 行代码向活动窗口发送按键信息。代码首先发送功能键 <F2>，然后保持 <Shift> 键按下，并输入 4 个向左键。其中"{Left 4}"表示发送 4 次向左键，过程运行结果如图 2.13 所示。

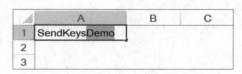

图 2.13　选定单元格中指定字符

参数 Wait 是可选的，如果其值为 True，则 Excel 等处理完按键后再返回过程；如果其值为 False（默认值），则发送按键后立刻返回过程继续运行宏，而不等待按键处理完毕。

SendKeys 方法将一个或多个按键消息发送到活动窗口，在某些应用场景中，需要在接收键盘输入的对话框显示之前先调用 SendKeys 方法，示例代码如下。

```
#001  Sub SaveAsFilename()
#002      Application.SendKeys "ExcelHome.xlsm"
```

```
#003        Application.Dialogs(xlDialogSaveAs).Show
#004  End Sub
```

❖ 代码解析

SaveAsFilename 过程代码显示【另存为】对话框，并使用 SendKeys 方法指定初始文件名（本例仅作为演示，事实上【另存为】对话框可以直接指定初始文件名）。

第 2 行代码使用 SendKeys 方法发送字符串 "ExcelHome.xlsm"。

第 3 行代码显示【另存为】对话框。

运行 SaveAsFilename 过程，结果如图 2.14 所示。

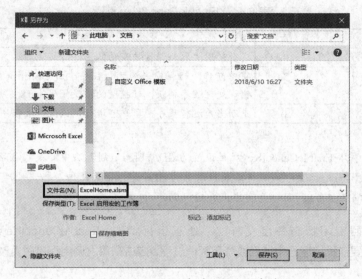

图 2.14　SendKeys 向对话框发送字符

注意　　　　此方法有时可能会出现部分字符丢失的问题。

2.13　巧妙捕获用户中断

在代码运行期间，如果用户按 <Esc> 键或 <Ctrl+Break> 组合键，将显示如图 2.15 所示的消息框。

图 2.15　代码执行被中断窗口

在该消息框中，单击【继续】按钮将继续执行代码；单击【结束】按钮将结束过程；单击【调试】按钮将进入中断模式。

```
#001  Sub ESCInterrupt()
```

```
#002        Dim i As Long
#003        Cells.ClearContents
#004        For i = 1 To 100000
#005            Cells(i,1).Value = i
#006        Next i
#007    End Sub
```

使用 Application 对象的 EnableCancelKey 属性，能够控制 Excel 如何响应用户按 <Ctrl+Break> 组合键（或 <Esc> 键）时的用户中断，其取值为表 2.4 列举的 XlEnableCancelKey 常量之一。

表 2.4　XlEnableCancelKey 常量

常量	值	说明
xlDisabled	0	完全禁用"取消"键捕获功能
xlErrorHandler	2	将中断作为错误发送给运行程序，由 On Error GoTo 语句设置的错误处理程序捕获，可捕获的错误代码为 18
xlInterrupt	1	中断当前运行程序，用户可进行调试或结束程序的运行

> **注意** → 如果将 EnableCancelKey 属性设置为 xlDisabled，则无法中断失控循环或其他不能自行结束的代码。此外，如果将该属性设置为 xlErrorHandler，但是错误处理程序始终使用 Resume 语句返回，则同样无法终止失控代码。

只要 Excel 返回空闲状态并且没有程序处于运行状态，EnableCancelKey 属性都会重置为 xlInterrupt。如果需要在程序运行中捕获或禁用取消过程，应该在每次调用程序时更改 EnableCancelKey 属性。

如下示例代码设置 EnableCancelKey 属性的值为 xlDisabled，禁用取消键捕获功能。运行该代码，将会忽略用户中断操作，代码继续运行直至过程结束。

```
#001    Sub DisbledESC()
#002        Dim i As Long
#003        Dim strTip As String
#004        strTip = "代码运行需要较长时间，是否继续？选择""是""执行，""否""取消。"
#005        Application.EnableCancelKey = xlDisabled
#006        If MsgBox(strTip, vbInformation + vbYesNo) = vbYes Then
#007            Cells.Clear
#008            For i = 1 To 100000
#009                Cells(i, 1).Value = i
#010            Next i
#011        End If
#012    End Sub
```

如下示例代码使用 EnableCancelKey 属性设置用户自定义取消处理程序的方法。

```
#001    Sub ErrorHandleESC()
#002        Dim i As Long
#003        Dim strTip As String
#004        strTip = "代码运行需要较长时间，按 ESC 或 <Ctrl+Break> 可终止当前代码。"
```

```
#005        On Error GoTo HandleCancel
#006        Application.EnableCancelKey = xlErrorHandler
#007        MsgBox strTip, vbExclamation
#008        Cells.Clear
#009        For i = 1 To 100000
#010            Cells(i,1).Value = i
#011        Next i
#012        Exit Sub
#013  HandleCancel:
#014        If Err.Number = 18 Then
#015            MsgBox "用户终止了代码运行。", vbExclamation
#016        End If
#017  End Sub
```

❖ 代码解析

第 5 行代码设置错误捕捉陷阱。

第 6 行代码设置 EnableCancelKey 属性的值为 xlErrorHandler，将取消键作为错误代码发送给运行程序。程序运行过程时，如果捕获到取消键，将产生错误代码为 18 的运行时错误。

第 7 行代码显示如图 2.16 所示的消息框，提示用户如何终止代码执行。

如果捕捉到错误代码为 18 的运行时错误，即用户在代码运行的过程中按了取消键，那么第 15 行代码将显示如图 2.17 所示的消息框。

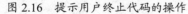

图 2.16　提示用户终止代码的操作　　　　图 2.17　显示用户终止代码的消息

2.14　使用 Application 级别事件

如果要在 Excel 中使用 Application 级别的事件过程，只能在类模块中声明带事件驱动的 Application 类型对象。按照如下具体操作步骤创建示例文件。

步骤① 声明应用程序变量。打开示例文件，在 VBE 的 ThisWorkbook 的【代码窗口】中输入如下声明代码。

```
Private WithEvents xlApp As Application
```

步骤② 编辑事件过程代码。添加声明代码后，在【代码窗口】的左侧【对象】组合框中选择【xlApp】选项，此时，在右侧的【过程/事件】组合框中将罗列该对象的可用事件，选择相应的事件过程（如 NewWorkbook），将在【代码窗口】自动添加该事件过程的框架，如图 2.18 所示。

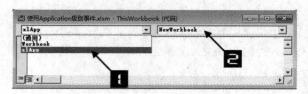

图 2.18　添加对象的事件过程

以实现禁止新建工作簿为例，在【代码窗口】中编辑如下代码。

```
#001   Private Sub xlApp_NewWorkbook(ByVal wkb As Workbook)
#002       Wb.Close False
#003   End Sub
```

❖ 代码解析

xlApp_NewWorkbook 事件过程在新建工作簿时，直接关闭该工作簿以达到禁止新建工作簿的目的。

步骤③ 建立对象关联。为保证每次打开工作簿时自动执行代码，以使用该 Application 级别事件，需要将对象关联代码写入 Workbook_Open 事件中，最后在工作簿的 BeforeClose 事件中添加销毁对象的代码。

```
#001   Private Sub Workbook_BeforeClose(Cancel As Boolean)
#002       Set xlApp = Nothing
#003   End Sub
#004   Private Sub Workbook_Open()
#005       Set xlApp = Application
#006   End Sub
```

以上操作步骤完成后，ThisWorkbook 的【代码窗口】如图 2.19 所示。

图 2.19　ThisWorkbook 的【代码窗口】

步骤④ 保存工作簿。关闭该工作簿后再重新打开示例文件，当前应用程序新建工作簿的功能已被禁止。

第 3 章　工作簿和工作表

3.1　引用工作表

在不同的工作表之间切换或引用单元格区域时，通常需要指定工作表对象，在 Excel VBA 中引用工作表对象有如下几种方式。

3.1.1　使用工作表名称

工作表名称是指显示在工作表标签中的字符串，通过工作表名称引用工作表对象可以使用 Worksheets 集合和 Sheets 集合两种引用方式。如下示例代码都可以实现激活名称为"Sheet3"的工作表，激活后该工作表将成为活动工作表。

```
Worksheets("Sheet3").Activate
Sheets("Sheet3").Activate
```

Worksheets 集合包含工作簿文件中的所有工作表，而 Sheets 集合不仅包含工作表集合 Worksheets，还包含图表集合 Charts、宏表集合 Excel4MacroSheets 与 Excel 5.0 对话框集合 DialogSheets 等。

3.1.2　使用工作表索引号

工作表索引号是工作表在工作簿中的排列序号，Excel 根据工作表标签的排列位置从左向右进行编号，编号从 1 开始。如果工作簿中至少存在两个工作表，并且第 2 个工作表可见，那么如下示例代码选中并激活当前工作簿中第 2 个工作表。

```
Worksheets(2).Select
```

单个 Worksheet 对象的 Select 方法与 Activate 方法的主要区别在于 Select 方法要求工作表必须可见。

> **注意**
> 如果工作簿中不仅包含工作表，还包含图表或宏表等，此时使用不同集合的相同索引号引用的工作表可能并不是同一个对象，如Sheets（2）与Worksheets（2）。

Worksheet 对象的 Index 属性返回工作表的索引号，如下示例代码显示工作表"Sheet1"的索引号。

```
MsgBox Worksheets("Sheet1").Index
```

3.1.3　使用工作表代码名称

工作表代码名称（CodeName）显示在 VBE【工程资源管理器】窗口中，在【属性】窗口中可以修改工作表代码名称。使用工作表代码名称引用工作表的好处是：即使工作表名称被修改，代码仍然能够正常的运行。如下示例代码重新命名代码名称为 Sheet1 的工作表，如图 3.1 所示。

```
Sheet1.Name = "New Name"
```

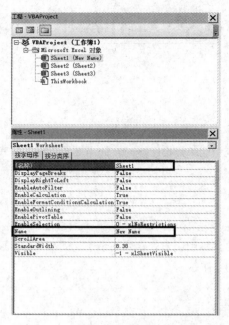

图 3.1 工作表名称与代码名称

使用 Worksheet 对象的 CodeName 属性可以返回工作表的代码名称。

```
MsgBox Worksheets(1).CodeName
```

3.1.4 使用 ActiveSheet 引用活动工作表

如下示例代码将工作簿中活动工作表的名称修改为 "ExcelHome" ，然后在【立即窗口】中打印活动工作表的名称、代码名称及工作表索引号。

```
#001  Sub GetActiveSheet()
#002      With ActiveSheet
#003          .Name = "ExcelHome"
#004          Debug.Print "Name: " & .Name, "CodeName: " _
                  & .CodeName, "Index: " & .Index
#005      End With
#006  End Sub
```

ActiveSheet 属性可以应用于 Application 对象、Window 对象和 Workbook 对象，返回代表活动工作簿、指定的窗口或指定工作簿中的活动工作表（最上面的工作表）。如果没有活动工作表，该属性返回 Nothing。如果未指定对象识别符，该属性返回活动工作簿中的活动工作表。

注意

> 每个工作簿中只有一个工作表是活动工作表。如果某工作簿中存在多个窗口，那么该工作簿的 ActiveSheet 属性在不同窗口中可能是不同的。

3.2　添加新工作表

使用 Worksheets 集合或 Sheets 集合的 Add 方法，可以在工作簿中添加工作表，新创建的工作表将成为工作簿的活动工作表。如下示例代码在工作簿中第 1 个工作表之前插入一个新工作表，并为新添加的工作表指定名称。

```
#001   Sub AddWorksheet()
#002       Worksheets.Add Before:= Worksheets(1)
#003       ActiveSheet.Name = " 新添工作表 "
#004   End Sub
```

❖ 代码解析

第 2 行代码使用 Add 方法在第 1 个工作表之前添加一个工作表。

应用于 Worksheets 集合和 Sheets 集合的 Add 方法的语法格式如下。

```
Add(Before, After, Count, Type)
```

其中，参数 Before 是可选的，用来指定工作表对象，新建的工作表将置于此工作表之前。参数 After 是可选的，用来指定工作表对象，新建的工作表将置于此工作表之后。参数 Count 是可选的，指定要新建的工作表的数目，默认值为 1。

参数 Type 是可选的，用来指定工作表类型，默认值为 xlWorksheet。应用于 Sheets 集合时可为如下 XlSheetType 常量之一：xlWorksheet、xlChart、xlExcel4MacroSheet 或 xlExcel4IntlMacroSheet。应用于 Worksheets 集合时为 xlWorksheet。如果要基于现有模板插入工作表，则需要指定该模板的路径。

> **注意** ▬■▬■→　　不能同时指定参数Before和参数After。如果同时省略参数Before和参数After，则在活动工作表之前插入新建工作表。

第 3 行代码使用 Name 属性重新命名活动工作表。由于新添加的工作表即为活动工作表，所以代码中可以使用 ActiveSheet 属性引用新建工作表。

第 2 行和第 3 行代码可以简化为如下一行代码。

```
Worksheets.Add(Before:=Worksheets(1)).Name = " 新添工作表 "
```

一般情况下，**AddWorksheet** 过程能够正常运行，如果工作簿窗口被隐藏，将会产生运行时错误。如下示例代码可以避免此类意外情况。

```
#001   Sub AddNewWorksheet()
#002       Dim wksSht As Worksheet
#003       With ThisWorkbook
#004           Set wksSht = .Worksheets.Add(After:=.Sheets(.Sheets.Count))
#005       End With
#006       wksSht.Name = " 新添工作表 2"
#007       Set wksSht = Nothing
#008   End Sub
```

❖ 代码解析

第 3 行代码中 ThisWorkbook 对象代表代码所在的工作簿。

第 4 行代码利用 Worksheets 集合的 Add 方法新建工作表对象，将其赋值给对象变量 wksSht。

第 6 行代码重命名工作表。

第 7 行代码释放 wksSht 对象变量。

3.3　防止更改工作表的名称

工作表的名称显示在工作表标签上，在工作表标签上双击即能够修改工作表名称。一旦工作表名称发生变化，有可能产生一系列的连锁问题，如在其他工作簿中对该工作表的引用将会失效，运行通过工作表名称引用工作表的代码时也将发生错误等。

Excel 没有提供修改工作表名称的相关事件，如果希望禁止用户修改工作表名称，需采取一些技巧。如下示例代码在工作表 Worksheet_SelectionChange 事件中检验工作表名称，如果工作表名称发生变化，则将其修改恢复为指定字符串，即保持工作表名称不变。

```
#001  Private Sub Worksheet_SelectionChange(ByVal Target As Range)
#002      If Me.Name <> "Excel Home" Then Me.Name = "Excel Home"
#003  End Sub
```

❖ 代码解析

在当前工作表中选定区域发生改变时，工作表对象的 SelectionChange 事件被激活，第 2 行代码判断工作表名称，如果不是指定字符串，则将其恢复为"Excel Home"，从而实现禁止更改工作表名称。

> 使用本方法只能在一定程度上禁止工作表名称被修改。如果要确保工作表名称不被修改，建议采取隐藏工作表标签或保护工作簿的方法。

事件是指当用户执行某个特定的操作后，即可触发某个事件程序并使其自动运行。事件程序是可以自动、反复执行的，很多"自动"的功能都是依靠事件来完成的。

Worksheet_SelectionChange 事件触发条件是，当选中的单元格区域发生变化时，触发该事件程序执行，该事件的形式如下。

```
Private Sub Worksheet_SelectionChange(ByVal Target As Range)
```

参数 Target 为 Range 类型，表示新选定的单元格区域。

工作表对象支持的事件如表 3.1 所示。

表 3.1　工作表事件

事件	触发条件
Activate	工作表从非活动状态转为活动状态时
Deactivate	工作表从活动状态转为非活动状态时
BeforeDoubleClick	双击工作表之前
BeforeRightClick	右击工作表时
Calculate	对工作表进行重新计算之后
Change	更改工作表中的单元格或外部链接引起单元格的更改时
FollowHyperlink	单击工作表上的任意超链接时
PivotTableUpdate	在工作簿中的数据透视表更新之后

事件	触发条件
SelectionChange	工作表上的选定区域发生改变时

3.4 判断工作簿中是否存在指定名称的工作表

如下自定义函数判断工作簿中是否存在指定名称的工作表。

```
#001    Function blnSheetExist(ByVal strShtName As String) As Boolean
#002        Dim wksSht As Worksheet
#003        On Error Resume Next
#004        Set wksSht = Worksheets(strShtName)
#005        If Err.Number = 0 Then blnSheetExist = True
#006        Set wksSht = Nothing
#007    End Function
```

❖ 代码解析

blnSheetExist 函数包含一个 String 类型的参数，代表需要查询的工作表名称。如果工作簿中存在指定名称的工作表，则函数返回结果 True。

第 5 行代码判断是否产生运行时出错，如果第 4 行代码产生错误，则表示工作簿中不存在指定名称的工作表。

如下示例代码判断活动工作簿中是否存在名称为"Sheet1"的工作表。

```
MsgBox SheetExist("Sheet1")
```

> **注意** ➡ 在工作簿中，表包括工作表、宏表和图表等，表的名称是唯一的。

3.5 按名称排序工作表

在工作表数量较多而工作表排列又没有规则时，很难快速地定位某个工作表，这时可以对工作表进行排序，以便于用户查找工作表。

3.5.1 按常规文本排序

要实现对工作表的排序，可以先对各工作表名称的文本排序，然后调整工作表的位置。如下示例代码使用比较排序法对文本进行降序排序，然后对各工作表按排序结果重新排列，从而实现将工作表按名称升序排序。

```
#001    Sub SortShtByName()
#002        Dim intSheetCount As Integer
#003        Dim i As Integer, j As Integer
#004        Dim strName As String, astrSheet() As String
#005        Application.ScreenUpdating = False
#006        intSheetCount = Worksheets.Count
```

```
#007        ReDim astrSheet(1 To intSheetCount)
#008        For i = 1 To intSheetCount
#009            astrSheet(i) = Worksheets(i).Name
#010        Next i
#011        For i = 1 To intSheetCount - 1
#012            For j = i + 1 To intSheetCount
#013                If astrSheet(i) < astrSheet(j) Then
#014                    strName = astrSheet(i)
#015                    astrSheet(i) = astrSheet(j)
#016                    astrSheet(j) = strName
#017                End If
#018            Next j
#019        Next i
#020        For i = 1 To intSheetCount
#021            Worksheets(astrSheet(i)).Move Before:=Worksheets(1)
#022        Next i
#023        Application.ScreenUpdating = True
#024    End Sub
```

❖ 代码解析

第 6 行代码获取工作表的数量并赋值给变量 intSheetCount。

第 7 行代码使用 ReDim 语句重新分配动态数组 astrSheet 的存储空间，将其调整为一维数组，所包含元素的个数等于变量 intSheetCount。

第 8~10 行代码将全部工作表名称保存在数组 astrSheet 中。

第 11~19 行代码按从大到小的顺序对数组排序。

第 13~17 行代码采用"冒泡法"排序，将数组中相邻的两个数据进行比较，如果前一个数据比后一个数据小，则交换位置。

第 20~22 行代码使用 For 循环结构和 Move 方法，按排序后的数组顺序逐一移动工作表到第 1 个工作表之前，从而实现工作表的升序排列。

Worksheet 对象的 Move 方法将指定的工作表移到工作簿的另一位置，其语法格式如下。

```
Move(Before, After)
```

其中，参数 Before 是可选的，用于指定工作表，被移动的工作表将移到此工作表之前。

参数 After 是可选的，用于指定工作表，被移动的工作表将移到此工作表之后。

注意
    Move方法不能同时指定两个参数。如果不指定参数，那么Move方法将新建一个工作簿并将要移动的工作表移到新工作簿中。

3.5.2 按数字部分排序

在实际应用中，用户可能会使用"字符串 + 数字"或"数字 + 字符串"的形式作为工作表的名称。常见的有如图 3.2 所示的各月数据的工作表名称。在对使用此种类型名称的工作表进行排序时，通常按月份的大小顺序进行排序。如果直接使用 3.5.1 小节的代码进行排序，则无法满足要求。

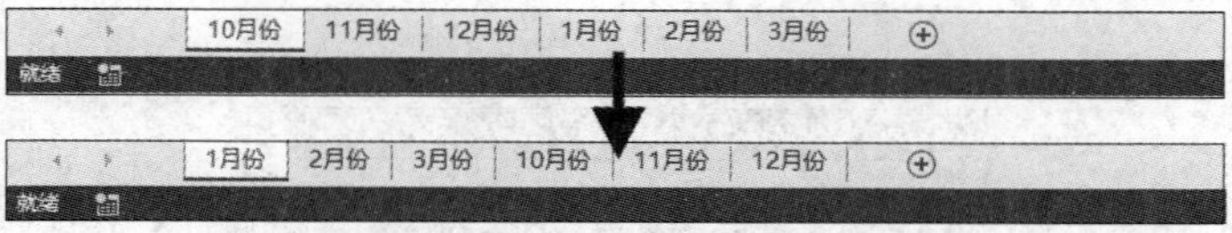

图 3.2　按数字排序结果

如果工作簿中工作表的名称都使用"数字 + 字符串"的形式，那么如下示例代码按工作表名称前面的数字升序排列所有工作表。

```
#001   Sub SortByNumber()
#002       Dim i As Integer, intSheetCount As Integer
#003       Dim aintArr1() As Integer, aintArr2() As Integer
#004       Application.ScreenUpdating = False
#005       intSheetCount = Worksheets.Count
#006       ReDim aintArr1(1 To intSheetCount)
#007       ReDim aintArr2(1 To intSheetCount)
#008       For i = 1 To intSheetCount
#009           aintArr1(i) = Val(Worksheets(i).Name)
#010       Next i
#011       For i = 1 To intSheetCount
#012           aintArr2(i) = Application.WorksheetFunction. _
                            Large(aintArr1,i)
#013       Next i
#014       For i = 1 To intSheetCount
#015           Worksheets(aintArr2(i) & "月份").Move Before:=Worksheets(1)
#016       Next i
#017       Application.ScreenUpdating = True
#018   End Sub
```

❖ 代码解析

第 8~10 行代码获取各工作表名称前面的数字，并保存在数组 aintArr1 中。Val 函数返回包含于字符串前面的数字，在第一个非数字字符位置停止读入字符串。

第 11~13 行代码将数组 aintArr1 中的数据进行排序，并将排序后的数据存储在数组 aintArr2 中。其中，第 12 行代码中使用工作表函数 Large 将数组 aintArr1 中的数据从大到小排列并存储在数组 aintArr2 中。Large 工作表函数返回数据集中第 k 个最大值。

如果将第 12 行代码中的 Large 函数改为 Small 函数，可以将工作表按名称降序排序。

3.6　限制工作表滚动区域

通过设置 Worksheet 对象的 ScrollArea 属性，能够限制工作表允许滚动的区域。ScrollArea 属性使用以 A1 样式的单元格引用形式（字符串类型）返回或设置工作表允许滚动的区域。设置工作表滚动区域之后，用户不能选定允许滚动区域之外的单元格，同时工作表的一些相应功能可能被禁止（如工作表全选、选中整行或整列等），但仍然可以选定区域之外的其他对象（如图形、按钮等）。

在 VBE 的【工程资源浏览器】窗口中选中相应工作表对象，然后在【属性】窗口中设置 ScrollArea

属性，如图 3.3 所示。

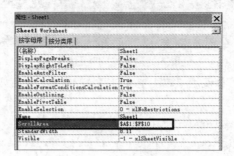

图 3.3　设置 ScrollArea 属性

　　为保证工作簿打开时自动限制工作表允许滚动区域，通常在 Workbook_Open 事件中对该属性进行
设置，如下示例代码使工作簿打开时将第一张工作表的可滚动区域设置为 A1:F10 单元格区域。

```
#001   Private Sub Workbook_Open()
#002       Worksheets(1).ScrollArea = "A1:F10"
#003   End Sub
```

　　使用代码可以动态地设置工作表允许滚动区域，如下示例代码激活工作表 Sheet2，并将工作表允
许滚动区域设置为活动窗口的可视区域。

```
#001   Sub SetScrollArea()
#002       With Sheet2
#003           .Activate
#004           .ScrollArea = ActiveWindow.VisibleRange.Address
#005       End With
#006   End Sub
```

❖ 代码解析

　　第 4 行代码将工作表的 ScrollArea 属性设置为活动窗口的可视区域地址。其中 Window 对象的
VisibleRange 属性返回 Range 对象，代表当前窗口的可视区域。窗口的可视区域是指用户可以在窗口
或窗格中看到的所有单元格区域，如果一行或一列有部分区域可见，该行或列就包括在可视区域中。

　　当指定 ScrollArea 属性值为空时，将取消已有工作表允许滚动区域的设置，示例代码如下。

```
Worksheets(1).ScrollArea = ""
```

3.7　操作受保护的工作表

　　如果在代码过程中修改受保护工作表中单元格区域的内容，就需要先通过代码取消工作表保护，再
执行相应的修改操作代码，然后重新保护工作表。

```
#001   Sub ChangeValue()
#002       With ActiveSheet
```

```
#003              .Unprotect
#004              .Range("A1").Value = "Excel Home 欢迎您！"
#005              .Protect
#006        End With
#007   End Sub
```

❖ 代码解析

第 3 行代码使用 Worksheet 对象的 Unprotect 方法取消工作表的保护，其语法格式如下。

```
Unprotect(Password)
```

参数 Password 用于指定工作表或工作簿的保护密码，该密码需区分大小写。如果在保护工作表或工作簿时使用了密码，那么在取消保护时需要指定保护密码。如果工作表或工作簿未设密码保护，则忽略该参数。

第 5 行代码使用 Worksheet 对象的 Protect 方法保护工作表，其语法格式如下。

```
Protect(Password, DrawingObjects, Contents, Scenarios, UserInterfaceOnly,
AllowFormattingCells, AllowFormattingColumns, AllowFormattingRows,
AllowInsertingColumns, AllowInsertingRows, AllowInsertingHyperlinks,
AllowDeletingColumns, AllowDeletingRows, AllowSorting, AllowFiltering,
AllowUsingPivotTables)
```

如果省略参数，那么 Protect 方法允许选中任何单元格，同时允许编辑未锁定的单元格，但锁定的单元格不能被修改。当用户试图在工作表中编辑已锁定单元格时，将弹出如图 3.4 所示的提示。

图 3.4　更改被保护的单元格提示

当用户试图通过代码修改受保护的单元格时，将会产生运行时错误，如图 3.5 所示。

图 3.5　更改受保护单元格错误消息

如果设置参数 UserInterfaceOnly 为 True，则仅保护工作表的用户界面，而不限制宏操作（用户不能通过界面对工作表进行修改，但可以通过 VBA 代码修改工作表）。需要注意的是参数 UserInterfaceOnly 的设置仅在当前会话中有效，当再次打开受保护的工作簿时，整张工作表将被完全保护，而不只保护用户界面。因此，如果再次打开工作簿后重新启用用户界面保护，那么必须再次应用 Protect 方法并指定参数 UserInterfaceOnly 为 True。

如下示例代码在 Workbook_Open 事件中保护 Sheet1 工作表界面，以保证工作簿每次打开时，都能够通过代码操作工作表，而不需要取消工作表保护。

```
#001   Private Sub Workbook_Open()
```

```
#002        Sheet1.Protect UserInterfaceOnly:=True
#003   End Sub
```

3.8 在指定单元格区域中禁止显示右键菜单

正常情况下，当用户使用鼠标右击单元格时，将显示单元格快捷菜单（上下文菜单），如图 3.6 所示。

图 3.6 单元格右键快捷菜单

在工作表 Worksheet_BeforeRightClick 事件中编写相关代码，能够设定是否显示该菜单，示例代码如下。

```
#001   Private Sub Worksheet_BeforeRightClick _
          (ByVal Target As Range, Cancel As Boolean)
#002        If Not Application.Intersect(Target, Range("A1:F10")) _
             Is Nothing Then Cancel = True
#003   End Sub
```

❖ 代码解析

当用户在单元格区域 A1:F10 中右击时，禁止显示右键快捷菜单。

在工作表中右击时将触发 Worksheet_BeforeRightClick 事件。第 2 行代码利用 Application 对象的 Intersect 方法判断参数 Target（右击发生时鼠标指针所在单元格）与单元格区域 A1:F10 是否有重叠部分，如果有重叠部分，则参数 Cancel 被赋值为 True。参数 Cancel 是可选的，如果将该参数值设置为 True，那么事件结束之后就不再执行默认的后续操作，也就是不显示右键快捷菜单。关于 Intersect 方法的详细讲解请参阅 4.8.1 小节。

3.9 选中所有工作表

如果需要同时选中工作簿中的所有工作表，则必须保证所有工作表都处于可视状态。使用如下几种方法可以选中工作簿中所有工作表。

3.9.1 带参数的 Select 方法

```
#001  Sub SelectedAllSheets()
#002      Dim wksSht As Worksheet
#003      For Each wksSht In Worksheets
#004          wksSht.Select False
#005      Next wksSht
#006      Set wksSht = Nothing
#007  End Sub
```

❖ 代码解析

SelectedAllSheets 过程遍历工作表并使用 Select 方法选中所有工作表。应用于 Worksheet 对象的 Select 方法的语法格式如下。

```
Select([Replace])
```

参数 Replace 是可选的，如果该值为 True（默认值），则用指定对象替代当前选定对象。如果该值为 False，则将指定对象添加到之前选定的对象集合中。

3.9.2 使用集合

```
#001  Sub SelectedSheetsA()
#002      Worksheets.Select
#003  End Sub
```

❖ 代码解析

SelectedSheetsA 过程使用 Worksheets 集合的 Select 方法选中集合中所有的 Worksheet 工作表对象。

3.10 在 VBA 中使用工作表函数

在 Excel 中有很多工作表函数使用起来很方便，如 Sum、Average 和 Countif 等。在 VBA 代码之中，也可以直接调用 Excel 工作表函数。示例代码如下。

```
#001  Sub GetSum()
#002      Range("D2") = "=SUM(B1:B10)"
#003  End Sub
#004  Sub EvaluateSum()
#005      Range("F2") = Evaluate("=SUM(B1:B10)")
#006  End Sub
#007  Sub GetCountif()
#008      Range("H2") = Application.WorksheetFunction.CountIf _
```

```
                (Range("A1:A10"), "ExcelHome")
#009        Range("H3") = WorksheetFunction.CountIf _
                (Range("A1:A10"), "ExcelHome")
#010        Range("H4") = Application.CountIf _
                (Range("A1:A10"), "ExcelHome")
#011   End Sub
```

❖ 代码解析

第 2 行代码直接在 D2 单元格中设置公式调用工作表函数。

第 5 行代码通过 Evaluate 函数直接获取工作表函数的计算结果。

第 8~10 行代码是调用工作表函数 Countif 函数的 3 种写法。

使用内置的工作表函数并不一定是最快、最高效的，但无疑是最直接、最省事的。可以在不精通 VBA 语言及相关逻辑规则的前提下，通过调用这些内置函数快速实现目标。

> 并非所有工作表函数都可以在VBA中通过Applicaition或Worksheetfunction予以调用，如Trunc、Numberstring等。

3.11 判断是否存在指定名称的工作簿

3.11.1 循环判断

如下自定义函数用来判断当前应用程序中是否存在指定名称的工作簿。

```
#001   Function blnWBExist(ByVal strWbName As String) As Boolean
#002       Dim wkbName As Workbook
#003       For Each wkbName In Workbooks
#004           If wkbName.Name = strWbName Then
#005               blnWBExist = True
#006               Exit For
#007           End If
#008       Next wkbName
#009       Set wkbName = Nothing
#010   End Function
```

❖ 代码解析

blnWBExist 函数包含一个字符串类型的参数 strWbName，用于指定需要判断是否存在的工作簿名称，该函数返回一个逻辑值 True 或 False。

第 3~8 行代码通过 For Each 循环结构遍历当前应用程序所有已打开的工作簿文件（Workbooks 集合），判断是否存在与参数指定的工作簿名称相同的工作簿。如果存在，则 blnWBExist 函数返回 True。

如下示例代码调用 blnWBExist 函数，判断当前应用程序中是否存在文件名为 "Book1.xlsx" 的工作簿。

```
MsgBox blnWBExist ("Book1.xlsx")
```

3.11.2 错误陷阱处理

利用错误陷阱处理,不需要遍历当前应用程序中全部工作簿即可实现判断工作簿存在与否。示例代码如下。

```
#001    Function blnExistWB(ByVal strWbName As String) As Boolean
#002        Dim wkbName As Workbook
#003        On Error Resume Next
#004        Set wkbName = Workbooks(strWbName)
#005        If Err.Number = 0 Then blnExistWB = True
#006        Set wkbName = Nothing
#007    End Function
```

❖ 代码解析

第 3 行代码使用 On Error Resume Next 语句,忽略运行时错误,继续运行发生错误的语句之后的代码。

第 4 行代码将文件名为 strWbName 的工作簿赋值给变量 wkbName。如果不存在该工作簿,当前语句会产生运行时错误。

第 5 行代码通过判断第 4 行代码是否发生错误来确定是否存在指定文件名的工作簿。

关于错误处理的相关讲解请参阅第 24 章。

3.12 引用工作簿

3.12.1 使用 ThisWorkbook 属性

Application 对象的 ThisWorkbook 属性返回代码所在的工作簿对象,在使用该属性引用工作簿对象时,Application 通常被省略,如下示例代码显示代码所在工作簿的全路径文件名称,其中 Workbook 对象的 FullName 属性返回工作簿的完整路径(包括其磁盘路径的字符串)。

```
MsgBox ThisWorkbook.FullName
```

3.12.2 使用代码名称引用

工作簿代码名称显示在 VBE【工程资源管理器】窗口中,每个工作簿有且只有一个工作簿对象,该对象默认名称为 "ThisWorkbook"。使用 Application 对象的 ThisWorkbook 属性和默认的工作簿代码名称引用的都是同一对象,有些用户可能会纠结 Excel 到底是通过属性还是代码名称引用工作簿对象的。在 VBE 的属性窗口中可以修改工作簿的代码名称,如图 3.7 将工作簿代码名称修改为 "ThisBook",就可以使用新的代码名称来引用该工作簿对象。

```
MsgBox ThisBook.FullName
```

图 3.7 修改工作簿代码名称

3.12.3 使用 ActiveWorkbook 属性

Application 对象的 ActiveWorkbook 属性返回应用程序当前活动窗口(最顶层窗口)中的工作簿,

通常称为当前活动工作簿。如下示例代码获取当前活动工作簿的名称。

```
MsgBox ActiveWorkbook.Name
```

3.12.4　使用工作簿名称引用

如果知道工作簿的名称，就可以通过工作簿名称来引用该工作簿对象。如下示例代码激活"Book1.xlsx"工作簿窗口，如果"Book1.xlsx"存在多个窗口，则激活第 1 个窗口。

```
Workbooks("Book1.xlsx").Activate
```

新建未保存工作簿的文件名称没有扩展名，如下示例代码激活"工作簿 1"工作簿窗口，如果"工作簿 1"存在多个窗口，则激活第 1 个窗口。

```
Workbooks(" 工作簿 1").Activate
```

3.12.5　使用工作簿索引号

工作簿索引号指示应用程序当前所有工作簿打开的先后次序。应用程序按照当前应用程序中工作簿对象打开顺序进行编号，最早打开的工作簿索引号为 1，最后打开的工作簿索引号为应用程序当前工作簿的数量。

如下示例代码显示最后打开的工作簿名称。

```
MsgBox Workbooks(Workbooks.Count).Name
```

3.13　新建工作簿

使用 Workbooks 集合的 Add 方法可以新建一个工作簿，其语法格式如下。

```
Workbooks.Add (Template)
```

如下示例代码新建并保存一个工作簿。

```
#001   Sub CreateNewWorkbook()
#002       Workbooks.Add
#003       ActiveWorkbook.SaveAs ThisWorkbook.Path & "\NewBook1.xlsx"
#004   End Sub
```

❖ 代码解析

因为新创建的工作簿将成为活动工作簿，所以可以通过 ActiveWorkbook 属性引用新创建的工作簿。

新建工作簿时，如果忽略 Add 方法的参数，那么在默认情况下新建的工作簿将包含 1 个工作表。新建的工作簿中工作表的数量由【文件】→【Excel 选项】对话框中【常规】选项卡中的【新建工作簿时】选项区域中【包含的工作表数】的数值决定，如图 3.8 所示。该数值能够通过 Application 对象的 SheetsInNewWorkbook 属性查询或修改。

图 3.8　【新建工作簿时】包含的工作表数

参数 Template 是可选的，用于指定创建工作簿的格式。如果将该参数指定为代表现有 Excel 文件名的字符串，那么创建的新工作簿将以该指定文件作为模板。如果将该参数指定为表 3.2 列举的 XIWBATemplate 常量之一，那么新工作簿将包含指定类型的单个工作表。

表 3.2　XIWBATemplate 常量

常量	值	说明
xlWBATWorksheet	−4167	工作表
xlWBATChart	−4109	图表
xlWBATExcel4MacroSheet	3	宏表
xlWBATExcel4IntlMacroSheet	4	国际通用宏表

如下示例代码将新建一个仅包含一张工作表的工作簿。

```
Workbooks.Add xlWBATWorksheet
```

3.14　导入文本文件中的数据

示例文本文件 Students.txt 中，包含 3 个字段，并使用管道符号 "|"
分隔，如图 3.9 所示。

现需要将该文本文件中的姓名、性别和出生日期 3 个字段导入工作
表中，但不包括字段名，并同时将日期字段设置为日期格式。如下示例
代码将该文本文件按要求导入包含一个工作表的新工作簿中。

图 3.9　要求输入的文本文件

```
#001   Sub UserOpenText()
#002       Workbooks.OpenText _
           Filename:=ThisWorkbook.Path & "\Students.txt", _
           StartRow:=2, _
           DataType:=xlDelimited, _
           Other:=True, _
           OtherChar:="|", _
           FieldInfo:=Array(Array(1, 9), Array(2, 1), _
           Array(3, 1), Array(4, 5))
#003       ActiveWorkbook.Sheets(1).Columns("A:C").AutoFit
#004   End Sub
```

❖ 代码解析

第 2 行代码使用 Workbooks 集合的 OpenText 方法打开文本文件，其语法格式如下。

```
OpenText(FileName, Origin, StartRow, DataType, TextQualifier,
ConsecutiveDelimiter, Tab, Semicolon, Comma, Space, Other, OtherChar,
FieldInfo, TextVisualLayout, DecimalSeparator, ThousandsSeparator,
TrailingMinusNumbers, Local)
```

其中，参数 Filename 指定需要导入的文本文件名。

参数 StartRow 指定文本文件中开始导入的行数。

参数 DataType 指定按分隔符号对文本进行分列。

参数 Other 设置为 True 指示文本进行分开时按照参数 OtherChar 指定的字符为分隔符号。

参数 FieldInfo 包含各数据列分析信息的数组，取决于参数 DataType。如果数据由分隔符分隔，则该参数为由两元素数组组成的数组，其中每个两元素数组指定一个特定列的转换选项。第 1 个元素为列标（从 1 开始），第 2 个元素指定如何分析该列，可为表 3.3 列举的 XlColumnDataType 常量之一。

表 3.3   XlColumnDataType 常量

常量	值	含义
xlGeneralFormat	1	常规
xlTextFormat	2	文本
xlMDYFormat	3	MDY 日期
xlDMYFormat	4	DMY 日期
xlYMDFormat	5	YMD 日期
xlMYDFormat	6	MYD 日期
xlDYMFormat	7	DYM 日期
xlYDMFormat	8	YDM 日期
xlSkipColumn	9	忽略列
xlEMDFormat	10	EMD 日期

UserOpenText 过程在对文本文件 Students.txt 按管道符号分列后，文本将被分解为 4 列。指定参数 FieldInfo 中第 1 个数组 Array（1，9）表示忽略第 1 列（第 1 个数组元素为 1，第 2 个数组元素为 9），第 2 个数组 Array（2，1）和第 3 个数组 Array（3，1）表示第 2 列和第 3 列按常规方式分列，第 4 个数组 Array（4，5）表示第 4 列格式设置为 YMD 日期。

第 3 行代码使用 AutoFit 方法调整活动工作簿中第 1 个工作表从 A
列到 C 列为自适应列宽。AutoFit 方法用来将区域中的列宽和行高调整
为最适当的值。

运行 UserOpenText 过程后，结果如图 3.10 所示。

图 3.10　导入文本数据的结果

3.15　保存工作簿

在 VBA 中，通过编程方式保存工作簿文件有如下几种方法。

3.15.1　使用 Save 方法

Workbook 对象的 Save 方法保存工作簿的更改。如下示例代码保存对活动工作簿的更改。

```
#001  Sub SaveThisBook()
#002      ThisWorkbook.Save
#003  End Sub
```

如果希望将某个工作簿标记为已保存，但不是真正更新磁盘文件，则仅需将工作簿的 Saved 属性
设置为 True。在关闭工作簿时，如果工作簿的 Saved 属性值为 True，则工作簿直接被关闭，且此时不
会显示是否保存更改的提示消息。

```
ActiveWorkbook.Saved = True
```

3.15.2　使用 SaveAs 方法

如果需要将工作簿另存为一个新的工作簿文件（可以是不同格式的），应使用 Workbook 对象的
SaveAs 方法，示例代码如下。

```
#001  Sub SaveAsWorkbook()
#002      ThisWorkbook.SaveAs Filename:=ThisWorkbook.Path & _
              "\Backup.xlsm", Password:="123"
#003  End Sub
```

❖ 代码解析

SaveAsWorkbook 过程代码使用"Backup.xlsm"为文件名保存代码所在的工作簿，并指定其保护
密码为"123"。

Workbook 对象的 SaveAs 方法使用一个新的文件名保存对工作簿所做的更改，其语法格式如下。

```
SaveAs(Filename, FileFormat, Password, WriteResPassword,
ReadOnlyRecommended, CreateBackup, AccessMode, ConflictResolution, AddToMru,
TextCodepage, TextVisualLayout, Local)
```

其中，参数 Filename 是可选的，用于指定要保存文件的文件名字符串，可包含完整路径，如果不
指定路径，则将新文件保存到当前文件夹中。

参数 Password 用于指定文件的保护密码，是区分大小写的字符串（最长不超过 15 个字符）。

3.15.3　使用 SaveCopyAs 方法

使用 Workbook 对象的 SaveAs 方法将工作簿另存为新文件后，将关闭原工作簿文件。如果用户希
望在保存为另一文件名后，继续编辑原工作簿，则应使用 SaveCopyAs 方法，示例代码如下。

```
#001  Sub SaveWorkbookCopy()
#002      ThisWorkbook.SaveCopyAs ThisWorkbook.Path & "\ 副本 .xlsm"
#003  End Sub
```

❖ 代码解析

SaveWorkbookCopy 过程代码使用 SaveCopyAs 方法保存代码所在的工作簿副本，并指定其名称。SaveCopyAs 方法将指定工作簿的副本保存到文件中，但不修改内存中打开的工作簿，其语法格式如下。

```
SaveCopyAs (Filename)
```

其中，参数 Filename 用于指定工作簿副本的文件名。

3.16 保存指定工作表到新的工作簿文件

如果需要将工作簿中的一个或几个工作表单独保存为一个工作簿文件，可以使用 Worksheet 对象的 Copy 方法将指定的工作表复制到一个新建的工作簿中实现。

3.16.1 将单个工作表保存为工作簿文件

如下示例代码将应用程序当前活动工作表保存为工作簿文件 SheetBackup.xlsx，其路径与代码所在工作簿路径相同。

```
#001  Sub SavedSheetAsWorkbook()
#002      ActiveSheet.Copy
#003      ActiveWorkbook.Close SaveChanges:=True, _
              Filename:=ThisWorkbook.Path & "\SheetBackup.xlsx"
#004  End Sub
```

❖ 代码解析

第 2 行代码使用 Copy 方法新建一个工作簿，新工作簿中包含复制的当前活动工作表。应用于 Worksheet 对象的 Copy 方法的语法格式如下。

```
Copy (Before, After)
```

参数 Before 是可选的，用来指定工作表，复制的工作表将置于此工作表之前。

参数 After 是可选的，用来指定工作表，复制的工作表将置于此工作表之后。

不能同时指定参数 Before 和参数 After。当 Copy 方法省略参数时，应用程序将新建一个空工作簿（新建工作簿将成为活动窗口），并将 Copy 方法引用的工作表复制到该空工作簿中。

第 3 行代码使用 Workbook 对象的 Close 方法关闭新建的工作簿。应用于 Workbooks 集合和 Workbook 对象的 Close 方法的语法格式如下。

```
Close(SaveChanges, Filename, RouteWorkbook)
```

其中，参数 SaveChanges 是可选的。当其值为 True 时，将改变保存到工作簿。如果工作簿尚未命名，则使用参数 Filename 指定的名称。当其值为 False 时，不保存对工作簿的更改。忽略该参数时，如果工作簿的 Saved 属性值为 False，将弹出一个对话框，要求用户确定是否保存所做的更改。

参数 Filename 是可选的，指定保存工作簿的文件名称。

参数 RouteWorkbook 是可选的，指定工作簿是否需要传送给下一个收件人。

3.16.2 将指定的多个工作表保存为新工作簿文件

在需要将工作簿中的几个工作表单独保存为一个工作簿文件时，可以用数组的形式指定要复制的工作表，示例代码如下。

```
#001  Sub SaveSheetsAsWorkbook()
#002      Worksheets(Array("Sheet1", "Sheet2")).Copy
#003      ActiveWorkbook.SaveAs Filename:= _
              ThisWorkbook.Path & "\SheetsBackup.xlsx"
#004  End Sub
```

❖ 代码解析

SaveSheetsAsWorkbook 过程复制工作簿中名称为"Sheet1"和"Sheet2"的工作表，并将其保存在名为"SheetsBackup.xlsx"的工作簿文件中。

3.16.3 保存不确定数量的多个工作表

如果需要复制的工作表数量无法确定，则可以使用动态数组完成，示例代码如下。

```
#001  Sub DynamicSaveSheets()
#002      Dim wksSht As Worksheet
#003      Dim intCount As Integer
#004      Dim astrArr() As String
#005      For Each wksSht In Worksheets
#006          If VBA.InStr(1,wksSht.Name," 月份 ",vbTextCompare) > 0 Then
#007              intCount = intCount + 1
#008              ReDim Preserve astrArr(1 To intCount)
#009              astrArr(UBound(astrArr)) = wksSht.Name
#010          End If
#011      Next wksSht
#012      If intCount > 0 Then
#013          Worksheets(astrArr).Copy
#014          ActiveWorkbook.SaveAs Filename:= _
                  ThisWorkbook.Path & "\SheetsBackup.xlsx"
#015      End If
#016      Set wksSht = Nothing
#017  End Sub
```

❖ 代码解析

DynamicSaveSheets 过程代码选定工作簿中所有名称文本中包含"月份"字符串的工作表。

第 5~11 行代码使用 For Each 循环结构遍历所有工作表，如果工作表名称中包含"月份"字符串，则将该工作表名称添加到数组 astrArr 中。

第 13 行代码使用动态数组复制工作表组。

3.17 禁止工作簿文件另存

如果希望屏蔽工作簿的另存为功能，可以通过 Workbook_BeforeSave 事件实现，示例代码如下。

```
#001   Private Sub Workbook_BeforeSave _
           (ByVal SaveAsUI As Boolean, Cancel As Boolean)
#002       If SaveAsUI = True Then
#003           Cancel = True
#004           MsgBox "本文件另存操作已被禁止！", vbOKOnly + vbCritical, "警告"
#005       End If
#006   End Sub
```

❖ 代码解析

Workbook_BeforeSave 事件在保存工作簿之前触发，在用户使用另存为操作中，此事件在弹出【另存为】对话框之前被触发。

在 Workbook_BeforeSave 事件过程中，参数 SaveAsUI 指定保存工作簿文件时是否弹出【另存为】对话框。当工作簿文件另存为时，参数 SaveAsUI 的值为 True，否则为 False。

参数 Cancel 的值在事件发生时为 False。如果该事件过程将参数 Cancel 设置为 True，那么在该过程执行结束之后将不再保存工作簿。

在 Workbook_BeforeSave 事件过程中添加上面的代码之后，当用户执行另存为操作时，将弹出预定的警告信息，如图 3.11 所示。

图 3.11　警告信息

注意 ➡ 首次保存新建的工作簿文件时，弹出的也是【另存为】对话框。

3.18　关闭工作簿不显示保存对话框

当用户更改工作簿后，未执行保存操作而直接关闭工作簿时，将弹出如图 3.12 所示提示框，询问用户是否保存对工作簿的更改。

图 3.12　保存更改提示框

3.18.1　通过代码关闭工作簿

如果希望通过代码关闭工作簿时不弹出是否保存的提示框，可以在关闭语句前设置 Workbook 对象的 Saved 属性值为 True，或者在 Close 方法中指定参数 SaveChanges 为 False。

如下示例代码使用 Close 方法关闭工作簿而不保存对工作簿的任何更改。

```
ThisWorkbook.Close False
```

如下示例代码在关闭工作簿之前设置 Saved 属性值为 True，避免弹出如图 3.12 所示的对话框。

```
#001   Sub NotSaveAndClose()
#002       ThisWorkbook.Saved=True
#003       ThisWorkbook.Close
```

```
#004   End Sub
```

❖ 代码解析

Workbook 对象的 Saved 属性指示工作簿从上次保存至今是否发生过更改，如果工作簿进行了更改，则该属性值为 False，否则为 True。应用程序在关闭工作簿之前判断该属性的值，如果其值为 False，则弹出如图 3.12 所示的对话框，询问用户是否保存对工作簿所做的更改。

第 2 行代码将该属性的值设置为 True，使 Excel 认为已经保存了对工作簿所做的更改（实际上没有保存更改），从而不再弹出提示是否保存的对话框。

如果需要保存对工作簿所做的更改，那么应该在使用 Close 方法时指定参数 SaveChanges 值为 True，示例代码如下。

```
ThisWorkbook.Close True
```

或者在使用 Close 方法之前使用 Save 方法保存工作簿，示例代码如下。

```
#001   Sub SaveAndClose()
#002       ThisWorkbook.Save
#003       ThisWorkbook.Close
#004   End Sub
```

保存工作簿后，工作簿的 Saved 属性值将被设置为 True。

3.18.2　通过事件过程控制

如果希望用户在通过单击关闭按钮等操作关闭工作簿时，不弹出保存对话框，可以使用 Workbook_BeforeClose 事件过程来控制。Workbook_BeforeClose 事件在关闭工作簿弹出保存对话框之前发生。

如下示例代码利用 Workbook_BeforeClose 事件，在事件发生时将工作簿的 Saved 属性值设置为 True，不弹出保存对话框而直接关闭工作簿，此方法在关闭工作簿之前并没有保存对工作簿的修改。

```
#001   Private Sub Workbook_BeforeClose(Cancel As Boolean)
#002       Me.Saved = True
#003   End Sub
```

如果希望保存对工作簿的更改，则可以在 Workbook_BeforeClose 事件中使用 Save 方法保存工作簿，示例代码如下。

```
#001   Private Sub Workbook_BeforeClose(Cancel As Boolean)
#002       Me.Save
#003   End Sub
```

3.19　限制工作簿只能通过代码关闭

一般情况下，用户可以通过【文件】→【关闭】命令、Excel 窗口右上角的【关闭】按钮或任务栏中图标的右键快捷菜单中的【关闭窗口】命令关闭工作簿。如果用户希望禁用上述关闭工作簿的功能，限制工作簿只能通过代码关闭，可通过相应的工作簿事件代码来实现。

在 ThisWorkbook 的【代码窗口】中添加示例代码如下。

```
#001   Dim mblnCloseFlag As Boolean
#002   Private Sub Workbook_BeforeClose(Cancel As Boolean)
```

```
#003        If mblnCloseFlag = False Then
#004            Cancel = True
#005            MsgBox " 文件已被限制只能通过代码关闭。", vbExclamation, " 提示 "
#006        End If
#007    End Sub
#008    Sub CloseWorkbook()
#009        mblnCloseFlag = True
#010        Me.Close
#011    End Sub
```

❖ 代码解析

上述代码通过标识变量 mblnCloseFlag 的当前值决定是否允许关闭工作簿，只有当 mblnCloseFlag 的值为 True 时，才允许关闭工作簿。第 4 行代码将参数 Cancel 的值设置为 True，以禁止关闭操作。

在添加以上代码后，用户只能通过调用 CloseWorkbook 过程关闭工作簿。如果通过单击 Excel 窗口右上角的【关闭】按钮关闭工作簿，将弹出如图 3.13 所示的提示框。

图 3.13　提示框

3.20　打开启用宏的工作簿时禁用宏

正常情况下，通过 VBA 编程方式打开启用宏的工作簿文件时，Excel 默认启用宏（应用程序启动时会自动恢复该设置）。如果希望在通过 VBA 编程方式打开启用宏代码的工作簿时禁用宏，需要修改 Application 对象的 AutomationSecurity 属性。如下示例代码在打开启用宏代码的工作簿时，禁止启用该工作簿中的宏。

```
#001    Sub OpenWithoutMacro()
#002        With Application
#003            .AutomationSecurity = msoAutomationSecurityForceDisable
#004            .Workbooks.Open ThisWorkbook.Path & "\Macro1.xlsm"
#005            .AutomationSecurity = msoAutomationSecurityLow
#006        End With
#007    End Sub
```

❖ 代码解析

第 3 行代码设置 AutomationSecurity 属性值为 msoAutomationSecurityForceDisable，禁止运行被打开工作簿中的宏，AutomationSecurity 属性返回一个 MsoAutomationSecurity 常量，表示在用编程方式打开文件时，Excel 所使用的安全模式，其值为表 3.4 中列举的 MsoAutomationSecurity 常量之一。

表 3.4　MsoAutomationSecurity 常量

常量	值	说明
msoAutomationSecurityByUI	2	使用宏安全性对话框中指定的安全设置
msoAutomationSecurityForceDisable	3	禁用所有从程序打开的文件中的宏
msoAutomationSecurityLow	1	启用所有的宏（默认值）

第 4 行代码打开包含宏的工作簿文件，由于已经将安全模式设置为禁用宏（msoAutomationSecurityForceDisable），所以被打开工作簿文件中的宏无法运行。

第 5 行代码恢复自动安全设置属性的默认值。

 注意　　为避免破坏使用默认设置的解决方案，应该在打开某文件之后，将AutomationSecurity属性恢复为原值。

3.21　打开工作簿时禁止更新链接

通过 VBA 编程方式打开包含外部源链接的工作簿时，Excel 将弹出更新提示消息框，如图 3.14 所示的更新提示消息框。

图 3.14　更新提示消息框

如果不希望出现此提示消息框，可以修改 Application 对象的 AskToUpdateLinks 属性。运行如下示例代码可以关闭更新数据源链接提示，并自动更新数据链接。

```
#001  Sub OpenWithoutUpdateLinksWindows()
#002      Application.AskToUpdateLinks = False
#003      Workbooks.Open ThisWorkbook.Path & "\Macro1.xlsx"
#004      Application.AskToUpdateLinks = True
#005  End Sub
```

❖ 代码解析

第 2 行代码设置 AskToUpdateLinks 属性值为 False，Excel 将关闭更新数据源链接的提示。

第 4 行代码将 AskToUpdateLinks 属性值恢复为默认状态。

如果打开工作簿时不需要 Excel 自动更新数据源链接，可以设置 Wrokbooks 的 Open 方法的参数，将可选参数 UpdateLinks 的值指定为 0，示例代码如下。

```
#001  Sub OpenWithoutUpdateLinks()
#002      Workbooks.Open Filename:=ThisWorkbook.Path _
              & "\Macro1.xlsx", UpdateLinks:=0
#003  End Sub
```

参数 UpdateLinks 的取值如表 3.5 所示。

表 3.5 UpdateLinks 的取值及含义

值	含义
0	不更新任何引用
1	更新外部引用，但不更新远程引用
2	更新远程引用，但不更新外部引用
3	同时更新远程引用和外部引用

3.22 定义隐藏的名称

在一些工作簿中，用户在工作表中可以使用名称，但在【名称管理器】对话框中却无法查看和修改相关名称，其原因在于这些名称都是隐藏名称。例如，在单元格 A1 中使用了名称"EH"引用字符串"Excel Home"，而在【名称管理器】对话框中并不显示该名称，如图 3.15 所示。

图 3.15 定义隐藏名称

示例代码如下。

```
#001  Sub AddHiddenName()
#002      ThisWorkbook.Names.Add Name:="EH", _
              RefersTo:="Excel Home", Visible:=False
#003  End Sub
```

❖ 代码解析

第 2 行代码添加工作簿级别的名称"EH"，并指定该名称引用为字符串"Excel Home"，同时指定该名称为隐藏名称。

工作簿对象的 Names 属性返回 Names 集合，代表指定工作簿的所有名称（包括所有工作表级别的名称）。Names 集合的 Add 方法创建一个新名称，其语法格式如下。

```
Add(Name, RefersTo, Visible, MacroType, ShortcutKey, Category,
NameLocal, RefersToLocal, CategoryLocal, RefersToR1C1, RefersToR1C1Local)
```

其中，参数 Name 为指定名称的文本。名称不能包含空格，不能与单元格引用相同。

参数 RefersTo 指定名称引用的内容，可为单元格区域、字符串和数值等。

参数 Visible 指示是否隐藏该名称，其值为 True（默认值）时，使用常规方式创建名称；其值为 False 时，则名称创建为隐藏名称。

修改相应名称的 Visible 属性值为 True，将显示被隐藏的名称。如下示例代码恢复显示隐藏名称 "EH"。

```
#001   Sub ShowName()
#002       ThisWorkbook.Names("EH").Visible = True
#003   End Sub
```

如下示例代码隐藏活动工作簿中所有名称。

```
#001   Sub HideAllName()
#002       Dim objName As Name
#003       For Each objName In ActiveWorkbook.Names
#004           objName.Visible = False
#005       Next objName
#006       Set objName = Nothing
#007   End Sub
```

03 章

3.23 实现工作簿"自杀"功能

当工作簿文件打开后，能够通过修改 Workbook 对象的 ChangeFileAccess 方法更改工作簿的访问权限，然后可以通过删除工作簿文件，实现工作簿的"自杀"功能。示例代码如下。

```
#001   Sub KillThisWorkbook()
#002       With ThisWorkbook
#003           .Saved = True
#004           .ChangeFileAccess xlReadOnly
#005           Kill .FullName
#006           .Close
#007       End With
#008   End Sub
```

❖ 代码解析

第 3 行代码将工作簿对象的 Saved 属性值设置为 True，以避免切换文件状态前可能弹出的如图 3.16 所示的提示消息框。

第 4 行代码使用 ChangeFileAccess 方法将工作簿的访问权限修改为只读。ChangeFileAccess 方法用于更改工作簿的访问权限，其语法格式如下。

图 3.16　保存更改提示消息框

```
ChangeFileAccess(Mode, WritePassword, Notify)
```

其中，参数 Mode 的值为 xlReadWrite（读写）或 xlReadOnly（只读）之一。

参数 WritePassword 指定写保护密码，只有当参数 Mode 为 xlReadWrite 时才有效。

参数 Notify 指定当指定文件不可立即访问时是否提示用户，默认值为 True。

第 5 行代码使用 Kill 语句删除磁盘上的工作簿文件，其中 Workbook 对象的 FullName 属性为返回工作簿的完整路径（包括其磁盘路径的字符串）。

第 6 行代码关闭工作簿文件。

3.24 限制工作簿的使用次数

大多数试用版的软件通常都有使用时间或使用次数的限制。要实现限制工作簿使用次数的功能，首先必须在某个位置记录用户打开该工作簿的次数，然后在达到限定的次数后，禁止使用该工作簿，或者直接删除该工作簿文件。

记录工作簿打开次数的位置有很多，如保存在注册表、外部文本文件或保存在当前工作簿的某个单元格、工作簿中的隐藏名称及工作簿的文档属性项目等。此外，限制使用可以利用 3.23 节实现删除工作簿自身的功能。

按照如下具体步骤操作，将通过使用工作簿的文档属性（可以使用内置文档属性或自定义文档属性，此处使用自定义文档属性）实现限制工作簿仅能使用 3 次的功能。

步骤① 新建工作簿文件"工作簿 1"，依次单击【文件】→【信息】→【属性】下拉按钮→【高级属性】，弹出【工作簿 1 属性】对话框。

步骤② 在弹出的【工作簿 1 属性】对话框中选择【自定义】选项卡，在名称列表中输入自定义名称"OpenTimes"，设置【类型】为"数字"、【取值】为"0"。然后依次单击【添加】按钮和【确定】按钮关闭对话框，如图 3.17 所示。

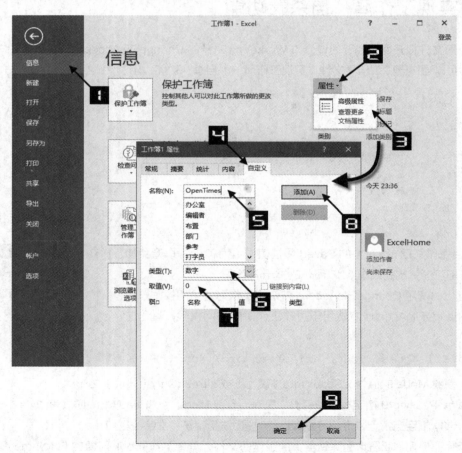

图 3.17 添加自定义文档属性

如下示例代码可以实现与以上操作步骤相同的功能，执行后无须将代码保留在示例文件中。

```
#001    Sub AddCustomDocumentProperties()
#002        ThisWorkbook.CustomDocumentProperties.Add _
                Name:="OpenTimes", _
                LinkToContent:=False, _
                Type:=msoPropertyTypeNumber, _
                Value:=0
#003    End Sub
```

❖ 代码解析

在 AddCustomDocumentProperties 过程中，自定义文档属性集合 CustomDocumentProperties 返回 DocumentProperties 集合，代表指定工作簿的所有自定义文档属性，包括内置文档属性集合 BuiltinDocumentProperties 和自定义文档属性集合 CustomDocumentProperties。

第 2 行代码使用 Add 方法添加了自定义文档属性，并设置相应的值。

步骤③ 在 ThisWorkbook 的【代码窗口】中输入如下示例代码，并保存工作簿。

```
#001    Private Sub Workbook_Open()
#002        Dim intOpentimes As Integer
#003        With Me
#004            intOpentimes = .CustomDocumentProperties _
                    ("Opentimes").Value + 1
#005            If intOpentimes > 3 Then
#006                .Saved = True
#007                .ChangeFileAccess xlReadOnly
#008                Kill .FullName
#009                .Close False
#010            Else
#011                .CustomDocumentProperties("Opentimes"). _
                        Value = intOpentimes
#012                .Save
#013            End If
#014        End With
#015    End Sub
```

❖ 代码解析

每次打开工作簿时将触发 Workbook_Open 事件，其中第 4 行代码读取自定义文档属性项目 Opentimes 的数值并加 1。

第 5~9 行代码实现当自定义文档属性"Opentimes"的数值大于 3 时，执行工作簿"自杀"代码，删除工作簿。

第 11 行代码更新自定义文档属性"Opentimes"的数值，为保存工作簿打开次数，每次更新数值后均需要保存工作簿。

第 4 章　使用 Range 对象

4.1　引用单元格区域

在使用 VBA 进行编程时，经常需要引用单元格区域。单元格区域指的是工作表中单个单元格或是由多个单元格组成的区域。单元格区域可以是整行、整列或由多个非连续区域组成。在 VBA 中引用单元格区域主要有如下几种方法。

4.1.1　使用 A1 样式引用

A1 样式使用 Range 属性返回单元格区域。在 A1 样式中，按字母顺序标记列，按数字顺序标记行，如 B 列第 3 行单元格的 A1 样式引用为 Range（"B3"）。

Range 属性的语法格式如下。

```
Range(Cell1, Cell2)
```

参数 Cell1 是必需的，可包括区域操作符（冒号）、相交区域操作符（空格）或合并区域操作符（逗号），也可包括美元符号（即绝对地址，如 "$A$1"）。在区域中任一部分都可以使用局部定义名称，如 Range（"B2:LastCell"），其中 LastCell 为已定义的单元格区域名称。

如下示例代码为单元格 C2 指定值为字符串"Microsoft Excel 2016"。

```
Range("C2").Value = "Microsoft Excel 2016"
```

如下示例代码同时清除单元格区域 A1:B6、D1:D6 和 F1:F6 的内容。

```
Range("A1:B6,D1:D6,F1:F6").ClearContents
```

如下示例代码选中单元格区域 A3:F6 与单元格区域 B1:C5 相交叉的区域 B3:C5。

```
Range("A3:F6 B1:C5").Select
```

虽然在 Range 属性中可以使用相交区域和合并区域操作符，但是在实际编程中引用交叉区域和合并区域通常采用更灵活的 Intersect 和 Union 方法，请参阅 4.6 节和 4.7 节。

参数 Cell2 是可选的，当使用此参数时，将返回同时包含参数 Cell1 区域和参数 Cell2 区域的最小单元格区域，如表 4.1 所示。

表 4.1　Range 属性使用两个参数

引用	返回单元格区域
Range（"A1", "D4"）	A1:D4 单元格区域
Range（"A1", "D4:F6"）	A1:F6 单元格区域
Range（"B2:H4", "D4:F6"）	B2:H6 单元格区域

通过 Range 属性还可以引用整行或整列，如 Range（"A:A"）引用 A 列单元格区域，Range（"C:F"）引用 C 列 ~F 列单元格区域，Range（"1:1"）引用第 1 行单元格区域，Range（"1:3"）引用第 1~3 行单元格区域。

4.1.2 使用行列编号

在 VBA 中可使用 Cells 属性通过行列编号引用单个单元格，Cells 属性的语法格式如下。

```
Cells(RowIndex, ColumnIndex)
```

两个参数都是可选的，分别表示引用区域中的行序号和列序号。默认参数的 Cells 属性返回引用对象的所有单元格，如表 4.2 所示。

表 4.2　默认参数的 Cells 引用

引用	说明
ActiveSheet.Cells	返回活动工作表的所有单元格
Range（"D4:F8"）.Cells	返回单元格区域 D4:F8

带参数的 Cells 属性返回代表单个单元格的 Range 对象。

如果仅指定了参数 RowIndex，此时 RowIndex 表示引用单元格的索引号，其顺序为由左到右，先上后下，如图 4.1 所示。

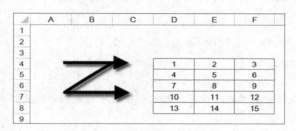

图 4.1　单元格索引顺序

例如，Cells（1）返回单元格区域中的第 1 个单元格（区域左上角的单元格），Cells（2）返回区域中第 2 个单元格。示例代码如下。

```
#001    Sub CellsIndexDemo()
#002        Dim i As Integer
#003        With Range("D4:F8")
#004            For i = 1 To .Cells.Count
#005                .Cells(i) = i
#006            Next i
#007        End With
#008    End Sub
```

参数 ColumnIndex 指定单元格所在列号的数字或字符串，1 或 "A" 表示引用区域中的第 1 列，如 Cells（3,2）和 Cells（3,"B"）都引用 B3 单元格。

当只指定参数 ColumnIndex 时，参数 RowIndex 的默认值为 1，返回属性应用对象指定列的第 1 个单元格，如 ActiveSheet.Cells（，3）相当于 ActiveSheet.Cells（1，3），返回当前活动工作表 C1 单元格，Range（"D4:F8"）.Cells（，3）相当于 Range（"D4:F8"）.Cells（1，3），返回单元格区域 D4:F8 中第 3 列第 1 个单元格，即 F4 单元格。

如下示例代码激活活动工作表的单元格 C6。

```
ActiveSheet.Cells(6, 3).Activate
```

Cells 属性的参数可以使用变量，因此可以方便地应用于在单元格区域中循环。如下示例代码为活动工作表中 C1:C100 单元格区域填入序号。

```
#001   Sub CycleThrough()
#002       Dim intCounter As Integer
#003       For intCounter = 1 To 100
#004           ActiveSheet.Cells(intCounter, 3).Value = intCounter
#005       Next intCounter
#006   End Sub
```

4.1.3 使用快捷记号

对于 Range 对象，默认属性为 Value。另外，将 A1 引用样式或命名区域名称使用"[ ]"括起来，作为 Range 属性的快捷方式，这样就不必输入关键字"Range"，以实现快捷输入。

如下示例代码使用快捷记号为 A1 单元格赋值。

```
[A1] = 2
```

如下示例代码将单元格区域 B3:E6 为 Range 对象变量 rngRange 赋值。

```
Set rngRange = [B3:E6]
```

使用快捷记号引用单元格可以使用 Range 属性参数的多种表示方式，如表示交叉区域 [A1:D4 C3:E6]、命名区域 [MyRange] 等。

注意　　　　使用快捷记号引用单元格区域时只能使用字符串而不能使用变量表达式。

4.1.4 使用 Rows 和 Columns 属性

Rows 属性和 Columns 属性可以应用于 Application 对象、Worksheet 对象和 Range 对象，分别返回对象指定区域的所有行和所有列，通过索引号可以返回其中的一行/列或多行/列。

如下示例代码选中引用活动工作表的第 3 行。

```
ActiveSheet.Rows(3).Select
```

如下示例代码选中单元格区域 C5:G7。

```
Range("C3:G10").Rows("3:5").Select
```

除了以上直接引用单元格区域的方法外，Excel 还提供了其他多种属性来间接引用单元格区域。

4.1.5 使用 Offset 属性

Range 对象的 Offset 属性代表位于指定单元格区域的一定偏移量位置上的与指定单元格区域大小相同的单元格区域。Offset 属性的语法格式如下。

```
Offset(RowOffset, ColumnOffset)
```

参数 RowOffset 和参数 ColumnOffset 分别表示相对于引用单元格区域偏移的行数和列数（正值、负值或 0），默认值为 0。对于参数 RowOffset，正值表示向下偏移，负值表示向上偏移；对于参数 ColumnOffset，正值表示向右偏移，负值表示向左偏移。例如，Range（"A1"）.Offset（3，3）返回单元格引用 D4。

运行 OffsetDemo 过程，选中区域与原引用区域包含相同数量的单元格，如图 4.2 所示。

```
#001   Sub OffsetDemo()
```

```
#002        Range("A1:C3").Offset(3,3).Select
#003   End Sub
```

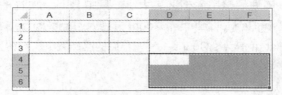

图 4.2 Offset 属性返回的结果

4.1.6 使用 Resize 属性

Range 对象的 Resize 属性用于调整指定区域的大小，并返回调整后的单元格区域，默认使用该区域左上角单元格作为基准单元格。Resize 属性的语法格式如下。

```
Resize(RowSize, ColumnSize)
```

其中，参数 RowSize 和参数 ColumnSize 分别代表调整后的单元格区域的行数和列数。

如下示例代码选中 A1 单元格扩展为 3 行 3 列后的区域，如图 4.3 所示。

```
#001   Sub ResizeDemo()
#002        Range("A1").Resize(3, 3).Select
#003   End Sub
```

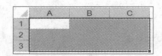

图 4.3 使用 Resize 属性调整区域大小

4.1.7 使用 CurrentRegion 属性

Range 对象的 CurrentRegion 属性返回对象所在的当前区域，当前区域是一个边缘为任意空行和空列，或者工作表边缘组合成的最小矩形范围。

```
#001   Sub SelectData()
#002        Dim rngRange As Range
#003        Set rngRange = Range("A1").CurrentRegion
#004        With rngRange
#005            .Offset(1, 0).Resize(.Rows.Count - 1, _
                    .Columns.Count).Select
#006        End With
#007        Set rngRange = Nothing
#008   End Sub
```

SelectData 过程选定工作表中的数据区域，而不包含标题栏，如图 4.4 所示。

❖ 代码解析

第 3 行代码使用 CurrentRegion 属性取得包含 A1 单元格的当前区域，并将其赋值给 rngRange 对象变量。在本例中，Range（"A1"）.

	A	B	C	D
1	姓名	语文	数学	英语
2	李宝仁	99.5	105	101.5
3	安磊	98	103	102
4	丁昊	93	97	99.5
5	封尚	96.5	102	103.5
6	董丽丽	96	106	95.5
7	崔爱辉	91.5	104	91.5
8	程勇	93.5	102	84
9	刘应磊	92	94	87
10	王新峰	92	85	85.5
11	臧雪雯	96	98	83

图 4.4 选择数据区域

CurrentRegion 返回单元格区域 A1:D11。

第 4~6 行代码首先通过 Offset 属性获取新区域，rngRange.Offset（1，0）返回单元格区域 A2:D12，然后通过 Resize 属性调整单元格区域大小。其中 Resize 属性的第 1 个参数中 rngRange. Rows.Count 和第 2 个参数 rngRange.Columns.Count 分别返回 rngRange 对象变量所代表的单元格区域的总行数和总列数，rngRange.Rows.Count−1 使调整后的区域减少 1 行得到数据区域总行数。

第 7 行代码释放对象变量。

4.1.8 使用 Areas 属性

对于单一选择区域，Areas 属性返回 Range 对象本身。对于多重选择区域，Areas 属性返回一个集合，该集合包含与每个选定区域相对应的对象，通过遍历集合中可获得各个区域对应的 Range 对象，每个 Areas 对应一个连续的单元格区域。

如下示例代码逐一显示每个区域地址并选中该区域。

```
#001   Sub AreasDemo()
#002       Dim rngRange As Range
#003       Dim i As Integer
#004       Set rngRange = Range("A1,B2:D5,G3:I8")
#005       For i = 1 To rngRange.Areas.Count
#006           MsgBox "将选择第" & i & "个 Areas 区域：" & _
                    rngRange.Areas(i).Address
#007           rngRange.Areas(i).Select
#008       Next i
#009       Set rngRange = Nothing
#010   End Sub
```

4.2 取得最后一个非空单元格

使用 VBA 对数据表进行操作时，经常需要定位指定行（或指定列）中最后一个非空单元格。要取得指定行（或列）中最后一个非空单元格，一般使用 Range 对象的 End 属性，在取得单元格对象后便能够获得该单元格的相关属性，如行号、列标或数值等。

如下示例代码取得 A 列中最后一个非空的单元格，并显示该单元格所在行号。

```
#001   Sub LastRow()
#002       Dim rngLastRow As Range
#003       Set rngLastRow = Range("a" & Rows.Count).End(xlUp)
#004       MsgBox rngLastRow.Row
#005       Set rngLastRow = Nothing
#006   End Sub
```

❖ 代码解析

第 4 行代码通过 End 属性获得 A 列最后一个非空单元格，并将其赋值给对象变量 rngLastRow。其中，Rows.Count 获取工作表的总行数，Range（"a" & Rows.Count）获取工作表第一列的最后一个单元格（在 Excel 2016 中该单元格为 "A1048576"）。

Excel 2016工作表的行数已从早期版本（Excel 2003及以前版本）的65536行增加至1048576行，使用该代码可以很好地适应不同版本的Excel。

　　Range 对象的 End 属性返回 Range 对象，该对象代表包含源区域的单元格引用区域尾端的单元格，当指定的 Range 对象为多单元格区域时，默认为左上角单元格。等同于 <Ctrl+ ↑ > <Ctrl+ ↓ > <Ctrl+ ← > 或 <Ctrl+ → > 组合键。End 属性的语法格式如下。

```
End( Direction )
```

　　其中，参数 Direction 指定所要移动的方向，可为表 4.3 列举的 XlDirection 常量之一。

表 4.3　XlDirection 常量

常量	值	说明
xlDown	−4121	向下，相当于组合键 <Ctrl+ ↓ >
xlToRight	−4161	向右，相当于组合键 <Ctrl+ → >
xlToLeft	−4159	向左，相当于组合键 <Ctrl+ ← >
xlUp	−4162	向上，相当于组合键 <Ctrl+ ↑ >

　　运行 LastRow 过程，结果如图 4.5 所示。

图 4.5　返回最后一个非空单元格

　　如果A列全部为空单元格，LastRow过程得到的结果是1，虽然A1也是空单元格。

　　通过适当修改代码，能够获取指定行中最后一个非空单元格所在的列，示例代码如下。

```
#001  Sub LastColumn()
#002      Dim rngLastColumn As Range
#003      Set rngLastColumn = Cells(1, Columns.Count).End(xlToLeft)
#004      MsgBox rngLastColumn.Column
#005      Set rngLastColumn = Nothing
#006  End Sub
```

4.3 随心所欲复制单元格区域

使用 Range 对象的 Copy 方法，可以复制指定单元格区域到另一个单元格区域。如下示例代码复制包含活动工作表中 A1 单元格的当前区域到 Sheet2 工作表中以 A1 单元格为左上角单元格的区域，如图 4.6 所示。

```
#001   Sub RangeCopy()
#002       Range("A1").CurrentRegion.Copy Destination:= _
               Worksheets("Sheet2").Range("A1")
#003   End Sub
```

	A	B	C	D	E
1	日期	费用内容	费用类别	金额	合计
2	2018/05/01	5月份保险费	保险费	295.00	295.00
3	2018/05/01	5月份养路费	养路费	120.00	415.00
4	2018/05/01	加油	汽油费	100.00	515.00
5	2018/05/01	南通回金沙过路费	过路费	10.00	525.00
6	2018/05/01	地板胶、后箱垫	装饰费	230.00	755.00

	A	B	C	D	E
1	日期	费用内容	费用类别	金额	合计
2	########	5月份保险费	保险费	295.00	295.00
3	########	5月份养路费	养路费	120.00	415.00
4	########	加油	汽油费	100.00	515.00
5	########	南通回金沙	过路费	10.00	525.00
6	########	地板胶、后	装饰费	230.00	755.00

图 4.6 复制单元格区域

Range 对象的 Copy 方法的语法格式如下。

```
Copy( Destination )
```

参数 Destination 表示复制单元格区域的目标区域，如果省略该参数，Excel 将把该区域复制到剪贴板中。

注意 使用Copy方法复制单元格区域时，已包含该区域的格式。如果用户希望仅复制单元格区域数值而不复制单元格区域格式，请参阅4.4节。

复制单元格区域的操作不会将源单元格区域的列宽复制到目标区域。如下示例代码可以在实现复制单元格区域时，使目标单元格区域的列宽和源区域保持一致。

```
#001   Sub CopyWithSameColumnWidths()
#002       Sheets("Sheet1").Range("A1").CurrentRegion.Copy
#003       With Sheets("Sheet2").Range("A1")
#004           .PasteSpecial xlPasteColumnWidths
#005           .PasteSpecial xlPasteAll
#006       End With
#007       Application.CutCopyMode = False
#008   End Sub
```

❖ 代码解析

第 4 行代码使用 Range 对象的 PasteSpecial 方法选择性粘贴剪贴板中 Range 对象的列宽。

第 5 行代码粘贴剪贴板中的 Range 对象全部内容。

第 7 行代码取消应用程序复制模式。

应用于 Range 对象的 PasteSpecial 方法将剪贴板中的 Range 对象粘贴到指定区域，在粘贴时可以有选择地粘贴对象的部分属性，其语法格式如下。

`PasteSpecial(Paste, Operation, SkipBlanks, Transpose)`

其中，参数 Paste 指定要粘贴的区域部分，可为表 4.4 列举的 XlPasteType 常量之一。

表 4.4　XlPasteType 常量

常量	值	说明
xlPasteAll	−4104	全部（默认值）
xlPasteAllExceptBorders	7	边框除外
xlPasteColumnWidths	8	列宽
xlPasteComments	−4144	批注
xlPasteFormats	−4122	格式
xlPasteFormulas	−4123	公式
xlPasteFormulasAndNumberFormats	11	公式和数字格式
xlPasteValidation	6	有效性验证
xlPasteValues	−4163	数值
xlPasteValuesAndNumberFormats	12	值和数字格式

参数 Operation 指定粘贴操作，其值可为表 4.5 列举的 XlPasteSpecialOperation 常量之一。

表 4.5　XlPasteSpecialOperation 常量

常量	值	说明
xlPasteSpecialOperationNone	−4142	无（默认值）
xlPasteSpecialOperationAdd	2	加
xlPasteSpecialOperationSubtract	3	减
xlPasteSpecialOperationMultiply	4	乘
xlPasteSpecialOperationDivide	5	除

参数 SkipBlanks 指示是否跳过空单元格，默认值为 False。若参数值为 True，则不将剪贴板上区域中的空白单元格粘贴到目标区域中。

参数 Transpose 指示是否进行转置，默认值为 False。若参数值为 True，则粘贴区域时转置行和列。

运行 CopyWithSameColumnWidths 过程，目标区域的各列列宽与源区域一致。

 使用 PasteSpecial 方法时指定 xlPasteAll（粘贴全部），并不包括粘贴列宽。

4.4　仅复制数值到另一区域

在复制单元格区域时，如下几种方法可以实现仅复制单元格区域数值。

4.4.1 使用选择性粘贴

```
#001   Sub Copy_PasteSpecial()
#002       Sheets("Sheet1").Range("A1").CurrentRegion.Copy
#003       Sheets("Sheet2").Range("A1").PasteSpecial Paste:=xlPasteValues
#004       Application.CutCopyMode = False
#005   End Sub
```

❖ 代码解析

Copy_PasteSpecial 过程复制工作表 Sheet1 中 A1 单元格的当前区域的数值到工作表 Sheet2 的 A1 单元格所在区域中。

第 3 行代码使用选择性粘贴功能并指定参数 Paste 为 xlPasteValues，以实现粘贴数值。

运行 Copy_PasteSpecial 过程，工作表 Sheet2 中结果如图 4.7 所示。

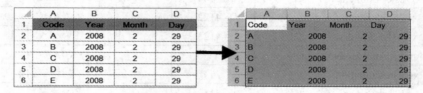

图 4.7　复制单元格区域数值

4.4.2 直接赋值

```
#001   Sub Get_Value()
#002       Sheets("Sheet2").Range("A5:B7").Value = _
               Sheets("Sheet1").Range("A2:B4").Value
#003   End Sub
```

❖ 代码解析

Get_Value 过程将源区域 Sheet1 中单元格区域 A2:B4 的数值复制到目标区域 Sheet2 的单元格区域 A5:B7。

在对单元格区域直接赋值时，应保证源区域与目标区域的大小一致。如果源区域为动态的单元格区域，则可使用 Resize 方法确定目标区域。

```
#001   Sub GetValue_Resize()
#002       With Sheets("Sheet1").Range("A1").CurrentRegion
#003           Sheets("Sheet2").Range("A10").Resize(.Rows.Count, _
                   .Columns.Count).Value = .Value
#004       End With
#005   End Sub
```

❖ 代码解析

GetValue_Resize 过程将工作表 Sheet1 中的 A1 单元格的当前区域的数值复制到工作表 Sheet2 的 A10 单元格为起始的单元格区域。

4.5　对行进行快速分组

通过行对象 Rows 的 Group 方法和 Ungroup 方法可以实现对行分组和取消分组。示例代码如下。

```
#001  Sub RowsGroup()
#002      Dim i As Long
#003      For i = 1 To 21 Step 3
#004          Rows(i & ":" & i + 1).Group
#005      Next i
#006      ActiveSheet.Outline.ShowLevels RowLevels:=1
#007  End Sub
```

❖ 代码解析

第 3~5 行代码使用 For 循环结构在第 1~21 行进行分组操作，步长为 3。

第 6 行代码设置分级显示层次为 1。

运行示例代码，结果如图 4.8 所示。

图 4.8　对行进行快速分组

4.6　获取两个单元格区域的交叉区域

使用 Application 对象的 Intersect 方法可以获取两个单元格区域的交叉区域。

```
#001  Sub IntersectRng(rng1 As Range, rng2 As Range)
#002      Dim rngTarget As Range
#003      Set rngTarget = Application.Intersect(rng1, rng2)
#004      If rngTarget Is Nothing Then
#005          MsgBox "不存在交叉区域。"
#006      Else
#007          MsgBox "交叉区域地址为: " & rngTarget.Address
#008      End If
#009      Set rngTarget = Nothing
#010  End Sub
```

❖ 代码解析

第 3 行代码使用 Intersect 方法获得参数传递的两个 Range 对象的交叉区域，并将其赋值给 rngTarget 对象变量，如果两个单元格区域没有存在交叉区域，rngTarget 对象变量将返回 Nothing。

第 4~8 行代码判断 rngTarget 对象变量是否为 Nothing，并分别显示一条消息。

Application 对象的 Intersect 方法返回代表两个或多个范围的交叉区域的 Range 对象，其语法格式如下。

```
Application.Intersect(Arg1, Arg2, ...)
```

Intersect 方法必须指定最少两个参数，最多可以指定 30 个参数，所有参数均应为 Range 对象。

CheckIntersect 过程调用 IntersectRng 过程，运行结果如图 4.9 所示。

```
#001  Sub CheckIntersect()
```

```
#002        Call IntersectRng(Range("C3:D8"), Range("B5:F6"))
#003   End Sub
```

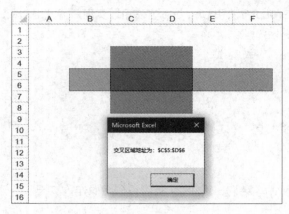

图 4.9　交叉区域

4.7　联合多个单元格区域

使用 Application 对象的 Union 方法可以将多个单元格区域联合起来，并作为一个 Range 对象赋值给变量。示例代码如下。

```
#001   Sub UnionSelect()
#002       Dim rngCell As Range, rngUnion As Range
#003       For Each rngCell In Range("A1:F10")
#004           If rngCell.Value = "H" Then
#005               If rngUnion Is Nothing Then
#006                   Set rngUnion = rngCell
#007               Else
#008                   Set rngUnion = Application.Union(rngUnion, rngCell)
#009               End If
#010           End If
#011       Next rngCell
#012       If Not rngUnion Is Nothing Then rngUnion.Select
#013       Set rngCell = Nothing
#014       Set rngUnion = Nothing
#015   End Sub
```

❖ 代码解析

UnionSelect 过程同时选定单元格区域 A1:F10 中所有内容为 "H" 的单元格。

第 3~11 行代码遍历单元格区域 A1:F10 中的每个单元格。Union 方法联合所有内容为 "H" 的单元格，并选定这些单元格。

第 4 行代码判断单元格的内容是否为 "H"。

第 5~9 行代码如果 rngUnion 对象变量为 Nothing，则第 6 行代码指定 rngUnion 为单元格对象 rngCell，否则第 8 行代码将现有 rngUnion 单元格区域与单元格对象 rngCell 联合后区域重新为

rngUnion 赋值。

当对象变量未被实例化（未引用实际对象）或已使用 Set 语句设置为 Nothing 后，对象变量将返回 Nothing。

如果 rngUnion 对象变量返回结果不为 Nothing，则第 12 行代码选定 rngUnion 对象变量所代表的单元格区域。

应用于 Application 对象的 Union 方法返回两个或多个单元格区域的联合区域，其语法格式如下。

```
Application.Union(Arg1, Arg2, ...)
```

Union 方法必须指定最少两个参数，最多可以指定 30 个参数，所有参数为 Range 对象。

运行 UnionSelect 过程，结果如图 4.10 所示。

	A	B	C	D	E	F
1	E	A	B	R	Y	N
2	K	N	L	N	X	C
3	J	S	P	E	Z	S
4	L	R	C	I	R	Y
5	R	H	Z	J	E	Q
6	H	U	F	B	V	N
7	V	H	E	F	H	V
8	K	D	O	Y	Z	C
9	V	V	E	H	J	V
10	Z	I	J	X	W	Q

图 4.10　联合单元格区域

4.8　判断一个区域是否包含在另一个区域中

判断一个单元格区域是否包含在另一个单元格区域中，有下面两种方法。

4.8.1　利用 Application.Intersect 方法

```
#001  Function blnInclude_Intersect(ByVal rngCell1 As Range, _
          ByVal rngCell2 As Range) As Boolean
#002      Dim rngIntersect As Range
#003      Set rngIntersect = Application.Intersect(rngCell1, rngCell2)
#004      If Not rngIntersect Is Nothing Then
#005          If rngIntersect.Address = rngCell1.Address Then
#006              blnInclude_Intersect = True
#007          End If
#008      End If
#009      Set rngIntersect = Nothing
#010  End Function
```

❖ 代码解析

blnInclude_Intersect 过程通过判断单元格区域 rngCell1 与单元格区域 rngCell2 的交叉区域的地址是否与单元格区域 rngCell1 的地址一致，来判断单元格区域 rngCell1 是否包含在单元格区域 rngCell2 中。如果两个地址一致，则表示单元格区域 rngCell1 包含在单元格区域 rngCell2 中，并返回 True，否则该函数返回 False。

运行如下测试代码后，将显示结果为 True。

```
MsgBox blnInclude_Intersect(Range("C5:D6"), Range("B3:H8"))
```

关于 Intersect 方法请参阅 4.6 节。

4.8.2 利用 Application.Union 方法

```
#001  Function blnInclude_Union(ByVal rngCell1 As Range, _
          ByVal rngCell2 As Range) As Boolean
#002      Dim rngUnion As Range
#003      Set rngUnion = Application.Union(rngCell1, rngCell2)
#004      If Not rngUnion Is Nothing Then
#005          If rngUnion.Address = rngCell2.Address Then
#006              blnInclude_Union = True
#007          End If
#008      End If
#009      Set rngUnion = Nothing
#010  End Function
```

❖ 代码解析

blnInclude_Union 过程通过判断单元格区域 rngCell1 与单元格区域 rngCell2 的合并区域的地址是否与单元格区域 rngCell2 的地址一致，来判断单元格区域 rngCell1 是否包含在单元格区域 rngCell2 中。如果两个地址一致，则表示单元格区域 rngCell1 包含在单元格区域 rngCell2 中，并返回 True，否则该函数返回 False。

运行如下测试代码后，将显示结果为 False。

```
MsgBox blnInclude_Union(Range("C5:D6"), Range("B3:C4"))
```

关于 Union 方法的讲解请参阅 4.7 节。

4.9 设置字符格式

4.9.1 设置单元格文本字符格式

如下示例代码为 A1 单元格写入文本，并设置单元格内的字符格式。

```
#001  Sub CellCharacter()
#002      With Range("A1")
#003          .Clear
#004          .Value = "Y=X2+1"
#005          .Characters(4, 1).Font.Superscript = True
#006          .Characters(1, 1).Font.ColorIndex = 3
#007          .Font.Size = 20
#008      End With
#009  End Sub
```

❖ 代码解析

CellCharacter 过程首先在单元格 A1 中输入指定字符串，然后将第 4 个字符设置为上标，并将第 1 个字符设置为指定颜色，最后设置单元格字体的大小。

第 3 行代码清除单元格，包括单元格内容和格式设置。

第 5 行和第 6 行代码通过 Range 对象的 Characters 属性来操作指定的字符。

Characters 属性返回一个 Characters 对象，代表对象文字的字符区域。一般可以使用 Characters 对象设置文本字符串中字符的格式，常用于单元格及批注文本和图形文本等相关对象的文本字符设置相关格式。Characters 属性的语法格式如下。

```
Characters( Start , Length )
```

参数 Start 是可选的，代表要返回的第 1 个字符位置。如果该参数设置为 1，或者省略该参数，则 Characters 属性返回一个以第 1 个字符为起始位置的字符片段。

参数 Length 是可选的，代表要返回的字符数目。如果省略该参数，则 Characters 属性返回字符串的后半部分（即 Start 字符之后的所有字符）。

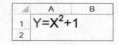

图 4.11　设置单元格文本字符格式

运行 CellCharacter 过程，结果如图 4.11 所示。

4.9.2　设置图形对象文本字符格式

如下示例为 A3 单元格批注添加指定文本，并设置字符格式。

```
#001  Sub ShapeCharacter()
#002      If Range("A3").Comment Is Nothing Then
#003          Range("A3").AddComment Text:=""
#004      End If
#005      With Range("A3").Comment
#006          .Text Text:="Microsoft Excel 2016"
#007          .Shape.TextFrame.Characters(17).Font.ColorIndex = 3
#008      End With
#009  End Sub
```

❖ 代码解析

ShapeCharacter 过程代码为 A3 单元格批注添加指定文本，并设置相关字符的格式。

第 2 行代码判断 A3 单元格是否有批注，如果不存在批注，则第 3 行代码在 A3 单元格添加空批注。

第 7 行代码为批注中的文本字符设置格式，TextFrame 属性返回 Shape 对象的文本框对象，而 Characters 属性返回其中的文本字符。Characters（17）省略了第 2 个参数 Length，因此返回从第 17 个字符开始到最后一个字符的字符串。

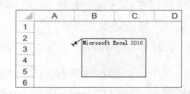

图 4.12　设置 Shape 对象文本字符格式

运行 ShapeCharacter 过程，为 A3 单元格批注添加指定文本，并设置相关字符的格式，如图 4.12 所示。

4.10　单元格区域添加边框

通过录制宏获取设置单元格区域边框的代码时，宏录制器生成的代码分别设置了单元格区域的每个边框元素（左边框、顶部边框等），因此代码行数多且效率差。

使用 Range 对象的 Borders 集合可以快速地对单元格区域全部边框应用相同的格式，而 Range 对象的 BorderAround 方法则可以快速地为单元格区域添加外边框。运行 AddBorders 过程为单元格区域 B2:F8 设置内部框线并添加一个加粗外边框，效果如图 4.13 所示。

图 4.13　设置单元格区域边框

```
#001  Sub AddBorders()
#002      Dim rngCell As Range
#003      Set rngCell = Range("B2:F8")
#004      With rngCell.Borders
#005          .LineStyle = xlContinuous
#006          .Weight = xlThin
#007          .ColorIndex = 5
#008      End With
#009      rngCell.BorderAround xlContinuous, xlMedium, 5
#010      Set rngCell = Nothing
#011  End Sub
```

❖ 代码解析

第 4~8 行代码使用 Borders 属性引用单元格区域的 Borders 集合，其中第 5 行代码设置边框线条的样式，第 6 行代码设置边框线条粗细，第 7 行代码设置边框线条颜色。

应用于 Range 对象的 Borders 集合代表 Range 对象的 4 个边框（左边框、右边框、顶部边框和底部边框）的 Border 对象组成的集合。

第 9 行代码使用 BorderAround 方法为单元格区域添加一个加粗外边框。

应用于 Range 对象的 BorderAround 方法向单元格区域添加整个区域的外边框，并设置该边框的相关属性，其语法格式如下。

```
BorderAround( LineStyle, Weight, ColorIndex, Color, ThemeColor )
```

其中，参数 LineStyle 设置边框线条样式，参数 Weight 设置边框线条粗细，参数 ColorIndex 设置边框颜色，参数 Color 以 RGB 值设置边框颜色，参数 ThemeColor 设置主题颜色，作为当前颜色主题的索引。

注意　指定参数Color可以设置颜色为当前调色板之外的其他颜色，不能同时指定参数ColorIndex和参数Color。

如果需要在单元格区域中应用多种边框格式，则需分别设置各边框格式，示例代码如下。

```
#001  Sub BordersIndexDemo()
#002      Dim rngCell As Range
```

```
#003        Set rngCell = Range("B2:F8")
#004        With rngCell.Borders(xlInsideHorizontal)
#005            .LineStyle = xlDot
#006            .Weight = xlThin
#007            .ColorIndex = 5
#008        End With
#009        With rngCell.Borders(xlInsideVertical)
#010            .LineStyle = xlContinuous
#011            .Weight = xlThin
#012            .ColorIndex = 5
#013        End With
#014        rngCell.BorderAround xlContinuous, xlMedium, 5
#015        Set rngCell = Nothing
#016    End Sub
```

❖ 代码解析

BordersIndexDemo 过程代码为单元格区域内部边框在水平和垂直方向上应用不同格式，并为区域
添加一个加粗外边框，效果如图 4.14 所示。

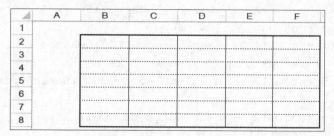

图 4.14 应用不同格式的边框

Borders（index）属性返回单个 Border 对象，其参数 Index 取值可为表 4.6 列举的 XlBordersIndex
常量之一。

表 4.6 XlBordersIndex 常量

常量	值	引用
xlDiagonalDown	5	斜下边框
xlDiagonalUp	6	斜上边框
xlEdgeLeft	7	左边框
xlEdgeTop	8	顶部边框
xlEdgeBottom	9	底部边框
xlEdgeRight	10	右边框
xlInsideVertical	11	内部垂直
xlInsideHorizontal	12	内部水平

资源下载码：**90722**

4.11　高亮显示单元格区域

高亮显示是指以某种方式突出显示活动单元格或指定的单元格区域，使得用户可以一目了然地获取某些信息，并且在高亮显示当前单元格区域的同时取消上一次高亮显示。下面介绍两种实现单元格区域高亮显示的方法。

4.11.1　使用 Worksheet_SelectionChange 事件

如下示例代码设置工作表当前选定区域单元格的内部填充颜色，以高亮显示选定区域。

```
#001   Private Sub Worksheet_SelectionChange(ByVal Target As Range)
#002       Cells.Interior.ColorIndex = xlNone
#003       Target.Interior.ColorIndex = 5
#004   End Sub
```

❖ 代码解析

第 2 行代码清除所有单元格的内部填充颜色。

第 3 行代码设置选定区域单元格的内部填充颜色为指定颜色。

如下示例代码高亮显示指定区域内的行列。

```
#001   Private Sub Worksheet_SelectionChange(ByVal Target As Range)
#002       Dim rngHighLight As Range
#003       Dim rngCell1 As Range, rngCell2 As Range
#004       Cells.Interior.ColorIndex = xlNone
#005       Set rngCell1 = Intersect(ActiveCell.EntireColumn, _
               [HighLightArea])
#006       Set rngCell2 = Intersect(ActiveCell.EntireRow, _
               [HighLightArea])
#007       On Error Resume Next
#008       Set rngHighLight = Application.Union(rngCell1, rngCell2)
#009       rngHighLight.Interior.ThemeColor = 9
#010       Set rngCell1 = Nothing
#011       Set rngCell2 = Nothing
#012       Set rngHighLight = Nothing
#013   End Sub
```

❖ 代码解析

SelectionChange 事件在命名区域 HighLightArea（示例文件已指定为 B2:H15 单元格区域）中实现高亮显示活动单元格所在的行列，如图 4.15 所示。

第 5 行代码获得活动单元格所在列与命名区域的交叉区域，即单元格区域 D2:D15。

第 6 行代码获得活动单元格所在行与命名区域的交叉区域，即单元格区域 B5:H5。

第 7 行代码使用 On Error Resume Next 语句，忽略运行时错误，继续运行发生错误的语句之后的代码。如果活动单元格不在命名区域 HighLightArea 之内，则对象变量 rngCell1 和 rngCell2 将返回 Nothing，那么第 8 行和第 9 行代码将产生运行时错误。

第 8 行代码返回两个区域的合并区域。

第 9 行代码高亮显示合并的单元格区域。

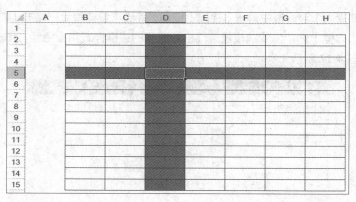

图 4.15 高亮显示特定区域

 使用此方法时，工作表中所有单元格的内部填充颜色将会被清除（不包括通过条件格式设置的单元格内部填充颜色）。

4.11.2 使用条件格式和定义名称

使用 Worksheet_SelectionChange 事件并配合条件格式和定义名称实现特定区域高亮显示，能简化代码，实现有效地控制。具体操作步骤如下。

步骤① 单击工作表区域左上角选中所有单元格。

步骤② 依次单击【开始】选项卡→【条件格式】下拉按钮→【突出显示单元格规则】→【其他规则】，在弹出的【新建格式规则】对话框的【选择规则类型】列表框中选择【使用公式确定要设置格式的单元格】选项，然后在【为符合此公式的值设置格式】文本框中输入公式"=ROW（）=ActRow"（不包含引号），单击【格式】按钮，如图 4.16 所示。

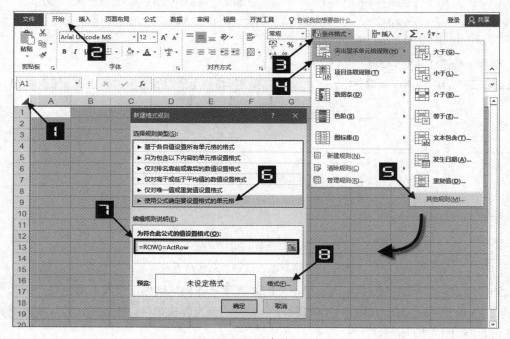

图 4.16 设置条件格式

步骤③ 在【新建格式规则】对话框中单击【格式】按钮，弹出【设置单元格格式】对话框，选择【边框】选项卡，在【边框】选项卡依次设置条件格式应用的边框样式和颜色后，单击【确定】按钮关闭对话框，如图 4.17 所示。

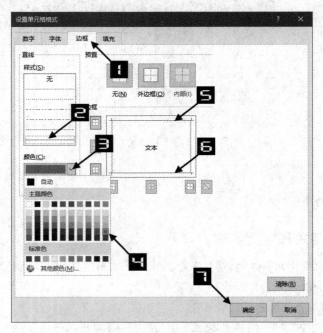

图 4.17　设置单元格格式

步骤④ 在工作表标签上右击，在弹出的快捷菜单中选择【查看代码】命令，在【代码窗口】中添加如下示例代码，以实现即时修改名称引用位置。

```
#001   Private Sub Worksheet_SelectionChange(ByVal Target As Range)
#002       ThisWorkbook.Names.Add "ActRow", ActiveCell.Row
#003   End Sub
```

步骤⑤ 保存示例工作簿文件。

此时在工作表中选中任意单元格，活动单元格所在行将应用预设的上下边框格式，如图 4.18 所示。

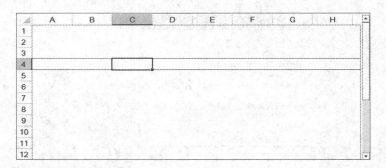

图 4.18　高亮显示活动单元格所在行

此外，修改条件格式的设置可以实现不同的高亮显示效果。例如，修改条件格式公式为"=OR（ROW（）=ActRow，COLUMN（）=ActCol）"，并更新工作表事件代码如下，可以实现高亮显示活动单元格，如图 4.19 所示。

```
#001    Private Sub Worksheet_SelectionChange(ByVal Target As Range)
#002        ThisWorkbook.Names.Add "ActRow", ActiveCell.Row
#003        ThisWorkbook.Names.Add "ActCol", ActiveCell.Column
#004    End Sub
```

图 4.19　修改条件格式设置

4.12　动态设置单元格数据验证序列

在单元格区域的数据验证设置中，使用序列并默认提供下拉箭头时，用户只需选取数据验证下拉列表中某一条目，即可实现在单元格中输入指定序列中的数据，这为用户提供了快捷的输入方式。依次单击【数据】选项卡→【数据验证】下拉按钮→【数据验证】，在弹出的【数据验证】对话框中可以设置数据验证序列，如图 4.20 所示。

图 4.20　设置数据验证序列

如下示例代码通过 VBA 将示例工作簿中工作表"Office 2016"以外的工作表名称设置为工作表"Office 2016"中 C3 单元格的数据验证序列。

```
#001    Sub SheetsNameValidation()
#002        Dim i As Integer
```

```
#003        Dim strList As String
#004        Dim wksSht As Worksheet
#005        For Each wksSht In Worksheets
#006            If wksSht.Name <> "Office 2016" Then
#007                strList = strList & wksSht.Name & ","
#008            End If
#009        Next wksSht
#010        With Worksheets("Office 2016").Range("C3").Validation
#011            .Delete
#012            .Add Type:=xlValidateList, Formula1:=strList
#013        End With
#014        Set wksSht = Nothing
#015    End Sub
#016    Sub DeleteValidation()
#017        Range("C3").Validation.Delete
#018    End Sub
```

❖ 代码解析

第 3~9 行代码获取由各工作表名称组成的序列字符串，使用逗号分隔字符串。

提示
■■■■→ 数据验证序列是由逗号分隔的字符串，两个逗号之间的空字符串将被忽略。

第 10~13 行代码使用 Validation 对象的方法在单元格 C3 中添加数据验证设置。其中第 11 行代码删除数据验证设置。第 12 行代码为单元格 C3 添加数据验证设置，并指定数据验证类型为 xlValidateList（序列），同时指定序列来源为字符串变量 strList。

Validation 对象代表指定区域内的数据验证。Validation 对象的 Add 方法向指定区域内添加数据验证，其语法格式如下。

```
Add(Type, AlertStyle, Operator, Formula1, Formula2)
```

参数 Type 是必需的，代表数据验证类型。其值可为表 4.7 列举的 xlDVType 常量之一。

表 4.7 xlDVType 常量

常量	值	说明
xlValidateInputOnly	0	任何值
xlValidateWholeNumber	1	整数
xlValidateDecimal	2	小数
xlValidateList	3	序列
xlValidateDate	4	日期
xlValidateTime	5	时间
xlValidateTextLength	6	文本长度
xlValidateCustom	7	自定义

参数 AlertStyle 是可选的，指定有效性检验警告样式。其值可为表 4.8 列举的 xlDVAlertStyle 常量之一。

表 4.8 xlDVAlertStyle 常量

常量	值	说明（警告样式）
xlValidAlertStop	1	停止
xlValidAlertWarning	2	警告
xlValidAlertInformation	3	信息

参数 Operator 是可选的，指定数据验证运算符。其值可为表 4.9 列举的 xlFormat-ConditionOperator 常量之一。

表 4.9 xlFormatConditionOperator 常量

常量	值	运算符
xlBetween	1	介于
xlNotBetween	2	不介于
xlEqual	3	等于
xlNotEqual	4	不等于
xlGreater	5	大于
xlLess	6	小于
xlGreaterEqual	7	大于等于
xlLessEqual	8	小于等于

参数 Formula1 是可选的，指定数据验证公式的第一部分。

参数 Formula2 是可选的，指定数据验证公式的第二部分。仅当 Operator 为 xlBetween 或 xlNotBetween 时有效。

Add 方法所要求的参数依数据验证的类型而定，如表 4.10 所示。

表 4.10 Add 方法的参数要求

数据验证类型	参数
xlValidateCustom	参数 Formula1 是必需的，忽略参数 Formula2。参数 Formula1 必须包含一个表达式，数据项有效时该表达式取值为 True，而数据项无效时则取值为 False
xlInputOnly	可以使用参数 AlertStyle、参数 Formula1 或参数 Formula2
xlValidateList	参数 Formula1 是必需的，忽略参数 Formula2。参数 Formula1 必须包含以逗号分隔的取值列表或引用此列表的工作表
xlValidateWholeNumber xlValidateDate xlValidateDecimal xlValidateTextLength xlValidateTime	必须指定参数 Formula1 或参数 Formula2 之一，或两者均指定

运行 SheetsNameValidation 过程，结果如图 4.21 所示。

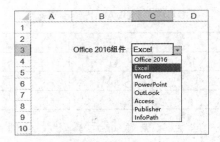

图 4.21　数据验证序列

4.13　将单元格公式转换为数值

工作表中存在过多的公式会影响 Excel 的响应速度，将单元格中的函数与公式的结果作为单元格的数值，可以提高工作表运算效率。如下几种方法可以将单元格中的函数与公式的结果转换为数值。

4.13.1　使用选择性粘贴

如下示例代码将命名区域"Data"的显示内容复制后再选择性粘贴为数值。

```
#001   Sub SpecialPaste()
#002       With Range("Data")
#003           .Copy
#004           .PasteSpecial xlPasteValues
#005       End With
#006   End Sub
```

4.13.2　使用 Value 属性

如下示例代码使用 Value 属性将选中区域的所有公式转换为数值。

```
#001   Sub UseValue()
#002       Selection.Value = Selection.Value
#003   End Sub
```

4.13.3　使用 Formula 属性

当 Formula 属性值为非公式时，返回的结果与 Value 属性一致。

```
#001   Sub UseFormula()
#002       Range("A1").Formula = Range("A1").Value
#003   End Sub
```

4.14　判断单元格公式是否存在错误

Excel 公式返回的结果可能是一个错误文本，包含 #NULL!、#DIV/0!、#VALUE!、#REF!、#NAME?、#NUM! 和 #N/A 等。当单元格公式返回结果为错误文本时，如果试图通过 Value 属性来获得公式的返回结果，将得到类型不匹配的错误，如图 4.22 所示。

图 4.22 类型不匹配的错误

通过判断 Range 对象的 Value 属性的返回结果是否为错误值，可得知公式是否存在错误，示例代码如下。

```
#001  Sub FormulaIsError()
#002      If VBA.IsError(Range("A1").Value) = True Then
#003          MsgBox "A1 单元格错误类型为:" & Range("A1").Text
#004      Else
#005          MsgBox "A1 单元格公式结果为:" & Range("A1").Value
#006      End If
#007  End Sub
```

❖ 代码解析

第 2 行代码中 IsError 函数判断表达式是否为一个错误值，如果是则返回逻辑值 True，否则返回逻辑值 False。

FormulaIsError 过程代码判断单元格 A1 中公式结果是否为错误值，如果是则显示该错误类型，否则显示公式的结果，如图 4.23 所示。

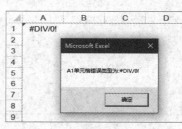

图 4.23 显示公式错误结果

4.15 批量删除所有错误值

如果 Excel 表格中错误过多，需要批量删除，可以通过如下示例代码实现。

```
#001  Sub DeleteError()
#002      Dim rngRange As Range
#003      Dim rngCell As Range
#004      Set rngRange = Range("a1").CurrentRegion
#005      For Each rngCell In rngRange
#006          If VBA.IsError(rngCell.Value) = True Then
#007              rngCell.Value = ""
#008          End If
#009      Next rngCell
#010      Set rngCell = Nothing
#011      Set rngRange = Nothing
#012  End Sub
```

❖ 代码解析

第 4 行代码使用 CurrentRegion 属性取得包含 A1 单元格的当前区域，并将其赋值给对象变量 rngRange。

第 5~9 行代码逐一将 rngRange 中的错误值替换成空值。

通过定位功能可获取错误值的单元格对象，并批量修改，也能达到上述效果，示例代码如下。

```
#001  Sub DeleteAllError()
#002      Dim rngRange As Range
#003      Set rngRange = Range("a1").CurrentRegion.SpecialCells _
              (xlCellTypeConstants, xlErrors)
#004      If Not rngRange Is Nothing Then
#005          rngRange.Value = ""
#006      End If
#007      Set rngRange = Nothing
#008  End Sub
```

❖ 代码解析

第 3 行代码利用单元格对象的 SpecialCells 方法定位所有错误值。

第 4~6 行代码将定位结果替换为空值。

单元格对象的 SpecialCells 方法返回一个 Range 对象，该对象代表与指定类型和值匹配的所有单元格，其语法格式如下。

```
SpecialCells( Type, Value )
```

参数 Type 是必需的，用于指定定位类型，可为表 4.11 列举的 XlCellType 常量之一。

表 4.11　XlCellType 常量

常量	值	说明
xlCellTypeAllFormatConditions	−4172	任意格式单元格
xlCellTypeAllValidation	−4174	含有验证条件的单元格
xlCellTypeBlanks	4	空单元格
xlCellTypeComments	−4144	含有注释的单元格
xlCellTypeConstants	2	含有常量的单元格
xlCellTypeFormulas	−4123	含有公式的单元格
xlCellTypeLastCell	11	已用区域中的最后一个单元格
xlCellTypeSameFormatConditions	−4173	含有相同格式的单元格
xlCellTypeSameValidation	−4175	含有相同验证条件的单元格

如果参数 Type 为 xlCellTypeConstants 或 xlCellTypeFormulas，则该参数可用于确定结果中应包含哪几类单元格，参数 Value 可为表 4.12 列举的 XlSpecialCellsValue 常量之一。将这些值相加可使此方法返回多种类型的单元格。默认情况下，将选择所有常量或公式，无论类型如何。

表 4.12　XlSpecialCellsValue 常量

常量	值	说明
xlErrors	16	错误值
xlLogical	4	逻辑值
xlNumbers	1	数字
xlTextValues	2	文本

4.16　返回指定列的列标

使用 Column 属性获取单元格的列号时，将返回一个数值，使用 GetColumnLetter 函数过程可以获取字符列标，示例代码如下。

```
#001  Function strGetColumnLetter(ByVal intCol As Integer) As String
#002      strGetColumnLetter = VBA.Split(Cells(1, intCol).Address, "$")(1)
#003  End Function
```

❖ 代码解析

strGetColumnLetter 函数过程代码中，将参数 intCol 作为列号传递给 Cells 属性，并获取其绝对引用地址字符串，然后以"$"字符为分隔符，通过 Split 函数返回一维数组，最后获取该数组的第 2 个元素（下标为 1），即该列的字符列标。

如下示例代码使用 GetColumnLetter 函数过程获取 A1 单元格的值（16384）所指定的字符列标。运行结果如图 4.24 所示。

```
#001  Sub GetLetter()
#002      MsgBox "第 " & Range("A1").Value & " 列对应的列标为 " & _
              strGetColumnLetter (Range("A1").Value)
#003  End Sub
```

图 4.24　返回列标字符串

4.17　判断单元格是否存在批注

在 VBA 中，没有提供判断单元格是否存在批注的函数，如下自定义函数 blnComment 可以实现此功能。

```
#001  Function blnComment(ByVal rngRange As Range) As Boolean
#002      If rngRange.Cells(1).Comment Is Nothing Then
#003          blnComment = False
#004      Else
#005          blnComment = True
#006      End If
#007  End Function
```

blnComment 自定义函数返回单元格区域 rngRange 的第一个单元格(左上角单元格)是否存在批注。

> **注意** ━━━▶ 对于合并单元格的批注，批注对象从属于合并单元格的第一个单元格。

Range 对象的 Comment 属性返回批注对象，如果指定的单元格不存在批注，该属性返回 Nothing。

如果参数 rngRange 传递的单元格中存在批注，那么 blnComment 函数返回的结果为 True，否则返回的结果为 False。

CheckComment 过程调用自定义函数 blnComment，判断选中单元格（区域）中是否存在批注，并在消息框中显示返回结果。

```
#001   Sub CheckComment()
#002       MsgBox blnComment(Selection)
#003   End Sub
```

4.18 为单元格添加批注

使用 Range 对象的 AddComment 方法可以为单元格添加批注，示例代码如下。

```
#001   Sub Comment_Add()
#002       With Range("B5")
#003           If .Comment Is Nothing Then
#004               .AddComment Text:=.Text
#005               .Comment.Visible = True
#006           End If
#007       End With
#008   End Sub
```

❖ 代码解析

第 3 行代码判断单元格 B5 中是否存在批注。

第 4 行代码使用 Range 对象的 AddComment 方法为单元格添加批注。该方法只有一个参数 Text，代表批注文本。如果单元格已经存在批注，再次使用 Range 对象的 AddComment 方法，将产生如图 4.25 所示的错误。

第 5 行代码显示批注对象，Visible 属性确定对象是否可视。

当单元格 B5 中不存在批注时，运行示例代码，结果如图 4.26 所示。

图 4.25 应用程序定义或对象定义错误

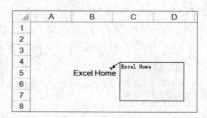

图 4.26 添加批注

4.19 编辑批注文本

使用批注对象的 Text 方法，能够获取或修改单元格批注的文本。如下示例代码首先使用提示框显示单元格 B5 中的批注文本，然后修改该批注文本。

```
#001  Sub ShowChangeComment()
#002      With Range("B5")
#003          If Not .Comment Is Nothing Then
#004              MsgBox .Comment.Text
#005              .Comment.Text Text:="Excel Home"
#006          End If
#007      End With
#008  End Sub
```

❖ 代码解析

第 4 行代码显示当前批注文本，第 5 行代码修改批注文本。

Comment 对象的 Text 方法的语法格式如下。

```
Text(Text, Start, Overwrite)
```

参数 Text 代表需要添加的文本。

参数 Start 指定添加文本的起始位置。如果省略该参数，则使用 Text 所指定的文本替换现有的批注文本。

参数 Overwrite 指定是否覆盖现有文本。如果该参数值为 True，则覆盖现有的批注文字，默认值为 False（新文字插入现有文字中）。

Text 方法的 3 个参数均是可选的，默认参数的 Text 方法返回批注的当前文本，如第 4 行代码。

如下示例代码将单元格 B5 中的内容添加到批注文本之后并另起一行。

```
#001  Sub AppendText()
#002      With Range("B5").Comment
#003          .Text Text:=VBA.vbCrLf & [B5].Value, Start:=Len(.Text) + 1
#004      End With
#005  End Sub
```

❖ 代码解析

第 3 行代码中指定参数 Start 的值，在现有批注文本之后添加字符串，其中 vbCrLf 常量代表回车换行符。

运行 AppendText 过程，单元格 B5 中的批注如图 4.27 所示。

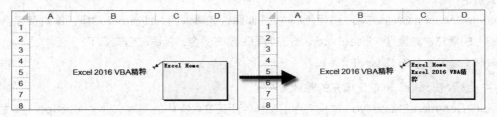

图 4.27 添加单元格批注

4.20　修改批注外观

默认情况下，批注的外观是一个矩形框，通过设置批注的 AutoShapeType 属性可以修改批注的外观，示例代码如下。

```
#001   Sub ChangeCommentShapeType()
#002       Range("B3").Comment.Shape.AutoShapeType = _
               msoShapeRoundedRectangle
#003   End Sub
```

❖ 代码解析

ChangeCommentShapeType 过程将当前活动工作表单元格 B3 的批注外观改为一个圆角矩形形状（假设当前活动工作表上单元格 B3 已经存在批注）。

Comment 对象的 Shape 属性返回批注对象的图形对象，AutoShapeType 属性能够返回或设置 Shape 对象的形状类型，在 VBA 帮助中可查阅其他的 MsoAutoShapeType 常量。

运行 ChangeCommentShapeType 过程代码后，B3 单元格的圆角矩形批注如图 4.28 所示。

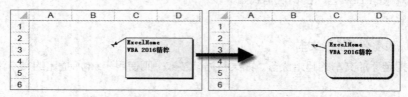

图 4.28　修改批注外观

4.21　显示图片批注

为单元格批注添加背景图片或将图片作为批注的内容，可以增加单元格批注的生动性和多样性。示例代码如下。

```
#001   Sub ChangeCommentShapeType()
#002       With Range("B3").Comment
#003           .Shape.Fill.UserPicture _
               ThisWorkbook.Path & "\Logo.jpg"
#004       End With
#005   End Sub
```

❖ 代码解析

ChangeCommentShapeType 过程代码中，Fill 属性能够返回 FillFormat 对象，该对象包含指定的图表或图形的填充格式属性，UserPicture 方法为图形填充图像，其语法格式如下。

```
UserPicture (PictureFile)
```

其中，参数 PictureFile 指定填充的图片文件名。

ChangeCommentShapeType 过程将当前工作簿所在文件夹中的图片文件"Logo.jpg"作为单元格 B3 批注的填充图片，如图 4.29 所示。

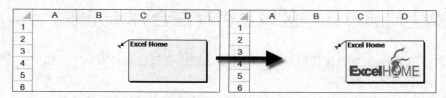

图 4.29 使用图片批注

4.22 设置批注字体

单元格批注的字体通过单元格批注的 Shape 对象中文本框对象（TextFrame）的字符对象（Characters）进行设置。TextFrame 代表 Shape 对象中的文本框，包含文本框中的文字。

如下示例代码设置活动工作表中的所有批注字符的字体为 14 号微软雅黑字体，并设置字体颜色为红色。

```
#001    Sub CommentFont()
#002        Dim objComment As Comment
#003        For Each objComment In ActiveSheet.Comments
#004            With objComment.Shape.TextFrame.Characters.Font
#005                .Name = "微软雅黑"
#006                .Bold = msoFalse
#007                .Size = 14
#008                .ColorIndex = 3
#009            End With
#010        Next objComment
#011        Set objComment = Nothing
#012    End Sub
```

❖ 代码解析

第 3~10 行代码遍历活动工作表的所有批注，并设置批注字符字体。

运行 CommentFont 过程，结果如图 4.30 所示。

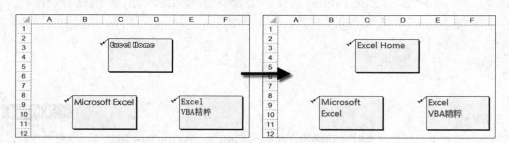

图 4.30 设置批注字符字体

如果需要设置批注文本中部分字符的格式，请参阅 4.9 节。

4.23　快速判断单元格区域是否存在合并单元格

Range 对象的 MergeCells 属性可以判断单元格区域是否包含合并单元格，如果该属性返回值为 True，则表示区域包含合并单元格。

如下示例代码判断单元格 A1 是否包含合并单元格，并显示相应的提示信息。

```
#001   Sub IsMergeCell()
#002       If Range("A1").MergeCells = True Then
#003           MsgBox " 包含合并单元格 "
#004       Else
#005           MsgBox " 没有包含合并单元格 "
#006       End If
#007   End Sub
```

对于单个单元格，直接通过 MergeCells 属性判断是否包含合并单元格。单元格区域 A1:E10 为合并单元格区域，如图 4.31 所示。A1 单元格包含在该区域中，A1 单元格的 MergeCells 属性返回值为 True。

如果在指定区域中存在部分合并的单元格，如图 4.32 所示，单元格区域 A1:E10 中包含合并单元格区域 C3:D7。判断这样的单元格区域中是否包含合并单元格，通常会使用遍历单元格的方法。

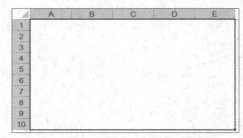

图 4.31　A1:E10 为合并单元格

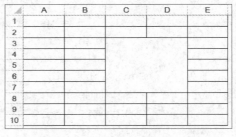

图 4.32　包含部分合并单元格的区域

如下示例代码能够快速地判断单元格区域中是否包含部分合并单元格，而不需要遍历单元格。

```
#001   Sub IsMerge()
#002       If VBA.IsNull(Range("A1:E10").MergeCells) = True Then
#003           MsgBox " 包含合并单元格 "
#004       Else
#005           MsgBox " 没有包含合并单元格 "
#006       End If
#007   End Sub
```

❖ 代码解析

当单元格区域中同时包含合并单元格和非合并单元格时，MergeCells 属性将返回 Null，因此第 2 行代码通过该返回结果作为判断条件。

运行 IsMerge 过程，结果如图 4.33 所示。

图 4.33　提示信息

4.24　合并单元格时连接每个单元格内容

单击 Excel 的【合并及居中】按钮合并多个单元格区域时，Excel 仅保留被合并单元格区域左上角单元格的内容。如果用户希望在合并多个单元格时，将各个单元格的内容连接起来保存在合并后的单元格区域中，则可以使用如下示例代码。

```
#001  Sub MergeValue()
#002      Dim strText As String
#003      Dim rngCell As Range
#004      If TypeName(Selection) = "Range" Then
#005          For Each rngCell In Selection
#006              strText = strText & rngCell.Value
#007          Next rngCell
#008          Application.DisplayAlerts = False
#009          Selection.Merge
#010          Selection.Value = strText
#011          Application.DisplayAlerts = True
#012      End If
#013      Set rngCell = Nothing
#014  End Sub
```

❖ 代码解析

第 4 行代码使用 TypeName 函数判断当前选定对象是否为 Range 对象，若是则继续运行后续代码。

第 5~7 行代码使用 For 循环结构将当前选中区域的内容连接起来保存在字符串变量 strText 中。

第 8 行代码将 DisplayAlerts 属性设置为 False，禁止 Excel 在合并单元格区域时显示如图 4.34 所示的警告信息。

第 9 行代码使用 Merge 方法合并当前选定区域。

运行 MergeValue 过程，结果如图 4.35 所示。

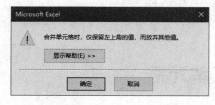

图 4.34　合并单元格区域时警告信息

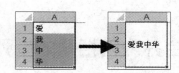

图 4.35　合并单元格结果

4.25　取消合并时在每个单元格中保留内容

在报表中经常会使用合并单元格，但是这种数据表格不适合作为数据源进行数据分析，手工操作需要经过多个步骤才可以转换为普通的二维数据表格，如图 4.36 所示。借助 VBA 代码可以很方便地实现这种转换，示例代码如下。

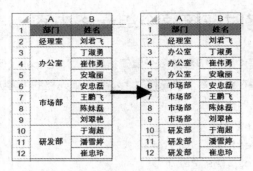

图 4.36 取消合并单元格后的数据表格

```
#001   Sub UnMergeValue()
#002       Dim strText As String
#003       Dim i As Long, intCount As Integer
#004       For i = 2 To Range("B1").End(xlDown).Row
#005           With Cells(i, 1)
#006               strText = .Value
#007               intCount = .MergeArea.Count
#008               .UnMerge
#009               .Resize(intCount, 1).Value = strText
#010           End With
#011           i = i + intCount - 1
#012       Next i
#013   End Sub
```

❖ 代码解析

第 6 行代码取得 A 列每个单元格区域的内容。

第 7 行代码取得合并区域的单元格数量。

第 8 行代码取消合并单元格。

第 9 行代码将原合并单元格的内容赋值给取消合并后的单元格区域。

第 11 行代码调整循环变量 i 的值，使下一次循环从该合并区域的下一个单元格开始。

4.26　合并内容相同的单列连续单元格

合并内容相同的单列连续单元格的示例代码如下。

```
#001   Sub MergeSameCells()
#002       Dim intRow As Integer, i As Long
#003       Application.DisplayAlerts = False
#004       With ActiveSheet
#005           intRow = .Range("A1").End(xlDown).Row
#006           For i = intRow To 2 Step -1
#007               If .Cells(i, 1).Value = .Cells(i - 1, 1).Value Then
#008                   .Range(.Cells(i - 1, 1), .Cells(i, 1)).Merge
#009               End If
```

```
#010            Next i
#011        End With
#012        Application.DisplayAlerts = True
#013    End Sub
```

❖ 代码解析

第 6~10 行代码使用 For 循环结构从最后一行开始，向上逐个判断相邻单元格的内容是否相同，如果相同则合并单元格区域。

运行 MergeSameCells 过程将合并 A 列中 "用工单位" 相同的连续单元格区域，结果如图 4.37 所示。

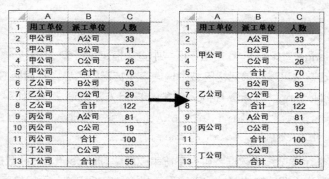

图 4.37　合并内容相同的单列连续单元格

4.27　查找包含指定字符串的所有单元格

在图 4.38 所示的数据区域中，查找所有包含字符串 "BB" 的单元格并通过背景颜色标识。使用 Range 对象的 Find 方法可以实现此要求，示例代码如下。

	A	B	C	D	E
1	AEB	DEB	AAE	ACC	EAD
2	EEB	DCC	ECA	CEC	BCC
3	BBC	BBC	CCD	BEC	DCE
4	BCD	EBD	BAC	DCB	EAD
5	CBC	CEE	EEB	ECB	CDD
6	BCA	ACE	EDB	CBB	EEC
7	CBE	DEA	AAD	CED	ADC
8	DAE	BAE	CDE	ECC	EEA
9	DAE	DAA	EDB	CEE	BAD
10	DDC	ECD	DEE	BBD	ABA

图 4.38　数据区域

```
#001    Sub FindCells()
#002        Dim rngCell As Range, rngResult As Range
#003        Dim strFirstAddress As String
#004        With Range("A1:E10")
#005            Set rngCell = .Find(What:="BB", After:=.Cells(1), _
                    LookIn:=xlValues, LookAt:=xlPart)
#006            If Not rngCell Is Nothing Then
#007                strFirstAddress = rngCell.Address
#008                Set rngResult = rngCell
```

```
#009                Do
#010                    Set rngResult = Application.Union(rngResult, rngCell)
#011                    Set rngCell = .FindNext(rngCell)
#012                Loop While rngCell.Address <> strFirstAddress
#013                rngResult.Interior.ColorIndex = 8
#014            End If
#015        End With
#016        Set rngCell = Nothing
#017        Set rngResult = Nothing
#018    End Sub
```

❖ 代码解析

第 5 行代码使用 Range 对象的 Find 方法在区域中查找指定字符串 "BB"。

Range 对象的 Find 方法可以在单元格区域中快速查找特定的信息,并返回 Range 对象。如果未发现匹配单元格,则返回 Nothing。应用于 Range 对象的 Find 方法的语法格式如下。

```
Find(What, [After], [LookIn], [LookAt], [SearchOrder], [SearchDirection],
[MatchCase], [MatchByte], [SearchFormat])
```

其中,参数 What 指定要搜索的数据,可为字符串或任意 Microsoft Excel 数据类型。

参数 After 用于确定开始搜索的位置,搜索过程将从该参数指定的单元格之后进行。参数 After 必须是区域中的单个单元格,从该单元格之后开始搜索,直到 Find 方法绕回到指定的单元格时,才结束搜索。如果未指定本参数,将从区域左上角单元格之后开始搜索。

参数 LookIn 指定要查找的信息类型,可为表 4.13 列举的 xlFindLookin 常量之一。

表 4.13 xlFindLookin 常量

常量	值	说明
xlComments	−4144	查找批注
xlFormulas	−4123	查找公式
xlValues	−4163	查找数值

参数 LookAt 可为 xlWhole(完整匹配)或 xlPart(部分匹配)。

参数 SearchOrder 可为 xlByRows(按行)或 xlByColumns(按列)。

参数 SearchDirection 指定搜索的方向,可为 xlNext(向后,默认值)或 xlPrevious(向前)。

参数 MatchCase 指定查找时是否区分大小写,若为 True 则区分大小写,默认值为 False。

参数 MatchByte 指定是否进行字节匹配。若为 True,则双字节字符仅匹配双字节字符。若为 False,则双字节字符可匹配其等价的单字节字符。

参数 SearchFormat 指定搜索格式。

> 注意
>
> 每次使用 Find 方法后,参数 LookIn、LookAt、SearchOrder 和 MatchByte 的设置都将被保存。如果下次调用该方法时不指定这些参数的值,就使用保存的值。为避免在使用该方法时出现问题,应根据查找的需求明确设置这些参数。

第 7 行代码保存第 1 个匹配单元格的引用地址。

第 11 行代码中 FindNext 方法继续进行由 Find 方法设置的搜索，查找匹配相同条件的下一个单元格。当 FindNext 方法查找到指定查找区域的末尾时，该方法将重新从区域的第一个单元格继续搜索。

第 12 行代码设置当查找到的单元格地址与第 1 个匹配单元格地址相同时停止查找。

第 13 行代码为单元格区域指定单元格内部填充颜色。

运行 FindCells 过程，结果如图 4.39 所示。

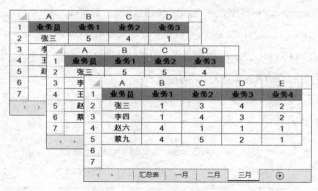

图 4.39　标识查找到的所有单元格

4.28　合并计算多个工作表的数据

在实际工作中，经常需要对不同工作表的数据进行合并计算，使用 Range 对象的 Consolidate 方法，可以方便地实现此类需求。

例如，图 4.40 中分别是各业务员在一月、二月和三月的各项业务发展量。

图 4.40　业务发展量数据

需要对各业务员 3 个月来的各项业务发展量进行汇总，示例代码如下。

```
#001    Sub ConsolidateSheets()
#002        Dim astrArr(1 To 3)  As String
#003        Dim i As Integer
#004        Dim rngRange As Range
#005        For i = 2 To 4
#006            astrArr(i - 1) = Sheets(i).Name & "!" & _
                    Sheets(i).Range("A1").CurrentRegion.Address _
                    (ReferenceStyle:=xlR1C1)
#007        Next i
#008        Set rngRange = Sheets("汇总表").Range("A1")
#009        With rngRange
```

```
#010              .Consolidate Sources:=astrArr, Function:=xlSum, _
                      TopRow:=True, LeftColumn:=True
#011              .Value = "业务员"
#012          End With
#013          Sheets(1).Range("A1").Copy
#014          With rngRange
#015              .Resize(1, .CurrentRegion.Columns.Count) _
                      .PasteSpecial xlPasteFormats
#016          End With
#017          Sheets(1).Range("A2").Copy
#018          With rngRange.CurrentRegion
#019              .Offset(1, 0).Resize(.Rows.Count - 1, .Columns.Count) _
                      .PasteSpecial xlPasteFormats
#020          End With
#021          Application.CutCopyMode = False
#022          Set rngRange = Nothing
#023      End Sub
```

❖ 代码解析

第 5~7 行代码使用 For 循环结构将各工作表的数据区域 R1C1 样式引用地址保存在数组 astrArr 中，后续代码中将被作为 Consolidate 方法的参数 Sources。

第 10 行代码使用 Consolidate 方法合并指定的数据区域。Consolidate 方法的语法格式如下。

```
Consolidate(Sources, Function, TopRow, LeftColumn, CreateLinks)
```

参数 Sources 指定合并计算的源数据区域，为字符串数组的形式。此参数值必须是 R1C1 样式的引用，而且必须包含将要合并计算的工作表的完整路径。

参数 Function 是可选的，指定合并计算时所使用的函数，其值可为表 4.14 列举的 XlConsilidationFunction 常量之一。

表 4.14 XlConsilidationFunction 常量

常量	值	说明
xlAverage	−4106	平均值
xlCount	−4112	计数
xlCountNums	−4113	数值计数
xlMax	−4136	最大值
xlMin	−4139	最小值
xlProduct	−4149	乘积
xlStDev	−4155	标准偏差
xlStDevP	−4156	总体标准偏差
xlSum	−4157	求和
xlVar	−4164	方差
xlVarP	−4165	总体方差

参数 TopRow 是可选的，如果其值为 True，则基于合并计算区域中首行内的列标题对数据进行合

并计算。如果为 False（默认值），则按位置进行合并计算。

参数 LeftColumn 是可选的，如果其值为 True，则基于合并计算区域中左列内的行标题对数据进行合并计算。如果为 False（默认值），则按位置进行合并计算。

参数 CreateLinks 是可选的，如果其值为 True，则合并计算将使用工作表链接，此时用户对源数据区域的修改将立刻在汇总结果中显示。如果为 False（默认值），则合并计算时将复制数据。

Consolidate 方法同时基于行列汇总时，将忽略区域左上角的内容，所以需要另外添加代码为左上角单元格赋值，第 11 行代码为"汇总表"工作表中 A1 单元格添加内容。

第 13~20 行代码通过复制第 1 个工作表的 A1 和 A2 单元格后为"汇总表"粘贴格式。

第 21 行代码取消复制模式。

运行 ConsolidateSheets 过程，结果如图 4.41 所示。

	A	B	C	D	E
1	业务员	业务1	业务2	业务3	业务4
2	张三	11	12	9	2
3	李四	3	13	9	2
4	王五	8	7	9	
5	赵六	8	7	8	1
6	蔡九	7	10	5	1
7					

图 4.41 合并计算结果

4.29 合并计算多个工作簿的工作表

在某些情况下，用户可能希望直接汇总当前所有打开的工作簿中的数据到某一工作簿中。假设上例所有工作表中的数据区域都为该表中单元格 A1 的当前区域，如下示例代码汇总除当前工作簿（即代码所在工作簿）之外其他所有已打开工作簿中第一个工作表中的数据。

```
#001   Sub ConsolidateWorkbook()
#002       Dim astrArray() As String
#003       Dim wkbBook As Workbook
#004       Dim wksSht As Worksheet
#005       Dim intCount As Integer, i As Integer
#006       intCount = Workbooks.Count
#007       ReDim astrArray(1 To intCount - 1)
#008       For Each wkbBook In Workbooks
#009           If Not wkbBook Is ThisWorkbook Then
#010               Set wksSht = wkbBook.Worksheets(1)
#011               i = i + 1
#012               astrArray(i) = "'[" & wkbBook.Name & "]" & _
                       wksSht.Name & "'!" & wksSht.Range("A1"). _
                       CurrentRegion.Address(ReferenceStyle:=xlR1C1)
#013           End If
#014       Next wkbBook
#015       Worksheets(" 汇总表 ").Range("A1").Consolidate _
               astrArray, xlSum, True, True
```

```
#016        Set wksSht = Nothing
#017        Set wkbBook = Nothing
#018   End Sub
```

❖ 代码解析

第 7 行代码为动态数组 astrArray 重新分配空间。

第 8~14 行代码通过遍历所有待汇总工作簿中第 1 个工作表，获得各工作表中数据区域的 R1C1 引用地址。

第 12 行代码以 R1C1 样式引用获得包含单元格区域的完整路径的字符串，并保存在数组 astrArray 中。字符串格式为：'[工作簿名称] 工作表名称 '!R1C1 样式的单元格区域引用，如 '[Book2.xls] Sheet1'!R1C1：R5C5。

第 15 行代码汇总各工作表中的数据。

4.30 按指定条件自动筛选数据

当需要在数据列表中检索符合指定条件的记录时，通常可以使用自动筛选功能实现。在 VBA 中，使用 Range 集合的 AutoFilter 方法，可以实现对如图 4.42 所示的数据区域执行自动筛选操作。

	A	B	C
1	姓名	性别	年龄
2	董晓阳	男	19
3	崔翠磊	男	25
4	于海丽	女	28
5	刘安洋	男	24
6	封茂江	男	26
7	潘晓萍	女	21
8	刘永晓	男	18
9	王丰泽	男	24
10	常超飞	男	25
11	董茂园	男	24
12	鲁燕	女	20
13	吴龙江	男	20
14	安勇	男	20
15	董玉琼	女	18
16	安君凯	男	19
17	潘雪婷	女	23

图 4.42 示例数据表

如下示例代码筛选 "性别" 字段内容为 "男" 的记录。

```
#001   Sub DataFilter()
#002        Worksheets("Sheet1").Range("A1").AutoFilter _
                Field:=2, Criteria1:=" 男 ", Operator:=xlFilterValues
#003   End Sub
```

❖ 代码解析

第 2 行代码使用 AutoFilter 方法筛选满足条件的记录。当 AutoFilter 方法应用于单个单元格时，Excel 默认筛选区域为该单元格所在的当前区域，参数 Field 指定作为筛选基准字段（从列表左侧开始，最左侧的字段为第一个字段）的偏移量，此处参数值为 2，指定筛选字段在筛选区域的第 2 列。参数 Criteria1 指定筛选条件为 "男"。

Range 对象的 AutoFilter 方法筛选出符合条件的数据列表，其语法格式如下。

```
AutoFilter(Field, Criteria1, Operator, Criteria2, VisibleDropDown)
```

参数 Field 是可选的，为 Variant 类型，用于指定作为筛选基准字段的偏移量。

参数 Criteria1 是可选的，为 Variant 类型，用于指定筛选条件（字符串，如"Excel 2003"）。使用"="可搜索到空字段，使用"<>"可搜索到非空字段。如果省略该参数，则搜索条件为 All。如果将 Operator 设置为 xlTop10Items，参数 Criteria1 则指定数据项个数（如"10"）。

参数 Operator 是可选的，其值可以为表 4.15 列举的 XlAutoFilterOperator 常量之一。

表 4.15　XlAutoFilterOperator 常量

常量	值	说明
xlAnd	1	Criteria1 和条件 Criteria2 的逻辑与
xlBottom10Items	4	显示最低值项（Criteria1 中指定的项数）
xlBottom10Percent	6	显示最低值项（Criteria1 中指定的百分数）
xlFilterCellColor	8	单元格颜色
xlFilterDynamic	11	动态筛选
xlFilterFontColor	9	字体颜色
xlFilterIcon	10	筛选图标
xlFilterValues	7	筛选值
xlOr	2	Criteria1 和条件 Criteria2 的逻辑或
xlTop10Items	3	显示最高值项（Criteria1 中指定的项数）
xlTop10Percent	5	显示最高值项（Criteria1 中指定的百分数）

提示　　使用 xlAnd 和 xlOr 可将参数 Criteria1 和参数 Criteria2 组合成复合筛选条件。

参数 Criteria2 是可选的，指定第 2 个筛选条件。与 Criteria1 和 Operator 组合成复合筛选条件。

参数 VisibleDropDown 是可选的，如果其值为 True（默认值），则显示筛选字段自动筛选的下拉按钮。如果为 False，则隐藏筛选字段自动筛选的下拉按钮。

如果忽略全部参数，则该方法仅在指定区域切换自动筛选下拉按钮的显示状态。

运行 DataFilter 过程，结果如图 4.43 所示。

图 4.43　自动筛选结果

4.31　多条件筛选

通过多次使用 AutoFilter 方法，能够实现数据列表的多条件筛选功能，示例代码如下。

```
#001   Sub Filter_MoreCriteria()
#002       Application.ScreenUpdating = False
#003       With Worksheets("Sheet1")
#004           If .FilterMode = True Then .ShowAllData
#005           .Range("A1").AutoFilter Field:=2, Criteria1:=" 男 "
```

```
#006            .Range("A1").AutoFilter Field:=3, Criteria1:=">=22", _
                    Operator:=xlAnd, Criteria2:="<=26"
#007        End With
#008        Application.ScreenUpdating = True
#009    End Sub
```

❖ 代码解析

Filter_MoreCriteria 过程在图 4.42 所示的数据表中通过两次筛选，检索“性别”字段内容为“男”并且“年龄”字段为 22~26 的记录。

第 4 行代码使用 FilterMode 属性判断工作表是否处于筛选模式，如果是则显示当前筛选列表的所有数据。当工作表包含已筛选序列且该序列中含有隐藏行时，FilterMode 属性的值为 True。使用 ShowAllData 方法将显示所有数据，使当前筛选列表的所有行均可见。

第 5 行代码指定第一次筛选的条件。

第 6 行代码通过操作符 xlAnd 将参数 Criteria1 和参数 Criteria2 指定的条件组成复合条件，从而指定第 2 次筛选的条件。

运行 Filter_MoreCriteria 过程，结果如图 4.44 所示。

	A	B	C
1	姓名	性别	年龄
3	崔翠磊	男	25
5	刘安洋	男	24
6	封茂江	男	26
9	王丰泽	男	24
10	常超飞	男	25
11	董茂园	男	24

图 4.44　多条件筛选结果

4.32　获取符合筛选条件的记录数

在对工作表列表区域进行自动筛选时，在状态栏中将显示符合筛选条件的记录条数信息，如图 4.45 所示。不过，虽然可以在状态栏中看到记录条数信息，却无法将该信息提供给程序使用。

通常，自动筛选的结果由多个不连续的区域组成，这些单元格区域的行数即为记录数。如下示例代码获得当前活动工作表中符合当前筛选条件的记录数。

	A	B	C
1	姓名	性别	年龄
2	董晓阳	男	19
3	崔翠磊	男	25
5	刘安洋	男	24
6	封茂江	男	26
8	刘永晓	男	18
9	王丰泽	男	24
10	常超飞	男	25
11	董茂园	男	24
13	吴龙江	男	20
14	安勇	男	20
16	安君凯	男	19
18			

Sheet1

就绪　在 16 条记录中找到 11 个

图 4.45　状态栏中显示筛选结果信息

```
#001    Sub GetFilterRecordCount()
#002        Dim rngRange As Range
#003        Dim i As Long
#004        Dim lngCount As Long
#005        Dim lngAllCount As Long
#006        With ActiveSheet
#007            If .FilterMode Then
#008                lngAllCount = .AutoFilter.Range.Rows.Count - 1
#009                Set rngRange = .AutoFilter.Range.SpecialCells _
                        (xlCellTypeVisible)
#010                For i = 1 To rngRange.Areas.Count
#011                    lngCount = lngCount + rngRange.Areas(i).Rows.Count
#012                Next i
#013                Set rngRange = Nothing
#014                MsgBox "在 " & lngAllCount & " 条记录中找到 " & _
```

```
                    lngCount - 1 & " 个 "
#015            End If
#016        End With
#017   End Sub
```

❖ 代码解析

第 8 行代码获取工作表筛选区域的记录总数量。其中 AutoFilter 对象的 Range 属性返回工作表应用自动筛选的区域。

第 9 行代码获取工作表筛选后筛选区域中的可视区域。

第 10~12 行代码通过在区域中每个 Areas 成员中循环，获得可视区域的总行数。

Areas 属性返回一个 Areas 集合，代表多重选定区域中的所有区域。Areas 集合包含选定区域内的每一个离散的连续单元格区域的 Range 对象。

第 11 行代码中 Areas（i）从集合中返回单个 Range 对象。

运行 GetFilterRecordCount 过程，结果如图 4.46 所示

图 4.46　获得符合筛选条件的记录数

4.33　判断筛选结果是否为空

运行 4.32 节的 GetFilterRecordCount 过程，如果记录数为 0，则表示筛选结果为空。如果仅需要判断筛选结果是否为空，可以使用如下示例代码。

```
#001   Sub FilterIsEmpty()
#002       With ActiveSheet.AutoFilter.Range.SpecialCells _
               (xlCellTypeVisible)
#003           If .Areas.Count = 1 And .Rows.Count = 1 Then
#004               MsgBox " 筛选结果为空 "
#005           End If
#006       End With
#007   End Sub
```

❖ 代码解析

FilterIsEmpty 过程代码通过判断工作表自动筛选结果区域仅包含 1 个子区域，同时该子区域的总行数为 1 行，说明筛选结果为空。

4.34　复制自动筛选后的数据区域

在对数据列表进行自动筛选后，用户可能希望将自动筛选的结果复制到工作表中的其他位置。如下示例将工作表"Sheet1"中自动筛选的结果区域复制到工作表"Sheet2"中单元格 A1 起始的单元格区域。

```
#001  Sub CopyFilterResult()
#002      With Worksheets("Sheet1")
#003          If .FilterMode Then
#004              .AutoFilter.Range.SpecialCells(xlCellTypeVisible).Copy _
                      Worksheets("Sheet2").Range("A1")
#005          End If
#006      End With
#007  End Sub
```

❖ 代码解析

CopyFilterResult 过程通过 AutoFilter 对象的 Range 属性返回工作表的自动筛选列表区域，再通过获取该列表区域中可见单元格的方法得到筛选结果的单元格区域，然后使用 Copy 方法将结果区域复制到工作表"Sheet2"中。

4.35　使用删除重复项获取不重复记录

利用单元格区域的 RemoveDuplicates 方法可以去除重复值，从而获取不重复值列表，如图 4.47 所示。

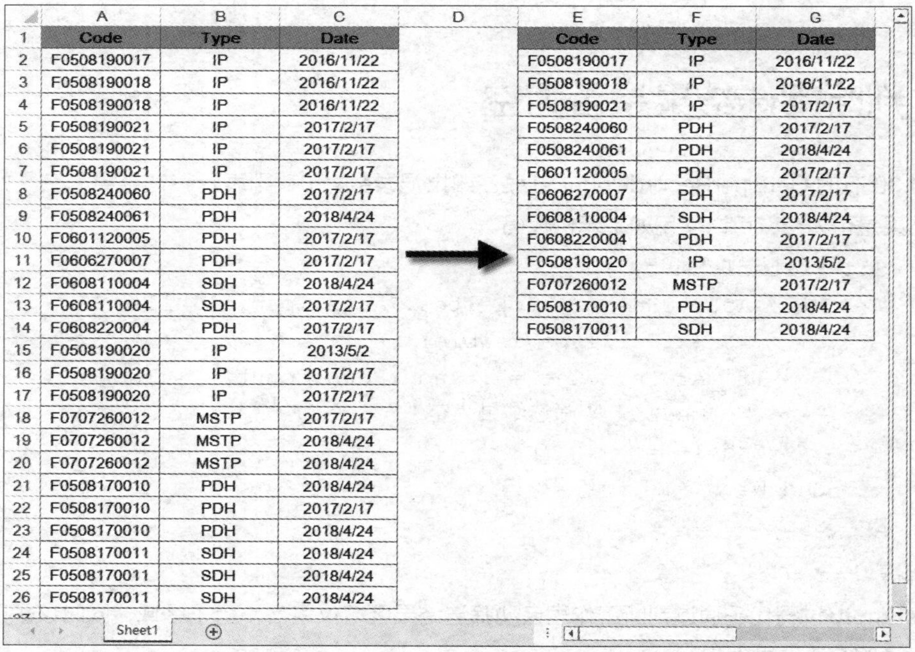

图 4.47　获取不重复记录

示例代码如下。

```
#001  Sub RemoveDuplicates()
#002      Range("A1").CurrentRegion.Copy Range("E1")
#003      Range("E1").CurrentRegion.RemoveDuplicates _
              Columns:=1, Header:=xlYes
#004  End Sub
```

❖ 代码解析

第 2 行代码将单元格 A1 的连续区域复制到单元格 E1。

第 3 行代码利用单元格区域的 RemoveDuplicates 方法获取第 1 列不重复值对应的所有记录，区域包含标题行。

RemoveDuplicates 方法语法格式如下。

```
RemoveDuplicates( Columns, Header )
```

参数 Columns 是必需的，指定包含重复信息的列的索引数组。当有多列时，可以使用数组 Array（1，2）的形式表示。

参数 Header 是可选的，指定第一行是否包含标题信息。默认值为 xlNo；如果希望 Excel 自动判定，则应指定为 xlGuess。

4.36 删除空行

删除工作表中的空行时，可以利用工作表函数 CountA 判断工作表中哪些行是空行。如下示例代码判断活动工作表第 1 行是否为空行。

```
#001  Sub CheckBlankRow()
#002      If Application.WorksheetFunction.CountA(Rows(1)) = 0 Then
#003          MsgBox "首行是空行"
#004      End If
#005  End Sub
```

❖ 代码解析

第 2 行代码通过判断活动工作表中第 1 行的非空单元格个数为 0，得出"该行是空行"的结果。其中，工作表函数 CountA 返回指定单元格区域中非空值的单元格个数。

如下示例代码删除当前活动工作表中所有空行。

```
#001  Sub DeleteBlankRow()
#002      Dim lngFirstRow As Long
#003      Dim lngLastRow As Long
#004      Dim i As Long
#005      lngFirstRow = ActiveSheet.UsedRange.Row
#006      lngLastRow = lngFirstRow + ActiveSheet.UsedRange.Rows.Count - 1
#007      For i = lngLastRow To lngFirstRow Step -1
#008          If Application.WorksheetFunction.CountA(Rows(i)) = 0 Then
#009              Rows(i).Delete
#010          End If
```

```
#011        Next i
#012  End Sub
```

❖ 代码解析

第 5 行代码获得活动工作表中已使用区域的首行行号，其中使用 UsedRange 属性返回工作表中已使用的区域。

第 6 行代码获得活动工作表中已使用区域的最后一行行号。

第 7~11 行代码从最大行数至最小行数循环判断指定行是否为空行，若为空行则第 9 行代码删除该行。

4.37　判断是否选中整行

根据当前选中单元格区域的单元格行数和单元格数量，能够判断用户是否选中了整行或整列。如下示例代码在 Worksheet_SelectionChange 事件中判断用户是否选中了整行。

```
#001  Private Sub Worksheet_SelectionChange(ByVal Target As Range)
#002      If Target.Rows.Count = 1 And Target.Areas.Count = 1 Then
#003          If Target.Cells.Count = Rows(1).Cells.Count Then
#004              MsgBox "您已选中了整行，当前行为第 " & Target.Row & " 行 "
#005          End If
#006      End If
#007  End Sub
```

❖ 代码解析

工作表的 SelectionChange 事件通过确定用户当前选择区域的总行数是否为 1，并且总单元格数量是否等于第 1 行（或任意行）单元格数量，来判断用户是否选中了整行。

第 2 行代码中的 Target.Rows.Count 返回选中区域的总行数，并且选中区域是单个连续单元格区域。

第 3 行代码中的 Target.Cells.Count 返回选中区域的单元格数量。

当用户选中整行时显示一个消息框，提示用户当前选中的行号，如图 4.48 所示。

图 4.48　选中整行消息框

4.38　工作表中一次插入多行

有多种方法可以实现在工作表的同一位置插入多个空行。

4.38.1　使用循环的方法

使用 Insert 方法可以在指定行之前插入多个空行，示例代码如下。

```
#001  Sub BatchInsertRows()
#002      Dim i As Integer
#003      For i = 1 To 3
#004          Rows(3).Insert
#005      Next i
#006  End Sub
```

运行 BatchInsertRows 过程，结果如图 4.49 所示。

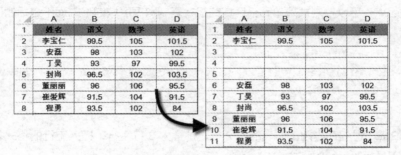

图 4.49　在第 3 行之前插入 3 个空行

4.38.2　使用引用多行的方法

由于在工作表中插入行的数量，与当前所选择的单元格区域的行数一致，所以通过引用多行区域的方法可以实现一次插入多行。

如下示例代码扩展区域行数为 3 行后一次性插入 3 个空行。

```
#001  Sub InsertRows()
#002      Range("A3").EntireRow.Resize(3).Insert
#003  End Sub
```

❖ 代码解析

第 2 行代码通过 EntireRow 属性返回单元格 A3 所在的整行单元格对象，即工作表中的第 3 行，然后使用 Resize 属性调整行数后插入 3 个空行。

也可以直接指定相应行再调整行数，示例代码如下。

```
#001  Sub InsertRows2()
#002      Rows(3).Resize(3).Insert
#003  End Sub
```

4.39　控制插入单元格区域的格式

默认情况下，在工作表中插入单元格区域时，其格式与其左侧单元格或上方单元格的格式相同。例如，使用 Rows（2）.Resize（3）.Insert 插入 3 行，其结果如图 4.50 所示。

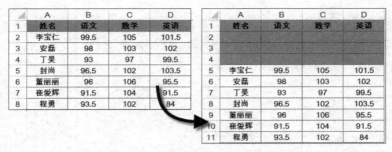

图 4.50　插入行后的格式

新插入的空行的格式复制了标题区域的格式，有时这并不是用户所需要的格式。通过指定插入单元格区域时复制的起点，可以控制插入单元格区域的格式复制数据区域的格式而不是标题区域的格式，示例代码如下。

```
#001  Sub InsertBlankRows()
#002      Rows(2).Resize(3).Insert CopyOrigin:=xlFormatFromRightOrBelow
#003  End Sub
```

❖ 代码解析

InsertBlankRows 过程在当前工作表的第 2 行之前插入 3 行空行，插入空行的格式复制下方单元格区域的格式，而不是标题区域的格式。

Range 对象的 Insert 方法的语法格式如下。

```
Insert( Shift, CopyOrigin )
```

参数 Shift 指定单元格的移动方向，为如下两个 XlInsertShiftDirection 常量之一：xlShiftToRight 或 xlShiftDown。如果省略该参数，Excel 将依据该区域的形状决定移动方向。而当应用于整行或整列时，忽略该参数。

参数 CopyOrigin 指定插入单元格区域时复制的起点，其值为表 4.16 列举的 xlInsertFormatOgigin 常量之一。

表 4.16　xlInsertFormatOgigin 常量

常量	值	说明
xlFormatFromLeftOrAbove	0	从左边或上边单元格区域复制格式（默认值）
xlFormatFromRightOrBelow	1	从右边或下边单元格区域复制格式

运行 InsertBlankRows 过程，结果如图 4.51 所示。

图 4.51　指定参数 CopyOrigin 后运行结果

4.40 批量删除奇数行

有多种实现方法可以删除如图 4.52 所示的工作表指定区域中所有的奇数行。

	A	B	C	D	E
1	姓名	学科1	学科2	学科3	排名
2	李宝仁	99.5	105	101.5	1
3	安磊	98	103	102	2
4	丁昊	93	97	99.5	3
5	封尚	96.5	102	103.5	4
6	董丽丽	96	106	95.5	5
7	崔爱辉	91.5	104	91.5	6
8	程勇	93.5	102	84	7
9	刘应磊	92	94	87	8
10	王新峰	92	85	85.5	9
11	臧雪雯	96	98	83	10
12	刘妹霞	95.5	95	93.5	11
13	丁金艳	101	82	63	12
14	崔超佳	102	66	88	13
15	程宗山	99.5	88	97.5	14
16	安宗璇	81	86	88	15
17	王仲璇	84	96	87.5	16
18	董忠鹏	91.5	74	81.5	17
19	程瑜萍	96	71	96.5	18
20	封新霞	94	80	90.5	19
21	王勇洋	88	83	70.5	20

图 4.52 示例工作表

4.40.1 在区域中由下而上逐行删除

删除行时需要从工作表单元格区域中的最后一行向上执行删除操作，否则可能产生遗漏，示例代码如下。

```
#001  Sub CycleDelete()
#002      Dim lngRow As Long, i As Long
#003      lngRow = Range("A" & Rows.Count).End(xlUp).Row
#004      If lngRow Mod 2 = 0 Then lngRow = lngRow - 1
#005      For i = lngRow To 2 Step -2
#006          Rows(i).Delete
#007      Next i
#008  End Sub
```

❖ 代码解析

第 4 行代码将最后数据行行号对 2 取余，判断该变量是否为偶数。

第 5~7 行代码从最大的奇数行号开始循环，并指定循环的步长为 −2，循环至第 3 行，逐行删除奇数行。第 1 行为标题行，不做处理。

运行 CycleDelete 过程，结果如图 4.53 所示。

	A	B	C	D	E
1	姓名	学科1	学科2	学科3	排名
2	李宝仁	99.5	105	101.5	1
3	丁昊	93	97	99.5	3
4	董丽丽	96	106	95.5	5
5	程勇	93.5	102	84	7
6	王新峰	92	85	85.5	9
7	刘妹霞	95.5	95	93.5	11
8	崔超佳	102	66	88	13
9	安宗璇	81	86	88	15
10	董忠鹏	91.5	74	81.5	17
11	封新霞	94	80	90.5	19

图 4.53 删除奇数行

4.40.2 联合区域的方法

使用联合区域的方法删除指定区域的奇数行，示例代码如下。

```
#001  Sub UnionDelete()
#002      Dim lngRow As Long, i As Long
```

```
#003        Dim rngRange As Range
#004        lngRow = Range("A" & Rows.Count).End(xlUp).Row
#005        Set rngRange = Rows(3)
#006        For i = 5 To lngRow Step 2
#007            Set rngRange = Application.Union(rngRange, Rows(i))
#008        Next i
#009        rngRange.Delete
#010        Set rngRange = Nothing
#011    End Sub
```

❖ 代码解析

第 5 行代码将除标题行以外的第 1 个奇数行即 Rows（3）赋值给对象变量 rngRange。

第 6~8 行代码通过循环联合数据区域中所有奇数行单元格区域。

第 9 行代码删除奇数行联合区域。

4.41 数据排序

在多数情况下，数据需要经过排序才容易看出变化趋势和规律。在如图 4.54 所示数据列表中，需要按总成绩从高到低进行排序，示例代码如下。

```
#001  Sub SortDemo()
#002      Range("A1").Sort key1:=" 总成绩 ", order1:=xlDescending, _
              Header:=xlYes
#003  End Sub
```

运行 SortDemo 过程，排序结果如图 4.55 所示。

	A	B	C	D	E
1	姓名	学科1	学科2	学科3	总成绩
2	学生1	35	35	20	90
3	学生2	40	30	30	100
4	学生3	25	25	45	95
5	学生4	35	45	40	120
6	学生5	35	35	40	110
7	学生6	30	45	25	100
8	学生7	35	20	45	100
9	学生8	45	45	30	120
10	学生9	25	20	40	85
11	学生10	25	25	20	70
12	学生11	45	35	30	110

图 4.54 待排序数据列表

	A	B	C	D	E
1	姓名	学科1	学科2	学科3	总成绩
2	学生4	35	45	40	120
3	学生8	45	45	30	120
4	学生5	35	35	40	110
5	学生11	45	35	30	110
6	学生2	40	30	30	100
7	学生6	30	45	25	100
8	学生7	35	20	45	100
9	学生3	25	25	45	95
10	学生1	35	35	20	90
11	学生9	25	20	40	85
12	学生10	25	25	20	70

图 4.55 按总成绩降序排序结果

Range 对象的 Sort 方法对区域进行排序，其语法格式如下。

```
Sort(Key1, Order1, Key2, Type, Order2, Key3, Order3, Header,
OrderCustom, MatchCase, Orientation, SortMethod, DataOption1, DataOption2,
DataOption3)
```

其中，参数 Key1、Key2 和 Key3 是可选的，分别指定第 1 排序字段、第 2 排序字段、第 3 排序字段，作为区域名称（字符串）或 Range 对象，以确定要排序的值。

参数 Order1、Order2 和 Order3 是可选的，其值为表 4.17 列举的 XlSortOrder 常量之一，分别对

应确定 Key1、Key2 和 Key3 中指定值的排序次序。

表 4.17　XlSortOrder 常量

常量	值	说明
xlAscending	1	按升序对指定字段排序（默认值）
xlDescending	2	按降序对指定字段排序

参数 Header 是可选的，用于指定第 1 行是否包含标题信息，其值为表 4.18 列举的 XlYesNoGuess 常量之一。

表 4.18　XlYesNoGuess 常量

常量	值	说明
xlGuess	0	Excel 确定是否有标题
xlNo	1	不包含标题（默认值）
xlYes	2	包含标题

Range 对象的 Sort 方法最多可以指定 3 个排序字段，如下示例代码对图 4.54 所示数据列表以"总成绩""学科 1"和"学科 2"分别为第 1 排序字段、第 2 排序字段和第 3 排序字段进行排序，排序结果如图 4.56 所示。

```
#001  Sub SortDemoA()
#002      Range("A1").Sort key1:=" 总成绩 ", order1:=xlDescending, _
              key2:=" 学科 1", order2:=xlDescending, _
              key3:=" 学科 2", order3:=xlDescending, _
              Header:=xlYes
#003  End Sub
```

	A	B	C	D	E
1	姓名	学科1	学科2	学科3	总成绩
2	学生8	45	45	30	120
3	学生4	35	45	40	120
4	学生11	45	35	30	110
5	学生5	35	35	40	110
6	学生2	40	30	30	100
7	学生7	35	20	45	100
8	学生6	30	45	25	100
9	学生3	25	25	45	95
10	学生1	35	35	20	90
11	学生9	25	20	40	85
12	学生10	25	25	20	70

图 4.56　按 3 个关键字排序结果

4.42　多关键字排序

4.42.1　Range 对象的 Sort 方法

使用 Range 对象的 Sort 方法对区域进行排序时，同时最多只能指定 3 个关键字，当需要按照超过 3 个关键字对区域进行排序时，可以通过多次执行 Sort 方法来实现。需要注意的是，在排序时应按照各关键字的倒序顺序。例如，如果希望按 A → B → C → D 的关键字顺序进行排序，则应按 D → C → B → A 的顺序执行 Sort 方法。

在图 4.57 所示数据列表中，需按"总成绩""基础知识""教育学"和"心理学"的成绩降序排列，示例代码如下。

	A	B	C	D	E	F	G
1	姓名	基础知识	教育学	心理学	教育教学技能	教育法规	总成绩
2	董晓阳	27	22	21	26	24	120
3	崔翠磊	36	40	22	39	30	167
4	于海丽	29	40	22	23	36	150
5	安玉洋	33	29	32	30	29	153
6	封茂江	30	47	24	25	41	167
7	潘超萍	31	38	47	32	23	171
8	刘永晓	21	27	42	38	20	148
9	王丰晓	22	24	38	25	27	136
10	常超飞	29	25	27	43	37	161
11	董茂园	23	30	48	25	27	153
12	鲁妹燕	25	48	22	24	47	166
13	吴龙江	23	26	42	23	47	161
14	安勇芬	46	35	35	46	39	201
15	董凤华	23	47	23	31	46	170
16	安君凯	41	33	22	43	47	186

图 4.57　待排序数据

```
#001    Sub SortByKeysA()
#002        With Range("A1")
#003            .Sort Key1:=" 心理学 ", order1:=xlDescending, Header:=xlYes
#004            .Sort Key1:=" 教育学 ", order1:=xlDescending, Header:=xlYes
#005            .Sort Key1:=" 基础知识 ", order1:=xlDescending, Header:=xlYes
#006            .Sort Key1:=" 总成绩 ", order1:=xlDescending, Header:=xlYes
#007        End With
#008    End Sub
```

为了减少排序动作的次数，应尽可能多地在每一次排序中指定多个关键字，上述过程可以修改为如下示例代码。

```
#001    Sub SortByKeysB()
#002        With Range("A1")
#003            .Sort Key1:=" 教育学 ", order1:=xlDescending, _
                    Key2:=" 心理学 ", order2:=xlDescending, Header:=xlYes
#004            .Sort Key1:=" 总成绩 ", order1:=xlDescending, _
                    Key2:=" 基础知识 ", order2:=xlDescending, Header:=xlYes
#005        End With
#006    End Sub
```

运行以上过程，结果如图 4.58 所示。

	A	B	C	D	E	F	G
1	姓名	基础知识	教育学	心理学	教育教学技能	教育法规	总成绩
2	安勇芬	46	35	35	46	39	201
3	安君凯	41	33	22	43	47	186
4	潘超萍	31	38	47	32	23	171
5	董凤华	23	47	23	31	46	170
6	崔翠磊	36	40	22	39	30	167
7	封茂江	30	47	24	25	41	167
8	鲁姝燕	25	48	22	24	47	166
9	常超飞	29	25	27	43	37	161
10	吴龙江	23	26	42	23	47	161
11	安玉洋	33	29	32	30	29	153
12	董茂园	23	30	48	25	27	153
13	于海丽	29	40	22	23	36	150
14	刘永晓	21	27	42	38	20	148
15	王丰晓	22	24	38	25	27	136
16	董晓阳	27	22	21	26	24	120

图 4.58　数据排序结果

4.42.2　Worksheet 对象的 Sort 方法

使用 Range 对象的 Sort 方法对区域进行超过 3 个关键字排序时，需要多次执行 Sort 方法，而通过 Worksheet 对象的 Sort 方法则可以一次完成。如下示例代码实现与 4.42.1 小节相同的排序功能。

```
#001    Sub MoreKeySort()
#002        With ActiveSheet.Sort.SortFields
#003            .Clear
#004            .Add Key:=Range("G1"), SortOn:=xlSortOnValues, _
                    Order:=xlDescending
#005            .Add Key:=Range("B1"), SortOn:=xlSortOnValues, _
                    Order:=xlDescending
#006            .Add Key:=Range("C1"), SortOn:=xlSortOnValues, _
                    Order:=xlDescending
#007            .Add Key:=Range("D1"), SortOn:=xlSortOnValues, _
                    Order:=xlDescending
#008        End With
#009        With ActiveSheet.Sort
#010            .SetRange Range("A1").CurrentRegion
#011            .Header = xlYes
#012            .Apply
#013        End With
#014    End Sub
```

❖ 代码解析

第 3 行代码清除活动工作表所有的 SortFields 对象。

第 4~7 行分别在 Sort 对象中添加 SortFields 对象。SortFields 对象的 Add 方法创建新的排序字段，并返回 SortFields 对象，其语法格式如下。

```
Add(Key, SortOn, Order, CustomOrder, DataOption)
```

该方法的各参数分别对应于 Range 对象 Sort 方法的参数。

第 10 行代码指定 Sort 对象的排序区域。

第 11 行代码指定排序区域包含标题。

第 12 行代码应用工作表排序。

4.43 自定义序列排序

在如图 4.59 所示的数据列表中，如果希望按单元格区域 E2:E6 所列序列进行排序，需要先使用 AddCustomList 方法为应用程序添加自定义序列，示例代码如下。

	A	B	C	D	E
1	部门	姓名			按以下部门顺序排序
2	办公室	蔡俊生			经理室
3	经理室	蔡立展			办公室
4	开发部	蔡琦璐			市场部
5	财务部	蔡晓君			开发部
6	开发部	陈宝庭			财务部
7	办公室	陈俊锴			
8	市场部	陈倩倩			
9	财务部	陈钦团			
10	开发部	陈信宜			
11	市场部	连小锐			
12	市场部	林丹旋			
13	办公室	林舒旭			
14	财务部	林思昂			
15	开发部	林以浩			
16	市场部	钱志豪			
17	财务部	孙佳楠			
18	市场部	杨胜涵			
19	办公室	张绿茵			
20	办公室	周衍协			

图 4.59 需按序列排序的数据列表

```
#001  Sub SortByLists()
#002      Dim avntList As Variant, lngNum As Long
#003      avntList = Range("E2:E6")
#004      Application.AddCustomList avntList
#005      lngNum = Application.GetCustomListNum(avntList)
#006      Range("A1").Sort Key1:=Range("A1"), _
              Order1:=xlAscending, Header:=xlYes, _
              OrderCustom:=lngNum + 1
#007      Application.DeleteCustomList lngNum
#008  End Sub
```

❖ 代码解析

第 4 行代码通过 Application 对象的 AddCustomList 方法为应用程序添加一个自定义序列。AddCustomList 方法为自定义自动填充（或自定义排序）添加自定义列表，其语法格式如下。

```
AddCustomList(ListArray, ByRow)
```

其中，参数 ListArray 是必需的，可以为字符串数组或 Range 对象。参数 ByRow 是可选的，仅当参数 ListArray 为 Range 对象时使用。如果参数 ByRow 为 True，则使用区域中的每一行创建自定义列表；如果为 False，则使用区域中的每一列创建自定义列表。如果省略该参数，并且区域中的行数比列数多（或行数与列数相等），则使用区域中的每一列创建自定义列表；而如果区域中的列数比行数多，则使用区域中的每一行创建自定义列表。

如果要添加的列表已经存在，则 AddCustomList 方法不起作用。

第 5 行代码返回 avntList 数组在自定义序列中的序列号。

第 6 行代码使用 Sort 方法对当前数据排序，其中 Sort 的参数指定了第 1 关键字 Key1，默认为升序排序，同时设置包含标题，并且指定按新添加的自定义序列索引号排序。

> **注意**
> 参数OrderCustom指定在自定义排序次序列表中的基于1的整数偏移，在指定该参数时需在自定义序列号基础上加1。

第 7 行代码使用 DeleteCustomList 方法删除新添加的自定义序列。

运行 SortByLists 过程，结果如图 4.60 所示。

	A	B	C	D	E
1	部门	姓名			按以下部门顺序排序
2	经理室	蔡立展			经理室
3	办公室	蔡俊生			办公室
4	办公室	陈俊偕			市场部
5	办公室	林舒旭			开发部
6	办公室	张绿茵			财务部
7	办公室	周衍协			
8	市场部	陈倩倩			
9	市场部	连小锐			
10	市场部	林丹旋			
11	市场部	钱志豪			
12	市场部	杨胜涵			
13	开发部	蔡琦璐			
14	开发部	陈宝庭			
15	开发部	陈信宜			
16	开发部	林以浩			
17	财务部	蔡晓君			
18	财务部	陈钦团			
19	财务部	林思昂			
20	财务部	孙佳楠			

图 4.60　按自定义序列排序结果

4.44　创建数据透视表

数据透视表是常用且强大的数据统计分析工具，VBA 可以快速地创建数据透视表并根据需求调整数据透视表布局，示例代码如下。

```
#001  Sub NewPivoTable()
#002      Dim wksData As Worksheet
#003      Dim objCache As PivotCache
#004      Dim objTable As PivotTable
#005      Dim avntArr() As Variant
#006      Set wksData = Worksheets("Sheet1")
#007      avntArr = wksData.Range("A1:E1")
#008      Set objCache = ThisWorkbook.PivotCaches.Create( _
              xlDatabase, wksData.Range("a1").CurrentRegion. _
              Address(External:=True))
#009      Set objTable = objCache.CreatePivotTable _
              (wksData.Range("H3"))
#010      With objTable
```

```
#011              .AddFields RowFields:=Array(avntArr(1, 3)), _
                     ColumnFields:=Array(avntArr(1, 2)), _
                     PageFields:=Array(avntArr(1, 1), avntArr(1, 4))
#012              .AddDataField .PivotFields(avntArr(1, 5)), , xlSum
#013              .RowAxisLayout xlOutlineRow
#014          End With
#015          Set wksData = Nothing
#016          Set objCache = Nothing
#017          Set objTable = Nothing
#018    End Sub
```

❖ 代码解析

第 3 行代码定义 PivotCache（数据透视表缓存）对象变量 objCache。在 Excel 中，数据透视表依赖于基于数据源创建的 PivotCache 对象而存在。在一个工作簿中可以创建多个 PivotCache 对象，PivotCache 对象构成的集合为 PivotCaches 对象。

第 4 行代码定义 PivotTable（数据透视表）对象。

第 5 行代码定义动态数组变量 avntArr，用于保存数据源字段标题，方便在创建数据透视表时调用。

第 8 行代码利用数据透视表缓存集合 PivotCaches 对象的 Create 方法创建数据透视表缓存，其语法格式如下。

```
Create( SourceType, SourceData, Version )
```

参数 SourceType 是必需的，用于指定数据透视表的数据源类型，可为表 4.19 列举的 XlPivotTableSourceType 常量之一。

表 4.19　XlPivotTableSourceType 常量

常量	值	说明
xlConsolidation	3	多个区域
xlDatabase	1	数据表
xlExternal	2	外部数据

参数 SourceData 是可选的，用于指定数据源。

参数 Version 是可选的，用于指定数据透视表的版本，可为表 4.20 列举的 XlPivotTableVersionList 常量之一。

表 4.20　XlPivotTableVersionList 常量

常量	值	说明
xlPivotTableVersion2000	0	Excel 2000
xlPivotTableVersion10	1	Excel 2002
xlPivotTableVersion11	2	Excel 2003
xlPivotTableVersion12	3	Excel 2007
xlPivotTableVersion14	4	Excel 2010
xlPivotTableVersion15	5	Excel 2013
xlPivotTableVersionCurrent	−1	仅为向后兼容性而提供

第 9 行代码使用 PivotCache 对象的 CreatePivotTable 方法创建数据透视表,其语法格式如下。

```
CreatePivotTable( TableDestination , TableName , ReadData ,
DefaultVersion )
```

参数 TableDestination 是必需的,表示创建数据透视表目标区域左上角的单元格。

参数 TableName 是可选的,表示透视表的名称。同一个工作簿内数据透视表不能重名。省略该参数时,Excel 将自动指定不重复的透视表名称。

参数 ReadData 是可选的,表示利用外部数据创建的数据透视表缓存的创建方式。当该参数为 Ture 时,表示创建完整的数据透视表缓存。

参数 DefaultVersion 是可选的,指定创建数据透视表的默认版本,可为表 4.20 列举的 XlPivotTableVersionList 常量之一。

第 11 行代码使用 PivotTable 对象的 AddFields 方法调整数据透视表的布局,将字段标题 avntArr(1,3)和 avntArr(1,2)分别添加到数据透视表【行】和【列】区域中;将字段标题 avntArr(1,1)和 avntArr(1,4)添加到数据透视表【筛选】区域中。

PivotTable 对象的 AddFields 方法语法格式如下。

```
AddFields( RowFields , ColumnFields , PageFields , AddToTable )
```

参数 RowFields 是可选的,指定要作为行添加或要添加到【行】区域中的字段名(或字段名数组)。

参数 ColumnFields 是可选的,指定要作为列添加或要添加到【列】区域中的字段名(或字段名数组)。

参数 PageFields 是可选的,指定要作为筛选添加或要添加到【筛选】区域中的字段名(或字段名数组)。

参数 AddToTable 是可选的,仅适用于数据透视表报表。值为 True 时将指定的字段添加到报表中,默认值为 False。

第 12 行代码使用 PivotTable 对象的 AddDataField 方法将字段标题 avntArr(1,5)添加到数据透视表【值】区域中,并设置汇总方式为求和,其语法格式如下。

```
AddDataField( Field , Caption , Function )
```

参数 Field 是必需的,是一个 PivotField 对象,表示添加到【值】区域的数据透视表字段。

参数 Caption 是可选的,表示汇总字段的标题,省略时由 Excel 指定。该参数不能与 PivotFields 集合中任何一个元素重名。

参数 Function 是可选的,表示字段汇总的方式,省略时由 Excel 按照字段内容指定为求和或计数,可为表 4.21 列举的 XlConsolidationFunction 常量之一。

表 4.21 XlConsolidationFunction 常量

常量	值	说明
xlAverage	−4106	平均值
xlCount	−4112	计数
xlCountNums	−4113	数值计数
xlMax	−4136	最大值
xlMin	−4139	最小值
xlProduct	−4149	乘积

续表

常量	值	说明
xlStDev	−4155	标准差
xlStDevP	−4156	总体标准偏差
xlSum	−4157	求和
xlUnknown	1000	自动
xlVar	−4164	方差
xlVarP	−4165	总体方差

第 13 行代码使用 PivotTable 对象的 RowAxisLayout 方法设置数据透视表的报表布局为以大纲形式显示。PivotTable 对象的 RowAxisLayout 方法可为表 4.22 列举的 XlLayoutRowType 常量之一。

表 4.22　XlLayoutRowType 常量

常量	值	说明
xlCompactRow	0	以压缩形式显示
xlOutlineRow	2	以大纲形式显示
xlTabularRow	1	以表格形式显示

运行 NewPivoTable 过程，将创建如图 4.61 所示的数据透视表。

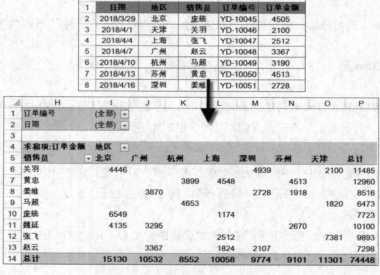

图 4.61　创建数据透视表

第 5 章　使用 Chart 对象

　　Chart 对象代表工作簿中的图表，使用图表能够使枯燥的数字变得直观而生动，通过 VBA 几乎可以控制图表的各个方面。本章将介绍通过 VBA 代码操作 Chart 对象及其元素的一些技巧。

5.1　自动创建图表

　　图表可分为嵌入图表和图表工作表，通过 VBA 可以方便快捷地创建图表。下面以图 5.1 所示的数据源表介绍如何通过 VBA 代码分别创建这两种图表。

▲	A	B	C	D	E
1	区域	产品1	产品2	产品3	产品4
2	甲区	55	62	63	63
3	乙区	71	85	93	84

图 5.1　数据源表

5.1.1　创建图表工作表

　　如下示例代码根据图 5.1 所示的数据源自动生成一个图表工作表，图表类型设置为簇状柱形图，同时在图表中显示图表标题和数据表，并且为所有数据系列都显示一个默认的数据标签。

```
#001    Sub AddChart()
#002        Dim chtChart As Chart
#003        Set chtChart = Charts.Add
#004        With chtChart
#005            .SetSourceData Source:=Sheet1.Range("A1:E3"), PlotBy:=xlRows
#006            .ChartType = xlColumnClustered
#007            .HasDataTable = True
#008            .ApplyDataLabels
#009            .HasTitle = True
#010            .ChartTitle.Text = "产品销量"
#011            .HasLegend = False
#012            .Name = "产品销量图表"
#013        End With
#014        Set chtChart = Nothing
#015    End Sub
```

❖ 代码解析

　　第 2 行代码声明 Chart 类型对象变量 chtChart。

　　第 3 行代码添加图表工作表，并将对象的引用赋值给对象变量 chtChart。

　　第 5 行代码指定 Sheet1 工作表的 A1:E3 单元格区域作为图表数据源，并指定以行作为数据系列使用的方式。

　　第 6 行代码指定图表类型为簇状柱形图。Excel 中图表类型可为 XlChartType 常量之一，表 5.1 列举了部分 XlChartType 常量，更多内容请参阅 VBA 帮助。

表 5.1　XlChartType 常量

常量	值	说明
xlArea	1	面积图
xlLine	4	折线图
xlPie	5	饼图
xlBubble	15	气泡图
xlColumnClustered	51	簇状柱形图
xlColumnStacked	52	堆积柱形图
xlColumnStacked100	53	百分比堆积柱形图
xl3DColumnClustered	54	三维簇状柱形图
xl3DColumnStacked	55	三维堆积柱形图
xl3DColumnStacked100	56	三维百分比堆积柱形图

第 7 行代码在图表上显示数据表。Chart 对象的 HasDataTable 属性指定图表是否显示数据表，图表的 HasDataTable 属性值为 True 时，图表将显示数据表，此时利用 Chart 对象的 DataTable 属性可返回 DataTable 对象。

第 8 行代码在所有系列显示默认的数据标签。ApplyDataLabels 方法可应用于 Chart 对象、Series 对象和 Point 对象，分别实现将数据标签应用到图表中的所有系列、指定系列和指定数据点。其语法格式为如下。

```
ApplyDataLabels(Type, LegendKey, AutoText, HasLeaderLines,
ShowSeriesName, ShowCategoryName, ShowValue, ShowPercentage, ShowBubbleSize,
Separator)
```

全部参数均为可选的，其中，参数 Type 指定数据标签的类型。其值可为表 5.2 列举的 XlDataLabelsType 常量之一。

表 5.2　XlDataLabelsType 常量

常量	值	说明
xlDataLabelsShowValue	2	数据点的值（默认）
xlDataLabelsShowPercent	3	占总数的百分比（仅用于饼图和圆环图）
xlDataLabelsShowLabel	4	数据点所属的分类
xlDataLabelsShowLabelAndPercent	5	占总数的百分比及数据点所属的分类（仅用于饼图和圆环图）
xlDataLabelsShowBubbleSizes	6	数据标签的气泡尺寸
xlDataLabelsShowNone	−4142	无数据标签

参数 LegendKey 为 Boolean 类型，指定是否在数据点旁边显示图例项标示，默认值为 False。

参数 AutoText 为 Boolean 类型，为 True 时对象将根据内容自动生成相应的文字。

参数 HasLeaderLines 应用于 Chart 和 Series 对象时有效，如果数据系列有引导线，则为 True。

参数 ShowSeriesName 为 Boolean 类型，指定对象是否在数据标签中显示系列名称。

参数 ShowCategoryName 为 Boolean 类型，指定对象是否在数据标签中显示分类名称。

参数 ShowValue 为 Boolean 类型，指定对象是否在数据标签中显示值。

参数 ShowPercentage 为 Boolean 类型，指定对象是否在数据标签中显示百分比。

参数 ShowBubbleSize 为 Boolean 类型，指定对象是否启用数据标签的气泡大小。

参数 Separator 指定数据标签的分隔符。

第 9 行代码使用 Chart 对象的 HasTitle 属性设置图表有可见标题。

第 10 行代码设置图表标题文本。当指定图表有可见标题时（HasTitle 属性值为 True），能够利用 Chart 对象的 ChartTitle 属性返回 ChartTitle 对象。Text 属性为 ChartTitle 对象的默认属性，可以返回或设置对象中的文本。

第 11 行代码设置图表不显示图表图例。如果图表中显示图例时，利用 Chart 对象的 Legend 属性可以返回 Legend 对象，Legend 对象代表指定图表的图例。

第 12 行代码指定图表名称。

AddChart 过程代码运行结果如图 5.2 所示。

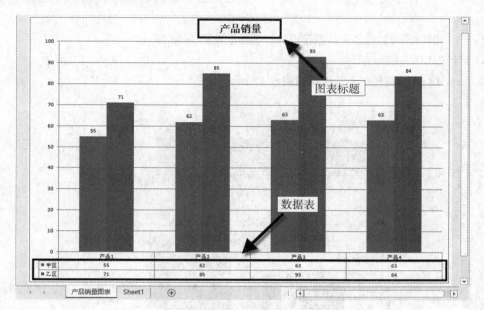

图 5.2　自动生成的图表工作表

5.1.2　创建嵌入图表

在活动工作表中生成嵌入图表的示例代码如下。

```
#001   Sub AddChartObject()
#002       Dim chtObj As ChartObject
#003       Set chtObj = ActiveSheet.ChartObjects.Add(100, 100, 400, 300)
#004       With chtObj.Chart
#005           .SetSourceData Source:= Range("A1:E3"), PlotBy:=xlColumns
#006           .ChartType = xlColumnClustered
#007           .ApplyDataLabels
#008           .HasTitle = True
#009           .ChartTitle.Text = "产品销量"
#010       End With
#011       chtObj.Name = "产品销量图表"
#012       Set chtObj = Nothing
#013   End Sub
```

❖ 代码解析

第 2 行代码声明嵌入图表对象变量 chtObj。在工作表中使用 ChartObject 对象作为 Chart 对象的容器，代表工作表上的嵌入图表。

第 3 行代码在活动工作表上创建一个新的嵌入图表，同时指定其位置和大小，并将 chtObj 对象变量指向该嵌入图表。ChartObjects 集合的 Add 方法创建新的嵌入图表，其语法格式如下。

```
ChartObjects.Add(Left, Top, Width, Height)
```

所有参数均为必需的，其中参数 Left 指定对象到工作表左侧边缘的距离，参数 Top 指定对象到工作表顶端边缘的距离，参数 Width 指定对象的宽度，参数 Height 指定对象的高度。

第 4 行代码引用嵌入图表上的 Chart 对象，ChartObject 对象的 Chart 属性返回嵌入图表上的 Chart 对象。

第 5 行代码指定图表数据源，并指定以列作为数据系列使用的方式。

第 11 行代码为图表指定名称。

AddChartObject 过程代码运行结果如图 5.3 所示。

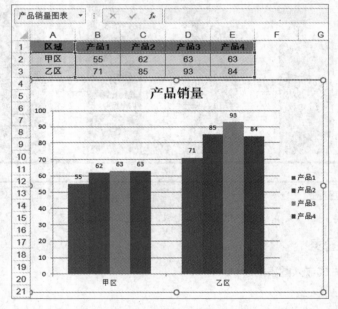

图 5.3　自动生成嵌入图表

5.2　创建线柱组合图表

示例文件中，单元格区域 A1:C6 为图表数据源，通过 VBA 在 D7 单元格位置创建宽为 450 磅，高为 300 磅的线柱组合图表，如图 5.4 所示。

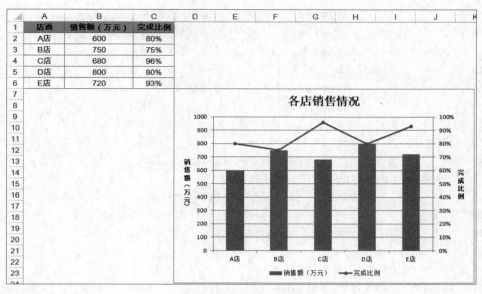

图 5.4　线柱组合图表

通过 VBA 创建组合图表，通常可以使用以下两种方法实现。

5.2.1　修改数据系列方法

CreateChartObject1 过程先使用数据源区域创建一个图表，然后修改指定数据系列的图表类型。

```
#001    Sub CreateChartObject1()
#002        Dim chtObj As ChartObject, wksSht As Worksheet
#003        Dim sngLeft As Single, sngTop As Single
#004        Set wksSht = ActiveSheet
#005        sngLeft = wksSht.Range("D7").Left
#006        sngTop = wksSht.Range("D7").Top
#007        Set chtObj = wksSht.ChartObjects.Add(sngLeft, sngTop, 450, 300)
#008        With chtObj.Chart
#009            .SetSourceData wksSht.Range("A1:C6"), xlColumns
#010            .ChartType = xlColumnClustered
#011            .HasTitle = True
#012            .ChartTitle.Text = " 各店销售情况 "
#013            With .Axes(xlValue, xlPrimary)
#014                .MaximumScale = 1000
#015                .MinimumScale = 0
#016                .MajorUnit = 100
#017                .HasTitle = True
#018                .AxisTitle.Text = wksSht.Range("B1")
#019            End With
#020            With .SeriesCollection(2)
#021                .ChartType = xlLineMarkers
```

```
#022                .AxisGroup = xlSecondary
#023                .MarkerStyle = xlMarkerStyleCircle
#024                .MarkerSize = 5
#025            End With
#026            With .Axes(xlValue, xlSecondary)
#027                .MaximumScale = 1
#028                .MinimumScale = 0
#029                .HasTitle = True
#030                .AxisTitle.Text = wksSht.Range("C1")
#031            End With
#032            .SetElement (msoElementPrimaryValueAxisTitleVertical)
#033            .SetElement (msoElementSecondaryValueAxisTitleVertical)
#034            .SetElement (msoElementLegendBottom)
#035        End With
#036        Set chtObj = Nothing
#037        Set wksSht = Nothing
#038    End Sub
```

❖ 代码解析

第 13~19 行代码设置主数值轴相关属性。

第 13 行代码引用 Chart 对象的主数值轴。Chart 对象的 Axes 方法返回代表图表上单个坐标轴或坐标轴集合的对象，其语法格式如下。

```
Axes(Type, AxisGroup)
```

参数 Type 是可选的，指定要返回的坐标轴，可为表 5.3 列举的 XlAxisType 常量之一。

表 5.3　XlAxisType 常量

常量	值	说明
xlCategory	1	坐标轴显示类别
xlSeriesAxis	3	坐标轴显示数据系列
xlValue	2	坐标轴显示值

参数 AxisGroup 是可选的，指定坐标轴组，可为表 5.4 列举的 XlAxisGroup 常量之一，默认为主坐标轴组。

表 5.4　XlAxisGroup 常量

常量	值	说明
xlPrimary	1	主坐标轴组
xlSecondary	2	次坐标轴组

第 14 行和第 15 行代码设置数值轴的最大值和最小值分别为 1000 和 0。

第 16 行代码设置数值轴的刻度单位为 100。

第 17 行代码设置在坐标轴上显示坐标轴标题。

第 18 行代码指定坐标轴标题文本。

第 20 行代码使用 Chart 对象的 SeriesCollection（2）方法返回图表中的第 2 个数据系列（Series 对象）。

第 21 行代码设置数据系列的图表类型为带数据标识的折线图。

第 22 行代码设置数据系列的 AxisGroup 属性为 xlSecondary，表示将数据系列绘制在次坐标轴上，AxisGroup 属性值可为表 5.4 列举的 XlAxisGroup 常量之一。

第 23 行代码使用 Series 对象的 MarkerStyle 属性设置数据系列的数据标志样式，其值可为表 5.5 列举的 XlMarkerStyle 常量之一，该行代码设置数据系列的数据标志样式为圆形标记。

表 5.5　XlMarkerStyle 常量

常量	值	说明
xlMarkerStyleAutomatic	−4105	自动设置标记
xlMarkerStyleCircle	8	圆形标记
xlMarkerStyleDash	−4115	长条形标记
xlMarkerStyleDiamond	2	菱形标记
xlMarkerStyleDot	−4118	短条形标记
xlMarkerStyleNone	−4142	无标记
xlMarkerStylePicture	−4147	图片标记
xlMarkerStylePlus	9	加号标记
xlMarkerStyleSquare	1	方形标记
xlMarkerStyleStar	5	星号标记
xlMarkerStyleTriangle	3	三角形标记
xlMarkerStyleX	−4168	X 记号标记

第 24 行代码使用 Series 对象的 MarkerSize 属性以磅为单位设置数据标志的大小，其取值范围为 2~72 的整数。

第 26~31 行代码设置次数值轴相关属性。

第 32 行代码使用 Chart 对象的 SetElement 方法设置主坐标轴标题文本为竖排文字。Chart 对象的 SetElement 方法用于设置图表中的图表元素，该方法可以完成【布局】选项卡中的某些功能。

第 33 行代码设置次坐标轴标题文本为竖排文字。

第 34 行代码设置在图表底部显示图例。

5.2.2　添加数据系列方法

CreateChartObject2 过程使用数据源的部分区域创建一个图表，然后通过在图表中添加数据系列的方法实现组合图，示例代码如下。

```
#001    Sub CreateChartObject2()
#002        Dim chtObj As ChartObject
#003        Dim wksSht As Worksheet
#004        Dim serSeries As Series
#005        Dim sngLeft As Single, sngTop As Single
#006        Set wksSht = ActiveSheet
#007        sngLeft = wksSht.Range("D7").Left
#008        sngTop = wksSht.Range("D7").Top
#009        Set chtObj = wksSht.ChartObjects.Add(sngLeft, sngTop, 450, 300)
```

```
#010        With chtObj.Chart
#011            .SetSourceData wksSht.Range("A1:B6"), xlColumns
#012            .ChartType = xlColumnClustered
#013            .HasTitle = True
#014            .ChartTitle.Text = " 各店销售情况 "
#015            With .Axes(xlValue, xlPrimary)
#016                .MaximumScale = 1000
#017                .MinimumScale = 0
#018                .MajorUnit = 100
#019                .HasTitle = True
#020                .AxisTitle.Text = wksSht.Range("B1")
#021            End With
#022            Set serSeries = .SeriesCollection.NewSeries
#023            With serSeries
#024                .Values = wksSht.Range("C2:C6")
#025                .ChartType = xlLineMarkers
#026                .Name = wksSht.Range("C1")
#027                .AxisGroup = xlSecondary
#028                .MarkerStyle = xlMarkerStyleCircle
#029                .MarkerSize = 5
#030            End With
#031            With .Axes(xlValue, xlSecondary)
#032                .MaximumScale = 1
#033                .MinimumScale = 0
#034                .HasTitle = True
#035                .AxisTitle.Text = wksSht.Range("C1")
#036            End With
#037            .SetElement (msoElementPrimaryValueAxisTitleVertical)
#038            .SetElement (msoElementSecondaryValueAxisTitleVertical)
#039            .SetElement (msoElementLegendBottom)
#040        End With
#041        Set chtObj = Nothing
#042        Set wksSht = Nothing
#043        Set serSeries = Nothing
#044    End Sub
```

❖ 代码解析

第 10~21 行代码以 A1:B6 单元格区域为数据源创建簇状柱形图，并设置相关属性。

第 22 行代码使用 Chart 对象的 SeriesCollection.NewSeries 方法创建数据系列并返回 Series 对象。

第 23~30 行代码设置新创建的数据系列的相关属性。其中，第 24 行代码中 Series 对象的 Values 属性能够返回或设置一个代表系列中所有值的集合，其值可以是工作表中的某一区域或常量值的数组，示例代码中指定为 C2:C6 单元格区域。如果该属性值设置为常量数组，则能够在图表中添加数据系列而不需要指定源数据区域，对于常量数组的应用请参阅 5.4 节。

第 26 行代码指定数据系列名称。

5.3　获取数据系列的引用区域

通常图表由一个或多个数据系列构成，每个数据系列都拥有一个系列公式，当选中图表中某个数据系列时，系列公式将显示在公式编辑框中，其语法格式如下。

`=SERIES(name, category_labels, values, order)`

其中参数 name 是可选的，作为系列名称显示在图例中，如果图表中只有一个数据系列，此参数将被作为图表标题。

参数 category_labels 是可选的，作为分类轴标签，如果省略，将使用从 1 开始的连续整数。

参数 values 是必需的，包含系列数据的单元格区域。

参数 order 是必需的，表示数据系列在系列集合中的序号。

例如，在示例文件中选中第 2 个数据系列，公式栏中将显示该数据系列公式，如图 5.5 所示。

`=SERIES(Sheet1!$A$3,Sheet1!$B$1:$E$1,Sheet1!$B$3:$E$3,2)`

该系列公式中各参数值如下。

第 1 个参数值为 Sheet1!$A$3，指定系列名称为 A3 单元格的值。

第 2 个参数值为 Sheet1!$B$1:$E$1，指定由 B1:E1 单元格区域生成分类轴标签。

第 3 个参数值为 Sheet1!$B$3:$E$3，指定数据系列由 B3:E3 单元格区域生成。

第 4 个参数值为 2，指定该系列为第 2 个数据系列。

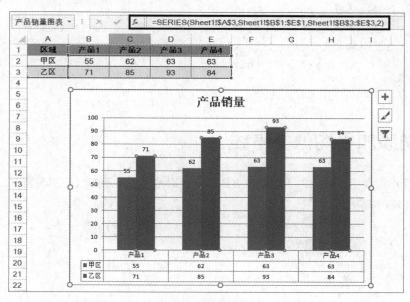

图 5.5　系列公式

在 VBA 中可以利用 Series 对象的 Formula 属性返回或设置数据系列的系列公式。由 Formula 属性返回的系列公式字符串中，能够获取数据系列引用的单元格区域。

```
#001  Function rngSeries(ByVal intIndex As Integer, _
          ByVal chtMyChart As Chart) As Range
#002      Dim serSeries As Series
#003      Set serSeries = chtMyChart.SeriesCollection(intIndex)
```

```
#004        Set rngSeries = Range(VBA.Split(VBA. _
              Split(serSeries.Formula, ",")(2), "!")(1))
#005        Set serSeries = Nothing
#006  End Function
```

❖ 代码解析

rngSeries 函数包含两个参数，参数 intIndex 为数据系列序号，参数 chtMyChart 指定图表对象。rngSeries 函数返回一个 Range 对象。

第 2 行代码声明 Series 对象变量 serSeries。

第 3 行代码通过读取 chtMyChart 对象的 SeriesCollection 属性，将 chtMyChart 对象的数据系列集合中的第 intIndex 个系列对象赋值到变量 serSeries。

第 4 行代码将 rngSeries 指向系列公式的第 3 个参数所引用的 Range 对象。其中，第 2 个 Split 函数将系列公式字符串以"，"字符为分隔符返回下界从 0 开始的数组，后面的"（2）"引用返回数组中的第 3 个数组元素（即系列公式的 values 参数值）；第 1 个 Split 函数将系列公式的 values 参数值以"!"字符为分隔符返回下界从 0 开始的数组，最后的"（1）"返回参数值中的单元格引用。

运行 GetrngSeries 过程将以消息框的形式显示第 2 个数据系列所引用的单元格区域地址，结果如图 5.6 所示。

图 5.6　显示数据系列引用
的单元格区域地址

```
#001  Sub GetrngSeries()
#002      Dim chtChart As Chart
#003      Set chtChart = ActiveSheet.ChartObjects(1).Chart
#004      MsgBox rngSeries(2, chtChart).Address
#005      Set chtChart = Nothing
#006  End Sub
```

5.4　自动添加平均值参考线

在图表中经常需要显示数据的平均值参考线。下面以图 5.7 所示的数据图表为例，提供两种通过 VBA 自动添加平均值参考线的方法。

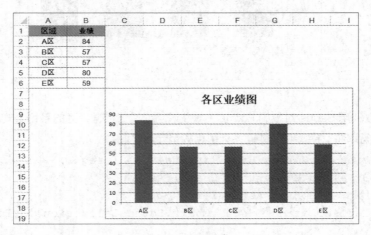

图 5.7　示例图表

5.4.1　添加数据系列

通过基本操作在图表中添加平均值参考线，通常会在图表中添加一个折线图。该折线图的系列数据区域为一个辅助区域（行或列），辅助区域的各单元格值均为指定数据系列的平均值。

使用 VBA 不需要添加辅助区域就可以直接在图表中添加一个数据系列。示例代码如下。

```
#001   Sub AddNewSeries()
#002       Dim chtChart As Chart, serSeries As Series
#003       Dim intPointsCount As Integer, i As Integer
#004       Dim sngAverage As Single, strSeries As String
#005       Set chtChart = ActiveSheet.ChartObjects(1).Chart
#006       sngAverage = Application.WorksheetFunction. _
               Average(rngSeries(1, chtChart))
#007       intPointsCount = chtChart.SeriesCollection(1).Points.Count
#008       For i = 1 To intPointsCount
#009           strSeries = strSeries & "," & sngAverage
#010       Next i
#011       strSeries = Mid(strSeries, 2, Len(strSeries))
#012       strSeries = "={" & strSeries & "}"
#013       Set serSeries = chtChart.SeriesCollection.NewSeries
#014       serSeries.ChartType = xlLine
#015       serSeries.Values = strSeries
#016       Set serSeries = Nothing
#017       Set chtChart = Nothing
#018   End Sub
```

❖ 代码解析

第 2 行代码声明 Chart 对象变量 chtChart 和 Series 对象变量 serSeries。

第 5 行代码将 chtChart 对象变量指向活动工作表的第一个嵌入图表的 Chart 对象。

第 6 行代码调用 rngSeries 函数，进而计算图表中第 1 个数据系列的平均值。

第 7 行代码获取图表第 1 个数据系列的数据点的数量。

第 8~12 行代码生成一个常量数组形式的字符串。

第 13 行代码利用 SeriesCollection.NewSeries 方法向图表中添加一个新的数据系列，并赋值给 serSeries 对象变量。

第 14 行代码指定新添加的数据系列为折线图。

第 15 行代码指定数据系列的值为 strSeries 字符串所代表的常量数组。

运行 AddNewSeries 过程，将在图表中添加一条平均值参考线，结果如图 5.8 所示。

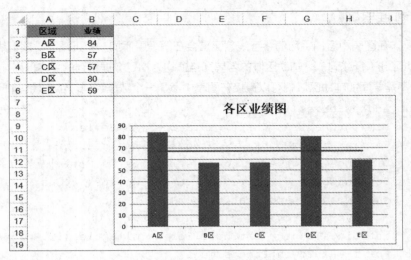

图 5.8　添加系列平均值参考线

5.4.2　绘制线条方法

使用 VBA 几乎可以完全控制图表的各个方面，包括在图表的精确位置添加某些自选图形。如下示例代码直接在图表上添加一条直线作为平均值参考线。

```
#001   Sub Add_Line()
#002      Dim chtChart As Chart, shpLine As Shape
#003      Dim objAxisX As Axis, objAxisY As Axis
#004      Dim dblX1 As Double, dblX2 As Double
#005      Dim dblY As Double, dblNum As Double
#006      Dim sngAverage As Single
#007      Const STRLINENAME As String = "Line_In_Chart"
#008      Set chtChart = ActiveSheet.ChartObjects(1).Chart
#009      sngAverage = Application.WorksheetFunction. _
             Average(rngSeries(1, chtChart))
#010      Set objAxisX = chtChart.Axes(xlCategory, xlPrimary)
#011      Set objAxisY = chtChart.Axes(xlValue, xlPrimary)
#012      With objAxisY
#013         dblX1 = .Left + .Width
#014         dblX2 = dblX1 + objAxisX.Width
#015         dblNum = (.MaximumScale - sngAverage) * .Height / _
                (.MaximumScale - .MinimumScale)
#016         dblY = dblNum + chtChart.PlotArea.Top
#017      End With
#018      On Error Resume Next
#019      chtChart.Shapes(STRLINENAME).Delete
#020      Set shpLine = chtChart.Shapes.AddLine _
             (dblX1, dblY, dblX2, dblY)
#021      With shpLine
#022         .Name = STRLINENAME
```

```
#023            .Line.ForeColor.ObjectThemeColor = 6
#024            .Line.Weight = 2
#025        End With
#026        Set shpLine = Nothing
#027        Set objAxisX = Nothing
#028        Set objAxisY = Nothing
#029        Set chtChart = Nothing
#030   End Sub
```

❖ 代码解析

第 3 行代码声明两个 Axis 对象变量 objAxisX 和 objAxisY。Axis 对象代表图表中的单个坐标轴。

第 7 行代码声明字符串常量 STRLINENAME，该常量将被作为平均值参考线的图形名称。

第 10 行代码将 objAxisX 对象变量指向图表的主分类轴。

第 11 行代码将 objAxisY 对象变量指向图表的主数值轴。

第 13 行代码将主数值轴的右边缘至图表左边缘的距离为变量 dblX1 赋值。

第 14 行代码将主分类轴的右边缘至图表左边缘的距离为变量 dblX2 赋值。

第 15 行代码获取平均值在绘图区中的垂直位置。其中，MaximumScale 属性返回主数值轴上的最大值，MinimumScale 属性返回主数值轴上的最小值。

第 16 行代码获取平均值在图表中的垂直位置。其中，PlotArea 对象返回图表的绘画区。

第 19 行代码删除图表中名称为 STRLINENAME 常量指定图形对象（如果存在）。

第 20 行代码利用 Chart 对象的 Shapes.AddLine 方法在图表中添加一条直线。

第 22 行代码指定 STRLINENAME 常量为线条的名称。

第 23 行代码设置线条的主题颜色。

第 24 行代码设置线条的粗细。

第 26~29 行代码释放各对象变量。

运行 Add_Line 过程，结果如图 5.9 所示。

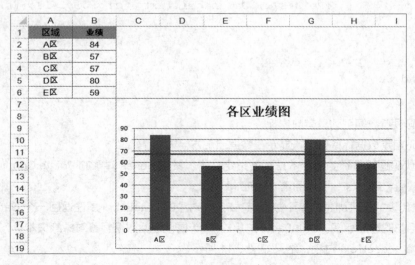

图 5.9　直接添加平均值参考线

5.5 自定义数据标签文本

在 Excel 图表中，用户能够为每个数据系列或数据点显示一个与数据点相关的数据标签，但是内置的显示选项在多数情况下并不能满足用户的需求。如图 5.10 所示的散点图中，用户无法通过内置功能选项将名称列显示为数据标签的文本，只能通过编辑功能逐个对数据标签进行修改，如下示例代码能够自动完成指定图表中数据系列的数据标签文本的设置。

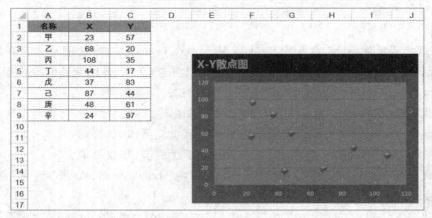

图 5.10　示例图表

```
#001   Sub SetDataLabelText()
#002       Dim rngLbl As Range, i As Integer
#003       Set rngLbl = Me.Range("A2:A8")
#004       With Me.ChartObjects(1).Chart.SeriesCollection(1)
#005           .HasDataLabels = True
#006           .DataLabels.Position = xlLabelPositionAbove
#007           For i = 1 To .Points.Count
#008               .Points(i).DataLabel.Text = rngLbl.Cells(i).Value
#009           Next i
#010       End With
#011       Set rngLbl = Nothing
#012   End Sub
```

❖ 代码解析

第 5 行代码设置数据系列具有数据标签。

第 6 行代码指定数据标签的位置显示在数据点上方。

第 7~9 行代码通过循环为每个数据标签指定文本。其中 Series 对象的 Points.Count 属性返回数据系列数据点的数量，Points（i）返回第 i 个 Point 对象。

Point 对象代表数据系列中的单个数据点。Point 对象的 DataLabel 属性返回一个 DataLabel 对象，代表与数据点相关的数据标签。DataLabel 对象的 Text 属性返回数据标签对象的文本。

运行 SetDataLabelText 过程，结果如图 5.11 所示。

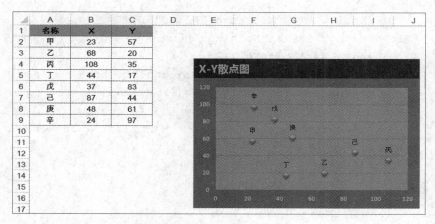

图 5.11 自定义数据标签文本

5.6 动态图表

5.6.1 动态显示图表

按照如下具体操作步骤可以制作动态图表，当活动单元格位于 A2:G9 区域时，在图表中动态显示活动单元格所在行的分店数据。

步骤① 使用单元格区域 A1:G2 作为数据源，插入一个簇状柱形图表，如图 5.12 所示。

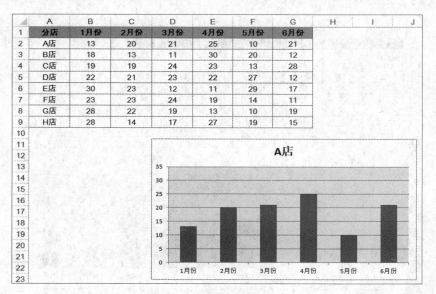

图 5.12 簇状柱形图

步骤② 在工作表对象的【代码窗口】中输入如下代码。

```
#001  Private Sub Worksheet_SelectionChange(ByVal Target As Range)
#002      Dim chtChart As Chart
#003      Dim rngRange As Range, lngRow As Long
#004      Set rngRange = Application.Intersect _
```

```
                 (ActiveCell, Me.Range("A2:G9"))
#005        If Not rngRange Is Nothing Then
#006            lngRow = ActiveCell.Row
#007            Set chtChart = Me.ChartObjects(1).Chart
#008            chtChart.SeriesCollection(1).Values = _
                    Me.Range("B" & lngRow, "G" & lngRow)
#009            chtChart.ChartTitle.Text = Range("A" & lngRow).Value
#010        End If
#011        Set rngRange = Nothing
#012        Set chtChart = Nothing
#013  End Sub
```

❖ 代码解析

第 5 行代码判断活动单元格是否位于 A2:G9 区域中。

第 6 行代码获取活动单元格所在行的行号赋值给变量 lngRow。

第 7 行代码将当前工作表中的第 1 个图表对象赋值给变量 chtChart。

第 8 行代码设置 chtChart 对象的数据系列的值为 Range（"B" & lngRow，"G" & lngRow），即活动单元格所在行的数据区域。

第 9 行代码设置 chtChart 对象的图表标题为 Range（"A" & lngRow）.Value，即活动单元格所在行对应的分店名称。

步骤③ 在 A2:G9 区域中选中任意单元格（如 C4），图表显示为 C4 单元格所在行的"C 店"数据信息，如图 5.13 所示。

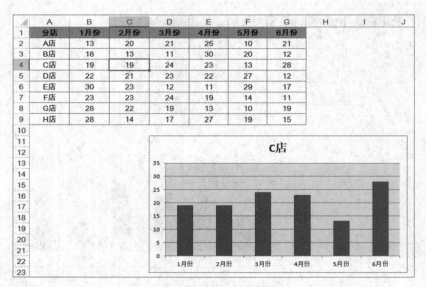

图 5.13　设置数据源实现动态图表

5.6.2　动态绘制数据系列

折线图可以用于显示随时间变化的连续数据，如果在显示数据系列的过程中，能够将每个数据点逐一绘制出来，那么用户可以在这个过程中直观感受数据的变化趋势。以图 5.14 所示数据源为例，按照如下具体步骤操作，将在工作表中创建动态数据系列的图表。

	A	B	C	D	E	F	G	H	I	J	K	L	M
1	分店	1月份	2月份	3月份	4月份	5月份	6月份	7月份	8月份	9月份	10月份	11月份	12月份
2	A店	13	20	21	25	10	21	10	17	22	27	11	27
3	B店	18	13	11	30	20	12	21	22	29	11	29	14
4	C店	19	19	24	23	13	28	20	30	10	16	19	13
5	D店	22	21	23	22	27	12	16	21	22	18	16	23
6	E店	30	23	12	11	29	17	23	24	17	23	10	16
7	F店	23	23	24	19	14	11	13	19	27	25	27	20
8	G店	28	22	19	13	10	19	26	29	19	23	16	16
9	H店	28	14	17	27	19	15	15	13	12	25	22	20

图 5.14　数据源

步骤① 选中单元格区域 A1:M2 和数据表下方与数据表列数相同的一行空白单元格区域（如 A10:M10）。

步骤② 选择【插入】→【折线图】→【折线图】命令，创建一个带数据标记的折线图，如图 5.15 所示。

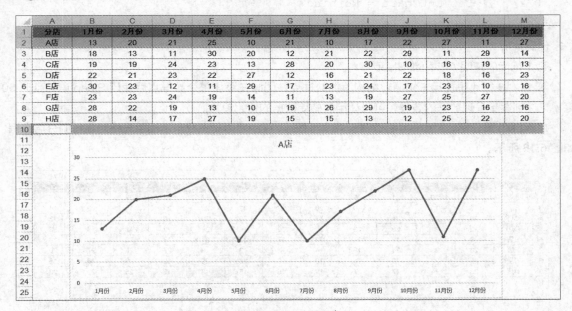

图 5.15　数据及图表

步骤③ 在图表所在的工作表标签上右击，在弹出的快捷菜单中选择【查看代码】命令，在工作表的【代码窗口】中输入如下代码。

```
#001  Private Declare Sub Sleep Lib "kernel32.dll" _
          (ByVal dwMilliseconds As Long)
#002  Private Sub Worksheet_SelectionChange _
          (ByVal Target As Range)
#003     Dim chtChart As Chart
#004     Dim serSeries As Series
#005     Dim rngRange As Range
#006     Dim i As Long
#007     Static lngRow As Long
#008     Set rngRange = Application.Intersect _
          (ActiveCell, Me.Range("A2:M9"))
#009     If Not rngRange Is Nothing And lngRow <> ActiveCell.Row Then
#010        lngRow = ActiveCell.Row
```

```
#011              Set chtChart = Me.ChartObjects(1).Chart
#012              Set serSeries = chtChart.SeriesCollection(1)
#013              chtChart.ChartTitle.Text = Me.Range("A" & lngRow).Value
#014              For i = 1 To 12
#015                  serSeries.Values = Me.Range("B" & lngRow).Resize(1, i)
#016                  DoEvents
#017                  Sleep 50
#018              Next i
#019          End If
#020          Set rngRange = Nothing
#021          Set serSeries = Nothing
#022          Set chtChart = Nothing
#023    End Sub
```

❖ 代码解析

第 1 行代码声明 API 函数 Sleep。

第 14~18 行代码使用 For 循环结构添加数据点，同时在添加每个数据点后使用 Sleep 语句延时 50 毫秒，达到逐步呈现数据的效果，可以让用户感受数据的变化趋势。

在 A2:M9 单元格区域中选中任意单元格（如 D5），在图表中动态显示活动单元格所在行的分店数据，如图 5.16 所示。

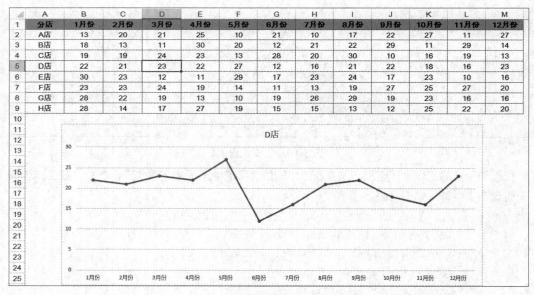

图 5.16 动态绘制数据系列

5.7 使用嵌入图表事件

图表工作表提供了一些图表事件，合理使用相关事件代码过程能够实现图表的事件驱动。嵌入图表与图表工作表一样也可以使用图表事件，只是对嵌入图表应用事件之前，需要声明带有事件的 Chart 类型对象，并将嵌入图表与该对象进行关联。

按照如下具体步骤操作可以实现当嵌入图表被激活时，在 Excel 状态栏中显示一条信息，并在嵌入图表失去焦点时复原系统状态栏的状态。

步骤① 在嵌入图表所在工作表标签上右击，在弹出的快捷菜单中选择【查看代码】命令，打开 VBE 窗口。

步骤② 在工作表的【代码窗口】中输入如下代码，声明带有事件 Chart 类型对象。

```
Private WithEvents mchtChart As Chart
```

步骤③ 在【代码窗口】的【对象】下拉列表框中选中对象 mchtChart，由于 Activate 事件是图表对象的默认事件，Excel 自动在【代码窗口】中插入 Activate 事件代码过程框架，如图 5.17 所示。

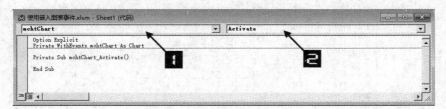

图 5.17　选择图表事件过程

步骤④ 在【代码窗口】中输入如下代码。

```
#001    Private WithEvents mchtChart As Chart
#002    Private Sub mchtChart_Activate()
#003        Application.StatusBar = " 嵌入图表被激活 ."
#004    End Sub
#005    Private Sub mchtChart_Deactivate()
#006        Application.StatusBar = False
#007    End Sub
#008    Private Sub Worksheet_Activate()
#009        Set mchtChart = Me.ChartObjects(1).Chart
#010    End Sub
#011    Private Sub Worksheet_Deactivate()
#012        Set mchtChart = Nothing
#013    End Sub
```

❖ 代码解析

第 1 行代码声明带有事件的 Chart 类型对象。

第 2~4 行代码为 mchtChart 对象的 Activate 事件，当 mchtChart 对象被激活时，在状态栏显示 " 嵌入图表被激活 . "。

第 5~7 行代码为 mchtChart 对象的 Deactivate 事件，当 mchtChart 对象失去焦点时，将状态栏恢复为默认状态。

第 8~10 行代码为 Worksheet 对象的 Activate 事件，当前工作表被激活时，将 mchtChart 对象指向工作表中的第 1 个嵌入图表。

第 11~13 行代码为 Worksheet 对象的 Deactivate 事件，当前工作表失去焦点时，释放 mchtChart 对象变量。

Worksheet_Activate 事件代码运行后，mchtChart 对象将指向工作表中的第 1 个嵌入图表，当该嵌

05章

入图表的事件被触发时，mchtChart 对象的事件将被随之触发。

5.8 条件格式化数据标记

利用嵌入图表事件，能够让图表自动实现某些特殊效果。以图 5.18 所示的折线图为例，通过嵌入图表事件可以自动对图表数据标记进行设置，按照数据点数值范围实现条件格式的效果。

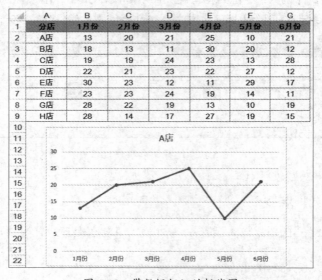

图 5.18 带数据标记的折线图

图 5.18 所示图表的数据源为 A1:G2 单元格区域，图表中包含一个数据系列，不显示图例项，同时将单元格区域 A2:G9 命名为"Data"。

在嵌入图表所在的工作表【代码窗口】中输入如下代码。

```
#001    Private WithEvents mchtChart As Chart
#002    Private Sub mchtChart_Calculate()
#003        Dim objPoint As Point
#004        Dim i As Integer, intNum As Integer
#005        For i = 1 To 6
#006            intNum = Me.Cells(ActiveCell.Row, i + 1).Value
#007            Set objPoint = mchtChart.SeriesCollection(1).Points(i)
#008            If intNum >= 25 Then
#009                Me.Shapes("Point25").CopyPicture xlScreen, xlPicture
#010                objPoint.Paste
#011            ElseIf intNum >= 15 Then
#012                Me.Shapes("Point15").CopyPicture xlScreen, xlPicture
#013                objPoint.Paste
#014            Else
#015                Me.Shapes("Point<").CopyPicture xlScreen, xlPicture
#016                objPoint.Paste
#017            End If
```

```
#018        Next i
#019        Set objPoint = Nothing
#020    End Sub
#021    Private Sub Worksheet_SelectionChange(ByVal Target As Range)
#022        Dim serSeries As Series
#023        Dim rngRange As Range, lngRow As Long
#024        Set rngRange = Application.Intersect(ActiveCell, [Data])
#025        With Me
#026            If Not rngRange Is Nothing Then
#027                lngRow = ActiveCell.Row
#028                Set mchtChart = .ChartObjects(1).Chart
#029                Set serSeries = .ChartObjects(1).Chart.SeriesCollection(1)
#030                serSeries.Values = .Range(.Cells(lngRow, 2), _
                        .Cells(lngRow, 7))
#031                .ChartObjects(1).Chart.HasTitle = True
#032                .ChartObjects(1).Chart.ChartTitle.Text = _
                        .Cells(lngRow, 1).Value
#033            End If
#034        End With
#035        Set rngRange = Nothing
#036        Set serSeries = Nothing
#037        Set mchtChart = Nothing
#038    End Sub
```

当用户选中区域 A2:G9 中的任意单元格（如 A19），图表将动态显示为单元格所在的分店折线图，即"H 店"的折线图，如图 5.19 所示。

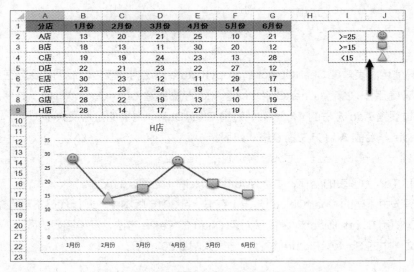

图 5.19　条件格式后的数据标记折线图

❖ 代码解析

第 1 行代码声明带事件驱动的图表对象 mchtChart。

第 2~20 行代码为 mchtChart 对象的 Calculate 事件代码。Calculate 事件在图表重新绘制数据点之后发生。

第 8~17 行代码根据数据点的值，通过复制工作表中的相应图形，对图表中数据点应用粘贴功能实现对相应数据点的格式设置。数值大于等于 25 的数据点显示为笑脸图形；数值大于等于 15 的数据点显示为多边形图形；数值小于 15 的数据点显示为三角形图形。

第 21~38 行代码为工作表的 SelectionChange 事件过程。当激活的单元格位于命名区域"Data"之内时，第 28 行代码将 chtChart 对象变量指向工作表中的第 1 个嵌入图表，让该图表与 mchtChart 对象连接起来。第 30 行代码通过单元格区域设置图表中第 1 个数据系列的系列值时，mchtChart 对象的 Calculate 事件将被触发。

5.9　将图表保存为图片

为防止 Excel 中的图表被意外更改，使用图片来展示数据图表是一个很好的方法。将图表保存为图片，示例代码如下。

```
#001    Sub SaveAsPicture()
#002        Dim chtObject As ChartObject
#003        With ActiveSheet.ChartObjects(" 产品销量图表 ")
#004            .CopyPicture
#005            Set chtObject = ActiveSheet.ChartObjects. _
                    Add(500, 100, .Width, .Height)
#006        End With
#007        chtObject.Activate
#008        chtObject.Chart.Paste
#009        Set chtObject = Nothing
#010    End Sub
```

❖ 代码解析

第 4 行代码使用图表对象 ChartObject 的 CopyPicture 方法将图表复制成图片保存在系统剪贴板中。

第 5 行代码使用图表集合 ChartObjects 的 Add 方法新建 ChartObject 对象，并将其赋值到变量 chtObject。通过设置 Add 方法的 4 个参数，调整 ChartObject 对象的位置及大小。

ChartObjects 集合的 Add 方法语法格式如下。

```
ChartObjects.add(Left, Top, Width, Height)
```

参数 Left 和 Top 为图表的坐标；参数 Width 和 Height 为图表的尺寸。

第 7 行代码选中新建的 ChartObject 对象。在 Excel 2016 版本中，此行代码不可省略。

第 8 行代码使用 ChartObject 对象的子对象 Chart 的 Paste 方法，获得图表的图片。

运行示例文件中的 SaveAsPicture 过程，结果如图 5.20 所示。

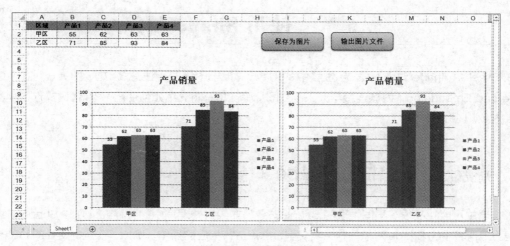

图 5.20 保存为图片

使用 Chart 对象的 Export 方法可以直接将图表导出为图片，并保存到指定目录中，示例代码如下。

```
#001   Sub ExportToPicture()
#002       ActiveSheet.ChartObjects(" 产品销量图表 ").Chart.Export _
               ThisWorkbook.Path & "\Picture.jpg"
#003   End Sub
```

❖ 代码解析

第 2 行代码利用 Chart 对象的 Export 方法直接导出为图片，图片路径为 ThisWorkbook.Path，文件名为 "Picture.jpg"。Chart 对象的 Export 方法的详细讲解请参阅 6.4 节。

05 章

第 6 章　使用 Shape 对象

在 Excel 中 Shape 对象代表绘图层中的对象，如自选图形、任意多边形、OLE 对象（Object Linking and Embedding，对象连接与嵌入）或图片等。本章将介绍如何使用 VBA 代码操作各种类型的 Shape 对象。

6.1　遍历工作表中的 Shape 对象

工作表中可能存在很多不同类型的 Shape 对象，如果只处理其中的某种或某几种 Shape 对象，可以先遍历工作表中的 Shape 对象并判断其类型，然后进行相应的操作。例如，在示例文件的"Shape 对象"工作表中有如图 6.1 所示的多个 Shape 对象。

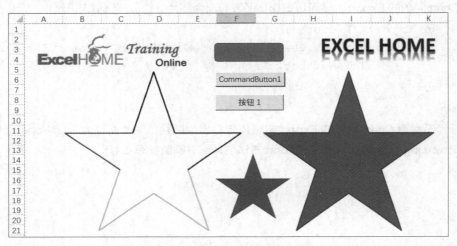

图 6.1　工作表中的 Shape 对象

遍历 Shape 对象的示例代码如下。

```
#001  Sub ForNextAllShapes()
#002      Dim intRow As Integer
#003      Dim i As Integer
#004      Dim strShapeTypeConst As String
#005      intRow = 2
#006      With Sheets("Shape 对象 ").Shapes
#007          For i = 1 To .Count
#008              With .Range(i)
#009                  Sheets(" 统计 ").Cells(intRow, 1) = i
#010                  Sheets(" 统计 ").Cells(intRow, 2) = .Name
#011                  Sheets(" 统计 ").Cells(intRow, 3) = .Type
#012                  Sheets(" 统计 ").Cells(intRow, 4) = .AutoShapeType
#013                  If .Type = 1 Then
#014                      Select Case .AutoShapeType
```

```
#015                        Case 1
#016                            strShapeTypeConst = " 矩形 "
#017                        Case 5
#018                            strShapeTypeConst = " 圆角矩形 "
#019                        Case 92
#020                            strShapeTypeConst = " 五角星 "
#021                    End Select
#022                Else
#023                    Select Case .Type
#024                        Case 5
#025                            strShapeTypeConst = " 任意多边形 "
#026                        Case 8
#027                            strShapeTypeConst = " 窗体控件 "
#028                        Case 9
#029                            strShapeTypeConst = " 线条 "
#030                        Case 12
#031                            strShapeTypeConst = "OLE 控件对象 "
#032                        Case 13
#033                            strShapeTypeConst = " 图片 "
#034                    End Select
#035                End If
#036            End With
#037            Sheets(" 统计 ").Cells(intRow, 5) = strShapeTypeConst
#038            intRow = intRow + 1
#039        Next i
#040    End With
#041  End Sub
```

❖ 代码解析

第 7~39 行代码使用 For…Next 循环遍历工作表中的 Shape 对象。

第 7 行代码使用 Shapes 对象的 Count 属性返回"Shape 对象"工作表中 Shape 对象的总数量，并作为循环结构的终值。

第 8 行代码使用 Shapes 对象的 Range 属性返回 Shape 对象集合中图形的一个子集，其语法格式如下。

```
expression.Range(Index)
```

其中，参数 Index 可以是指定图形索引号的整数，或者是图形名称的字符串，也可以是包含整数或字符串的数组。

注意   此处的Range是Shapes对象的属性，返回一个 ShapeRange 对象，它代表 Shapes 集合中形状的子集，不同于工作表中的Range对象。

第 9~12 行代码将 Shape 对象的序号、名称、Type 属性值和 AutoShapeType 属性值写入"统计"工作表中。

第 13 行代码使用 Shape 对象的 Type 属性判断对象是否为自选图形。

Shape 对象的 Type 属性返回或设置一个 MsoShapeType 值，该值代表 Shape 对象的类型，MsoShapeType 常量值与说明如表 6.1 所示。

表 6.1　MsoShapeType 常量值与说明

常量	值	说明
msoAutoShape 1	1	自选图形
msoFreeform	5	任意多边形
msoFormControl	8	窗体控件
msoLine	9	线条
msoOLEControlObject	12	OLE 控件对象
msoPicture	13	图片

第 14~21 行代码使用 Shape 对象的 AutoShapeType 属性判断自选图形对象的类型，并将其类型说明赋值给变量 strShapeTypeConst。

Shape 对象的 AutoShapeType 属性返回或设置一个 MsoAutoShapeType 值，该值指定 Shape 或 ShapeRange 对象的类型，该对象必须是自选图形，不能是直线、任意多边形图形或连接符。MsoAutoShapeType 常量值与说明如表 6.2 所示。

表 6.2　MsoAutoShapeType 常量值与说明

常量	值	说明
msoShapeRectangle	1	矩形
msoShapeRoundedRectangle	5	圆角矩形
msoShape5pointStar	92	五角星
msoShapeMixed	-2	只提供返回值，表示其他状态的组合

注意　不同版本的Excel中相同Shape对象的AutoShapeType属性值可能不同。例如，艺术字在Excel 2003中其AutoShapeType属性值为-2（即msoShapeMixed），本示例中的艺术字，其AutoShapeType属性值为1。

第 23~34 行代码使用 Shape 对象的 Type 属性判断 Shape 对象的类型，并将其类型说明赋值给变量 strShapeTypeConst。

第 37 行代码将对象的类型说明写入"统计"工作表中。

单击示例文件"统计"工作表中的【演示】按钮，结果如图 6.2 所示。

	A	B	C	D	E
1	序号	名称	Type	AutoShapeType	说明
2	1	Straight Connector 40	9	-2	线条
3	2	Straight Connector 41	9	-2	线条
4	3	Straight Connector 42	9	-2	线条
5	4	Straight Connector 43	9	-2	线条
6	5	Straight Connector 44	9	-2	线条
7	6	Straight Connector 45	9	-2	线条
8	7	Straight Connector 46	9	-2	线条
9	8	Straight Connector 47	9	-2	线条
10	9	Straight Connector 48	9	-2	线条
11	10	Straight Connector 49	9	-2	线条
12	11	Freeform 50	5	138	任意多边形
13	12	Picture 51	13	1	图片
14	13	Rectangle 52	1	1	矩形
15	14	Button 1	8	-2	窗体控件
16	15	CommandButton1	12	-2	OLE 控件对象
17	16	Rounded Rectangle 1	1	5	圆角矩形
18	17	5-Point Star 2	1	92	五角星

图 6.2　遍历工作表中的 Shape 对象

 注意　　　本示例代码只对部分 Type 和 AutoShapeType 属性值进行了转换，如果需要使用其他 MsoShapeType 和 MsoAutoShapeType 常量，请参阅 VBA 帮助。

除了使用 For…Next 循环外，也可以使用 For Each 循环结构遍历 Shapes 对象集合中的 Shape 对象，示例代码如下。

```
#001  Sub ForEachAllShapes()
#002      Dim objShp As Shape
#003      For Each objShp In Sheets("Shape 对象 ").Shapes
#004          Debug.Print objShp.Name, Tab(30), objShp.Type, _
                  Tab(60), objShp.AutoShapeType
#005      Next objShp
#006      Set objShp = Nothing
#007  End Sub
```

❖ 代码解析

第 3 行代码中的循环变量 objShp 的类型必须与 In 关键字之后指定的对象集合的类型相匹配，否则代码无法运行。

运行 ForEachAllShapes 过程，在【立即窗口】中显示的结果如图 6.3 所示。

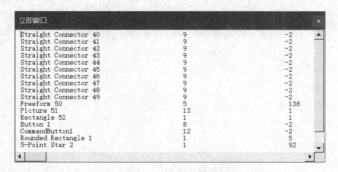

图 6.3　使用 For Each 循环遍历 Shape 对象

6.2 在工作表中快速添加 Shape 对象

在工作表中手工插入一个 Shape 对象是非常简单的操作，但是如果需要在工作表中插入大量的 Shape 对象，并且 Shape 对象要定位在指定位置，那么手工操作会非常烦琐。

例如，在工作表中添加如图 6.4 所示的 3 个五角星，左侧五角星由 10 个线条组合而成，中间的五角星是一个任意多边形，右侧的五角星是一个自选图形。

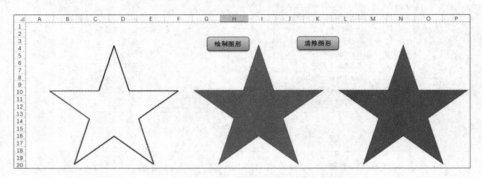

图 6.4 工作表中的五角星

手工插入 Shape 对象并调整位置和大小会非常耗费时间，也很难达到图中的效果，然而使用 VBA 可以轻松实现这样的任务，示例代码如下。

```
#001    Sub InsertShape()
#002        Dim intxOffset As Integer
#003        Dim intyOffset As Integer
#004        Dim intRow As Integer
#005        Dim objLine As LineFormat
#006        Dim objFreeForm As FreeformBuilder
#007        intyOffset = 50
#008        intxOffset = 50
#009        With Sheets(" 数据 ")
#010            For intRow = 2 To 11
#011                Set objLine = Sheets(" 绘图区 ").Shapes.AddLine( _
                        .Cells(intRow, 1) + intxOffset, _
                        .Cells(intRow, 2) + intyOffset, _
                        .Cells(intRow + 1, 1) + intxOffset, _
                        .Cells(intRow + 1, 2) + intyOffset).Line
#012                objLine.Weight = .Cells(intRow, 3)
#013                objLine.ForeColor.RGB = .Cells(intRow, 4)
#014            Next intRow
#015        End With
#016        intxOffset = intxOffset + 300
#017        intRow = 2
#018        With Sheets(" 数据 ")
#019            Set objFreeForm = Sheets(" 绘图区 ").Shapes.BuildFreeform( _
                    msoEditingAuto, _
```

```
                        .Cells(intRow, 1) + intxOffset, _
                        .Cells(intRow, 2) + intyOffset)
#020            For intRow = 3 To 12
#021                objFreeForm.AddNodes msoSegmentLine, msoEditingAuto, _
                        .Cells(intRow, 1) + intxOffset, _
                        .Cells(intRow, 2) + intyOffset
#022            Next intRow
#023            objFreeForm.ConvertToShape
#024        End With
#025        intxOffset = intxOffset + 300
#026        Sheets(" 绘图区 ").Shapes.AddShape(msoShape5pointStar, _
                intxOffset, intyOffset, 266.3, 253.26).Select
#027        Selection.ShapeRange.Fill.ForeColor.RGB = RGB(255, 0, 0)
#028        Set objLine = Nothing
#029        Set objFreeForm = Nothing
#030    End Sub
```

示例文件的"数据"工作表中，用于绘制 3 个五角星图形的数据如图 6.5 所示。其中，对 X 坐标和 Y 坐标的计算需要一定的数学知识，有兴趣的读者可以自行学习相关的知识。

	A	B	C	D
1	X坐标	Y坐标	线宽	颜色
2	133.15	0.00	2	0
3	101.72	96.74	2	250
4	0.00	96.74	2	250
5	82.29	156.52	2	64000
6	50.86	253.26	2	64000
7	133.15	193.48	2	64000
8	215.44	253.26	2	64000
9	184.01	156.52	2	16384000
10	266.30	96.74	2	16384000
11	164.58	96.74	2	0
12	133.15	0.00	2	0

图 6.5　绘制五角星的数据

❖ 代码解析

第 2 行和第 3 行代码声明 Integer 类型变量用于保存图形相对于文档左上角的偏移量，其中 intxOffset 为水平方向的偏移量，intyOffset 为垂直方向的偏移量。

第 4 行代码声明 Integer 类型变量 intRow，用来存储"数据"工作表中原始数据所在行的行号。

第 5 行代码声明变量 objLine，用来存储代码创建的 Shape 对象——线条，LineFormat 对象代表线条和箭头格式。

第 6 行代码声明变量 objFreeForm，用来存储代码创建的 Shape 对象——任意多边形，FreeformBuilder 对象代表任意多边形。

第 7 行和第 8 行代码设置绘制第 1 个五角星所需线条图形的水平和垂直偏移量。

第 10~14 行代码使用 For…Next 循环在"绘图区"工作表中添加多个首尾相连的线条，组合成图 6.4 中左侧的五角星。

因为数据区域（不包括标题行）位于工作表的第 2~12 行，所以第 10 行代码指定循环变量初值为 2，终值为 11，共执行 10 次循环体中的代码。由于绘制一个线条需要同时指定起点和终点的坐标，所以代码执行最后一次循环时（循环变量 intRow 等于 11），将使用"数据"工作表中第 11 行和第 12 行的数

据创建一个线条。

第 11 行代码将 AddLine 方法返回的线条对象赋值给变量 objLine，Shapes 对象的 AddLine 方法创建并返回一个线条类型的对象，AddLine 方法的语法如下。

```
expression.AddLine(BeginX,BeginY,EndX,EndY)
```

AddLine 方法的 4 个参数都是必选参数。其中，参数 BeginX 和参数 BeginY 为线条起点相对于文档左上角的水平和垂直坐标；参数 EndX 和参数 EndY 为线条终点相对于文档左上角的水平和垂直坐标。在数据表中，"X 坐标"列是水平坐标，"Y 坐标"列为垂直坐标。

第 12 行代码使用"数据"工作表中的"线宽"列数据设置线条的粗细。Weight 属性返回或设置线条的粗细，其值为 Single 类型。

第 13 行代码使用"数据"工作表中的"颜色"列数据设置线条的颜色。ForeColor 属性返回或设置，代表指定的前景填充色或纯色的 ColorFormat 对象，RGB 属性返回或设置代表指定颜色的红绿蓝（RGB）Long 类型的值。

第 16~24 行代码用于创建图 6.4 中居中的五角星，这个五角星是一个"任意多边形"。

第 16 行代码为变量 intxOffset 重新赋值，设置第 2 个五角星图形的水平偏移量。

第 17 行代码指定数据区域的起始行为第 2 行。

第 19 行代码将 BuildFreeform 方法创建并返回的 FreeformBuilder 对象保存在变量 objFreeForm 中。

Shapes 对象的 BuildFreeform 方法创建任意多边形对象并返回 FreeformBuilder 对象，该对象代表正在创建的任意多边形，其语法格式如下。

```
expression.BuildFreeform(EditingType,X1,Y1)
```

BuildFreeform 方法的 3 个参数都是必需的。其中，参数 EditingType 指定正在编辑的任意多边形对象第一个节点的编辑属性，参数 X1 和参数 Y1 分别是正在编辑的任意多边形图形中第一个节点相对于文档左上角的水平坐标和垂直坐标。

第 20~22 行代码使用 For…Next 循环为任意多边形添加线条。FreeformBuilder 对象的 AddNodes 方法用来在当前形状中添加一个节点，然后绘制从当前节点到添加的最后一个节点的线条，AddNodes 方法的语法如下。

```
expression.AddNodes(SegmentType, EditingType,X1,Y1,X2,Y2,X3,Y3)
```

AddNodes 方法的参数 SegmentType、EditingType、X1 和 Y1 都是必需的。其中，参数 SegmentType 指定要添加的线段的类型，参数 EditingType 为所添加节点的编辑属性，参数 X1 和参数 Y1 分别为新添加节点相对于文档左上角的水平坐标和垂直坐标。

当参数 EditingType 为 msoEditingCorner 时，可以使用可选参数 X2、Y2、X3 和 Y3，用来指定第 2 个控制点的相关参数。

第 23 行代码使用 FreeformBuilder 对象的 ConvertToShape 方法创建第 2 个五角星。ConvertToShape 方法创建一个具有指定 FreeformBuilder 对象的几何特性的形状，并返回一个代表新形状的 Shape 对象。

第 25 行代码给变量 intxOffset 重新赋值，设置第 3 个五角星图形的水平偏移量。

第 26 行代码用来创建图 6.4 中右侧的五角星对象。Shapes 对象的 AddShape 方法返回一个 Shape 对象，该对象代表新添加的自选图形，其语法格式如下。

```
expression.AddShape(Type,Left,Top,Width,Height)
```

AddShape 方法的 5 个参数都是必需的，参数 Type 用来指定要添加的自选图形的类型，参数 Left 和参数 Top 用来指定自选图形边框的左上角相对于文档左上角的位置（以磅为单位），Width 和 Height 属性分别用来指定自选图形的宽度和高度（以磅为单位）。

　　第 27 行代码使用 RGB 函数设置五角星的前景色为红色。ShapeRange 对象代表形状区域，Fill 属性返回指定形状的 FillFormat 对象或指定图表的 ChartFillFormat 对象，这两种对象包含形状或图表的填充格式属性，可以设置 Shape 对象的填充色。

　　RGB 函数返回一个 Long 整数，用来表示一个 RGB 颜色值，其语法格式如下。

```
RGB(red,green,blue)
```

　　RGB 函数的 3 个参数都是必选参数，都是 Integer 类型，数值范围为 0~255，分别表示颜色的红色、绿色和蓝色成分。

　　第 28 行和第 29 行代码释放对象变量 objLine 和 objFreeForm 所占用的系统资源。

6.3　组合多个 Shape 对象

　　如果工作表中存在多个 Shape 对象时，在工作表插入或删除单元格、改变行高或列宽时，可能改变对象的大小及它们之间的相对位置。设置自选图形的组合，可以保持组合内自选图形之间的相对位置不发生变化，并且对组合后图形的操作如同处理单个 Shape 对象。设置对象附加到单元格的方式为自由浮动，可以保持对象大小和位置固定不变，示例代码如下。

```
#001  Sub GroupShapes()
#002      Dim i As Integer
#003      Dim astrLineName(1 To 10) As String
#004      For i = 1 To 10
#005          astrLineName(i) = " 直接连接符 " & i
#006      Next i
#007      With Sheet1.Shapes
#008          .Range(astrLineName()).Group.Placement = xlFreeFloating
#009          .Range(Array(" 任意多边形 11", _
                  " 五角星 12")).Group.Placement = xlFreeFloating
#010      End With
#011      Sheet1.Shapes.SelectAll
#012  End Sub
```

❖ 代码解析

　　第 3 行代码声明数组 astrLineName 用于保存 10 条线段的名称。

　　第 4~6 行代码使用 For…Next 循环为数组 astrLineName 赋值。

　　第 8 行代码使用 ShapeRange 对象的 Group 方法将 10 条线条组合到一起（其中 astrLineName 数组作为 Range 属性的参数），并且设置组合后的 Shape 对象不会随单元格移动和调整大小。

　　Group 方法将指定区域中的形状组合在一起，并返回一个代表组合形状的 Shape 对象。

　　Placement 属性返回或设置一个 XlPlacement 值，代表对象附加到单元格的方式，XlPlacement 常量值与说明如表 6.3 所示。

表 6.3　XlPlacement 常量值与说明

常量	值	说明
xlFreeFloating	3	对象自由浮动
xlMove	2	对象随单元格移动
xlMoveAndSize	1	对象随单元格移动和调整大小

第 9 行代码使用 Array 函数返回的数组作为 Range 属性的参数，并把函数指定的 Shape 对象组合到一起，并设置组合后的 Shape 对象的 Placement 属性值为 xlFreeFloating。

Array 函数返回一个包含数组的 Variant，其语法格式如下。

```
Array(arglist)
```

arglist 参数是一个用逗号隔开的元素值列表，这些值用于给数组的各元素赋值。

第 11 行代码选中表中所有对象。

打开示例文件，单击【组合】按钮，可以看到左侧 10 个线条形状组合到一起，成为一个 Shape 对象，右侧的两个五角星图形也组合到一起。单击【取消组合】按钮，则左侧五角星恢复为由 10 个线条类型的 Shape 对象组成，如图 6.6 所示。

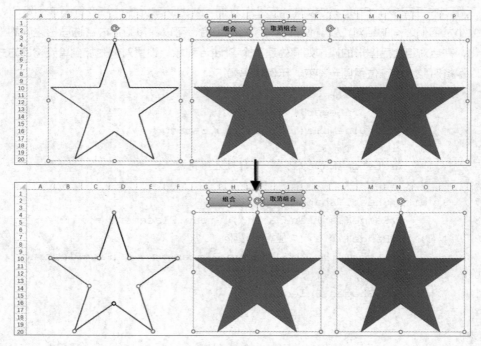

图 6.6　组合多个 Shape 对象

在工作表中插入或删除单元格、改变行高或列宽，所有 Shape 对象的大小和位置均固定不变。

> **注意**
>
> 在 Excel 中将组合形状视为单个 Shape 对象，组合或取消组合形状时，Shapes 对象集合中的对象个数将发生变化，并且 Shapes 对象集合中被操作对象之后的其他对象的索引号也将相应变化。因此在组合和取消组合的代码中，Range 属性的参数应尽量采用 Shape 对象的名称，避免使用其索引号。

6.4　将 Shape 对象另存为图片

有时需要将工作表中的 Shape 对象保存为单独的图像文件，虽然使用截屏软件可以复制屏幕上任何区域的内容，但是使用 Excel 的内置功能也能够很方便地实现该功能，示例代码如下。

```
#001    Sub ExportShpToGIF()
#002        Dim objShp As Shape
#003        Dim objCht As ChartObject
#004        For Each objShp In Sheet1.Shapes
#005            objShp.Copy
#006            Set objCht = Sheet1.ChartObjects.Add(0, 0, objShp.Width, _
                    objShp.Height)
#007            objCht.Select
#008            With objCht.Chart
#009                .Paste
#010                .Export ThisWorkbook.Path & "\" & objShp.Name & ".gif"
#011                .Parent.Delete
#012            End With
#013        Next objShp
#014        Set objShp = Nothing
#015        Set objCht = Nothing
#016        MsgBox "图片导出完毕！", vbOKOnly, "将 Shape 对象另存为图片"
#017    End Sub
```

❖ 代码解析

第 4~13 行代码使用 For…Next 循环结构遍历工作表中的 Shape 对象。

第 5 行代码将 Shape 对象复制到剪贴板。

第 6 行代码在工作表中添加一个图表对象（ChartObject 对象）。ChartObjects 对象的 Add 方法用来创建新的嵌入式图表，ChartObjects 对象代表图表工作表或工作表上的所有 ChartObject 对象组成的集合，Add 方法的语法如下。

```
expression.Add(Left,Top,Width,Height)
```

其中参数 Left 和参数 Top 用来指定新对象相对于工作表或图表的左上角的坐标（以磅为单位），其值为 Double 类型，其中 Left 参数是必需的。

Width 和 Height 参数用来指定新对象的宽度和高度（以磅为单位），其值都是 Double 类型，其中参数 Width 是必需的。

第 7 行代码选中新添加的 ChartObject 对象，没有此句将会导出空白的图片文件。

第 8 行代码使用 ChartObject 对象的 Chart 属性返回一个 Chart 对象，该对象代表 ChartObject 对象中包含的图表。

第 9 行代码将剪贴板中的 Shape 对象以图片格式粘贴到新创建的图表中。

第 10 行代码将图表对象导出到指定目录。Chart 对象的 Export 方法用来以图形格式导出图表对象为图片文件，其语法格式如下。

```
expression.Export(Filename,FilterName,Interactive)
```

参数 Filename 是必需的，用来指定被导出的图片文件的路径和文件名，其值为 String 类型。FilterName 为可选参数，用来设置文件筛选器中的选项，以指定图片文件的保存类型。

Interactive 是可选参数，默认值是 False，即使用筛选器的默认值。如果为 True，则显示包含筛选特定选项的对话框。

注意 在Windows 10和Excel 2016的使用环境中，将Interactive参数设置为True并不能弹出相应的对话框。

第 11 行代码删除工作表中添加的图表对象。

打开示例文件，单击【导出为图片】按钮，将在示例文件所在目录下生成 3 个图像文件，其文件名分别为 "五角星 20.gif" "五角星 26.gif" 和 "圆角矩形 1.gif"。

6.5 编辑 Shape 对象的文本

除了自选图形、图片、艺术字等，工作表中的表单控件和 ActiveX 控件也属于 Shape 对象，可以根据其类型采用不同的方法来操控这些 Shape 对象，如编辑 Shape 对象显示的文本，示例代码如下。

```
#001    Sub EditCaption()
#002        Dim objShp As Shape
#003        For Each objShp In Sheet1.Shapes
#004            Select Case objShp.Type
#005                Case 1
#006                    If objShp.TextFrame2.TextRange.Text = " 圆角矩形 " Then
#007                        objShp.TextFrame2.TextRange.Text = " 图形按钮 "
#008                        Sheet1.Hyperlinks.Add Anchor:=objShp, _
                                Address:="", SubAddress:="EditCaption"
#009                    End If
#010                Case 8
#011                    If objShp.FormControlType = xlCheckBox Then
#012                        objShp.OLEFormat.Object.Caption = " 表单控件 "
#013                        objShp.OLEFormat.Object.Value = True
#014                    ElseIf objShp.FormControlType = xlButtonControl Then
#015                        objShp.OLEFormat.Object.Caption = " 表单按钮 "
#016                        objShp.OnAction = "Test"
#017                    End If
#018                Case 12
#019                    With Sheet1.OLEObjects(objShp.Name)
#020                        If .progID Like "Forms.CheckBox*" Then
#021                            .Object.Caption = "ActiveX 控件 "
#022                            .Object.Value = True
#023                        End If
#024                    End With
#025            End Select
```

```
#026        Next objShp
#027        Set objShp = Nothing
#028    End Sub
```

❖ 代码解析

第 2 行代码声明 Shape 类型的变量 objShp，用来遍历工作表中的 Shape 对象。

第 3~26 行代码遍历工作表中的 Shape 对象，并根据对象的类型采取不同的操作。

第 4 行代码用来判断 Shape 对象的类型，请参阅 6.1 节。

第 5 行代码判断对象是否为自选图形。

第 6 行代码判断对象显示的文本是否为"圆角矩形"。Shape 对象的 TextFrame2 属性返回一个 TextFrame2 对象，该对象包含指定形状的文本格式，TextRange 属性返回一个 TextRange2 对象，该对象代表对象中的文本，通过 Text 属性可以获取或设置对象显示的文本，其值为 String 类型。

第 7 行代码修改对象显示的文本为"图形按钮"。

第 8 行代码为 Shape 对象添加超链接，其中参数 SubAddress 用来指定被链接的代码过程的名称。

第 10 行代码判断对象是否为表单控件。

第 11 行代码判断对象是否为表单控件中的复选框控件。Shape 对象的 FormControlType 属性返回一个 XlFormControl 值，该值代表 Microsoft Excel 控件（表单控件）的类型。XlFormControl 常量值与说明如表 6.4 所示。

表 6.4　XlFormControl 常量值与说明

常量	值	说明
xlButtonControl	0	按钮
xlCheckBox	1	复选框
xlDropDown	2	组合框
xlEditBox	3	文本框
xlGroupBox	4	分组框
xlLabel	5	标签
xlListBox	6	列表框
xlOptionButton	7	选项按钮
xlScrollBar	8	滚动条
xlSpinner	9	微调按钮

第 12 行代码修改控件的 Caption 属性，使其显示为"表单控件"。Shape 对象的 OLEFormat 属性返回一个 OLEFormat 对象，该对象包含 OLE 对象的属性，Object 属性返回与此 OLE 对象相联系的 OLE 自动化对象，也就是该复选框控件。

第 13 行代码为控件的 Value 属性赋值为 True，即选中复选框控件。

第 14 行代码判断对象是否为表单控件中的按钮控件。

第 15 行代码修改控件的 Caption 属性，使其显示为"表单按钮"。

第 16 行代码使用 Shape 对象的 OnAction 属性为表单控件"按钮 1"指定要运行的宏的名称，以响应其单击事件。

第 18 行代码判断对象是否为 ActiveX 控件。

第 19 行代码返回一个指向名为"objShp.Name"的 OLEObject 对象。OLEObjects 方法返回图表或工作表上的所有 OLEObject 对象的集合。

第 20 行代码判断对象是否为 ActiveX 控件中的 CheckBox 控件。OLEObject 对象的 progId 属性返回对象的程序标识符，如果对象的程序标识符中包含"Forms.CheckBox"则说明对象是 CheckBox 控件。

第 21 行代码修改控件的 Caption 属性，使其显示为"ActiveX 控件"。OLEObject 对象的 Object 属性返回与此 OLE 对象相联系的 OLE 自动化对象，也就是该复选框控件。

第 22 行代码为控件的 Value 属性赋值为 True，即选中 CheckBox 控件。

示例文件具体操作步骤如下。

步骤① 打开示例文件，单击【演示】按钮，将修改 Shape 对象显示的文本，并选中两个不同类型的复选框控件。

步骤② 单击【表单按钮】将显示一个消息框。

步骤③ 单击【确定】按钮关闭消息框。

步骤④ 移动鼠标指针并将鼠标指针悬停在"图形按钮"上，将显示超链接提示框，单击该按钮将打开 VBE 窗体，并将鼠标指针定位到代码窗口中的 EditCaption 过程，如图 6.7 所示。

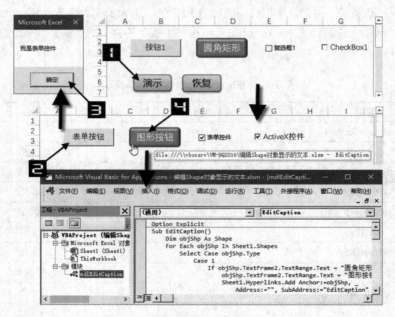

图 6.7 编辑 Shape 对象显示的文本

6.6 制作图片产品目录

如果需要制作如图 6.8 所示的产品目录，因为所需图片的尺寸通常并非完全一致，所以除了插入图片，还需要调整图片的尺寸以适应"图片"列单元格的大小。使用 VBA 可以快速完成这一系列烦琐的操作，示例代码如下。

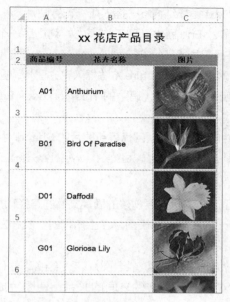

图 6.8　图片产品目录

```
#001   Sub InsertPictures()
#002       Dim lngRow As Long
#003       Dim objShape As Shape
#004       Dim objTargetCell As Range
#005       With Sheet1
#006           .Shapes.SelectAll
#007           Selection.Delete
#008           If .Cells(3, 1).Value <> "" Then
#009               For lngRow = 3 To .Cells(3, 1).End(xlDown).Row
#010                   Set objTargetCell = .Cells(lngRow, 3)
#011                   .Shapes.AddPicture(ThisWorkbook.Path & "\" & _
                          .Cells(lngRow, 2) & ".jpg", True, True, _
                          objTargetCell.Left + 2, objTargetCell.Top + 2, _
                          objTargetCell.Width - 4, _
                          objTargetCell.Height - 4).Select
#012                   Selection.ShapeRange.LockAspectRatio = msoFalse
#013               Next lngRow
#014           End If
#015       End With
#016       Set objTargetCell = Nothing
#017       Set objShape = Nothing
#018   End Sub
```

❖ 代码解析

第 6 行和第 7 行代码选中工作表中的所有 Shape 对象并删除。

第 8 行代码判断 A3 单元格是否有内容，如果 A3 是空单元格说明"产品目录"尚未输入相关产品信息，本过程将结束运行。

第 9~13 行代码使用 For…Next 循环结构逐一插入所需花卉图片。

第 9 行代码使用 Range 对象的 End 属性获取工作表中 A 列最后一个非空单元格的行号作为循环的终值，即产品目录中最后一条产品记录所在行的行号。

第 11 行代码中使用 Shape 对象的 AddPicture 方法插入花卉图片，图片文件以花卉名称作为文件名，扩展名为 JPG，保存在工作簿所在目录中。代码中的 ThisWorkbook.Path 返回当前工作簿所在的目录名称。

AddPicture 方法从现有文件创建图片并返回代表新图片的 Shape 对象，其语法格式如下。

```
Expression.AddPicture(Filename,LinkToFile,SaveWithDocument,Left,Top,Width,Height)
```

AddPicture 方法的所有参数都是必需的。

参数 Filename 为 Sting 类型，用来指定要创建的图片文件的路径和文件名。

参数 Left 和参数 Top 为 Single 类型，代表图片左上角相对于文档左上角的水平和垂直坐标（以磅为单位）。

参数 Width 和参数 Height 为 Single 类型，代表图片的宽度和高度（以磅为单位）。

参数 LinkToFile 代表图片对象与其源文件之间的关系，使图片成为其源文件的独立副本则为 msoFalse，建立图片与其源文件之间的链接则为 msoTrue。

参数 SaveWithDocument 代表图片对象的保存方式，在文档中只存储链接信息则为 msoFalse，将链接图片与该图片插入的文档一起保存则为 msoTrue。如果参数 LinkToFile 为 msoFalse，则该参数必须为 msoTrue。

第 12 行代码取消图片的锁定纵横比，以便于适应单元格大小。Shape 对象的 LockAspectRatio 属性用来返回或设置调整形状大小时其纵横比是否可以改变，调整大小时其原始比例不变则为 True；如果形状的高度和宽度可以分别更改，则为 False。

第 16 行和第 17 行代码释放对象变量所占用的系统资源。

运行 InsertPictures 过程，在工作表的"图片"列将插入花卉图片，并自动调整图片的尺寸以适应单元格大小，如图 6.8 所示。

第三篇

交互设计

为用户提供友好的界面和交互功能是应用程序开发的一个重要方面，友好的用户界面能够使应用程序更容易使用且更具有吸引力，而交互功能则使应用程序方便地从用户获取信息或向用户呈现及发送信息。Excel 中提供了丰富的用户界面设计和交互功能，使 Excel 应用程序开发能够更友好地满足定制化需求。

本篇主要介绍 Excel VBA 开发过程中交互设计的常用技巧，包括使用 MsgBox 函数、WshShell.Popup 方法、InputBox 函数和 InputBox 方法、内置对话框、菜单和工具栏、功能区、控件及用户窗体的应用等。通过学习这些技巧，读者可以熟悉 Excel VBA 中交互设计的方法，并能够合理地运用设计出优秀的用户界面。

第 7 章　使用消息框

7.1　显示简单的信息提示

在 Excel 中，使用 MsgBox 函数可以为用户显示简单的提示信息。

```
#001  Sub Simplemsbox()
#002      MsgBox "Hello VBA！"
#003  End Sub
```

❖ 代码解析

MsgBox 函数用于显示提示信息，其语法格式如下。

```
MsgBox(prompt[,buttons] [,title] [,helpfile,context])
```

其中参数 prompt 是必需的，作为信息显示在消息框中的字符或字符串。如果显示的内容超过一行，可以在每行之间用换行符或回车符将各行分隔开。

> **注意**
> MsgBox函数的参数Prompt最多只能接受约1024个字符，数量取决于所使用字符的宽度。

参数 buttons 是可选的，用于指定消息框中显示按钮的数目、类型、使用的图标样式、默认按钮及消息框的强制回应等。如果省略，则参数 buttons 的默认值为 0，消息框只显示【确定】按钮。

参数 title 是可选的，代表在消息框标题栏中作为标题的字符或字符串。如果省略，则在标题栏中显示"Microsoft Excel"，如图 7.1 所示。

参数 helpfile 和参数 context 是可选的，用来为消息框提供与上下文相关的帮助文件和帮助上下文编号。如果提供了其中一个参数，则必须提供另一个参数，二者缺一不可。

打开示例文件，单击【提示信息】按钮将显示如图 7.1 所示的消息框，该消息框将一直等待用户做出响应，单击【确定】按钮可关闭消息框。

图 7.1　简单的信息提示

7.2　定制个性化的消息框

如果希望 MsgBox 函数显示的消息框具有特定的按钮、图标和标题栏，那么可以组合使用 MsgBox 函数的参数 buttons 和参数 title。

```
#001  Sub CustomMsgbox()
#002      MsgBox Prompt:=" 欢迎光临 Excel Home!", _
          Buttons:=vbOKCancel + vbInformation + vbDefaultButton2, _
          Title:="Excel Home"
#003  End Sub
```

❖ 代码解析

CustomMsgbox 过程使用 MsgBox 函数显示具有特定按钮、图标和标题栏的消息框。

第 2 行代码中的"vbOKCancel+vbInformation+vbDefaultButton2"是 MsgBox 函数的参数 buttons

的常量表达式，使消息框具有【确定】按钮、【取消】按钮和"Information Message"图标，并以【取消】按钮作为默认按钮。参数 title 设置为"Excel Home"，则使消息框的标题栏显示"Excel Home"。

表 7.1 中列出了 MsgBox 函数的 buttons 参数值，分为如下 5 组。

第 1 组设置消息框显示的按钮数目和类型。

第 2 组设置图标的样式。

第 3 组设置默认按钮。

第 4 组设置消息框的强制返回类型。

第 5 组是附加选项。

> **注意**
> ■━■━■→　　　在设定参数buttons时这些值可以组合使用，但每一组中只能选择一个值。在程序代码中也可以使用参数buttons的常量值，而不使用常量名称。

表 7.1　MsgBox 函数的 buttons 参数值

参数组	常量	值	说明
第 1 组	vbOKOnly	0	只显示【确定】按钮（默认设置）
	VbOKCancel	1	显示【确定】和【取消】按钮
	VbAbortRetryIgnore	2	显示【放弃】【重试】和【忽略】按钮
	VbYesNoCancel	3	显示【是】【否】和【取消】按钮
	VbYesNo	4	显示【是】和【否】按钮
	VbRetryCancel	5	显示【重试】和【取消】按钮
第 2 组	VbCritical	16	显示危险消息图标
	VbQuestion	32	显示警告询问图标
	VbExclamation	48	显示警告消息图标
	VbInformation	64	显示信息图标
第 3 组	vbDefaultButton1	0	第 1 个按钮为默认按钮
	vbDefaultButton2	256	第 2 个按钮为默认按钮
	vbDefaultButton3	512	第 3 个按钮为默认按钮
	vbDefaultButton4	768	第 4 个按钮为默认按钮
第 4 组	vbApplicationModal	0	应用程序模式：用户必须对消息框做出响应才能继续使用当前的应用程序
	vbSystemModal	4096	系统模式：应用程序都被挂起直至用户对消息框做出响应
第 5 组	vbMsgBoxHelpButton	16384	在消息框上添加【帮助】按钮
	VbMsgBoxSetForeground	65536	将消息框设置为前景窗口
	vbMsgBoxRight	524288	显示右对齐的消息框
	vbMsgBoxRtlReading	1048576	指定在希伯来和阿拉伯语系统中显示的文本应当从右到左阅读

打开示例文件，单击【自定义消息框】按钮将显示消息框，如图 7.2 所示。该消息框具有"Excel Home"标题、"Information Message"图标和【确定】按钮及【取消】按钮，并且【取消】按钮为默认按钮。

图 7.2　自定义消息框

7.3 获取消息框的返回值

如果希望根据用户对消息框做出的不同回应而进行不同的操作，那么可以在代码中对消息框的返回值进行判断。

```
#001    Sub ReturnValueForMsgbox()
#002        Dim intMsg As Integer
#003        intMsg = MsgBox(" 文件即将关闭，是否保存？", _
                vbYesNoCancel + vbQuestion)
#004        Select Case intMsg
#005            Case vbYes
#006                ThisWorkbook.Save
#007            Case vbNo
#008                ThisWorkbook.Saved = True
#009            Case vbCancel
#010                Exit Sub
#011        End Select
#012        ThisWorkbook.Close
#013    End Sub
```

❖ 代码解析

ReturnValueForMsgbox 过程在关闭工作簿前使用 MsgBox 函数显示消息框，根据用户的回应进行相应的操作。

第 3 行代码使用 MsgBox 函数显示消息框询问用户是否保存工作簿，并将用户的回应，即消息框的返回值赋值给变量 intMsg。

根据 MsgBox 是否提供返回值，MsgBox 的语法略有不同。如果不需要使用 Msgbox 函数的返回值，则可以去掉函数参数的括号。反之，则应该使用类似于第 3 行代码的语法格式，将参数用 "（）" 括起来，否则会提示编译错误，如图 7.3 所示。

图 7.3　提示编译错误

第 4~11 行代码根据变量 intMsg 的值判断用户的回应，并进行相应的操作。如果变量 intMsg 的值为 vbYes，说明用户单击了【是】按钮，则使用 Save 方法保存工作簿；如果值为 vbNo，说明用户单击了【否】按钮，则将工作簿的 Saved 属性设置为 True，不保存更改而直接关闭工作簿；如果值为 vbCancel，说明用户单击了【取消】按钮或【关闭】按钮，则退出过程，不再执行其后的代码。

MsgBox 函数的返回值和说明如表 7.2 所示。

表 7.2　MsgBox 函数的返回值和说明

常量	值	说明
vbOK	1	确定
vbCancel	2	取消
vbAbort	3	放弃
vbRetry	4	重试
vbIgnore	5	忽略
vbYes	6	是
vbNo	7	否

在代码中MsgBox函数的返回值也可以使用常量值，而不使用常量名称。

打开示例文件，单击【获取消息框返回值】按钮，将显示询问用户是否保存工作簿的消息框，如图 7.4 所示。

图 7.4 获得消息框的返回值

7.4 自动延时关闭的消息框

在程序代码过程执行完毕后，通常会使用 MsgBox 函数显示消息框，用来给用户提示信息，但是该消息框将一直保持显示，直到用户做出回应才会关闭。使用如下方法可以实现自动延时关闭的消息框。

7.4.1 使用 WshShell.Popup 方法显示消息框

使用 WshShell.Popup 方法显示的消息框可以在指定时间后自动关闭，示例代码如下。

```
#001  Sub AutoClose1()
#002      Dim objShell As Object
#003      Set objShell = CreateObject("Wscript.Shell")
#004      objShell.Popup "程序执行完毕，两秒后关闭！", 2, _
              "自动关闭的消息框1", 64
#005      Set objShell = Nothing
#006  End Sub
```

❖ 代码解析

AutoClose1 过程使用 WshShell.Popup 方法显示消息框，2 秒后自动关闭。

WshShell.Popup 方法的语法格式如下。

WshShell.Popup(strText, [natSecondsToWait], [strTitle], [natType]) = intButton

其中参数 strText 是必需的，作为信息显示在消息框中的字符或字符串，如果显示的内容超过一行，可以在每行之间用换行符 Chr（10）进行分隔。

参数 natSecondsToWait 是可选的，其时间单位为秒。如果提供参数 natSecondsToWait 且其值大于 0.5，则消息框在参数 natSecondsToWait 指定的秒数后关闭。

参数 strTitle 是可选的，代表在消息框标题栏中作为标题的字符或字符串，若省略则对话框标题为 "Windows Script Host"。

参数 natType 是可选的，用于指定消息框中显示按钮的数目、类型、使用的图标样式、默认按钮及消息框的强制回应等，与 MsgBox 函数 buttons 参数相同，请参阅表 7.1。

返回值 intButton 指示用户所单击的按钮编号，与 MsgBox 函数的返回值相同，请参阅表 7.2。若用户在参数 natSecondsToWait 指定的秒数之前没有单击任何按扭，则返回值为 −1。

07章

打开示例文件，单击【自动关闭的消息框 1】按钮将显示消息框，无须单击【确定】按钮，两秒后该消息框将自动关闭，如图 7.5 所示。

图 7.5　使用 WshShell.Popup 方法显示消息框

7.4.2　使用 API 函数显示消息框

使用 API 函数也可以实现消息框自动关闭的效果，示例代码如下。

```
#001   Private Declare Function MessageBoxTimeout Lib "user32" Alias _
          "MessageBoxTimeoutA" (ByVal hwnd As Long, ByVal lpText _
          As String, ByVal lpCaption As String, ByVal wType _
          As Long, ByVal wlange As Long, _
          ByVal dwTimeout As Long) As Long
#002   Sub AutoClose2()
#003       MessageBoxTimeout 0, " 程序执行完毕，两秒后关闭！ ", _
              " 自动关闭的消息框 2", 0, 0, 2000
#004   End Sub
```

❖ 代码解析

AutoClose2 过程使用 MessageBoxTimeout 函数显示消息框，两秒后自动关闭。

第 1 行代码是 API 函数声明。

第 3 行代码使用 MessageBoxTimeout 函数显示消息框，各参数设置及解释如下。

参数 hwnd 为消息对话框窗口句柄，设置为 0。

参数 lpText 在消息对话框中作为信息显示的字符或字符串，设置为"程序已经执行完毕"。

参数 lpCaption 在消息对话框标题栏中作为标题的字符或字符串，设置为"两秒后关闭！"。

参数 wType 与 MsgBox 函数的参数 buttons 类似，请参阅表 7.1，设置为 0。

参数 wlange 设置为 0。

参数 dwTimeout 指定消息框自动关闭的时间，单位是毫秒，代码中设置为 2000，即两秒。

MessageBoxTimeout 函数的返回值和 MsgBox 函数的返回值类似。如果用户在参数 dwTimeout 指定的时间之内没有做出回应，消息对话框将自动关闭，此时返回值为 32000（如果消息框只有【确定】按钮，返回值为 1）。

打开示例文件，单击【自动关闭的消息框 2】按钮将显示消息对话框，用户不需要单击【确定】按钮，两秒后该消息框将自动关闭，如图 7.6 所示。

图 7.6　使用 API 函数显示消息框

第 8 章　简单的数据输入

8.1　简单的输入界面

如果需要用户输入简单的数据，那么可以使用 InputBox 函数显示对话框供用户输入数据，示例代码如下。

```
#001   Sub SimpleInput()
#002       Dim strInput As String
#003       strInput = InputBox("请输入邮政编码:", "邮政编码", "100001")
#004       If StrPtr(strInput) <> 0 Then
#005           If IsNumeric(Trim(strInput)) = True Then
#006               If Len(Trim(strInput)) = 6 Then
#007                   Cells(1, 1) = strInput
#008               Else
#009                   MsgBox "邮政编码必须是 6 位！"
#010               End If
#011           Else
#012               MsgBox "邮政编码必须是数值！"
#013           End If
#014       Else
#015           MsgBox "你已放弃了输入！"
#016       End If
#017   End Sub
```

❖ 代码解析

第 3 行代码使用 InputBox 函数显示提示用户输入邮政编码的对话框，并将返回值赋值给变量 strInput。

InputBox 函数用于显示对话框，等待用户输入数据或单击按钮，并返回包含文本框内容的字符串，其语法格式如下。

```
InputBox(prompt[,title] [,default] [,xpos] [,ypos] [,helpfile, context])
```

参数 prompt 是必需的，用来指定显示在对话框中的字符或字符串。

参数 title 是可选的，用来指定对话框标题栏中的字符或字符串。如果省略则标题栏中将显示 "Microsoft Excel"。

参数 default 是可选的，在用户没有输入数据时，作为默认值显示在文本框中的字符或字符串，如果省略则文本框为空。

参数 xpos 是可选的，用来指定对话框的左侧与屏幕左边界的水平距离，如果省略则对话框会在水平方向居中。

参数 ypos 是可选的，用来指定对话框的上侧与屏幕上边界的距离，如果省略则对话框被放置在屏幕垂直方向距上边界大约 1/3 的位置。

参数 helpfile 和 context 是可选的，为对话框提供上下文相关的帮助和编号。如果提供了其中一个参数，则必须提供另一个参数，二者缺一不可。

第 4 行代码使用 StrPtr 函数判断变量 strInput 的值，对于长度为零的字符串和非空字符串 StrPtr 函数都返回非零值。如果用户单击【取消】按钮或【关闭】按钮，InputBox 函数的返回值是 vbNullString，StrPtr(strInput) 的值为 0，则显示提示消息。

第 5 行代码使用 IsNumeric 函数判断变量 strInput 的值是否为数字，如果不是则提示用户必须输入数字。

第 6 行代码使用 Trim 函数去除变量 strInput 中的前导和尾随空格，再使用 Len 函数判断其长度是否为 6，如果是则将用户输入的邮政编码写入工作表的单元格 A1 中，否则提示用户必须输入 6 位数字。

打开示例文件，单击【输入框】按钮将显示输入邮政编码的对话框，如图 8.1 所示。

图 8.1　简单的输入界面

8.2　更安全的密码输入界面

实际应用中，用户使用 InputBox 函数输入密码虽然简单方便，但是输入的过程中密码为明码显示，安全性很差。使用 API 函数可以实现在输入框中以占位符号 "*" 来显示密码，示例代码如下。

```
#001   Public Declare Function FindWindow Lib _
          "user32" Alias "FindWindowA" _
          (ByVal lpClassName As String, _
          ByVal lpWindowName As String) As Long
#002   Public Declare Function FindWindowEx Lib "user32" _
          Alias "FindWindowExA" (ByVal hWnd1 As Long, _
          ByVal hWnd2 As Long, ByVal lpsz1 As String, _
          ByVal lpsz2 As String) As Long
#003  Public Declare Function SendMessage Lib "user32" _
          Alias "SendMessageA" (ByVal hwnd As Long, _
          ByVal wMsg As Long, ByVal wParam As Long, _
          lParam As Any) As Long
#004   Public Declare Function timeSetEvent Lib "winmm.dll" _
          (ByVal uDelay As Long, ByVal uResolution As Long, _
          ByVal lpFunction As Long, ByVal dwUser As Long, _
          ByVal uFlags As Long) As Long
#005   Public Declare Function timeKillEvent Lib "winmm.dll" _
          (ByVal uID As Long) As Long
#006   Public Const EM_SETPASSWORDCHAR = &HCC
#007   Public lngTimeID As Long
#008   Sub TimeProc(ByVal uID As Long, ByVal uMsg As Long, _
          ByVal dwUser As Long, ByVal dw1 As Long, _
```

```
          ByVal dw2 As Long)
#009      Dim lngHwd As Long
#010      lngHwd = FindWindow("#32770", "密码")
#011      If lngHwd <> 0 Then
#012          lngHwd = FindWindowEx(lngHwd, 0, "edit", vbNullString)
#013          SendMessage lngHwd, EM_SETPASSWORDCHAR, 42, 0
#014          timeKillEvent lngTimeID
#015      End If
#016  End Sub
#017  Sub Password()
#018      Dim strPassword As String
#019      lngTimeID = timeSetEvent(10, 0, AddressOf TimeProc, 1, 1)
#020  line:
#021      strPassword = InputBox("请输入密码:", "密码")
#022      If StrPtr(strPassword) <> 0 Then
#023          If strPassword = "123456" Then
#024              MsgBox "密码正确!"
#025          Else
#026              MsgBox "密码不正确!"
#027              GoTo line
#028          End If
#029      End If
#030  End Sub
```

❖ 代码解析

TimeProc 过程是 timeSetEvent 的回调函数。

第 1~7 行代码是 API 函数声明及相关变量和常量的定义,在此不做详细讲解,有兴趣的读者可以查阅相关资料。

第 10 行代码获取对话框的句柄并赋值给变量 lngHwd。FindWindow 函数的第 1 个参数指定要查找的窗口的类名,"#32770"是标准对话框的类名。第 2 个参数指定要查找的窗口的标题,必须与目标对话框的标题一致。

第 12 行代码获取对话框中的文本框的句柄。

第 13 行代码向对话框中的文本框发送消息,用"*"显示输入的数据。

第 14 行代码销毁 Password 过程中定义的定时器。

第 17~22 行代码使用 InputBox 函数显示输入密码的对话框,并且以占位符号"*"显示输入的密码。

第 19 行代码定义以 10 毫秒为周期的定时器。

第 22 行代码判断用户是否单击了【取消】按钮或【关闭】按钮,请参阅 8.1 节。

第 27 行代码跳转到第 20 行代码后继续执行,再次显示输入密码的对话框,直至密码正确或用户放弃输入。其中 GoTo 语句用来无条件转到过程内的指定行后继续执行。

打开示例文件,单击【密码框 1】按钮将显示密码输入框,用户输入的密码以占位符号"*"显示在文本框中,如图 8.2 所示。

图 8.2 密码输入框

利用用户窗体和文本框控件，首先设置窗体的 ShowModal 属性为 True，然后设置文本框 PasswordChar 属性为 "*"，就可以模仿密码输入对话框界面，实现以 "*" 显示输入的数据，代码参见本章示例文件。

8.3　轻松获取单元格区域地址

InputBox 函数适用于用户输入字符类型数据的场景，如果用户需要选择工作表单元格区域，并对所选择的单元格区域进行操作，使用 Application 对象的 InputBox 方法会更方便，示例代码如下。

```
#001   Sub RngInput()
#002       Dim rngRange As Range
#003       On Error GoTo line
#004       Set rngRange = Application.InputBox(Prompt:="区域选择:", Type:=8)
#005       rngRange.Interior.Color = 255
#006   line:
#007   End Sub
```

❖ 代码解析

第 3 行代码使用 On Error GoTo 语句处理错误，如果产生运行时错误，则其后的代码不再执行，直接跳转到指定的行号 "line" 之后的代码继续执行，即第 6 行代码之后。

第 4 行代码使用 Application 对象的 InputBox 方法显示对话框，供用户选择单元格区域，并将用户选择的单元格区域赋值给变量 rngRange。InputBox 方法显示接收用户输入的对话框并返回此对话框中输入的信息，其语法格式如下。

```
expression.InputBox(Prompt,Title,Default,Left,Top,HelpFile,
HelpContextID,Type)
```

参数 Type 用来指定返回值的数据类型，如果省略则对话框将返回文本。参数 Type 的值和说明如表 8.1 所示。这些数值可以相加使用，如希望返回数字和文本，可以将 Type 参数设置为 3（即 1+2 的结果）。

表 8.1　Type 参数的值和说明

值	说明
0	公式
1	数字
2	文本（字符串）
4	逻辑值（True 或 False）
8	单元格引用，Range 对象
16	错误值，如 #N/A
64	数值数组

注意　　当 Type 参数设置为 8 时，将返回 Range 对象，此时必须使用 Set 语句将返回值赋值给 rngRange 变量。

参数 Left 和参数 Top 是可选的，用来指定对话框相对于屏幕左上角的 *x* 坐标和 *y* 坐标。

InputBox 方法的其他参数和 InputBox 函数相同，请参阅 8.1 节。

如果用户单击输入对话框【取消】按钮或【关闭】按钮，将显示错误信息，如图 8.3 所示。

图 8.3　运行时错误

第 5 行代码设置所选单元格区域的填充颜色为红色。

打开示例文件，单击【获取区域地址】按钮，将显示对话框供用户选择的单元格区域，如图 8.4 所示。

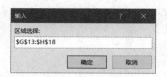

图 8.4　获取单元格区域地址

如果用户直接单击【确定】按钮，将弹出如图 8.5 所示的提示框。

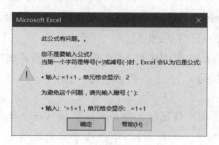

图 8.5　错误提示 1

如果输入的数据不是合法的单元格引用地址，则弹出如图 8.6 所示的提示框。

图 8.6　错误提示 2

8.4　防止用户输入错误数据

由于 InputBox 函数的返回值是字符类型，如果需要用户输入数值，必须把其返回值转换为数值类型再使用，否则运行时将会产生错误"424"，如图 8.7 所示。

使用 InputBox 方法并设置其 Type 参数为 1，可以限制用户只能在对话框中输入数值类型数据，否则将显示如图 8.7 所示的消息框。

图 8.7　错误提示

示例代码如下。

```
#001  Sub InputNumber()
#002      Dim vntInput As Variant
#003      vntInput = Application.InputBox(Prompt:=" 请输入数字 :", Type:=1)
#004      If TypeName(vntInput) = "Boolean" Then
#005          MsgBox " 你已取消了输入 !"
#006      Else
#007          Cells(1, 1) = vntInput
#008      End If
#009  End Sub
```

❖ 代码解析

第 3 行代码使用 InputBox 方法显示只能输入数值的输入框。

第 4 行代码使用 TypeName 函数判断 InputBox 方法的返回值。如果用户单击了【取消】按钮或【关闭】按钮，其返回值是逻辑值 False。TypeName 函数返回一个字符串，用来表示其参数的数据类型，其参数可以是除用户定义类型外的任何数据类型。

由于参数 Type 已经设置为 1，如果用户输入可以转换为数值的数据，InputBox 方法会自动将其转换为数值，如输入"True"或"False"，返回值分别为 −1 和 0。

注意 　　　如果用户选择了单元格区域，将会把该区域第一个单元格的值赋值给变量vntInput，而不是单元格区域本身。如果第1个单元格中不是数值或不能转换为数值，则显示如图8.7所示的错误提示。如果第1个单元格是空单元格，则变量vntInput的值为0。

打开示例文件，单击【输入数值】按钮，将显示如图 8.8 所示的输入框，如果输入数值型的数据，则会写入工作表的 A1 单元格，否则将显示如图 8.7 所示的错误提示。如果用户不输入任何数据直接单击【确定】按钮，则显示如图 8.5 所示的错误提示。

图 8.8　输入数值

第 9 章 Excel 内置对话框

9.1 使用 Excel 的内置对话框

如果需要在应用程序中使用"调色板""打印"等 Excel 内置对话框提供的功能，可以使用 VBA 代码直接调用这些内置对话框，示例代码如下。

```
#001  Sub SetDisplay()
#002      If Application.Dialogs(xlDialogDisplay).Show( _
              arg1:=True, arg2:=True, arg3:=False, arg4:=False, _
              arg5:=3, arg7:=False, arg8:=True, arg9:=1) = True Then
#003          MsgBox "显示选项修改完毕"
#004      End If
#005  End Sub
```

❖ 代码解析

第 2 行代码使用 Dialogs 集合的 Show 方法显示内置的【显示选项】对话框，并设置各选项是否可见，设置网格线的颜色为红色。

Dialogs 集合代表 Excel 中所有的内置对话框对象，使用 Dialogs 集合的 index 属性可以返回相应的 Dialog 对象，XlBuiltinDialog 常量值和说明如表 9.1 所示，如需查阅全部常量值请参阅 VBA 帮助。

表 9.1　XlBuiltinDialog 常量值和说明

常量	值	说明
xlDialogActivate	103	【激活】对话框
xlDialogActiveCellFont	476	【活动单元格字体】对话框
xlDialogAddChartAutoformat	390	【添加图表自动套用格式】对话框
xlDialogAddinManager	321	【加载项管理器】对话框

Show 方法用来调用内置对话框等待用户输入数据或执行操作，并返回代表用户响应的 Boolean 值。如果用户单击【确定】按钮，则返回值为 True，如果单击【取消】按钮，则返回值为 False。Show 方法语法格式如下。

```
expression.Show(Arg1,Arg2,Arg3,Arg4,Arg5,Arg6,Arg7,Arg8,Arg9,Arg10,Arg11,
Arg12,Arg13,Arg14,Arg15,Arg16,Arg17,Arg18,Arg19,Arg20,Arg21,Arg22,Arg23,Arg
24,Arg25,Arg26,Arg27,Arg28,Arg29,Arg30)
```

Arg1~Arg30 均为可选参数，仅应用于内置对话框，用来设置对话框中选项的初始值（并非所有内置对话框都可以设置选项的初始值），不同对话框的参数个数及作用也各不相同。请参阅 VBA 帮助中的"内置对话框参数列表"。

打开示例文件，按照如下具体步骤操作，将调用【显示选项】对话框如图 9.1 所示。

步骤① 单击【演示】按钮打开【显示选项】对话框。

步骤② 单击【确定】按钮关闭【显示选项】对话框，工作表的显示选项将发生变化。

步骤③ 单击【恢复】按钮，再次打开【显示选项】对话框。

步骤④ 单击【确定】按钮关闭【显示选项】对话框，工作表的显示选项恢复初始状态。

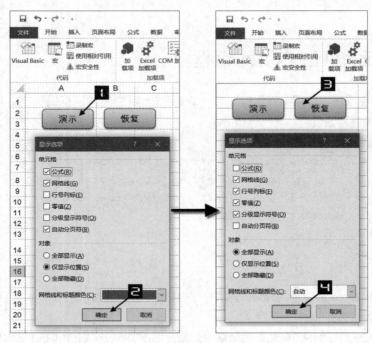

图 9.1　调用内置对话框

9.2　获取用户选择的文件名

如果需要对用户指定的文件进行操作，可以使用 GetOpenFilename 方法打开 Excel 内置的【打开】对话框，获取用户选择的文件名，此过程中并不需要真正打开文件，示例代码如下。

```
#001  Sub SelectFile()
#002      Dim vntFilename As Variant
#003      Dim i As Integer
#004      vntFilename = Application.GetOpenFilename(Title:=" 浏览文件 ", _
              FileFilter:=" 所有文件 (*.*),*.*,Excel 文件 (*.xls*),*.xls*", _
              FilterIndex:=2, MultiSelect:=True)
#005      If IsArray(vntFilename) = True Then
#006          With Sheet1
#007              .Cells.ClearContents
#008              .Cells(1, 1) = " 文件名 "
#009              For i = 1 To UBound(vntFilename)
#010                  .Cells(i + 1, 1) = vntFilename(i)
#011              Next i
#012          End With
#013      End If
#014  End Sub
```

❖ 代码解析

第 4 行代码使用 Application 对象的 GetOpenFilename 方法打开 Excel 内置的【打开】对话框，供用户选择文件并将选择的文件名赋值给变量 vntFilename，其语法格式如下。

```
expression.GetOpenFilename(FileFilter,FilterIndex,Title,ButtonText,MultiSelect)
```

参数 FileFilter 是可选的，用来指定文件筛选条件的字符串。由文件筛选字符串和通配符文件筛选规范组成，多个筛选条件之间用逗号分隔。如果省略则默认值为"所有文件（*.*）"。

参数 FilterIndex 是可选的，用来指定默认文件筛选条件的索引号，取值范围为从 1 到由 FileFilter 所指定的筛选条件的总数量。如果省略，或者取值大于可用筛选数目，则采用第一个筛选条件。

参数 Title 是可选的，用来指定对话框的标题。如果省略则默认值为"打开"。

参数 ButtonText 是可选的，仅用于 Macintosh。

参数 MultiSelect 是可选的，如果为 True，则允许选择多个文件；如果为 False，则只能选择单个文件，默认值为 False。

第 5 行代码判断变量 vntFilename 是否为数组。如果 MultiSelect 参数已设置为 True，则返回值将是一个包含所有选定文件名及文件路径的数组（即使仅选定了单个文件）。

如果用户单击对话框中的【取消】按钮或【关闭】按钮，则返回值为 False。

第 9~11 行代码用 For…Next 循环结构将变量 vntFilename 中存储的文件名逐一写入工作表中。

第 9 行代码中的 UBound 函数返回指定数组维的上界，其语法格式如下。

```
UBound(arrayname[,dimension])
```

参数 arrayname 是必需的，用来指定数组名称。

参数 dimension 是可选的，用来指定返回数组某维的上界。1 表示第 1 维，2 表示第 2 维，以此类推。如果省略，默认值是 1。

示例文件具体操作步骤如下。

步骤① 打开示例文件，单击【选择文件】按钮，将显示【浏览文件】对话框，文件类型组合框中只有"所有文件 (*.*)"和"Excel 文件 (*.xls*)"两个筛选条件，默认只显示 Excel 文件。

步骤② 在【浏览文件】对话框中浏览并选中文件，然后单击【打开】按钮，将选择的文件名及路径写入工作表中，如图 9.2 所示。

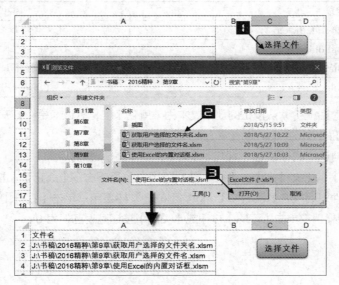

图 9.2 获取用户选择的文件名

9.3　获取用户选择的文件夹名

如果需要对指定的文件夹进行操作，可以调用 Excel 内置的【文件夹选取器】对话框，对话框的返回值是用户选中的文件夹名，示例代码如下。

```
#001    Sub SelectFolder()
#002        Dim objDialog As FileDialog
#003        Set objDialog = Application.FileDialog(msoFileDialogFolderPicker)
#004        With objDialog
#005            .ButtonName = " 就它了 "
#006            .Title = " 浏览文件夹 "
#007            If .Show = True Then
#008                MsgBox .SelectedItems(1)
#009            End If
#010        End With
#011        Set objDialog = Nothing
#012    End Sub
```

❖ 代码解析

第 2 行代码定义变量 objDialog。

第 3 行代码使用 Application 对象的 FileDialog 属性返回【文件夹选取器】对话框，并赋值给变量 objDialog。

FileDialog 属性返回 FileDialog 对象，代表文件对话框，参数 fileDialogType 是用来确定返回的 FileDialog 对象类型的 MsoFileDialogType 常量。MsoFileDialogType 常量值和说明如表 9.2 所示。

表 9.2　MsoFileDialogType 常量值和说明

常量	值	说明
msoFileDialogFilePicker	3	【文件选取器】对话框
msoFileDialogFolderPicker	4	【文件夹选取器】对话框
msoFileDialogOpen	1	【打开】对话框
msoFileDialogSaveAs	2	【另存为】对话框

第 5 行代码修改对话框中默认按钮的显示文本为"就它了"，默认值是"打开"。并不是所有对话框都可以修改默认按钮的显示文本。

第 6 行代码修改对话框的标题为"浏览文件夹"，默认值是"浏览"。

第 7 行代码显示【浏览文件夹】对话框，并判断用户是否单击了【就它了】按钮。FileDialog 对象的 Show 方法显示文件对话框并返回一个 Long 类型的值，如果用户单击【打开】按钮或【另存为】按钮则返回值为 −1，如果用户单击【取消】按钮或【关闭】按钮则返回值为 0。

> **注意** →
> 代码中调用 Show 方法时，在用户关闭文件对话框之前不会执行其他代码。但是对于【打开】和【另存为】对话框，在使用 Show 方法后，系统会立即使用 Execute 方法执行用户操作。

第 7 行代码使用消息框显示用户选择的文件夹名。FileDialog 对象的 SelectedItems 属性返回 FileDialogSelectedItems 集合，该集合为用户所选中的文件夹路径。

打开示例文件，单击【选择文件夹】按钮将弹出【浏览文件夹】对话框，此时浏览并选中某个文件夹，然后单击【就它了】按钮将弹出消息框显示用户选中的文件夹名及路径，如图 9.3 所示。

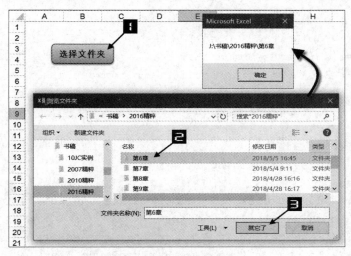

图 9.3 获取用户选择的文件夹名

第 10 章　菜单和工具栏

10.1　禁用右键快捷菜单

从 Excel 2007 开始，在用户界面中功能区取代了菜单和工具栏，其实使用 VBA 仍然可以定制 Excel 命令栏（Excel 中的菜单栏、工具栏和右键快捷菜单统称为命令栏），如禁用所有右键快捷菜单，示例代码如下。

```
#001   Private Sub Workbook_Open()
#002       Dim objBar As CommandBar
#003       For Each objBar In Application.CommandBars
#004           If objBar.Type = msoBarTypePopup Then
#005               objBar.Enabled = False
#006           End If
#007       Next objBar
#008       Set objBar = Nothing
#009   End Sub
#010   Private Sub Workbook_BeforeClose(Cancel As Boolean)
#011       Dim objBar As CommandBar
#012       For Each objBar In Application.CommandBars
#013           If objBar.Type = msoBarTypePopup Then
#014               objBar.Enabled = True
#015           End If
#016       Next objBar
#017       Set objBar = Nothing
#018   End Sub
```

❖ 代码解析

第 1~9 行代码是工作簿的 Open 事件过程，用来禁用所有右键快捷菜单，Open 事件在打开工作簿时被触发。

第 2 行代码定义变量 objBar，其中 CommandBar 对象代表命令栏。

第 3~7 行代码遍历 CommandBars 集合，CommandBars 对象是所有命令栏对象的集合。

第 4 行代码判断对象的类型是否为右键快捷菜单。Type 属性返回代表对象类型的 MsoBarType 常量，MsoBarType 常量值和说明如表 10.1 所示。

表 10.1　MsoBarType 常量值和说明

常量	值	说明
msoBarTypeMenuBar	1	菜单栏
msoBarTypeNormal	0	工具栏
msoBarTypePopup	2	右键快捷菜单

第 5 行代码设置对象的 Enabled 属性为 False，即禁用该右键快捷菜单。

第 10~18 行代码是工作簿的 BeforeClose 事件过程，用来恢复被禁用的右键快捷菜单，BeforeClose 事件在关闭工作簿前被触发。

> 如果希望自定义命令栏只在代码所在的工作簿中有效，那么代码过程应该写入该工作簿的Activate事件中，并在该工作簿的Deactivate事件中进行恢复。

打开示例文件，移动鼠标指针并在不同位置右击，将不再弹出任何快捷菜单。

> 本章所有自定义命令栏的代码都在示例文件工作簿的Open事件中，将对所有打开的工作簿有效，因此应在工作簿的BeforeClose事件中对所做的修改进行恢复。本章后续示例中不再列出用于恢复、删除或重置自定义命令栏的代码，请参阅示例文件中的工作簿BeforeClose事件过程。

10.2　列出所有命令栏控件

使用 VBA 代码自定义命令栏时，经常需要查阅命令栏内置控件属性，使用如下代码可以快速列出所有命令栏内置控件及其常用属性。

```
#001    Sub ControlList()
#002        Dim objBar As CommandBar
#003        Dim objCtrl As CommandBarControl
#004        Dim intRow As Integer
#005        intRow = 2
#006        With Sheet1
#007            .Range("a2:e" & .Range("a65536").End(3).Row).ClearContents
#008            For Each objBar In Application.CommandBars
#009                If objBar.BuiltIn = True Then
#010                    objBar.Reset
#011                    For Each objCtrl In objBar.Controls
#012                        If objCtrl.BuiltIn = True Then
#013                            .Cells(intRow, 1) = objCtrl.Caption
#014                            .Cells(intRow, 2) = objCtrl.ID
#015                            On Error Resume Next
#016                            .Cells(intRow, 3) = objCtrl.FaceId
#017                            On Error GoTo 0
#018                            .Cells(intRow, 4) = objCtrl.Type
#019                            .Cells(intRow, 5) = objBar.Name
#020                            intRow = intRow + 1
#021                        End If
#022                    Next objCtrl
#023                End If
```

```
#024              Next objBar
#025              Set objBar = Nothing
#026              Set objCtrl = Nothing
#027         End With
#028   End Sub
```

❖ 代码解析

第 3 行代码定义变量 objCtrl，其中 CommandBarControl 对象代表命令栏内置的控件。

第 8~24 行代码遍历所有命令栏对象。命令栏对象的讲解请参阅 10.1 节。

第 9 行代码使用 BuiltIn 属性判断是否为内置命令栏。对于内置控件，其 BuiltIn 属性返回值为 True，否则返回值为 False。

第 11~22 行代码遍历命令栏中的所有控件，Controls 属性返回命令栏上所有控件的 CommandBarControls 集合。

第 12 行代码使用 BuiltIn 属性判断控件是否为内置控件。如果是内置控件返回 True，如果是自定义控件或是已为其设置了 OnAction 属性的内置控件，则返回 False。

第 13~19 行代码分别将控件的 Caption、ID、FaceId、Type 属性的值和控件所属命令栏的名称写入工作表中。

Caption 属性返回或设置命令栏控件的标题文字。

ID 属性返回内置命令栏控件的 ID。

FaceId 属性返回或设置 CommandBarButton 控件内置图标的 ID。

> **注意**　部分命令栏控件没有FaceId属性。

Type 属性返回代表命令栏控件类型的 MsoControlType 常量，MsoControlType 常量值和说明如表 10.2 所示。如果需要使用其他 MsoControlType 常量，请参阅 VBA 帮助。

表 10.2　MsoControlType 常量值和说明

常量	值	说明
msoControlButton	1	命令按钮
msoControlEdit	2	文本框
msoControlDropdown	3	下拉列表控制框
msoControlComboBox	4	下拉组合控制框
msoControlPopup	10	弹出式控件

打开示例文件，单击【控件列表】按钮，将在工作表中列出所有命令栏内置控件及其常用属性，如图 10.1 所示。

	A	B	C	D	E
1	控件名	ID	FaceID	类型	所属命令栏名称
2	文件(&F)	30002		10	Worksheet Menu Bar
3	编辑(&E)	30003		10	Worksheet Menu Bar
4	视图(&V)	30004		10	Worksheet Menu Bar
5	插入(&I)	30005		10	Worksheet Menu Bar

图 10.1　所有命令栏控件

10.3　自定义菜单命令组

如果在 Excel 2016 中创建自定义菜单命令，那么自定义菜单将出现在功能区的【加载项】选项卡的【菜单命令】组中，示例代码如下。

```
#001    Private Sub Workbook_Open()
#002        Dim objBarPopup As CommandBarPopup
#003        Dim avntName As Variant
#004        Dim avntFaceId As Variant
#005        Dim i As Integer
#006        avntName = Array(" 七年级 ", " 八年级 ", " 九年级 ")
#007        avntFaceId = Array(281, 283, 285)
#008        With Application.CommandBars.Item("Worksheet menu bar")
#009            .Reset
#010            Set objBarPopup = .Controls.Add(msoControlPopup)
#011            With objBarPopup
#012                .Caption = " 选择年级 "
#013                For i = 0 To UBound(avntName)
#014                    With .Controls.Add(msoControlButton)
#015                        .Caption = avntName(i)
#016                        .FaceId = avntFaceId(i)
#017                        .OnAction = "Test"
#018                    End With
#019                Next i
#020            End With
#021        End With
#022        Set objBarPopup = Nothing
#023    End Sub
#024    Sub Test()
#025        MsgBox " 您选择了 :" & _
            Application.CommandBars.ActionControl.Caption
#026    End Sub
```

❖ 代码解析

第 2 行代码声明变量 objBarPopup，其中 CommandBarPopup 对象代表弹出式控件。

第 6 行和第 7 行代码创建数组，用来存储各自定义命令按钮的标题和图标 ID。

第 8 行代码使用 CommandBars 对象的 Item 属性返回名为 "Worksheet menu bar" 的命令栏对象，Item 属性的语法如下。

```
expression.Item(Index)
```

Index 参数是必需的，用来指定要返回对象的名称或索引号。

第 9 行代码使用 CommandBar 对象的 Reset 方法重置 "Worksheet menu bar" 命令栏。

第 10 行代码使用 Add 方法添加弹出式控件并赋值给变量 objBarPopup。CommandBarControl 对象的 Add 方法新建 CommandBarControl 对象并添加到指定命令栏的控件集合中，其语法格式如下。

```
expression.Add(Type,Id,Parameter,Before,Temporary)
```

参数 Type 是必需的，用来指定添加到命令栏中的控件类型的 MsoControlType 常量，MsoControlType 常量值和说明请参阅表 10.2。

参数 Id 是可选的，用来指定内置控件的 ID。如果为 1 或忽略，将在命令栏中添加一个空的指定类型的自定义控件。

参数 Parameter 是可选的，对于内置控件，应用程序可以使用该参数运行命令；对于自定义控件，可以使用该参数向代码过程传递信息，也可以用来存储控件的相关信息（类似于第 2 个 Tag 属性值）。

参数 Before 是可选的，用来指定新控件的插入位置，Integer 类型，新控件将插入指定控件位置之前。如果省略该参数，控件将添加到指定命令栏的末端。

参数 Temporary 是可选的，默认值为 False，如果设置为 True，则使代码添加的控件具有临时属性，即在关闭 Excel 应用程序时被自动删除。

第 12 行代码设置新添加控件的 Caption 属性为"选择年级"。

第 13~19 行代码为控件添加菜单项，并分别设置菜单项的 Caption、FaceId 和 OnAction 属性。

OnAction 属性用来返回或设置 VBA 过程的名称，该过程在用户单击控件或更改控件的值时运行。

第 24~26 行代码是控件 OnAction 属性指定的过程，单击控件时运行该过程，弹出消息框显示控件的标题文本。CommandBars 对象的 ActionControl 属性返回 CommandBarControl 对象，代表最后单击的命令栏按钮。

示例文件具体操作步骤如下。

步骤① 打开示例文件，选择功能区的【加载项】选项卡，选项卡中有【菜单命令】组。

步骤② 单击【选择年级】下拉按钮，弹出扩展菜单。

步骤③ 在扩展菜单中选择【七年级】选项，弹出消息框显示该菜单项的标题文本，如图 10.2 所示。

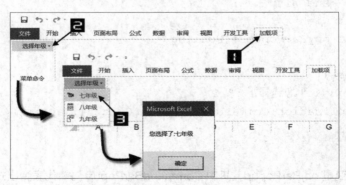

图 10.2　自定义菜单命令组

10.4　自定义工具栏组

自定义工具栏的方法与自定义菜单命令组的方法类似，自定义工具栏将出现在功能区的【加载项】选项卡的【自定义工具栏】组中，示例代码如下。

```
#001  Private Sub Workbook_Open()
#002      Dim objCtrl As CommandBarComboBox
```

```
#003          Dim objBar As CommandBar
#004          Dim avntName As Variant
#005          Dim i As Integer
#006          On Error Resume Next
#007          Application.CommandBars.Item("MyToolbar").Delete
#008          On Error GoTo 0
#009          avntName = Array(" 七年级 ", " 八年级 ", " 九年级 ")
#010          Set objBar = Application.CommandBars.Add("MyToolbar")
#011          objBar.Visible = True
#012          Set objCtrl = objBar.Controls.Add(msoControlDropdown)
#013          With objCtrl
#014              For i = 0 To UBound(avntName)
#015                  .AddItem avntName(i)
#016              Next i
#017              .Caption = " 选择年级 "
#018              .OnAction = "Test"
#019              .Style = msoComboLabel
#020          End With
#021          Set objCtrl = Nothing
#022          Set objBar = Nothing
#023   End Sub
```

❖ 代码解析

第 2 行代码声明变量 objCtrl，其中 CommandBarComboBox 对象代表下拉框控件。

第 7 行代码使用 CommandBars 对象的 Delete 方法删除名为 "MyToolbar" 的自定义工具栏，避免重复添加。

第 10 行代码使用 CommandBars 对象的 Add 方法添加名为 "MyToolbar" 的自定义工具栏，并赋值给变量 objBar，Add 方法的语法格式如下。

```
expression.Add(Name,Position,MenuBar,Temporary)
```

参数 Name 是可选的，用来指定命令栏的名称。

参数 Position 是可选的，用来设置命令栏位置和类型的 MsoBarPosition 常量，MsoBarPosition 常量和说明如表 10.3 所示。

表 10.3   MsoBarPosition 常量和说明

常量	说明
msoBarLeft、msoBarTop、msoBarRight 和 msoBarBottom	指定新命令栏的左侧、顶部、右侧和底部坐标
msoBarFloating	指定新命令栏不固定
msoBarPopup	指定新命令栏为快捷菜单
msoBarMenuBar	仅适用于 Macintosh 机

参数 MenuBar 是可选的，默认值为 False，设置为 True 时，使新命令栏替换活动菜单栏。

参数 Temporary 是可选的，默认值为 False，设置为 True 时，新建命令栏为临时命令栏，在关闭应用程序时删除。

第 11 行代码设置新命令栏的 Visible 属性为 True，使其可见，否则无法在功能区的【加载项】选项卡中显示。

第 12 行代码使用 CommandBarContro 对象的 Add 方法在新命令栏中添加下拉框控件，并赋值给变量 objCtrl。

第 14~16 行代码为下拉框控件添加 3 个选项并设置控件的属性，请参阅 10.2 节。

第 19 行代码，设置下拉框控件的 Style 属性，设置为 msoComboLabel，使组合框控件显示时包含标题，设置为 msoComboNormal，组合框控件不显示标题。

示例文件具体操作步骤如下。

步骤① 打开示例文件，选择功能区的【加载项】选项卡，选项卡中有【自定义工具栏】组，组中有名为【选择年级】的下拉框控件。

步骤② 单击【选择年级】下拉框控件，弹出 3 个选项。

步骤③ 选择【七年级】选项，弹出消息框显示该选项控件标题文本，如图 10.3 所示。

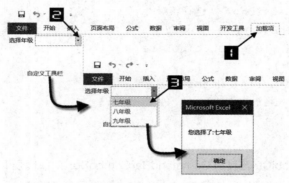

图 10.3　自定义工具栏

10.5　自定义单元格右键快捷菜单

Excel 的右键快捷菜单是最常用的功能之一，使用代码可以根据个性化需要定制右键快捷菜单，以方便用户日常操作。例如，在右键快捷菜单上添加新的菜单项、创建自定义菜单项、禁用和隐藏菜单项等，示例代码如下。

```
#001    Private Sub Workbook_Open()
#002        Dim objCtrl As CommandBarControl
#003        Dim objButton As CommandBarButton
#004        Dim objPicture As IPictureDisp
#005        Dim objMask As IPictureDisp
#006        Set objPicture = LoadPicture(ThisWorkbook.Path & "\image.bmp")
#007        Set objMask = LoadPicture(ThisWorkbook.Path & "\mask.bmp")
#008        With Application.CommandBars("cell")
#009            .Reset
#010            Set objButton = .Controls.Add(Type:=msoControlButton, _
                    ID:=2521, Temporary:=True)
#011            objButton.BeginGroup = True
```

```
#012            With .Controls.Add(Type:=msoControlButton, _
                    before:=3, ID:=1, Temporary:=True)
#013                .Caption = "自定义菜单项 2"
#014                .FaceId = 17
#015                .OnAction = "Test"
#016            End With
#017            With .Controls.Add(Type:=msoControlButton, _
                    before:=3, ID:=1, Temporary:=True)
#018                .Caption = "自定义菜单项 1"
#019                .OnAction = "Test"
#020                .Picture = objPicture
#021                .Mask = objMask
#022            End With
#023            For Each objCtrl In .Controls
#024                If objCtrl.ID = 19 Then objCtrl.Enabled = False
#025                If objCtrl.ID = 21 Then objCtrl.Visible = False
#026                If objCtrl.ID = 292 Then objCtrl.OnAction = "Delete"
#027            Next objCtrl
#028        End With
#029        Set objCtrl = Nothing
#030        Set objButton = Nothing
#031        Set objPicture = Nothing
#032        Set objMask = Nothing
#033    End Sub
```

❖ 代码解析

第 3 行代码声明变量 objButton，其中 CommandBarButton 对象代表命令栏按钮控件。

第 4 行和第 5 行代码声明 IPictureDisp 类型的变量 objPicture 和 objMask，其中 IPictureDisp 接口可以提供对图片属性的访问。

第 6 行和第 7 行代码使用 LoadPicture 函数加载指定的图像文件，并将返回的 IPictureDisp 对象赋值给变量 objPicture 和 objMask。

第 10 行代码添加 ID 为 2521 的内置命令栏控件，即【快速打印】按钮。代码中没有设置 Before 参数，因此控件将添加到右键快捷菜单末端。

第 11 行代码设置新添加的【快速打印】按钮位于控件组的最上面，即添加分割线，开始新的命令组。

第 12~16 行代码添加名称为"自定义菜单项 2"的自定义控件，并使用 ID 为 17 的内置图标作为控件的图标。

第 17~22 行代码添加名称为"自定义菜单项 1"的自定义控件。

第 20 行代码给控件的 Picture 属性赋值为变量 objPicture，Picture 属性用来返回或设置 CommandBarButton 对象的图像，即控件的图标，IPictureDisp 类型。

第 21 行代码给控件的 Mask 属性赋值为变量 objMask，Mask 属性用来返回或设置 CommandBarButton 对象的屏蔽图像，屏蔽图像用来指定按钮图像的透明部分。

第 23~26 行代码遍历单元格右键菜单中的控件，并判断控件的 ID 是否为 19、21、292，即是否是【复制】【剪切】和【删除】命令。

第 24 行代码设置控件的 Enabled 属性为 False，禁用该控件。

第 25 行代码设置控件的 Visible 属性为 False，隐藏该控件。

第 26 行代码设置控件的 OnAction 属性为"Delete"。如果为内置控件设置 OnAction 属性将使控件原有功能失效，设置内置控件的 OnAction 属性为空字符串可以恢复控件原有功能。

示例文件具体操作步骤如下。

步骤① 打开示例文件，在任意单元格上右击，在弹出的快捷菜单上【复制】命令被禁用，【剪切】命令被隐藏，并添加了 3 个新命令，如图 10.4 所示。

步骤② 选择【自定义菜单项 1】命令，将执行"Test"过程并弹出消息框，单击【确定】按钮关闭消息框。

步骤③ 选择【删除】命令，将执行"Delete"过程并弹出消息框，并且不再执行该命令原有的删除功能，单击【确定】按钮关闭消息框。

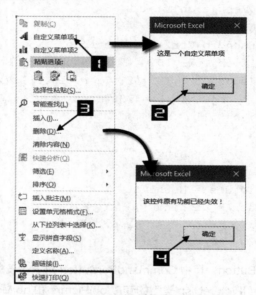

图 10.4　自定义单元格右键快捷菜单

10.6　使用自定义右键快捷菜单输入数据

在工作表中输入数据时，使用定制右键快捷菜单替换默认的快捷菜单，可以方便用户快速输入数据，示例代码如下。

```
#001  Private Sub Workbook_Open()
#002      Dim i As Integer
#003      Dim avntClass As Variant
#004      Dim objPopMenu As CommandBar
#005      On Error Resume Next
#006      Application.CommandBars("MyPopMenu").Delete
#007      On Error GoTo 0
#008      avntClass = Array("一班", "二班", "三班", "四班", _
              "实验班", "实验一班", "实验二班")
#009      Set objPopMenu = Application.CommandBars.Add("MyPopMenu", _
```

```
                    msoBarPopup)
#010        For i = 0 To 3
#011            With objPopMenu.Controls.Add(Type:=msoControlButton)
#012                .Caption = avntClass(i)
#013                .OnAction = "ActionForMenu"
#014            End With
#015        Next i
#016        With objPopMenu.Controls.Add(Type:=msoControlPopup)
#017            .Caption = avntClass(4)
#018            .BeginGroup = True
#019            For i = 5 To 6
#020                With .Controls.Add(Type:=msoControlButton)
#021                    .Caption = avntClass(i)
#022                    .OnAction = "ActionForMenu"
#023                End With
#024            Next i
#025        End With
#026        Set objPopMenu = Nothing
#027    End Sub
#028    Private Sub Worksheet_BeforeRightClick _
                (ByVal Target As Range, Cancel As Boolean)
#029        If Target.Count = 1 Then
#030            If Not Application.Intersect(Target, _
                Range("d2:d6")) Is Nothing Then
#031                Application.CommandBars("MyPopMenu").ShowPopup
#032                Cancel = True
#033            End If
#034        End If
#035    End Sub
#036    Sub ActionForMenu()
#037        ActiveCell = Application.CommandBars.ActionControl.Caption
#038    End Sub
```

❖ 代码解析

第 6 行代码使用 CommandBars 对象的 Delete 方法删除名为"MyPopMenu"的自定义右键快捷菜单，避免重复添加。

第 8 行代码创建数组，用来存储自定义右键快捷菜单中各菜单项的标题。

第 9 行代码使用 CommandBars 对象的 Add 方法添加名为"MyPopMenu"的自定义命令栏，设置其参数 Position 为 msoBarPopup，指定其为右键快捷菜单，并将返回赋值给变量 objPopMenu。Add 方法的讲解请参阅 10.4 节。

第 10~15 行代码使用 CommandBarControl 对象的 Add 方法在新添加的命令栏中添加 3 个菜单项，并设置其各项属性。

第 16~18 行代码在新添加的命令栏中添加名为"实验班"的菜单项，并设置其 BeginGroup 属性为 True，添加分组线开始新的命令组。

第 19~24 行代码为名为"实验班"的菜单项添加两个子菜单。

第 28~35 行代码是 Sheet1 工作表的 BeforeRightClick 事件过程，使自定义单元格右键快捷菜单只在 Sheet1 工作表的特定区域内显示。BeforeRightClick 事件在工作表的单元格上右击时被触发，其语法格式如下。

```
expression.BeforeRightClick(Target,Cancel)
```

参数 Target 是必需的，代表右击时鼠标指针所在单元格。

参数 Cancel 是必需的，用来指定过程执行结束之后是否显示默认的右键快捷菜单，默认值为False，将此参数设置为 True 时显示，否则不显示。

第 29 行代码判断右击时目标单元格是否为单个单元格。

第 30 行代码判断右击时鼠标指针所在单元格是否位于单元格区域"D2:D6"中。

第 31 行代码使用 CommandBars 对象的 ShowPopup 方法在当前鼠标指针位置显示"MyPopMenu"右键快捷菜单。ShowPopup 方法将指定的命令栏作为快捷菜单，在指定坐标或当前鼠标指针位置显示，其语法格式如下。

```
expression.ShowPopup(x,y)
```

x 和 y 参数是可选的，用来指定快捷菜单所在位置的 x 坐标和 y 坐标，如果省略此参数，将使用当前鼠标指针位置的 x 坐标和 y 坐标。

第 36~38 行代码是自定义右键快捷菜单项 OnAction 属性指定的过程，单击菜单项时运行，将菜单项的标题写入目标单元格中。

打开示例文件，在 D2:D6 单元格区域之外的任意单元格（如 B3）右击，将弹出标准的快捷菜单；在工作表的 D2:D6 单元格区域右击，将显示自定义的快捷菜单，选择菜单项会将所选菜单项的标题写入目标单元格中，如图 10.5 所示。

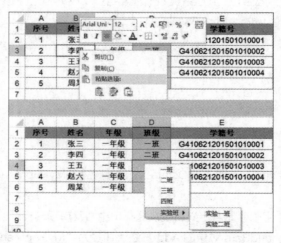

图 10.5　使用自定义右键快捷菜单输入数据

10.7　快速列出操作系统中所有字体

使用命令栏中内置的【字体】控件可以快速获取系统中所有字体，示例代码如下。

```
#001    Sub ShowInstalledFonts()
#002        Dim i As Long
#003        Dim objFontList As CommandBarControl
#004        Set objFontList = Application.CommandBars.FindControl (ID:=1728)
#005        Range("A:B").ClearContents
#006        Range("A1:B1") = Array(" 字体名称 ", " 示例 ")
#007        For i = 1 To objFontList.ListCount
#008            Cells(i + 1, 1) = objFontList.List(i)
#009            Cells(i + 1, 2) = objFontList.List(i)
#010            Cells(i + 1, 2).Font.Name = objFontList.List(i)
#011        Next i
#012        Set objFontList = Nothing
#013    End Sub
```

❖ 代码解析

第 4 行代码查找 ID 为 1728 的命令栏内置控件，即【字体】组合框，并将返回的控件赋值给变量 objFontList。CommandBars 集合的 FindControl 方法返回一个符合指定条件的 CommandBarControl 对象，其语法格式如下。

```
expression.FindControl(Type,Id,Tag,Visible,Recursive)
```

参数 Type 是可选的，用来指定要查找控件的类型。

参数 Id 是可选的，用来指定要查找控件的 ID。

参数 Tag 是可选的，用来标记控件的相关信息。

参数 Visible 是可选的，指定要搜索的命令栏控件是否可见，如果为 True，则只搜索可见的控件，默认值为 False。

如果 CommandBars 集合中有两个或更多的控件符合搜索条件，FindControl 方法返回找到的第 1 个控件；如果没有符合搜索条件的控件，则返回 Nothing。

CommandBar 对象也有 FindControl 方法，其语法和 CommandBars 对象的 FindControl 方法相似，只是增加了 Recursive 参数，该参数是可选的，如果设置为 True，将在所有可见的命令栏及已弹出的菜单项中查找，默认值为 False。

第 7~11 行代码在循环中将【字体】组合框的列表项写入工作表中。组合框的 List 属性返回或设置组合框的列表项。

第 10 行代码设置单元格的字体。

打开示例文件，单击【控件列表】按钮，会将系统中所有字体名称写入工作表中，并在 B 列显示字体效果，如图 10.6 所示。

	A	B
1	字体名称	示例
2	等线 Light	等线 Light
3	等线	等线
4	Arial Unicode MS	Arial Unicode MS
5	Microsoft YaHei UI	Microsoft YaHei UI
6	等线	等线
7	等线 Light	等线 Light

图 10.6　所有字体列表

185

第 11 章　Ribbon 功能区

功能区（Ribbon）是从 Office 2007 开始使用的新一代用户界面，它完全改变了 Office 的界面风格，替代了传统 Windows 应用程序的菜单和工具栏，这使得用 VBA 与 Office 界面交互编程也随之发生了本质的变化。

虽然无法使用 VBA 代码直接自定义功能区，但是可以通过编写 XML 代码来实现自定义功能区。与原来自定义 Office 菜单不同的是：用来自定义功能区的 XML 代码以文件的形式保存在 Office 文档中，在某个文档中自定义的功能区只影响该文档自身的功能区，除非相应的 XML 代码保存在 Office 程序自动加载文档中。

Custom UI Editor for Microsoft Office 是一款免费的用来自定义功能区的工具软件，其界面简洁，操作简单，可以方便地编辑 Office 文档中用来自定义功能区的 XML 文件。本章的所有示例都使用该软件编辑自定义功能区的 XML 代码，请各位读者扫描二维码自行下载并安装该软件。

11.1　自定义功能区界面

编写 XML 代码利用 RibbonX 可以实现自定义功能区，因此先简要介绍一下 XML。XML 全称为可扩展标记语言（Extensible Markup Language），XML 技术是 W3C 组织发布的，它是标准通用标记语言的子集，一种用于标记电子文件使其具有结构性的标记语言。在 XML 语言中，允许用户自定义标签。一个标签用于描述一段数据；一个标签分为起始标签和结束标签，在起始标签和结束标签之间，又可以使用其他标签描述其他数据，以此来实现对数据关系的描述。需要注意的是标签必须按合适的顺序进行嵌套，所有结束标签必须按镜像顺序匹配起始标签。

RibbonX 是为自定义应用程序功能区提供的编程接口，RibbonX 定义了众多的 RibbonX 控件，不同的 RibbonX 控件分别对应着功能区中不同的对象（组件），在 XML 代码中使用不同的元素来表示这些 RibbonX 控件（如 tab 元素代表选项卡，group 元素代表组）。在 XML 代码中指定元素的属性，就可以自定义与元素对应的 RibbonX 控件的外观和功能，从而实现自定义功能区的目的。

功能区是以组的形式来组织和显示功能区控件的，所以必须在 group 元素中指定各种元素的属性在功能区界面添加与元素对应的控件。示例文件夹中的文件"功能区控件 .xlsx"是功能区控件的列表。

功能区包含选项卡集合，选项卡集合包含选项卡，选项卡包含组，组包含按钮、复选框等功能区控件。XML 代码中各元素的嵌套关系要和功能区的结构一致，否则将产生错误。示例文件夹中的文件"功能区模板 .xlsm"列出了功能区控件对应元素在 XML 代码中的嵌套关系。功能区的结构如图 11.1 所示。

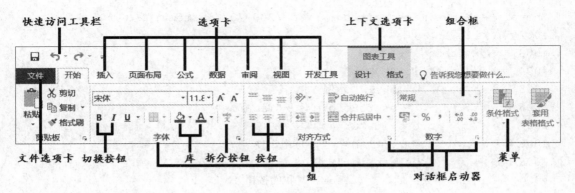

图 11.1　功能区结构

使用 Custom UI Editor for Microsoft Office 可以轻松实现自定义功能区，具体操作步骤如下。

步骤① 新建 XLSX 格式的 Excel 文件，保存为"自定义功能区界面 .xlsx"，关闭 Excel 文件。

注意　必须先关闭 Excel 文件，再使用 Custom UI Editor for Microsoft Office 打开该工作簿文件。

步骤② 打开 Custom UI Editor for Microsoft Office 软件，单击工具栏上的【Open】按钮，在弹出的【Open OOXML Document】对话框中选中步骤 1 中新建的示例文件，单击【打开】按钮。Custom UI Editor for Microsoft Office 的右侧窗口中显示自定义功能区 XML 代码，如果工作簿文件中不包含自定义功能区 XML 代码，则右侧窗口显示为空白，如图 11.2 所示。

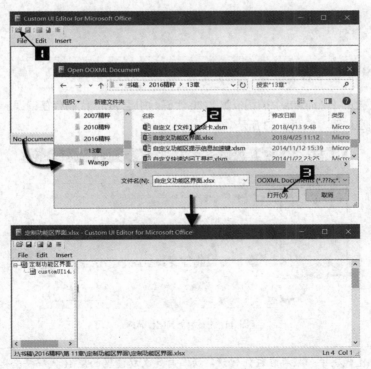

图 11.2　打开 Excel 文件

步骤③ 在 Custom UI Editor for Microsoft Office 右侧窗口中输入如下 XML 代码。

```
#001  <customUI xmlns=
```

```
          "http://schemas.microsoft.com/office/2009/07/customui">
#002      <ribbon>
#003        <tabs>
#004          <tab id="MyTab"
#005                  label=" 示例 01"
#006                  insertBeforeMso="TabHome">
#007            <group id="Group1"
#008                    label=" 示例组 1">
#009              <button id="MyButton"
#010                        label=" 我的按钮 "
#011                        size="large" />
#012            </group>
#013            <group id="Group2"
#014                    label=" 示例组 2">
#015              <button id="Button1"
#016                        label=" 按钮 1" />
#017              <button id="Button2"
#018                        label=" 按钮 2" />
#019            </group>
#020          </tab>
#021        </tabs>
#022      </ribbon>
#023    </customUI>
```

> **注意** ➡ XML语言对字母大小写是敏感的，即"Tab"不等同于"tab"。

步骤④ 单击工具栏上的【Validate】按钮校验 XML 代码。如果 XML 代码存在错误，将弹出消息框指明错误的原因及位置，如图 11.3 所示。

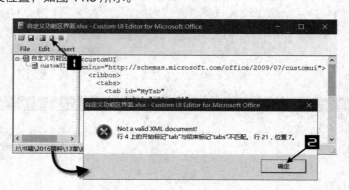

图 11.3　校验 XML 代码

> **注意** ➡ XML代码中如果存在任何错误，所有自定义功能区的XML代码将全部无效。

步骤⑤ 修改 XML 代码并再次进行校验，直至弹出代码完全正确的消息框。

步骤⑥ 单击工具栏上的【保存】按钮保存示例文件，单击【关闭】按钮关闭 Custom UI Editor for

Microsoft Office。

步骤⑦ 重新打开示例文件，功能区中新增了【示例 01】选项卡，如图 11.4 所示。

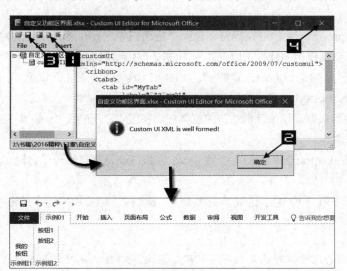

图 11.4　自定义功能区界面

❖ XML 解析

第 1 行代码通过指定 customUI 元素的 xmlns 属性为自定义功能区界面指定命名空间为 "http://schemas.microsoft.com/office/2009/07/customui"，这是自定义功能区所必需的，功能区依靠命名空间来解释和编译 XML 代码。第 23 行代码是 customUI 元素的结束标签。

第 2 行和第 22 行代码是 ribbon 元素的起始标签和结束标签，ribbon 元素代表功能区。除了 commands、backstage 和 contextualTabs 元素，所有自定义功能区的 XML 代码都必须添加到 ribbon 元素中。

第 3 行和第 21 行代码是 tabs 元素的起始标签和结束标签。tabs 元素代表功能区中所有选项卡的集合，在 tabs 元素中可以为多个 tab 元素指定相关属性，可以自定义多个选项卡。

第 4~6 行代码通过指定 tab 元素的属性在【开始】选项卡左侧添加【示例 01】选项卡，tab 元素代表选项卡，第 20 行代码是 tab 元素的结束标签。

第 4 行代码指定 tab 元素的 id 属性为 "MyTab"。元素的 id 属性是元素的唯一标志，Office 应用程序依靠 id 属性来识别和访问对应的自定义功能区控件。

注意 ➡ XML代码中所有元素的id属性必须是唯一的，不能重复，否则将产生错误。

第 5 行代码指定 tab 元素的 label 属性为 "示例 01"。label 属性用来指定该元素对应功能区控件的标签，即控件在功能区中显示的文本。

第 6 行代码指定 tab 元素的 insertBeforeMso 属性为 "TabHome"，"TabHome" 是【开始】选项卡的标识符。标识符是内置控件和内置图标的唯一标志，Office 应用程序依靠标识符来识别和访问对应的内置控件和内置图标。示例文件夹中的文件 "内置控件 .xlsx" 是功能区内置控件的列表。

元素的 insertBeforeMso 属性和 insertAfterMso 属性用来指定将控件添加到指定的内置控件之前和之后，其值必须是内置控件的标识符。如果不指定元素的这两个属性，选项卡和组默认添加到现有同类型控件右侧，其他功能区控件将默认添加到指定组的最后面。

第 7 行和第 8 行代码通过指定 group 元素的 id 和 label 属性在【示例 01】选项卡中添加【示例组 1】组，group 元素代表组。

第 12 行代码是 group 元素的结束标签，与第 7 行代码中的 group 元素的起始标签对应。在 tab 元素中为多个 group 元素指定相关属性可以在对应的选项卡中自定义多个组。

第 9~11 行代码分别指定 button 元素的 id、label 和 size 属性，在【示例组 1】组中添加【我的按钮】控件并以大尺寸显示。button 元素代表按钮控件。

元素的 size 属性用来指定与该元素对应的控件在功能区中显示的尺寸。如果不指定元素的 size 属性，默认显示小尺寸的控件。

第 11 行代码中的 button 元素的结束标签 "/>" 紧跟在该元素最后一个属性 size 的后面，这是结束标签的另一种形式。

第 13~19 行代码在【示例 01】选项卡中添加【示例组 2】组及组中的【按钮 1】和【按钮 2】两个小尺寸的按钮控件。

> **注意**　不同的元素拥有的属性各不相同，在编写 XML 代码时，如果使用了元素没有的属性将会产生错误。

11.2　编写 VBA 代码处理回调

在 11.1 节中实现的自定义选项卡仅是一个界面，在 XML 代码中为元素指定回调可以使自定义功能区具备相应的功能。回调是功能区控件使用的 VBA 过程和函数，当用户在功能区界面中操作或功能区界面刷新时，就会触发并执行相应的 VBA 过程和函数来实现相应的功能。为元素指定回调并编写 VBA 代码处理回调的具体操作步骤如下。

步骤① 打开 11.1 节中的示例文件，并另存为"编写 VBA 代码处理回调 .xlsm"。

> **注意**　处理回调需要使用 VBA 过程和函数，所以相应的 Excel 文件必须保存为启用宏的 XLSM 或 XLSB 格式。

步骤② 在 Custom UI Editor for Microsoft Office 中打开步骤 1 中创建的示例文件。

步骤③ 在 Custom UI Editor for Microsoft Office 的右侧窗口中编辑 XML 代码为 button 元素指定回调，修改后的 XML 代码如下。

```
#001   <customUI onLoad="RibbonOnLoaded" xmlns=
"http://schemas.microsoft.com/office/2009/07/customui">
#002     <ribbon>
#003       <tabs>
#004         <tab id="MyTab" label=" 示例 02" >
#005           <group id="Group1" label=" 示例组 1">
#006             <button id="MyButton" label=" 我的按钮 " size="large"
#007                   onAction="rxMybtn_Click" />
```

```
#008              </group>
#009              <group id="Group2" label=" 示例组 2">
#010                <button id="Button1" label=" 按钮 1"
#011                    onAction="rxbtn_Click" />
#012                <button id="Button2" label=" 按钮 2"
#013                    onAction="rxbtn_Click" />
#014              </group>
#015          </tab>
#016        </tabs>
#017      </ribbon>
#018  </customUI>
```

> **提示** ➜ 可以在一行中指定元素的多个属性，如第6行代码所示。

步骤④ 单击工具栏上的【Generate Callbacks】按钮为 XML 代码中所有指定回调的元素属性生成相应的回调签名，在程序的右侧窗口复制生成的回调签名。

步骤⑤ 保存文件并关闭 Custom UI Editor for Microsoft Office，如图 11.5 所示。

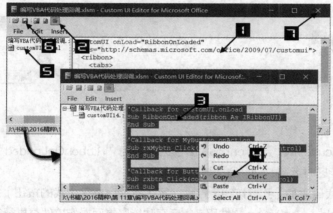

图 11.5　生成回调签名

步骤⑥ 重新打开示例文件，在 VBE 中新建一个标准模块，将步骤 4 中复制的回调签名粘贴到模块中，编辑回调过程输入如下 VBA 代码，保存并关闭示例文件，如图 11.6 所示。

```
#001   Public pobjRib As IRibbonUI
#002   Sub RibbonOnLoaded(ribbon As IRibbonUI)
#003       Set pobjRib = ribbon
#004       pobjRib.ActivateTab "MyTab"
#005   End Sub
#006   Sub rxMybtn_Click(control As IRibbonControl)
#007       MsgBox " 我是一个大尺寸按钮 "
#008   End Sub
#009   Sub rxbtn_Click(control As IRibbonControl)
#010       If control.ID = "Button1" Then
#011           MsgBox " 我是【按钮 1】"
```

```
#012        ElseIf control.ID = "Button2" Then
#013            MsgBox " 我是【按钮 2】"
#014        End If
#015   End Sub
```

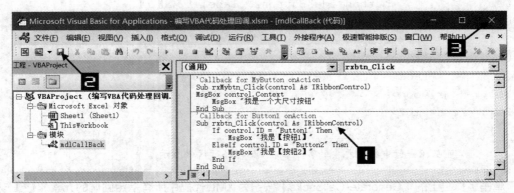

图 11.6　编辑回调过程

打开示例文件，应用程序默认选择【示例 02】选项卡，单击【我的按钮】将弹出消息框，如图 11.7 所示。

图 11.7　编写 VBA 代码处理回调

❖ XML 解析

第 1 行代码指定 customUI 元素 onLoad 属性的回调为 "RibbonOnLoaded"。onLoad 属性用来指定应用程序加载功能区时运行的 VBA 过程。

第 6 行和第 7 行代码添加【我的按钮】控件，第 7 行代码指定【我的按钮】控件 onAction 属性的回调为 "rxMybtn_Click"。onAction 属性用来指定在功能区界面操作控件时执行的 VBA 过程。

第 9~14 行代码添加【按钮 1】和【按钮 2】控件，第 11 行和第 13 行代码分别为两个按钮控件的 onAction 属性指定相同的回调 "rxbtn_Click"。

不同元素支持的回调种类也不同，并且不同的回调其参数约定也不尽相同。示例文件夹中的文件"回调函数 .xlsx"是功能区回调函数的列表。

❖ 代码解析

RibbonOnLoaded 过程是 customUI 元素 onLoad 属性的回调过程，在文件加载功能区时运行并返回一个 IRibbonUI 对象。IRibbonUI 对象代表整个功能区，用于控制功能区如何响应回调和用户操作。

第 3 行代码将返回的 IRibbonUI 对象赋值给变量 pobjRib，这样可以在 VBA 代码中使用 pobjRib 变量引用功能区。

第 4 行代码使用 IRibbonUI 对象的 ActivateTab 方法激活【示例 02】选项卡，ActivateTab 方法用来在加载功能区时激活指定的自定义选项卡，其语法格式如下。

对象表达式 .ActivateTab(ControlID As String)

对象表达式为 IRibbonUI 对象，参数 ControlID 是一个字符串，用来指定要激活的自定义选项卡，其值必须和 XML 代码中 Tab 元素的 ID 属性一致。

IRibbonUI 对象的 ActivateTabMso 方法用来在加载功能区时激活指定的内置选项卡，其语法与 ActivateTab 方法相同，参数 ControlID 必须是内置选项卡的标识符。

rxMybtn_Click 过程是【我的按钮】控件 onAction 属性的回调过程，单击【我的按钮】时运行并弹出消息框。参数 control 返回功能区界面中被操作的控件。

rxbtn_Click 过程是【按钮 1】和【按钮 2】控件 onAction 属性共用的回调过程。单击【按钮 1】或【按钮 2】时运行，根据返回控件的 id 属性（control.ID）分别弹出不同的消息框。其中，"Button1"和"Button2"必须和 XML 代码中对应元素的 id 属性值一致。

为多个元素的属性指定相同的回调称为全局回调，也可以给各元素分别指定各自的回调，这样就需要编写多个回调过程，既增加代码输入的工作量也不利于查看修改代码。如果多个控件的功能相似，建议使用全局回调来处理这些控件。

11.3　使用自定义图片和内置图标

为自定义的功能区控件添加图标可以使功能区界面更加美观易用，具体操作步骤如下。

用 Custom UI Editor for Microsoft Office 打开一个空工作簿，单击工具栏上的【Insert Icons】按钮，在弹出的【Insert Custom Icons】对话框中选择所需的图片文件，单击【打开】按钮，如图 11.8 所示。

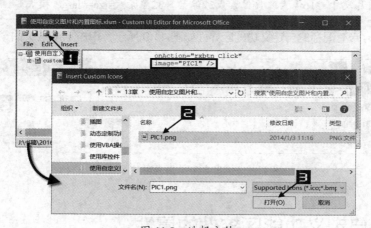

图 11.8　选择文件

在 Custom UI Editor for Microsoft Office 的右侧窗口中输入 XML 代码如下。

```
#001    <customUI xmlns=
"http://schemas.microsoft.com/office/2009/07/customui">
#002       <ribbon>
#003         <tabs>
#004           <tab id="MyTab" label=" 示例 03" insertBeforeMso="TabHome" >
#005             <group id="Group1" label=" 示例组 ">
#006               <button id="Button1" label=" 按钮 1&#13;" size="large"
#007                      onAction="rxbtn_Click"
#008                      image="PIC1" />
```

```
#009                    <button id="Button2" label=" 按钮 2&#13;" size="large"
#010                        onAction="rxbtn_Click"
#011                        imageMso="HappyFace" />
#012                </group>
#013            </tab>
#014        </tabs>
#015    </ribbon>
#016 </customUI>
```

❖ XML 解析

第 6 行代码指定 button 元素的 label 属性为 "按钮 1"，其中 "" 用来指定文本强制换行，使标题文本排列更规则，否则文本会自动换行。

第 8 行代码通过指定 button 元素的 image 属性为【按钮 1】控件添加自定义图标。元素的 image 属性用来设置控件使用指定的图像作为图标，其值一定要与在 Custom UI Editor for Microsoft Office 中使用【Insert Icons】按钮所插入的图片文件名保持一致。

第 11 行代码通过指定 button 元素的 imageMso 属性为【按钮 2】控件添加内置图标，"HappyFace" 是内置图标 "笑脸" 的标识符。元素的 imageMso 属性用来设置控件使用内置图标作为图标。其值必须是内置图标的标示符。示例文件夹中的文件 "内置图标 .xlsm" 是功能区内置图标的列表。

> **提示**
> ■■■➡
> 为了确保功能区界面中图片的显示效果，推荐使用分辨率为 96dpi 的 PNG 格式的图片，图片尺寸为 16 像素 ×16 像素或 32 像素 ×32 像素（size="large" 模式）。

打开示例文件，带有图标的自定义功能区界面如图 11.9 所示，单击【按钮 1】按钮将弹出消息框。

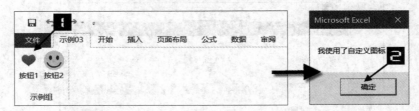

图 11.9　使用自定义图片和内置图标

11.4　动态自定义功能区控件的属性

元素的属性分为静态属性和动态属性，可以为其指定回调的属性就是动态属性。几乎所有静态属性都有其对应的动态属性，动态属性的命名方式为：get+ 静态属性名，其中静态属性名首字母大写，如静态属性 label 对应的动态属性是 getLabel。整个功能区或功能区控件失效时，将执行控件各属性的回调过程，根据回调过程的运行结果重新绘制控件，实现动态自定义功能区控件属性。

11.4.1　动态禁用和启用控件

为元素的动态属性指定回调，在程序运行时动态禁用和启用控件的 XML 代码如下。

```
#001  <customUI onLoad="RibbonOnLoaded" xmlns=
"http://schemas.microsoft.com/office/2009/07/customui" >
```

```
#002    <ribbon>
#003      <tabs>
#004        <tab id="MyTab" label=" 示例 04" insertBeforeMso="TabHome">
#005          <group id="Group1" label=" 示例组 ">
#006            <toggleButton id="tglbtn" size="large"
#007                          onAction="rxtglbtn_Click"
#008                          getLabel="rxbtn_GetLabel"
#009                          getPressed="rxtglbtn_getPressed" />
#010            <button id="MyButton" label="Button&#13;"
#011                    size="large" imageMso="HappyFace"
#012                    getEnabled="rxbtn_getEnabled" />
#013          </group>
#014        </tab>
#015      </tabs>
#016    </ribbon>
#017  </customUI>
```

❖ XML 解析

第 6~9 行代码添加一个切换按钮控件并分别为其 onAction、getLabel 和 getPressed 属性指定回调。
toggleButton 元素代表切换按钮控件。

getLabel 属性用来指定获取控件标签的 VBA 过程。

getPressed 属性用来指定获取控件是否为按下状态的 VBA 过程。

第 10~12 行代码添加【Button】控件并为其 getEnabled 属性指定回调。getEnabled 属性用来指定
获取控件是否启用的 VBA 过程。

示例 VBA 代码如下。

```
#001  Public pobjRib As IRibbonUI
#002  Public pblnPressed As Boolean
#003  Sub RibbonOnLoaded(ribbon As IRibbonUI)
#004      Set pobjRib = ribbon
#005      pblnPressed = True
#006  End Sub
#007  Sub rxtglbtn_Click(control As IRibbonControl, pressed As Boolean)
#008      pblnPressed = Not pblnPressed
#009      pressed = pblnPressed
#010      pobjRib.InvalidateControl "tglbtn"
#011      pobjRib.InvalidateControl "MyButton"
#012  End Sub
#013  Sub rxtglbtn_GetLabel(control As IRibbonControl, ByRef returnedVal)
#014      If pblnPressed = True Then
#015          returnedVal = " 禁用   【Button】"
#016      Else
#017          returnedVal = " 启用   【Button】"
#018      End If
#019  End Sub
```

```
#020   Sub rxtglbtn_getPressed(control As IRibbonControl, ByRef returnedVal)
#021       returnedVal = pblnPressed
#022   End Sub
#023   Sub rxbtn_getEnabled(control As IRibbonControl, ByRef returnedVal)
#024       returnedVal = pblnPressed
#025   End Sub
```

❖ 代码解析

第 5 行代码为变量 pblnPressed 赋值，使得打开文件加载功能区时启用【Button】控件。变量 pblnPressed 用来保存切换按钮是否为按下状态，根据变量 pblnPressed 的值设置是否启用【Button】控件。设置为 True 表示按下切换按钮并启用【Button】控件。

rxtglbtn_Click 过程是切换按钮控件 onAction 属性的回调过程，单击切换按钮时运行此过程，参数 pressed 用来设置是否按下切换按钮，设置为 True 表示按下，设置为 False 表示弹起。

第 8 行和第 9 行代码分别为变量 pblnPressed 和参数 pressed 赋值，使变量的值和切换按钮控件是否按下保持一致。

第 10 行和第 11 行代码使切换按钮和【Button】控件失效，InvalidateControl 方法用来使功能区中指定的控件失效，其语法格式如下。

对象表达式 .InvalidateControl(strControlID)

对象表达式为 IRibbonUI 对象，参数 strControlID 是一个字符串表达式，用来指定要使其失效的控件，其值必须和 XML 代码中对应的元素的 id 属性值一致。

第 13~19 行代码为 rxtglbtn_GetLabel 过程是切换按钮控件 getLabel 属性的回调过程，根据变量 pblnPressed 的值给参数 returnedVal 赋值，使切换按钮控件显示的文本和其是否按下保持一致。参数 returnedVal 用来设置控件的标签。

第 20~22 行代码为 rxtglbtn_getPressed 过程是切换按钮控件 getPressed 属性的回调过程，参数 returnedVal 用来设置是否按下控件，设置为 True 按下控件，设置为 False 弹起控件。

第 23~25 行代码为 rxbtn_getEnabled 过程是【Button】控件 getEnabled 属性的回调过程，将变量 pblnPressed 的值赋值给参数 returnedVal，使【Button】控件是否启用和切换按钮控件是否按下一致。参数 returnedVal 用来设置是否启用控件，设置为 True 启用控件，设置为 False 禁用控件。

打开示例文件，单击切换按钮可以控制【Button】控件是否启用，切换按钮控件的标签也随之动态改变，如图 11.10 所示。

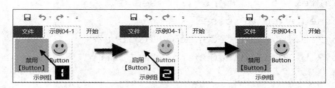

图 11.10 动态禁用和启用控件

11.4.2 隐藏指定的选项卡

动态隐藏和显示指定的内置选项卡或自定义选项卡的 XML 代码如下。

```
#001   <customUI onLoad="RibbonOnLoad" xmlns=
"http://schemas.microsoft.com/office/2009/07/customui">
```

```
#002    <ribbon>
#003      <tabs>
#004        <tab idMso="TabHome" getVisible="rxvisible" />
#005        <tab id="MyTab" label=" 示例 04-2" getVisible="rxvisible" >
#006          <group id="MyGroup" label=" 示例组 " >
#007            <button id="MyButton" label=" 我的按钮 " size="large"
#008                    imageMso="HappyFace"/>
#009          </group>
#010        </tab>
#011        <tab id="ControlTab" label=" 设置 " insertBeforeMso="TabHome" >
#012          <group id="Group" label=" 显示隐藏 ">
#013            <checkBox id="chkhome" label=" 控制开始选项卡 "
#014                      getPressed="rxpressed" onAction="rxchk_Click"/>
#015            <checkBox id="chkcustom" label=" 控制示例选项卡 "
#016                      getPressed="rxpressed" onAction="rxchk_Click" />
#017          </group>
#018        </tab>
#019      </tabs>
#020    </ribbon>
#021  </customUI>
```

❖ XML 解析

第 4 行代码引用【开始】选项卡并为其 getVisible 属性指定回调。getVisible 属性用来指定获取控件是否显示的 VBA 过程。idMso 属性的讲解请参阅 11.6 节。

第 5~10 行代码添加【示例 04-2】选项卡并为其 getVisible 属性指定回调。

第 11~18 行代码添加【设置】选项卡和两个复选框控件，并为两个复选框控件的 getPressed 和 onAction 属性指定回调。其中 checkBox 元素代表复选框控件。

getPressed 属性用来指定获取是否选中控件的 VBA 过程。

示例 VBA 代码如下。

```
#001  Public pobjRib As IRibbonUI
#002  Public pblnHome As Boolean
#003  Public pblnCustom As Boolean
#004  Sub RibbonOnLoad(ribbon As IRibbonUI)
#005      pblnHome = True
#006      pblnCustom = True
#007      Set pobjRib = ribbon
#008  End Sub
#009  Sub rxvisible(control As IRibbonControl, ByRef returnedVal)
#010      If control.ID = "TabHome" Then
#011          returnedVal = pblnHome
#012      Else
#013          returnedVal = pblnCustom
#014      End If
```

```
#015    End Sub
#016    Sub rxpressed(control As IRibbonControl, ByRef returnedVal)
#017        If control.ID = "chkhome" Then
#018            returnedVal = pblnHome
#019        Else
#020            returnedVal = pblnCustom
#021        End If
#022    End Sub
#023    Sub rxchk_Click(control As IRibbonControl, pressed As Boolean)
#024        If control.ID = "chkhome" Then
#025            pblnHome = Not pblnHome
#026            pobjRib.InvalidateControlMso "TabHome"
#027        Else
#028            pblnCustom = Not pblnCustom
#029            pobjRib.InvalidateControl "MyTab"
#030        End If
#031    End Sub
#032    Sub ShowTab()
#033        pblnHome = True
#034        pobjRib.InvalidateControlMso "TabHome"
#035    End Sub
#036    Sub HideTab()
#037        pblnHome = False
#038        pobjRib.InvalidateControlMso "TabHome"
#039    End Sub
```

❖ 代码解析

第5行和第6行代码分别为变量pblnHome和pblnCustom赋值，使加载功能区时显示对应的选项卡。pblnHome 和 pblnCustom 分别用来控制是否显示【开始】和【示例04-2】选项卡，设置为 True 显示对应的选项卡，设置为 False 隐藏对应的选项卡。

rxchk_Click 过程是【设置】选项卡中两个复选框控件 onAction 属性共用的回调过程，选中【控制开始选项卡】或【控制示例选项卡】复选框时运行，参数 control 返回被选中的复选框控件。

第 25 行代码使用 Not 运算符对变量 pblnHome 取反后赋值给变量 pblnHome，使变量的值和复选框的选中状态一致。

第 26 行代码使【开始】选项卡失效，InvalidateControlMso 方法用来使指定的功能区内置控件失效，参数 strControlID 必须是内置控件的标识符。其语法和 InvalidateControl 方法相同，请参阅 11.4.1 小节。

rxvisible 过程是【开始】和【示例04-2】选项卡 getVisible 属性共用的回调过程，其中参数 control 返回对应的选项卡；参数 returnedVal 用来设置是否显示控件。

第 10~14 行代码根据不同的 control 参数值为参数 returnedVal 赋值（pblnHome 或 pblnCustom）。

rxpressed 过程是【设置】选项卡中两个复选框控件 getPressed 属性共用的回调过程，根据 control.ID 的值将变量 pblnHome 或 pblnCustom 赋值给参数 returnedVal。参数 returnedVal 用来设置是否选中控件。

ShowTab 和 HideTab 过程是单击工作表中【显示】和【隐藏】按钮时运行的 VBA 过程。

隐藏指定的选项卡中组的方法和隐藏指定的选项卡方法类似，请参阅示例文件"隐藏指定的 ⑪ 组 .xlsm"。

打开示例文件，选中【控制开始选项卡】和【控制示例选项卡】复选框可以隐藏、显示对应的选项卡，如图 11.11 所示。单击工作表中的【显示】和【隐藏】按钮也可以显示、隐藏 [开始] 选项卡。

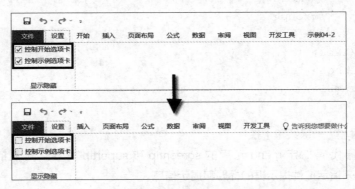

图 11.11　隐藏指定的选项卡

11.5　自定义功能区提示信息和加速键

当鼠标指针悬停在功能区时会弹出对应控件的帮助信息，按 <Alt> 键时将开启键盘导航功能，此时可以使用键盘操作功能区。为功能区添加提示信息和加速键会使自定义功能区界面更加人性化和易使用。XML 代码如下。

```
#001  <customUI xmlns=
"http://schemas.microsoft.com/office/2009/07/customui">
#002      <ribbon>
#003      <tabs>
#004        <tab id="MyTab" label=" 示例 05" insertBeforeMso="TamblnHome">
#005          <group id="Group1" label=" 示例组 ">
#006              <menu id="menu1" label=" 一 级 菜 单 " imageMso="
AnimationAudio"
#007                 supertip=" 这是提示框的提示信息，使用 supertip 属性指定 "
#008                 screentip=" 这是提示框的标题，使用 screentip 属性指定 "
#009                 keytip="P">
#010              <button id="btn11" label=" 菜单项 " onAction="rxbtn_
Click"/>
#011                 <menu id="menu2" label=" 二 级 菜 单 "
imageMso="Connections">
#012                 <menu id="menu3" label=" 三级菜单 " imageMso=" TabOrder">
#013                 <button id="Button31" label=" 菜单项一 "/>
#014                 <menuSeparator id="Separator"/>
#015                 <button id="Button32" label=" 菜单项二 " />
```

```
#016                        <button id="Button33" label=" 菜单项三 " />
#017                    </menu>
#018                    <button id="btn21" label=" 菜单项 " onAction="rxbtn_
Click"/>
#019                </menu>
#020            </menu>
#021        </group>
#022      </tab>
#023    </tabs>
#024  </ribbon>
#025 </customUI>
```

❖ XML 解析

第 6~9 行代码添加【一级菜单】控件。

第 7 行和第 8 行代码指定 menu 元素的 screentip 和 supertip 属性。元素的 screentip 属性和 supertip 属性分别用来指定控件提示框的标题和提示信息。

第 9 行代码指定 menu 元素的 keytip 属性。元素的 keytip 属性用来指定功能区控件的加速键，即当用户按 <Alt> 键时功能区中显示的按键提示。加速键可以指定为任意组合键，其值最多 3 个字符，可以使用大写和小写字符。如果不指定元素的 keytip 属性，系统将会给选项卡自动分配加速键。

> **提示** ━■━■━➡️　如果同一选项卡中控件的加速键重复，系统会重新为其自动分配非重复加速键。

第 10 行代码通过指定 button 元素的属性在【一级菜单】中添加一个菜单项。在 menu 元素中指定其他元素的属性可以添加菜单项。

第 11 行和第 12 行代码在【一级菜单】中分别添加【二级菜单】和【三级菜单】，其中 menu 元素代表菜单控件。

第 20 行、第 19 行和第 17 行代码分别是第 6 行、第 11 行和第 12 行代码中 menu 元素的结束标签。通过 menu 元素嵌套可以自定义多级菜单。

第 14 行代码通过指定 menuSeparator 元素的属性在菜单项之间添加水平分隔线。menuSeparator 元素代表菜单水平分隔线。

打开示例文件，将鼠标指针悬停在【一级菜单】控件上就会弹出该菜单的提示信息，如图 11.12 所示。

图 11.12　功能区提示框

依次按 <Alt> <Y> <2> <P> 键将打开【一级菜单】，如图 11.13 所示。

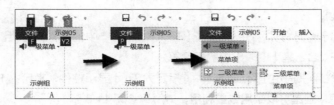

图 11.13　功能区快捷键

11.6　自定义内置选项卡

使用功能区内置控件的标识符可以引用并自定义内置的选项卡和组，XML 代码如下。

```
#001  <customUI xmlns=
"http://schemas.microsoft.com/office/2009/07/customui">
#002    <ribbon>
#003     <tabs>
#004      <tab idMso="TabInsert" >
#005        <group idMso="GroupMacros"
#006              insertAfterMso="GroupInsertTablesExcel"/>
#007        <group id="Group" label=" 示例组 "
#008              insertAfterMso="GroupMacros">
#009         <splitButton idMso="PasteMenu" size="large" />
#010         <separator id="septor" />
#011         <checkBox id="chkbox" label=" 复选框 " />
#012        </group>
#013        <group idMso="GroupInsertChartsExcel" visible="false" />
#014      </tab>
#015      <tab idMso="TamblnHome" visible="false" />
#016     </tabs>
#017    </ribbon>
#018  </customUI>
```

❖ XML 解析

第 4 行代码通过指定 tab 元素的 idMso 属性引用内置的【插入】选项卡，"TabInsert"是【插入】选项卡的标识符。

元素的 idMso 属性用来引用功能区内置控件。其值必须是内置的选项卡、组、控件的标识符。元素的 idMso 属性是功能区内置控件的唯一标识，Office 应用程序依靠 idMso 属性来识别和访问相应的内置控件。

第 5 行和第 6 行代码引用【视图】选项卡中的【宏】组，并添加到【插入】选项卡的【表格】组右侧。"GroupMacros"是【宏】组的标识符，"GroupInsertTablesExcel"是【表格】组的标识符。

第 9 行代码引用【开始】选项卡中的【粘贴】控件并添加到【示例组】中，splitButton 元素代表拆分按钮控件，"PasteMenu"是【粘贴】控件的标识符。

第 10 行代码通过指定 separator 元素的属性在【示例组】中添加一条垂直分隔线，separator 元素代表组中的垂直分隔线。

第 13 行和第 15 行代码分别引用并隐藏【插入】选项卡中的【图表】组和【开始】选项卡，"GroupInsertChartsExcel" 是【图表】组的标识符。

元素的 visible 属性用来指定是否显示控件，指定为 True 显示控件，指定为 False 则隐藏控件。内置组中的控件无法隐藏，但是可以禁用或重利用，讲解请参阅 11.8 节。

打开示例文件，自定义的【插入】选项卡如图 11.14 所示。

图 11.14　自定义【插入】选项卡

11.7　使用 VBA 操作功能区

11.7.1　使用 CommandBars 对象

CommandBars 对象的部分方法可以获取功能区内置控件的属性或调用内置命令，示例 VBA 代码如下。

```
#001   Sub GetEnabled()
#002     If Application.CommandBars.GetEnabledMso _
               ("MergeCenterMenu") = True Then
#003         MsgBox "【合并单元格】启用 "
#004     Else
#005         MsgBox "【合并单元格】禁用 "
#006     End If
#007   End Sub
#008   Sub FullScreen()
#009     Application.CommandBars.ExecuteMso ("ViewFullScreenView")
#010   End Sub
```

❖ 代码解析

GetEnabled 过程根据 GetEnabledMso 方法的返回值判断指定的功能区内置控件是否启用并弹出消息框。CommandBars 对象的 GetEnabledMso 方法返回 idMso 参数标识的功能区内置控件的状态，返回值为 True 表示控件启用，返回值为 False 表示控件禁用。其语法格式如下。

表达式 .GetEnabledMso(idMso)

表达式为 CommandBars 对象。参数 idMso 用来指定功能区内置控件的字符串表达式，必须是内置控件的标识符。

FullScreen 过程使用 ExecuteMso 方法执行功能区内置命令【全屏显示】。

Application 对象的 ExecuteMso 方法执行由参数 idMso 标识的功能区内置控件，执行失败时将返回 E_InvalidArg。此方法可用于内置 button、toggleButton 和 splitButton 类型的控件。其语法格式和 GetEnabled 方法相同。表 11.1 是 CommandBars 对象中可用于功能区的方法。

表 11.1　CommandBars 对象的方法

方法名称	功能说明
ExecuteMso	执行由参数 idMso 标识的控件
GetEnabledMso	如果参数 idMso 标识的控件启用则返回 True
GetImageMso	返回由参数 idMso 标识的控件图标（缩放到指定的宽度和高度尺寸）的 IPictureDisp 对象
GetLabelMso	将参数 idMso 标识的控件的标签作为 String 类型的值返回
GetPressedMso	返回一个值，指示是否已按下参数 idMso 标识的控件
GetScreentipMso	将参数 idMso 标识的控件的屏幕提示作为 String 类型的值返回
GetSupertipMso	将参数 idMso 标识的控件的超级提示作为 String 类型的值返回
GetVisibleMso	如果参数 idMso 标识的控件可见则返回 True

打开示例文件，单击工作表中【显示模式】按钮会执行【全屏显示】命令；选中单元格区域和选中【测试用按钮】时分别单击【命令是否禁用】按钮，将弹出不同的消息框提示【合并单元格】控件是否被禁用。

11.7.2　隐藏功能区

使用 VBA 代码也可以隐藏功能区，示例代码如下。

```
#001   Sub ShowTab()
#002       Application.ExecuteExcel4Macro "show.toolbar(""ribbon"",true)"
#003   End Sub
#004   Sub HideTab()
#005       Application.ExecuteExcel4Macro _
               "show.toolbar(""ribbon"",false)"
#006   End Sub
```

❖ 代码解析

ShowTab 过程和 HideTab 过程使用 Application 对象的 ExecuteExcel4Macro 方法显示和隐藏功能区。

Application 对象的 ExecuteExcel4Macro 方法执行 Microsoft Excel 4.0 宏函数，然后返回此函数的结果，返回结果的类型取决于函数的类型。其语法格式如下。

表达式 .ExecuteExcel4Macro(String)

表达式为 Application 对象。参数 String 是必需的，是不带等号的 Microsoft Excel 4.0 宏函数。所有引用必须是 R1C1 样式的字符串。如果字符串内包含嵌套的双引号，则必须输入两个双引号。

 此方法对所有打开的工作簿的功能区有效。

打开示例文件，单击工作表中的【显示功能区】和【隐藏功能区】按钮可以显示和隐藏功能区。

11.8 重置功能区内置控件

内置选项卡中的控件可以禁用或改变控件原有功能。XML 代码如下。

```
#001  <customUI xmlns=
"http://schemas.microsoft.com/office/2009/07/customui" >
#002      <commands>
#003          <command idMso="Copy" enabled="false" />
#004          <command idMso="CopyAsPicture" enabled="false" />
#005          <command idMso="Cut" onAction="rxCut_Click" />
#006      </commands>
#007  </customUI>
```

❖ XML 解析

第 2 行和第 6 行代码是 commands 元素的起始标签和结束标签，commands 元素代表功能区内置命令的集合。

第 3 行和第 4 行代码通过指定 command 元素的属性引用并禁用内置的【复制】命令，"Copy"和"CopyAsPicture"是【复制】和【复制为图片】命令的标识符。

command 元素代表功能区内置命令，元素的 enabled 属性用来指定是否启用控件，指定为 True 启用控件，指定为 False 则禁用控件。idMso 属性的讲解请参阅 11.6 节。

第 5 行代码引用内置的【剪切】命令并为其 onAction 属性指定回调。

示例 VBA 代码如下。

```
#001  Sub rxCut_Click(control As IRibbonControl, ByRef cancelDefault)
#002      With ActiveSheet.[a1].Font
#003          If MsgBox("增大字号后继续执行剪切吗？ ", _
                    vbYesNo + vbInformation) = vbYes Then
#004              cancelDefault = False
#005              .Size = .Size + 3
#006          Else
#007              cancelDefault = True
#008              .Size = .Size + 3
#009          End If
#010      End With
#011  End Sub
```

❖ 代码解析

rxCut_Click 过程是【剪切】按钮 onAction 属性的回调过程，单击【剪切】按钮时运行此过程，弹出提示框等待用户选择并增大 A1 单元格的字号。参数 cancelDefault 用来设置是否继续执行按钮原有功能，默认值为 True，即禁用原来的功能；设置为 False 则继续执行原有功能。

注意　　整个功能区中具有相同 idMso 属性的控件都会被禁用或重利用，包括在 VBA 代码中使用 CommandBars.ExecuteMso 方法执行该控件（请参阅 11.7.1 小节）。如果使用快捷键调用该命令，则仍然可以执行命令原有功能。

打开示例文件，【开始】选项卡中的【复制】按钮已被禁用，单击【剪切】按钮则弹出提示框，单击【否】按钮增大 A1 单元格的字号，但不再执行原来的剪切功能，如图 11.15 所示。

图 11.15　重置功能区内置控件

> 如果单击消息框中的【是】按钮，增大A1单元格的字号后还将执行原有的剪切功能。

11.9　自定义快速访问工具栏

Excel 程序本身提供了强大的自定义快速访问工具栏的功能，使用 XML 代码自定义快速访问工具栏的好处是可以使用回调。XML 代码如下。

```
#001  <customUI  onLoad="RibbonOnLoaded" xmlns=
"http://schemas.microsoft.com/office/2009/07/customui">
#002    <ribbon startFromScratch="true">
#003      <qat>
#004        <sharedControls>
#005          <button id="My" imageMso="CreateMap"
#006                  getVisible ="rxbtn_getVisible"/>
#007        </sharedControls>
#008        <documentControls>
#009          <control idMso="SheetInsert" />
#010        </documentControls>
#011      </qat>
#012      <tab id="MyTab" label=" 示例 09" >
#013      <group id="MyGroup" label=" 示例组 ">
#014        <button id="MYButton" label=" 我的按钮 "
#015                    size="large" imageMso="HappyFace" />
#016      </group>
#017      </tab>
#018    </ribbon>
#019  </customUI>
```

❖ XML 解析

第 2 行代码指定 ribbon 元素的 startFromScratch 属性为 True，startFromScratch 属性用来指定是否隐藏所有功能区界面元素，指定为 True 表示隐藏所有内置选项卡和快速访问工具栏中的控件（【文件】选项卡除外），指定为 False 表示不隐藏。

注意
━■━■━→ 自定义快速访问工具栏必须将ribbon元素的startFromScratch属性指定为True。

第 3 行和第 11 行代码是 qat 元素的起始标签和结束标签，qat 元素代表快速访问工具栏。

第 4~7 行代码在快速访问工具栏添加 id 为"My"的共享按钮控件并为其 getVisible 属性指定回调，sharedControls 元素代表共享控件。

第 8~10 行代码引用内置的【插入工作表】控件并添加到快速访问工具栏，documentControls 元素代表文档控件。"SheetInsert"是【插入工作表】的标识符。

共享控件对所有打开的文件有效，文档控件只对该控件所在的文件有效，二者被分别添加到快速访问工具栏中分隔条的两侧。

第 12~17 行代码添加【示例 09】选项卡。

示例 VBA 代码如下。

```
#001   Public pobjRib As IRibbonUI
#002   Sub RibbonOnLoaded(ribbon As IRibbonUI)
#003       Set pobjRib = ribbon
#004   End Sub
#005   Sub rxbtn_getVisible(control As IRibbonControl, _
           ByRef returnedVal)
#006       If TypeName(Selection) = "Range" _
               And Selection.Count > 1 Then
#007           returnedVal = True
#008       Else
#009           returnedVal = False
#010       End If
#011   End Sub
#012   Private Sub Worksheet_SelectionChange(ByVal Target As Range)
#013       pobjRib.InvalidateControl "My"
#014   End Sub
```

❖ 代码解析

rxbtn_getVisible 过程是共享按钮控件的 getVisible 属性的回调过程，如果选中多个单元格，则设置 returnedVal 参数为 True 以显示控件；否则设置 returnedVal 参数为 False 以隐藏控件。

第 12~14 行是工作表的 SelectionChange 事件过程，在用户选择单元格时使快速访问工具栏中的共享按钮控件失效。InvalidateControl 方法的讲解请参阅 11.4 节。

打开示例文件，功能区中将只显示【示例 09】选项卡，选中单个和多个单元格时，快速访问工具栏中共享按钮控件的显示状态如图 11.16 所示。

图 11.16　自定义快速访问工具栏

11.10　自定义【文件】选项卡

Office 2010 中的【文件】选项卡取代了 Office 2007 中的【Office】按钮，其使用的界面称为 Backstage 视图。自定义 Backstage 视图可以实现自定义【文件】选项卡，XML 代码如下。

```
#001    <customUI xmlns=
"http://schemas.microsoft.com/office/2009/07/customui">
#002      <backstage>
#003        <button idMso="FileClose" visible="false"/>
#004        <tab idMso="TabShare" visible="false"/>
#005        <button id="Button1" label=" 按钮 1" imageMso="HappyFace"
#006              insertAfterMso="FileSave" onAction="rxbtn_Click" />
#007              isDefinitive="true"/>
#008        <button id="Button2" label=" 按钮 2"  imageMso="HappyFace"
#009              insertBeforeMso="TabInfo" onAction="rxbtn_Click" />
#010              isDefinitive="false"/>
#011      <tab id="MyTab" label=" 示例 10" insertBeforeMso="TabInfo"
#012            firstColumnMaxWidth="200">
#013        <firstColumn>
#014          <taskFormGroup id="Group1" label="Excel Home">
#015            <category id="EH" >
#016              <task id="task1" label=" 网站版块 ">
#017                <group id="group1" label=" 版块列表 ">
#018                <topItems>
#019                    <hyperlink id="book" label=" 原创图书 "
#020                      target="http://club.excelhome.net/forum-177-1.html"
/>
#021                    <hyperlink id="software" label=" 易用宝 "
#022                    target="http://club.excelhome.net/forum-149-1.html"/>
#023                    </topItems>
#024                  </group>
#025                </task>
#026                <task id="task2" label=" 网站论坛 ">
#027                  <group id="group2" label=" 论坛列表 ">
#028                    <topItems>
#029                    <hyperlink id="vba" label="vba 编程 "
#030                    target="http://club.excelhome.net/forum-2-1.html"/>
#031                    <hyperlink id="VSTO" label="VSTO 编程 "
#032                    target="http://club.excelhome.net/forum-151-1.html"/>
#033                    </topItems>
#034                  </group>
#035                </task>
#036              </category>
#037            </taskFormGroup >
#038        </firstColumn>
```

```
#039            <secondColumn>
#040             <group id=" Group2" label=" 技术论坛 ">
#041              <primaryItem>
#042                      <button id="Button3" label=" 我 的 按 钮 "
imageMso="HappyFace"
#043              </primaryItem>
#044              <topItems>
#045                      <layoutContainer id="layout"
layoutChildren="horizontal">
#046                 <button id="base2" label=" 基础操作 "  />
#047                 <button id="fuction2" label=" 函数公式 " />
#048                 <button id="vba3" label="VBA 编程 "  />
#049                </layoutContainer>
#050              </topItems>
#051            </group>
#052           </secondColumn>
#053         </tab>
#054      </backstage>
#055    </customUI>
```

❖ XML 解析

第 2 行和第 54 行代码是 backstage 元素的起始标签和结束标签，backstage 元素代表 Backstage 视图。

第 3 行和第 4 行代码引用并隐藏【关闭】按钮和【共享】选项卡。"FileClose"和"TabShare"是【关闭】按钮和【共享】选项卡的标识符。

第 5~10 行代码添加【按钮 1】最终命令按钮和【按钮 2】快速命令按钮，"FileSave"和"TabInfo"是【保存】按钮和【信息】选项卡的标识符。单击快速命令按钮仅执行其回调过程，单击最终命令按钮执行其回调过程后关闭 Backstage 视图返回工作簿页面。

元素的 isDefinitive 属性用来指定是否为最终命令按钮，设置为 True 代表最终命令按钮，设置为 False 代表快速命令按钮，如果不指定元素的 isDefinitive 属性默认添加快速命令按钮。

第 11 行和第 12 行代码添加【示例 10】选项卡并指定其第一列的最大宽度是 200。firstColumnMaxWidth 属性用来指定选项卡中第一列的最大宽度，单位是像素。

第 13 行和第 39 行代码是 firstColumn 和 secondColumn 元素的起始标签，二者分别代表选项卡中的第 1 列和第 2 列，在选项卡中最多可以有两个自定义列。

第 14 行代码在【示例 10】选项卡中添加【Excel Home】任务导航组，taskFormGroup 元素代表任务导航组。

第 15 行代码在【Excel Home】任务导航组中添加一个任务类别，category 元素用来对任务导航组中的任务进行分类。

第 16 行和第 17 行代码在【Excel Home】任务导航组中添加【网站版块】任务和【版块列表】组。task 元素用来在任务分类中添加任务。

第 18~23 行代码在【版块列表】组中添加【原创图书】选项和【易用宝】选项。topItems 元素代表组中所有项的集合，在 topItems 元素中指定其他元素的属性可以在组中添加项目。

hyperlink 元素代表超链接控件，指定其 target 属性可以链接到指定的网页。

第 26~35 行代码在【Excel Home】任务导航组中添加【网站论坛】任务和【论坛列表】组及组中的项。

第 40~51 行代码在【示例 10】选项卡的第 2 列中添加【技术论坛】组，并在组中添加【我的按钮】主项和 3 个垂直排列的项。

layoutContainer 元素代表布局控件，其 layoutChildren 属性用来指定控件在组中的排列方式，指定为 vertical 表示垂直排列，指定为 horizontal 表示水平排列，如果不指定元素的 layoutChildren 属性控件默认水平排列。

primaryItem 元素用在组中添加主项为组提供焦点，primaryItem 元素中只能包含 menu 和 button 元素，一个组中只能定义一个主项。

打开示例文件，选择【文件】选项卡即可查看自定义的【文件】选项卡界面，选择【示例 10】选项卡并单击第 1 列中的任务导航按钮，其右侧将显示不同的任务项，单击任务项将打开相应的网页，如图 11.17 所示。

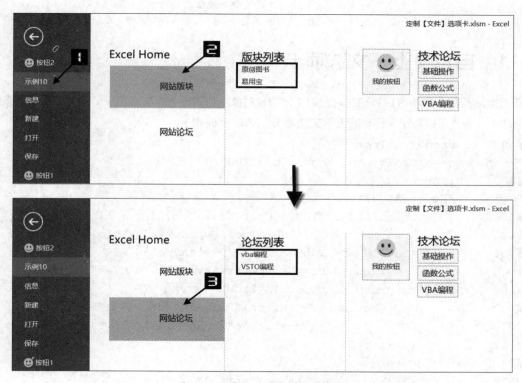

图 11.17　自定义【文件】选项卡

选择【文件】→【按钮 2】选项，在 Backstage 视图中弹出消息框，单击【确定】按钮关闭消息框；单击【按钮 1】后将关闭 Backstage 视图返回工作簿界面并弹出消息框，单击【确定】按钮关闭消息框，如图 11.18 所示。

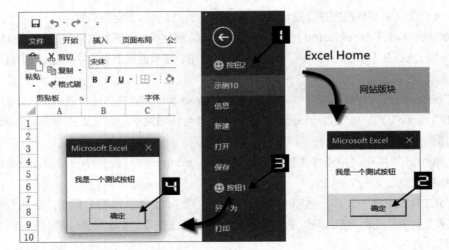

图 11.18　自定义命令按钮

11.11　自定义上下文选项卡

在 Office 应用程序中选择特定的对象时（如图表对象）将弹出上下文选项卡，虽然无法创建新的上下文选项卡，但是可以自定义已有的上下文选项卡，XML 代码如下。

```
#001   <customUI xmlns=
"http://schemas.microsoft.com/office/2009/07/customui" >
#002     <ribbon>
#003       <contextualTabs>
#004         <tabSet idMso="TabSetChartTools">
#005           <tab idMso=="TabChartToolsFormatNew" visible="false"/>
#006           <tab idMso="TabChartToolsDesignNew">
#007             <group idMso="GroupChartStyles" visible="false"/>
#008             <group id="group1" label=" 示例组 1">
#009               <button id="button1" label=" 按钮 &#13;"
#010                       size="large" imageMso="HappyFace"/>
#011             </group>
#012           </tab>
#013           <tab id="Myab" label=" 示例 11">
#014             <group idMso="GroupFont"/>
#015             <group id="group2" label=" 示例组 2">
#016               <button id="button2" label=" 按钮 &#13;"
#017                       size="large" imageMso="HappyFace"/>
#018             </group>
#019           </tab>
#020         </tabSet>
#021       </contextualTabs>
#022     </ribbon>
```

```
#023  </customUI>
```

❖ XML 解析

第 3 行和第 21 行代码是 contextualTabs 元素的起始标签和结束标签，contextualTabs 元素代表所有内置上下文选项卡的集合。

第 4 行代码引用【图表工具】上下文选项卡，tabSet 元素代表上下文选项卡。idMso 属性的讲解请参阅 11.6 节。"TabSetChartTools"是【图表工具】上下文选项卡的标识符。

第 5 行代码引用并隐藏【图表工具】上下文选项卡中内置的【格式】选项卡，"TabChartToolsFormatNew"是【格式】选项卡的标识符。

第 6~12 行代码引用并隐藏【设计】选项卡中的【图表样式】组，在【设计】选项卡中添加【示例组 1】组并在组中添加一个自定义按钮。"TabChartToolsDesignNew"和"GroupChartStyles"是【设计】选项卡和【图表样式】组的标识符。

第 13~19 行代码在【图表工具】上下文选项卡中添加【示例 11】选项卡并在选项卡中添加【字体】组和【示例组 2】组。"GroupFont"是【字体】组的标识符。

打开示例文件，选中图表对象将弹出【图表工具】上下文选项卡，依次选择【设计】和【示例 11】选项卡即可看到自定义的【图表工具】上下文选项卡，如图 11.19 所示。

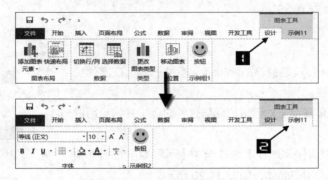

图 11.19　自定义上下文选项卡

11.12　使用对话框启动器

对话框启动器控件用来打开内置对话框或用户窗体以提供更多的选项和帮助，在功能区界面显示为带小箭头的图标，位于组的右下角，自定义对话框启动器的 XML 代码如下。

```
#001  <customUI xmlns=
"http://schemas.microsoft.com/office/2009/07/customui">
#002    <ribbon>
#003      <tabs>
#004        <tab id="MyTab" label=" 示例 12" insertBeforeMso="TamblnHome">
#005          <group id="MyGroup" label=" 示例组 ">
#006            <button id="MYButton" label=" 我的按钮 " size="large"
#007                    imageMso="HappyFace" />
#008            <dialogBoxLauncher>
#009              <button id="boxbutton" onAction="rxboxbtn_Click" />
```

```
#010                    </dialogBoxLauncher>
#011                </group>
#012            </tab>
#013          </tabs>
#014        </ribbon>
#015   </customUI>
```

❖ XML 解析

第 8 行和第 10 行代码是 dialogBoxLauncher 元素的起始标签和结束标签，dialogBoxLauncher 元素没有任何属性，用来在组中添加对话框启动器控件。

第 9 行代码在对话框启动器中添加按钮控件并为其 onAction 属性指定回调，对话框启动器控件必须且仅能包含一个按钮控件，必须为该按钮控件的 onAction 属性指定回调。

示例 VBA 代码如下。

```
#001   Private Sub UserForm_Initialize()
#002       Me.Caption = " 这是单击对话框启动器打开的窗体 "
#003   End Sub
#004   Sub rxboxbtn_Click(control As IRibbonControl)
#005       TestForm.Show
#006   End Sub
```

❖ 代码解析

UserForm_Initialize 过程是窗体的 Initialize 事件过程，在窗体初始化时设置窗体的标题栏。

rxboxbtn_Click 过程在单击对话框启动器控件时运行并显示用户窗体。

打开示例文件，选择【示例 12】选项卡中【示例组】组右下角的对话框启动器，将弹出用户窗体，如图 11.20 所示。

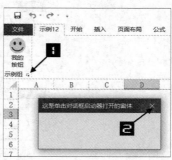

图 11.20　使用对话框启动器

11.13　使用组合框

在自定义功能区中使用组合框的 XML 代码如下。

```
#001   <customUI onLoad="RibbonOnLoaded" xmlns=
"http://schemas.microsoft.com/office/2009/07/customui">
#002     <ribbon>
#003       <tabs>
#004         <tab id="MyTab" label=" 示例 13" insertBeforeMso="TamblnHome">
#005           <group id="group" label=" 示例组 ">
#006             <comboBox id="cmb1" label=" 静态批注列表 ">
#007               <item id="item1" label="A1 的批注 "/>
#008               <item id="item2" label="B1 的批注 "/>
#009               <item id="item3" label="C1 的批注 "/>
#010             </comboBox>
```

```
#011                    <comboBox id="Mycmb" label=" 图形列表 "
#012                           onChange="rxcmb_Click"
#013                           getItemCount="rxcmbCount"
#014                             getItemID="rxcmbID"
#015                           getItemLabel="rxcmbLabel"
#016                           getItemSupertip="rxcmbSupertip"
#017                           getText="rxcmbText">
#018                    </comboBox>
#019                </group>
#020            </tab>
#021        </tabs>
#022    </ribbon>
#023 </customUI>
```

❖ XML 解析

第 6~10 行代码在【示例 13】选项卡中添加【静态批注列表】组合框控件并为其添加 3 个静态的列表项。comboBox 元素代表组合框控件，item 元素用来为组合框、列表框和库控件添加列表项，使用这些控件必须设置其 item 元素。

第 11~18 行代码在【示例 13】选项卡中添加【动态批注列表】组合框控件并为其属性指定回调。onChange 属性用来指定组合框选中项改变时运行的 VBA 过程，getItemCount 属性用来指定获取组合框列表项总数的 VBA 过程，getItemID、getItemLabel 和 getItemSupertip 属性分别用来指定获取组合框列表项的 ID、标签和提示信息的 VBA 过程，getText 属性用来指定获取组合框的编辑框中文本的 VBA 过程。

示例 VBA 代码如下。

```
#001  Public pobjRib As IRibbonUI
#002  Sub RibbonOnLoaded(ribbon As IRibbonUI)
#003      Set pobjRib = ribbon
#004  End Sub
#005  Sub rxcmbCount(control As IRibbonControl, ByRef returnedVal)
#006      returnedVal = ActiveSheet.Comments.Count
#007      Application.OnTime DateAdd("s", 1, Now), "Refresh"
#008  End Sub
#009  Sub rxcmbID(control As IRibbonControl, _
          index As Integer, ByRef returnedVal)
#010      returnedVal = " 批注 " & index
#011  End Sub
#012  Sub rxcmbLabel(control As IRibbonControl, _
          index As Integer, ByRef returnedVal)
#013      returnedVal = ActiveSheet.Comments _
              (index + 1).Parent.Address(0, 0) & " 的批注 "
#014  End Sub
#015  Sub rxcmbText(control As IRibbonControl, ByRef returnedVal)
#016      On Error Resume Next
#017      returnedVal = ActiveCell.Comment.text
```

```
#018        returnedVal = ActiveCell.Address(0, 0) & " 的批注 "
#019        If Err.Number <> 0 Then returnedVal = ""
#020   End Sub
#021
#022   Sub rxcmbSupertip(control As IRibbonControl, _
             index As Integer, ByRef returnedVal)
#023        returnedVal = ActiveSheet.Comments(index + 1).text
#024   End Sub
#025   Sub rxcmb_Click(control As IRibbonControl, text As String)
#026        On Error Resume Next
#027        Range(Split(text, " 的 ")(0)).Select
#028        If Err.Number <> 0 Then pobjRib.InvalidateControl "cmb2"
#029   End Sub
#030   Sub Refresh()
#031        pobjRib.InvalidateControl "cmb2"
#032   End Sub
```

❖ 代码解析

rxcmbCount 过程是【动态批注列表】控件 getItemCount 属性的回调过程，第 5 行代码将当前工作表中批注的总数赋值给参数 returnedVal 来设置组合框列表项的数目，第 7 行代码使用 Application 对象的 OnTime 方法调用 Refresh 过程，使组合框控件失效并重新绘制。InvalidateControl 方法的讲解请参阅 11.4 节。

rxcmbID 过程是【动态批注列表】控件 getItemID 属性的回调过程，将 index 的返回值赋值给参数 returnedVal，参数 index 返回列表项的索引号，参数 returnedVal 用来设置组合框列表项的 ID 属性。

rxcmbLabel 过程是【动态批注列表】控件 getItemLabel 属性的回调过程，将批注所在单元格的地址赋值给参数 returnedVal。参数 returnedVal 用来设置组合框各列表项显示的文本。参数 index 的返回值从 0 开始，而 Comments 集合的索引从 1 开始，所以 index+1 才能对应正确的批注。

rxcmbSupertip 过程是【动态批注列表】控件 getItemSupertip 属性的回调过程，将当前工作表中批注的内容赋值给参数 returnedVal，参数 returnedVal 用来设置组合框各列表项的提示信息。

rxcmbText 过程是【动态批注列表】控件 getText 属性的回调过程，参数 returnedVal 用来设置组合框中编辑框的文本。

第 18 行代码将当前单元格的地址赋值给参数 returnedVal，使编辑框中的文本和当前选中的单元格一致。

第 17 行代码在单元格没有批注时产生错误。

第 19 行代码判断错误类型并清空组合框的编辑框。

rxcmb_Click 过程是【动态批注列表】控件 onChange 属性的回调过程，当组合框选中项改变时运行。

第 27 行代码根据当前选中的列表项选择对应的单元格。在编辑框中输入错误的列表项将产生错误。

第 28 行代码判断错误类型并使组合框控件失效并重新绘制。

Worksheet_SelectionChange 过程是工作表的 SelectionChange 事件过程，当选中的单元格改变时运行，使【动态批注列表】控件失效并重新绘制来实现动态添加组合框列表项。

示例文件具体操作步骤如下。

步骤① 打开示例文件，单击【示例 13】选项卡中的【动态批注列表】的下拉按钮，移动鼠标指针到【A4 的批注】选项之上，提示框中将显示批注的内容。

步骤② 选择【A4 的批注】选项将选中对应的单元格（A4）；在工作表中选中该单元格，【动态批注列表】组合框中将选中对应的选项，如图 11.21 所示。

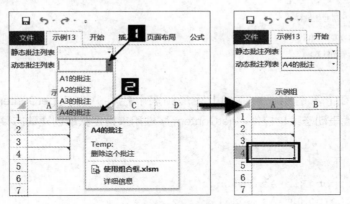

图 11.21　使用组合框

步骤③ 在工作表中添加、删除批注，【动态批注列表】的选项会随着批注的改变而动态改变，【静态批注列表】的选项则始终不变。例如，删除 A1 单元格的批注，结果如图 11.22 所示。

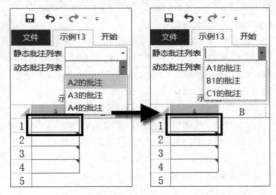

图 11.22　删除批注更新组合框列表项

11.14　使用动态菜单

动态菜单用于在程序运行时动态创建或修改菜单，自定义动态菜单的 XML 代码如下。

```
#001    <customUI onLoad="RibbonOnLoaded" xmlns=
"http://schemas.microsoft.com/office/2009/07/customui">
#002        <ribbon>
#003            <tabs>
#004                    <tab id="MyTab" label="示 例 14"
insertBeforeMso="TamblnHome">
#005                <group id="MyGroup" label="示例组">
#006                    <dynamicMenu id="dynmenu" label="图形列表 &#13;"
```

```
size="large"
#007                            imageMso="CreateReportFromWizard"
#008                            getContent="rxdynmenuContent"/>
#009                    </group>
#010                 </tab>
#011             </tabs>
#012        </ribbon>
#013    </customUI>
```

❖ XML 解析

第 6~8 行代码在【示例组】中添加【图形列表】控件并为其 getContent 属性指定回调。dynamicMenu 元素代表动态菜单控件，getContent 属性用来指定获取创建动态菜单所需 XML 代码的 VBA 过程。

示例 VBA 代码如下。

```
#001    Public pobjRib As IRibbonUI
#002    Public plngNum As Long
#003    Sub RibbonOnLoaded(ribbon As IRibbonUI)
#004        Set pobjRib = ribbon
#005    End Sub
#006    Sub rxdynmenuContent(control As IRibbonControl, ByRef returnedVal)
#007        Dim pobjShp As Shape
#008        Dim strXML As String
#009        strXML = "<menu xmlns=""http://schemas.microsoft.com/" & _
                "office/2009/07/customui"" itemSize=""large"">"
#010        If ActiveSheet.Shapes.Count > 0 Then
#011            For Each pobjShp In ActiveSheet.Shapes
#012                strXML = strXML & "<button id=""shape" & _
                        plngNum & """ " & "label=""" & pobjShp.Name & _
                        """ " & "onAction=""rxbtn_Click""/>"
#013                plngNum = plngNum + 1
#014            Next pobjShp
#015        Else
#016            strXML = strXML & "<button id=""no"" label="" 没有图形 ""/>"
#017        End If
#018        returnedVal = strXML & "</menu>"
#019    End Sub
#020    Sub rxbtn_Click(control As IRibbonControl)
#021        ActiveSheet.Shapes(Replace(control.ID, "shape", "") + 1).Select
#022    End Sub
#023    Private Sub Workbook_SheetActivate(ByVal Sh As Object)
#024        pobjRib.InvalidateControl "dynmenu"
#025        plngNum = 0
#026    End Sub
```

❖ 代码解析

第 8 行代码定义字符串变量 strXML，用来保存自定义动态菜单的 XML 代码。

第 9 行代码为 XML 代码指定命名空间并赋值给变量 strXML，这是自定义动态菜单所必需的。

XML 代码中的双引号在 VBA 字符串中必须用两个双引号来表示，如"itemSize=""large""",
itemSize 属性用来指定动态菜单项的尺寸。

rxdynmenuContent 过程是【图形列表】控件 getContent 属性的回调过程，参数 returnedVal 用来
指定程序运行时创建动态菜单所需的字符串。

第 11~14 行代码遍历当前表中所有的 Shape 对象，通过指定 button 元素的属性为每个 Shape 对
象创建一个菜单项。变量 plngNum 用来确保各菜单项具有不重复的 id 属性。

第 18 行代码为 XML 代码添加 menu 元素的结束标签"</menu>"并赋值给变量 strXML，变量
strXML 中的字符串必须符合 XML 的规范并包含正确的层次结构。

rxbtn_Click 过程是 button 元素 onAction 属性的回调过程，选择【图形列表】的菜单项时运行并选
中相应的 Shape 对象。

> **提示**
> 　　如果在字符串中为元素指定了回调，使用Custom UI Editor for Microsoft Office不能生成相应的回调签名，需要在VBE窗口中输入回调签名并编写相应的VBA代码。

Workbook_SheetActivate 过程是工作表的激活事件过程，当切换工作表时被触发，使【图形列表】
控件失效并重新绘制。

打开示例文件，选择【示例 14】→【图形列表】命令并选择选项，将选中对应的图形切换到不同
的工作表，【图形列表】选项随着工作表切换而动态改变，如图 11.23 所示。

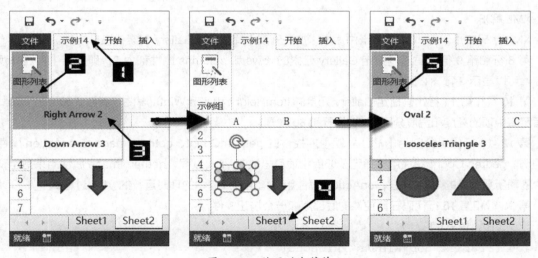

图 11.23　使用动态菜单

11.15　使用库控件

库控件使用图片、样式等以图形化的方式显示用户选项，能够更直观地展示控件可以实现的功能效
果，自定义库控件的 XML 代码如下。

```
#001  <customUI onLoad="RibbonOnLoaded" xmlns=
"http://schemas.microsoft.com/office/2009/07/customui">
#002      <ribbon>
```

```
#003        <tabs>
#004          <tab id="MyTab" label=" 示例15" insertBeforeMso="TamblnHome">
#005            <group id="Group" label=" 示例组 ">
#006              <gallery id="Mygallery" label=" 批注外观 &#13;" size="large"
#007                      imageMso="ReviewNewComment"
#008                      columns="2"
#009                      rows="2"
#010                      itemHeight="60"
#011                      itemWidth="80"
#012                      getItemCount="rxItemCount"
#013                      getItemImage="rxItemImage"
#014                      onAction="rxgallery_Click">
#015                <button id="MyButton" imageMso="Refresh"
#016                        label=" 换一组样式 " onAction="rxbtn_Click"/>
#017              </gallery>
#018            </group>
#019          </tab>
#020        </tabs>
#021      </ribbon>
#022    </customUI>
```

❖ XML 解析

XML 代码在【示例15】选项卡中添加【批注外观】库控件，Gallery 元素代表库控件。

第 8 行和第 9 行代码通过指定 Gallery 元素的 rows 和 columns 属性都为 2，即指定【批注外观】库控件可以显示 2 行 × 2 列的项。

第 10 行和第 11 行代码指定 Gallery 元素的 itemHeight 和 itemWidth 属性分别为 "60" 和 "80"，即指定库中项的高度和宽度分别为 60 像素和 80 像素。

第 12~14 行代码分别为【批注外观】库控件的 getItemCount、getItemImage 和 onAction 属性指定回调。getItemCount 属性用来指定获取库中项目总数的 VBA 过程，getItemImage 属性用来指定获取库中的项所需图像的 VBA 过程，onAction 属性用来指定选择库中的项时运行的 VBA 过程。

第 15 行和第 16 行代码在库控件的底部添加一个按钮控件。

示例 VBA 代码如下。

```
#001    Public pobjRib As IRibbonUI
#002    Dim mintNum As Integer
#003    Sub RibbonOnLoaded(ribbon As IRibbonUI)
#004        Set pobjRib = ribbon
#005    End Sub
#006    Sub rxItemCount(control As IRibbonControl, ByRef returnedVal)
#007        returnedVal = 4
#008        Application.OnTime DateAdd("s", 1, Now), "Refresh"
#009    End Sub
#010    Sub rxItemImage(control As IRibbonControl, _
             index As Integer, ByRef returnedVal)
```

```
#011        On Error Resume Next
#012        Set returnedVal = LoadPicture(ThisWorkbook.Path & _
                "\" & index + 1 + mintNum & ".jpg")
#013   End Sub
#014   Sub rxgallery_Click(control As IRibbonControl, _
                id As String, index As Integer)
#015        On Error GoTo rxErr
#016        If TypeName(Selection) = "Range" Then
#017            If Selection.Count = 1 Then
#018                Selection.Comment.Shape.AutoShapeType = _
                        index + 1 + mintNum
#019            Else
#020                MsgBox "请选择一个单元格！"
#021            End If
#022        End If
#023        Exit Sub
#024   rxErr:
#025        MsgBox "单元格没有批注！"
#026   End Sub
#027   Sub rxbtn_Click(control As IRibbonControl)
#028        mintNum = mintNum + 4
#029        If mintNum = 16 Then mintNum = 0
#030        pobjRib.InvalidateControl "Mygallery"
#031   End Sub
#032   Sub Refresh()
#033        pobjRib.InvalidateControl "Mygallery"
#034   End Sub
```

❖ 代码解析

rxItemCount 过程的讲解请参阅 11.13 节中的 rxcmbCount 的讲解。

rxItemImage 过程是【批注外观】控件 getItemImage 属性的回调过程，将 LoadPicture 函数返回的 IPictureDisp 对象赋值给参数 returnedVal，参数 returnedVal 用来设置库中各项显示的图片，LoadPicture 函数加载指定的图像文件并返回代表图像的 IPictureDisp 对象。

rxgallery_Click 过程在选择库中的项目时运行，如果当前选中的是单个单元格并且单元格包含批注，则更改批注的样式为所选的样式，否则分别弹出相应的消息框。

rxbtn_Click 过程在单击【批注外观】底部的按钮时运行，使【批注外观】控件显示下一组 4 个图像，如果 mintNum 为 16 则重新赋值为 0，使【批注外观】控件循环显示第 1 组 4 个图像。

打开示例文件，选中单个包含批注的单元格（如 A1），单击【批注外观】下拉按钮并选择一项，所选单元格批注的样式将更改为所选择的样式，如图 11.24 所示

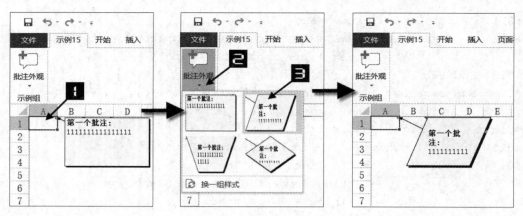

图 11.24　更改批注样式

单击【批注外观】下拉按钮，单击【换一组样式】按钮将更换库中的项，如图 11.25 所示。

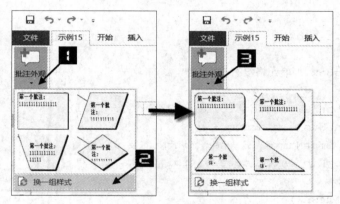

图 11.25　动态更换库的项

第 12 章　控件的应用

12.1　限制文本框的输入

用户在使用文本框输入数据时，往往希望可以限制输入数据的类型，例如，只允许输入数字，但是文本框现有的属性无法直接实现这样的要求。此时可以在文本框的 KeyPress 事件过程和 Change 事件过程中编写代码来判断输入的字符类型，只允许输入数字字符和一个 "-" 号、一个 "." 号，示例代码如下。

```
#001  Private Sub txtDemo_KeyPress _
           (ByVal KeyANSI As MSForms.ReturnInteger)
#002     Select Case KeyANSI
#003        Case Asc("0") To Asc("9")
#004        Case Asc("-")
#005           If InStr(1, Me.txtDemo.Text, "-") > 0 Or _
                  Me.txtDemo.SelStart > 0 Then
#006              KeyANSI = 0
#007           End If
#008        Case Asc(".")
#009           If InStr(1, Me.txtDemo.Text, ".") > 0 Then
#010              KeyANSI = 0
#011           End If
#012        Case Else
#013           KeyANSI = 0
#014     End Select
#015  End Sub
```

❖ 代码解析

KeyPress 事件的语法格式如下。

```
Private Sub object_KeyPress( ByVal KeyANSI As MSForms.ReturnInteger)
```

其中，Object 是必需的，代表一个有效的对象。

参数 KeyANSI 是可选的，其值为整数类型，代表标准的 ANSI 键代码。

第 2 行代码使用 Select Case 语句判断参数 KeyANSI 的值。

第 3 行代码利用 Asc 函数将字符转换为字符代码，以供 Select Case 语句判断参数 KeyANSI 是否为 0~9 的数字字符，如果是则允许输入。如果希望在文本框中输入其他字符，可以在此行代码中列出允许输入的其他字符即可。

第 4~8 行代码用来判定字符 "-"，只能在文本框第 1 位输入单个 "-"。如果键盘输入的是 "-"，先使用 InStr 函数判断文本框中是否已存在 "-"，如果 InStr 函数的返回值大于 0，说明文本框中已存在 "-"。接下来使用文本框的 SelStart 属性来检测插入点，如果文本框 SelStart 的属性值大于 0，说明插入点不是第 1 个。如果以上两个条件中有任何 1 个成立，则将 KeyANSI 参数值设置为 0，取消键盘输入。

第 9~12 行代码用来判定字符 "."。如果键盘输入的是 "."，则使用 InStr 函数判断文本框中是否

已存在 "."，如果已存在，则将 KeyANSI 参数值设置为 0，使文本框只能输入一个 "."。

第 13 行和第 14 行代码判定其他情况，如果键盘输入的不是指定字符，则将 KeyANSI 参数值设置为 0，使文本框不能输入其他字符。

但是以上代码无法禁止中文字符的输入和粘贴。利用文本框的 Change 事件可以解决此问题，示例代码如下。

```
#001  Private Sub txtDemo_Change()
#002      Dim i As Integer
#003      Dim strEntry As String
#004      With txtDemo
#005          For i = 1 To Len(.Text)
#006              strEntry = Mid(.Text, i, 1)
#007              Select Case strEntry
#008                  Case ".", "-", "0" To "9"
#009                  Case Else
#010                      .Text = Replace(.Text, strEntry, "")
#011              End Select
#012          Next i
#013      End With
#014  End Sub
```

❖ 代码解析

第 5~12 行代码通过 For 循环结构逐个提取文本框中的字符进行判断。

第 8 行代码列出了允许输入的字符。

第 9 行和第 10 行代码使用 Replace 函数将非法输入字符替换成空字符串。

增加 Change 事件过程后，在文本框中只能输入数字和一个 "." 以及在第一位输入一个 "-"。

12.2 自动换行的文本框

当使用文本框显示一段很长的文本时，需要将文本框设置成多行显示，否则文本内容只能在一行中显示，此时应设置文本框的 WordWrap 属性和 MultiLine 属性，示例代码如下。

```
#001  Private Sub UserForm_Initialize()
#002      With Me.txtDemo
#003          .WordWrap = True
#004          .MultiLine = True
#005          .Text = " 文本框是一个灵活的控件，受下列属性的影响：Text、" _
                  & "MultiLine、WordWrap 和 AutoSize。" & Chr(10) _
                  & "Text 包含显示在文本框中的文本。" & Chr(10) _
                  & "MultiLine 控制文本框是单行还是多行显示文本。" _
                  & " 换行字符用于标识在何处结束一行并开始新的一行。" _
                  & " 如果 MultiLine 的值为 False，则文本将被截断，" _
                  & " 而不会换行。如果文本的长度大于文本框的宽度，" _
                  & "WordWrap 允许文本框根据其宽度自动换行。" & Chr(10) _
```

```
        & " 如果不使用 WordWrap，当文本框在文本中遇到换行字符时，" _
        & " 开始一个新行。如果关闭 WordWrap，TextBox 中可以有不能 " _
        & " 完全适合其宽度的文本行。文本框根据该宽度，显示宽度以 " _
        & " 内的文本部分，截断宽度以外的那部分文本。只有当 " _
        & "MultiLine 为 True 时，WordWrap 才起作用。" & Chr(10) _
        & "AutoSize 控制是否调节文本框的大小，以便显示所有文本。" _
        & " 当文本框使用 AutoSize 时，文本框的宽度按照文本框中的 " _
        & " 文字量以及显示该文本的字体大小收缩或扩大。"
#006      End With
#007  End Sub
```

❖ 代码解析

第 3 行代码设置文本框的 WordWrap 属性为 True。

WordWrap 属性指定控件的内容在行末是否自动换行。设置为 True，文本将自动换行；设置为 False，文本不换行，其语法格式如下。

```
object.WordWrap [= Boolean]
```

第 4 行代码设置文本框的 MultiLine 属性为 True。

MultiLine 属性指定控件能否接受和显示多行文本。设置为 True，支持多行显示文本；设置为 False，则不支持多行显示文本，其语法格式如下。

```
object.MultiLine [= Boolean]
```

如果将文本框的 MultiLine 属性设置为 False，则文本框的所有字符都将合并为一行，包括非打印字符（如回车符和换行符）。

> **注意** ■■■■➡ 对于既支持WordWrap属性又支持MultiLine属性的控件，当MultiLine属性设置为False时，WordWrap属性将被忽略。

第 5 行代码使用文本框显示多行的文本，当需要强制换行时，可以在文本中插入 vbCrLf 进行换行。运行示例文件，在文本框中显示多行文本，如图 12.1 所示。

图 12.1　文本框换行

12.3　自动选择文本框内容

如果希望文本框获得焦点时能自动选中其内容，可以在 MouseUp 事件和 Enter 事件中设置文本框的 SelLength 属性，示例代码如下。

```
#001   Private Sub txtDemo_MouseUp(ByVal Button As Integer, _
            ByVal Shift As Integer, ByVal X As Single, _
            ByVal Y As Single)
#002     If Button = 2 Then
#003       With txtDemo
#004           .SelStart = 0
#005           .SelLength = Len(.Text)
#006       End With
#007     End If
#008   End Sub
#009   Private Sub txtDemo_Enter()
#010     txtDemo.SelStart = 0
#011     txtDemo.SelLength = Len(txtDemo.Text)
#012   End Sub
```

❖ 代码解析

第 1~8 行代码为文本框的 MouseUp 事件过程，在文本框中右击时自动选中文本框中的内容。

按下鼠标右键时触发控件的 MouseDown 事件，释放鼠标右键时触发控件的 MouseUp 事件，其语法格式如下。

```
Private Sub object_MouseUp( ByVal Button As fmButton, ByVal Shift As fmShiftState, ByVal X As Single, ByVal Y As Single)
```

参数 Button 是必需的，标识引起该事件的鼠标按键值，如表 12.1 所示。

表 12.1　Button 参数值

常量	值	说明
fmButtonLeft	1	按下左键
fmButtonRight	2	按下右键
fmButtonMiddle	3	按下中键

参数 Shift 是必需的，用于标识 <Shift> <Ctrl> 和 <Alt> 键的状态。

参数 X 和参数 Y 是必需的，代表窗体、框架或页位置的横坐标与纵坐标。以磅为单位，分别从左边和顶边开始测量。

第 2 行代码判断被释放的是否为鼠标右键。

第 3~6 行代码设置文本框的 SelStart 属性为 0，SelLength 属性为文本框中字符串的长度。

SelStart 属性指定选中文本的起点，如果没有选中的文本，则指定插入点，其语法格式如下。

```
object.SelStart [= Long]
```

参数 Long 是可选的，指定选中文本的起点。

SelLength 属性指定文本框或组合框中的文本被选中的字符数，其语法格式如下。

```
object.SelLength [= Long]
```

参数 Long 是可选的，指定选中的字符数。对于 SelLength 和 SelStart，其默认值均为 0，设置值的有效范围是从 0 到组合框或文本框编辑区中的全部字符的长度。

第 9~12 行代码为文本框的 Enter 事件过程，在文本框实际接收焦点前自动选中文本框中的内容。

Enter 事件发生在某个控件从同一窗体中的另一个控件接收到焦点之前，其语法格式如下。

```
Private Sub object_Enter( )
```

运行示例文件，在文本框中右击或操作键盘使文本框获取焦点时
会自动选中文本框内容，如图 12.2 所示。

图 12.2　自动选中文本框内容

12.4　制作游走字幕

使用框架控件和标签控件，通过 Timer 函数调整标签控件的位置可以模拟电子屏游走字幕。具体制作步骤如下。

步骤① 按 <Alt+F11> 组合键打开 VBE 窗口，选择【插入】→【用户窗体】选项。

步骤② 在用户窗体上添加 Frame 控件。设置控件的 BackColor 属性为黑色，BorderStlye 属性为 0（无边框），Caption 属性为空字符串。

步骤③ 在【用户窗体】上添加 Label 控件。设置控件的 BackStlye 属性为 0（背景为透明），BorderStlye 属性为 0（无边框），Caption 属性为需要显示的字符串。

步骤④ 在标签控件上右击，在弹出的快捷菜单中选择【上移一层】选项。调整框架控件和标签控件的位置和尺寸。

步骤⑤ 在【用户窗体】上添加按钮控件 cmdStart，双击该按钮控件，在【代码窗口】中输入如下代码。

```
#001  Private Sub cmdStart_Click()
#002      Dim blnRight As Boolean
#003      Dim sngTime As Single
#004      Do
#005          If blnRight = False Then
#006              lblText.Left = lblText.Left + 1
#007              If lblText.Left >= fraMain.Left + fraMain.Width Then
#008                  blnRight = True
#009                  lblText.Caption = "欢迎光临 EH 论坛！"
#010              End If
#011          Else
#012              lblText.Left = lblText.Left - 1
#013              If lblText.Left <= fraMain.Left - lblText.Width Then
#014                  blnRight = False
#015                  lblText.Caption = "！坛论 HE 临光迎欢"
#016              End If
#017          End If
#018          sngTime = Timer
#019          Do While Timer < sngTime + 0.01
#020              DoEvents
#021          Loop
#022      Loop
#023  End Sub
```

❖ 代码解析

上述代码在循环中利用 Timer 函数每间隔一定时间逐渐调整标签控件的位置，通过移动标签控件的位置实现文字左右往复移动，模拟游走字幕。

第 5 行代码中如果变量 blnRight 为 False，即标签控件还没有移动到框架控件的最右端。

第 6 行代码中设置标签控件的 Left 属性，使标签控件向右移动 1 磅。

第 7~10 行代码，如果标签控件左端已经移动到框架控件的最右端，则设置变量 blnRight 为 True，并重新设置标签控件的标题文字。

第 11 行代码，如果变量 blnRight 不为 False，即标签控件已经移动到框架控件的最右端。

第 12 行代码，设置标签控件的 Left 属性，使标签控件向左移动 1 磅。

第 13~16 行代码，如果标签控件右端已经移动到框架控件的最左端，则设置变量 blnRight 为 False，并重新设置标签控件的标题文字。

第 18 行代码将 Timer 函数的返回值赋值给变量 sngTime。Timer 函数返回 Single 类型，代表从午夜开始到现在经过的秒数。

第 19~21 行代码，如果时间间隔不够 0.01 秒，则调用 DoEvents 函数。DoEvents 函数转让控制权，以便让操作系统处理其他的事件。

运行示例文件，文字左右往复移动，如图 12.3 所示。

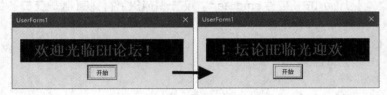

图 12.3 游走字幕

12.5 在组合框和列表框中添加列表项

组合框和列表框是 Excel 中最常用的控件，它们的使用方法是相似的。为组合框和列表框添加列表项的方法有多种，下面以列表框为例演示为其添加列表项的方法。

图 12.4 示例数据源

12.5.1 使用 RowSource 属性添加列表项

使用 RowSource 属性指定工作表中的单元格区域作为列表框的数据来源，示例文件中数据源如图 12.4 所示。

将数据加载到列表框控件，示例代码如下。

```
#001  Private Sub UserForm_Initialize()
#002      Dim lngLastRow As Long
#003      lngLastRow = Sheet1.Cells(Rows.Count, 1).End(xlUp).Row
#004      lstDemo.RowSource = "Sheet1!A1:A" & lngLastRow
#005  End Sub
```

❖ 代码解析

第 4 行代码在用户窗体初始化时使用 RowSource 属性为列表框添加列表项。

RowSource 属性的语法格式如下。

```
object.RowSource [= String]
```

参数 String 是可选的，指定组合框或列表框列表的来源。

为 RowSource 属性赋值也可以使用单元格地址，因此第 4 行代码也可以修改为如下代码。

```
lstDemo.RowSource = Sheet1.Range("A1:A" & lngLastRow).
Address(External:=True)
```

 注意　如果RowSource属性指定的工作表区域不是活动工作表，那么Address属性的External参数是必需的，将其设置为True表示是外部引用，如果默认此参数或者其值为False，将不能为列表框添加非活动工作表的单元格区域作为列表项。

RowSource 属性也可以使用命名的单元格区域，如果已将工作表区域命名为"科目名称"，那么第 4 行代码可以简化为如下代码。

```
lstDemo.RowSource = "科目名称"
```

运行示例文件，列表框中显示工作表区域的数据，如图 12.5 所示。

图 12.5　使用 RowSource 属性添加列表项

12.5.2　使用 ListFillRange 属性添加列表项

工作表中的列表框控件没有 RowSource 属性，而需要使用 ListFillRange 属性为其指定添加列表项所需的单元格区域，示例代码如下。

```
#001  Private Sub Worksheet_Activate()
#002      Dim lngLastRow As Long
#003      lngLastRow = Sheets("数据源").Cells(Rows.Count, 1).End(xlUp).Row
#004      Me.ListBox1.ListFillRange = "数据源!a1:a" & lngLastRow
#005  End Sub
```

❖ 代码解析

当工作表被激活时，第 4 行代码设置工作表中的列表框控件的 ListFillRange 属性，指定填充列表框的工作表区域。

打开示例文件，激活工作表"首页"，列表框将显示工作表"数据源"A 列的数据，如图 12.6 所示。

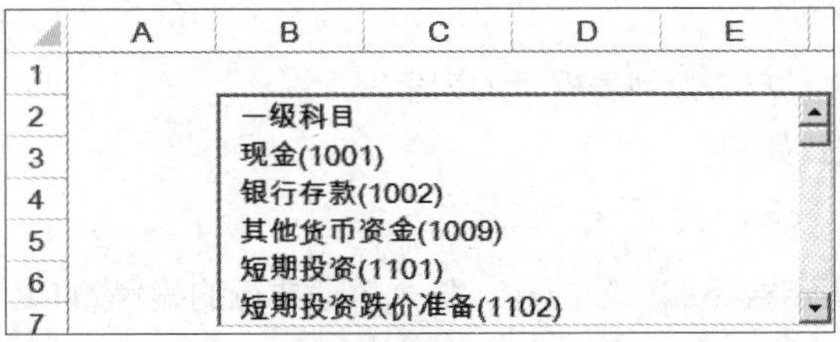

图 12.6　使用 ListFillRange 属性添加列表项

12.5.3 使用 List 属性添加列表项

使用 List 属性也可以为列表框添加列表项，示例代码如下。

```
#001   Private Sub UserForm_Initialize()
#002       Dim lngLastRow As Long
#003       Dim avntList As Variant
#004       lngLastRow = Sheet1.Cells(Rows.Count, 1).End(xlUp).Row
#005       avntList = Sheet1.Range("A1:b" & lngLastRow)
#006       lstData.List = avntList
#007   End Sub
```

❖ 代码解析

第 6 行代码在用户窗体初始化时使用 List 属性为列表框添加列表项。

List 属性的语法格式如下。

```
object.List( row, column ) [= Variant]
```

参数 row 是必需的，其取值范围为从 0 到列表条目数减 1 的数值。

参数 column 是必需的，其取值范围为从 0 到总列数减 1 的数值。

参数 Variant 是可选的，列表框中指定条目的内容。

第 6 行代码设置列表框控件 List 属性为指定的数组内容。

除了使用数组外，List 属性还可以使用命名的单元格区域。

如果已将工作表区域命名为"科目名称"，那么也可以将代码
修改为如下所示。

```
ListBox1.List = Range("科目名称").Value
```

运行示例代码，结果如图 12.7 所示。

图 12.7　使用 List 属性添加列表项

12.5.4 使用 AddItem 方法添加列表项

使用 AddItem 方法为列表框添加内容时，对于单列列表框可以在列表中添加一项，对于多列列表框
可以在列表中添加一行，示例代码如下。

```
#001   Private Sub UserForm_Initialize()
#002       Dim i As Long
#003       For i = 1 To Sheet1.Cells(Rows.Count, 1).End(xlUp).Row
#004           lstDemo.AddItem (Sheet1.Cells(i, 1))
#005       Next i
#006   End Sub
```

❖ 代码解析

第 4 行代码利用 AddItem 方法为列表框添加列表项。

AddItem 方法的语法格式如下。

```
object.AddItem [ item [, varIndex]]
```

参数 item 是可选的，指定要添加的项或行。第 1 个项或行的编号为 0；第 2 个项或行的编号为 1，
依次类推。

参数 varIndex 是可选的，指定新的项或行在对象中的位置。

如果提供有效的 varIndex 的值，AddItem 方法就将项或行放在列表中的指定位置。如果忽略 varIndex，此方法就将项或行添加在列表的末尾。对于多列列表框或者组合框，AddItem 方法插入完整的行，为控件的每一列都插入一项。为了给第 1 列后面的项赋值，可以用 List 或 Column 属性来指定项的行和列。

运行示例代码，结果如图 12.8 所示。

图 12.8 使用 AddItem 方法添加列表项

12.6 移动列表框的列表项

通过设置列表框的 List 属性可以根据需要改变列表框中列表项的先后次序。例如，将列表框中的当前选中行的内容上移一行，示例代码如下。

```
#001   Private Sub cmdUp_Click()
#002       Dim intRows As Integer
#003       Dim strTemp As String
#004       With Me.lstData
#005           intRows = .ListIndex
#006           Select Case intRows
#007               Case -1
#008                   MsgBox "请选择一行后再移动！"
#009               Case 0
#010                   MsgBox "已经是第一行！"
#011               Case Is > 0
#012                   strTemp = .List(intRows)
#013                   .List(intRows) = .List(intRows - 1)
#014                   .List(intRows - 1) = strTemp
#015                   .ListIndex = intRows - 1
#016           End Select
#017       End With
#018   End Sub
```

❖ 代码解析

第 5 行代码将列表框当前选中行的索引号赋予变量 intRows 保存。

列表框的 ListIndex 属性的语法格式如下。

```
object.ListIndex [= Variant]
```

参数 Variant 是可选的，用于指定列表框中当前被选中的条目。

第 7 行和第 8 行代码如果变量 intRows 的值为 −1，说明当前没有选中的行。

第 9 行和第 10 行代码如果变量 intRows 值的为 0，说明当前选中的行是第 1 行。

第 12 行代码将当前选中行的内容赋予变量 strTemp 保存。

第 13 行和第 14 行代码将当前选中行及上一行的内容互换。

第 15 行代码选中当前行的上一行。

与此类似，将列表框当前选中行的内容下移一行的示例代码如下。

```
#001   Private Sub cmdDown_Click()
#002       Dim intRows As Integer
#003       Dim strTemp As String
#004       With lstData
#005           intRows = .ListIndex
#006           Select Case intRows
#007               Case -1
#008                   MsgBox "请选择一行后再移动！"
#009               Case .ListCount - 1
#010                   MsgBox "已经是最后一行！"
#011               Case Is < .ListCount - 1
#012                   strTemp = .List(intRows)
#013                   .List(intRows) = .List(intRows + 1)
#014                   .List(intRows + 1) = strTemp
#015                   .ListIndex = intRows + 1
#016           End Select
#017       End With
#018   End Sub
```

运行示例代码，结果如图 12.9 所示。

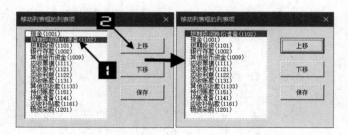

图 12.9　移动列表框的列表项

将移动后的列表框的条目保存到工作表中，示例代码如下。

```
#001   Private Sub cmdSave_Click()
#002       Dim i As Integer
#003       For i = 1 To lstData.ListCount
#004           Cells(i, 1) = lstData.List(i - 1)
#005       Next i
#006   End Sub
```

❖ 代码解析

第 3~5 行代码使用 For 循环结构遍历列表框中所有的条目。

第 4 行代码将列表框条目写入工作表中。List 属性返回或设置列表框或组合框的列表条目数，详情请参阅 12.5.3 小节。

12.7　允许多项选择的列表框

默认情况下，列表框中只能选择一个列表项，而经过简单的设置，列表框的列表项就可以显示复选框，允许进行多项选择，示例代码如下。

```
#001  Private Sub UserForm_Initialize()
#002      Dim avntList As Variant
#003      avntList = Array(" 星期一 ", " 星期二 ", " 星期三 ", _
              " 星期四 ", " 星期五 ", " 星期六 ", " 星期日 ")
#004      With Me.lstData
#005          .List = avntList
#006          .MultiSelect = 1
#007          .ListStyle = 1
#008      End With
#009  End Sub
```

❖ 代码解析

第 1~9 行代码是用户窗体的初始化事件，窗体初始化时对列表框进行设置。

第 6 行代码将列表框的 MultiSelect 属性设置为 1，允许进行多项选择。

MultiSelect 属性指定控件对象是否允许多项选择，其语法格式如下。

```
object.MultiSelect [= fmMultiSelect]
```

参数 fmMultiSelect 是可选的，代表控件所用的选择方式，设置值如表 12.2 所示。

表 12.2　fmMultiSelect 设置值

常量	值	说明
fmMultiSelectSingle	0	只可选择 1 个条目（默认）
fmMultiSelectMulti	1	按 <Space> 键或单击以选中列表中 1 个条目或取消选中
fmMultiSelectExtended	2	按 <Shift> 键并单击，或按 <Shift> 键的同时按 1 个方向键，将所选条目由前一项扩展到当前项。按 <Ctrl> 键的同时单击可选中或取消选中

第 7 行代码将列表框的 ListStyle 属性设置为 1，显示用于多重选择列表的复选框。

ListStyle 属性指定列表框中列表的外观，其语法格式如下。

```
object.ListStyle [= fmListStyle]
```

参数 fmListStyle 是可选的，代表列表的可视风格，设置值如表 12.3 所示。

表 12.3　fmListStyle 设置值

常量	值	说明
fmListStylePlain	0	外观与常规的列表框相似，条目的背景为高亮
fmListStyleOption	1	显示选项按钮，或显示用于多重选择列表的复选框（默认）。当用户选中组中的条目时，与该条目相关的选项按钮即被选中，而该组其他条目的选项按钮则被取消选中

运行示例代码，显示支持多项选择的列表框如图 12.10 所示。

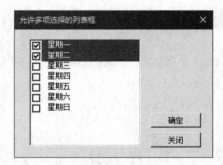

图 12.10　支持多项选择的列表框

根据列表框的 Selected 属性值可以判断列表框中列表项的选定状态，示例代码如下。

```
#001   Private Sub cmdComplete_Click()
#002       Dim i As Integer
#003       Dim strTemp As String
#004       For i = 0 To lstData.ListCount - 1
#005           If lstData.Selected(i) = True Then
#006               strTemp = strTemp & lstData.List(i) & Chr(13)
#007           End If
#008       Next i
#009       If strTemp <> "" Then MsgBox strTemp
#010   End Sub
```

❖ 代码解析

第 4~8 行代码使用 For 循环结构遍历列表框中所有的列表项，根据其 Selected 属性值判断列表项的选定状态，如果处于选中状态，则将选中的列表项的内容赋予变量 strTemp 保存。

Selected 属性返回或设置列表框中条目的选定状态，其语法格式如下。

```
object.Selected( index ) [= Boolean]
```

参数 index 是必需的，为整数类型，取值范围是从 0 到列表中的条目数减 1 的数值。

参数 Boolean 是可选的，判断列表项是否被选中。如果为 True 说明列表项被选中。

运行用户窗体，对列表框进行多项选择后单击【确定】按钮，结果如图 12.11 所示。

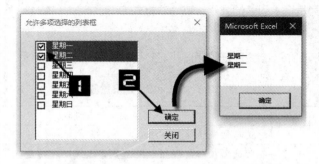

图 12.11　判断列表框中列表项的选定状态

12.8 设置多列组合框和列表框

12.8.1 为多列组合框和列表框添加列表项

如果组合框和列表框有多列，那么除了使用 12.5 节中的方法添加列表项外，还需要设置控件的其他属性。示例代码如下。

```
#001   Private Sub UserForm_Initialize()
#002       Dim lngLast As Long
#003       lngLast = Sheet1.Cells(Rows.Count, 1).End(xlUp).Row
#004       With lstData
#005           .ColumnCount = 7
#006           .ColumnWidths = "45,45,65,45,45,45,45"
#007           .BoundColumn = 1
#008           .ColumnHeads = True
#009           .RowSource = Sheet1.Range("A2:G" & lngLast).Address
#010       End With
#011   End Sub
```

❖ 代码解析

第 5 行代码设置列表框显示的列数。ColumnCount 属性指定列表框或组合框的显示列数，其语法格式如下。

```
object.ColumnCount [= Long]
```

参数 Long 是可选的，指定列表框需要显示的列数。如果将 ColumnCount 设置为 −1，将显示所有列。

第 6 行代码设置列表框各列的宽度。ColumnWidths 属性指定多列组合框或列表框中各列的宽度，其语法格式如下。

```
object.ColumnWidths [= String]
```

参数 String 是可选的，默认以磅为单位设置列的宽度。

如果将 ColumnWidths 属性设置为 −1 或空，则将控件宽度等分给列表中的各列；设置为 0 则隐藏该列，设置为大于 0 的数值则是该列的精确宽度值。若要指定另一种不同的度量单位，在设置时则必须包括该度量单位，如下代码将以厘米为单位设置列表框控件各列列宽。

```
ListBox1.ColumnWidths = "4.5 厘米 ;4.5 厘米 ;6 厘米 "
```

第 7 行代码设置多列列表框中的第 1 列为控件的值。BoundColumn 属性标识多列组合框或列表框值的数据来源，其语法格式如下。

```
object.BoundColumn [= Variant]
```

参数 Variant 是可选的，标识选择 BoundColumn 属性值的方法，其设置值如表 12.4 所示。

表 12.4 BoundColumn 属性值

值	说明
0	将被选中列表项的 ListIndex 属性的值赋予控件
1 或大于 1	将指定列中的值赋予控件。当采用此属性时，列从 1 开始计数（默认值）

第 8 行代码设置多列列表框中的第 1 行为列标题行。ColumnHeads 属性显示列表框、组合框及接受列题注的对象中的列标题行，其语法格式如下。

```
object.ColumnHeads [= Boolean]
```

参数 Boolean 是可选的，指定是否显示列标题。将 ColumnHeads 属性设置为 True，多列列表框的第 1 行显示为列标题，默认值为 False，不显示列标题。

注意 当数据项中的第1行作为列标题时，则不可选中该行。

第 9 行代码设置多列列表框中列表的来源。关于 RowSource 属性的讲解请参阅 12.5.1 小节。

如果已将多列列表框中列表项来源的第 1 行设置为列标题，那么在设置 RowSource 属性时应从列表项来源的第 2 行开始设置。

多列列表框的显示效果如图 12.12 所示。

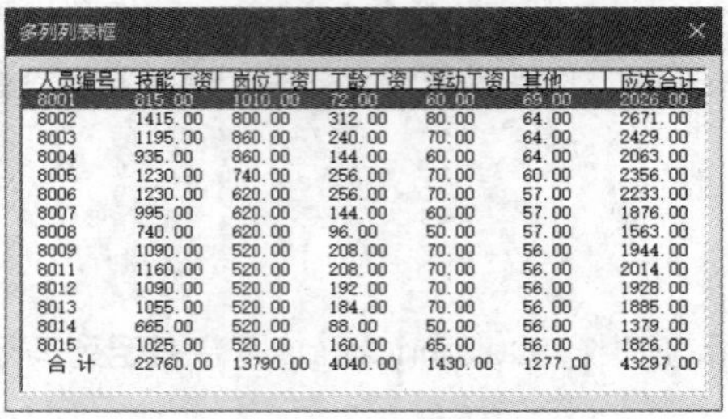

人员编号	技能工资	岗位工资	工龄工资	浮动工资	其他	应发合计
8001	815.00	1010.00	72.00	60.00	69.00	2026.00
8002	1415.00	800.00	312.00	80.00	64.00	2671.00
8003	1195.00	860.00	240.00	70.00	64.00	2429.00
8004	935.00	860.00	144.00	60.00	64.00	2063.00
8005	1230.00	740.00	256.00	70.00	60.00	2356.00
8006	1230.00	620.00	256.00	70.00	57.00	2233.00
8007	995.00	620.00	144.00	60.00	57.00	1876.00
8008	740.00	620.00	96.00	50.00	57.00	1563.00
8009	1090.00	520.00	208.00	70.00	56.00	1944.00
8011	1160.00	520.00	208.00	70.00	56.00	2014.00
8012	1090.00	520.00	192.00	70.00	56.00	1928.00
8013	1055.00	520.00	184.00	70.00	56.00	1885.00
8014	665.00	520.00	88.00	50.00	56.00	1379.00
8015	1025.00	520.00	160.00	65.00	56.00	1826.00
合 计	22760.00	13790.00	4040.00	1430.00	1277.00	43297.00

图 12.12　多列列表框

12.8.2 将多列列表框的数据写入工作表

当将多列列表框的数据写入工作表中时，只能将 BoundColumn 属性所指定列中的值写入工作表，而不能将选中的整行内容写入工作表中。如果需要将多列列表框中选中行的整行内容写入工作表，则应使用 For 循环结构来完成，示例代码如下。

```
#001  Private Sub lstData_Click()
#002      Dim lngLast As Long
#003      Dim i As Integer
#004      lngLast = Sheet1.Cells(Rows.Count, 1).End(xlUp).Row + 1
#005      For i = 1 To lstData.ColumnCount
#006          Sheet1.Cells(lngLast, i) = lstData.Column(i - 1)
#007      Next i
#008  End Sub
```

❖ 代码解析

第 5~7 行代码使用 For 循环结构将多列列表框选中行的各列值写入单元格中。Column 属性指定列表框中的一个或多个条目，其语法格式如下。

```
object.Column( column, row ) [= Variant]
```

其中 object 是必需的，代表有效的对象。参数 Column 是可选的，为整数类型，其取值范围为 0 到总列数减 1 的数值。Column 属性采用基于 0 的计数方法，即第 1 列的值为 0，第 2 列的值为 1，依次类推，所以第 6 行代码中 Column 属性值为 i-1。

参数 row 是可选的，为整数类型，其取值范围为从 0 到总行数减 1 的数值。

参数 Variant 是可选的，指定加载到列表框或组合框的一个值、一列值或一个二维数组。

运行示例代码，单击列表框中的列表项，被选中的整行内容将写入工作表中，如图 12.13 所示。

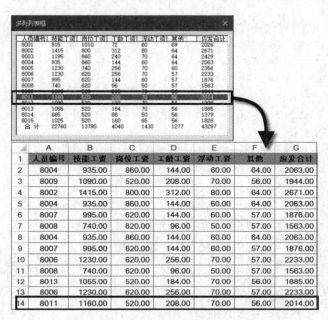

图 12.13 多列列表框数据写入工作表

12.9 二级组合框

在使用多个组合框输入数据时，可以使某个组合框根据另一个组合框的内容而加载不同的条目，示例代码如下。

```
#001  Private Sub UserForm_Initialize()
#002      Dim lngLast As Long
#003      Dim colList As New Collection
#004      Dim avntTemp() As Variant
#005      Dim rngTemp As Range
#006      Dim i As Integer
#007      On Error Resume Next
#008      lngLast = Sheet1.Cells(Rows.Count, 1).End(xlUp).Row
#009      For Each rngTemp In Sheet1.Range("A2:A" & lngLast)
#010          colList.Add rngTemp, CStr(rngTemp)
#011      Next rngTemp
#012      ReDim avntTemp(1 To colList.Count)
#013      For i = 1 To colList.Count
#014          avntTemp(i) = colList(i)
#015      Next i
#016      cmbLevel1.List = avntTemp
```

```
#017        cmbLevel1.ListIndex = 0
#018        Set colList = Nothing
#019        Set rngTemp = Nothing
#020    End Sub
#021    Private Sub cmbLevel1_Change()
#022        Dim strAddress As String
#023        Dim rngTemp As Range
#024        cmbList.Clear
#025        With Range("A:A")
#026            Set rngTemp = .Find(What:=cmbLevel1.Text)
#027            If Not rngTemp Is Nothing Then
#028                strAddress = rngTemp.Address
#029                Do
#030                    cmbList.AddItem rngTemp.Offset(, 1)
#031                    Set rngTemp = .FindNext(rngTemp)
#032                Loop While Not rngTemp Is Nothing And _
                        rngTemp.Address <> strAddress
#033            End If
#034        End With
#035        cmbList.ListIndex = 0
#036        Set rngTemp = Nothing
#037    End Sub
```

❖ 代码解析

第 1~20 行代码为用户窗体的初始化事件过程，将工作表 A 列中的一级科目名称去除重复值后加载到组合框中。

第 17 行代码设置组合框的 ListIndex 属性为 0，即使组合框显示第 1 行条目。

第 21~37 行代码为组合框控件的 Change 事件过程，使用 Find 方法将所有属于 cmbLevel1 所选的一级科目的明细科目加载到 cmbList 中。

运行用户窗体，选择一级科目（如"银行存款"），展开的明细科目下拉列表如图 12.14 所示。

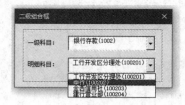

图 12.14　二级组合框

12.10　输入时逐步提示信息

用户在工作表中输入数据时，除了提供所有产品名称的下拉列表供选择外，如果还能逐步给出提示信息，那么将极大地提高数据的输入效率和准确率。例如，在输入几个字符后把符合条件的数据筛选出来以供选择，最好能中英文、拼音首字母、大小写混合查询，如输入"LJ"或"六角"后，所有的以"六角"开头的产品名称都被筛选到列表中以供选择。

按照如下具体步骤操作，可实现输入时逐步提示的功能。

步骤① 在工作簿中建立如图 12.15 所示的基础数据表。

	A	B
1	产品名称	辅助列
2	六角螺栓-1	ljls-1
3	六角螺栓-2	ljls-2
4	六角螺栓-3	ljls-3
5	钢铁发黑剂	gtfhj
6	FV螺形螺母	fvdxlm
7	101不锈钢螺栓	101bxgls
8	102不锈钢螺栓	102bxgls
9	方头螺栓	ftls
10	带榫螺栓	dsls
11	塑料螺栓-1	slls-1
12	塑料螺栓-2	slls-2
13	塑料螺栓-3	slls-3

图 12.15　基础数据

在基础数据表中，A 列保存不重复的产品名称。为了能支持中英文、拼音首字母和大小写混合等多种查询，必须将产品名称转换为小写拼音首字母保存在 B 列。

步骤② 按 <Alt+F11> 组合键打开 VBE 窗口，然后选择【插入】→【模块】选项，在【代码窗口】中输入如下代码。

```
#001  Function strLChin(ByVal strUser As String) As String
#002      Dim strTemp As String
#003      strTemp = StrConv(strUser, vbNarrow)
#004      If Asc(strTemp) > 0 Or Err.Number = 1004 Then strLChin = ""
#005      strLChin = WorksheetFunction.VLookup(strTemp, [{"吖","a";"八","b";"嚓","c";"咑","d";"鵽","e";"发","f";"猤","g";"铪","h";"夿","j";"咔","k";"垃","l";"嘸","m";"旀","n";"噢","o";"妑","p";"七","q";"嚷","r";"仨","s";"他","t";"屲","w";"夕","x";"丫","y";"帀","z"}], 2)
#006  End Function
```

❖ 代码解析

第 5 行代码利用工作表函数 VLookup 的模糊匹配机制将中文转换为拼音首字母。

步骤③ 在 VBE 的【工程资源管理器】窗口中双击工作表"数据源"，在【代码窗口】中输入如下代码。

```
#001  Private Sub Worksheet_Change(ByVal Target As Range)
#002      Dim i As Integer
#003      Dim strTemp As String
#004      With Target
#005          If .Column <> 1 Or .Row = 1 Or .Count > 1 Then Exit Sub
#006          If WorksheetFunction.CountIf(Sheet2.Range("A:A"), .Value) > 1 Then
#007              .Value = ""
#008              MsgBox "不能输入重复的产品名称！", 64
#009              Exit Sub
#010          End If
#011          For i = 1 To Len(.Value)
#012              If Asc(Mid$(.Value, i, 1)) > 255 Or Asc(Mid$(.Value, i, 1)) < 0 Then
```

```
#013                    myStr = myStr & strLChin(Mid$(.Value, i, 1))
#014                Else
#015                    myStr = myStr & LCase(Mid$(.Value, i, 1))
#016                End If
#017            Next i
#018            .Offset(0, 1).Value = myStr
#019        End With
#020    End Sub
```

❖ 代码解析

第 5 行代码设置事件触发的条件，只有在 A 列输入产品名称后才触发 Change 事件。

第 6~10 行代码使用工作表 CountIf 函数检查输入的产品名称是否重复。工作表 Change 事件中的 CountIf 函数判断数据重复的功能仅对手工输入的数据有效，而对通过剪贴板粘贴的数据无效。

第 11~17 行代码利用 For 循环结构遍历输入的字符。

第 12 行代码利用 Asc 函数将输入的字符转换为十进制的机内码，然后使用 If 条件语句判断转换后的码值是否在汉字码值范围内。以此确定输入的字符是否为汉字。

使用 Asc 函数可以将字符转换为十进制的机内码，其语法格式如下。

```
Asc（字符串）
```

参数字符串是必需的，可以是任何有效的字符串表达式。

在使用 Asc 函数进行编码转换时，汉字的转换过程是先将输入的汉字转换为十六进制的区位码，将区码与位码分别加上 &H20（"&H" 为十六进制前缀）得到国际码，再将国际码加上 &H8080 得到十六进制的机内码，最后将机内码转换为十进制输出。

例如，汉字"代"的区位码为 2090，转换为十六进制是 &H145A，加上 &H2020 得到国际码 &H347A，再加上 &H8080 得到十六进制机内码 &HB4FA，最后将机内码转换为十进制数字 46330。

在计算机中存储一个西文字符占用一个字节（Byte），其值为该字符的 ASCII 值，然而存储一个汉字需要占用两个字节（Byte）。为了避免混淆，规定汉字两个字节的最高位都是 1。如果用有符号的数去读取一个汉字的内容，最高位的 1 正好和负号的位置相同，因此汉字的内码为负值，其差值为 65536，例如 Asc（"代"），返回值为 −19206。

> **注意**　在DBCS系统中Asc函数的返回值范围为−32768~32767，在非DBCS系统中其返回值范围为0~255。

第 13 行代码使用自定义函数 strLChin 将字符转换成小写拼音首字母。

第 15 行代码使用 LCase 函数将输入的大写字母转换成小写字母。

第 18 行代码将转换后的字符保存到 B 列。

步骤④ 在工作表"示例工作表"中添加文本框控件 txtValue 和列表框控件 lstList。

步骤⑤ 在 VBE 的【工程资源管理器】窗口中双击【示例工作表】选项，在【代码窗口】中输入如下代码。

```
#001    Private Sub Worksheet_SelectionChange(ByVal Target As Range)
#002        Dim i As Long
#003        If Target.Count = 1 Then
#004            If Not Application.Intersect(Target, Range("A2:A12")) _
```

```
                          Is Nothing Then
#005              With Me.txtValue
#006                  .Activate
#007                  .Visible = True
#008                  .Top = Target.Top
#009                  .Left = Target.Left
#010                  .Width = Target.Width
#011                  .Height = Target.Height
#012              End With
#013              With Me.lstList
#014                  .Visible = True
#015                  .Top = Target.Top
#016                  .Left = Target.Left + Target.Width
#017                  .Width = Target.Width
#018                  .Height = Target.Height * 5
#019                  For i = 2 To Sheet2.Cells(Rows.Count, 1). _
                                      End(xlUp).Row
#020                      .AddItem Sheet2.Cells(i, 1).Value
#021                  Next i
#022              End With
#023          Else
#024              Me.lstList.Clear
#025              Me.txtValue = ""
#026              Me.lstList.Visible = False
#027              Me.txtValue.Visible = False
#028          End If
#029      End If
#030  End Sub
```

❖ 代码解析

第 5~22 行代码在选中指定单元格时初始化文本框控件和列表框控件。

当用户选中指定单元格区域（A2:A12）以外的单元格时，第 24~27 行代码隐藏文本框控件和列表框控件。

步骤⑥ 在工作表的【代码窗口】中输入文本框控件 txtValue 的事件代码，利用 KeyUp 事件，实现输入完毕后根据输入内容将符合条件的数据加载到列表框控件 lstList，示例代码如下。

```
#001  Private Sub txtValue_KeyUp(ByVal KeyCode As MSForms.ReturnInteger,
ByVal Shift As Integer)
#002      Dim i As Long
#003      Dim blnLanguage As Boolean
#004      Dim strTemp As String
#005      Me.lstList.Clear
#006      With Me.txtValue
#007          For i = 1 To Len(.Value)
#008              If Asc(Mid$(.Value, i, 1)) > 255 Or _
```

```
                          Asc(Mid$(.Value, i, 1)) < 0 Then
#009                        blnLanguage = True
#010                        strTemp = strTemp & Mid$(.Value, i, 1)
#011                    Else
#012                        strTemp = strTemp & LCase(Mid$(.Value, i, 1))
#013                    End If
#014            Next i
#015        End With
#016        With Sheet2
#017            For i = 2 To .Cells(Rows.Count, 1).End(xlUp).Row
#018                If blnLanguage = True Then
#019                    If Left(.Cells(i, 1).Value, Len(strTemp)) = _
                            strTemp Then
#020                        Me.lstList.AddItem .Cells(i, 1).Value
#021                    End If
#022                Else
#023                    If Left(.Cells(i, 2).Value, Len(strTemp)) = _
                            strTemp Then
#024                        Me.lstList.AddItem .Cells(i, 1).Value
#025                    End If
#026                End If
#027            Next i
#028        End With
#029    End Sub
```

❖ 代码解析

第 3 行代码声明 Boolean 类型变量 blnLanguage，作为输入字符是否为中文的标识变量。

第 5 行代码使用 Clear 方法删除列表框所有的列表项。Clear 方法的语法格式如下。

```
object.Clear
```

其中 object 是必需的，代表有效的对象。

> **注意**
> ■■■➡ 　　如果列表框绑定了数据，Clear方法将会失败。

第 6~15 行代码使用 For 循环结构逐个判断文本框中输入的字符是否为中文字符。如果是中文字符，则将变量 blnLanguage 赋值为 True，并将文本框中的字符赋值给变量 strTemp。如果是英文字符则转换成小写字母后赋值给变量 strTemp。

第 16~28 行代码中，如果变量 blnLanguage 的值为 True，则在基础数据表的 A 列中使用 Left 函数查找与文本框字符相符的单元格并添加到列表框，否则就在 B 列查找，找到与文本框字符匹配的单元格后将相对应的 A 列单元格数据添加到列表框。

步骤⑦ 在工作表的【代码窗口】中输入列表框控件 lstList 的事件代码，实现双击列表项时将所选内容写入单元格，示例代码如下。

```
#001    Private Sub lstList_DblClick(ByVal Cancel As MSForms.ReturnBoolean)
```

```
#002        ActiveCell.Value = lstList.Value
#003        Me.lstList.Clear
#004        Me.txtValue = ""
#005        Me.lstList.Visible = False
#006        Me.txtValue.Visible = False
#007   End Sub
```

❖ 代码解析

当用户双击列表框的列表项时，第 2 行代码将列表框数据赋值给活动单元格。

第 3~6 行代码清空文本框和列表框内容后隐藏控件。

上述设置完成后，当选中【示例工作表】的 A2:A12 单元格区域中的任意单元格时（如 A6），将会显示文本框和列表框，在文本框中输入查询条件后，列表框将显示符合查询条件的所有内容供用户选择，如图 12.16 所示。

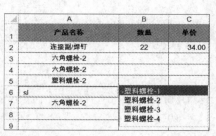

图 12.16 输入时逐步提示信息

12.11 使用控件输入日期

12.11.1 使用 DTP 控件输入日期

若需要在工作表中输入日期，可以使用日期时间选择控件（Microsoft Date and Time Picker Control 6.0，下文简称 DTP 控件）。

示例文件具体操作步骤如下。

步骤① 在 Excel 中单击【开发工具】→【插入】下拉按钮，在【ActiveX 控件】组中单击【其他控件】按钮，在弹出的【其他控件】对话框中选中 DTP 控件，单击【确定】按钮关闭对话框，如图 12.17 所示。

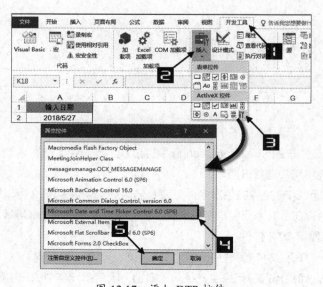

图 12.17 添加 DTP 控件

步骤② 在工作表中任意位置按住鼠标左键并拖曳鼠标指针后，将在工作表中添加 DTP 控件。

步骤③ 为了使 DTP 控件只显示在指定的单元格中，需要在工作表的事件过程中进行相应的控制，示例代码如下。

```
#001   Private Sub Worksheet_SelectionChange(ByVal Target As Range)
#002       With Me.DTPicker1
#003           If Target.Count = 1 And Target.Column = 1 And _
                   Not Target.Row = 1 Or Target.MergeCells = True Then
#004               .Visible = True
#005               .Top = Selection.Top
#006               .Left = Selection.Left
#007               .Height = Selection.Height
#008               .Width = Selection.Width
#009               If Target.Cells(1, 1) <> "" Then
#010                   .Value = Target.Cells(1, 1).Value
#011               Else
#012                   .Value = Date
#013               End If
#014           Else
#015               .Visible = False
#016           End If
#017       End With
#018   End Sub
#019   Private Sub Worksheet_Change(ByVal Target As Range)
#020       If Target.Count = 1 And Target.Column = 1 Or _
               Target.MergeCells = True Then
#021           If Target.Cells(1, 1).Value = "" Then
#022               DTPicker1.Visible = False
#023           End If
#024       End If
#025   End Sub
#026   Private Sub DTPicker1_CloseUp()
#027       ActiveCell.Value = Me.DTPicker1.Value
#028       Me.DTPicker1.Visible = False
#029   End Sub
```

❖ 代码解析

第 1~18 行代码是工作表的 SelectionChange 事件过程，当选中工作表 A 列第 2 行以下的单个单元格时，将显示 DTP 控件供用户选择日期。

第 3 行代码设置显示 DTP 控件的触发条件。只有当用户选中 A 列第 2 行以下单个单元格时才显示 DTP 控件。因为 A 列中存在合并单元格，所以需要加上"Or Target.MergeCells = True"这个条件，否则选中合并单元格将不显示 DTP 控件。

第 4~8 行代码显示 DTP 控件并设置控件的大小与当前活动单元格相同。

第 9~13 行代码中，如果当前单元格中已经输入日期，则将单元格中的日期赋值给 DTP 控件，否则将当前日期赋值给 DTP 控件。因为 A 列中存在合并单元格，而合并区域的值是该区域左上角的单元格的值，所以使用 Target.Cells（1，1）获取合并单元格的值。

如果活动单元格位于工作表中的其他列，第 15 行代码将隐藏 DTP 控件。

第 19~25 行代码是工作表的 Change 事件过程，如果删除了 A 列单元格的日期则隐藏 DTP 控件。

步骤④ 在 DTP 控件中选择日期后，将所选日期写入单元格，示例代码如下。

```
#001   Private Sub DTPicker1_CloseUp()
#002       ActiveCell.Value = Me.DTPicker1.Value
#003       Me.DTPicker1.Visible = False
#004   End Sub
```

❖ 代码解析

在 DTP 控件中选择日期后，第 2 行代码将 DTP 控件的值赋予活动单元格。

第 3 行代码隐藏 DTP 控件。

当用户选中工作表的 A 列单元格后，将弹出 DTP 控件，如图 12.18 所示。

图 12.18　使用 DTP 控件输入日期

12.11.2　使用 MonthView 控件查看日期

示例文件数据源如图 12.19 所示。

	A	B
1	日期	事件
2	6月2日	流程化SOP启动会
3	6月2日	系统对接实际操作
4	6月8日	SOP专项培训
5	6月9日	部门业务梳理
6	6月9日	账单核对
7	6月9日	考核计算
8	6月9日	月度经营分析会
9	6月10日	关键岗位流程图制作
10	6月15日	梳理关键岗位流程
11	6月19日	整合所有关键岗位流程
12	6月27日	整体流程优化完毕
13	6月28日	实施启动会

图 12.19　日程表

MonthView 控件以日历形式显示日期。按照如下具体步骤操作，可以实现利用 MonthView 控件选择日期，并显示该日期的待办事项。

步骤① 在 VBE 窗口选择【插入】→【用户窗体】选项，在示例文件中添加用户窗体。

步骤② 在 VBE 窗口选择【工具】→【附加控件】选项，在弹出的【附加控件】对话框中选中【Microsoft

MonthView Control 6.0（SP6）】复选框，如图 12.20 所示。

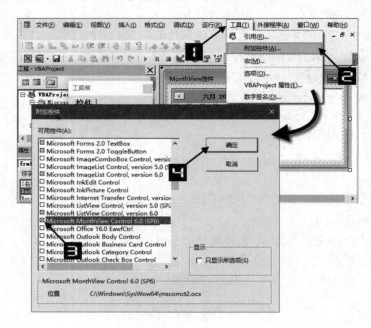

图 12.20　附加控件

步骤③ 在用户窗体上添加 MonthView 控件 MonthView1，并调整控件位置和尺寸。

步骤④ 在用户窗体上添加 ListBox 控件 lstData，并调整控件位置和尺寸。

步骤⑤ 双击 MonthView 控件，在【代码窗口】中输入如下代码。

```
#001  Private Sub MonthView1_DateClick(ByVal DateClicked As Date)
#002      Dim i As Integer
#003      Dim avntList() As Variant
#004      lstData.Clear
#005      avntList() = Range("a1").CurrentRegion.Value
#006      For i = 2 To UBound(avntList(), 1)
#007          If avntList(i, 1) = MonthView1.Value Then
#008              Me.lstData.AddItem avntList(i, 2)
#009          End If
#010      Next i
#011  End Sub
```

❖ 代码解析

　　第 7 行代码调用 MonthView 控件的 Value 属性获取当前选择的日期。

　　第 8 行代码使用列表框的 AddItem 方法，为列表框添加列表项。

　　运行窗体选择日期后，将返回该日期的待办事项，如图 12.21 所示。

图 12.21　显示待办事项

12.12　使用 RefEdit 控件获取单元格区域

在用户窗体中使用 RefEdit 控件选定工作表的单元格区域时，可以单击 RefEdit 控件的按钮来折叠用户窗体，选定区域后再单击按钮展开用户窗体，示例代码如下。

```
#001   Private Sub cmdConfirm_Click()
#002      Dim rngTemp As Range
#003      On Error Resume Next
#004      Set rngTemp = Range(refDemo.Value)
#005      rngTemp.Interior.ColorIndex = 16
#006      Set rngTemp = Nothing
#007   End Sub
```

❖ 代码解析

第 3 行代码是错误处理语句。如果用户在 RefEdit 控件中输入错误的单元格地址，将显示运行时错误"1004"，如图 12.22 所示，代码将中断运行，因此需使用 On Error 语句来忽略此错误。

图 12.22　运行时错误提示

第 4 行代码使用 Set 语句将用户选中的单元格区域赋予对象变量 rngTemp。

第 5 行代码改变工作表中选中的单元格区域的填充颜色。

> **注意**　不能在非模态用户窗体中使用 RefEdit 控件。

运行用户窗体，使用 RefEdit 控件获得单元格区域地址，如图 12.23 所示。

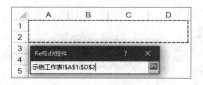

图 12.23　使用 RefEdit 控件获得单元格区域地址

12.13　使用多页控件

利用多页控件能够将相关信息组织在一起显示，同时又能够随时访问整条记录。多页控件中的每个页面都是一个容器控件，可以包含其他控件，并且可以有唯一的布局。一般情况下，多页控件中的页面都有各自的标签，以便让用户选择单个页面。

在用户窗体中使用多页控件时，往往希望用户窗体能显示特定的页面。例如，每次打开用户窗体时显示第 1 页的欢迎信息，除了在 VBE 中选择多页控件 MultiPage 的第 1 页后保存外，还可以通过设置多页控件 MultiPage 的 Value 属性来实现这个效果，示例代码如下。

```
#001  Private Sub UserForm_Initialize()
#002      mpgDemo.Value = 0
#003  End Sub
```

MultiPage 控件的 Value 属性标识当前激活页，是多页控件的默认属性，该属性返回或设置当前活动页面的索引编号（位于多页控件的 Pages 集合中），0 是表示第 1 页，最大值比总页数减少 1。

如果当前活动页面不是第 1 页，使用消息框显示当前活动页面的 Caption 属性，示例代码如下。

```
#001  Private Sub mpgDemo_Change()
#002      If mpgDemo.SelectedItem.Index > 0 Then
#003          MsgBox "您选择的是" & mpgDemo.SelectedItem.Caption & "页面！"
#004      End If
#005  End Sub
```

❖ 代码解析

第 2 行代码利用 Page 对象的 Index 属性指定 Pages 集合中 Page 对象的位置，其语法格式如下。

```
object.Index [= Integer]
```

参数 Integer 是可选的，为当前选定的 Page 对象的索引。

Index 属性指定了标签的位置，改变 Index 属性值将改变多页控件中页面的排列顺序，第 1 页的索引值是 0，第 2 页的索引值是 1，依次类推。使用如下代码，Page3 页面将成为多页控件中的第 1 个页面。

```
mpgDemo.Page3.Index = 0
```

应用于多页控件的 SelectedItem 属性返回当前选中的 Page 对象，SelectedItem 属性是只读的，使用 SelectedItem 属性可以对当前选中的 Page 对象进行编程控制。

运行示例代码，多页控件 mpgDemo 显示第 1 页的欢迎信息，当选择其他页面时使用消息框显示提示信息，单击【确定】按钮关闭消息框，如图 12.24 所示。

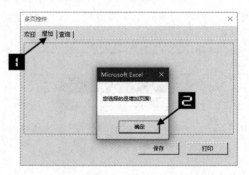

图 12.24　使用多页控件

12.14　使用 TabStrip 控件

使用 TabStrip 控件，可以实现在用户窗体中的同一个区域定义多个数据页面，而不需要在每个页面中放置相同的控件。

在用户窗体中添加的 TabStrip 控件默认包含两个页面。如果需要更多页面，可以在 TabStrip 控件上右击，在弹出的快捷菜单中选择【新建页】命令添加页面，如图 12.25 所示。

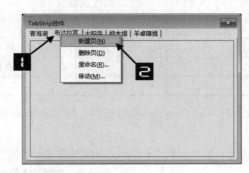

图 12.25　添加分页

TabStrip 控件的【属性】窗口中无法修改单个页面相关的属性，对页面重命名时需要选中该页面，在该页面标签上右击，在弹出的快捷菜单中选择【重命名】命令。在弹出的【重命名】对话框的【题注】文本框中修改页面名称，单击【确定】按钮关闭对话框，如图 12.26 所示。

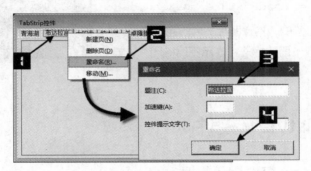

图 12.26　重命名分页名称

使用 TabStrip 控件可以使用户窗体中的同一组控件，根据 TabStrip 控件所选中页面的变化而具有不同的功能，示例代码如下。

```
#001  Private Sub UserForm_Initialize()
#002      tabDemo.Value = 0
#003      tabDemo.Style = 0
#004  End Sub
#005  Private Sub tabDemo_Change()
#006      Dim strTemp As String
#007      Dim strPath As String
#008      strTemp = tabDemo.SelectedItem.Caption
#009      strPath = ThisWorkbook.Path & "\" & strTemp & ".jpg"
#010      imgTabDemo.Picture = LoadPicture(strPath)
#011  End Sub
```

❖ 代码解析

第 1~4 行代码是用户窗体的初始化事件过程。

第 2 行代码是用户窗体显示时设置 TabStrip 控件的 Value 属性为 0，使其显示第 1 页。

第 3 行代码设置 Style 属性为 0，使标签条中显示标签。

TabStrip 控件的 Style 属性设置控件中标签的显示风格，设置值如表 12.5 所示。

表 12.5 Style 属性设置值

常量	值	说明
fmTabStyleTabs	0	在标签条中显示标签（默认）
fmTabStyleButtons	1	在标签条中显示按钮
fmTabStyleNone	2	不显示标签条

第 5~11 行代码是 TabStrip 控件的 Change 事件过程，根据 TabStrip 控件所选中页面的变化显示不同的图片。

第 8 行代码使用 SelectedItem 属性返回 TabStrip 控件当前选中页面的 Caption 属性，即用户窗体中所显示图片的文件名称。

第 9 行代码设置 Image 控件加载图片的完整路径。

第 10 行代码为 Image 控件加载图片。Picture 属性指定显示在对象上的位图，其语法格式如下。

```
object.Picture = LoadPicture( pathname )
```

参数 pathname 是必需的，指定图片文件的完整路径。

运行示例代码，选择不同的标签将显示不同的图片，如图 12.27 所示。

图 12.27 使用 TabStrip 控件

12.15 使用 ListView 控件

12.15.1 使用 ListView 控件显示数据

当工作表中具有多行多列的数据时，往往需要将数据加载到控件中方便用户交互，示例文件数据源如图 12.28 所示。

	A	B	C	D	E	F	G
1	人员编号	技能工资	岗位工资	工龄工资	浮动工资	其他	应发合计
2	8001	1815.00	810.00	272.00	60.00	69.00	2026.00
3	8002	1415.00	800.00	312.00	80.00	64.00	2671.00
4	8003	1195.00	860.00	240.00	70.00	64.00	2429.00
5	8004	1935.00	860.00	144.00	60.00	64.00	2063.00
6	8005	1230.00	740.00	256.00	70.00	60.00	2356.00
7	8006	1230.00	620.00	256.00	70.00	57.00	2233.00
8	8007	1995.00	620.00	144.00	60.00	57.00	1876.00
9	8008	1740.00	620.00	196.00	50.00	57.00	1563.00
10	8009	1090.00	520.00	208.00	70.00	56.00	1944.00
11	8011	1160.00	520.00	208.00	70.00	56.00	2014.00
12	8012	1090.00	520.00	192.00	70.00	56.00	1928.00
13	8013	1055.00	520.00	184.00	70.00	56.00	1885.00
14	8014	2665.00	520.00	188.00	50.00	56.00	1379.00
15	8015	1025.00	520.00	160.00	65.00	56.00	1826.00
16	合 计	20640.00	9050.00	2960.00	915.00	828.00	28193.00

图 12.28 示例文件数据源

在用户窗体初始化时，将数据加载到 ListView 控件中，示例代码如下。

```
#001  Private Sub UserForm_Initialize()
#002      Dim objTemp As ListItem
```

```
#003          Dim lngLastRow As Long
#004          Dim i As Integer
#005          Dim j As Integer
#006          lngLastRow = Cells(Rows.Count, 1).End(xlUp).Row
#007          With objListViewDemo
#008              .ColumnHeaders.Add , , "人员编号 ", 50, 0
#009              .ColumnHeaders.Add , , "技能工资 ", 50, 1
#010              .ColumnHeaders.Add , , "岗位工资 ", 50, 1
#011              .ColumnHeaders.Add , , "工龄工资 ", 50, 1
#012              .ColumnHeaders.Add , , "浮动工资 ", 50, 1
#013              .ColumnHeaders.Add , , "其他   ", 50, 1
#014              .ColumnHeaders.Add , , "应发合计 ", 50, 1
#015              .View = lvwReport
#016              .Gridlines = True
#017              For i = 2 To lngLastRow
#018                  Set objTemp = .ListItems.Add()
#019                  objTemp.Text = Space(2) & Cells(i, 1)
#020                  For j = 1 To 6
#021                      objTemp.SubItems(j) = Format(Cells(i, j + 1), _
                             "##,#,0.00")
#022                  Next j
#023              Next i
#024          End With
#025          Set objTemp = Nothing
#026      End Sub
```

❖ 代码解析

第 8~14 行代码使用 ColumnHeaders 集合的 Add 方法在 ListView 控件中添加列标题，并设置列标题、列宽和文本对齐方式。

ColumnHeader 对象是 ListView 控件中包含标题文字的项目，其 Add 方法的语法格式如下。

```
object.ColumnHeaders.Add(index,key,text,width,alignment)
```

其中，参数 text 是必需的，设置标题列的文字。

参数 width 是可选的，设置标题列的列宽。

参数 alignment 是可选的，设置 ListView 控件中文本的对齐方式，设置值如表 12.6 所示。

表 12.6 ListView 控件中文本的对齐方法

常量	值	说明
lvwColumnLeft	0	文本向左对齐（默认值）
lvwColumnRight	1	文本向右对齐
lvwColumnCenter	2	文本居中对齐

注意 在 ListView 控件中，第 1 列的文本对齐方式只能设置为左对齐。

第 15 行代码设置 ListView 控件的 View 属性为 lvwReport，使 ListView 控件显示为报表型。View 属性指定使用何种视图显示项目，其语法格式如下。

```
object.view [= value]
```

参数 value 是必需的，指定控件外观的整数或常量，如表 12.7 所示。

表 12.7　View 属性的设置值

常量	值	说明
lvwIcon	0	图标
lvwSmallIcon	1	小图标
lvwList	2	列表
lvwReport	3	报表

第 16 行代码设置 ListView 控件的 Gridlines 属性为 True，显示网格线。只有在将 View 属性设置为 lvwReport 时才能显示网格线，否则 Gridlines 属性无效。

第 18 行代码使用 ListItems 集合的 Add 方法在 ListView 控件中添加项目。应用于 ListItems 集合的 Add 方法的语法格式如下。

```
ListItems.Add(index,key,text,icon,smallIcon)
```

参数 index 是可选的，指定项目插入的位置，若未指定，则将列表项添加到 ListItems 集合的末尾。

参数 key 是可选的，用于标识对象的唯一字符串。

参数 text 是可选的，代表添加的项目内容。

参数 icon 是可选的，当 ListView 控件设置为图标视图时，用于从 ImageList 控件中选择指定的对象作为图标。

参数 smallIcon 是可选的，当 ListView 控件设置为小图标时，用于从 ImageList 控件中选择指定的对象作为图标。

第 19 行代码添加第 1 列内容。ListItem 对象的 Text 属性代表 ListView 控件的第 1 列内容，由于 ListView 控件的第 1 列的文本对齐方式只能设置为左对齐，因此在添加时使用 Space 函数插入两个前导空格，实现居中显示的效果。

第 20~22 行代码添加其他列的内容。

运行用户窗体，ListView 控件显示工作表中的内容，如图 12.29 所示。

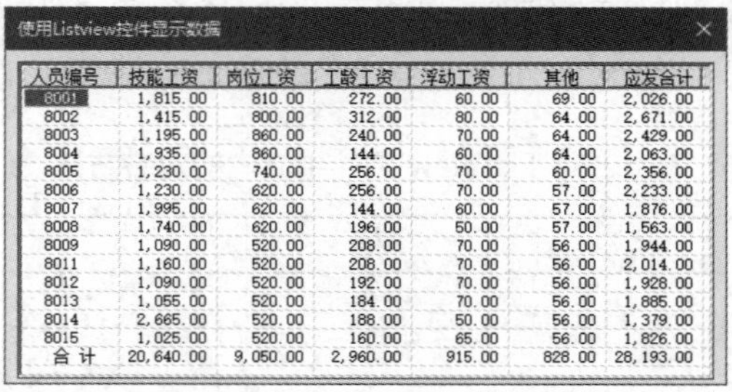

人员编号	技能工资	岗位工资	工龄工资	浮动工资	其他	应发合计
8001	1,815.00	810.00	272.00	60.00	69.00	2,026.00
8002	1,415.00	800.00	312.00	80.00	64.00	2,671.00
8003	1,195.00	860.00	240.00	70.00	64.00	2,429.00
8004	1,935.00	860.00	144.00	60.00	64.00	2,063.00
8005	1,230.00	740.00	256.00	70.00	60.00	2,356.00
8006	1,230.00	620.00	256.00	70.00	57.00	2,233.00
8007	1,995.00	620.00	144.00	60.00	57.00	1,876.00
8008	1,740.00	620.00	196.00	50.00	57.00	1,563.00
8009	1,090.00	520.00	208.00	70.00	56.00	1,944.00
8011	1,160.00	520.00	208.00	70.00	56.00	2,014.00
8012	1,090.00	520.00	192.00	70.00	56.00	1,928.00
8013	1,055.00	520.00	184.00	70.00	56.00	1,885.00
8014	2,665.00	520.00	188.00	50.00	56.00	1,379.00
8015	1,025.00	520.00	160.00	65.00	56.00	1,826.00
合 计	20,640.00	9,050.00	2,960.00	915.00	828.00	28,193.00

图 12.29　使用 ListView 控件显示数据

12.15.2　在 ListView 控件中使用复选框

在用户窗体初始化时将工作表数据加载到 ListView 控件中，并设置 ListView 控件可以使用复选框进行多重选择，示例代码如下。

```
#001  Private Sub UserForm_Initialize()
#002      Dim objTemp As ListItem
#003      Dim lngLastRow As Long
#004      Dim i As Integer
#005      Dim j As Integer
#006      lngLastRow = Sheet2.Cells(Rows.Count, 1).End(xlUp).Row
#007      With objListViewDemo
#008          .ColumnHeaders.Add , , "人员编号 ", 50, 0
#009          .ColumnHeaders.Add , , "技能工资 ", 50, 1
#010          .ColumnHeaders.Add , , "岗位工资 ", 50, 1
#011          .ColumnHeaders.Add , , "工龄工资 ", 50, 1
#012          .ColumnHeaders.Add , , "浮动工资 ", 50, 1
#013          .ColumnHeaders.Add , , "其他  ", 50, 1
#014          .ColumnHeaders.Add , , "应发合计", 50, 1
#015          .View = lvwReport
#016          .Gridlines = True
#017          .FullRowSelect = True
#018          .CheckBoxes = True
#019          For i = 2 To lngLastRow - 1
#020              Set objTemp = .ListItems.Add()
#021              objTemp.Text = Sheet2.Cells(i, 1)
#022              For j = 1 To 6
#023                  objTemp.SubItems(j) = Format(Sheet2.Cells(i, j + 1) _
                         , "##,#,0.00")
#024              Next j
#025          Next i
#026      End With
#027      Set objTemp = Nothing
#028  End Sub
```

❖ 代码解析

第 17 行代码设置 ListView 控件的 FullRowSelect 属性为 True，使 ListView 控件可以选中整行。

第 18 行代码设置 ListView 控件的 CheckBoxes 属性为 True，使 ListView 控件在列表中每行内容的左侧显示复选框。

单击用户窗体的【保存】按钮时，将 ListView 控件中选中的项目写入工作表。示例代码如下。

```
#001  Private Sub cmdSave_Click()
#002      Dim lngLastRow As Long
#003      Dim i As Integer
#004      Dim j As Integer
#005      Dim rngCel As Range
#006      lngLastRow = Cells(Rows.Count, 1).End(xlUp).Row
#007      If lngLastRow > 1 Then Range("A2:G" & lngLastRow).ClearContents
#008      With objListViewDemo
```

```
#009          For i = 1 To .ListItems.Count
#010              If .ListItems(i).Checked Then
#011                  Set rngCel = Cells(Rows.Count, 1).End(xlUp).Offset(1, 0)
#012                  rngCel = .ListItems(i)
#013                  For j = 1 To 6
#014                      rngCel.Offset(0, j) = .ListItems(i).SubItems(j)
#015                  Next j
#016              End If
#017          Next i
#018      End With
#019      Set rngCel = Nothing
#020  End Sub
```

❖ 代码解析

第 7 行代码删除工作表中原有的数据。

第 10 行代码判断 ListView 控件中所有 ListItem 对象的 Checked 属性值，如果为 True 则说明其处于选中状态。

第 11~15 行代码将 ListView 控件中选中的内容依次写入工作表中。

运行示例代码，结果如图 12.30 所示。

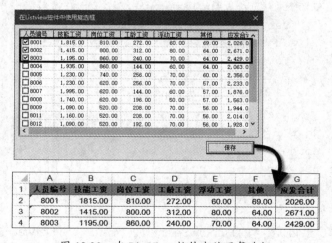

图 12.30　在 ListView 控件中使用复选框

12.15.3　调整 ListView 控件的行距

在使用 ListView 控件显示数据列表时，ListView 控件的行距是由其所设置的字体的大小决定的，无法自定义行距。

如果需要自定义 ListView 控件的行距，可以在用户窗体中添加 ImageList 控件，在 ImageList 控件中添加一幅大小合适的空白图片，然后指定 ListView 控件的 SmallIcons 属性为 ImageList 控件中的图片，示例代码如下。

```
#001  Private Sub UserForm_Initialize()
#002      Dim objTemp As ListItem
#003      Dim i As Long
```

```
#004        Dim j As Integer
#005        Dim objPic As ListImage
#006        With objListViewDemo
#007            .ColumnHeaders.Add , , "人员编号 ", 50, 0
#008            .ColumnHeaders.Add , , "技能工资 ", 50, 1
#009            .ColumnHeaders.Add , , "岗位工资 ", 50, 1
#010            .ColumnHeaders.Add , , "工龄工资 ", 50, 1
#011            .ColumnHeaders.Add , , "浮动工资 ", 50, 1
#012            .ColumnHeaders.Add , , "其他   ", 50, 1
#013            .ColumnHeaders.Add , , "应发合计 ", 50, 1
#014            .View = lvwReport
#015            .Gridlines = True
#016            .FullRowSelect = True
#017            For i = 2 To Cells(Rows.Count, 1).End(xlUp).Row
#018                Set objTemp = .ListItems.Add()
#019                objTemp.Text = Space(2) & Cells(i, 1)
#020                For j = 1 To 6
#021                    objTemp.SubItems(j) = Format(Cells(i, j + 1) _
                            , "##,#,0.00")
#022                Next j
#023            Next i
#024            Set objPic = objImlDemo.ListImages.Add _
                    (Picture:=LoadPicture(ThisWorkbook.Path & "\" & "1×25.bmp"))
#025            .SmallIcons = objImlDemo
#026        End With
#027        Set objTemp = Nothing
#028        Set objPic = Nothing
#029    End Sub
```

❖ 代码解析

第 24 行代码使用 ListImages 集合的 Add 方法在 ImageList 控件中添加图片。ImageList 控件是一个向其他控件提供图像的资料中心，它可以包含多个 ListImage 对象，即一组图像的集合，该集合中的每个对象都可以通过其索引或关键字被其他控件所引用。

为 ImageList 控件添加图片需要使用 ListImages 集合的 Add 方法，其语法格式如下。

```
Object.Add(index,key,picture)
```

参数 index 是可选的，为整数，指定要插入的 ListImage 对象的位置。如果没有指定 index，ListImage 对象将被添加到 ListImages 集合的末尾。

参数 key 是可选的，用来标识 ListImage 对象的唯一字符串。

参数 picture 是必需的，指定欲添加到集合中的图片。

如果在设计窗体时添加图片，那么就无须在文件夹中保留图片文件。在 VBE 窗口中选择 ImageList 控件【属性】窗口中的【自定义】选项，单击其右侧的扩展按钮，在弹出的【属性页】对话框中依次单击【Images】选项卡→【Insert Picture】按钮，为 ImageList 插入图片，单击【确定】按钮关闭对话框，如图 12.31 所示。

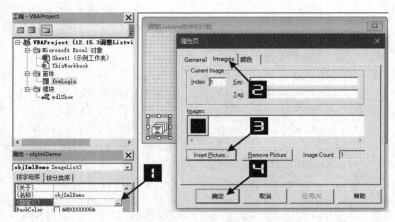

图 12.31　在 ImageList 控件中插入图片

第 25 行代码使用 ListView 控件的 SmallIcons 属性建立与 ImageList 控件的关联，ListView 控件将根据图片的大小来调整行距。

运行示例代码，效果如图 12.32 所示。

图 12.32　调整 ListView 控件的行距

12.15.4　在 ListView 控件中排序

当 ListView 控件的 View 属性设置为 lvwReport 时，可以通过单击 ListView 控件的列标题对列表数据进行排序，示例代码如下。

```
#001  Private Sub lvwDemo_ColumnClick _
          (ByVal ColumnHeader As MSComctlLib.ColumnHeader)
#002      With lvwDemo
#003          .Sorted = True
#004          .SortOrder = (.SortOrder + 1) Mod 2
#005          .SortKey = ColumnHeader.Index - 1
#006      End With
#007  End Sub
```

❖ 代码解析

第 3 行代码设置 ListView 控件进行排序。Sorted 属性返回或设置 ListView 控件中的 ListItem 对象是否排序，设置为 False 则不进行排序。

第 4 行代码设置 ListView 控件的排序方式。SortOrder 属性返回或设置 ListView 控件中的 ListItem 对象以升序或降序排序，设置为 0 以升序排序，设置为 1 则以降序排序。在设置 SortOrder 属性值时使用 Mod 运算符计算当前排序状态的奇偶性，以达到降序和升序顺次出现的效果。

第 5 行代码设置 ListView 控件排序关键字的整数，即指定 ListView 控件以当前选定的列为关键字进行排序。SortKey 属性返回或设置 1 个值，此值指定 ListView 控件中的 ListItem 对象如何排序，其语法格式如下。

```
object.SortKey [=integer]
```

参数 integer 是必需的，指定排序关键字的整数类型，设置为 0 时使用 ListItem 对象的 Text 属性排序，即第 1 列的数据进行排序，设置为大于 0 的整数时则使用指定的子项目作为排序的关键字。

运行示例代码，单击 ListView 控件列标题对列表数据进行升序或降序排序，如图 12.33 所示。

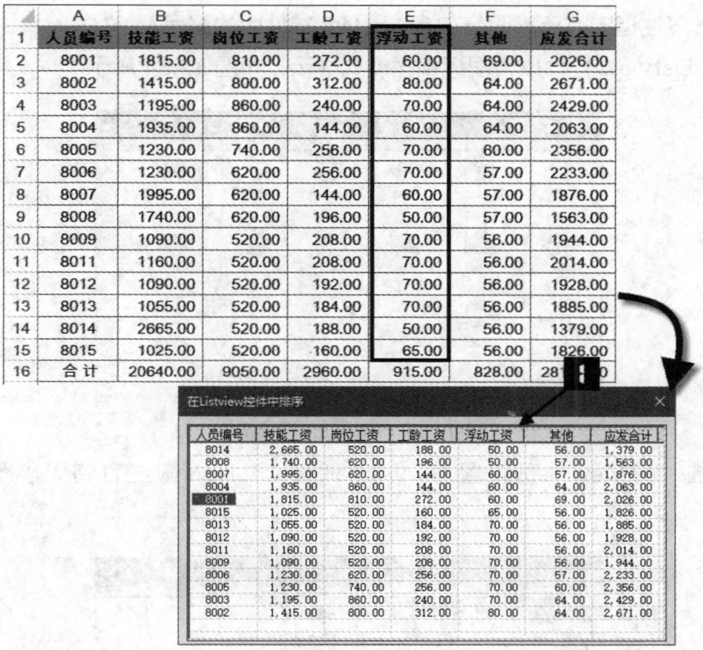

图 12.33　在 ListView 控件中根据"浮动工资"排序

12.15.5　ListView 控件的图标设置

ListView 控件作为一个可以显示图标的列表控件，其最重要的属性之一就是 View 属性，该属性决定了 ListView 控件以哪种视图模式显示控件的项，请参阅 12.15.1 小节中的表 12.7。

将 ListView 控件的 View 参数设置为 lvwIcon，ListView 控件以大图标模式显示各项，示例代码如下。

```
#001   Private Sub UserForm_Initialize()
#002       Dim objTemp As ListItem
#003       Dim i As Integer
#004       With objListViewBig
#005           .View = lvwIcon
#006           .Icons = imlPic
#007           For i = 2 To 15
#008               Set objTemp = .ListItems.Add()
#009               objTemp.Text = Cells(i, 1)
#010               objTemp.Icon = i - 1
#011           Next i
```

```
#012        End With
#013        Set objTemp = Nothing
#014    End Sub
```

❖ 代码解析

第 5 行代码将 ListView 控件的 View 属性设置为 lvwIcon，ListView 控件以大图标视图模式显示各项，此时可以使用鼠标拖曳图标来重新排列图标。

第 6 行代码使用 ListView 控件的 Icons 属性建立与 ImageList 控件的关联。

第 7~11 行代码使用 For 循环结构在 ListView 控件中添加 ListItem 对象，其中第 10 行代码使用 ListItem 对象的 Icon 属性指定其所需图像在 ImageList 控件中的编号。

运行示例代码，ListView 控件以大图标视图模式显示，如图 12.34 所示。

图 12.34　大图标视图模式

如果 ListView 控件的 View 参数设置为 lvwSmallIcon，ListView 控件将以小图标模式显示，如图 12.35 所示。

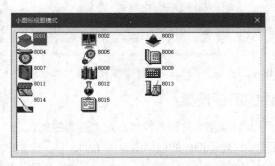

图 12.35　小图标视图模式

如果将 ListView 控件的 View 属性设置为 lvwList，则以列表视图模式显示，如图 12.36 所示。

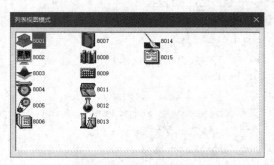

图 12.36　列表视图模式

> **注意** ━■━■→ 列表视图模式与小图标视图模式相似，但是列表视图模式不能使用鼠标拖曳图标来重新排列图标。

如果将 ListView 控件的 View 属性设置为 lvwReport，则以报表视图模式显示，如图 12.37 所示。

图 12.37　报表视图模式

12.16　使用 TreeView 控件显示层次

使用 TreeView 控件，可以根据信息的层次关系分级显示列表，示例文件中数据源如图 12.38 所示。

	A	B	C	D
1	科目类别	一级科目	二级科目	三级科目
2	资产	现金(1001)		
3		银行存款(1002)		
4			工行开发区分理处(100202)	
5			中行(100204)	
6			金西信用社(100205)	
7			建行营业部(100206)	
8		其他货币资金(1009)		
9		短期投资(1101)		
10		短期投资跌价准备(1102)		
11		应收票据(1111)		
12		应收股利(1121)		
13		应收利息(1122)		
14		应收账款(1131)		
15		其他应收款(1133)		
16		坏账准备(1141)		
17		预付账款(1151)		
18		应收补贴款(1161)		
19		物资采购(1201)		

图 12.38　示例文件数据源

将数据加载到 ListView 控件中的示例代码如下。

```
#001    Private Sub UserForm_Initialize()
#002        Dim i As Integer
#003        Dim j As Long
#004        Dim avntList As Variant
#005        avntList = Sheet2.UsedRange
#006        With tvwDemo
#007            .Style = tvwTreelinesPlusMinusPictureText
#008            .LineStyle = tvwRootLines
#009            .CheckBoxes = False
```

```
#010        With .Nodes
#011            .Clear
#012            .Add Key:=" 科目 ", Text:=" 科目名称 "
#013            For i = 1 To UBound(avntList, 2)
#014                For j = 2 To UBound(avntList, 1) - 1
#015                    If Not IsEmpty(avntList(j, i)) Then
#016                        If i = 1 Then
#017                            .Add relative:=" 科目 ", _
                                    Relationship:=tvwChild, _
                                    Key:=avntList(j, i), _
                                    Text:=avntList(j, i)
#018                        ElseIf Not IsEmpty(avntList(j, i - 1)) Then
#019                            .Add relative:=avntList(j, i - 1), _
                                    Relationship:=tvwChild, _
                                    Key:=avntList(j, i), _
                                    Text:=avntList(j, i)
#020                        Else
#021                            .Add relative:=CStr( _
                                    Sheet2.Cells(j, i - 1).End(xlUp)), _
                                    Relationship:=tvwChild, _
                                    Key:=avntList(j, i), _
                                    Text:=avntList(j, i)
#022                        End If
#023                    End If
#024                Next j
#025            Next i
#026        End With
#027    End With
#028  End Sub
```

❖ 代码解析

第 7 行代码设置 TreeView 控件节点的外观。TreeView 控件的 Style 属性值如表 12.8 所示。

表 12.8　Style 属性值

常量	值	说明
tvwTextOnly	0	文本
tvwPictureText	1	图像文本
tvwPlusMinusText	2	符号文本
tvwTreelinesText	4	直线文本
tvwTreelinesPlusMinusPictureText	7	正常显示

第 8 行代码设置 TreeView 控件显示根节点连线。TreeView 控件的 LineStyle 属性设置为 tvwRootLines 显示根节点连线，设置为 tvwTreeLines 则隐藏根节点连线。

第 9 行代码设置 TreeView 控件不显示复选框。

第 10 行代码使用 Nodes 属性返回对 TreeView 控件的 Node 对象集合的引用。

第 11 行代码清除 TreeView 控件中的所有节点。

第 12 行代码使用 Add 方法在 TreeView 控件的 Nodes 集合中添加 Node 对象。Add 方法的语法格式如下。

```
object.Add(relative, relationship, key, text, image, selectedimage)
```

参数 relative 是可选的，代表已存在的 Node 对象的索引号或键值。

参数 relationship 是可选的，代表新节点与已存在的节点间的关系，指定 Node 对象的相对位置。relationship 参数值如表 12.9 所示。

表 12.9 relationship 参数值

常量	值	说明
tvwFirst	0	首节点，该 Node 和在 relative 中被命名的节点位于同一层，并位于所有同层节点之前
tvwLast	1	最后的节点，该 Node 和在 relative 中被命名的节点位于同一层，并位于所有同层节点之后。任何连续地添加的节点都可能位于最后添加的节点之后
tvwNext	2	下一个节点，该 Node 位于在 relative 中被命名的节点之后
tvwPrevious	3	前一个节点，该 Node 位于在 relative 中被命名的节点之前
tvwChild	4	子节点，该 Node 为在 relative 中被命名的节点的子节点

参数 key 是可选的，为唯一的字符串，可用于 Item 方法检索 Node。

参数 text 是必需的，代表在 Node 中显示的字符串。

参数 image 是可选的，指定一个图像或在 ImageList 控件中图像的索引。

参数 selectedimage 是可选的，指定一个图像或在 ImageList 控件中图像的索引，在 Node 被选中时显示。

第 13~25 行代码，在根节点下添加子节点。添加子节点仍然使用 Add 方法，需要指定唯一的 Key 值，必须提供根节点的 Key 值（参数 relative）和参数 relationship 值（tvwChild）。要将子节点链接到根节点之下，参数 relative 必须与根节点的 Key 值一致，参数 relationship 必须设置为 tvwChild。要使子节点有效，子节点必须也有自己唯一的 Key 值。

TreeView 控件的 SelectedItem 属性可以返回当前所选择的节点，示例代码如下。

```
#001  Private Sub tvwDemo_DblClick()
#002      Dim lngLastRow As Long
#003      With Sheet1
#004          lngLastRow = .Cells(Rows.Count, 1).End(xlUp).Row + 1
#005          If tvwDemo.SelectedItem.Children = 0 Then
#006              .Cells(lngLastRow, 1) = tvwDemo.SelectedItem.Text
#007          Else
#008              MsgBox " 您所选择的不是末级科目，请重新选择！"
#009          End If
#010      End With
#011  End Sub
```

❖ 代码解析

第 5 行代码使用 If 条件语句判断所选节点是否为末级科目。TreeView 控件的 SelectedItem 属性返回当前所选择的节点，Children 属性检查所选节点是否还有子节点，如果没有子节点则返回 0。

第 6 行代码将所选节点的科目名称写入单元格。

运行示例代码，双击列表项，选中项目将被写入单元格中，如图 12.39 所示。

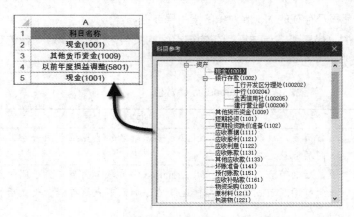

图 12.39　使用 TreeView 控件显示层次

12.17　使用 WebBrowser 控件显示 GIF 动态图

使用 WebBrowser 控件可以在用户窗体中显示 GIF 格式的动态图。在 VBE 的【工具箱】窗口中任意位置右击，在弹出的快捷菜单中选择【附加控件】命令，在弹出的【附加控件】对话框的【可用控件】列表框中选中【Microsoft Web Browser】复选框，单击【确定】按钮关闭对话框，在用户窗体中添加 WebBrowser 控件，如图 12.40 所示。

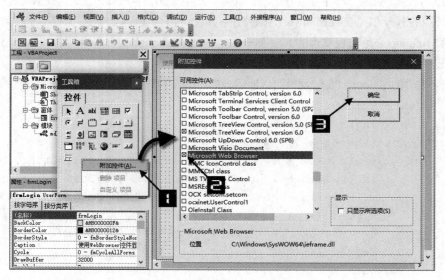

图 12.40　添加 WebBrowser 控件

使用 WebBrowser 控件显示 GIF 格式的动态图的示例代码如下。

```
#001   Private Sub UserForm_Initialize()
#002       Me.WebBrowser1.Navigate ThisWorkbook.Path & "/001.gif"
#003   End Sub
```

❖ 代码解析

第 2 行代码使用 WebBrowser 控件的 Navigate 方法，将 Navigate 方法的 url 参数设置为当前文件夹中的"001.gif"文件。

运行示例文件，结果如图 12.41 所示。

图 12.41　显示 GIF 动态图

12.18　使用 ShockwaveFlash 控件播放 Flash 文件

使用 ShockwaveFlash 控件可以在用户窗体中播放 Flash 文件。在 VBE 的【工具箱】窗口中任意位置右击，在弹出的快捷菜单中选择【附加控件】命令，在弹出的【附加控件】对话框中选中【Shockwave Flash Object】复选框，单击【确定】按钮关闭对话框，在用户窗体中添加 ShockwaveFlash 控件，如图 12.42 所示。

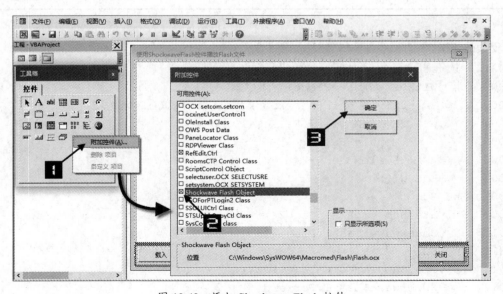

图 12.42　添加 ShockwaveFlash 控件

在用户窗体中添加 7 个按钮控件，分别用于控制 ShockwaveFlash 控件的各项功能，如图 12.43 所示。

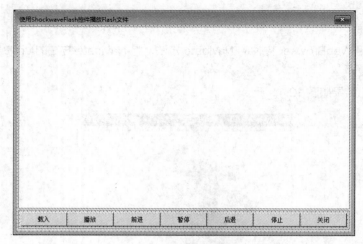

图 12.43　用户窗体控件布局

按钮控件的 Name 属性和 Caption 属性如表 12.10 所示。

表 12.10　Name 属性和 Caption 属性对照表

Name 属性	Caption 属性
cmdLogin	载入
cmdPlay	播放
cmdForward	前进
cmdStop	暂停
cmdBack	后退
cmdFinal	停止
cmdQuit	关闭

示例代码如下。

```
#001   Private Sub cmdLogin_Click()
#002      With ShockwaveFlash1
#003          .Movie = ThisWorkbook.Path & "\001.swf"
#004          .EmbedMovie = False
#005          .Menu = False
#006          .ScaleMode = 2
#007      End With
#008   End Sub
#009   Private Sub cmdPlay_Click()
#010      ShockwaveFlash1.Play
#011   End Sub
#012   Private Sub cmdForward_Click()
#013      ShockwaveFlash1.Forward
```

```
#014    End Sub
#015    Private Sub cmdStop_Click()
#016        ShockwaveFlash1.Stop
#017    End Sub
#018    Private Sub cmdBack_Click()
#019        ShockwaveFlash1.Back
#020    End Sub
#021    Private Sub cmdFinal_Click()
#022        ShockwaveFlash1.Movie = " "
#023    End Sub
#024    Private Sub cmdQuit_Click()
#025        Unload Me
#026    End Sub
```

❖ 代码解析

第 1~8 行代码是【载入】按钮的单击事件过程，将 Flash 文件加载到 ShockwaveFlash 控件并设置 ShockwaveFlash 控件的属性。

第 3 行代码设置准备播放的 Flash 文件为当前文件夹中的 "001.swf" 文件。Movie 属性设置需播放的 Flash 文件的绝对路径并且开始播放该文件。

第 4 行代码设置 EmbedMovie 属性为 False。EmbedMovie 属性设置为 False 时将把 Flash 文件嵌入 Excel 中。当载入 Flash 文件后将该属性设置为 True，播放时就不必再读 Flash 文件，但控件的 Movie 属性就不再接受新的值了。如果需要播放另一个 Flash 文件，必须先将 EmbedMovie 属性设置为 False。

第 5 行代码屏蔽 ShockwaveFlash 控件的菜单。Menu 属性设置是否显示菜单，设置为 True 显示所有菜单，设置为 False 屏蔽菜单。

第 6 行代码设置 ShockwaveFlash 控件的缩放模式为显示全部区域，长宽比例强制等于控件的长宽比例。

第 9~11 行代码是【播放】按钮的单击事件过程，使用 Play 方法播放载入的 Flash 文件。

第 12~14 行代码是【前进】按钮的单击事件过程，使用 Forward 方法前进一帧，并且停止播放 Flash 文件。

第 15~17 行代码是【暂停】按钮的单击事件过程，使用 Stop 方法停止播放 Flash 文件。

第 18~20 行代码是【后退】按钮的单击事件过程，使用 Back 方法后退一帧，并且停止播放 Flash 文件。

第 21~23 行代码是【停止】按钮的单击事件过程，将 Movie 属性设置为空使其停止播放 Flash 文件。

第 24~26 行代码是【关闭】按钮的单击事件过程，使用 Unload 方法卸载用户窗体。

运行示例代码，依次单击【载入】→【播放】按钮，如图 12.44 所示。

图 12.44　使用 ShockwaveFlash 控件播放 Flash 动画

12.19　制作进度条

如果程序执行的时间较长，使用进度条能让用户知道程序执行到何种程度、大约需等待多长时间，从而使界面显得人性化。

12.19.1　使用 ProgressBar 控件制作进度条

按照如下具体步骤操作，可以使用 ProgressBar 控件制作进度条。

步骤① 按 <Alt+F11> 组合键打开 VBE 窗口，选择【插入】→【用户窗体】选项，在用户窗体中添加进度条控件 ProgressBar，并调整为合适大小，如图 12.45 所示。

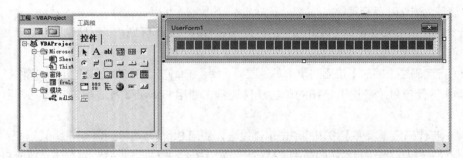

图 12.45　制作 ProgressBar 进度条

步骤② 在 VBE 窗口中选择【插入】→【模块】选项，在【代码窗口】中添加如下代码。

```
#001    Sub buildProgressBar()
#002        Dim i As Integer
#003        frmProgressBarDemo.Show 0
#004        With frmProgressBarDemo.ProgressBar1
#005            .Min = 1
#006            .Max = 10000
#007            .Scrolling = 0
#008            For i = 1 To 10000
#009                Cells(i, 1) = i
```

```
#010                .Value = i
#011                frmProgressBarDemo.Caption = _
                    "正在运行,已完成" & i / 100 & "%,请稍候!"
#012          Next i
#013       End With
#014       Unload frmProgressBarDemo
#015       Columns(1).ClearContents
#016   End Sub
```

❖ 代码解析

第 3 行代码使用 Show 方法显示进度条控件所在的窗体,并且设置为非模态显示。

第 5 行和第 6 行代码设置进度条控件的最小值和最大值,此值应与第 8 行代码中 For 循环的初值终值一致。

第 7 行代码设置进度条控件 ProgressBar 显示为有间隔的。如果将 Scrolling 属性设置为 1,则显示为无间隔的。

第 9 行代码在单元格中填充数据以演示进度条。在实际应用中可以将进度条嵌入程序的循环中。

第 11 行代码在用户窗体的标题栏中显示已完成的百分比。

第 14 行代码使用 Unload 语句卸载用户窗体。

第 15 行代码清空 A 列填充的数据。

运行 buildProgressBar 过程,填充单元格并显示进度条,效果如图 12.46 所示。

图 12.46　ProgressBar 进度条

12.19.2　使用标签控件制作进度条

按照如下具体步骤操作,可以在用户窗体中使用标签控件制作双色进度条。

步骤① 按 <Alt+F11> 组合键打开 VBE 窗口,选择【插入】→【用户窗体】选项,在用户窗体上添加框架控件 fraDemo,然后在该框架控件中添加标签控件 lblComplete。

步骤② 在控件的属性窗口中将 fraDemo 控件的 BackColor 属性设置为 &H000000FF&,使 fraDemo 控件的背景色为红色。将标签的 BackColor 属性设置为 &H0000C000&,使标签的背景色为绿色,Caption 属性设置为空,TextAlign 属性设置为 3-fmTextAlignRight,使文本右对齐。

步骤③ 将用户窗体及其控件调整为合适的大小,效果如图 12.47 所示。

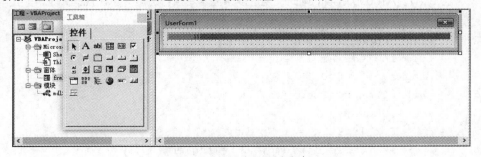

图 12.47　制作标签进度条

步骤④ 在用户窗体初始化时使用 API 函数去除其标题栏。示例代码如下。

```
#001    Private Declare Function DrawMenuBar Lib "user32" ( _
               ByVal Hwnd As Long) As Long
#002    Private Declare Function GetWindowLong Lib "user32" _
           Alias "GetWindowLongA" ( _
           ByVal Hwnd As Long, _
           ByVal nIndex As Long) As Long
#003    Private Declare Function SetWindowLong Lib "user32" _
           Alias "SetWindowLongA" ( _
           ByVal Hwnd As Long, _
           ByVal nIndex As Long, _
           ByVal dwNewLong As Long) As Long
#004    Private Declare Function FindWindow Lib "user32" _
           Alias "FindWindowA" ( _
           ByVal lpClassName As String, _
           ByVal lpWindowName As String) As Long
#005    Private Const GWL_STYLE As Long = (-16)
#006    Private Const WS_CAPTION As Long = &HC00000
#007    Private Sub UserForm_Initialize()
#008        Dim lngIStyle As Long
#009        Dim lngHwnd As Long
#010        lngHwnd = FindWindow(vbNullString, Me.Caption)
#011        lngIStyle = GetWindowLong(lngHwnd, GWL_STYLE)
#012        lngIStyle = lngIStyle And Not WS_CAPTION
#013        SetWindowLong lngHwnd, GWL_STYLE, lngIStyle
#014        DrawMenuBar lngHwnd
#015        frmLableProgress.Height = 28
#016    End Sub
```

❖ 代码解析

第 1~6 行代码是 API 函数和常量声明语句。

第 10 行代码获取用户窗体的句柄。

第 11~14 行代码去除窗体标题栏。

第 15 行代码设置用户窗体的高度。

为单元格区域 A1：A10000 赋值的同时使用进度条显示其执行进度，示例代码如下。

```
#001    Sub lblProgress()
#002        Dim lngMax As Long
#003        Dim lngTemp As Integer
#004        lngMax = 10000
#005        With frmLableProgress
#006            .Show 0
#007            For lngTemp = 1 To lngMax
#008                Cells(lngTemp, 1) = lngTemp
#009                .lblComplete.Width = lngTemp / lngMax * .fraDemo.Width
```

```
#010                    .lblComplete.Caption = _
                           Round(lngTemp / lngMax * 100, 0) & "%"
#011               DoEvents
#012          Next lngTemp
#013       End With
#014       Unload frmLableProgress
#015   End Sub
```

❖ 代码解析

第 4 行代码设置循环最大值。

第 6 行代码使用 Show 方法显示非模态窗体。

第 8 行代码在单元格中填充数据，在实际应用中可以将进度条嵌入程序的循环中。

第 9 行代码根据程序运行进度动态设置标签控件 lblComplete 的宽度，使之达到显示进度的效果。

第 10 行代码使用标签显示已完成百分比。

第 11 行代码使用 DoEvents 函数转让控制权。DoEvents 函数将控制权传给操作系统。当操作系统处理完队列中的事件，并且在 SendKeys 队列中的所有键也都已送出之后，返回控制权。如果不使用 DoEvents 函数转让控制权，进度条则不能正常显示。

第 14 行代码使用 Unload 语句卸载用户窗体。

运行 lblProgress 过程，结果如图 12.48 所示。

图 12.48　标签进度条

12.20　不打印工作表中的控件

在打印工作表时，工作表中的控件也会被打印出来，这样有时会影响打印的效果，其实经过简单的设置就能够实现不打印工作表中的控件。

12.20.1　工作表中的表单控件

对于工作表中的表单控件，可以在控件上右击，在弹出的快捷菜单中选择【设置控件格式】命令，在弹出的【设置控件格式】对话框中选择【属性】选项卡，然后取消选中【打印对象】复选框，单击【确定】按钮关闭对话框，如图 12.49 所示。

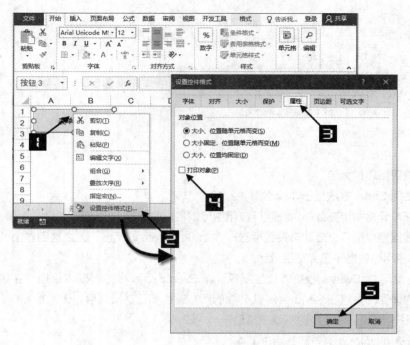

图 12.49　设置控件格式

12.20.2　工作表中的 ActiveX 控件

对于工作表中的 ActiveX 控件，除了使用 12.20.1 小节中的方法外，还可以单击【开发工具】选项卡中的【设计模式】按钮，在控件上右击，在弹出的快捷菜单中选择【属性】命令，在弹出的【属性】对话框中设置控件的【PrintObject 属性】为 False，如图 12.50 所示。

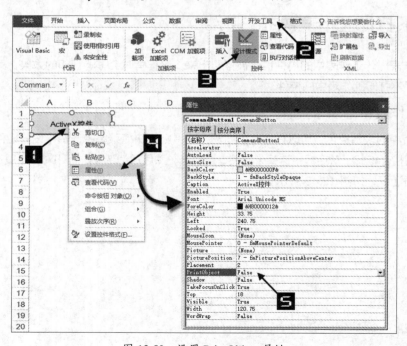

图 12.50　设置 PrintObject 属性

12.21 遍历控件的多种方法

如果用户窗体或工作表中有多个控件，那么在编写控件代码时应尽量使用变量在控件集合中循环，而无须为每个控件都编写相同的代码，以减少代码量。

12.21.1 使用名称中的变量遍历控件

如果控件使用系统默认名称，如"TextBox1""TextBox2"，即前面是固定的字符串，后面是序号，那么可以使用 For 结构循环遍历控件。

在用户窗体中清空文本框内容，示例代码如下。

```
#001  Private Sub cmdClear_Click()
#002      Dim i As Integer
#003      For i = 1 To 3
#004          Me.Controls("TextBox" & i) = ""
#005      Next i
#006  End Sub
```

❖ 代码解析

第 4 行代码将变量 i 作为窗体中 3 个文本框名称中末尾的数字，在循环中逐个清空文本框控件的内容。

利用 **OLEObjects** 方法清空工作表中的文本框控件中的内容，示例代码如下。

```
#001  Sub ClearText()
#002      Dim i As Integer
#003      For i = 1 To 3
#004          Sheet1.OLEObjects("TextBox" & i).Object.Text = ""
#005      Next i
#006  End Sub
```

❖ 代码解析

第 4 行代码将工作表中 3 个文本框名称中的最后以数字表示的序号以变量表示，使用 OLEObjects 方法逐个清空各文本框控件的内容。

OLEObjects 方法返回图表或工作表中的单个 OLE 对象（OLEObject）或者所有 OLE 对象的集合（OLEObjects 集合），其语法格式如下。

表达式 .OLEObjects(Index)

表达式是必需的，代表 Chart 对象或 Worksheet 对象。

参数 Index 是可选的，表示 OLE 对象的名称或编号。

注意

> 控件的名称是指控件在【属性】窗口中的名称，如图 12.51 所示。如果控件的名称没有规律则不适用此方法。

图 12.51　控件【属性】窗口中的名称

12.21.2　使用对象类型遍历控件

如果用户窗体中控件的名称没有规律，则可使用 For Each 循环结构遍历用户窗体中所有的控件，使用 TypeName 函数返回控件的对象类型，然后根据控件的对象类型进行相应的操作。

遍历用户窗体中所有的控件并清空文本框的内容，示例代码如下。

```
#001  Private Sub cmbClear_Click()
#002      Dim objControl_Temp As Control
#003      For Each objControl_Temp In Me.Controls
#004          If TypeName(objControl_Temp) = "TextBox" Then
#005              objControl_Temp.Text = ""
#006          End If
#007      Next objControl_Temp
#008      Set objControl_Temp = Nothing
#009  End Sub
```

❖ 代码解析

第 3~7 行代码使用 For Each 循环结构遍历用户窗体中的所有控件。

第 4 行代码使用 TypeName 函数返回变量的对象类型。

TypeName 函数返回字符串，提供有关变量的信息，其语法格式如下。

```
TypeName(varname)
```

其中，参数 varname 是必需的，包含用户定义类型变量之外的任何变量。

如果变量是文本框控件，那么无论该文本框的名称是否已经被修改，TypeName(objControl_Temp) 都将返回"TextBox"字符串。

运行如下代码可以遍历工作表中的控件。

```
#001  Sub ClearText()
#002      Dim objOLE_Temp As OLEObject
#003      For Each objOLE_Temp In Sheet1.OLEObjects
#004          If TypeName(objOLE_Temp.Object) = "TextBox" Then
```

```
#005                objOLE_Temp.Object.Text = ""
#006           End If
#007       Next objOLE_Temp
#008       Set objOLE_Temp = Nothing
#009   End Sub
```

12.21.3 使用程序标识符遍历控件

如果工作表中的控件名称没有规律，那么在遍历工作表中的所有控件时，可以根据控件的程序标识符找到相应的控件，示例代码如下。

```
#001   Sub ClearText()
#002       Dim objOLE_Temp As OLEObject
#003       For Each objOLE_Temp In Sheet1.OLEObjects
#004           If objOLE_Temp.progID = "Forms.TextBox.1" Then
#005                objOLE_Temp.Object.Text = ""
#006           End If
#007       Next objOLE_Temp
#008       Set objOLE_Temp = Nothing
#009   End Sub
```

❖ 代码解析

第 3~7 行代码使用 For Each 循环结构遍历工作表中的所有控件。

第 4 行代码使用 progID 属性返回控件的程序标识符，判断控件是否为文本框控件，如果是则清空其内容。

progID 属性返回控件的程序标识符，其语法格式如下。

表达式 .ProgId

ActiveX 控件的程序标识符如表 12.11 所示。

表 12.11　ActiveX 控件的程序标识符

控件名称	标识符
复选框	Forms.CheckBox.1
组合框	Forms.ComboBox.1
命令按钮	Forms.CommandButton.1
框架	Forms.Frame.1
图像	Forms.Image.1
标签	Forms.Label.1
列表框	Forms.ListBox.1
多页	Forms.ListBox.1
选项按钮	Forms.OptionButton.1
滚动条	Forms.ScrollBar.1
旋转按钮	Forms.SpinButton.1
TabStrip	Forms.TabStrip.1
文本框	Forms.TextBox.1
切换按钮	Forms.ToggleButton.1

例如，文本框控件的程序标识符是"Forms.TextBox.1"，此返回值并不受文本框控件名称的影响，因此根据工作表中控件的程序标识符就可以找出全部的文本框控件。

12.21.4 使用 FormControlType 属性遍历控件

对于工作表中的表单控件，可以遍历工作表中的所有图形并根据其 FormControlType 属性返回特定的表单控件，示例代码如下。

```
#001    Sub ControlType()
#002        Dim shpTemp As Shape
#003        For Each shpTemp In Sheet1.Shapes
#004            With shpTemp
#005                If .Type = msoFormControl Then
#006                    If .FormControlType = xlCheckBox Then
#007                        If .ControlFormat.Value = 1 Then
#008                            .ControlFormat.Value = -4146
#009                        Else
#010                            .ControlFormat.Value = 1
#011                        End If
#012                    End If
#013                End If
#014            End With
#015        Next shpTemp
#016        Set shpTemp = Nothing
#017    End Sub
```

❖ 代码解析

第 3~15 行代码使用 For Each 循环结构遍历工作表中的所有 Shape 对象。

第 5 行代码根据返回的 Type 属性判断图形是否为表单控件。应用于 Shape 对象的 Type 属性返回或设置图形类型，如果是表单控件则返回 msoFormControl 常量。

第 6 行代码根据控件的 FormControlType 属性判断表单控件是否为复选框控件。FormControlType 属性返回表单控件的类型，可以为表 12.12 所示的 xlFormControl 常量之一。

表 12.12 xlFormControl 常量

常量	值	说明
xlButtonControl	0	按钮
xlCheckBox	1	复选框
xlDropDown	2	组合框
XlEditbox	3	文本框
xlGroupBox	4	分组框
xlLabel	5	标签
xlListBox	6	列表框
xlOptionButton	7	选项按钮
xlScrollBar	8	滚动条
xlSpinner	9	微调项

第 7 行代码判断控件当前状态。

第 8 行代码当复选框为选中状态时设置取消选中。

第 10 行代码当复选框为未选中状态时选中复选框。

12.22　使用代码在工作表中添加控件

对于工作表中的控件，除了在设计时手工添加外，还可以使用代码完成添加操作。

12.22.1　使用 AddFormControl 方法添加表单控件

使用 AddFormControl 方法在工作表中添加按钮控件，示例代码如下。

```
#001  Sub AddButton()
#002      Dim shpTemp As Shape
#003      On Error Resume Next
#004      Sheet1.Shapes("MyButton").Delete
#005      On Error GoTo 0
#006      Set shpTemp = Sheet1.Shapes.AddFormControl(0, 60, 20, 120, 30)
#007      With shpTemp
#008          .Name = "MyButton"
#009          With .TextFrame.Characters
#010              .Font.ColorIndex = 0
#011              .Font.Size = 12
#012              .Text = " 新建的按钮 "
#013          End With
#014          .OnAction = "MyButton"
#015      End With
#016      Set shpTemp = Nothing
#017  End Sub
#018  Sub MyButton()
#019      MsgBox " 这是使用 AddFormControl 方法新建的按钮！"
#020  End Sub
```

❖ 代码解析

第 4 行代码为了避免因多次运行程序而在工作表中重复添加按钮控件，先删除工作表中的 "MyButton" 按钮。

第 6 行代码使用 AddFormControl 方法在工作表中添加按钮控件。应用于 Shapes 对象的 AddFormControl 方法返回 Shape 对象，该对象代表新建的控件，其语法格式如下。

　　表达式 .AddFormControl(Type, Left, Top, Width, Height)

参数 Type 是必需的，为 Microsoft Excel 控件类型，可以为表 12.12 所列 xlFormControl 常量之一。

参数 Left 和 Top 是必需的，用于指定新对象相对于工作表 A1 单元格的左上角或图表的左上角的初始坐标。

参数 Width 和 Height 是必需的，用于指定新对象的初始大小。

第 8 行代码设置按钮控件的名称为 "MyButton"。

第 10 行代码设置按钮控件的标题文字的颜色。

第 11 行代码设置按钮控件的标题文字的字号。

第 12 行代码设置按钮控件的标题为"新建的按钮"。

第 14 行代码指定新添加按钮控件所执行的宏名称。

MyButton 过程是单击新添加按钮控件所执行的 VBA 过程，将显示消息框。

运行 AddButton 过程将在工作表中添加按钮控件，单击【新建的按钮】按钮弹出消息框，如图 12.52 所示。

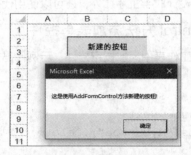

图 12.52　使用 AddFormControl 方法添加表单控件

12.22.2　使用 Add 方法添加表单控件

除使用 AddFormControl 添加表单控件外，还可以使用 Add 方法在工作表中添加表单控件，示例代码如下。

```
#001  Sub AddButton()
#002      Dim cmdTemp As Button
#003      On Error Resume Next
#004      Sheet1.Shapes("MyButton").Delete
#005      On Error GoTo 0
#006      Set cmdTemp = Sheet1.Buttons.Add(60, 20, 120, 30)
#007      With cmdTemp
#008          .Name = "MyButton"
#009          .Font.Size = 12
#010          .Font.ColorIndex = 0
#011          .Characters.Text = " 新建的按钮 "
#012          .OnAction = "MyButton"
#013      End With
#014      Set cmdTemp = Nothing
#015  End Sub
#016  Sub MyButton()
#017      MsgBox " 这是使用 Add 方法新建的按钮！"
#018  End Sub
```

❖ 代码解析

第 6 行代码使用 Add 方法在工作表中添加按钮控件。应用于表单控件集合的 Add 方法的语法格式如下。

表达式 .Add(Left, Top, Width, Height)

表达式是必需的，代表表单控件集合。

如果需要在工作表中添加其他表单控件，那么可以将表达式设置为表 12.13 所示的表单控件集合对象之一。

表 12.13　表单控件集合

类型	表单控件集合
复选框	CheckBoxes
组合框	DropDowns
标签	Labels
列表框	ListBoxes
选项按钮	OptionButtons
滚动条	ScrollBars
微调项	Spinners

参数 Left 和 Top 是必需的，用于指定新对象相对于工作表 A1 单元格的左上角或图表的左上角的初始坐标。

参数 Width 和 Height 是必需的，用于指定新对象的初始大小。

运行 AddButton 过程将在工作表中添加按钮控件，单击【新建的按钮】按钮弹出消息框，如图 12.53 所示。

图 12.53　使用 Add 方法添加按钮控件

12.22.3　使用 Add 方法添加 ActiveX 控件

使用 Add 方法在工作表中添加 ActiveX 控件中的按钮控件及相应的代码，示例代码如下。

```
#001  Sub AddButton()
#002      Dim objOLE_Temp As New OLEObject
#003      On Error Resume Next
#004      Sheet1.OLEObjects("MyButton").Delete
#005      On Error GoTo 0
#006      Set objOLE_Temp = Sheet1.OLEObjects.Add( _
              ClassType:="Forms.CommandButton.1", _
              Left:=60, Top:=20, Width:=120, Height:=30)
#007      With objOLE_Temp
#008          .Name = "MyButton"
#009          .Object.Caption = " 新建的按钮 "
#010          .Object.Font.Size = 12
```

```
#011                .Object.ForeColor = vbBlack
#012            End With
#013            With ActiveWorkbook.VBProject.VBComponents( _
                    Sheet1.CodeName).CodeModule
#014                If .Lines(1, 1) <> "Option Explicit" Then
#015                    .InsertLines 1, "Option Explicit"
#016                End If
#017                If .Lines(2, 1) = "Private Sub MyButton_Click()" _
                        Then Exit Sub
#018                .InsertLines 2, "Private Sub MyButton_Click()"
#019                .InsertLines 3, vbTab & _
                        "MsgBox ""这是使用 Add 方法新建的按钮！"""
#020                .InsertLines 4, "End Sub"
#021            End With
#022            Set objOLE_Temp = Nothing
#023    End Sub
```

❖ 代码解析

第 6 行代码使用 Add 方法向工作表中添加 ActiveX 控件中的按钮控件。应用于 OLEObjects 对象的 Add 方法的语法格式如下。

表达式 .Add(ClassType,FileName,Link,DisplayAsIcon,IconFileName,IconIndex, IconLabel,Left,Top,Width,Height)

参数 ClassType 是可选的，创建对象的程序标识符。如果指定了 ClassType 参数，则忽略 FileName 参数和 Link 参数。

示例中指定添加控件的程序标识符为 "Forms.CommandButton.1"，即添加的是命令按钮控件，关于程序标识符请参阅 12.21.3 小节中的表 12.11。

参数 Left 和 Top 是可选的，用于指定新对象相对于工作表 A1 单元格的左上角或图表的左上角的初始坐标。

参数 Width 和 Height 是可选的，用于指定新对象的初始大小。

第 13~21 行代码在工作表中写入按钮控件的单击事件过程代码。

注意 　　　ActiveX控件不能像表单控件那样使用OnAction属性来指定宏名称，需要使用Code-Module对象的InsertLines方法插入代码。

运行 AddButton 过程将在工作表中添加按钮控件及相应的代码，单击【新建的按钮】按钮弹出消息框，如图 12.54 所示。

图 12.54　使用 Add 方法添加 ActiveX 控件

12.22.4　使用 AddOLEObject 方法添加 ActiveX 控件

使用 AddOLEObject 方法也可以在工作表中添加 ActiveX 控件，示例代码如下。

```
#001    Sub AddButton()
#002        Dim shpTemp As Shape
```

```
#003        On Error Resume Next
#004        Sheet1.Shapes("MyButton").Delete
#005        On Error GoTo 0
#006        Set shpTemp = Sheet1.Shapes.AddOLEObject( _
                ClassType:="Forms.CommandButton.1", _
                Left:=60, Top:=20, Width:=120, Height:=30)
#007        shpTemp.Name = "MyButton"
#008        With ActiveWorkbook.VBProject.VBComponents( _
                Sheet1.CodeName).CodeModule
#009            If .Lines(1, 1) <> "Option Explicit" Then
#010                .InsertLines 1, "Option Explicit"
#011            End If
#012            If .Lines(2, 1) = "Private Sub MyButton_Click()" _
                Then Exit Sub< 更新代码避免断行
#013            .InsertLines 2, "Private Sub MyButton_Click()"
#014            .InsertLines 3, vbTab & _
                "MsgBox ""这是使用 AddOLEObject 方法新建的按钮!"""
#015            .InsertLines 4, "End Sub"
#016        End With
#017        Set shpTemp = Nothing
#018  End Sub
```

❖ 代码解析

第 6 行代码使用 AddOLEObject 方法在工作表中添加 ActiveX 控件中的按钮控件，AddOLEObject 方法创建 OLE 对象，其语法格式如下。

表 达 式 .AddOLEObject(ClassType, Filename, Link, DisplayAsIcon,IconFile-Name,IconIndex, IconLabel, Left, Top, Width, Height)

其中，表达式是必需的，代表 Shapes 对象。其他参数与 Add 方法类似，请参阅 12.22.3 小节。

运行 AddButton 过程将在工作表中添加按钮控件及相应的代码，单击【CommandButton1】按钮控件弹出消息框，如图 12.55 所示。

图 12.55　使用 AddOLEObject 方法添加 ActiveX 控件

第 13 章 用户窗体的应用

用户窗体（即 UserForm 窗体对象）用于加载控件。利用用户窗体可以增强与用户的交互，从而使用户体验更加直观。用户窗体可以脱离工作表和单元格等数据载体，用户只需要在用户窗体中进行相应操作，即可完成对工作表数据的加工处理。

13.1 调用用户窗体

在 VBE 窗口中选择【插入】→【用户窗体】选项，即可在当前工作簿文件中插入用户窗体，默认名称为"UserForm1"，在右侧窗口中可以对用户窗体进行编辑，如图 13.1 所示。

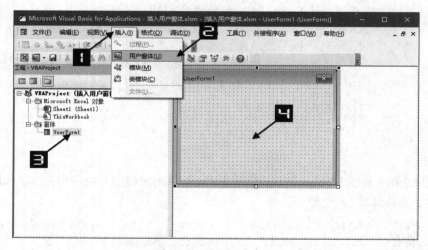

图 13.1　插入用户窗体

在 VBA 中显示用户窗体可以使用 Show 方法，其语法格式如下。

```
[object.]Show modal
```

其中，object 是可选的，其值为"应用于"列表中的对象。如果省略 object，则将与活动的窗体模块相关联的用户窗体当作 object。

参数 modal 是可选的，决定窗体是模态的还是非模态的，其常量值如表 13.1 所示。

表 13.1　modal 参数的常量值

常量	值	说明
vbModal	1	UserForm 是模态的，默认值
vbModeless	0	UserForm 是非模态的

13.1.1 调用模态用户窗体

当用户窗体以模态显示时，用户在使用应用程序的其他部分（如操作工作表单元格）之前必须对用户窗体做出响应，并且在隐藏或卸载用户窗体之前无法执行后续代码。

如果将用户窗体的显示模式设置为模态的，那么只能在用户窗体关闭后才为单元格赋值，示例代码如下。

```
#001  Sub FormModeless()
#002      Dim i As Integer
#003      frmLogin.Show 1
#004      For i = 1 To 1000
#005          Sheet1.Cells(i, 1) = i
#006      Next i
#007  End Sub
```

❖ 代码解析

第 3 行代码设置用户窗体的显示方式为模态的。

第 4~6 行代码利用 For 循环结构为单元格赋值。

13.1.2　调用非模态用户窗体

如果需要用户窗体显示期间对单元格进行赋值，则需要将用户窗体以非模态显示，示例代码如下。

```
#001  Sub FormModeless()
#002      Dim i As Integer
#003      frmLogin.Show 0
#004      For i = 1 To 1000
#005          Sheet1.Cells(i, 1) = i
#006      Next i
#007  End Sub
```

❖ 代码解析

第 3 行代码设置用户窗体的显示方式为非模态的。

第 4~6 行代码利用 For 循环结构为单元格赋值。运行示例代码，在显示用户窗体的同时将完成单元格赋值，如图 13.2 所示。

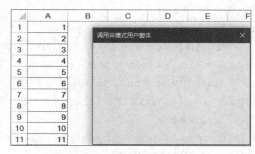

图 13.2　调用非模态用户窗体

13.2　制作欢迎界面窗体

很多应用软件在打开时会显示无标题栏和边框的欢迎界面，然后自行关闭，例如，Excel 的欢迎界面如图 13.3 所示。

在 VBA 中使用 API 函数也可以实现类似的效果。按照如

图 13.3　Excel 欢迎界面

下具体步骤操作，将制作持续显示 5 秒的欢迎界面。

步骤① 按 <Alt+F11> 组合键打开 VBE 窗口，选择【插入】→【用户窗体】选项，在示例文件中插入用户窗体。

步骤② 在用户窗体的【属性】窗口中单击 Picture 属性右侧的按钮，在弹出的【加载图片】对话框中浏览选择所需图片文件作为欢迎窗口背景图。

步骤③ 双击用户窗体，在其【代码窗口】中输入如下代码。

```
#001    Private Declare Function DrawMenuBar Lib "user32" ( _
                ByVal Hwnd As Long) As Long
#002    Private Declare Function GetWindowLong Lib "user32" _
                Alias "GetWindowLongA" ( _
                ByVal Hwnd As Long, _
                ByVal nIndex As Long) As Long
#003    Private Declare Function SetWindowLong Lib "user32" _
                Alias "SetWindowLongA" ( _
                ByVal Hwnd As Long, _
                ByVal nIndex As Long, _
                ByVal dwNewLong As Long) As Long
#004    Private Declare Function FindWindow Lib "user32" _
                Alias "FindWindowA" ( _
                ByVal lpClassName As String, _
                ByVal lpWindowName As String) As Long
#005    Private Const GWL_STYLE As Long = (-16)
#006    Private Const GWL_EXSTYLE = (-20)
#007    Private Const WS_CAPTION As Long = &HC00000
#008    Private Const WS_EX_DLGMODALFRAME = &H1&
#009    Private Sub UserForm_Initialize()
#010        Dim lngIStyle As Long
#011        Dim lngHwnd As Long
#012        lngHwnd = FindWindow(vbNullString, Me.Caption)
#013        lngIStyle = GetWindowLong(lngHwnd, GWL_STYLE)
#014        lngIStyle = lngIStyle And Not WS_CAPTION
#015        SetWindowLong lngHwnd, GWL_STYLE, lngIStyle
#016        DrawMenuBar lngHwnd
#017        lngIStyle = GetWindowLong(lngHwnd, GWL_EXSTYLE) And _
                Not WS_EX_DLGMODALFRAME
#018        SetWindowLong lngHwnd, GWL_EXSTYLE, lngIStyle
#019        Application.OnTime Now + TimeValue("00:00:05"), "CloseForm"
#020    End Sub
```

❖ 代码解析

第 1~8 行代码是 API 函数和相关常量声明语句。

第 12 行代码获取窗口句柄。

第 13~16 行代码去除窗体标题栏。

第 17 行和第 18 行代码去除窗体边框。

第 19 行代码使用 OnTime 方法指定在 5 秒钟后调用 CloseForm 过程卸载窗体。OnTime 方法请参阅 2.6 节。

步骤④ 在【工程资源浏览器】窗口中双击 ThisWorkbook，然后在其【代码窗口】中输入如下代码。

```
#001    Private Sub Workbook_Open()
#002        frmLogin.Show
#003    End Sub
```

步骤⑤ 在 VBE 中选择【插入】→【模块】选项，在示例文件中添加模块，在模块的【代码窗口】中输入如下代码。

```
#001    Sub CloseForm()
#002        Unload frmLogin
#003    End Sub
```

❖ 代码解析

在用户窗体的初始化事件使用 OnTime 方法调用此过程时，第 2 行代码使用 Unload 语句卸载用户窗体。

保存并关闭示例文件，然后重新打开该工作簿会出现如图 13.4 所示的欢迎界面，5 秒后自行关闭。

图 13.4　制作欢迎界面窗体

13.3　在用户窗体标题栏上添加最大化和最小化按钮

与多数 Windows 应用程序窗体不同的是，在 VBA 中添加的用户窗体的标题栏只有关闭按钮，没有最大化和最小化按钮。使用API函数可以在用户窗体的标题栏上添加最大化和最小化按钮,示例代码如下。

```
#001    Private Declare Function FindWindow Lib "user32" Alias _
            "FindWindowA" (ByVal lpClassName As String, _
                ByVal lpWindowName As String) As Long
#002    Private Declare Function GetWindowLong Lib "user32" Alias _
            "GetWindowLongA" (ByVal hWnd As Long, _
                ByVal nIndex As Long) As Long
#003    Private Declare Function SetWindowLong Lib "user32" Alias _
            "SetWindowLongA" (ByVal hWnd As Long, _
                ByVal nIndex As Long, _
                ByVal dwNewLong As Long) As Long
#004    Private Const WS_MAXIMIZEBOX = &H10000
#005    Private Const WS_MINIMIZEBOX = &H20000
#006    Private Const GWL_STYLE = (-16)
#007    Private Sub UserForm_Initialize()
#008        Dim lngWndForm As Long
#009        Dim lngStyle As Long
#010        lngWndForm = FindWindow(vbNullString, Me.Caption)
#011        lngStyle = GetWindowLong(lngWndForm, GWL_STYLE)
#012        lngStyle = lngStyle Or WS_MINIMIZEBOX
#013        lngStyle = lngStyle Or WS_MAXIMIZEBOX
#014        SetWindowLong lngWndForm, GWL_STYLE, lngStyle
#015    End Sub
```

❖ 代码解析

第 1~6 行代码是 API 函数和常量声明语句。

第 10 行代码获取窗口句柄。

第 11~14 行代码在标题栏上添加最大化和最小化按钮。

运行用户窗体后效果如图 13.5 所示。

图 13.5　在用户窗体标题栏上添加最大化和最小化按钮

13.4　禁用用户窗体标题栏的关闭按钮

13.4.1　利用 QueryClose 事件禁止关闭窗体

单击用户窗体标题栏上的【关闭】按钮将关闭窗体,利用窗体的 QueryClose 可以禁用此功能,示例代码如下。

```
#001    Private Sub UserForm_QueryClose(Cancel As Integer, CloseMode As Integer)
#002        If CloseMode <> 1 Then
#003            Cancel = True
#004            MsgBox "请点击按钮关闭用户窗体!"
#005        End If
#006    End Sub
```

❖ 代码解析

上述代码为用户窗体的 QueryClose 事件，该事件发生在用户窗体关闭之前，其语法格式如下。

```
Private Sub UserForm_QueryClose(Cancel As Integer, CloseMode As Integer)
```

其中，参数 Cancel 是可选的，为整数类型。将此参数设置成非零值，可以在所有加载的用户窗体中停止 QueryClose 事件，并防止用户窗体被关闭。

参数 CloseMode 是可选的，为一个值或常量，获取触发 QueryClose 事件的原因。

CloseMode 参数的常量值如表 13.2 所示。

表 13.2　CloseMode 参数的常量值

常量	值	说明
vbFormControlMenu	0	用户在 UserForm 上选择"控制"菜单中的【关闭】命令
VbFormCode	1	代码中调用 Unload 语句
vbAppWindows	2	正在结束当前 Windows 操作环境的过程（仅用于 Visual Basic 5.0）
vbAppTaskManager	3	Windows 的"任务管理器"正在关闭这个应用（仅用于 Visual Basic 5.0）

第 2~5 行代码利用 If 条件语句判断用户窗体是否由代码调用 Unload 语句关闭窗体，如果不是则停止关闭过程并显示提示信息，从而禁用窗体标题栏上的关闭按钮。

单击用户窗体标题栏的关闭按钮，将弹出消息框提示"请点击按钮关闭用户窗体"，如图 13.6 所示。

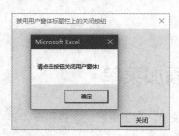

图 13.6　禁用用户窗体标题栏上的关闭按钮

13.4.2　利用 API 函数实现禁止关闭窗体

除了利用窗体事件禁止关闭窗体之外，也可以用 API 函数来实现该功能，示例代码如下。

```
#001   Private Declare Function FindWindow Lib "user32" _
           Alias "FindWindowA" ( _
           ByVal lpClassName As String, _
           ByVal lpWindowName As String) As Long
#002   Private Declare Function GetSystemMenu Lib "user32" ( _
           ByVal Hwnd As Long, _
           ByVal bRevert As Long) As Long
#003   Private Declare Function RemoveMenu Lib "user32" ( _
           ByVal hMenu As Long, _
           ByVal nPosition As Long, _
           ByVal wFlags As Long) As Long
#004   Private Const MF_REMOVE = &H1000
#005   Private Const SC_CLOSE = &HF060
```

```
#006    Private Sub UserForm_Initialize()
#007        Dim lngMenu As Long
#008        Dim lngHwnd As Long
#009        lngHwnd = FindWindow(vbNullString, Me.Caption)
#010        lngMenu = GetSystemMenu(lngHwnd, 0)
#011        RemoveMenu lngMenu, SC_CLOSE, MF_REMOVE
#012    End Sub
#013    Private Sub cmdQuit_Click()
#014        Unload Me
#015    End Sub
```

❖ 代码解析

第 1~5 行代码是 API 函数和常量声明语句。

第 9 行代码获取用户窗体的句柄。

第 10 行代码获取用户窗体控制菜单的句柄。

第 11 行代码禁用用户窗体的关闭按钮。

注意

在禁用关闭按钮的用户窗体中，一定要在该窗体中设置可以正常关闭窗体的途径（如添加"退出"按钮），否则用户将无法关闭此窗体，只能在 Windows 任务管理器中结束 Excel 的进程。

13.5   在用户窗体上添加菜单

VBA 中的用户窗体并没有提供菜单，为了更好地增强用户体验，可以使用 API 函数在用户窗体上添加菜单，具体操作过程如下。

步骤① 在【工程资源管理器】中双击用户窗体，在其【代码窗口】中输入如下代码，实现在用户窗体加载时，为窗体添加菜单。

```
#001    Private Declare Function FindWindow Lib "user32" _
            Alias "FindWindowA" ( _
                ByVal lpClassName As String, _
                ByVal lpWindowName As String) As Long
#002    Private Declare Function SetMenu Lib "user32" ( _
                ByVal Hwnd As Long, ByVal hMenu As Long) As Long
#003    Private Declare Function CreateMenu Lib "user32" () As Long
#004    Private Declare Function AppendMenu Lib "user32" _
            Alias "AppendMenuA" ( _
                ByVal hMenu As Long, _
                ByVal wFlags As Long, _
                ByVal wIDNewItem As Long, _
                ByVal lpNewItem As Any) As Long
#005    Private Declare Function DestroyMenu Lib "user32" ( _
```

```
                ByVal hMenu As Long) As Long
#006    Private Declare Function CreatePopupMenu Lib "user32" () As Long
#007    Private Declare Function SetWindowLong Lib "user32" _
            Alias "SetWindowLongA" ( _
                ByVal Hwnd As Long, _
                ByVal nIndex As Long, _
                ByVal dwNewLong As Long) As Long
#008    Private Declare Function GetWindowLong Lib "user32" _
            Alias "GetWindowLongA" ( _
                ByVal Hwnd As Long, _
                ByVal nIndex As Long) As Long
#009    Private Const GWL_WNDPROC = (-4)
#010    Private Const MF_STRING = &H0&
#011    Private Const MF_POPUP = &H10&
#012    Dim mlngMenuWnd As Long
#013    Dim mlngDump As Long
#014    Dim mlngPopupMenuID As Long
#015    Private Sub UserForm_Initialize()
#016        glngHwnd = FindWindow(vbNullString, Me.Caption)
#017        mlngMenuWnd = CreateMenu()
#018        mlngPopupMenuID = CreatePopupMenu()
#019        mlngDump = AppendMenu(mlngMenuWnd, MF_STRING + MF_POPUP, _
                mlngPopupMenuID, "文件 (&F)")
#020        mlngDump = AppendMenu(mlngPopupMenuID, _
                MF_STRING, 100, "保存 (&S)")
#021        mlngDump = AppendMenu(mlngPopupMenuID, MF_STRING, _
                101, "备份 (&E)")
#022        mlngDump = AppendMenu(mlngPopupMenuID, MF_STRING, _
                102, "退出 (&X)")
#023        mlngPopupMenuID = CreatePopupMenu()
#024        mlngDump = AppendMenu(mlngMenuWnd, MF_STRING + MF_POPUP, _
                mlngPopupMenuID, "账户 (&A)")
#025        mlngDump = AppendMenu(mlngPopupMenuID, MF_STRING, _
                110, "账户管理 (&L)")
#026        mlngDump = AppendMenu(mlngPopupMenuID, MF_STRING, _
                111, "账户转账 (&C)")
#027        mlngPopupMenuID = CreatePopupMenu()
#028        mlngDump = AppendMenu(mlngMenuWnd, MF_STRING + MF_POPUP, _
                mlngPopupMenuID, "记账 (&R)")
#029        mlngDump = AppendMenu(mlngPopupMenuID, MF_STRING, _
                112, "支出录入 (&T)")
#030        mlngDump = AppendMenu(mlngPopupMenuID, MF_STRING, _
                113, "收入录入 &J)")
#031        mlngPopupMenuID = CreatePopupMenu()
```

```
#032        mlngDump = AppendMenu(mlngMenuWnd, MF_STRING + MF_POPUP, _
                mlngPopupMenuID, "查询(&Q)")
#033        mlngDump = AppendMenu(mlngPopupMenuID, MF_STRING, _
                114, "支出查询(&F)")
#034        mlngDump = AppendMenu(mlngPopupMenuID, MF_STRING, _
                115, "收入查询(&Y)")
#035        mlngDump = SetMenu(glngHwnd, mlngMenuWnd)
#036        glngPreWinProc = GetWindowLong(glngHwnd, GWL_WNDPROC)
#037        SetWindowLong glngHwnd, GWL_WNDPROC, AddressOf lngMsgProcess
#038    End Sub
#039    Private Sub UserForm_Terminate()
#040        DestroyMenu mlngMenuWnd
#041        DestroyMenu mlngPopupMenuID
#042        SetWindowLong glngHwnd, GWL_WNDPROC, glngPreWinProc
#043    End Sub
```

❖ 代码解析

第 1~11 行代码为 API 函数和常量声明语句。

第 15~38 行代码是用户窗体的 Initialize 事件过程，在用户窗体加载时使用 API 函数为用户窗体添加菜单。

第 19 行代码添加【文件】菜单。

第 20~22 行代码在【文件】菜单中添加 3 个菜单项。

第 23~26 行代码在【账户】菜单中添加 2 个菜单项。

第 27~30 行代码在【记账】菜单中添加 2 个菜单项。

第 31~34 行代码在【查询】菜单中添加 2 个菜单项。

第 37 行代码为用户窗体中添加的菜单指定执行名称为 lngMsgProcess 的自定义函数。

第 39~43 行代码是用户窗体的 Terminate 事件过程，用在窗体卸载后释放所占用的相关系统资源。

步骤② 在模块【代码窗口】中输入如下自定义函数代码，实现单击不同的菜单项时，显示所单击的菜单名称。

```
#001    Private Declare Function CallWindowProc Lib "user32" _
            Alias "CallWindowProcA" ( _
            ByVal lpPrevWndFunc As Long, _
            ByVal Hwnd As Long, _
            ByVal Msg As Long, _
            ByVal wParam As Long, _
            ByVal lParam As Long) As Long
#002    Public glngPreWinProc As Long, glngHwnd As Long
#003    Function lngMsgProcess(ByVal lngHwnd As Long, _
                            ByVal lngMsg As Long, _
                            ByVal lngwParam As Long, _
                            ByVal lnglParam As Long) As Long
#004        Select Case lngwParam
#005            Case 100
```

```
#006                 MsgBox "你选择的是""保存""菜单项!"
#007             Case 101
#008                 MsgBox "你选择的是""备份""菜单项!"
#009             Case 102
#010                 Unload frmMenu
#011             Case 110
#012                 MsgBox "你选择的是""账户管理""菜单项!"
#013             Case 111
#014                 MsgBox "你选择的是""账户转账""菜单项!"
#015             Case 112
#016                 MsgBox "你选择的是""支出录入""菜单项!"
#017             Case 113
#018                 MsgBox "你选择的是""收入录入""菜单项!"
#019             Case 114
#020                 MsgBox "你选择的是""支出查询""菜单项!"
#021             Case 115
#022                 MsgBox "你选择的是""收入查询""菜单项!"
#023             Case Else
#024                 lngMsgProcess = CallWindowProc(glngPreWinProc, _
                         lngHwnd, lngMsg, lngwParam, lnglParam)
#025         End Select
#026  End Function
```

❖ 代码解析

第 1 行代码为 API 函数声明语句。

第 3~26 行代码为自定义 lngMsgProcess 函数，根据参数 lngwParam 的值为用户窗体中的菜单指定所执行的操作。本示例作为演示，只使用 MsgBox 函数显示提示信息，在实际应用中可以为菜单写入相应的功能代码或调用指定的代码过程。

运行示例文件，在用户窗体中执行【文件】→【保存】命令，将弹出消息框，单击【确定】按钮关闭消息框，如图 13.7 所示。

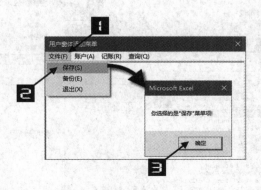

图 13.7　在用户窗体上添加菜单

287

13.6 在用户窗体上添加工具栏

为了提供对用户窗体中常用功能和命令的快速访问，可以使用 Toolbar 控件在用户窗体上添加工具栏用于显示位图按钮，单击工具栏按钮等同于选择相应的菜单命令。

按照如下具体步骤操作，可以在用户窗体上添加工具栏。

步骤① 按 <Alt+F11> 组合键打开 VBE 窗口，选择【插入】→【用户窗体】选项插入用户窗体。

步骤② 在【工具箱】窗口中的任意位置右击，在弹出的快捷菜单中选择【附加控件】命令，在弹出的【附加控件】对话框中选中【Microsoft Toolbar Control, version 6.0】复选框，单击【确定】按钮关闭对话框，在用户窗体中添加 Toolbar 控件，如图 13.8 所示。

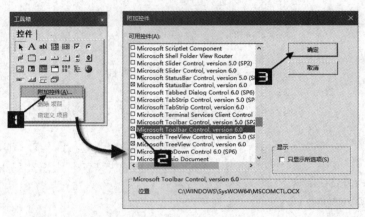

图 13.8 选择 Toolbar 控件

步骤③ 由于 Toolbar 控件的按钮中需要使用图标，所以需要在用户窗体中添加 ImageList 控件用于保存图像文件。在 VBE 窗口中选择【工具】→【附加控件】选项，在弹出的【附加控件】对话框中选中【Microsoft ImageList Control, version 6.0】复选框，单击【确定】按钮关闭对话框。如图 13.9 所示。

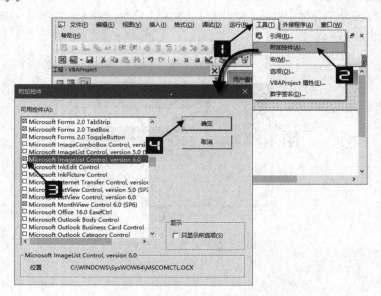

图 13.9 添加 ImageList 控件

步骤④ 在用户窗体中添加并选中 ImageList 控件，在其【属性】窗口中选中【自定义】，然后单击右侧的按钮，在弹出的【属性页】对话框中选择【Images】选项卡，单击【Insert Picture】按钮，在 ImageList 控件中插入 6 张图片，单击【确定】按钮关闭对话框，如图 13.10 所示。

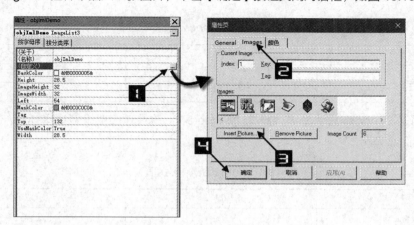

图 13.10　ImageList 控件中插入图片

步骤⑤ 为 Toolbar 控件添加按钮。双击用户窗体，在【代码窗口】中输入如下代码。

```
#001    Private Sub UserForm_Initialize()
#002        Dim avntList As Variant
#003        Dim i As Integer , intCount As Integer
#004        avntList = Array(" 文件 ", " 账户 ", " 记账 ", _
                " 查询 ", " 统计 ", "", " 帮助 ")
#005        With objToolbar
#006            .ImageList = objImlDemo
#007            .Appearance = ccFlat
#008            .BorderStyle = ccNone
#009            .TextAlignment = tbrTextAlignBottom
#010            intCount = objImlDemo.ListImages.Count
#011            With .Buttons
#012                For i = 0 To UBound(avntList)
#013                    If i = 5 Then
#014                        .Add(i + 1, , "").Style = tbrPlaceholder
#015                        i = i + 1
#016                    End If
#017                    .Add(Index:=i + 1, _
                            Image:=Application.Min(i + 1, intCount)) _
                                .Caption = avntList(i)
#018                Next i
#019            End With
#020        End With
#021    End Sub
```

❖ 代码解析

第 4 行代码使用 Array 函数创建数组用于保存按钮的标题文字。

第 6 行代码指定 Toolbar 中按钮控件的可用图像集合由 ImageList 控件提供。

第 7 行代码设置 Toolbar 控件的外观效果。Appearance 属性返回或设置控件的外观效果，常量值如表 13.3 所示。

表 13.3　Appearance 属性值

常量	值	说明
ccFlat	0	平面
cc3D	1	立体

第 8 行代码设置 Toolbar 控件的边界样式，BorderStyle 属性返回或设置边界样式，常量值如表 13.4 所示。

表 13.4　BorderStyle 属性值

常量	值	说明
ccNone	0	无边界线
ccFixedSingle	1	固定单线框

第 9 行代码设置按钮文本显示在按钮图像下方，TextAlignment 属性返回或设置按钮文本显示方式，常量值如表 13.5 所示。

表 13.5　TextAlignment 属性值

常量	值	说明
tbrTextAlignBottom	0	下方
tbrTextAlignRight	1	右侧

第 11~19 行代码在 Toolbar 控件中添加按钮。添加按钮需要使用 Buttons 集合对象的 Add 方法，其语法格式如下。

```
object.Buttons.Add(index, key, caption, style, image)
```

参数 index 是可选的，用于指定新增按钮的索引值，该索引值用于指定按钮在 Toolbar 控件中的位置。如果省略该参数，新增按钮则添加到 Buttons 集合的最后位置。

参数 key 是可选的，用于指定新增按钮的关键字。

参数 caption 是可选的，用于指定新增按钮的标题文本。

参数 style 是可选的，用于指定新增按钮的样式，常量值如表 13.6 所示。

表 13.6　Style 参数值

常量	值	说明
tbrDefault	0	一般按钮
tbrCheck	1	开关按钮
tbrButtonGroup	2	编组按钮
tbrSeparator	3	分隔按钮
tbrPlaceholder	4	占位按钮
tbrButtonDrop	5	菜单按钮

参数 image 是可选的，用于指定新增按钮的图像，此图像必须是与该 Toolbar 控件绑定的 ImageList 控件图像库中的图片。该参数可以是整数类型，对应 ImageList 图像库中图片的 Index 值，也可以是字符串类型，对应图片的关键字 Key。

第 12~18 行代码在占位按钮后继续添加 7 个按钮，并设置其标题文本和图像。

第 14 行代码将添加的第 6 个按钮设置为占位按钮，占位按钮在 Toolbar 控件中是不显示的，仅起到占位的作用。

用户窗体添加 Toolbar 控件后除了使用代码添加按钮之外，还可以使用自定义的方式添加按钮控件，在 Toolbar 控件的【属性】窗口中选中【自定义】，然后单击右侧的按钮，在弹出的【属性页】对话框中进行设置和添加，如图 13.11 所示。

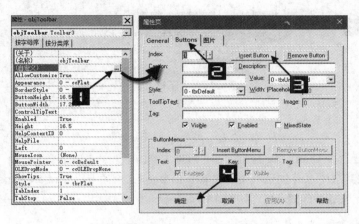

图 13.11　设置 Toolbar 控件属性

步骤⑥ 为了响应 Toolbar 控件，需要在 Toolbar 控件的 ButtonClick 事件过程中添加如下代码。

```
#001    Private Sub objToolbar_ButtonClick(ByVal Button As MSComctlLib.
Button)
#002        MsgBox Button.Caption
#003    End Sub
```

❖ 代码解析

Toolbar 控件的 ButtonClick 事件过程实现了单击 Toolbar 控件中的按钮时，使用消息框显示该按钮标题。

ButtonClick 事件的参数 Button 代表当前所单击的按钮，在实际应用中可以根据其 Index 属性或 Caption 属性为按钮写入不同的代码或指定过程名称。

运行用户窗体，单击【文件】菜单项，效果如图 13.12 所示。

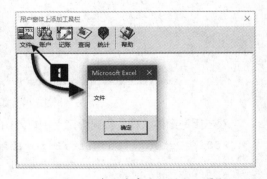

图 13.12　在用户窗体上添加工具栏

13.7　在用户窗体上添加状态栏

在用户窗体中可以使用 StatusBar 控件添加状态栏，用于显示程序的各种状态信息。

按照如下具体步骤操作，可以在用户窗体中添加状态栏。

步骤① 在 VBE 窗口中选择【插入】→【用户窗体】选项插入用户窗体。

步骤② 在【工具箱】窗口中的任意位置右击，在弹出的快捷菜单中选择【附加控件】命令，在弹出的【附加控件】对话框中选中【Microsoft StatusBar Control，version 6.0】复选框，单击【确定】按钮关闭对话框，在用户窗体上添加 StatusBar 控件，如图 13.13 所示。

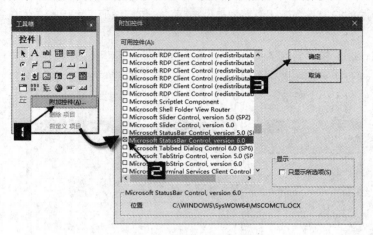

图 13.13　添加 StatusBar 控件

步骤③ 在用户窗体上选中 StatusBar 控件，在【属性】窗口中选中【自定义】选项，然后单击右侧的按钮，在弹出的【属性页】对话框中依次单击【Panels】选项卡→【Insert Panel】按钮添加窗格，单击【确定】按钮关闭对话框，如图 13.14 所示。

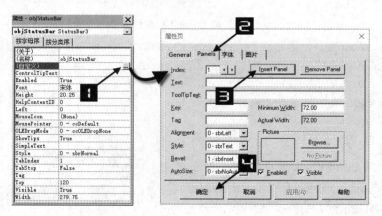

图 13.14　添加 StatusBar 控件的窗格

双击用户窗体，在【代码窗口】中输入如下代码。

```
#001    Private Sub UserForm_Initialize()
#002        Dim objPal As Panel
#003        Dim avntStyle As Variant
#004        Dim avntWidth As Variant
#005        Dim i As Integer
#006        avntStyle = Array(0, 6, 5)
#007        avntWidth = Array(180, 60, 54)
#008        objStatusBar.Width = 294
#009        For i = 1 To 3
```

```
#010          Set objPal = objStatusBar.Panels.Add()
#011          With objPal
#012              .Style = avntStyle(i - 1)
#013              .Width = avntWidth(i - 1)
#014              .Alignment = i - 1
#015          End With
#016      Next i
#017      objStatusBar.Panels(1).Text = " 准备就绪！"
#018      Set objPal = Nothing
#019  End Sub
```

❖ 代码解析

第 8 行代码设置 StatusBar 控件的宽度。

第 10 行代码使用 Panels 集合对象的 Add 方法在 StatusBar 控件中添加窗格，其语法格式如下。

```
object.Panels.Add(index, key, text, style, picture)
```

参数 index 是可选的，用于指定新增窗格的索引值，该索引值指定窗格在 StatusBar 控件中的位置。如果省略参数 index，新增窗格则添加到 Panels 集合的最后位置。

参数 key 是可选的，用于指定新增窗格的关键字。

参数 text 是可选的，用于指定新增窗格中显示的文本。

参数 style 是可选的，用于指定新增窗格的样式，常量值如表 13.7 所示。

表 13.7　Style 参数值

常量	值	说明
sbrText	0	显示文本与图形
sbrCaps	1	显示大小写状态
sbrNum	2	显示 NumLock 键状态
sbrIns	3	显示 Insert 状态
sbrScrl	4	显示 ScrollLock 键状态
sbrtime	5	按系统格式显示时间
sbrDate	6	按系统格式显示日期

参数 picture 是可选的，用于指定新增窗格的图像。

第 12 行和第 13 行代码分别指定新增窗格的样式和宽度。

第 14 行代码指定新增窗格中文本的对齐方式。Panels 对象的 Alignment 属性返回或设置窗格中文本的对齐方式，常量值如表 13.8 所示。

表 13.8　Alignment 属性值

常量	值	说明
sbrLeft	0	文本左对齐
sbrCenter	1	文本居中对齐
sbrRight	2	文本右对齐

第 17 行代码指定第 1 个窗格中显示的文本。

示例中使用 StatusBar 控件的第 1 个窗格显示用户窗体中的文本框中输入的内容，示例代码如下。

```
#001  Private Sub txtDemo_Change()
#002      objStatusBar.Panels(1).Text = " 正在输入： " & txtDemo.Text
#003  End Sub
```

运行用户窗体，在文本框中输入内容（如 ExcelHome），效果如图 13.15 所示。

图 13.15　在用户窗体上添加状态栏

13.8　透明的用户窗体

在 Excel 中显示用户窗体时，将遮挡工作表中的部分数据。如果用户窗体具有透明效果，那么透过用户窗体可以直接查看工作表中的数据，示例代码如下。

```
#001  Private Declare Function GetActiveWindow Lib "user32" () As Long
#002  Private Declare Function SetWindowLong Lib "user32" _
          Alias "SetWindowLongA" ( _
              ByVal hWndForm As Long, _
              ByVal nIndex As Long, _
              ByVal dwNewLong As Long) As Long
#003  Private Declare Function GetWindowLong Lib "user32" _
          Alias "GetWindowLongA" ( _
              ByVal hWndForm As Long, _
              ByVal nIndex As Long) As Long
#004  Private Declare Function SetLayeredWindowAttributes Lib "user32" _
              (ByVal hWndForm As Long, _
              ByVal crKey As Integer, _
              ByVal bAlpha As Integer, _
              ByVal dwFlags As Long) As Long
#005  Private Const WS_EX_LAYERED = &H80000
#006  Private Const LWA_ALPHA = &H2
#007  Private Const GWL_EXSTYLE = &HFFEC
#008  Dim mlnghWndForm As Long
#009  Private Sub UserForm_Activate()
#010      Dim lngIndex As Long
#011      mlnghWndForm = GetActiveWindow
#012      lngIndex = GetWindowLong(mlnghWndForm, GWL_EXSTYLE)
#013      SetWindowLong mlnghWndForm, GWL_EXSTYLE, _
              lngIndex Or WS_EX_LAYERED
```

```
#014        SetLayeredWindowAttributes mlnghWndForm, 0, _
               (255 * 50) / 100, LWA_ALPHA
#015   End Sub
```

❖ 代码解析

第 1~7 行代码为 API 函数和常量声明语句。

第 14 行代码设置用户窗体透明度为 50%。如果需要将用户窗体设置成其他透明度，只需将代码中的 50 改成相应数值即可。

运行用户窗体，效果如图 13.16 所示。

图 13.16　透明的用户窗体

13.9　调整用户窗体的显示位置

13.9.1　设置用户窗体的显示位置

用户窗体默认显示的位置是窗体所隶属的 Excel 窗口的中心，如果需要调整其显示位置，可以在用户窗体初始化时对其进行设置，示例代码如下。

```
#001   Private Declare Function FindWindow Lib "user32" _
           Alias "FindWindowA" ( _
               ByVal lpClassName As String, _
               ByVal lpWindowName As String) As Long
#002   Private Declare Function FindWindowEx Lib "user32" _
           Alias "FindWindowExA" ( _
               ByVal hwndParent As Long, _
               ByVal hwndChildAfter As Long, _
               ByVal lpszClass As String, _
               ByVal lpszWindow As String) As Long
#003   Private Declare Function GetWindowRect Lib "user32" ( _
               ByVal hwnd As Long, _
               lpRect As RECT) As Long
```

```
#004    Private Declare Function MoveWindow Lib "user32.dll" ( _
            ByVal hwnd As Long, _
            ByVal x As Long, _
            ByVal y As Long, _
            ByVal nWidth As Long, _
            ByVal nHeight As Long, _
            ByVal bRepaint As Long) As Long
#005    Private Type RECT
#006        lngLeft As Long
#007        lngTop As Long
#008        lngRight As Long
#009        lngBottom As Long
#010    End Type
#011    Private Sub UserForm_Initialize()
#012        Dim udtRect As RECT
#013        Dim lngHwnd As Long
#014        Dim lngHwndDesk As Long
#015        lngHwndDesk = FindWindowEx(Application.hwnd, _
                0&, "XLDESK", vbNullString)
#016        lngHwnd = FindWindowEx(lngHwndDesk, _
                0&, "EXCEL7", vbNullString)
#017        GetWindowRect lngHwnd, udtRect
#018        frmLocation.StartUpPosition = 0
#019        lngHwnd = FindWindow(vbNullString, frmLocation.Caption)
#020        MoveWindow lngHwnd, udtRect.lngLeft, udtRect.lngTop, _
                frmLocation.Width, frmLocation.Height, True
#021    End Sub
```

❖ 代码解析

第 1~4 行代码为 API 函数声明语句。

第 5~10 行代码定义用户自定义类型。

第 15 行代码在 Excel 主程序窗口中查找类名为"XLDESK"的窗口并返回其句柄。

第 16 行代码获取 Excel 工作区的句柄。

第 17 行代码获取工作簿窗口边框矩形的尺寸，该尺寸为相对于屏幕左上角的坐标值。

第 18 行代码将用户窗体的 StartUpPosition 属性设置成手动方式。

StartUpPosition 属性是可读写的，用于指定用户窗体首次显示时的位置，可选值如表 13.9 所示。

表 13.9　StartUpPosition 属性常量值

模式	值	说明
手动	0	没有初始设置指定
所有者中心	1	在 UserForm 所属应用程序的中央
屏幕中心	2	在整个屏幕的中央
窗口默认	3	在屏幕的左上角

StartUpPosition 属性可以在代码中设置，也可以在用户窗体的【属性】窗口中设置，如图 13.17 所示。

第 19 行代码获取用户窗体的句柄。

第 20 行代码移动窗体到指定位置，并设置窗体大小为原始大小。

运行示例代码，用户窗体将显示在工作区的左上角位置，如图 13.18 所示。

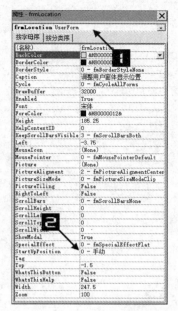

图 13.17　设置 StartUpPosition 属性　　图 13.18　设置用户窗体的显示位置

13.9.2　由活动单元格确定显示位置

用户窗体显示位置也可以由活动单元格的位置来确定，示例代码如下。

```
#001    Private Declare Function FindWindow Lib "user32" _
            Alias "FindWindowA" ( _
                ByVal lpClassName As String, _
                ByVal lpWindowName As String) As Long
#002    Private Declare Function GetDC Lib "user32" ( _
                ByVal hwnd As Long) As Long
#003    Private Declare Function GetDeviceCaps Lib "gdi32" ( _
                ByVal hdc As Long, _
                ByVal nIndex As Long) As Long
#004    Private Declare Function MoveWindow Lib "user32.dll" ( _
                ByVal hwnd As Long, _
                ByVal x As Long, _
                ByVal y As Long, _
                ByVal nWidth As Long, _
                ByVal nHeight As Long, _
                ByVal bRepaint As Long) As Long
#005    Private Sub Worksheet_SelectionChange(ByVal Target As Range)
#006        Dim lngHwnd As Long
```

```
#007        Dim lngDC As Long
#008        Dim lngCaps As Long
#009        Dim lngLeft As Long
#010        Dim lngTop As Long
#011        Dim sngPiexlToPiont As Single
#012        Const INT_LOG_PIXELS_X = 88
#013        lngDC = GetDC(0)
#014        lngCaps = GetDeviceCaps(lngDC, INT_LOG_PIXELS_X)
#015        sngPiexlToPiont = 72 / lngCaps * (100 / ActiveWindow.Zoom)
#016        lngLeft = CLng(ActiveWindow.PointsToScreenPixelsX(-7) + _
                     (Target.Offset(1, 0).Left / sngPiexlToPiont))
#017        lngTop = CLng(ActiveWindow.PointsToScreenPixelsY(0) + _
                     (Target.Offset(1, 0).Top / sngPiexlToPiont))
#018        frmLocation.StartUpPosition = 0
#019        lngHwnd = FindWindow(vbNullString, frmLocation.Caption)
#020        MoveWindow lngHwnd, lngLeft, lngTop, 240, 180, True
#021        frmLocation.Show 0
#022   End Sub
```

❖ 代码解析

第 1~4 行代码为 API 函数声明。

第 13 行代码获取整个屏幕的显示设备上下文环境的句柄。

第 14 行代码获取显示设备水平方向上每逻辑英寸的像素数。

第 15 行代码计算当前显示比例下单个像素对应的点数并赋值给变量 sngPiexlToPiont。其中，ActiveWindow.Zoom 返回当前窗口的显示比例。

第 16 行代码计算当前选中单元格下方相邻单元格的左边界位置（以像素为单位），并赋值给变量 lngLeft。

其中，ActiveWindow.PointsToScreenPixelsX(0) 返回当前窗口的左边缘（以像素为单位）。Window.PointsToScreenPixelsX 方法将横向度量值由以点（文档坐标）为单位转换为以屏幕像素（屏幕坐标）为单位，并返回转换后的度量值（Long 类型），其语法格式如下。

```
表达式 .PointsToScreenPixelsX(Points)
```

表达式是代表 Window 对象的变量。

参数 Points 是必需的，代表从文档窗口的左侧开始沿其顶部水平排列的点数。

第 17 行代码获取当前选中单元格下方相邻单元格的上边界位置（以像素为单位），并赋值给变量 lngTop。

第 19 行代码获取用户窗体的句柄。

第 20 行代码移动窗体到指定的位置，并设置窗体大小为原始大小。

第 21 行代码显示无模态的用户窗体。

打开示例文件，选中工作表中的任意单元格（如 A2），由活动单元格确定用户窗体的显示位置，如图 13.19 所示。

图 13.19　由活动单元格确定显示位置

13.10　在用户窗体上显示图表

在用户窗体中并不能直接显示工作表中的图表，如果需要在用户窗体上显示图表，可以从工作表中将图表以图形格式导出，然后使用 Image 控件显示导出的图片。

```
#001   Private Sub UserForm_Initialize()
#002       Dim chtDemo As Chart
#003       Dim strPath As String
#004       Set chtDemo = Sheets("示例工作表").ChartObjects(1).Chart
#005       strPath = ThisWorkbook.Path & "\Temp.gif"
#006       chtDemo.Export Filename:=strPath, FilterName:="GIF"
#007       imgChart.Picture = LoadPicture(strPath)
#008       Set chtDemo = Nothing
#009   End Sub
```

❖ 代码解析

第 6 行代码使用 Export 方法将示例工作表中的第 1 个图表导出到示例文件所在的目录下。

Export 方法以图形格式导出图表，其语法格式如下。

```
表达式.Export(Filename, FilterName, Interactive)
```

其中，表达式是必需的，代表 Chart 对象的变量。

参数 Filename 是必需的，用于指定导出的文件名称。本例中设置 Filename 参数时包含全路径，将图形导出到与工作簿相同的目录中。

参数 FilterName 是可选的，用于指定导出文件的格式。

第 7 行代码使用 LoadPicture 函数设置 Image 控件的 Picture 属性为导出的图片。

Picture 属性指定显示在对象上的位图，其语法格式如下。

```
object.Picture = LoadPicture(pathname)
```

参数 pathname 是必需的，用于指定图片文件的完整路径。

为了使用户窗体关闭时删除导出的图片文件，在其 QueryClose 事件中添加如下代码。

```
#001   Private Sub UserForm_QueryClose(Cancel As Integer, CloseMode As Integer)
#002       Kill ThisWorkbook.Path & "\Temp.gif"
```

```
#003    End Sub
```

❖ 代码解析

第 2 行代码当用户窗体关闭时使用 Kill 方法删除导出的图片文件。

运行示例代码即可将工作表的图表显示在用户窗体中，如图 13.20 所示。

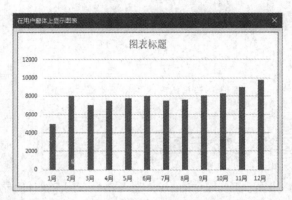

图 13.20　在用户窗体上显示图表

13.11　打印用户窗体

如果需要打印用户窗体中显示的内容，那么可以使用 PrintForm 方法打印如图 13.21 所示的用户窗体。

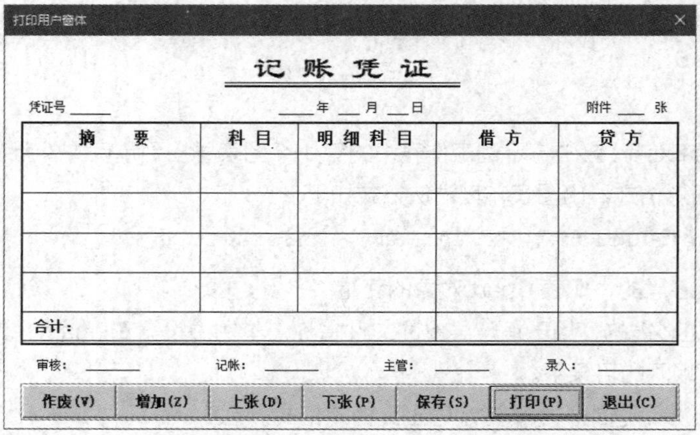

图 13.21　需打印的用户窗体

在 VBE 界面双击用户窗体中的【打印】按钮，在其【代码窗口】中输入如下代码。

```
#001    Private Sub cmdPrint_Click()
#002        Dim intHeight As Integer
#003        With frmPrint
#004            intHeight = .Height
#005            .Height = intHeight - .Frame1.Height - 10
#006            .PrintForm
```

```
#007            .Height = intHeight
#008        End With
#009   End Sub
```

❖ 代码解析

第 4 行代码保存用户窗体的 **Height** 属性值，以便在第 7 行代码中恢复用户窗体原高度。

第 5 行代码重新设置用户窗体的高度，隐藏框架。

第 6 行代码使用 PrintForm 方法打印用户窗体，PrintForm 方法将用户窗体 frmPrint 对象的图像发送到打印机，其语法格式如下。

```
object.PrintForm
```

PrintForm 方法可以打印用户窗体，以及用户窗体中所有可见对象的位图，也可以打印用户窗体上的图形。

第 7 行代码恢复用户窗体原高度。

运行用户窗体，单击其中的【打印】按钮，打印用户窗体，效果如图 13.22 所示。

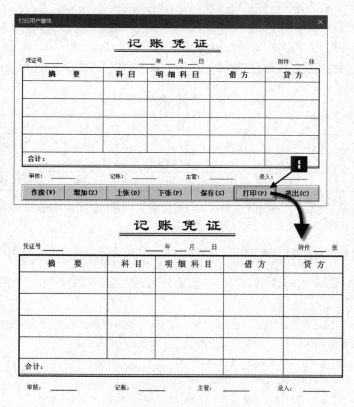

图 13.22　打印用户窗体

13.12　全屏显示用户窗体

在需要全屏显示用户窗体时，可以将用户窗体的 **Height** 和 **Width** 属性设置为一定的数值，使之全屏显示。

Excel VBA 经典代码应用大全

使用这种方法虽然可以达到全屏显示的要求，但是如果在其他显示分辨率不同的计算机打开文件时，此种方法便会失效。为了使用户窗体达到真正的全屏显示，可以使用如下方法。

13.12.1 设置用户窗体为应用程序的大小

用户窗体初始化时将用户窗体的高度和宽度设置为 Excel 应用程序最大化后窗口的高度和宽度，使之全屏显示，示例代码如下。

```
#001   Private Sub UserForm_Initialize()
#002      With Application
#003         .WindowState = xlMaximized
#004         Width = .Width
#005         Height = .Height
#006         Left = .Left
#007         Top = .Top
#008      End With
#009   End Sub
```

❖ 代码解析

第 3 行代码将 Excel 应用程序的 WindowState 属性设置为 xlMaximized，使 Excel 应用程序最大化显示。WindowState 属性返回或设置窗口的状态，可为表 13.10 所示的 XlWindowState 常量之一。

表 13.10   XlWindowState 常量

常量	值	说明
xlMaximized	–4137	最大化
xlNormal	–4143	不变化
xlMinimized	–4140	最小化

第 4~7 行代码将用户窗体的 Width 属性、Height 属性、Left 属性和 Top 属性设置为与 Excel 应用程序窗口相同。

13.12.2 根据屏幕分辨率设置

用户窗体初始化时根据屏幕分辨率的大小自动调整用户窗体的高度和宽度，也可以实现全屏显示，示例代码如下。

```
#001   Private Declare Function GetSystemMetrics Lib "user32" ( _
           ByVal nIndex As Long) As Long
#002   Const SM_CXSCREEN As Long = 0
#003   Const SM_CYSCREEN As Long = 1
#004   Private Sub UserForm_Initialize()
#005      With Me
#006         .Height = GetSystemMetrics(SM_CYSCREEN) * 0.72
#007         .Width = GetSystemMetrics(SM_CXSCREEN) * 0.75
#008         .Left = 0
#009         .Top = 0
#010      End With
#011   End Sub
```

302

❖ 代码解析

第 1~3 行代码为 API 函数和常量声明语句。

第 6 行和第 7 行代码分别使用 GetSystemMetrics 函数返回以像素为单位的屏幕高度和宽度，并将其换算成以磅为单位的数值后设置用户窗体的高度和宽度。

13.13　用户窗体运行时拖动控件

如果希望在运行时改变控件的位置，可以利用控件的 MouseDown 事件和 MouseMove 事件来取得该控件在用户窗体上的坐标，进而调整控件的位置和尺寸。

示例文件的具体操作步骤如下。

步骤① 在 VBE 窗口中选择【插入】→【用户窗体】选项。

步骤② 在用户窗体中添加两个框架控件，并在框架控件中间添加 Image 控件，如图 13.23 所示。

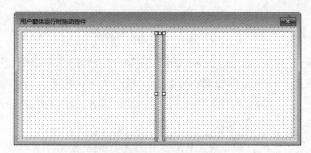

图 13.23　添加控件

步骤③ 在 Image 控件的【属性】窗口将 BackStyle 属性设置为 "0 – fmBackStyleTransparent"，使控件的背景为透明；将 BorderStyle 属性设置为 "0 – fmBorderStyleNone"，使控件无可见的边框线；将 MousePointer 属性设置为 "9 – fmMousePointerSizeWE"，如图 13.24 所示。

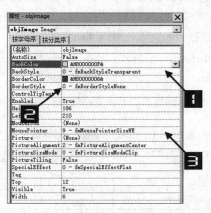

图 13.24　设置 Image 控件的属性

当用户把鼠标指针悬停在 Image 控件上时，鼠标指针显示为东西向的双箭头。关于控件的 MousePointer 属性请参阅表 13.12。

步骤④ 双击 Image 控件，在其【代码窗口】中输入如下代码。

```
#001  Dim msngAbscissa As Single
```

```
#002   Private Sub objImage_MouseDown(ByVal Button As Integer, _
           ByVal Shift As Integer, ByVal x As Single, _
           ByVal y As Single)
#003       msngAbscissa = x
#004   End Sub
#005   Private Sub objImage_MouseMove(ByVal Button As Integer, _
           ByVal Shift As Integer, ByVal x As Single, _
           ByVal y As Single)
#006       If Button = 1 Then
#007           If msngAbscissa - x > fraDemo1.Width Or _
                   x > fraDemo2.Width Then Exit Sub
#008           fraDemo1.Width = fraDemo1.Width - msngAbscissa + x
#009           objImage.Left = objImage.Left - msngAbscissa + x
#010           fraDemo2.Left = fraDemo2.Left - msngAbscissa + x
#011           fraDemo2.Width = fraDemo2.Width + msngAbscissa - x
#012       End If
#013   End Sub
```

❖ 代码解析

第 3 行代码在 Image 控件的 MouseDown 事件过程中将控件的水平坐标赋予变量 msngAbscissa。

MouseDown 事件在用户按下鼠标按键时被触发，其语法格式如下。

```
Private Sub object_MouseDown( ByVal Button As fmButton, ByVal Shift As
fmShiftState, ByVal X As Single, ByVal Y As Single)
```

其中，参数 Button 是可选的，表示触发该事件的鼠标按键的整数值。

参数 Shift 是必需的，用于指定 <Shift> <Ctrl> 和 <Alt> 按键的状态。

参数 X 和参数 Y 是可选的，表示控件位置的水平坐标与垂直坐标，以磅为单位，分别从左边和顶边开始测量。

第 5~13 行代码是 Image 控件的 MouseMove 事件过程，当用户在用户窗体上按住左键移动鼠标时，调整两个框架控件的 Width 和 Left 属性，使其达到运行时可以进行拖曳调整大小的效果。

MouseMove 事件在用户移动鼠标时被触发，其语法格式如下。

```
Private Sub object_MouseMove( ByVal Button As fmButton, ByVal Shift As
fmShiftState, ByVal X As Single, ByVal Y As Single)
```

其中，参数 Button 是必需的，表示鼠标按键状态的整数值，常量值如表 13.11 所示。

表 13.11　Button 参数的常量值

常量值	说明	常量值	说明
0	按键未被按下	4	按下中键
1	按下左键	5	同时按下左键和中键
2	按下右键	6	同时按下中键和右键
3	同时按下左键和右键	7	3 个按键全部按下

参数 Shift、X 和 Y 的含义与用法与 MouseDown 事件相同。

当鼠标指针在对象上移动时，MouseMove 事件是被连续触发的，只要鼠标指针位于对象的边界之内，对象就会不断地识别 MouseMove 事件。因此，框架控件可以实现随着连续拖动而调整大小和位置的效果。

　　运行用户窗体，将鼠标指针悬停在两个框架控件的中间位置，当鼠标指针变成水平调整大小的指针样式时，按住鼠标左键拖曳可以调整框架控件的大小和位置，如图 13.25 所示。

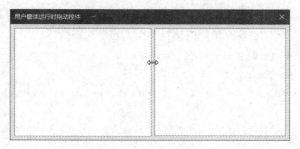

图 13.25　用户窗体运行时拖曳控件

13.14　使用自定义颜色设置用户窗体颜色

　　在 VBE 设计窗体及控件时，不难发现其中与颜色相关的属性中所提供的可选颜色很少，例如，用户窗体的 BackColor 属性调色板只提供了 48 种颜色。

　　如果需要将用户窗体的背景颜色设置为淡蓝色 RGB（52,150,203），可以在用户窗体初始化的过程中设置，以实现希望达到的效果，但是在设计时却不能看到最终效果。其实用户窗体的 BackColor 属性（包括 ForeColor 及 BorderColor 等这些颜色相关属性）允许输入以十六进制表示的长整型数值，这样在设计时就可以看到最终显示效果。

　　按照如下具体步骤操作可以为用户窗体设置任意背景颜色。

步骤① 以淡蓝色 RGB(52,150,203) 为例，在【立即窗口】执行"?Hex(RGB(52,150,203))"可以得到与淡蓝色对应的十六进制数 &HCB9634（"&H"为十六进制数前缀）。

步骤② 在用户窗体的【属性】窗口中选中【BackColor】属性，删除原来的属性值，输入"&H00CB9634&"后按 <Enter> 键。此时用户窗体的背景颜色会相应改变，如图 13.26 所示。

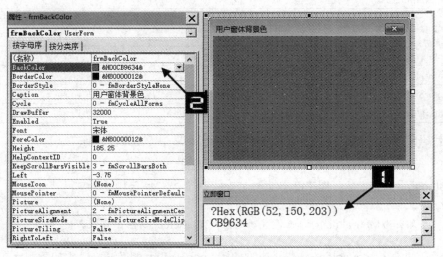

图 13.26　在设计用户窗体时显示自定义颜色

13.15 自定义用户窗体的鼠标指针类型

通过设置用户窗体的 MousePointer 和 MouseIcon 属性，可以将用户窗体的鼠标指针设置为自定义图标，通常在用户窗体初始化时自定义鼠标的指针类型，示例代码如下。

```
#001  Private Sub UserForm_Initialize()
#002      Me.MousePointer = 99
#003      Me.MouseIcon = LoadPicture(ThisWorkbook.Path & "\myMouse.ico")
#004  End Sub
```

❖ 代码解析

第 2 行代码设置用户窗体的鼠标指针类型。MousePointer 属性指定当用户把鼠标指针放到特定对象上时，所显示的鼠标指针类型，其语法格式如下。

```
object.MousePointer [= fmMousePointer]
```

fmMousePointer 是可选的，用于指定鼠标指针的形状，常量值如表 13.12 所示。

表 13.12　fmMousePointer 常量值

常量	值	说明
fmMousePointerDefault	0	标准指针。根据对象来决定指针的图标（默认）
fmMousePointerArrow	1	箭头
fmMousePointerCross	2	十字线指针
fmMousePointerIBeam	3	I 形标
fmMousePointerSizeNESW	6	斜下的双箭头
fmMousePointerSizeNS	7	南北向的双箭头
mMousePointerSizeNWSE	8	斜上的双箭头
fmMousePointerSizeWE	9	东西向的双箭头
fmMousePointerUpArrow	10	向上键
fmMousePointerHourglass	11	沙漏
fmMousePointerNoDrop	12	在被拖曳的对象上有 "Not" 符号（有一条斜线的圆），表示无效的放置目标
fmMousePointerAppStarting	13	带沙漏的箭头
fmMousePointerHelp	14	带问号的箭头
fmMousePointerSizeAll	15	调整所有尺寸的鼠标指针（四向箭头）
fmMousePointerCustom	99	使用由 MouseIcon 属性指定的图标

第 3 行代码使用 MouseIcon 属性指定鼠标指针为自定义图标，其语法格式如下。

```
object.MouseIcon = LoadPicture(pathname)
```

参数 pathname 是必需的，用于指定包含自定义图标的文件路径和文件名。

注意　只有当 MousePointer 属性设置为 99 时，MouseIcon 属性才有效。

当程序运行时设置 MouseIcon 属性，需要使用 LoadPicture 函数从文件中加载图标文件。此外，也可以在设计时从对象的属性窗口设置 MousePointer 属性和 MouseIcon 属性，如图 13.27 所示，这样就不需要保存图标文件。

运行用户窗体后鼠标指针使用自定义的图标，结果如图 13.28 所示。

图 13.27　设置 MousePointer 属性和 MouseIcon 属性　　　图 13.28　自定义用户窗体的鼠标指针类型

13.16　使用代码添加用户窗体及控件

通常是在 VBE 窗口中执行【插入】→【用户窗体】命令来创建用户窗体，然后在用户窗体添加控件。除此之外，也可以在程序运行时使用代码来添加用户窗体及其控件。

在使用代码操作 VBE 对象前，需要先在 VBE 中添加引用，执行【工具】→【引用】命令打开【引用 - VBAProject】对话框，在【可使用的引用】列表框中选中【Microsoft Visual Basic for Applications Extensibility 5.3】复选框和【Microsoft Forms 2.0 Object Library】复选框，单击【确定】按钮，关闭对话框，如图 13.29 所示。

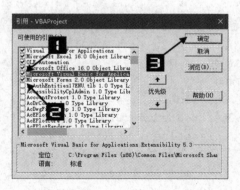

图 13.29　添加引用

注意 ■■■■→ 因为示例代码中涉及对 VBE 对象的操作，还需选中【信任对 VBA 工程对象模型的访问】复选框，具体操作步骤请参阅 21.1 节。

在 VBE 窗口中执行【插入】→【模块】命令，在模块的【代码窗口】中输入如下代码。

```
#001  Sub CreatingForms()
```

```
#002        Dim objMyForm As VBComponent
#003        Dim objMyTextBox As Control
#004        Dim objMyButton As Control
#005        Dim i As Integer
#006        On Error Resume Next
#007        Set objMyForm = ThisWorkbook.VBProject. _
                VBComponents.Add(vbext_ct_MSForm)
#008        With objMyForm
#009            .Properties("Name") = "frmForm"
#010            .Properties("Caption") = " 演示窗体 "
#011            .Properties("Height") = "180"
#012            .Properties("Width") = "240"
#013            Set objMyTextBox = .Designer. _
                    Controls.Add("Forms.CommandButton.1")
#014            With objMyTextBox
#015                .Name = "cmdMyTextBox"
#016                .Caption = " 新建文本框 "
#017                .Top = 40
#018                .Left = 138
#019                .Height = 20
#020                .Width = 70
#021            End With
#022            Set objMyButton = .Designer. _
                    Controls.Add("Forms.CommandButton.1")
#023            With objMyButton
#024                .Name = "cmdMyButton"
#025                .Caption = " 删除文本框 "
#026                .Top = 70
#027                .Left = 138
#028                .Height = 20
#029                .Width = 70
#030            End With
#031            With .CodeModule
#032                i = .CreateEventProc("Click", "cmdMyTextBox")
#033                .ReplaceLine i + 1, Space(4) & _
                        "Dim objMyTextBox As Control" & vbCrLf & Space(4) & _
                        "Dim i As Integer" & vbCrLf & Space(4) & _
                        "Dim intTop As Integer" & _
                        vbCrLf & Space(4) & _
                        "intTop = 10" & _
                        vbCrLf & Space(4) & "For i = 1 To 5" & _
                        vbCrLf & Space(8) & "Set objMyTextBox = " & _
                        "Me.Controls.Add(bstrprogid:=""Forms.TextBox.1"")" & _
                        vbCrLf & Space(8) & "With objMyTextBox" & _
```

```
                         vbCrLf & Space(12) & ".Name = " & _
                         """txtMyTextBox""" & i" & _
                         vbCrLf & Space(12) & ".Left = 20" & _
                         vbCrLf & Space(12) & ".Top = intTop" & _
                         vbCrLf & Space(12) & ".Height = 18" & _
                         vbCrLf & Space(12) & ".Width = 80" & _
                         vbCrLf & Space(12) & "intTop = .Top + 28" & _
                         vbCrLf & Space(8) & "End With" & _
                         vbCrLf & Space(4) & "Next i" & _
                         vbCrLf & Space(4) & "Set objMyTextBox = Nothing"
#034             i = .CreateEventProc("Click", "cmdMyButton")
#035             .ReplaceLine i + 1, Space(4) & "Dim i As Integer" & _
                         vbCrLf & Space(4) & "On Error Resume Next" & _
                         vbCrLf & Space(4) & "For i = 1 To 5" & _
                         vbCrLf & Space(8) & "Me.Controls.Remove " & _
                         """txtMyTextBox""" & i" & _
                         vbCrLf & Space(4) & "Next i"
#036         End With
#037     End With
#038     Set objMyForm = Nothing
#039     Set objMyTextBox = Nothing
#040     Set objMyButton = Nothing
#041 End Sub
```

❖ 代码解析

第 7 行代码使用 Add 方法添加用户窗体。

应用于 VBComponents 集合的 Add 方法将 1 个对象添加到集合，其语法格式如下。

```
object.Add(component)
```

参数 component 是必需的，对于 VBComponents 集合，表示为类模块、窗体、标准模块的常量，其值为表 13.13 中列举的常量之一。

表 13.13　component 参数值

常量	值	说明
vbext_ct_ClassModule	2	将类模块添加到集合
Vbext_ct_MSForm	3	将窗体添加到集合
vbext_ct_StdModule	1	将标准模块添加到集合

第 9~12 行代码使用 VBComponent 对象的 Properties 属性设置用户窗体的相关属性。

第 13 行代码使用 Add 方法在用户窗体上添加按钮控件。VBComponent 对象的 Designer 属性返回设计器对象，其 Controls 属性返回 Controls 集合，代表用户窗体中所有的控件。应用于 Controls 集合对象的 Add 方法在用户窗体中添加控件，其语法格式如下。

```
object.Add( ProgID [, Name [, Visible]])
```

参数 ProgID 是必需的，为程序标识符，用于标识对象类的没有空格的文本字符串。

参数 Name 是可选的，用于指定添加的对象名称。

参数 Visible 是可选的，默认值为 True。若对象为可见的则为 True；若对象为隐藏的则为 False。

第 14~21 行代码添加按钮控件 cmdMyTextBox，并设置其相关属性。

第 22~30 行代码添加按钮控件 cmdMyButton，并设置其相关属性。

第 31~35 行代码为按钮控件创建单击事件过程并添加事件代码。

其中，第 32 行和第 33 行代码使用 CreateEventProc 方法为按钮控件创建单击事件过程，应用于 CodeModule 对象的 CreateEventProc 方法用于创建事件过程，其语法格式如下。

```
object.CreateEventProc(eventname, objectname) As Long
```

参数 eventname 是必需的，为字符串表达式，用来指定欲添加到模块的事件名称。

参数 objectname 是必需的，为字符串表达式，用来指定事件源的对象名称。

CreateEventProc 方法创建成功则返回事件过程开始行的行号，其创建的过程只包含一个空行。

第 34 行和第 35 行代码使用 ReplaceLine 方法将该事件过程的空行替换为指定的代码。应用于 CodeModule 对象的 ReplaceLine 方法用特定的代码代替原代码，其语法格式如下。

```
object.ReplaceLine(line, code)
```

参数 line 是必需的，用来指定所要代替的行。

参数 code 是必需的，用来指定要插入的代码。

运行 CreatingForms 过程，将添加用户窗体及按钮控件，并在用户窗体中添加如下代码。

```
#001    Private Sub cmdMyButton_Click()
#002        Dim i As Integer
#003        On Error Resume Next
#004        For i = 1 To 5
#005            Me.Controls.Remove "txtMyTextBox" & i
#006        Next i
#007    End Sub
#008    Private Sub cmdMyTextBox_Click()
#009        Dim objMyTextBox As Control
#010        Dim i As Integer
#011        Dim intTop As Integer
#012        intTop = 10
#013        For i = 1 To 5
#014            Set objMyTextBox = Me.Controls.Add(bstrprogid:="Forms.TextBox.1")
#015            With objMyTextBox
#016                .Name = "txtMyTextBox" & i
#017                .Left = 20
#018                .Top = intTop
#019                .Height = 18
#020                .Width = 80
#021                intTop = .Top + 28
#022            End With
#023        Next i
#024        Set objMyTextBox = Nothing
```

```
#025    End Sub
```

❖ 代码解析

第 1~7 行代码为用户窗体中【删除文本框】按钮的单击事件过程，在用户窗体运行时使用 Remove 方法删除文本框控件。应用于 Controls 集合的 Remove 方法从集合中删除成员，或者从框架、页面或窗体中删除控件，其语法格式如下。

```
object.Remove(collectionindex)
```

参数 collectionindex 是必需的，为成员在集合内的位置或索引，可以是数字类型，也可以是字符串类型。

> **注意**
>
> Remove 方法只能删除运行时添加的控件，如果试图删除设计时添加的控件则会出错，如图 13.30 所示。

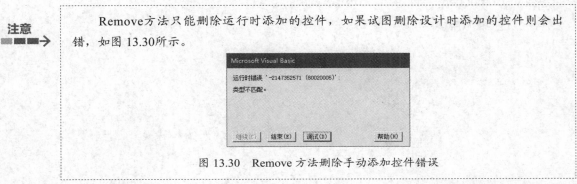

图 13.30　Remove 方法删除手动添加控件错误

第 8~25 行代码为用户窗体中【添加文本框】按钮的 Click 事件过程，在用户窗体运行时使用 Add 方法在用户窗体中添加 5 个文本框控件并设置其相关属性。

运行 CreatingForms 过程，在示例文件中添加用户窗体，单击【新建文本框】按钮，在用户窗体中添加 5 个文本框控件，而单击【删除文本框】按钮则删除相应的文本框控件，如图 13.31 所示。

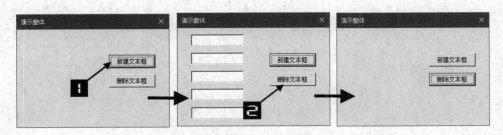

图 13.31　用户窗体中的动态控件

运行 CreatingForms 过程后会创建以 "frmForm" 为名称的用户窗体，在移除该用户窗体并执行保存文件之前，再次运行该过程，将创建默认名称的用户窗体。使用代码删除用户窗体并保存文件，示例代码如下。

```
#001    Sub RemoveForm()
#002        Dim objRemoveFrm As VBComponent
#003        On Error Resume Next
#004        Set objRemoveFrm = Application.ActiveWorkbook. _
                VBProject.VBComponents.Item("frmForm")
#005        Application.VBE.ActiveVBProject. _
                VBComponents.Remove objRemoveFrm
```

```
#006        ThisWorkbook.Save
#007  End Sub
```

❖ 代码解析

第 3 行代码忽略代码运行中的错误，避免由于未创建相应窗体导致的程序中断。

第 4 行代码利用 **VBComponents** 的 **Item** 方法，返回名为"frmForm"的用户窗体。

第 5 行代码利用 **VBComponents** 集合的 **Remove** 方法，删除集合中的对象。

应用于 **VBComponents** 集合的 **Remove** 方法的语法格式如下。

```
Object.Remove VBComponent
```

参数 **VBComponent** 是必需的，指定需要删除的组件。

第 6 行代码保存当前工作簿。

第四篇

文件系统操作

文件系统是操作系统用于管理磁盘或分区上文件的方法和数据结构，即存储和组织计算机数据的方法。本篇介绍 VBA 中操作目录、文件的常用技巧，以及文件输入输出操作的常用技巧。

第14章　目录和文件操作

VBA 提供了一系列关于目录、文件操作的语句和函数，使用这些内置的函数和语句可以实现对目录、文件的常用处理，但是其功能相对简单，存在诸多限制。

文件系统对象（File System Object，FSO）提供了一套完整的操作计算机文件系统的方法。FSO 对象包含在 Scripting 类库（Scrrun.DLL）中，它包含 Drive、Folder、File、FileSystemObject 和 TextStream 5 个对象。其中 Drive 对象用来收集驱动器的信息；Folder 对象用于文件夹操作；File 对象用于文件操作；TextStream 对象用来完成对文件的读写操作。FileSystemObject 是 FSO 对象模型中最主要的对象，直接作用于其他 4 个对象，可以实现其他 4 个对象提供的功能。

14.1 判断文件或文件夹是否存在

在代码中以前期绑定方式使用 FSO 对象时，应先在 VBE 中引用【Microsoft Scripting Runtime】库，具体操作步骤如图 14.1 所示。

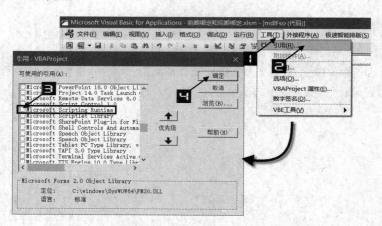

图 14.1　引用【Microsoft Scripting Runtime】库

使用 VBA 内置的 Dir 函数和 FSO 对象都可以判断指定的文件或文件夹是否存在，示例代码如下。

```
#001   Sub FileExist()
#002       Dim objFso As Object
#003       Dim strPath As String
#004       strPath = ThisWorkbook.Path & Application.PathSeparator
#005       Debug.Print " 文件或文件夹名 ";Tab(50);" 是否存在 "
#006       Debug.Print " 使用 Dir 函数 "
#007       Debug.Print strPath & "Test";Tab(50);_
               Dir(strPath & "Test",vbDirectory + vbHidden) <> ""
#008       Debug.Print strPath & "Test\Test.txt";Tab(50);_
               Dir(strPath & "Test\Test.txt",_
               vbNormal + vbHidden + vbReadOnly) <> ""
#009       Set objFso = CreateObject("Scripting.FileSystemObject")
```

```
#010        Debug.Print "使用 FSO 对象"
#011        Debug.Print strPath & "Test";Tab(50);_
               objFso.FolderExists(strPath & "Test")
#012        Debug.Print strPath & "Test\Test.txt";Tab(50);_
               objFso.FileExists(strPath & "test\test.txt")
#013   End Sub
```

❖ 代码解析

第 4 行代码获取示例工作簿的完整路径并赋值给变量 strPath，其中 Application 对象的 PathSeparator 属性返回路径分隔符。

第 7 行和第 8 行代码使用 Dir 函数判断指定的文件夹和文件是否存在。

Dir 函数返回代表文件名、目录名或文件夹名的字符串，其语法格式如下。

```
Dir[(pathname[, attributes])]
```

参数 pathname 是可选的，为字符串表达式，用来指定要查找的文件名或文件夹名。如果没有找到则返回零长度字符串。

参数 attributes 是可选的，用来指定文件属性，其值可为表 14.1 中的常量或常量值之和。如果省略，则返回匹配 pathname 但不包含属性的文件或文件夹。

表 14.1　Dir、GetAttr 和 SetAttr 常量

常量	值	说明
vbNormal	0	正常的（Dir 和 SetAttr 的默认值）
vbReadOnly	1	只读的
vbHidden	2	隐藏的
vbSystem	4	系统文件
vbVolume	8	卷标
vbDirectory	16	目录或文件夹
vbArchive	32	文件自上一次备份后已经改变
vbAlias	64	在 Macintosh 上，标识符是一个别名

第 7 行代码中参数 attributes 设置为常量 vbDirectory 与常量 vbHidden 的和，表示匹配常规文件夹和隐藏文件夹。

第 8 行代码中参数 attributes 设置为常量 vbNormal、常量 vbHidden、常量 vbReadOnly 的和，表示匹配常规文件、隐藏文件和只读文件。

第 11 行代码使用 FSO 对象的 FolderExists 方法判断文件夹"Test"是否存在。FolderExists 方法返回布尔值，如果指定的文件夹存在则返回 True，否则返回 False，其语法格式如下。

```
object.FolderExists(folderspec)
```

参数 folderspec 是必需的，为字符串表达式，用来指定文件夹的路径。

第 12 行代码使用 FSO 对象的 FileExists 方法判断文件"test.txt"是否存在。FileExists 方法返回布尔值，如果指定的文件存在则返回 True，否则返回 False，其语法格式和 FolderExists 方法相同。

打开示例文件，单击【是否存在】按钮，将在 VBE 的【立即窗口】中输出运行结果，如图 14.2 所示。

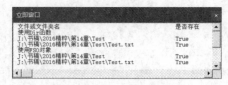

图 14.2　判断文件或文件夹是否存在

14.2　重命名文件、文件夹

使用 VBA 内置的 Name 语句可以重命名和移动指定的文件或文件夹，示例代码如下。

```
#001   Sub RenameFile()
#002       Dim strPath As String
#003       strPath = ThisWorkbook.Path & Application.PathSeparator
#004       On Error GoTo errHandle
#005       If Dir(strPath & "Test\Test.txt") <> "" Then
#006           Name strPath & "Test\Test.txt"As strPath & "Test\Test1.txt"
#007           Name strPath & "Test\Test1.txt" As strPath & _
                   "Test\Test1\Test1.txt"
#008           Name strPath & "Test\Test1\Test1.txt" As strPath & _
                   "Test\Test.txt"
#009       End If
#010       Exit Sub
#011   errHandle:
#012       MsgBox Err.Description
#013   End Sub
```

❖ 代码解析

第 6 行代码将"Test.txt"文件重命名为"Test1.txt"。

第 7 行代码将"Test1.txt"文件从示例工作簿所在文件夹下的"Test\"移动到"Test\Test1\"。

第 8 行代码将"Test1.txt"文件重命名为"TestA.txt"并从示例工作簿所在文件夹下的"Test\Test1\"移动到"Test\"。

Name 语句可以重命名文件或文件夹，但是不能创建新文件或文件夹，其语法格式如下。

```
Name oldpathname As newpathname
```

参数 oldpathname 是必需的，为字符串表达式，用来指定已存在的文件名或文件夹名，可以包含驱动器。

参数 newpathname 是必需的，为字符串表达式，用来指定新的文件名或文件夹名，可以包含驱动器，但所指定的文件不能已经存在。

如果参数 oldpathname 和参数 newpathname 的路径相同，文件（文件夹）名不同则重命名指定的文件（文件夹），如果路径不同，文件（文件夹）名相同则移动指定的文件（文件夹）；如果路径和文件（文件夹）名都不同则重命名并移动指定的文件（文件夹）。

注意

Name语句的参数不能包括通配符。对于已打开的文件或文件夹使用Name语句，将会产生运行时错误。

在 VBE 中按 <F8> 键逐语句执行示例代码，在 Windows 资源管理器中可以查看代码执行的结果。

14.3 获取文件信息和属性

使用 VBA 内置函数和 FSO 对象都可以获取文件的信息和文件属性，示例代码如下。

```
#001    Sub FileInfo()
#002        Dim objFso As Object
#003        Dim objFile As Object
#004        Dim strFile As String
#005        Dim strInfo As String
#006        Dim strPath As String
#007        strPath = ThisWorkbook.Path & Application.PathSeparator
#008        strFile = strPath & "Test\Test.txt"
#009        Set objFso = CreateObject("Scripting.FileSystemObject")
#010        If objFso.FileExists(strFile) Then
#011            strInfo = strInfo & " 文件大小: " & FileLen(strFile) & _
                    " 字节 " & vbCrLf
#012            strInfo = strInfo & " 文件最后修改的时间: " & _
                    FileDateTime(strFile) & vbCrLf
#013            strInfo = strInfo & " 文件属性: " & GetAttr(strFile)
#014            Debug.Print " 使用内置函数和语句 "
#015            Debug.Print strInfo
#016            SetAttr strFile,vbReadOnly + vbHidden
#017            Debug.Print " 文件"" & strFile & "" 已设置了只读和隐藏属性 "
#018            Set objFile = objFso.GetFile(strFile)
#019            strInfo = strInfo & " 属性:" & objFile.Attributes & vbCrLf
#020            strInfo = strInfo & " 文件大小 (Bytes):" & objFile.Size & vbCrLf
#021            strInfo = strInfo & " 创建时间 :" & objFile.DateCreated & vbCrLf
#022            strInfo = strInfo & " 最后修改时间 :" & objFile.DateLastModified
#023            Debug.Print " 使用 FSO 对象 "
#024            Debug.Print strInfo
#025            objFile.Attributes = objFile.Attributes + 4
#026            Debug.Print " 文件"" & strFile & "" 已设置了系统属性 "
#027            objFile.Attributes = objFile.Attributes - 3
#028            Debug.Print " 文件"" & strFile & "" 已去除了只读和隐藏属性 "
#029            objFile.Attributes = objFile.Attributes - 4
#030        End If
#031        Set objFile = Nothing
#032        Set objFso = Nothing
```

14章

```
#033   End Sub
```

❖ 代码解析

第 11 行代码获取文件 "Test.txt" 的大小并赋值给变量 strInfo。FileLen 函数以字节为单位返回文件的长度，如果指定的文件已经打开，则返回值是这个文件在打开前的大小，其语法格式如下。

```
FileLen (pathname)
```

参数 pathname 是必需的，为字符串表达式，用来指定文件名。可以包含目录或文件夹、驱动器。

第 12 行代码获取文件 "Test.txt" 被创建或最后修改的日期和时间并赋值给变量 strInfo。FileDateTime 函数返回文件被创建或最后修改的日期和时间，其语法格式如下。

```
FileDateTime(pathname)
```

参数 pathname 是必需的，和 FileLen 函数的 pathname 参数相同。

第 13 行代码获取文件 "Test.txt" 的属性并赋值给变量 strInfo。GetAttr 函数返回值为 Integer 类型，代表文件或文件夹的属性，其语法格式如下。

```
GetAttr(pathname)
```

参数 pathname 是必需的，和 FileLen 函数的 pathname 参数相同。

GetAttr 函数的返回值为表 14.1 中的常量或常量值之和。

第 16 行代码设置文件 "Test.txt" 为 "只读" 和 "隐藏" 属性。SetAttr 函数用来为文件设置属性信息，其语法格式如下。

```
SetAttr pathname, attributes
```

参数 pathname 是必需的，和 FileLen 函数的 pathname 参数相同。

参数 attributes 是必需的，用来设置文件的属性，其值可为表 14.1 中的常量或常量值之和。

> **注意** → 如果试图为已打开的文件设置属性，将会产生错误。

第 18 行代码使用 FSO 对象的 GetFile 方法获得与文件 "Test.txt" 相应的 File 对象并赋值给变量 objFile。GetFile 方法返回与指定的文件相应的 File 对象，其语法格式如下。

```
object.GetFile(filespec)
```

参数 filespec 是必需的，为字符串表达式，用来指定文件的路径。

第 19 行代码使用 File 对象的 Attributes 属性获取文件的属性并赋值给变量 strInfo。Attributes 属性可以设置或者返回文件的属性（有些属性是可读写的，有些属性是只读的），其语法格式如下。

```
object.Attributes [= newattributes]
```

object 是必需的，用来指定 File 或者 Folder 对象的名称。

参数 newattributes 是可选的，如果提供的话，newattributes 就是所指定 object 对象的新属性值。参数 newattributes 可以是表 14.2 中的常量或常量值之和。

表 14.2   Attributes 属性常量

常量	值	说明
Normal	0	一般文件，未设置属性
ReadOnly	1	只读文件，属性为读 / 写

常量	值	说明
Hidden	2	隐藏文件，属性为读 / 写
System	4	系统文件，属性为读 / 写
Volume	8	磁盘驱动器卷标，属性为只读
Directory	16	文件夹或目录，属性为只读
Archive	32	自上次备份后已经改变的文件，属性为读 / 写
Alias	64	链接或快捷方式，属性为只读
Compressed	128	压缩文件，属性为只读

第 20~22 行代码分别使用 File 对象的 Size、DateCreated 和 DateLastModified 属性获取文件的大小、创建时间和最后修改时间并赋值给变量 strInfo。

第 25 行代码给文件设置系统属性。将文件的 Attributes 属性值加上属性对应的常量即可为文件添加该属性。

第 27 行代码去除文件的只读和隐藏属性。将文件的 Attributes 属性值减去属性对应的常量即可为文件去除该属性。

打开示例文件，在 VBE 中按 <F8> 键逐语句运行示例代码，在 Windows 资源管理器中可以查看文件属性的变化，【立即窗口】中运行结果如图 14.3 所示。

图 14.3 获取文件信息和属性

14.4 获取驱动器信息

使用 FSO 对象的 Drive 对象可以获取驱动器信息，如大小、类型和剩余空间等，示例代码如下。

```
#001    Sub GetDriveInfo()
#002        Dim objFso As Object
#003        Dim objDrive As Object
#004        Dim strInfo As String
#005        Set objFso = CreateObject("Scripting.FileSystemObject")
#006        Set objDrive = objFso.GetDrive("c")
#007        If objDrive.IsReady = False Then
#008            strInfo = strInfo & "是否可用: 不可用 " & vbCrLf
#009        Else
#010            strInfo = strInfo & "是否可用: 可用 " & vbCrLf
#011            If objDrive.DriveType = 3 Then
#012                strInfo = strInfo & "名称: " & objDrive.ShareName & vbCrLf
#013            Else
```

```
#014              strInfo = strInfo & "卷标: " & _
                      objDrive.VolumeName & vbCrLf
#015          End If
#016          strInfo = strInfo & "文件系统: " & objDrive.FileSystem & _
                  vbCrLf
#017          strInfo = strInfo & "总容量: " & objDrive.TotalSize & _
                  vbCrLf
#018          strInfo = strInfo & "可用容量: " & _
                  objDrive.AvailableSpace & vbCrLf
#019          strInfo = strInfo & "序列号: " & _
                  Hex(objDrive.SerialNumber) & vbCrLf
#020      End If
#021      MsgBox strInfo
#022      Set objDrive = Nothing
#023      Set objFso = Nothing
#024  End Sub
```

❖ 代码解析

第 6 行代码使用 FSO 对象的 GetDrive 方法获得与驱动器 "c" 相应的 Drive 对象并赋值给变量 objDrive。GetDrive 方法返回 Drive 对象的实例，其语法格式如下。

```
object.GetDrive ( drivespec )
```

参数 drivespec 是必需的，为字符串表达式用来指定驱动器，可以是字母，如 "c"，或者 "字母 + 冒号" 的形式，如 "c:"，或者 "字母 + 冒号 + 路径分隔符" 的形式，如 "c:\"，还可以是网络共享驱动器。

第 7 行代码判断 Drive 对象的 IsReady 属性的返回值，如果返回 False 说明驱动器不可用，返回 True 则说明驱动器可用。

第 11~15 行代码判断 Drive 对象的 DriveType 属性的返回值，如果返回值为 3，说明驱动器是网络驱动器，则使用 Drive 对象的 ShareName 属性返回磁盘的共享名称并赋值给变量 strInfo；否则使用 Drive 对象的 VolumeName 属性返回磁盘的卷标并赋值给变量 strInfo。DriveType 属性的返回值为表 14.3 中的常量。

表 14.3 DriveType 常量

常量	值	说明
Unknown	0	无法确定驱动器类型
Removable	1	可移动媒体驱动器，包括软盘驱动器和其他多种存储设备
Fixed	2	固定（不可移动）媒体驱动器，包括所有硬盘驱动器（包括可移动的硬盘驱动器）
Network	3	网络驱动器，包括网络上任何位置的共享驱动器
CD-ROM	4	CD-ROM 驱动器，不区分只读和可读写的 CD-ROM 驱动器
RAM Disk	5	RAM 磁盘，在本地计算机中占用一块"随机存取内存"（RAM）虚拟为磁盘驱动器

第 16~19 行代码使用 Drive 对象的属性获取驱动器的相关信息并赋值给变量 strInfo。

打开示例文件，单击【获取信息】按钮将弹出消息框，如图 14.4 所示。

图 14.4　获取驱动器信息

14.5　使用 FSO 对象操作文件夹

使用 FSO 和 Folder 对象可以对文件夹进行复制、删除等常用操作，示例代码如下。

```
#001    Sub OperateFolder()
#002        Dim objFso As Object
#003        Dim objFolder As Object
#004        Dim strPath As String
#005        strPath = ThisWorkbook.Path & Application.PathSeparator
#006        On Error GoTo errHandle
#007        Set objFso = CreateObject("Scripting.FileSystemObject")
#008        If objFso.FolderExists(strPath & "Test") = True Then
#009            objFso.CreateFolder strPath & "Test\TestA"
#010            Set objFolder = objFso.GetFolder(strPath & "Test\Test1")
#011            objFolder.SubFolders.Add "Test2"
#012            objFolder.Copy strPath & "Test\TestA\TestB"
#013            objFso.CopyFolder strPath & "Test\Test1\Test2",_
                    strPath & "Test\Test2"
#014            objFso.MoveFolder strPath & "Test\TestA\TestB",_
                    strPath & "Test\Test3"
#015            objFolder.Delete
#016            objFso.DeleteFolder strPath & "Test\T*"
#017            objFso.CreateFolder strPath & "Test\Test1"
#018        End If
#019        Set objFolder = Nothing
#020        Set objFso = Nothing
#021        Exit Sub
#022    errHandle:
#023        MsgBox Err.Description
#024    End Sub
```

❖ 代码解析

第 9 行代码使用 FSO 对象的 CreateFolder 方法创建文件夹"TestA"，其语法格式如下。

```
object.CreateFolder(foldername)
```

参数 foldername 是必需的，为字符串表达式，用来指定要创建的文件夹路径。如果指定的文件夹已经存在，则发生错误。

第 10 行代码使用 FSO 对象的 GetFolder 方法返回与文件夹 "Test1" 相对应的 Folder 对象并赋值给变量 objFolder。GetFolder 方法返回与指定的文件夹相应的 Folder 对象，其语法格式和 GetFile 方法相同，GetFile 方法的讲解请参阅 14.3 节。

第 11 行代码使用 SubFolders 对象的 Add 方法创建文件夹 "Test2"，其中 SubFolders 属性返回包含所有子文件夹的 Folders 集合。Add 方法可以在文件夹中创建子文件夹，其语法格式如下。

```
object.Add (folderName)
```

参数 folderName 是必需的，为字符串表达式，用来指定要创建的文件夹的名称。

第 12 行代码使用 Folder 对象的 Copy 方法将文件夹 "Test1" 从 "Test" 文件夹复制到 "TestA" 文件夹并重命名为 "TestB"。Copy 方法用于复制文件夹到指定的位置，其语法格式如下。

```
object.Copy(destination[,overwrite])
```

参数 destination 是必需的，为字符串表达式，用来指定目标文件夹的路径。若目标文件夹不存在则会产生错误。

参数 overwrite 是可选的，指定是否覆盖已有文件夹，默认值为 True，表示覆盖，否则表示不覆盖。

第 13 行代码使用 FSO 对象的 CopyFolder 方法将文件夹 "Test2" 从 "Test1" 文件夹复制到 "Test" 文件夹。CopyFolder 方法把文件夹从一个位置复制到另一个位置，其语法格式如下。

```
object.CopyFolder(source,destination[,overwrite])
```

参数 source 是必需的，为字符串表达式，用来指定被复制的文件夹路径，可以在路径的最后部分中包含通配字符。

参数 destination 和参数 overwrite 的含义与用法和 Copy 方法完全相同。

第 14 行代码使用 FSO 对象的 MoveFolder 方法将文件夹 "TestB" 从文件夹 "TestA" 移动到文件夹 "Test" 并重命名为 "Test3"。MoveFolder 方法把文件夹从一个位置移动到另一个位置，其语法格式如下。

```
object.MoveFolder ( source, destination )
```

参数 source 和参数 destination 的含义与用法和 CopyFolder 方法完全相同。

第 15 行代码使用 Folder 对象的 Delete 方法删除文件夹 "Test1"。

第 16 行代码使用 FSO 对象的 DeleteFolder 方法删除文件夹 "Test" 中所有文件夹名是以 "T" 或 "t" 开头的文件夹，DeleteFolder 方法用于删除指定的文件夹及其内容，其语法格式如下。

```
object.DeleteFolder ( folderspec[, force] )
```

参数 folderspec 是必需的，为字符串表达式，用来指定要删除的文件夹路径，可以在路径的最后部分中使用通配符。

参数 force 是可选的，默认值为 False，设置为 True，表示删除设置了只读属性的文件夹，否则为 False。

创建、复制、删除和移动文件夹有两种方法，一种是使用 FSO 对象的 CreateFolder、CopyFolder、DeleteFolder 和 MoveFolder 方法，另一种是使用 Folder 对象的 Add、Copy、Delete 和 Move 方法。使用第 2 种方法之前需要使用 FSO 对象的 GetFolder 方法返回与指定的文件夹相应的 Folder 对象。

注意 ■■■■■→　使用FSO对象操作文件夹，文件夹中的文件和子文件夹也将被移动、复制和删除。

　　打开示例文件，在 VBE 中按 <F8> 键逐语句运行示例代码，在 Windows 资源管理器中可以查看代码执行的结果。

14.6　使用 FSO 对象操作文件

　　使用 FSO 对象和 File 对象可以实现文件复制、移动和删除等常用操作，示例代码如下。

```
#001  Sub OperateFile()
#002      Dim objFso As Object
#003      Dim objFile As Object
#004      Dim strPath As String
#005      strPath = ThisWorkbook.Path & Application.PathSeparator
#006      Set objFso = CreateObject("Scripting.FileSystemObject")
#007      If objFso.FileExists(strPath & "Test\Test.txt") Then
#008          Set objFile = objFso.GetFile(strPath & "Test\Test.txt")
#009          objFile.Copy strPath & "Test\Test1.txt"
#010          objFso.CopyFile strPath & "Test\Test.txt",strPath & _
                  "Test\File\Test2.txt"
#011          objFile.Move strPath & "Test\File\Test.txt"
#012          objFso.MoveFile strPath & "Test\File\Test2.txt",_
                  strPath & "Test\Test.txt"
#013          objFile.Delete
#014          objFso.DeleteFile strPath & "Test\Test1.txt"
#015      End If
#016      Set objFile = Nothing
#017      Set objFso = Nothing
#018  End Sub
```

❖ 代码解析

　　第 8 行代码使用 FSO 对象的 GetFile 方法获得与文件"Test.txt"相应的 File 对象并赋值给变量 objFile，GetFile 方法的讲解请参阅 14.3 节。

　　第 9 行代码使用 File 对象的 Copy 方法将"Test"目录中的文件"Test.txt"复制一份并重命名为"Test1.txt"。

　　第 10 行代码使用 FSO 对象的 CopyFile 方法将文件"Test.txt"从文件夹"Test"复制到文件夹"File"并重命名为"Test2.txt"。

　　第 11 行代码使用 File 对象的 Move 方法将文件"Test.txt"从文件夹"Test"移动到文件夹"File"。

　　第 12 行代码使用 FSO 对象的 MoveFile 方法将文件"Test2.txt"从文件夹"File"移动到文件夹"Test"。

　　第 13 行代码使用 File 对象的 Delete 方法删除文件"Test.txt"。

　　第 14 行代码使用 FSO 对象的 DeleteFile 方法删除文件"Test1.txt"。

　　复制、删除和移动文件有两种方法，一种是使用 FSO 对象的 CopyFile、DeleteFile 和 MoveFile 方法，另一种是使用 File 对象的 Copy、Delete 和 Move 方法，使用第 2 种方法之前需要使用 FSO 对象的 GetFile 方法返回与指定的文件相应的 File 对象。

File 对象的 Copy 方法、Move 方法和 Delete 方法的语法与 Folder 对象的相应方法类似，其语法格式如下。

```
object.Copy(destination[,overwrite])
object.Move (destination)
object.Delete (force)
```

FSO 对象的 CopyFile 方法、MoveFile 方法和 DeleteFile 方法的语法与操作文件夹对象的相应方法类似，分别如下。

```
object.CopyFile(source,destination[,overwrite])
object.MoveFile(source,destination)
object.DeleteFile(filespec[,force])
```

打开示例文件，在 VBE 中按 <F8> 键逐语句运行示例代码，在 Windows 资源管理器中可以查看代码执行的结果。

14.7　使用 FSO 对象查找文件

使用 Folder 对象的 Files 属性和 SubFolders 属性，可以查找指定文件夹及其子文件夹下的所有文件，示例代码如下。

```
#001  Sub FirstList()
#002      Dim objFso As Object
#003      Dim objFolder As Object
#004      Dim strInfo As String
#005      Set objFso = CreateObject("Scripting.FileSystemObject")
#006      Set objFolder = objFso.GetFolder(ThisWorkbook.Path). _
              ParentFolder
#007      strInfo = strEnumFile(objFolder)
#008      Debug.Print strInfo
#009      Set objFso = Nothing
#010      Set objFolder = Nothing
#011  End Sub
#012  Function strEnumFile(ByVal objFolder As Object) As String
#013      Dim objSubFolder As Object
#014      Dim objFile As Object
#015      Dim strList As String
#016      strList = " 文件夹 :" & vbTab & objFolder.Path & vbCrLf
#017      If objFolder.Files.Count <> 0 Then
#018          For Each objFile In objFolder.Files
#019              strList = strList & vbTab & " 文件 :" & _
                      objFile.Path & vbCrLf
```

```
#020          Next objFile
#021      End If
#022      If objFolder.SubFolders.Count <> 0 Then
#023         For Each objSubFolder In objFolder.SubFolders
#024             strList = strList & strEnumFile(objSubFolder)
#025         Next objSubFolder
#026      End If
#027      strEnumFile = strList
#028      Set objSubFolder = Nothing
#029      Set objFile = Nothing
#030  End Function
```

❖ 代码解析

FirstList 过程调用 strEnumFile 函数查找指定目录中所有的文件（包括子文件夹下的文件）。

第 6 行代码获取示例文件所在文件夹的上一级目录并赋值给对象变量 objFolder。Folder 对象的 ParentFolder 属性返回 Folder 对象的上一级目录。

第 7 行代码调用 strEnumFile 函数并将返回值（查找到的所有文件的路径和名称）赋值给变量 strInfo。

如果文件夹中有文件，第 17~21 行代码遍历文件夹中的所有文件并将文件的完整路径赋值给变量 strList。

Folder 对象的 Files 属性返回 Files 集合，该集合包含文件夹中所有文件对象。

如果文件夹中有子文件夹，第 22~26 行代码在 For 循环结构中递归调用函数 strEnumFile，并设置其参数为文件夹中每个子文件夹，从而实现查找每个子文件夹中的文件。

过程或函数直接或间接调用自身的方式称为递归。递归用来把大型复杂的问题转化为与原问题相似的规模较小的问题来求解。递归一定要有条件限制，当条件不满足时递归就逐层返回，而不会无休止地调用自身过程。

第 7 行代码调用 strEnumFile 函数是为了查找指定文件夹中的文件，第 24 行代码调用函数 strEnumFile 自身，目的仍然是搜索文件夹中的文件（与原问题相似），只是参数变成原文件夹中的子文件夹，即搜索范围变小。

SubFolders 属性的讲解请参阅 14.5 节。

打开示例文件，单击【查找文件】按钮，将在 VBE 中的【立即窗口】输出文件列表，如图 14.5 所示。

图 14.5　使用 FSO 对象查找文件

14.8 打开和关闭指定的文件夹

使用 API 函数可以实现打开和关闭指定的文件或文件夹，示例代码如下。

```
#001  Private Declare Function ShellExecute Lib "shell32.dll" Alias _
          "ShellExecuteA" (ByVal hWnd As Long, ByVal lpOperation _
          As String, ByVal lpFile As String, ByVal lpParameters As _
          String, ByVal lpDirectory As String, _
          ByVal nShowCmd As Long) As Long
#002  Private Declare Function FindWindow Lib "user32" Alias _
          "FindWindowA" (ByVal lpClassName As String, _
          ByVal lpWindowName As String) As Long
#003  Private Declare Function PostMessage Lib "user32" Alias _
          "PostMessageA" (ByVal hWnd As Long, _
          ByVal wMsg As Long, ByVal wParam As _
          Long, ByVal lParam As Long) As Long
#004  Private Const WM_CLOSE As Long = &H10
#005  Public Sub OpenF()
#006      ShellExecute 0,"",ThisWorkbook.Path & _
              Application.PathSeparator & "Test\Test1","","",1
#007      ShellExecute 0,"",ThisWorkbook.Path & _
              Application.PathSeparator & "Test\Test.txt","","",1
#008  End Sub
#009  Public Sub CloseF()
#010      Dim lngHwnd As Long
#011      lngHwnd = FindWindow(vbNullString,"Test1")
#012      PostMessage lngHwnd,WM_CLOSE,0,0
#013      lngHwnd = FindWindow("Notepad","Test.txt - 记事本 ")
#014      PostMessage lngHwnd,WM_CLOSE,0,0
#015  End Sub
```

❖ 代码解析

第 1~4 行代码是 API 函数和常量声明语句。

第 6 行和第 7 行代码打开文件夹"Test1"和文件"Test.txt"。

ShellExecute 函数可以运行外部程序，或者打开文件和文件夹、打印文件等，如果返回值大于 32 表示执行成功，否则表示执行错误。其中参数 lpFile 指定要打开的文件（文件夹）或程序；参数 nShowCmd 指定程序窗口的初始显示方式。

第 11 行代码获取标题为"Test1"的窗体的句柄。

FindWindow 函数获取指定窗体的句柄，该窗体的标题与指定的字符串匹配。参数 lpClassName 用来指定要查找窗体的类名（如"Notepad"），参数 lpWindowName 用来指定要查找窗体的标题（如 "Test1"）。

第 12 行代码向标题为"Test1"的窗口发送消息以关闭窗口，即关闭"Test1"文件夹。

PostMessage 函数将消息放入（发送到）与指定窗口创建的线程相关联的消息队列中。如果执行成功返回非 0 值，否则返回为 0。参数 hWnd 指定接收消息窗口的句柄，参数 wMsg 用来指定要发送的消息（如"WM_CLOSE"），参数 wParam 和参数 IParam 用来指定附加的特定信息。

第 13 行和第 14 行代码关闭"Test.txt"文件。

打开示例文件，单击【打开】按钮将打开"Test1"文件夹和文件"Test.txt"，单击【关闭】按钮将关闭"Test1"文件夹和文件"Test.txt"。

14.9 获取常用路径

使用多种方法可以获取常用的路径，示例代码如下。

```
#001    Private Declare Function SHGetSpecialFolderLocation Lib "Shell32" _
                (ByVal hwndOwner As Long, ByVal nFolder As Integer, _
                ppidl As Long) As Long
#002    Private Declare Function SHGetPathFromIDList Lib "Shell32" Alias _
                "SHGetPathFromIDListA" (ByVal pidl As Long, _
                ByVal szPath As String) As Long
#003    Const PAGETMP = &H20&
#004    Const COOKIES = &H21&
#005    Const HISTORY = &H22&
#006    Sub GetPath()
#007        Dim strTemp As String
#008        Dim lngPpidl As Long
#009        Dim objShell As Object
#010        Debug.Print "Excel 启动文件夹: ";Tab(20);Application.StartupPath
#011        Debug.Print "Excel 模板文件夹: ";_
                Tab(20);Application.TemplatesPath
#012        Debug.Print "COM 加载宏文件夹: ";Tab(20);_
                Application.UserLibraryPath
#013        Set objShell = CreateObject("Wscript.Shell")
#014        Debug.Print " 桌面: ";Tab(20);_
                objShell.SpecialFolders("AllUsersStartup")
#015        Debug.Print " 收藏夹: ";Tab(20);_
                objShell.SpecialFolders("Favorites")
#016        Debug.Print " 系统盘: ";Tab(20);Environ("SystemDrive")
#017        Debug.Print " 临时文件夹: ";Tab(20);Environ("TEMP")
#018        Debug.Print "Windows 目录: ";Tab(20);Environ("windir")
#019        Debug.Print " 程序文件夹: ";Tab(20);Environ("ProgramFiles")
#020        strTemp = Space(512)
#021        SHGetSpecialFolderLocation 0,PAGETMP,lngPpidl
#022        SHGetPathFromIDList lngPpidl,strTemp
#023        Debug.Print " 网页临时文件: ";Tab(20);Split(strTemp,Chr(0))(0)
#024        SHGetSpecialFolderLocation 0,COOKIES,lngPpidl
#025        SHGetPathFromIDList lngPpidl,strTemp
#026        Debug.Print "Cookies: ";Tab(20);Split(strTemp,Chr(0))(0)
#027        SHGetSpecialFolderLocation 0,HISTORY,lngPpidl
```

```
#028         SHGetPathFromIDList lngPpidl,strTemp
#029         Debug.Print "History: ";Tab(20);Split(strTemp,Chr(0))(0)
#030         Set objShell = Nothing
#031   End Sub
```

❖ 代码解析

第 1~5 行代码是 API 函数和常量声明语句。

第 10~12 行代码使用 Application 对象的相关属性获取 Excel 应用程序的"启动""模板"和"COM 加载宏"文件夹的路径。

第 14~15 行代码使用 WshShell 对象的 SpecialFolders 属性获取"桌面"和"收藏夹"文件夹的路径。SpecialFolders 属性的参数可以是表 14.4 中的值之一。

表 14.4　SpecialFolders 属性值

名称	值	名称	值
所有用户桌面	AllUsersDesktop	网络目录	NetHood
所有用户开始菜单	AllUsersStartMenu	打印机目录	PrintHood
所有用户程序	AllUsersPrograms	程序	Programs
所有用户启动	AllUsersStartup	最近打开的文件	Recent
桌面	Desktop	发送	SendTo
收藏夹	Favorites	开始菜单	StartMenu
字体	Fonts	启动	Startup
我的文档	MyDocuments	模板	Templates

第 16~19 行代码使用 Environ 函数获取常用的操作系统路径。Environ 函数返回代表操作系统环境变量的字符串，其语法格式如下。

```
Environ({envstring | number})
```

参数 envstring 是可选的，为包含环境变量名的字符串表达式。

参数 number 是可选的，为数值表达式，用来表示环境字符串在环境字符串表格中的顺序。

第 21 行代码获取浏览器临时文件所属文件夹在特殊目录列表中的位置，并保存到参数 lngPpidl。

SHGetSpecialFolderLocation 函数获得某个特殊目录在特殊目录列表中的位置，第 1 个参数指定所有者窗口；第 2 个参数指定要查找的目录，可为表 14.5 中的值；第 3 个参数返回指定目录在特殊目录列表中的地址。

表 14.5　nFolder 参数值

名称	值	名称	值
桌面	&H0&	网上邻居	&H13&
程序	&H2&	字体	&H14&
我的文档	&H5&	ShellNew	&H15&
收藏夹	&H6&	Application Data	&H1A&
启动	&H7&	PrintHood	&H1B&
最近打开的文件	&H8&	网页临时文件	&H20&

续表

名称	值	名称	值
发送	&H9&	Cookies	&H21&
开始菜单	&HB&	历史	&H22&

第 22 行代码获取浏览器临时文件所属文件夹的完整路径，并保存到变量 strTemp。

SHGetPathFromIDList 函数根据指定目录在特殊目录列表中的地址获取该目录的准确路径，第 1 个参数是指定目录在特殊目录列表中的地址，也即 SHGetSpecialFolderLocation 函数所获得的地址（lngPpidl）；第 2 个参数是用来保存返回的特殊目录的准确路径字符串。

第 24~29 行代码获取 "COOKIES" 和 "HISTORY" 文件夹的路径。

打开示例文件，单击【获取信息】按钮，将在 VBE 的【立即窗口】中输出常用的路径，如图 14.6 所示。

图 14.6　获取常用路径

第 15 章　文件的输入输出

15.1　读写文本文件

15.1.1　用 Write 和 Print 语句写入数据

使用 VBA 内置的 Write 和 Print 语句写入数据的示例代码如下。

```
#001  Sub WriteFile()
#002      Dim intNum As Integer
#003      intNum = FreeFile
#004      Open ThisWorkbook.Path & "\test.txt" For Output As #intNum
#005      Write #intNum,"Hello ";"ExcelHome"
#006      Write #intNum," 这是一个测试文件 "
#007      Write #intNum,
#008      Write #intNum," 以上是由 Write # 语句写入的数据 "
#009      Print #intNum," 这是一个测试文件 "
#010      Print #intNum,"Hello ";"ExcelHome"
#011      Print #intNum,
#012      Print #intNum,Spc(5);"VBA 程序开发版 "
#013      Print #intNum,Tab(10);"VSTO 程序开发版 "
#014      Close intNum
#015  End Sub
```

❖ 代码解析

WriteFile 过程新建文本文件"test.txt"，并使用 Print # 和 Write # 语句将数据写入文本文件。

第 3 行代码使用 FreeFile 函数返回 Integer 类型的值，代表可供 Open 语句使用的文件号并赋值给变量 intNum，其语法格式如下。

```
FreeFile [(rangenumber)]
```

rangenumber 参数是可选的，为 Variant 类型，用来指定范围，以便返回该范围之内的下一个可用文件号。指定为 0（默认值）则返回 1 ~ 255 的文件号，指定为 1 则返回 256 ~ 511 的文件号。

第 4 行代码使用 Open 语句新建文本文件"test.txt"，以 Output 方式打开该文件并指定其文件号为"#intNum"。

Open 语句打开或新建文件，分配缓冲区供文件进行读写操作，并决定缓冲区所使用的访问方式。如果文件已由其他进程打开，而且不允许用指定的访问方式，则会产生错误，其语法格式如下。

```
Open pathname For mode [Access access] [lock] As [#] filenumber
[Len=reclength]
```

参数 pathname 是必需的，为字符串表达式，用来指定文件名，文件名可以包括文件夹和驱动器。如果指定的文件不存在，那么使用 Append、Binary、Output 或 Random 方式打开文件时，可以建立该文件。

参数 mode 是必需的，用来指定文件的访问方式，如果省略则使用 Random 访问方式，参数值为表 15.1 中的文件打开方式之一。

表 15.1　Open 语句打开方式

打开方式	说明
Input	打开顺序文件读入，文件不存在则报错
Output	打开顺序文件覆盖写入，文件不存在则创建新文件
Append	打开顺序文件追加写入，文件不存在则创建新文件
Binary	打开二进制文件，文件不存在则创建新文件
Random	打开随机文件，文件不存在则创建新文件，可省略

> **注意** ➡
> 在Binary、Input或Random方式下，文件以非独占方式被打开，同一文件可以被多次重复打开（打开模式必须相同），此时只需要使用不同的文件号打开即可，而不必先将该文件关闭。然而在Append和Output方式下，文件以独占方式被打开，则必须在打开文件之前先关闭该文件。

参数 access 是可选的，用来指定对文件可以进行的操作，可以为 Read、Write 和 Read Write，分别对应只读模式、只写模式和读写模式。

参数 lock 是可选的，用来限定其他程序对文件的操作，可以为 Shared、Lock Read、Lock Write 和 Lock Read Write，分别对应共享、锁定读、锁定写和锁定读写。

As [#] filenumber 子句用于为打开的文件指定文件号。

参数 filenumber 是必需的，用来指定有效的文件号，范围为 1~511。

参数 reclength 是可选的，为小于或等于 32767（字节）的数。对于用随机访问方式打开的文件，该值就是记录长度；对于顺序文件，该值就是缓冲字符数。如果 mode 参数指定为 Binary 方式，则 Len 子句会被忽略掉。

第 5~8 行代码使用 Write 语句将不同格式的数据写入文件。Write # 语句将数据写入顺序文件中，其语法格式如下。

```
Write #filenumber, [outputlist]
```

参数 filenumber 是必需的，为任何有效的文件号。

参数 outputlist 是可选的，为要写入文件的数值表达式或字符串表达式，多个表达式之间可用空格、分号或逗号隔开（空格与分号等效）。如果省略参数 outputlist，而且参数 filenumber 之后只有一个列表分隔符，则将一个空白行写入文件中。

第 9~13 行代码使用 Print 语句将不同格式的数据写入文件。Print # 语句将格式化显示的数据写入顺序文件中，其语法格式如下。

```
Print #filenumber,[outputlist]
```

参数 filenumber 是必需的，为任何有效的文件号。

参数 outputlist 是可选的，为要写入文件的表达式或表达式列表，多个表达式之间可用空白字符或分号隔开（空白字符与分号等效）。如果省略参数 outputlist，而且参数 filenumber 之后只有一个列表分隔符，则将一个空白行打印到文件中。参数 outputlist 的语法格式如下。

```
[{Spc(n) | Tab[(n)]}] [expression] [charpos]
```

参数 Spc（n）用来写入空白字符，n 指定插入空白字符的个数。

Tab（n）用来将插入点定位在某一绝对列号上，n 用来指定列号。使用无参数的 Tab 则将插入点定位在下一个打印区的起始位置。

expression 指定要打印的数值表达式或字符串表达式。

charpos 指定下一个字符的插入点。如果设置为分号则将插入点定位在上一个显示字符之后。如果省略则在下一行打印下一个字符。

Write # 语句与 Print # 语句的不同之处在于，Write # 语句使用引号来标记写入的字符串，并且在项目和用来标记字符串的引号之间插入逗号，因此不必在列表中使用分界符。

第 14 行代码使用 Close 语句关闭 Open 语句所打开的文件。

Close 语句关闭 Open 语句所打开的输入 / 输出（I/O）文件，其语法格式如下。

```
Close [filenumberlist]
```

参数 filenumberlist 是可选的，用来指定要关闭的一个或多个文件号。如果省略参数，则关闭 Open 语句打开的所有活动文件，其语法格式如下。

```
[[#]filenumber] [, [#]filenumber]...
```

filenumber 为任何有效的文件号。

15.1.2　以 Append 方式追加写入数据

在文件中追加写入数据的示例代码如下。

```
#001  Sub AppendFile()
#002      Dim intNum As Integer
#003      intNum = FreeFile
#004      Open ThisWorkbook.Path & "\test.txt" For Append As #intNum
#005      Print #intNum,"*************************"
#006      Print #intNum," 这是添加的内容 "
#007      Close intNum
#008  End Sub
```

❖ 代码解析

第 4 行代码使用 Open 语句以 Append 方式打开文件，用于在文件中追加写入数据。

第 5 行和第 6 行代码使用 Print # 语句在文件末尾追加写入两行数据。

15.1.3　使用 Input 函数

使用 Input 函数读取文件内容的示例代码如下。

```
#001  Sub ReadFile()
#002      Dim strTemp As String
#003      Dim strContent As String
#004      Dim strMsg1 As String
#005      Dim strMsg2 As String
#006      Dim intNum As Integer
#007      intNum = FreeFile
#008      Open ThisWorkbook.Path & "\test.txt" For Input As #intNum
```

```
#009        Debug.Print "文件的第一个字符是: " & Input(1,#intNum)
#010        Close #intNum
#011        Open ThisWorkbook.Path & "\test.txt" For Input As #intNum
#012        Input #intNum,strMsg1,strMsg2
#013        Debug.Print "第一行第一个区域的数据是: " & strMsg1
#014        Debug.Print "第一行第二个区域的数据是: " & strMsg2
#015        Close #intNum
#016        Open ThisWorkbook.Path & "\test.txt" For Input As #intNum
#017        strContent = strContent & "文件长度为: " & LOF(intNum) & "字节" _
                & vbCrLf
#018        strContent = strContent & "文件内容如下: " & vbCrLf
#019        Do While EOF(intNum) = False
#020           Line Input #intNum,strTemp
#021           strContent = strContent & strTemp & vbCrLf
#022        Loop
#023        Debug.Print strContent
#024        Close #intNum
#025   End Sub
```

❖ 代码解析

第 8 行代码使用 Open 语句以 Input 方式打开文件 "test.txt"。

第 9 行代码使用 Input 函数返回 "test.txt" 文件中的第一个字符。

Input 函数返回以 Input 或 Binary 方式打开的文件中的指定数量的字符,其语法格式如下。

```
Input(number,[#]filenumber)
```

参数 number 是必需的,用来指定返回字符的数量。

参数 filenumber 是必需的,为任何有效的文件号。

> **注意**
> 如果试图用 Input 函数读取以 Binary 方式打开的文件的全部内容,就会在 EOF 返回 True 时产生错误。因此,需要用 LOF 和 LOC 函数代替 EOF 函数,而在使用 EOF 函数时要配合 Get 函数。

第 10 行代码使用 Close 语句关闭 Open 语句所打开的文件 "test.txt"。

第 11 行代码再次使用 Open 语句以 Input 方式打开文件 "test.txt"。

第 12 行代码使用 Input # 语句读取文件第一行中两个区域的内容并分别赋值给变量 strMsg1 和变量 strMsg2。

Input # 语句从已打开的顺序文件中读出数据并将数据赋值给变量,该语句只能用于以 Input 或 Binary 方式打开的文件,其语法格式如下。

```
Input #filenumber, varlist
```

参数 filenumber 是必需的,为任何有效的文件号。

参数 varlist 是必需的,为用逗号分隔的变量列表,从文件中读出的数据将分配给这些变量。虽然这些变量不能是数组或对象变量,但是可以使用变量描述数组元素或用户定义类型的元素。

第 17 行代码使用 LOF 函数返回文件"test.txt"的大小（以字节为单位）并赋值给变量 strContent。

第 19 行代码使用 EOF 函数判断是否到达文件结尾，避免在文件结尾处进行输入操作而发生错误。

EOF 函数返回 Boolean 值，如果返回值为 True，表示已经到达以 Random 或 Input 方式打开的文件的结尾，其语法格式如下。

```
EOF (filenumber)
```

参数 filenumber 是必需的，为任何有效的文件号。

第 20 行代码在循环中使用 Line Input # 语句逐行读取文件中的数据并赋值给变量 strTemp，直到文件结尾。

Line Input # 语句从已打开的顺序文件中读出一行并赋值给字符串变量，其语法格式如下。

```
Line Input #filenumber, varname
```

参数 filenumber 是必需的，为任何有效的文件号。

参数 varname 是必需的，为 Variant 或 String 类型的变量名。

使用 Line Input # 语句读取文件中的数据时，数据中的回车符和换行符将被忽略。使用 Input 函数则可以返回所读出的所有字符，包括逗号、回车符、空白列、换行符、引号和前导空格等。使用 Input # 语句可以正确读取用 Write # 语句写入的各个单独的数据域并指定给不同的变量。

通常在代码中使用 Line Input # 语句或 Input 函数读取 Print # 语句生成的文件，而使用 Input # 语句读取 Write # 语句生成的文件。

打开示例文件，依次单击【写入数据】【追加数据】和【读出数据】按钮，将打开示例文件所在目录下名为"test.txt"的文件（如果文件不存在，则新建名为"test.txt"的文件），并在 VBE 中的【立即窗口】输出相关内容，如图 15.1 所示。

图 15.1　读写文本文件

15.2 使用 FSO 对象读写文本文件

15.2.1 写入数据

使用 FSO 对象写入数据的示例代码如下。

```
#001   Sub WriteFile()
#002       Dim objFso As Object
#003       Dim objFile As Object
#004       Dim objStream As Object
#005       Set objFso = CreateObject("Scripting.FileSystemObject")
#006       Set objStream = objFso.CreateTextFile(ThisWorkbook.Path _
                & "\fsotest1.txt", True)
#007       With objStream
#008           .WriteLine ("这是第一个测试文件")
#009           .WriteBlankLines (1)
#010           .Write ("Hello ")
#011           .Write ("ExcelHome")
#012           .WriteLine
#013           .WriteLine (Space(5) & "VBA 程序开发版")
#014           .Close
#015       End With
#016       Set objStream = objFso.OpenTextFile(ThisWorkbook.Path _
                & "\fsotest2.txt", 2, True)
#017       objStream.WriteLine ("这是第二个测试文件")
#018       objStream.Close
#019       objFso.CreateTextFile (ThisWorkbook.Path & "\fsotest3.txt")
#020       Set objFile = objFso.GetFile(ThisWorkbook.Path _
                & "\fsotest3.txt")
#021       Set objStream = objFile.OpenAsTextStream(2,0)
#022       objStream.WriteLine ("这是第三个测试文件")
#023       objStream.Close
#024       Set objFile = Nothing
#025       Set objStream = Nothing
#026       Set objFso = Nothing
#027   End Sub
```

❖ 代码解析

WriteFile 过程使用 3 种方法分别创建文本文件并使用 objStream 对象的方法将数据写入文件中。

第 6 行代码使用 FSO 对象的 CreateTextFile 方法创建文本文件 "fsotest1.txt"。

CreateTextFile 方法使用指定的文件名创建文本文件，或者打开指定的文本文件，并返回 TextStream 对象，其语法格式如下。

```
object.CreateTextFile(filename[, overwrite[, unicode]])
```

参数 filename 是必需的，用来指定文件完整路径的字符串表达式。

参数 overwrite 为可选的，默认值为 False，用来设置当 filename 指定的文件已经存在时是否可被覆盖。设置为 True 表示覆盖已存在文件，否则不覆盖。如果文件已存在，设置为 False 则产生运行时错误。

参数 unicode 为可选的，默认值为 False，用来指定创建文件的格式，设置为 True 表示以 Unicode 格式创建文件，设置为 False 表示以 ASCII 格式创建文件。

第 8 行代码使用 WriteLine 方法在文件中写入一行数据。

WriteLine 方法向 TextStream 对象中写入指定的字符串和换行符，其语法格式如下。

```
object.WriteLine ([string])
```

可选参数 string 指定要写入文件的文本。如果省略，将向文件写入换行符。

第 9 行代码使用 WriteBlankLines 方法在文件中写入一个空行。

WriteBlankLines 方法向 TextStream 文件中写入指定数量的空行，其语法格式如下。

```
object.WriteBlankLines (lines)
```

参数 lines 是必需的，用来指定在文件中写入的空行数量。

第 10 行和第 11 行代码使用 Write 方法向 TextStream 文件中写入指定的字符串。

Write 方法的语法和 WriteLine 方法相同，二者的区别在于 WriteLine 方法在写入数据后会自动添加换行符，后续写入操作将另起一个新行；Write 方法只写入数据而不写入换行符。

第 12 行代码使用省略参数的 WriteLine 方法向文件写入换行符。

第 16 行代码使用 FSO 对象的 OpenTextFile 方法创建文本文件 "fsotest2.txt"。

OpenTextFile 方法打开或新建指定的文本文件并返回 TextStream 对象，其语法格式如下。

```
object.OpenTextFile(filename[,iomode[,create[,format]]])
```

参数 filename 是必需的，用来指定文件完整路径的字符串表达式。

参数 iomode 是可选的，用来指定文件的输入 / 输出方式。其值为表 15.2 中的常量之一。

表 15.2　iomode 常量和说明

常量	值	说明
ForReading	1	以只读方式打开文件
ForWriting	2	以写方式打开文件
ForAppending	8	打开文件并从文件末尾开始写

参数 create 是可选的，默认值为 False，用来设置当 filename 指定的文件不存在时是否创建新文件。设置为 True 表示创建新文件，否则不创建新文件。如果指定的文件不存在，设置为 False 则产生运行时错误。

参数 format 是可选的，用来指定打开文件的格式。其值为表 15.3 中的常量之一，如果忽略则以 ASCII 格式打开文件。

表 15.3　format 常量和说明

常量	值	说明
TristateUseDefault	−2	使用系统默认值打开文件
TristateTrue	−1	使用 Unicode 格式打开文件
TristateFalse	0	使用 ASCII 格式打开文件

第 20 行代码使用 FSO 对象的 GetFile 方法获得与文件"fsotest3.txt"相应的 File 对象并赋值给变量 objFile。GetFile 方法请参阅 14.3 节。

第 21 行代码使用 File 对象的 OpenAsTextStream 方法打开文件"fsotest3.txt"。

OpenAsTextStream 方法打开指定的文本文件并返回 TextStream 对象，其语法格式如下。

```
object.OpenAsTextStream([iomode,[format]])
```

其参数和 OpenTextFile 方法的参数相同。

第 24~26 行代码释放对象变量所占用的系统资源。

15.2.2　追加写入数据

使用 FSO 对象追加写入数据的示例代码如下。

```
#001  Sub AppendFile()
#002      Dim objFso As Object
#003      Dim objStream As Object
#004      Set objFso = CreateObject("Scripting.FileSystemObject")
#005      Set objStream = objFso.OpenTextFile(ThisWorkbook.Path _
              & "\fsotest2.txt", 8, True)
#006      objStream.WriteLine ("*********************")
#007      objStream.WriteLine (" 本行是追加写入的数据 ")
#008      objStream.Close
#009      Set objStream = Nothing
#010      Set objFso = Nothing
#011  End Sub
```

❖ 代码解析

第 5 行代码使用 OpenTextFile 方法以 ForAppending 方式打开文件"fsotest2.txt"。

第 6 行代码使用 WriteLine 方法在文件最后追加写入一行数据。

15.2.3　读取数据

使用 FSO 对象读取文件内容的示例代码如下。

```
#001  Sub ReadFile()
#002      Dim objFso As Object
#003      Dim objStream As Object
#004      Dim strTemp As String
#005      Set objFso = CreateObject("Scripting.FileSystemObject")
#006      Set objStream = objFso.OpenTextFile(ThisWorkbook.Path _
              & "\fsotest1.txt", 1)
#007      Do Until objStream.AtEndOfStream
#008          strTemp = strTemp & objStream.ReadLine() & vbCrLf
#009      Loop
#010      Debug.Print "第一个文件的内容: " & vbCrLf & strTemp
#011      objStream.Close
#012      Set objStream = objFso.OpenTextFile(ThisWorkbook.Path _
              & "\fsotest2.txt", 1)
#013      strTemp = objStream.ReadAll
```

```
#014        Debug.Print "第二个文件的内容：" & vbCrLf & strTemp
#015        objStream.Close
#016        Set objStream = objFso.OpenTextFile(ThisWorkbook.Path _
                & "\fsotest3.txt", 1)
#017        strTemp = objStream.Read(1)
#018        Debug.Print "第三个文件的第一个字符是：" & strTemp
#019        strTemp = strTemp & objStream.Read(FileLen(ThisWorkbook.Path _
                & "\fsotest3.txt"))
#020        Debug.Print "第三个文件的内容：" & vbCrLf & strTemp
#021        objStream.Close
#022        Set objStream = Nothing
#023        Set objFso = Nothing
#024  End Sub
```

❖ 代码解析

第 7 行代码判断文件指针是否位于 TextStream 文件末尾。

TextStream 对象的 AtEndOfStream 属性返回 Boolean 值，如果文件指针位于 TextStream 文件的末尾，则返回 True；否则返回 False。

第 8 行代码在循环中使用 TextStream 对象的 ReadLine 方法逐行读取文件"fsotest1.txt"的内容并将返回的字符串赋值给变量 strTemp。

ReadLine 方法从 TextStream 文件中读取一整行字符，并返回相应的字符串。

第 13 行代码使用 TextStream 对象的 ReadAll 方法读取文件"fsotest1.txt"的全部内容并将返回的字符串赋值给变量 strTemp。

ReadAll 方法读取整个 TextStream 文件并返回得到的字符串。

第 17 行代码使用 TextStream 对象的 Read 方法读取文件"fsotest3.txt"中的第 1 个字符并将返回的字符串赋值给变量 strTemp。

Read 方法可以从 TextStream 文件中读取并返回指定数量的字符，其语法格式如下。

```
object.Read (characters)
```

参数 characters 是必需的，用来指定要读取的字符数量。

第 19 行代码使用 Read 方法读取文件"fsotest1.txt"的全部内容并将返回的字符串赋值给变量 strTemp。其中，FileLen 函数是返回文件的长度，FileLen 函数的讲解请参阅 14.3 节。

注意

> 当打开大文件时，使用ReadAll方法将消耗较多的内存资源，甚至有可能导致Excel没有响应，因此建议使用ReadLine方法来逐行读取文件内容。

打开示例文件，依次单击【写入数据】【追加数据】和【读出数据】按钮，将在示例文件所在目录下新建名为"fsotest1.txt""fsotest2.txt"和"fsotest3.txt"的文件，并在 VBE 中的【立即窗口】输出相关内容，如图 15.2 所示。

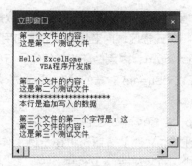

图 15.2　FSO 读写文本文件

15.3　保存指定区域内容到一个文本文件

在 Excel 中执行【文件】→【另存为】命令可以将当前工作表另存为文本文件，使用 FSO 对象可以将工作表中指定区域的内容写入文本文件，示例代码如下。

```
#001   Sub SaveToText()
#002       Dim objFSO As Object
#003       Dim objStream As Object
#004       Dim intRow As Integer
#005       Dim intCol As Integer
#006       Dim avntArr As Variant
#007       Dim strTemp As String
#008       Set objFSO = CreateObject("Scripting.FileSystemObject")
#009       Set objStream = objFSO.CreateTextFile(ThisWorkbook.Path _
               & "\RangeValue.txt", True)
#010       avntArr = Sheet1.Range("A1:C9")
#011       For intRow = 1 To 9
#012           strTemp = ""
#013           For intCol = 1 To 3
#014               strTemp = strTemp & avntArr(intRow,intCol) & vbTab
#015           Next intCol
#016           objStream.WriteLine strTemp
#017       Next intRow
#018       objStream.Close
#019       Set objStream = Nothing
#020       Set objFSO = Nothing
#021   End Sub
```

❖ 代码解析

SaveToText 过程将工作表"Sheet1"中的数据逐行写入指定的文本文件中。

第 9 行代码使用 FSO 对象的 CreateTextFile 方法打开文件"RangeValue.txt"，CreateTextFile 方法的讲解请参阅 15.2 节。

第 10 行代码将指定单元格区域的值赋值给变体变量 avntArr。变体变量是一种特殊的数据类型，除了定长 String 数据及用户定义类型外，还可以包含任何种类的数据。变体变量也可以包含 Empty、Error、Nothing 及 Null 等特殊值。将单元格区域内容加载到数组的用法请参阅 22.4.2 小节。

第 11~16 行代码遍历二维数组 avntArr，内层循环将数组同一行中各列的值使用 vbTab 符连接后赋值给变量 strTemp。外层循环使用 TextStream 对象的 WriteLine 方法将 strTemp 写入文本文件。Write 方法的讲解请参阅 15.2 节。

第 12 行代码清空变量 strTemp，准备读取数组下一行的数据。

打开示例文件，单击【保存到文本文件】按钮，将在示例工作簿目录下创建名为 "RangeValue.txt" 的文件，并将工作表 "Sheet1" 中的数据写入文件中。

15.4　读写文本文件的指定行

读取文本文件的内容后，使用 VBA 的内置函数可以实现读写文本文件的指定行，示例代码如下。

```
#001   Sub SetAppointedLine()
#002       Dim objFSO As Object
#003       Dim objStream As Object
#004       Dim i As Integer
#005       Dim avntArr As Variant
#006       Dim strAll As String
#007       Dim strTemp As String
#008       Set objFSO = CreateObject("Scripting.FileSystemObject")
#009       Set objStream = objFSO.OpenTextFile(ThisWorkbook.Path _
               & "\RangeValue.txt", 1)
#010       strAll = objStream.ReadAll
#011       objStream.Close
#012       avntArr = Split(strAll,vbCrLf)
#013       MsgBox " 文件的总行数为: " & (UBound(avntArr) + 1)
#014       MsgBox " 文件的第 3 行为: " & vbCrLf & avntArr(2)
#015       For i = 0 To UBound(avntArr)
#016           If Left(avntArr(i),2) = " 郑四 " Then
#017               avntArr(i) = " 郑四 " & vbTab & " 女 " & vbTab & "100"
#018           End If
#019           If Left(avntArr(i),2) <> " 李二 " Then
#020               strTemp = strTemp & avntArr(i) & vbCrLf
#021           End If
#022       Next i
#023       Set objStream = objFSO.OpenTextFile(ThisWorkbook.Path _
               & "\RangeValue.txt", 2)
#024       objStream.Write strTemp
#025       objStream.Close
#026       Set objStream = Nothing
#027       Set objFSO = Nothing
#028   End Sub
```

❖ 代码解析

SetAppointedLine 过程读取、修改、删除文本文件指定的行。

第 9 行代码使用 FSO 对象的 OpenTextFile 方法打开文本文件并返回相应的 TextStream 对象。OpenTextFile 方法的讲解请参阅 15.2 节。

第 10 行代码使用 TextStream 对象的 ReadAll 方法读取文件的所有内容并赋值给变量 strAll。ReadAll 方法的讲解请参阅 15.2 节。

第 12 行代码将包含文件内容的字符串 strAll 拆分为多个子字符串（每个子字符串包含文本文件中的一行）并存储到数组 avntArr。Split 函数的讲解请参阅 22.3 节。

第 13 行代码获取文本文件的总行数。

UBound 函数返回 Long 类型的数据，其值为数组指定维的上界。UBound 函数的讲解请参阅 22.2 节。

第 14 行代码获取文本文件第 3 行的内容。因为数组 avntArr 的下界是 0，所以 avntArr(2) 中存储的是文件第 3 行的内容。

第 16~18 行代码判断当前行前两个字符是否为"郑四"，如果是则用新内容替换数组中原来的内容，从而实现修改文件的指定行。

第 19~21 行代码判断当前行前两个字符是否为"李二"，如果不是则将数组中的内容连接为一个字符串，从而实现删除文件的指定行。

第 24 行代码使用 TextStream 对象的 Write 方法将 strTemp 写入文本文件。

打开示例文件，单击【读取指定行】按钮，将弹出消息框，如图 15.3 所示。

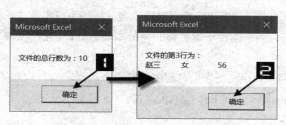

图 15.3　读写文本文件的指定行

15.5　操作注册表

VBA 内置了可以操作注册表的语句，但是这些内置语句只能操作注册表中 \HKEY_CURRENT_USER\Software\VB and VBA Program Settings\ 下的子键或注册表项，示例代码如下。

```
#001    Sub ModifyReg()
#002        Dim i As Integer
#003        Dim avntKey As Variant
#004        Dim strTemp As String
#005        SaveSetting "MyTest"," 测试 "," 测试 1"," 这条将被删除 "
#006        SaveSetting "MyTest"," 测试 "," 测试 2","2"
#007        SaveSetting "MyTest"," 测试 "," 测试 3","3"
#008        DeleteSetting "MyTest"," 测试 "," 测试 1"
#009        Debug.Print " 注册表项 " 测试 2" 的值是： " & _
```

```
                       GetSetting("MyTest","测试","测试2")
#010        avntKey = GetAllSettings("MyTest","测试")
#011        strTemp = "子键"测试"下共有" & _
                UBound(avntKey) + 1 & "个项:" & vbCrLf
#012        strTemp = strTemp & "名称" & vbTab & "值" & vbCrLf
#013        For i = 0 To UBound(avntKey)
#014            strTemp = strTemp & avntKey(i,0) & _
                    vbTab & avntKey(i,1) & vbCrLf
#015        Next i
#016        Debug.Print strTemp
#017        DeleteSetting "MyTest"
#018    End Sub
```

❖ 代码解析

第 5 行代码在子键"VB and VBA Program Settings"中创建子键"MyTest",在子键"MyTest"中再创建子键"测试",在子键"测试"中创建注册表项"测试1",并设置其值为"这条将被删除"。

第 6 行和第 7 行代码在子键"测试"中分别创建注册表项"测试2"和"测试3",并设置其值分别为 2 和 3。

SaveSetting 语句在 Windows 注册表指定的子键中保存注册表项,其语法格式如下。

```
SaveSetting appname, section, key, setting
```

参数 appname 是必需的,用来指定应用程序或工程名称的字符串表达式。

参数 section 是必需的,用来指定子键名称的字符串表达式,在该子键中保存注册表项。如果指定的子键不存在则创建它。

参数 key 是必需的,用来指定注册表项名称的字符串表达式。

参数 setting 是必需的,用来指定 key 值的表达式。

第 8 行代码删除注册表项"测试1"。

DeleteSetting 语句删除 Windows 注册表中指定的子键或注册表项,如果试图删除不存在的子键或注册表项时,则产生运行时错误,其语法格式如下。

```
DeleteSetting appname, section[, key]
```

其命名参数的设置和 SaveSetting 语句相同。如果省略了参数 key 则将删除指定的子键,以及子键中所有的注册表项。

第 9 行代码获取注册表项"测试2"的值。

GetSetting 语句返回 Windows 注册表中指定的注册表项的值,其语法格式如下。

```
GetSetting(appname, section, key[, default])
```

命名参数 appname、section、setting 的设置和 SaveSetting 语句相同。

参数 default 是可选的,为表达式,如果指定注册表项没有设置值,则返回默认值。如果省略,则 default 为长度为零的字符串（""）。如果指定的注册表项不存在,则返回 default 的值。

第 10 行代码获取子键"测试"中所有的注册表项的名称及其对应的值。

GetAllSettings 语句返回字符串类型的二维数组,该数组包含指定子键中的所有注册表项的名称及其对应的值。其中,数组的第 1 维包含注册表项的名称,第 2 维包含注册表项的值。如果参数

appname 或 section 不存在，则 GetAllSettings 返回未初始化的 Variant 类型数据，其语法格式如下。

```
GetAllSettings(appname, section)
```

命名参数 appname、section 的设置和 SaveSetting 语句相同。

第 14 行代码在循环中读取每个注册表项的名称及其相应的值并赋值给变量 strTemp。

第 17 行代码删除子键"MyTest"中所有的子键和注册表项。

按 <F8> 键逐语句执行示例代码，将在 VBE 中的【立即窗口】输出相关内容，在【注册表编辑器】中选择【查看】→【刷新】选项可以查看代码执行的结果，如图 15.4 所示。

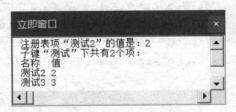

图 15.4　操作注册表

打开【注册表编辑器】的具体操作步骤参阅 21.1.2 小节。

Windows 管理工具（Windows Management Instrumentation，WMI）是一项核心的 Windows 管理技术。使用 WMI 对象可以管理 Windows 系统中的磁盘、事件日志、文件、文件夹、文件系统、网络组件、操作系统设置、性能数据、打印机、进程、注册表设置、安全性、服务、共享、用户、组等。

使用 WMI 对象的 StdRegProv 类也可以设置注册表，并且对操作注册表的范围没有限制，示例代码如下。

```
#001   Sub WMIReg()
#002       Dim avntValue As Variant
#003       Dim avntName As Variant
#004       Dim avntType As Variant
#005       Dim i As Integer
#006       Dim strTemp As String
#007       Dim objWMI As Object
#008       Const HKEY_CURRENT_USER = &H80000001
#009       Set objWMI = GetObject("winmgmts:\\.\root\default:StdRegProv")
#010       objWMI.CreateKey HKEY_CURRENT_USER,"MyTest\ 测试 "
#011       objWMI.SetBinaryValue HKEY_CURRENT_USER,"MyTest\ 测试 ",_
               " 测试 1",Array(&H0,&H0,&H1)
#012       objWMI.SetStringValue HKEY_CURRENT_USER,_
               "MyTest\ 测试 "," 测试 2","2"
#013       objWMI.SetDwordValue HKEY_CURRENT_USER,_
               "MyTest\ 测试 "," 测试 3","3"
#014       objWMI.GetBinaryValue HKEY_CURRENT_USER,"MyTest\ 测试 ",_
               " 测试 1",avntValue
#015       For i = 0 To UBound(avntValue)
#016           strTemp = strTemp & avntValue(i)
#017       Next i
#018       Debug.Print " 注册表项 " 测试 1" 的值是： " & strTemp
```

```
#019        objWMI.DeleteValue HKEY_CURRENT_USER,"MyTest\ 测试 "," 测试 1"
#020        objWMI.EnumValues HKEY_CURRENT_USER,_
               "MyTest\ 测试 ",avntName,avntType
#021        strTemp = " 子键 " 测试 " 下共有 " & _
               UBound(avntName) + 1 & " 个项: " & vbCrLf
#022        strTemp = strTemp & " 名称 " & vbTab & " 值 " & vbCrLf
#023        For i = 0 To UBound(avntName)
#024            If avntType(i) = 1 Then
#025                objWMI.GetStringValue HKEY_CURRENT_USER,_
                       "MyTest\ 测试 ",avntName(i),avntValue
#026            ElseIf avntType(i) = 4 Then
#027                objWMI.GetDwordValue HKEY_CURRENT_USER,_
                       "MyTest\ 测试 ",avntName(i),avntValue
#028            End If
#029            strTemp = strTemp & avntName(i) & vbTab & avntValue _
                   & vbCrLf
#030        Next i
#031        Debug.Print strTemp
#032        objWMI.DeleteKey HKEY_CURRENT_USER,"MyTest\ 测试 "
#033        objWMI.DeleteKey HKEY_CURRENT_USER,"MyTest"
#034        Set objWMI = Nothing
#035    End Sub
```

❖ 代码解析

第 8 行代码声明注册表根键常量。

第 9 行代码使用 GetObject 函数返回 StdRegProv 类的实例并赋值给对象变量 objWMI。
GetObject 函数返回对指定 ActiveX 对象的引用，其语法格式如下。

```
GetObject([pathname] [, class])
```

参数 pathname 是可选的，用来指定要检索对象的完整路径和名称。如果省略则参数 class 为必选。

参数 class 是可选的，用来指定要检索的应用程序名称和类，该参数使用 appname.objecttype 的
语法。其中，appname 是必需的，表示要检索对象的应用程序名，objecttype 是必需的，表示要检索
对象的类型或类。

第 10 行代码在注册表根键"HKEY_CURRENT_USER"中创建子键"MyTest"，在子键"MyTest"
中创建子键"测试"。

StdRegProv 对象的 CreateKey 方法在注册表根键中创建指定的子键，其语法格式如下。

```
Object.CreateKey (hDefKey, sSubKeyName)
```

可选参数 hDefKey 是注册表根键常量，指定要操作的注册表根键。默认值为 HKEY_LOCAL_
MACHINE，可为表 15.4 中的常量之一。

表 15.4　注册表根键常量

常量	值
HKEY_CLASSES_ROOT	0x80000000
HKEY_CURRENT_USER	0x80000001
HKEY_LOCAL_MACHINE	0x80000002
HKEY_USERS	0x80000003
HKEY_CURRENT_CONFIG	0x80000005

参数 sSubKeyName 是必需的，用来指定要创建的子键名称的字符串表达式。

第 11 行代码在子键"MyTest"中创建二进制注册表项"测试 1"并设置其值为 1。

StdRegProv 对象的 SetBinaryValue 方法创建或设置二进制类型的注册表项，其语法格式如下。

```
Object.SetBinaryValue(hDefKey, sSubKeyName, sValueName, uValue)
```

参数 hDefKey 和 sSubKeyName 与 CreateKey 方法相同。

参数 sValueName 是必需的，用来指定注册表项名称的字符串表达式。

参数 uValue 是必需的，为二进制数组，用来指定注册表项的值。

第 12 行代码在子键"MyTest"中创建字符串注册表项"测试 2"并设置其值为 2。

StdRegProv 对象的 SetStringValue 方法创建或设置字符串类型的注册表项，其语法格式如下。

```
Object.SetStringValue (hDefKey, sSubKeyName, sValueName, uValue)
```

参数 hDefKey、sSubKeyName 和 sValueName 与 SetBinaryValue 方法相同。

参数 sValue 是必需的，为字符串表达式，用来指定注册表项的值。

第 13 行代码在子键"MyTest"中创建双字节注册表项"测试 3"并设置其值为 3。

StdRegProv 对象的 SetDWORDValue 方法创建或设置双字节类型的注册表项，其语法格式如下。

```
Object.SetDWORDValue (hDefKey, sSubKeyName, sValueName, uValue)
```

参数 hDefKey、sSubKeyName 和 sValueName 与 SetStringValue 方法相同。

参数 sValue 是必需的，为双字数据，用来指定注册表项的值。

第 14 行代码获取注册表项"测试 1"的值并保存到数组 avntValue。

StdRegProv 对象的 GetBinaryValue 方法获取二进制注册表项的值并存储到指定的二进制数组中。其语法及参数设置和 SetBinaryValue 方法相同。

第 15~17 行代码在循环中读取数组 avntValue 中的值并赋值给变量 strTemp。

第 19 行代码删除注册表项"测试 1"。

StdRegProv 对象的 DeleteValue 方法删除指定的注册表项，其语法格式如下。

```
Object. DeleteValue(hDefKey, sSubKeyName, sValueName)
```

参数 hDefKey、sSubKeyName 和 sValueName 与 SetStringValue 方法相同。

第 20 行代码获取子键"测试"中所有注册表项的名称和值并保存到数组 avntName 和 avntType。

StdRegProv 对象的 EnumValues 方法获取指定子键中所有注册表项的名称和值，并把所有注册表项的名称和值分别存储到指定的数组中，其语法格式如下。

```
Object.EnumValues(hDefKey, sSubKeyName, sNames, iTypes)
```

参数 hDefKey 和 sSubKeyName 与 SetStringValue 方法相同。

参数 sNames 是必需的，为字符串数组，用来保存所有注册表项的名称。此数组的元素与 iTypes

的元素一一对应。

参数 iTypes 是必需的，为整数数组，用来存储所有注册表项的类型。

第 23~30 行代码在循环中判断 avntType 数组中每个元素的值（每个值代表一种注册表项类型，其值可为表 15.5 中的常量之一），并根据注册表项的类型使用相应的方法获取其值。

表 15.5　注册表项类型常量

常量	值	说明
REG_SZ	1	字符串型
REG_EXPAND	2	可扩充字符串型
REG_BINARY	3	二进制型
REG_DWORD	4	双字节型
REG_MULTI_SZ	7	多字符串型

第 32 行代码删除注册表键"测试"。

StdRegProv 对象的 DeleteKey 方法删除指定的注册表键，其语法格式如下。

```
Object.DeleteKey (hDefKey, sSubKeyName)
```

参数 hDefKey 和 sSubKeyName 与 CreateKey 方法相同。DeleteKey 方法只能删除没有子项的注册表键。

第 33 行代码删除注册表键"MyTest"。

在 VBE 中按 <F8> 键逐语句运行示例代码，将在【立即窗口】输出相关内容，在【注册表编辑器】中选择【查看】→【刷新】选项可以查看代码执行的效果，如表 15.5 所示。

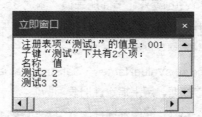

图 15.5　使用 WMI 操作注册表

第五篇

数据库应用

本篇以创建"员工管理"数据库为例，循序渐进地介绍 ADO（ActiveX Data Objects）的应用，并穿插讲解大量实用的 Excel 与数据库协同应用的实例。

ADO 是一种基于 OLE DB 技术的高性能应用程序接口，用以实现访问关系或非关系数据库中的数据。结构化查询语言（Structured Query Language，SQL），是一种数据库查询和程序设计语言，用于存取数据及查询、更新和管理关系数据库系统。

本篇主要介绍 ADO 对象和 SQL 语言在 VBA 中的应用，包括如下几个方面的内容。

（1）连接和查询各种数据库。

（2）增加、删除和修改数据库记录。

（3）二进制数据的处理。

（4）Excel 文件和文本文件的连接和查询。

（5）Excel 与数据库的协同应用。

（6）SQL 语言的基本概念和语法。

（7）SQL 和数据透视表及多表综合查询。

第 16 章　ADO 应用

16.1　创建数据库连接

Excel VBA 开发的应用系统中，经常使用 Excel 作为用户操作界面，而使用某种数据库（如 Access）保存相关数据，Excel 与数据库之间通过 VBA 实现数据交互。使用 VBA 操作数据库，必须首先与数据库建立连接。操作完成后，也应及时断开与数据库的连接并释放相关资源。

CreateConnection 过程演示如何利用 ADO 创建与 Access 数据库的连接，并判断是否连接成功，示例代码如下。

```
#001   Sub CreateConnection()
#002       Dim cnADO As New ADODB.Connection
#003       Dim strPath As String
#004       strPath = ThisWorkbook.Path & "\ 员工管理 .accdb"
#005       On Error GoTo ErrMsg
#006       cnADO.Open "Provider=Microsoft.ACE.OLEDB.12.0;" & _
                   "Data Source = " & strPath
#007       If cnADO.State = adStateOpen Then
#008           MsgBox " 数据库连接成功！ " & vbCrLf & _
                   vbCrLf & "ADO 版本为：" & cnADO.Version & vbCrLf & _
                   vbCrLf & "Connection 对象提供者名称：" & cnADO.Provider
#009           cnADO.Close
#010           Set cnADO = Nothing
#011       Else
#012           MsgBox " 数据库连接失败！ "
#013       End If
#014       Exit Sub
#015   ErrMsg:
#016       MsgBox Err.Description, , " 错误报告 "
#017   End Sub
```

❖ 代码解析

第 2 行代码声明并初始化 Connection 对象变量 cnADO，代表 Excel 与指定数据库的连接。此外，先声明 Connection 对象变量，再实例化该对象变量，也可以实现同样的效果，示例代码如下。

```
Dim cnADO As ADODB.Connection
Set cnADO = New ADODB.Connection
```

第 2 行代码声明对象变量的方式称为前期绑定，使用这种方式时，需要先在 Visual Basic 编辑器中选择【工具】→【引用】选项，打开【引用 - VBAProject】对话框，在【可使用的引用】列表框中选中【Microsoft ActiveX Data Objects 6.x Library】复选框（或者其他版本的 ADO 库），如图 16.1 所示。

第 6 行代码使用 Connection 对象的 Open 方法实现连接指定数据库，其语法格式如下。

```
Connection.Open ConnectionString, UserID,
Password, Options
```

其中，参数 ConnectionString 是可选的，其值为字符串类型，包含连接信息。

参数 UserID 和 Password 均是可选的，其值为字符串类型，包含建立连接时所需的用户名和密码。

参数 Options 是可选的，其值决定 Open 方法是在建立连接之后（异步）还是之前（同步）返回。默认为 adConnectUnspecified 常量，表示同步打开连接；另有 adAsyncConnect 常量，表示异步打开连接。

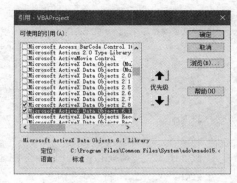

图 16.1　引用 ADO 库

Open 方法打开一个数据源连接后，使用 ADO 代码可以对数据源执行命令。Close 方法用于关闭 Connection 对象，关闭连接并不会将其从内存中删除，只有将对象变量设置为 Nothing 时才可以在内存中彻底删除该对象。

第 7 行代码使用 Connection 对象的 State 属性返回 Connection 对象的状态，其返回值常量如表 16.1 所示。

表 16.1　State 属性

常量	值	说明
AdStateClosed	0	默认值，指示对象是关闭的
AdStateOpen	1	指示对象是打开的
AdStateConnecting	2	指示对象正在连接
AdStateExecuting	4	指示对象正在执行命令
AdStateFetching	8	指示对象的行正在被读取

第 8 行代码显示 ADO 的版本号和 Connection 对象提供者的名称。

第 9 行和第 10 行代码使用 Close 方法关闭 Connection 对象连接，并释放内存资源。

ADO 有前期绑定和后期绑定两种方式引用类库，关于两种绑定方式的详细讲解请参阅 19.1 节。CreateConnection 过程采用了前期绑定的方式，使用后期绑定方式引用 ADO 类库，示例代码如下。

```
#001   Sub CreateConnectionQuery()
#002       Dim cnADO As Object
#003       Dim strPath As String
#004       strPath = ThisWorkbook.Path & "\ 员工管理 .accdb"
#005       Set cnADO = CreateObject("ADODB.Connection")
#006       On Error GoTo ErrMsg
#007       With cnADO
#008           .Provider = "Microsoft.ACE.OLEDB.12.0"
#009           .ConnectionTimeout = 100
#010           .Open strPath
#011       End With
#012       If cnADO.State = 1 Then
#013           MsgBox "数据库连接成功！" & vbCrLf & _
                   vbCrLf & "ADO 版本为：" & cnADO.Version & vbCrLf & _
```

```
                   vbCrLf & "Connection 对象提供者名称：" & cnADO.Provider
#014          cnADO.Close
#015          Set cnADO = Nothing
#016      Else
#017          MsgBox " 数据库连接失败！ ", vbInformation, " 连接数据库 "
#018      End If
#019      Exit Sub
#020  ErrMsg:
#021      MsgBox Err.Description, , " 错误报告 "
#022  End Sub
```

❖ 代码解析

第 5 行代码采用后期绑定方式，使用 CreateObject 函数创建对 ADO 对象的引用并赋值给变量 cnADO。

第 7~11 行代码在 With 语句结构中使用 Connection 对象的 Provider 属性和 Open 方法实现对指定数据库的连接，使用 With 语句结构可以更容易地设置 Connection 对象的属性，如 ConnectionTimeout 属性。ConnectionTimeout 属性表示建立连接期间，在终止尝试和产生错误前需要等待的时间，默认值为 15 秒。

ADO 建立与数据库之间的连接需要使用连接字符串。连接字符串包含一系列由分号分隔的 argument=value 语句。Open 方法使用 ConnectionString 参数时，ConnectionString 属性将自动继承用于该参数的值。

ADO 支持 ConnectionString 属性的 4 个参数，如表 16.2 所示。任何其他的参数将直接传递到提供者而不经过 ADO 处理。

表 16.2　ADO 支持 ConnectionString 属性的参数

参数	说明
Provider	指定用来连接的提供者名称
File Name	指定包含预先设置连接信息的特定提供者的文件名称
Remote Provider	指定打开客户端连接时使用的提供者名词（仅限于远程数据服务）
Remote Server	指定打开客户端连接时使用的服务器的路径（仅限于远程数据服务）

16.1.1　Microsoft Ace OLE DB

以下介绍 OLE DB Provider 的一些常用连接字符串。

➲ ┃ 连接 Access 数据库

没有密码保护的 Access 数据库。

```
Provider=Microsoft.ACE.OLEDB.12.0;Data Source=C:\test.accdb;
```

有密码保护的 Access 数据库。

```
Provider=Microsoft.ACE.OLEDB.12.0;Data Source=C:\test.accdb;Jet
OLEDB:Database Password=123;
```

数据库文件在网络共享文件夹中。

```
Provider=Microsoft.ACE.OLEDB.12.0; Data Source=\\myServer\myShare\
```

`strPath\test.accdb;`

Access 2010 及以上版本提供两种加密方式，一种是新加密方式，也是默认选项，安全性较高。另一种是旧版加密方式，适用于反向兼容性和多用户数据库。本连接仅支持旧版加密。使用 VBA 代码可以动态创建带密码的 Access 数据库文件，详见 16.3 节。如果采用手工设置密码，则需要设置为旧版加密方式，如图 16.2 所示。

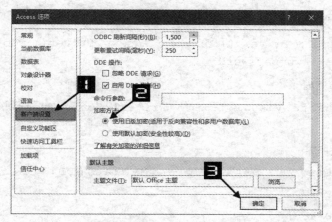

图 16.2　Access 加密方式设置

◯ II　OLEDB 方式连接 Excel 文件

对于不同类型的 Excel 文件，连接字符串中的 Properties 参数值会有所差异。

```
Provider=Microsoft.ACE.OLEDB.12.0;Extended Properties='Excel 12.0
Xml;HDR=Yes';Data Source=c:\test.xlsx;
Provider=Microsoft.ACE.OLEDB.12.0;Extended Properties='Excel
12.0;HDR=Yes';Data Source=c:\test.xlsb;
Provider=Microsoft.ACE.OLEDB.12.0;Extended Properties='Excel 12.0
Macro;HDR=Yes';Data Source=c:\test.xlsm;
```

Properties 参数中的 "Xml" 指明连接数据库类型是 xlsx 文件，即不带宏的 Office Open XML 格式，除创建 Excel 文件外，该参数通常可以省略。

Properties 参数中的 "Macro" 指明连接文件是带宏的 Office Open XML 格式，即 xlsm 文件，通常可以省略。

"HDR=Yes" 表示第 1 行是列名而不是真正的数据，"HDR=No" 则表示第 1 行是数据而不是列名，默认值为 Yes。

一般情况下，3 种连接字符串可以统一表示为：

```
Provider=Microsoft.ACE.OLEDB.12.0;Extended Properties=Excel 12.0;Data
Source= 文件目录 \ 文件名 . 扩展名；
```

◯ III　连接 Text 文件

```
Provider=Microsoft.ACE.OLEDB.12.0; Data Source=c:\testpath\; Extended Pr
operties="text;HDR=Yes;FMT=Delimited";
```

◯ IV　连接 DBF 文件（FoxPro 数据库）

```
Provider=Microsoft.ACE.OLEDB.12.0; User ID=Admin; Data Source=c:\dbf\;
```

```
Extended Properties=dBASEIV;
```

16.1.2　OLE DB Provider for ODBC

➲ I　连接 Excel 文件

```
Driver={Microsoft Excel Driver (*.xls, *.xlsx, *.xlsm, *.xlsb)};Dbq=c:\
test.xlsx;
```

➲ II　连接 Access 数据库

```
Provider=MSDASQL; Driver={Microsoft Access Driver(*.mdb)}; Dbq=C:\test.
mdb; Uid=username; Pwd=password;
```

➲ III　连接 FoxPro 数据库

```
Driver={Microsoft Visual FoxPro Driver};SourceType=DBF;SourceDB= c:\
dbf\;
```

➲ IV　连接 Oracle 数据库

```
Provider=msdaora; Data Source=MyOracleDB; User Id=username;
Password=password;
```

➲ V　连接 SQL Server 数据库

使用标准安全性时的连接字符串。

```
Provider=sqloledb; Data Source=MyServerName; Initial
Catalog=myDatabaseName; User Id=username; Password=password;
```

使用集成安全性时的连接字符串。

```
Provider=sqloledb; Data Source=MyServerName; Initial
Catalog=myDatabaseName; Integrated Security=SSPI;
```

16.2　创建查询记录集

在众多的 SQL 应用中，数据库查询是使用最频繁的操作。创建查询记录集，就是获取符合条件的某些记录或某些字段。通常可以使用 Recordset 对象的 Open 方法或者 Connection 对象的 Execute 方法创建查询记录集。

16.2.1　Recordset 对象的 Open 方法

CreateQueryRS 过程利用 Recordset 对象的 Open 方法创建查询记录集，并将查询结果复制到 Excel 工作表中，示例代码如下。

```
#001    Sub CreateQueryRS()
#002        Dim cnADO As Object
#003        Dim rsADO As Object
#004        Dim strPath As String
#005        Dim strSQL As String
#006        Dim i As Integer
#007        Set cnADO = CreateObject("ADODB.Connection")
```

```
#008        Set rsADO = CreateObject("ADODB.Recordset")
#009        strPath = ThisWorkbook.Path & "\员工管理 .accdb"
#010        On Error GoTo ErrMsg
#011        cnADO.Open "Provider=Microsoft.ACE.OLEDB.12.0;" & _
                "Data Source=" & strPath
#012        strSQL = "SELECT * FROM 员工档案 WHERE 部门 =' 办公室 '"
#013        rsADO.Open strSQL, cnADO, 1, 3
#014        Cells.ClearContents
#015        For i = 0 To rsADO.Fields.Count - 1
#016            Cells(1, i + 1) = rsADO.Fields(i).Name
#017        Next i
#018        Range("A2").CopyFromRecordset rsADO
#019        rsADO.Close
#020        cnADO.Close
#021        Set rsADO = Nothing
#022        Set cnADO = Nothing
#023        Exit Sub
#024    ErrMsg:
#025        MsgBox Err.Description, , "错误报告 "
#026    End Sub
```

❖ 代码解析

第 8 行代码使用 CreateObject 函数创建 ADODB.Recordset 对象的引用并赋值给变量 rsADO。

第 9 行代码指定数据库文件"员工管理 .accdb"存放的完整路径。

第 12 行代码使用 SELECT 语句对数据进行查询，并返回符合查询结果记录集，其语法格式如下。

```
SELECT 字段列表
FROM 子句
    [WHERE 子句 ]
    [GROUP BY 子句 ]
        [HAVING 子句 ]
    [ORDER BY 子句 ]
```

字段列表指定字段的名称，字段之间使用半角逗号分隔，使用星号（*）表示所有的字段。如果同一个字段名存在于多个表中，则应使用"表名 . 字段名"的形式表示。

FROM 子句是必需的，用于指定要查询的数据表，多个数据表之间使用半角逗号分隔。

WHERE 子句是可选的，用于指定查询条件。

GROUP BY 子句是可选的，用于指定分组项目，将具有相同内容的项目记录汇总在一起。

HAVING 子句是可选的，通常与 GROUP BY 子句一起使用，对 GROUP BY 子句的运算结果指定查询条件。

ORDER BY 子句是可选的，用于指定查询结果的排序方式。

第 13 行代码使用 Recordset 对象的 Open 方法打开 Recordset 对象，即创建数据源记录集，其语法格式如下。

```
recordset.Open Source, ActiveConnection, CursorType, LockType, Options
```

参数 Source 是可选的，其值为 Variant 类型，可以是 Command 对象、SQL 语句、数据库的表名等。

参数 ActiveConnection 是可选的，其值为 Variant 类型，用于指定 Connection 对象变量名；字符串或包含 ConnectionString 的参数。

参数 CursorType 是可选的，用于指定当打开 Recordset 时提供者应使用的游标类型，其值为表 16.3 中列举的常量之一。

表 16.3   CursorTypeEnum 值及说明

常量	值	说明
AdOpenForwardOnly	0	打开仅向前类型游标（默认值）
AdOpenKeyset	1	打开键集类型游标
AdOpenDynamic	2	打开动态类型游标
AdOpenStatic	3	打开静态类型游标

参数 LockType 是可选的，用于确定提供者打开 Recordset 时应该使用的锁定类型，其值为表 16.4 中列举的常量之一，默认值为 AdLockReadOnly。如果需要对数据库进行修改、删除、更新等操作，LockType 参数必须设定为 AdLockOptimistic。

表 16.4   LockTypeEnum 值及说明

常量	值	说明
AdLockReadOnly	1	不能改变数据，默认值，只读
AdLockPessimistic	2	保守式锁定（逐个）——提供者完成确保成功编辑记录所需的工作，通常通过编辑时立即锁定数据源的记录
AdLockOptimistic	3	开放式锁定（逐个）——提供者使用开放式锁定，只在调用 Update 方法时才锁定记录
AdLockBatchOptimistic	4	开放式批更新——用于批更新模式（与立即更新模式相对）

参数 Options 是可选的，其值为 Long 类型，表示提供者如何计算 Source 参数（如果它代表的不是 Command 对象），或者从以前保存 Recordset 的文件中恢复 Recordset。该参数可以是一个或多个 CommandTypeEnum 值或 ExecuteOptionEnum 值。

使用 Recordset 对象的 Open 方法创建数据源记录集的优势是可以使用 RecordCount 属性，获取 Recordset 对象中记录的数量。

16.2.2 Connection 对象的 Execute 方法

创建数据记录集还可以使用 Connection 对象的 Execute 方法，示例代码如下。

```
#001    Sub CreateQueryExecute ()
#002        Dim cnADO As Object
#003        Dim rsADO As Object
#004        Dim strPath As String
#005        Dim strSQL As String
#006        Dim i As Integer
#007        strPath = ThisWorkbook.Path & "\员工管理.accdb"
#008        Set cnADO = CreateObject("ADODB.Connection")
#009        On Error GoTo ErrMsg
```

```
#010        With cnADO
#011            .Provider = "Microsoft.ACE.OLEDB.12.0"
#012            .ConnectionTimeout = 100
#013            .Open strPath
#014        End With
#015        strSQL = "SELECT * FROM 员工档案 WHERE 部门 =' 办公室 '"
#016        Set rsADO = cnADO.Execute(strSQL)
#017        Cells.ClearContents
#018        For i = 0 To rsADO.Fields.Count - 1
#019            Cells(1, i + 1) = rsADO.Fields(i).Name
#020        Next i
#021        Range("A2").CopyFromRecordset rsADO
#022        rsADO.Close
#023        cnADO.Close
#024        Set rsADO = Nothing
#025        Set cnADO = Nothing
#026        Exit Sub
#027    ErrMsg:
#028        MsgBox Err.Description, , " 错误报告 "
#029    End Sub
```

❖ 代码解析

第 16 行代码使用 Connection 对象的 Execute 方法运行 SQL 语句。使用 Execute 方法运行 SQL 查询语句，系统总是返回一个新的 Recordset 对象，该对象的属性为只读、游标仅向前。Execute 方法的语法格式如下。

```
connection.Execute CommandText,RecordsAffected,Options
```

其中参数 CommandText 是必需的，其值为字符串类型，包含需要执行的 SQL 语句、存储过程、URL（Uniform Resource Locator，统一资源定位）或提供者特有的文本。

参数 RecordsAffected 是可选的，其值为 Long 型变量，用于指定提供者向其返回操作影响的记录数。

参数 Options 是可选的，其值为 Long 型变量，用于指定提供者计算参数 CommandText 的方式。

> 使用 Execute 方法返回的 Recordset 对象不能使用 RecordCount 属性获取 Recordset 对象中的记录数量，该属性返回的结果始终为 -1。

第 18~20 行代码利用 Recordset 对象的 Fields 集合取得所有字段名，并写入工作表的第 1 行。Fields 集合包含与当前记录有关的所有字段。rsADO.Fields.Count 返回字段的数量，rsADO.Fields(0).Value 表示记录集第 1 个字段值，rsADO.Fields(0).Name 则表示记录集的第 1 个字段名，也可以直接使用字段名引用记录集的字段信息。例如，rsADO.Fields（"姓名"）.Value 和 rsADO.Fields（"姓名"）.Name。

第 21 行代码使用 Range 对象的 CopyFromRecordset 方法，将第 15 行代码查询获得的 Recordset 对象的内容复制到工作表中以 A2 单元格为左上角的单元格区域。CopyFromRecordset 方法的语法格式如下。

```
Range.CopyFromRecordset(Data,MaxRows,MaxColumns)
```

参数 Data 是必需的，表示复制到指定区域的 Recordset 对象。

参数 MaxRows 是可选的，其值为 Variant 类型，表示复制到工作表的记录个数上限。如果忽略该参数，将复制所有记录。

参数 MaxColumns 是可选的，其值为 Variant 类型，表示复制到工作表的字段个数上限。如果忽略该参数，将复制所有字段。

16.3　动态创建 Access 数据库文件

使用 ADOX.Catalog 对象的 Create 方法可以创建数据库文件。SetDatabase 过程演示如何创建名称为"测试数据库 .accdb"的数据库文件，并在该数据库中创建名称为"员工档案"的数据表。数据表的字段名称、大小和数据类型如表 16.5 所示。

表 16.5　员工档案表字段名称、长度及数据类型

字段名称	数据类型	字段大小	是否允许为空	备注
员工编号	长整型			主键
姓名	文本型	20	否	
性别	文本型	1	否	
民族	文本型	20	否	
部门	文本型	20	否	
职务	文本型	20	是	
电话	文本型	20	是	
学历	文本型	20	是	
出生日期	日期型		否	
简历	备注型		是	
照片	OLE 对象型		是	

示例代码如下。

```
#001    Sub SetDatabase()
#002        Dim catADO As Object
#003        Dim strPath As String
#004        Dim strTable As String
#005        Dim strSQL As String
#006        Set catADO = CreateObject("ADOX.Catalog")
#007        strPath = ThisWorkbook.Path & "\测试数据库 .accdb"
#008        strTable = "员工档案"
#009        If Dir(strPath) <> "" Then Kill strPath
#010        On Error GoTo ErrMsg
#011        catADO.Create "Provider=Microsoft.ACE.OLEDB.12.0;" & _
                "Data Source=" & strPath
#012        strSQL = "CREATE TABLE " & strTable _
```

```
                     & "(员工编号 long not null primary key," _
                     & "姓名 text(20) not null," _
                     & "性别 text(1) not null," _
                     & "民族 text(20) not null," _
                     & "部门 text(20) not null," _
                     & "职务 text(20),电话 text(20)," _
                     & "学历 text(20),出生日期 date not null," _
                     & "籍贯 text(20),简历 longtext,照片 longbinary)"
#013        catADO.ActiveConnection.Execute strSQL
#014        MsgBox "创建数据库成功! " & vbCrLf _
                     & "数据库文件名为: " & strPath & vbCrLf _
                     & "数据表名称为: " & strTable & vbCrLf _
                     & "保存位置: " & ThisWorkbook.Path, _
                     vbOKOnly + vbInformation, "创建数据库"
#015        Set catADO = Nothing
#016        Exit Sub
#017   ErrMsg:
#018        MsgBox Err.Description, , "错误报告"
#019   End Sub
```

❖ 代码解析

第 6 行代码使用 CreateObject 函数创建对 ADOX.Catalog 对象的引用并赋值给变量 catADO。ADOX.Catalog 对象用来存放数据库表、查询等,包含描述数据源模式目录的集合,如 Tables 对象、Views 对象、Users 对象、Groups 对象和 Procedures 对象等。ADOX.Catalog 对象的层次结构如图 16.3 所示。

第 11 行代码使用 Create 方法创建数据库文件。Create 方法的语法格式如下。

```
Catalog.Create ConnectString
```

参数 ConnectString 为字符串类型,用于连接数据源。Create 方法创建并打开在此参数中指定数据源的 ADO Connection 对象。

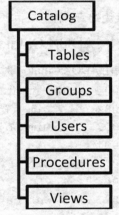

图 16.3 Catalog 对象结构图

第 12 行和第 13 行代码使用 Execute 方法执行 SQL 语句,创建名称为"员工档案"的数据表并设置字段名称、数据类型及字段大小。

Execute 方法执行的 SQL 语句为 CREATE TABLE 语句,该语句创建一个新的数据表、字段及字段约束。

SetDatabase 过程首先创建 ADOX.Catalog 对象的引用,然后使用该对象的 Create 方法创建名称为"测试数据库.accdb"的数据库文件。在创建该数据库文件之前,先使用 DIR 函数判断其是否存在,若存在则将其删除,随后在该数据库文件中创建"员工档案"数据表。

运行 SetDatabase 过程,结果显示如图 16.4 所示的消息框。

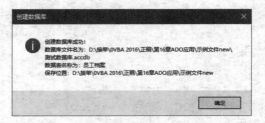

图 16.4　成功创建数据库文件提示消息框

❖ 代码扩展：

如果需要动态创建带有密码的 Access 数据库文件，需要在 ConnectionString 属性中设置密码字符串，例如，设置密码为"123456"，示例代码如下。

```
catADO.Create "Provider=Microsoft.ACE.OLEDB.12.0;Data Source=" & strPath
& ";Jet OLEDB:Database Password=123456;"
```

完整过程代码请参阅本示例文件中的 setDatabasePassWord 过程。

16.4　获取数据库所有表的信息

使用如下两种方法可以查询数据库中表的名称等信息。

16.4.1　ADOX.Catalog 对象

使用 ADOX.Catalog 对象可以获取数据库中表的名称和类型，示例代码如下。

```
#001  Sub CatGetTables ()
#002      Dim catADO As Object
#003      Dim objTable As Object
#004      Dim strPath As String
#005      Dim i As Integer
#006      On Error GoTo ErrMsg
#007      Set catADO = CreateObject("ADOX.Catalog")
#008      strPath = ThisWorkbook.Path & "\ 员工管理 .accdb"
#009      catADO.ActiveConnection = _
              "Provider=Microsoft.ACE.OLEDB.12.0;" & _
              "Data Source=" & strPath
#010      Cells.ClearContents
#011      Cells(1, 1) = " 数据表名 "
#012      Cells(1, 2) = " 类型 "
#013      i = 1
#014      For Each objTable In catADO.Tables
#015          i = i + 1
#016          Cells(i, 1) = objTable.Name
#017          Cells(i, 2) = objTable.Type
#018      Next objTable
#019      Set objTable = Nothing
#020      Set catADO = Nothing
```

```
#021        Exit Sub
#022   ErrMsg:
#023        MsgBox Err.Description, , "错误报告"
#024   End Sub
```

❖ 代码解析

第 7 行代码使用 CreateObject 函数创建对 ADOX.Catalog 对象的引用并赋值给变量 catADO。

第 8 行代码指定数据库文件"员工管理 .accdb"存放的完整路径。

第 9 行代码将 ActiveConnection 属性设置为有效连接字符串以打开目录，通过打开的目录可以访问包含在目录下的模式对象。

第 14~18 行代码使用 For Each 循环结构遍历数据库中的所有表，将表的名称和类型写入工作表中。其中，catADO.Tables 是数据库中所有表的集合，包含了数据表、系统表等类型。

CatGetTables 过程通过创建 ADOX.Catalog 对象来获取数据库的结构，然后依次读取其 Table 对象的 Name 属性及 Type 属性并输出到工作表中，运行结果如图 16.5 所示。

	A	B
1	数据表名	类型
2	MSysAccessStorage	ACCESS TABLE
3	MSysACEs	SYSTEM TABLE
4	MSysComplexColumns	SYSTEM TABLE
5	MSysNameMap	ACCESS TABLE
6	MSysNavPaneGroupCategories	ACCESS TABLE
7	MSysNavPaneGroups	ACCESS TABLE
8	MSysNavPaneGroupToObjects	ACCESS TABLE
9	MSysNavPaneObjectIDs	ACCESS TABLE
10	MSysObjects	SYSTEM TABLE
11	MSysQueries	SYSTEM TABLE
12	MSysRelationships	SYSTEM TABLE
13	MSysResources	ACCESS TABLE
14	临聘人员奖金EX	LINK
15	员工档案	TABLE

图 16.5　"员工管理"数据库的所有表

16.4.2　OpenSchema 方法

使用 OpenSchema 方法可以获取表的名称和信息，示例代码如下。

```
#001   Sub SchemaGetTables()
#002        Dim cnADO As Object
#003        Dim rsADO As Object
#004        Dim strPath As String
#005        Dim i As Integer
#006        On Error GoTo ErrMsg
#007        Set cnADO = CreateObject("ADODB.Connection")
#008        Set rsADO = CreateObject("ADODB.Recordset")
#009        strPath = ThisWorkbook.Path & "\员工管理 .accdb"
#010        cnADO.Open "Provider=Microsoft.ACE.OLEDB.12.0;" & _
               "Data Source=" & strPath
#011        Set rsADO = cnADO.OpenSchema(20)
#012        Cells.ClearContents
#013        For i = 0 To rsADO.Fields.Count - 1
#014            Cells(1, i + 1) = rsADO.Fields(i).Name
```

16章

```
#015        Next i
#016        Cells(2, 1).CopyFromRecordset rsADO
#017        rsADO.Close
#018        cnADO.Close
#019        Set rsADO = Nothing
#020        Set cnADO = Nothing
#021        Exit Sub
#022   ErrMsg:
#023        MsgBox Err.Description, , "错误报告"
#024   End Sub
```

❖ 代码解析

第 11 行代码 Connection 对象的 OpenSchema 方法没有设定查询约束的数组，因此返回的记录集包含数据库结构的所有信息。OpenSchema 方法用来获取一个包含模式信息的记录集，并以只读、静态游标的模式打开该记录集，其语法格式如下。

```
Set recordset = connection.OpenSchema (QueryType, Criteria, SchemaID)
```

其中，recordset 是用于保存返回包含模式信息结果的 Recordset 对象。connection 表示要获取信息的 Connection 对象。

参数 QueryType 指定要运行的模式查询类型，可以为表 16.6 列举的 SchemaEnum 常量之一。此处只是列举出部分常用的 SchemaEnum 常量，用户可参阅 ADO 帮助文件获取全部常量信息。

表 16.6　部分 SchemaEnum 常量及其说明

SchemaEnum 常量	值	说明	Criteria 值
adSchemaCharacterSets	2	返回给定用户可访问的字符集	CHARACTER_SET_CATALOG CHARACTER_SET_SCHEMA CHARACTER_SET_NAME
adSchemaColumns	4	返回给定用户可访问的表（包括视图）的列	TABLE_CATALOG TABLE_SCHEMA TABLE_NAME COLUMN_NAME
adSchemaSchemata	17	返回属于给定用户的模式（数据库对象）	CATALOG_NAME SCHEMA_NAME SCHEMA_OWNER
adSchemaTables	20	返回给定用户可访问的表（包括视图）	TABLE_CATALOG TABLE_SCHEMA TABLE_NAME TABLE_TYPE

参数 Criteria 是用于限定模式查询结果的数组，即每个 QueryType 选项的查询限制条件。每个模式查询有它支持的不同参数集，ADO 中所支持的参数集参阅表 16.6 的 "Criteria 值" 列。

参数 SchemaID 是 OLE DB 规范中未定义的提供者模式查询语句的 GUID。如果 QueryType 被设置为 adSchemaProviderSpecific，则必须设置该参数，否则不使用该参数。

第 13~15 行代码将数据表信息写入 Excel 工作表。其中，TABLE_NAME 为表名称，TABLE_TYPE

为表类型，DATE_CREATED 为表创建的时间，DATE_MODIFIED 为表结构最后的修改时间。

第 13 行代码中的 rsADO.Fields.Count 返回字段的数量，rsADO.Fields(i).Name 返回字段的名称。Fields 属性返回 Recordset 对象的字段集合，下标从 0 开始，即 Fields(0) 表示其中的第 1 个字段。

第 16 行代码将 Recordset 对象的内容复制到工作表中左上角为 A2 单元格的区域。

> **注意**　DATE_MODIFIED 字段为表结构最后修改时间，并非数据最后修改时间。可以通过该时间来判断表的结构是否被非法修改。

运行 SchemaGetTables 过程，部分结果如图 16.6 所示。

	A	B	C	D	E	F	G	H	I
1	TABLE	TABLE	TABLE_NAME	TABLE_TYPE	TABLE	DESCRIPTION	TABLE	DATE_CREATED	DATE_MODIFIED
2			MSysAccessStorage	ACCESS TABLE				2014/1/23	2014/1/23
3			MSysACEs	SYSTEM TABLE				2014/1/23	2014/1/23
4			MSysComplexColumns	SYSTEM TABLE				2014/1/23	2014/1/23
5			MSysNameMap	ACCESS TABLE				2018/6/1	2018/6/1
6			MSysNavPaneGroupCategories	ACCESS TABLE				2014/1/23	2014/1/23
7			MSysNavPaneGroups	ACCESS TABLE				2014/1/23	2014/1/23
8			MSysNavPaneGroupToObjects	ACCESS TABLE				2014/1/23	2014/1/23
9			MSysNavPaneObjectIDs	ACCESS TABLE				2014/1/23	2014/1/23
10			MSysObjects	SYSTEM TABLE				2014/1/23	2014/1/23
11			MSysQueries	SYSTEM TABLE				2014/1/23	2014/1/23
12			MSysRelationships	SYSTEM TABLE				2014/1/23	2014/1/23
13			MSysResources	ACCESS TABLE				2014/1/23	2014/1/23
14			临聘人员奖金EX	LINK				2018/6/15	2018/6/15
15			员工档案	TABLE				2018/6/11	2018/6/11

图 16.6　OpenSchema 方法获取数据表的信息

使用 OpenSchema 方法实现 CatGetTables 过程的效果，请参阅本示例文件中的 GetTables-SchemaLikeCat 过程代码。

使用上述两种方法也可以实现在不打开工作簿的前提下获取工作表名称的功能，过程代码请参阅本示例文件中的 SchemaGetWorkSheets 过程和 CatGetWorkSheets 过程。

如果仅需要判断数据库中是否存在名称为"员工档案"的表，示例代码如下。

```
If cnADO.OpenSchema(20, Array(Empty, Empty, "员工档案", Empty)).EOF Then
```

如表 16.6 所示，OpenSchema 方法的 QueryType 参数值为 20，指定查询类型是用户可访问的表（包括视图）。Criteria 参数值为数组 Array(Empty, Empty, "员工档案", Empty)，限定 QueryType 的查询条件，也就是表或视图的名称（TABLE_NAME）只能是"员工档案"。

完整过程代码请参阅本示例文件中的 DetermineTableExist 过程。

上述方法也可以用于判断 Excel 工作簿中是否存在名称为"员工档案"的工作表，此时需要在表名后添加符号"$"，如"在册员工 $"，示例代码如下。

```
If cnADO.OpenSchema(20, Array(Empty, Empty, "在册员工$", Empty)).EOF Then
```

完整过程代码请参阅本示例文件中的 DetermineWorkSheetExist 过程。

16.5　动态创建数据表

16.5.1　创建数据库的数据表

使用 CREATE TABLE 语句可以创建指定名称的数据表。在"员工管理 .accdb"数据库中添加"员工档案"表，表的字段名称、大小和数据类型如表 16.5 所示。示例代码如下。

```
#001   Sub SetNewTable()
#002       Dim cnADO As Object
#003       Dim rsADO As Object
#004       Dim strPath As String
#005       Dim strTable As String
#006       Dim strSQL As String
#007       Set cnADO = CreateObject("ADODB.Connection")
#008       Set rsADO = CreateObject("ADODB.Recordset")
#009       strPath = ThisWorkbook.Path & "\员工管理.accdb"
#010       strTable = "员工档案"
#011       On Error GoTo ErrMsg
#012       cnADO.Open "Provider=Microsoft.ACE.OLEDB.12.0;" & _
               "Data Source=" & strPath
#013       Set rsADO = cnADO.OpenSchema(20, _
               Array(Empty, Empty, strTable, Empty))
#014       If Not rsADO.EOF Then
#015           strSQL = "DROP TABLE " & strTable
#016           cnADO.Execute strSQL
#017       End If
#018       strSQL = "CREATE TABLE " & strTable _
               & "(员工编号 long not null primary key," _
               & "姓名 text(20) not null,性别 text(1) not null," _
               & "民族 text(20) not null,部门 text(20) not null," _
               & "职务 text(20),电话 text(20),学历 text(20)," _
               & "出生日期 date not null,籍贯 text(20)," _
               & "简历 longtext,照片 longbinary)"
#019       cnADO.Execute strSQL
#020       MsgBox "创建数据表成功！" & vbCrLf _
               & "数据表名称为：" & strTable, , "创建数据表"
#021       rsADO.Close
#022       cnADO.Close
#023       Set rsADO = Nothing
#024       Set cnADO = Nothing
#025       Exit Sub
#026   ErrMsg:
#027       MsgBox Err.Description, , "错误报告"
#028   End Sub
```

❖ 代码解析

第 13~17 行代码利用 OpenSchema 方法，通过设置 Criteria 参数判断数据表"员工档案"是否存在，如果存在则使用 DROP TABLE 语句删除。

第 18 行代码是 SQL 语句，其中"CREATE TABLE"为数据库定义语句，用于创建新表。CREATE TABLE 语句的语法格式如下。

```
CREATE TABLE table (field1 type [(size)] [index1] [, field2 type [(size)]
[index2] [, …]] [, CONSTRAINT multifieldindex [, …]])
```

该语法包含的参数说明如表 16.7 所示。

表 16.7　CREATE TABLE 语句的参数说明

参数	说明	示例
table	将要创建的数据表名称	员工档案
field1, field2	在新表中将要创建的字段名，必须至少创建一个字段	员工编号、性别等
type	字段的数据类型	如表 16.5 所示
size	字段的字符长度（仅限文本和二进制字段）	text(30) 中的 30
index1, index2	定义单字段索引的 CONSTRAINT 子句	如 NOT NULL、PRIMARY KEY 等
multifieldindex	定义多字段索引的 CONSTRAINT 子句	

16.5.2　创建 Excel 工作表

使用 CREATE TABLE 语句也可以创建一张新的 Excel 工作表。如果 ADO 对象连接的工作簿不存在，则会先创建指定名称的 Excel 工作簿，再在该工作簿内创建指定名称的工作表。

> 注意
> 由于Access和Excel中的数据类型不同，在Excel工作簿内建立工作表时，单元格的格式会被强制设置为"常规"，并不能指定为其他类型。另外，Index参数和multifieldindex参数也不能用于在Excel工作簿内新建工作表。

示例代码如下。

```
#001    Sub SetNewWorksheet()
#002        Dim cnADO As Object
#003        Dim strPath As String
#004        Dim strSQL As String
#005        Dim strTable As String
#006        Set cnADO = CreateObject("ADODB.Connection")
#007        strPath = ThisWorkbook.Path & "\ 测试工作簿 .xlsx"
#008        If Dir(strPath) <> "" Then Kill strPath
#009        cnADO.Open "Provider=Microsoft.Ace.Oledb.12.0;" _
                & "Extended Properties=Excel 12.0 Xml;" _
                & "Data Source=" & strPath
#010        strTable = " 说明 "
#011        strSQL = "CREATE TABLE  " & strTable & "(说明 text)"
#012        cnADO.Execute strSQL
#013        strTable = " 员工档案 "
#014        strSQL = "CREATE TABLE  " & strTable _
                & " ( 员工编号 long, 姓名 text, 性别 text," _
                & "民族 text, 部门 text, 职务 text, 电话 text," _
                & "学历 text, 出生日期 date, 籍贯 text,简历 text)"
#015        cnADO.Execute strSQL
#016        MsgBox " 创建文件成功! " & vbCrLf _
```

```
            & "工作簿文件名为: " & strPath & vbCrLf _
            & "保存位置: " & ThisWorkbook.Path
#017        cnADO.Close
#018        Set cnADO = Nothing
#019  End Sub
```

❖ 代码解析

第 9 行代码是连接字符串,必须指明数据源类型为 XML,以便建立 xlsx 类型的 Excel 工作簿,否则生成的 Excel 工作簿将无法正常打开。

第 11 行代码创建名称为"说明"的工作表,该表包含名为"说明"的标题。

第 13~15 行代码创建名称为"员工档案"的工作表,该表包含 strSQL 变量所设置的多个字段。尽管 strSQL 变量设置了字段的多种类型,但在工作表中字段的单元格格式均被设置为常规格式。

运行 SetNewWorksheet 过程,打开新建的"测试工作簿",查看"员工档案"表,显示效果如图 16.7 所示。

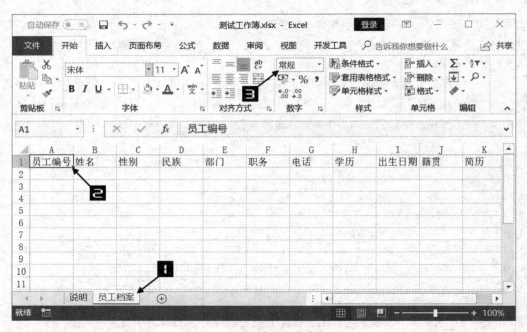

图 16.7　员工档案表

注意　　SetNewWorksheet过程在Excel工作簿内新建工作表时,必须保证该工作簿处于关闭状态,且该工作簿内没有同名工作表,否则会产生运行时错误。

16.6　动态创建链接表

Access 数据库提供了链接表的功能,这极大地方便了数据在各种类型的数据库之间交换。通过设置 ADOX.Table 对象的 Properties 属性可以在 Access 数据库中创建链接表。在 SQL 语句中,可以像其他物理表一样引用已创建的链接表，并且链接表中的数据是可读写的。

16.6.1　链接 Excel 文件

链接 Excel 文件，示例代码如下。

```
#001   Sub LinkExcel()
#002       Dim cnADO As Object
#003       Dim catADO As Object
#004       Dim tabADO As Object
#005       Dim rsADO As Object
#006       Dim strPath As String
#007       Dim strLinkPath As String
#008       Dim strName As String
#009       Set cnADO = CreateObject("ADODB.Connection")
#010       Set catADO = CreateObject("ADOX.Catalog")
#011       Set tabADO = CreateObject("ADOX.Table")
#012       strPath = ThisWorkbook.Path & "\ 员工管理 .accdb"
#013       strLinkPath = ThisWorkbook.Path & "\ 临聘人员奖金 .xlsx"
#014       strName = " 临聘人员奖金 EX"
#015       cnADO.Open "Provider=Microsoft.ACE.OLEDB.12.0;" & _
               "Data Source=" & strPath
#016       Set rsADO = cnADO.OpenSchema(20, _
               Array(Empty, Empty, strName, Empty))
#017       If Not rsADO.EOF Then
#018           cnADO.Execute "DROP TABLE " & strName
#019       End If
#020       Set catADO.ActiveConnection = cnADO
#021       With tabADO
#022           .Name = strName
#023           .ParentCatalog = catADO
#024           .Properties("Jet OLEDB:Link Datasource") _
                   .Value = strLinkPath
#025           .Properties("Jet OLEDB:Remote Table Name") _
                   .Value = " 临聘人员奖金 $"
#026           .Properties("Jet OLEDB:Link Provider String") _
                   .Value = "Excel 12.0;HDR=Yes"
#027           .Properties("Jet OLEDB:Create Link") _
                   .Value = True
#028       End With
#029       catADO.Tables.Append tabADO
#030       cnADO.Close
#031       Set cnADO = Nothing
#032       Set rsADO = Nothing
#033       Set catADO = Nothing
#034       Set tabADO = Nothing
#035   End Sub
```

16章

❖ 代码解析

第 10 行和第 11 行代码分别使用 CreateObject 函数创建用 ADOX.Catalog 对象和 ADOX.Table 对象的引用。

第 12 行代码指定数据库文件"员工管理 .accdb"存放的完整路径。

第 13 行代码指定 Excel 工作簿文件"临聘人员奖金 .xlsx"存放的完整路径。

第 14 行代码指定链接表的名称。

第 16~19 行代码利用 OpenSchema 方法，通过设置 Criteria 参数判断链接表"临聘人员奖金 EX"是否存在，如果存在则使用 DROP TABLE 语句删除该表。

第 21~28 行代码设置代表数据库表的变量 tabADO 的各种属性。其中，Name 属性的值不能与数据库中已有的表名、查询名相同。

第 23 行代码将数据库表与数据库的 Catalog 对象相关联，获取服务提供者的相关信息。

第 24~27 行代码设置 Properties 集合的属性值，每个 Property 对象对应服务提供者特有的 ADO 对象的特性。其中，"Jet OLEDB:Link Datasource"代表目标文件的绝对路径；"Jet OLEDB:Remote Table Name"代表目标文件中表的名称；"Jet OLEDB:Link Provider String"代表目标文件的 Jet 引擎驱动字符串；"Jet OLEDB:Create Link"为 Boolean 值，设置为 True 时表示这是一个链接。

第 29 行代码使用 Append 方法将 TabADO 对象添加到数据库的 Tables 集合中。

运行 LinkExcel 过程，打开"员工管理 .accdb"文件，结果如图 16.8 所示。

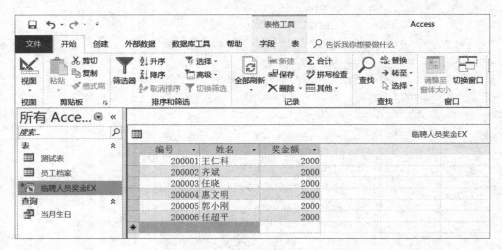

图 16.8　LinkExcel 过程运行结果

> **注意**　Excel链接表只能进行添加数据和修改数据的操作，不能删除数据。

16.6.2　链接 Access 文件

链接 Access 文件，示例代码如下。

```
#001    Sub LinkAccess()
#002        Dim cnADO As Object
#003        Dim catADO As Object
#004        Dim tabADO As Object
#005        Dim rsADO As Object
```

```
#006        Dim strPath As String
#007        Dim strLinkPath As String
#008        Dim strName As String
#009        Set cnADO = CreateObject("ADODB.Connection")
#010        Set catADO = CreateObject("ADOX.Catalog")
#011        Set tabADO = CreateObject("ADOX.Table")
#012        strPath = ThisWorkbook.Path & "\ 员工管理 .accdb"
#013        strLinkPath = ThisWorkbook.Path & "\ 奖金 .accdb"
#014        strName = " 奖金 Acc"
#015        cnADO.Open "Provider=Microsoft.ACE.OLEDB.12.0;" & _
                "Data Source = " & strPath
#016        Set rsADO = cnADO.OpenSchema(20, _
                Array(Empty, Empty, strName, Empty))
#017        If Not rsADO.EOF Then
#018            cnADO.Execute "DROP TABLE " & strName
#019        End If
#020        Set catADO.ActiveConnection = cnADO
#021        With tabADO
#022            .Name = strName
#023            .ParentCatalog = catADO
#024            .Properties("Jet OLEDB:Link Provider String") _
                    .Value = "MS Access;Pwd=;"
#025            .Properties("Jet OLEDB:Link Datasource") _
                    .Value = strLinkPath
#026            .Properties("Jet OLEDB:Remote Table Name") _
                    .Value = " 奖金名单 "
#027            .Properties("Jet OLEDB:Create Link") _
                    .Value = True
#028        End With
#029        catADO.Tables.Append tabADO
#030        cnADO.Close
#031        Set cnADO = Nothing
#032        Set rsADO = Nothing
#033        Set catADO = Nothing
#034        Set tabADO = Nothing
#035    End Sub
```

❖ 代码解析

第 24 行代码设置目标文件的 Jet 引擎驱动字符串，其中，"Pwd=" 为 Access 数据库打开密码（没有密码或者默认设置时，可省略）。

运行 LinkAccess 过程，打开 "员工管理 .accdb" 文件，结果如图 16.9 所示。

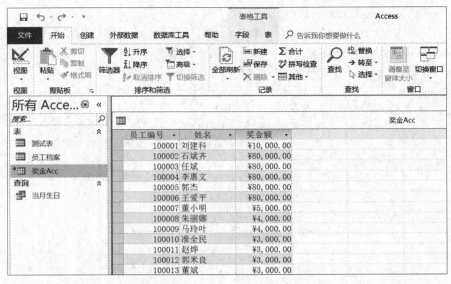

图 16.9　LinkAccess 过程运行结果

　Access链接表可以添加、删除和修改数据。

16.6.3　链接"标准格式"文本文件

链接"标准格式"的文本文件，示例代码如下。

```
#001    Sub LinkText()
#002        Dim cnADO As Object
#003        Dim catADO As Object
#004        Dim tabADO As Object
#005        Dim rsADO As Object
#006        Dim strPath As String
#007        Dim strLinkPath As String
#008        Dim strName As String
#009        Set cnADO = CreateObject("ADODB.Connection")
#010        Set catADO = CreateObject("ADOX.Catalog")
#011        Set tabADO = CreateObject("ADOX.Table")
#012        strPath = ThisWorkbook.Path & "\员工管理.accdb"
#013        strLinkPath = ThisWorkbook.Path & "\"
#014        strName = "捐款TEXT"
#015        cnADO.Open "Provider=Microsoft.ACE.OLEDB.12.0;" & _
                "Data Source=" & strPath
#016        Set rsADO = cnADO.OpenSchema(20, _
                Array(Empty, Empty, strName, Empty))
#017        If Not rsADO.EOF Then
#018            cnADO.Execute "DROP TABLE " & strName
#019        End If
#020        Set catADO.ActiveConnection = cnADO
```

```
#021        With tabADO
#022            .Name = strName
#023            .ParentCatalog = catADO
#024            .Properties("Jet OLEDB:Link Provider String") _
                    .Value = "Text;FMT=Delimited;HDR=Yes"
#025            .Properties("Jet OLEDB:Link Datasource") _
                    .Value = strLinkPath
#026            .Properties("Jet OLEDB:Remote Table Name") _
                    .Value = "捐款.txt"
#027            .Properties("Jet OLEDB:Create Link") _
                    .Value = True
#028        End With
#029        catADO.Tables.Append tabADO
#030        cnADO.Close
#031        Set cnADO = Nothing
#032        Set rsADO = Nothing
#033        Set catADO = Nothing
#034        Set tabADO = Nothing
#035    End Sub
```

❖ 代码解析

第 13 行代码指定文本文件存放的完整路径。

第 24 行代码设置目标文件夹的 Jet 引擎驱动字符串，其中，"FMT=Delimited"指定分隔符为逗号。

运行 LinkText 过程，打开"员工管理 .accdb"文件，结果如图 16.10 所示。

图 16.10　LinkText 过程运行结果

> 注意　文本文件链接表只能进行添加数据操作，不能删除和修改数据。

当链接的文本文件使用其他字符作为分隔符时，需要创建 Schema.ini 文件，详情请参阅 16.24.2
小节。

> **注意** ➡️　　Access和Excel属于"多表复合文档"，单个文件可以被看作是一个"库"。而文本文件（*.txt）和*.dbf文件属于"单体文件"，仅能作为一个"表"，对应于这类"表"的"库"就是其所在文件夹的路径。

16.7　在数据库中创建视图

Access 数据库中可以用"视图"（VIEW）的形式创建虚拟表，以保存常用的查询语句，视图并不占数据库的容量。

在"员工管理 .accdb"数据库的"员工档案"数据表中提取当月生日的员工资料，结合 CREATE VIEW 语句创建视图。示例代码如下。

```
#001   Sub CreateView()
#002       Dim cnADO As Object
#003       Dim rsADO As Object
#004       Dim strSQL As String
#005       Dim strPath As String
#006       Dim strViewName As String
#007       Set cnADO = CreateObject("ADODB.Connection")
#008       strPath = ThisWorkbook.Path & "\ 员工管理 .accdb"
#009       strViewName = " 当月生日 "
#010       On Error GoTo ErrMsg
#011       cnADO.Open "Provider=Microsoft.ACE.OLEDB.12.0;" & _
               "Data Source=" & strPath
#012       Set rsADO = cnADO.OpenSchema(20, _
               Array(Empty, Empty, strViewName, Empty))
#013       If Not rsADO.EOF Then
#014           strSQL = "DROP TABLE " & strViewName
#015           cnADO.Execute strSQL
#016       End If
#017       strSQL = "CREATE VIEW " & strViewName _
               & " AS SELECT * FROM 员工档案 " _
               & "WHERE Month( 出生日期 )= Month(Now)"
#018       cnADO.Execute strSQL
#019       MsgBox " 视图创建成功! ", , " 创建视图 "
#020       rsADO.Close
#021       cnADO.Close
#022       Set rsADO = Nothing
#023       Set cnADO = Nothing
#024       Exit Sub
#025   ErrMsg:
#026       MsgBox Err.Description, , " 错误报告 "
#027   End Sub
```

❖ 代码解析

第 12~16 行代码利用 OpenSchema 方法，通过设置 Criteria 参数判断视图"当月生日"是否存在，如果存在则使用 DROP TABLE 语句删除该视图。

第 17 行代码使用 CREATE VIEW 语句，并使用"AS"关键字，为查询语句创建名称为"当月生日"的视图。在查询语句中使用了"Month（Now）"函数组合，使返回的查询结果随月份自动变化。

CREATE VIEW 语句用来创建新的视图，其语法格式如下。

```
CREATE VIEW view [(field1[, field2[, ...]])] AS SELECTstatement
```

该语法包含的参数说明如表 16.8 所示。

表 16.8　参数说明

部分	说明
view	视图的名称
field1, field2	SELECTstatement 中所指定的相应字段的名称
SELECTstatement	SQL SELECT 查询语句

定义视图的 SELECT 语句不能是 SELECT...INTO 语句，也不能包含任何参数。视图的名称也不能和现有的表或者视图名称相同。

如果 SELECT 语句所定义的查询是可更新的，那么视图也是可更新的，否则视图是只读的。

 注意 　　　Microsoft Jet 数据库引擎不支持对非Microsoft Jet 数据库引擎数据库使用CREATE VIEW语句。

当视图创建完成后，可以使用 SELECT 语句进行查询等操作，示例代码如下。

```
Set rsADO = cnADO.Execute("SELECT * FROM 当月生日 ")
```

运行 CREATE VIEW 过程（当前月份为 6 月），结果如图 16.11 所示。

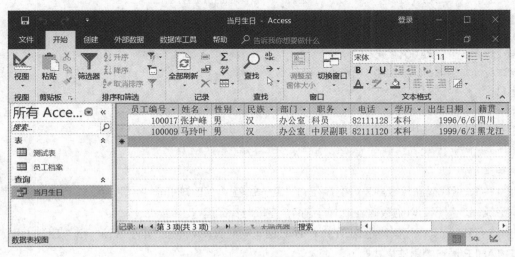

图 16.11　Access 数据库视图

16章

16.8 向数据表添加、删除、修改字段

使用 ALTER TABLE 语句可以在数据表中添加、删除和修改字段。在"员工档案"数据表中，添加、删除和修改"电子邮箱""工作时间"等字段的示例代码如下。

```
#001   Sub DeleteAddModifyFields()
#002       Dim cnADO As Object
#003       Dim strPath As String
#004       Dim strTable As String
#005       Dim strSQL As String
#006       Dim strMsg As String
#007       Set cnADO = CreateObject("ADODB.Connection")
#008       strPath = ThisWorkbook.Path & "\ 测试数据库 .accdb"
#009       strTable = " 员工档案 "
#010       cnADO.Open "Provider=Microsoft.Ace.OLEDB.12.0;" & _
               "Data Source=" & strPath
#011       On Error Resume Next
#012       strSQL = "ALTER TABLE " & strTable & " DROP 电子邮箱 , 工作时间 "
#013       cnADO.Execute strSQL
#014       On Error GoTo ErrMsg
#015       strSQL = "ALTER TABLE " & strTable & " ADD " & _
               " 电子邮箱 TEXT(10), 工作时间 DOUBLE"
#016       cnADO.Execute strSQL
#017       MsgBox " 字段添加成功。", vbInformation, " 提示 "
#018       strSQL = "ALTER TABLE " & strTable & " ALTER 工作时间 DATETIME"
#019       cnADO.Execute strSQL
#020       MsgBox " 字段数据类型修改成功。", vbInformation, " 提示 "
#021       strSQL = "ALTER TABLE " & strTable & " ALTER 电子邮箱 TEXT(50)"
#022       cnADO.Execute strSQL
#023       MsgBox " 字段长度修改成功。", vbInformation, " 提示 "
#024       cnADO.Close
#025       Set cnADO = Nothing
#026       Exit Sub
#027   ErrMsg:
#028       MsgBox Err.Description, , " 错误报告 "
#029   End Sub
```

❖ 代码解析

第 11~13 行代码删除数据表可能存在的"电子邮箱""工作时间"字段，第 11 行代码设置程序运行期间忽略错误提示，以防数据表中没有这两个字段时代码运行出错。

第 15 行和第 16 行代码使用 ALTER TABLE 语句向数据表中添加"电子邮箱"和"工作时间"字段。ALTER TABLE 语句的语法格式如下。

```
ALTER TABLE table {ADD {COLUMN field type [(size)] [NOT NULL] [CONSTRAINT
index] | ALTER COLUMN field type [(size)] | CONSTRAINT multifieldindex} |
```

```
DROP {COLUMN field I CONSTRAINT indexname}}
```

其参数与 **CREATE TABLE** 语句基本相同，详细讲解请参阅表 16.7。

使用 **ALTER TABLE** 语句，可以对数据表进行如表 16.9 所示的多项操作。

表 16.9　ALTER TABLE 常用语句说明

语句	说明
ADD COLUMN	添加新字段
ALTER COLUMN	修改字段的数据类型
ADD CONSTRAINT	添加多重字段索引
DROP COLUMN	删除字段
DROP CONSTRAINT	删除多重字段索引

第 18 行和第 19 行代码修改"工作时间"字段的数据类型为日期型。

第 21 行和第 22 行代码修改"电子邮箱"字段长度为 50。

16.9　创建多数据库查询

在使用 ADO 访问多个数据库时，应先使用连接字符串建立一个数据库的连接，其他数据库的连接可以在 SQL 语句中设定，也就是在 SQL 语句的数据表之前加上数据库完全路径，其语法格式如下。

[文件类型 ;HDR=Yes; Database= 数据库完全路径].[数据表]

创建多数据库查询就是创建多表查询，不同的是这些表可以来自不同的数据库，在 FROM 子句中的各个数据表之间应使用半角逗号分隔。

根据"员工管理 .accdb"数据库的"员工档案"表的数据，在 Excel 工作表的 B 列汇总 A 列不同学历的人数，如图 16.12 所示。

示例代码如下。

图 16.12　学历汇总统计

```
#001  Sub MultipleDatabaseQuery()
#002      Dim cnADO As Object
#003      Dim strPath As String
#004      Dim strSQL As String
#005      Set cnADO = CreateObject("ADODB.Connection")
#006      strPath = ThisWorkbook.Path & "\ 员工管理 .accdb"
#007      On Error GoTo ErrMsg
#008      cnADO.Open "Provider=Microsoft.ACE.OLEDB.12.0;" & _
              "Data Source=" & strPath
#009      strSQL = "SELECT 人数 FROM  [Excel 12.0;Database=" _
              & ThisWorkbook.FullName & ";].[ 学历汇总 $A1:A" _
              & Range("A" & Rows.Count).End(xlUp).Row & "] A" _
              & " LEFT JOIN (SELECT 学历 ,COUNT( 学历 ) AS 人数 " _
              & " FROM 员工档案 GROUP BY 学历 ) B ON A. 学历 =B. 学历 "
#010      Range("B2").CopyFromRecordset cnADO.Execute(strSQL)
#011      cnADO.Close
```

```
#012        Set cnADO = Nothing
#013        Exit Sub
#014    ErrMsg:
#015        MsgBox Err.Description, , "错误报告"
#016    End Sub
```

❖ 代码解析

第 6 行代码指定数据库文件"员工管理 .accdb"存放的完整路径。

第 9 行代码的 SQL 语句是示例代码的关键。

如果两个数据表在同一个数据库中，SQL 代码如下。

"SELECT 人数 FROM   [学历汇总 $A1:A" & Range("A" & Rows.Count).End(xlUp). Row & "] A LEFT OUTER JOIN (SELECT 学历 ,COUNT(学历) AS 人数 FROM 员工档案 GROUP BY 学历) B ON A. 学历 =B. 学历 "

语句中表或查询右侧的"A""B"是表或查询的别名，表或查询名太长时，SQL 语句可读性不强。因此，通常使用别名简化 SQL 语句。

LEFT OUTER JOIN 是左外连接，是 JOIN 连接的一种方式，将左表（或查询）的所有记录及右表（或查询）满足 ON 子句条件的记录进行关联，其中关键字 OUTER 是可以省略的。

如果两个数据表不在同一个数据库中，如本例，Access 数据库在连接字符串中已经连接，则需要在 SQL 语句中，在 Excel 工作表前加上数据库完整路径。SQL 代码如下。

"SELECT 人数 FROM [Excel 12.0;Database=" & ThisWorkbook.FullName & ";]. [学历汇总 $A1:A" & Range("A" & Rows.Count).End(xlUp).Row & "] A LEFT JOIN (SELECT 学历 ,COUNT(学历) AS 人数 FROM 员工档案 GROUP BY 学历) B ON A. 学历 =B. 学历 "

MultipleDatabaseQuery 过 程 利 用 ADO 创 建 与 Access 数据库的连接，并使用 SQL 语句完成对 Excel 工作表数据的查询统计，运行结果如图 16.13 所示。

	A	B
1	学历	人数
2	博士	1
3	硕士	1
4	大学	
5	大专	25
6	中专	5
7	高中	9
8	初中	3

❖ 代码扩展

也可以使用连接字符串先连接 Excel 工作簿，然后在 SQL 语句中，在指定的数据表之前加上数据库完整路径连接 Access 数据库。完整代码请参阅本示例文件的 MultipleDatabaseQueryExcel 过程。

图 16.13　MultipleDatabaseQuery 过程运行结果

 注意

如果Access文件有数据库密码，要在全路径中写明，例如，[MS　Access;Pwd=abc;Database=" & strPath & ";]，否则可以省略该参数，例如，[MS Access;Database=" & strPath & ";]

16.10　将工作表、数据表或查询生成新的数据表

除了使用 16.5 节所示的 CREATE TABLE 语句生成新的数据表以外，也可以利用已经存在的 Excel 工作表、数据表或查询等创建新的数据表。SQL 的 SELECT INTO 语句可以将 Excel 工作表的数据插入 Access 数据库中生成一份新的数据表。示例代码如下。

```
#001  Sub CreateNewDataTable()
#002      Dim cnADO As Object
#003      Dim rsADO As Object
#004      Dim strPath As String
#005      Dim strTable As String
#006      Dim strSQL As String
#007      Set cnADO = CreateObject("ADODB.Connection")
#008      Set rsADO = CreateObject("ADODB.Recordset")
#009      strPath = ThisWorkbook.Path & "\员工管理.accdb"
#010      strTable = "测试表"
#011      On Error GoTo ErrMsg
#012      cnADO.Open "Provider=Microsoft.ACE.OLEDB.12.0;" & _
              "Data Source=" & strPath
#013      Set rsADO = cnADO.OpenSchema(20, _
              Array(Empty, Empty, strTable, Empty))
#014      If Not rsADO.EOF Then
#015          strSQL = "DROP TABLE " & strTable
#016          cnADO.Execute strSQL
#017      End If
#018      strSQL = "SELECT * INTO " & strTable _
              & " FROM [Excel 12.0;Database=" _
              & ThisWorkbook.FullName & ";].[" & ActiveSheet.Name & "$]"
#019      cnADO.Execute strSQL
#020      MsgBox "已经将工作表数据生成新数据表。", _
              vbInformation, "生成新数据表"
#021      rsADO.Close
#022      cnADO.Close
#023      Set rsADO = Nothing
#024      Set cnADO = Nothing
#025      Exit Sub
#026  ErrMsg:
#027      MsgBox Err.Description, , "错误报告"
#028  End Sub
```

❖ 代码解析

第 13~17 行代码先使用 OpenSchema 方法，通过设置 Criteria 参数判断数据表"测试表"是否存在。如果"测试表"已经存在，则使用 DROP TABLE 语句删除该数据表。

第 18 行代码是利用表或查询创建新数据表的 SELECT INTO 语句，其语法格式如下。

SELECT * INTO [database].newtable FROM source [WHERE criteria]

其中，参数 database 是可选的。如果新建数据表在当前数据库，该参数可以省略，否则其值为目标数据库全路径，两端的方括号"[]"不可省略。

参数 source 是必需的，其值表示数据源表。如果数据源表不在当前数据库，则需要指定数据库全路径。

参数 WHERE criteria 是可选的，其值为 WHERE 子句。如果省略则将工作表、数据表生成新数据表，否则将查询生成新数据表。

❖ 代码扩展

SELECT INTO 语句也可以将数据表或查询生成新的 Excel 工作表。如果连接的 Excel 工作簿不存在，则先新建指定名称的工作簿，再在该工作簿内创建指定名称的工作表。示例代码如下。

```
#001  Sub CreateNewWorksheet()
#002      Dim cnADO As Object
#003      Dim strPath As String
#004      Dim strTable As String
#005      Dim strSQL As String
#006      Set cnADO = CreateObject("ADODB.Connection")
#007      strPath = ThisWorkbook.Path & "\ 导出工作簿 .xlsx"
#008      strTable = " 测试表 "
#009      On Error GoTo ErrMsg
#010      cnADO.Open "Provider=Microsoft.ACE.OLEDB.12.0;Data Source=" _
              & ThisWorkbook.Path & "\ 员工管理 .accdb"
#011      If Dir(strPath) <> "" Then Kill strPath
#012      strSQL = "SELECT * INTO [Excel 12.0 Xml;Database=" _
              & strPath & ";].Sheet1 FROM " & strTable
#013      cnADO.Execute strSQL
#014      MsgBox " 创建文件成功！ " & vbCrLf _
              & " 工作簿文件名为: " & strPath & vbCrLf _
              & " 保存位置: " & ThisWorkbook.Path
#015      cnADO.Close
#016      Set cnADO = Nothing
#017      Exit Sub
#018  ErrMsg:
#019      MsgBox Err.Description, , " 错误报告 "
#020  End Sub
```

16.11 批量删除数据表中的记录

使用 DELETE 语句可以快速删除数据表中的记录。删除同时存在于 Access 数据表和 Excel 工作表的员工编号的记录，示例代码如下。

```
#001  Sub DeleteExistRecords()
#002      Dim cnADO As Object
#003      Dim rsADO As Object
#004      Dim strPath As String
#005      Dim strTable As String
#006      Dim strWhere As String
#007      Dim strSQL As String
#008      Dim strMsg As String
```

```
#009      Set cnADO = CreateObject("ADODB.Connection")
#010      Set rsADO = CreateObject("ADODB.Recordset")
#011      strPath = ThisWorkbook.Path & "\员工管理.accdb"
#012      strTable = "员工档案"
#013      On Error GoTo ErrMsg
#014      cnADO.Open "Provider=Microsoft.Ace.OLEDB.12.0;" & _
              "Data Source=" & strPath
#015      strWhere = " WHERE EXISTS(" _
              & "SELECT * FROM [Excel 12.0;Database=" _
              & ThisWorkbook.FullName & "].[" & ActiveSheet.Name & "$" _
              & Range("a1").CurrentRegion.Address(0, 0) & "] " _
              & "WHERE 员工编号=" & strTable & ".员工编号)"
#016      strSQL = "SELECT 员工编号 FROM 员工档案" & strWhere
#017      rsADO.Open strSQL, cnADO, 1, 3
#018      If rsADO.RecordCount > 0 Then
#019          strSQL = "DELETE FROM 员工档案" & strWhere
#020          cnADO.Execute strSQL
#021          MsgBox rsADO.RecordCount & "条记录被删除。", _
                  vbInformation, "提示"
#022      Else
#023          MsgBox "没有发现需要删除的记录。", vbInformation, "提示"
#024      End If
#025      rsADO.Close
#026      cnADO.Close
#027      Set rsADO = Nothing
#028      Set cnADO = Nothing
#029      Exit Sub
#030  ErrMsg:
#031      MsgBox Err.Description, , "错误报告"
#032  End Sub
```

❖ 代码解析

第 15 行和第 16 行代码是 SQL 语句。该语句使用 EXISTS 子句,实现提取 Access 数据表和当前 Excel 工作表中都存在的员工编号。带有 EXISTS 子句的子查询不返回任何数据,只产生逻辑值 True 或 False。由 EXISTS 引出的子查询,其目标列表达式通常都是使用 *,正是因为 EXISTS 子查询只返回真值或假值,所以给出列字段名没有实际意义。

第 17 行代码使用 Recordset 对象的 Open 方法执行 SQL 语句。

第 18 行代码获取数据表和 Excel 工作表中都存在的员工编号记录数,目的在于提示用户是否存在共有员工编号。

注意
DELETE语句不会返回所删除记录的数量。无论表中是否有符合条件的记录,DELETE语句都会执行。

第 19 行和第 20 行代码使用 DELETE 语句删除数据表和 Excel 工作表中都存在的员工编号的记录。

DELETE 语句为数据处理语句，该语句创建删除查询，用于从 FROM 子句列出的一个或多个表中删除满足 WHERE 条件子句的记录，其语法格式如下。

```
DELETE [table.*] FROM table WHERE criteria
```

该语法包含的参数说明如表 16.10 所示。

表 16.10　DELETE 语句的参数

部分	说明
table	从中删除记录的表名称（可选）
table（FROM 之后）	从中删除记录的表名称
criteria	用于确定要删除哪些记录的表达式

注意　使用DELETE语句对表进行删除操作时，如果不附带WHERE子句，将会删除表中的所有记录，但表的结构和所有表属性（如字段属性和索引）不会被删除。

❖ 代码扩展

使用 IN 子句也可以实现删除数据表和 Excel 工作表共同存在的记录，SQL 代码如下。

```
"DELETE FROM 员工档案 WHERE 员工编号 IN (SELECT 员工编号 FROM [Excel 12.0;Database=" & ThisWorkbook.FullName & ";].[Sheet1$A1:K73])"
```

使用内连接语句也可以实现删除数据表和 Excel 工作表共同存在的记录，注意这种结构的 SQL 语句，可选参数 table.* 是不能省略的。SQL 代码如下。

```
"DELETE A.* FROM 员工档案 A,[Excel 12.0;Database=" & ThisWorkbook.FullName & ";].[Sheet1$A1:K73] B WHERE A.员工编号 =B.员工编号 "
```

使用左外连接或右外连接语句也可以实现同样的效果。左外连接 SQL 代码如下。

```
"DELETE A.* FROM 员工档案 A LEFT JOIN [Excel 12.0;Database=" & ThisWorkbook.FullName & ";].[Sheet1$A1:K73] B ON A.员工编号 =B.员工编号 WHERE B.员工编号 IS NULL"
```

完整过程代码请分别参阅本示例文件中的 DeleteExistRecordsByIN 过程、DeleteExist-RecordsByInner 过程和 DeleteExistRecordsByLeftOut 过程。

16.12　从表或查询中批量向数据表添加记录

使用 INSERT INTO 语句可以实现向数据表中添加记录。每次插入一条记录时，其语法格式如下。

```
INSERT INTO table [(field1, field2,…)] VALUES (value1, value 2,…)
```

如果需要插入全部字段数据，则可以省略字段列表，其语法格式如下。

```
INSERT INTO table VALUES (value1, value 2,…)
```

图 16.14 所示为某公司员工档案原始数据，现需将这些数据批量添加到名为"员工管理"数据库的"员工档案"表中。

	A	B	C	D	E	F	G	H	I	J	K
1	员工编号	姓名	性别	民族	部门	职务	电话	学历	出生日期	籍贯	简历
2	100001	刘建科	男	汉	公司领导	总经理	82111112	大专	25266	北京	xxxx.xx-xxxx.xx 红旗机械厂干部
3	100002	石斌齐	男	汉	公司领导	副总经理	82111113	大学	25125	广东	xxxx.xx-xxxx.xx 红旗机械厂干部
4	100003	任斌	女	汉	公司领导	副总经理	82111114	大学	25066	广西	xxxx.xx-xxxx.xx 红旗机械厂干部
5	100004	李惠文	女	汉	公司领导	纪委书记	82111115	大学	35926	广西	xxxx.xx-xxxx.xx 红旗机械厂干部

图 16.14　员工档案原始数据

示例代码如下。

```
#001   Sub AddRecords()
#002       Dim cnADO As Object
#003       Dim strPath As String
#004       Dim strTable As String
#005       Dim strSQL As String
#006       Set cnADO = CreateObject("ADODB.Connection")
#007       strPath = ThisWorkbook.Path & "\ 员工管理 .accdb"
#008       strTable = " 员工档案 "
#009       On Error GoTo ErrMsg
#010       cnADO.Open "Provider=Microsoft.Ace.OLEDB.12.0;" & _
               "Data Source=" & strPath
#011       strSQL = "DELETE FROM " & strTable & " A WHERE EXISTS(" _
               & "SELECT * FROM [Excel 12.0;Database=" & _
               ThisWorkbook.FullName & "].[" & ActiveSheet.Name & "$" _
               & Range("a1").CurrentRegion.Address(0, 0) & "] " _
               & "WHERE 员工编号 =A. 员工编号 )"
#012       cnADO.Execute strSQL
#013       strSQL = "INSERT INTO " & strTable _
               & "( 员工编号 , 姓名 , 性别 , 民族 , 部门 , 职务 ," _
               & " 电话 , 学历 , 出生日期 , 籍贯 , 简历 ) " _
               & "SELECT 员工编号 , 姓名 , 性别 , 民族 , 部门 , 职务 ," _
               & " 电话 , 学历 , 出生日期 , 籍贯 , 简历 " _
               & "FROM [Excel 12.0;Database=" _
               & ThisWorkbook.FullName & ";].[" & ActiveSheet.Name & "$" _
               & Range("A1").CurrentRegion.Address(0, 0) & "]"
#014       cnADO.Execute strSQL
#015       MsgBox " 记录添加成功。", vbInformation, " 添加记录 "
#016       cnADO.Close
#017       Set cnADO = Nothing
#018       Exit Sub
#019   ErrMsg:
#020       MsgBox Err.Description, , " 错误报告 "
#021   End Sub
```

❖ 代码解析

第 11 行和第 12 行代码使用 DELETE FROM 语句删除同时存在于数据表和 Excel 工作表的员工编号的记录。

第 13 行和第 14 行代码使用 INSERT INTO 语句实现向数据表添加数据，其语法格式如下。

```
INSERT INTO table [(field1, field2,……)] SELECT value1, value 2,…… FROM
table WHERE criteria
```

INSERT INTO 语句不会返回添加记录的数量。无论表中是否有符合条件的记录，该语句都会成功执行。

>
> 如果是从Excel工作表中向数据表添加记录，SQL语句中工作表表达式应指定单元格区域，如[Sheet1$A1:K13]，以避免ADO将工作表中已使用空单元格当作有效数据而导致程序运行错误。

16.13　批量修改数据表中的记录

使用 UPDATE 语句可以快速修改数据表中的数据，其语法格式如下。

```
UPDATE table SET field1=value1, field2=value2,…… WHERE criteria
```

其中，参数 table 是待修改的数据表。参数 field1=value1、field2=value2 等是字段更新表达式。参数 criteria 是条件表达式。

例如，修改总经理"刘建科"职务为董事长，SQL 语句如下。

```
SQL = "UPDATE " & strTable & " SET 职务 =' 董事长 ' WHERE 姓名 =' 刘建科 '"
```

UPDATE 语句也可以修改某一类特定记录，例如，将员工高中及以下的学历全部修改为大专，SQL 语句如下。

```
SQL = "UPDATE " & strTable & " SET 学历 =' 大专 ' WHERE 学历 =' 高中 ' OR 学历 =
' 中专 ' OR 学历 =' 初中 '"
```

使用 UPDATE 语句也可以一次性将 Excel 工作表中的员工数据更新到 Access 数据表中。图 16.15 所示为某公司员工档案新数据，现需将这些数据更新到名为"员工管理"数据库的"员工档案"表中。

	A	B	C	D	E	F	G	H	I	J
1	员工编号	姓名	性别	民族	部门	职务	电话	学历	出生日期	籍贯
2	100001	刘建科	男	汉	公司领导	总经理	82111112	大专	25266	北京
3	100002	石斌齐	男	汉	公司领导	副总经理	82111113	大学	25125	广东
4	100003	任斌	女	汉	公司领导	副总经理	82111114	大学	25066	广西
5	100004	李惠文	女	汉	公司领导	纪委书记	82111115	大学	35926	广西
6	100005	郭杰	女	汉	公司领导	总工程师	82111116	博士	27784	广西
7	100006	王爱平	男	汉	公司领导	工会主席	82111117	硕士	24475	广西
8	100007	董小明	女	汉	办公室	中层正职	82111118	大专	36472	广西
9	100008	朱丽娜	男	汉	办公室	中层副职	82111119	大学	36461	广西
10	100009	马玲叶	男	汉	办公室	中层副职	82111120	大学	36314	黑龙江
11	100010	准全民	男	汉	办公室	科员	82111121	大专	36276	黑龙江
12	100011	赵烨	男	汉	办公室	科员	82111122	大学	36244	湖北
13	100012	郭米良	男	汉	办公室	科员	82111123	大学	35837	湖北
14	100013	董斌	男	汉	办公室	科员	82111124	大专	35826	湖南
15	100014	李杰	男	汉	办公室	科员	82111125	大学	35807	江西

图 16.15　员工档案新数据

示例代码如下。

```
#001    Sub UpdateRecords()
#002        Dim cnADO As Object
#003        Dim strPath As String
```

```
#004      Dim strTable As String
#005      Dim strField As String
#006      Dim strSQL As String
#007      Dim avntField As Variant
#008      Dim i As Integer
#009      Set cnADO = CreateObject("ADODB.Connection")
#010      strPath = ThisWorkbook.Path & "\员工管理.accdb"
#011      strTable = "员工档案"
#012      On Error GoTo ErrMsg
#013      cnADO.Open "Provider=Microsoft.Ace.OLEDB.12.0;" & _
                "Data Source=" & strPath
#014      avntField = Range("A1:K1").Value
#015      For i = 2 To UBound(avntField, 2)
#016          strField = strField & ",A." & _
                  avntField(1, i) & "=B." & _
                  avntField(1, i)
#017      Next i
#018      strSQL = "UPDATE " & strTable _
              & " A,[Excel 12.0;Imex=0;Database=" _
              & ThisWorkbook.FullName & ";].[" & ActiveSheet.Name & "$" _
              & Range("A1").CurrentRegion.Address(0, 0) & "] B " _
              & "SET " & Mid(strField, 2) _
              & " WHERE A.员工编号=B.员工编号"
#019      cnADO.Execute strSQL
#020      MsgBox "数据修改成功。", vbInformation, "数据修改"
#021      cnADO.Close
#022      Set cnADO = Nothing
#023      Exit Sub
#024  ErrMsg:
#025      MsgBox Err.Description, , "错误报告"
#026  End Sub
```

❖ 代码解析

第 14 行代码将 Excel 工作表中的字段名写入数组 avntField。

第 15~17 行代码生成 SQL 更新表达式，例如，A. 姓名 =B. 姓名，A. 性别 =B. 性别等。

第 18 行代码是核心 SQL 语句，其完整语句如下。

"UPDATE 员工档案 A,[Excel 12.0;Database=" & ThisWorkbook.FullName & ";]. [Sheet1$A1:K78] B SET A. 姓名 =B. 姓名 ,A. 性别 =B. 性别 ,A. 民族 =B. 民族 ,A. 部门 =B. 部门 ,A. 职务 =B. 职务 ,A. 电话 =B. 电话 ,A. 学历 =B. 学历 ,A. 出生日期 =B. 出生日期 ,A. 籍贯 =B. 籍贯 ,A. 简历 =B. 简历 WHERE A. 员工编号 =B. 员工编号 "

第 19 行代码使用 Execute 方法执行 SQL 语句，将 Excel 工作表数据更新到数据表。

UPDATE 语句无法返回修改记录的数量。无论表中是否有符合条件的记录，UPDATE 语句都会成功执行。

16.14 从 Excel 工作表向数据表添加新记录、更新旧记录

根据 Excel 工作表数据，向 Access 数据表插入新数据，更新已有数据，示例代码如下。

```
#001   Sub UpdateaddRecords()
#002       Dim cnADO As Object
#003       Dim rsADO As Object
#004       Dim strPath As String
#005       Dim strTable As String
#006       Dim strField As String
#007       Dim strSQL As String
#008       Dim strMsg As String
#009       Dim avntField As Variant
#010       Dim i As Integer
#011       Set cnADO = CreateObject("ADODB.Connection")
#012       Set rsADO = CreateObject("ADODB.Recordset")
#013       strPath = ThisWorkbook.Path & "\员工管理 .accdb"
#014       strTable = " 员工档案 "
#015       On Error GoTo ErrMsg
#016       cnADO.Open "Provider=Microsoft.Ace.OLEDB.12.0;" & _
               "Data Source=" & strPath
#017       strSQL = "SELECT B. 员工编号 FROM " & strTable & " A," _
               & "[Excel 12.0;Imex=0;Database=" & _
               ThisWorkbook.FullName & ";].[" & ActiveSheet.Name & "$" _
               & Range("A1").CurrentRegion.Address(0, 0) & "] B " _
               & "WHERE A. 员工编号 =B. 员工编号 "
#018       rsADO.Open strSQL, cnADO, 1, 3
#019       If rsADO.RecordCount > 0 Then
#020           avntField = Range("A1:K1")
#021           For i = 2 To UBound(avntField, 2)
#022               strField = strField & _
                       ",a." & avntField(1, i) & _
                       "=b." & avntField(1, i)
#023           Next i
#024           strSQL = "UPDATE " & strTable & " A," _
                   & "[Excel 12.0;Imex=0;Database=" & _
                   ThisWorkbook.FullName & ";].[" & ActiveSheet.Name & "$" _
                   & Range("A1").CurrentRegion.Address(0, 0) & "] B " _
                   & "SET " & Mid(strField, 2) _
                   & " WHERE A. 员工编号 =B. 员工编号 "
```

```
#025          cnADO.Execute strSQL
#026          strMsg = rsADO.RecordCount & "条记录已更新！"
#027     End If
#028     If Range("A1").CurrentRegion.Rows.Count - 1 _
             > rsADO.RecordCount Then
#029          strSQL = " SELECT A.* FROM [Excel 12.0;Database=" & _
                 ThisWorkbook.FullName & ";].[" & ActiveSheet.Name & "$" _
                 & Range("A1").CurrentRegion.Address(0, 0) & "] A " _
                 & "LEFT JOIN " & strTable & " B " _
                 & "ON A.员工编号 =B.员工编号 WHERE B.员工编号 IS NULL"
#030          Set rsADO = CreateObject("ADODB.Recordset")
#031          rsADO.Open strSQL, cnADO, 1, 3
#032          If rsADO.RecordCount > 0 Then
#033              strSQL = "INSERT INTO " & strTable & strSQL
#034              cnADO.Execute strSQL
#035              strMsg = strMsg & vbCrLf & rsADO.RecordCount _
                     & "条记录已添加到数据库！"
#036          End If
#037     End If
#038     MsgBox strMsg, vbInformation, "提示"
#039     rsADO.Close
#040     cnADO.Close
#041     Set rsADO = Nothing
#042     Set cnADO = Nothing
#043     Exit Sub
#044 ErrMsg:
#045     MsgBox Err.Description, , "错误报告"
#046 End Sub
```

❖ 代码解析

第 17 行代码是 SQL 语句，查询同时存在于 Access 数据表和 Excel 工作表的员工编号的记录。

第 18 行代码用 Recordset 的 Open 方法执行 SQL 语句。

第 19 行代码根据记录集中的记录数量 RecordCount 判断是否需要进行数据更新。

第 20 行代码将工作表中的字段名写入数组 avntField。

第 21~25 行代码生成并执行更新数据表的 SQL 语句。

第 28 行代码根据 Excel 工作表数据行数和记录集的记录数量作比较，判断 Excel 工作表是否存在新记录。

第 29 行代码是 SQL 语句，用于查询数据库不存在的而 Excel 工作表存在的记录。

第 34 行代码用 INSERT INTO 语句将 SELECT 查询到的结果一次性添加到数据表中。

16.15　在数据库中存储照片

16.3 节所创建的"员工档案"数据表，其最后一个字段是"照片"，为 OLE 对象类型，用于存储员工的照片。OLE 对象类型的字段与数字、文本等类型不同，无法通过 Excel 工作表添加或修改数据，只能将照片转换成二进制文件，再保存到 Access 数据库中。示例代码如下。

```
#001    Sub SavePic()
#002        Dim abytPic() As Byte
#003        Dim strPicPath As String
#004        Dim strPicName As String
#005        Dim strFldPath As String
#006        Dim strSQL As String
#007        Dim intFn As Integer
#008        Dim cnADO As Object
#009        Dim rsADO As Object
#010        Dim strPath As String
#011        Dim strTable As String
#012        Dim lngPicSum As Long
#013        Set cnADO = CreateObject("ADODB.Connection")
#014        Set rsADO = CreateObject("ADODB.Recordset")
#015        strPath = ThisWorkbook.Path & "\ 员工管理 .accdb"
#016        strTable = " 员工档案 "
#017        With Application.FileDialog(msoFileDialogFolderPicker)
#018            .AllowMultiSelect = False
#019            .Title = " 选择照片所在文件夹 "
#020            .InitialFileName = ThisWorkbook.Path & "\"
#021            .AllowMultiSelect = False
#022            .Show
#023            If .SelectedItems.Count = 0 Then Exit Sub
#024            strFldPath = .SelectedItems(1) & "\"
#025        End With
#026        On Error GoTo ErrMsg
#027        cnADO.Open "Provider=Microsoft.ACE.OLEDB.12.0;" _
                & "Data Source=" & strPath
#028        strSQL = "SELECT 员工编号 , 照片 FROM " & strTable _
                & " WHERE ISNULL ( 照片 )= TRUE"
#029        rsADO.Open strSQL, cnADO, 1, 3
#030        Do Until rsADO.EOF
#031            strPicName = rsADO(0)
#032            strPicPath = Dir(strFldPath & strPicName & ".*")
#033            If Len(strPicPath) <> 0 Then
#034                strPicPath = strFldPath & strPicPath
#035                intFn = FreeFile
#036                Open strPicPath For Binary As #intFn
#037                ReDim abytPic(LOF(intFn) - 1)
#038                Get #intFn, , abytPic
#039                Close #intFn
```

```
#040              rsADO("照片") = abytPic
#041              rsADO.Update
#042              lngPicSum = lngPicSum + 1
#043         End If
#044         rsADO.MoveNext
#045     Loop
#046     MsgBox "共有 " & lngPicSum & " 张照片存入数据库" & vbCr _
            & "还有 " & rsADO.RecordCount - lngPicSum _
            & " 人未提供照片", , "保存照片"
#047     rsADO.Close
#048     cnADO.Close
#049     Set rsADO = Nothing
#050     Set cnADO = Nothing
#051     Exit Sub
#052 ErrMsg:
#053     MsgBox Err.Description, , "错误报告"
#054 End Sub
```

❖ 代码解析

第 2 行代码声明 abytPic 变量为二进制数组，用于保存照片文件。

第 17~25 行代码调用 Excel 内置对话框选择存放照片的文件夹。

第 28 行代码构建查询 SQL 语句。其中,ISNULL 函数用于判断"照片"字段是否为 NULL 值。

第 29 行代码以键集类型游标和立即更新方式打开记录集。

第 30~45 行代码是 Do…Loop 循环语句，rsADO.EOF 表示游标移动到记录集末尾。

第 31 行代码获取员工编号，即照片文件名。

第 32 行代码使用 Dir 函数获取包括后缀的照片文件名。

第 36~39 行代码使用 Open 语句获取照片文件的二进制数组。

第 40 行代码将二进制数组保存在"照片"字段中。

第 41 行代码更新记录集。

第 42 行代码累加变量 lngPicSum，用于记录已保存的照片数量。

第 44 行代码使用 Recordset 对象的 MoveNext 方法将游标移至下一条记录。

第 46 行代码弹出消息框，显示已保存的照片数量和没有提供照片的记录数量。

SavePic 过程利用 ADODB.Recordset 对象打开"员工档案"数据表，并创建记录集。然后使用 Open 语句将指定文件夹下以员工编号命名的图片文件以二进制方式打开，并赋值给记录集中的"照片"字段。运行 SavePic 过程，结果如图 16.16 所示。

图 16.16　保存照片提示消息框

16.16　制作带照片的档案表

创建"员工档案"数据库后，可以从中提取相关信息制作 Excel 员工档案查询表。例如，按照图 16.17 所示，设置表格并在相应单元格输入固定信息。其中，灰色部分为 Image 控件，其 PictureSizeMode 属性设置为 1，使照片图片可以自动适应控件大小。在 G2 单元格输入员工编号，可以快速查询相关员工的档案信息。

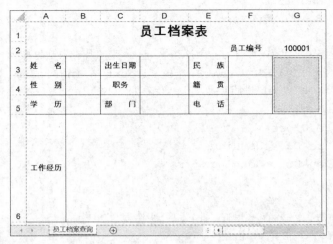

图 16.17　员工档案查询表模板

示例代码如下。

```
#001    Type mudtGUID
#002      lngData As Long
#003      intData1 As Integer
#004      intData2 As Integer
#005      abytData(7) As Byte
#006    End Type
#007    Private Declare Function CreateStreamOnHGlobal Lib "ole32.dll" _
            (ByRef hGlobal As Any, ByVal fDeleteOnResume As Long, _
            ByRef ppstr As Any) As Long
#008    Private Declare Function OleLoadPicture Lib "olepro32.dll" _
            (ByVal lpStream As IUnknown, ByVal lSize As Long, _
            ByVal fRunmode As Long, ByRef riid As mudtGUID, _
            ByRef lplpObj As Any) As Long
#009    Private Declare Function CLSIDFromString Lib "ole32.dll" _
            (ByVal lpsz As Long, ByRef pclsid As mudtGUID) As Long
#010    Private Const SIPICTURE As String = _
            "{7BF80980-BF32-101A-8BBB-00AA00300CAB}"
#011    Sub ReadRecordPic()
#012      Dim abytPic() As Byte
#013      Dim strSQL As String
#014      Dim cnADO As New ADODB.Connection
#015      Dim rsADO As New ADODB.Recordset
#016      Dim strPath As String
#017      Dim strTable As String
#018      strPath = ThisWorkbook.Path & "\员工管理 .accdb"
#019      strTable = " 员工档案 "
```

```
#020        On Error GoTo ErrMsg
#021        With Sheets(" 员工档案查询 ")
#022            cnADO.Open "Provider=Microsoft.ACE.OLEDB.12.0;" & _
                    "Data Source=" & strPath
#023            strSQL = "SELECT * FROM " & strTable & _
                    " WHERE 员工编号 =" & Val(.Range("g2"))
#024            rsADO.Open strSQL, cnADO, 1, 3
#025            If rsADO.EOF Then
#026                MsgBox .Range("g2") & " 员工编号不存在 ，请重新输入 ", _
                        , " 员工编号错误 "
#027            Else
#028                .Range("b3") = rsADO(" 姓名 ")
#029                .Range("d3") = rsADO(" 出生日期 ")
#030                .Range("f3") = rsADO(" 民族 ")
#031                .Range("b4") = rsADO(" 性别 ")
#032                .Range("d4") = rsADO(" 职务 ")
#033                .Range("f4") = rsADO(" 籍贯 ")
#034                .Range("b5") = rsADO(" 学历 ")
#035                .Range("d5") = rsADO(" 部门 ")
#036                .Range("f5") = rsADO(" 电话 ")
#037                .Range("b6") = rsADO(" 简历 ")
#038                If IsNull(rsADO(" 照片 ")) Then
#039                    .Image1.Visible = False
#040                    .Range("g3") = " 暂无照片 "
#041                Else
#042                    abytPic = rsADO(" 照片 ")
#043                    .Image1.Visible = True
#044                    .Image1.AutoSize = False
#045                    .Image1.PictureSizeMode = fmPictureSizeModeStretch
#046                    Set .Image1.Picture = ByteToPicture(abytPic)
#047                    .Range("g3") = ""
#048                End If
#049            End If
#050        End With
#051        Set rsADO = Nothing
#052        Set cnADO = Nothing
#053        Exit Sub
#054    ErrMsg:
#055        MsgBox Err.Description, , " 错误报告 "
#056    End Sub
#057    Private Function ByteToPicture(ByRef abytData() As Byte) _
                As IPicture
#058        On Error GoTo errorhandler
#059        Dim objStrm As IUnknown
```

16 章

```
#060        Dim avntGUID As mudtGUID
#061        If Not CreateStreamOnHGlobal( _
                abytData(LBound(abytData)), False, objStrm) Then
#062            CLSIDFromString StrPtr(SIPICTURE), avntGUID
#063            OleLoadPicture objStrm, _
                    UBound(abytData) - LBound(abytData) + 1, _
                    False, avntGUID, ByteToPicture
#064        End If
#065        Set objStrm = Nothing
#066        Exit Function
#067    errorhandler:
#068        Debug.Print "Could not convert to IPicture!"
#069    End Function
```

❖ 代码解析

第 1~6 行代码声明用户自定义数据类型。

第 28~37 行代码将数据库记录集中的数据填写到工作表相应的单元格中。

第 38~40 行代码判断记录集中的"照片"字段是否为 NULL 值，如果为 NULL，则隐藏 Image1 控件，并显示暂无照片的信息。

第 42 行代码读取照片的二进制数组。

第 43~45 行代码设置 Image1 控件的显示状态，使图片适应控件的大小。

第 46 行代码使用自定义函数 ByteToPicture 将二进制数组转换为 Picture 对象。

第 57~69 行代码是 ByteToPicture 自定义函数，该函数利用 API 将内存中的二进制数组转换为可以使 Image 控件接受的 Picture 对象。

ReadRecordPic 过程先通过 Recordset 对象读取数据库中的信息，并将字段内容输出到工作表相应单元格中，然后使用 API 编写的自定义函数 ByteToPicture 读取 Recordset 对象中包含图片信息的二进制数据，转换为 Picture 对象并显示在工作表的 Image1 控件中。

在 G2 单元格输入员工编号后，运行 ReadRecordPic 过程，结果如图 16.18 所示。

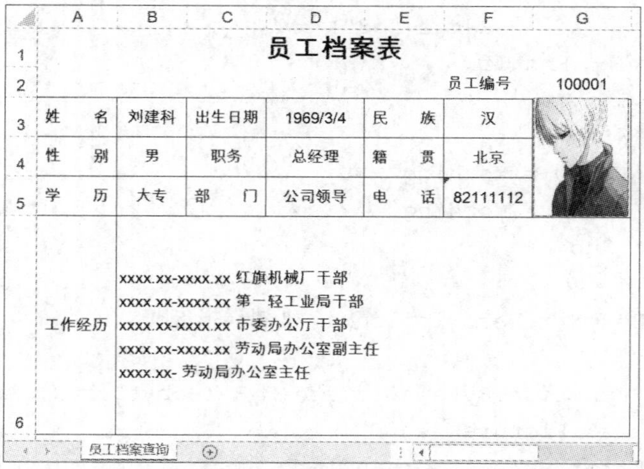

图 16.18　员工档案查询表

16.17　查询不重复的记录

使用 SQL 语句的 DISTINCT 关键字可以快速查询不重复的数据。图 16.19 所示的是一份名为"员工档案"的 Excel 工作表，包含了员工编号、姓名、部门、职务和籍贯共 5 个字段。

	A	B	C	D	E
1	员工编号	姓名	部门	职务	籍贯
2	100001	刘建科	公司领导	总经理	北京
3	100002	石斌齐	公司领导	副总经理	广东
4	100003	任斌	公司领导	副总经理	广西
5	100005	郭杰	公司领导	总工程师	广西
6	100006	王爱平	公司领导	工会主席	广西
7	100007	董小明	办公室	中层正职	广西
8	100008	朱丽娜	办公室	中层副职	广西
9	100009	马玲叶	办公室	中层副职	黑龙江
10	100010	准全民	办公室	科员	黑龙江
11	100011	赵烨	办公室	科员	湖北
12	100013	董斌	办公室	科员	湖南
13	100014	李杰	办公室	科员	江西
14	100015	穆震	办公室	科员	江西
15	100016	贺升全	办公室	科员	上海

图 16.19　员工档案表

查询字段"籍贯"的唯一值记录，示例代码如下。

```
#001  Sub DistinctRecord()
#002     Dim cnADO As Object
#003     Dim strSQL As String
#004     Set cnADO = CreateObject("ADODB.Connection")
#005     cnADO.Open "Provider=Microsoft.ACE.OLEDB.12.0;" _
             & "Extended Properties=Excel 12.0;" _
             & "Data Source=" & ThisWorkbook.FullName
#006     strSQL = "SELECT DISTINCT 籍贯 FROM [员工档案$]"
#007     Cells.ClearContents
#008     Range("A1") = "籍贯"
#009     Range("A2").CopyFromRecordset cnADO.Execute(strSQL)
#010     cnADO.Close
#011     Set cnADO = Nothing
#012  End Sub
```

❖ 代码解析

第 6 行代码是 SQL 查询语句。其中，DISTINCT 关键字指定去除重复数据的字段名，其语法格式如下。

SELECT DISTINCT column_name FROM table_name

FROM 子句指定数据源。Excel 常用数据源格式如表 16.11 所示。

表 16.11　Excel 数据源格式

格式	含义	说明
[ShN$]	数据源为整张工作表	ShN 为工作表的名称。工作表名称后面附加"$"。对于包含空格、$ 等符号的数据源，必须使用"[ ]"括起来
[ShN$C2:F100]	数据源为工作表的指定区域	ShN 为工作表的名称。C2：F100 为指定单元格区域
DATA	数据源为指定名称定义的区域	DATA 为定义的名称

第 9 行代码使用 Range 对象的 CopyFromRecordset 方法，将查询结果复制到当前工作表左上角为 A2 单元格的区域。

运行 DistinctRecord 过程，结果如图 16.20 所示。

图 16.20　单字段查询结果

观察图 16.20 的查询结果，不难发现数据排列顺序与数据源相比发生了明显改变。系统的运算过程是先对查询记录集进行升序排序，再删除重复记录，保留唯一值。

❖ 代码扩展

如果查询不重复记录的数据是多列，可以在 DISTINCT 关键字后指定多个字段，并使用半角逗号作为分隔符。例如，查询部门和籍贯两个字段的不重复组合，SQL 语句如下。

```
SELECT DISTINCT 部门，籍贯 FROM [ 员工档案 $]
```

查询结果如图 16.21 所示。

图 16.21　多字段查询结果

　　　　DISTINCT关键字可以处理的字符串最大长度为255个，当字符串长度超过255个时，只计算前255个字符，并在查询结果中舍弃超出长度的字符部分。

16.18　查询前 *n* 条最大值记录

使用 TOP 关键字结合 ORDERY BY 子句可以查询数据表前 *n* 名的最大值或最小值记录。

示例文件中有某校某次考试的成绩表，如图 16.22 所示，现需查询总分前 10 名学生的明细记录。

	A	B	C	D	E	F	G
1	学号	姓名	班级	语文	数学	英语	总分
2	096291	刘建科	1班	110	140	122	372
3	226210	石斌齐	2班	64	31	101	196
4	473278	任斌	2班	38	131	8	177
5	103321	郭杰	2班	115	129	128	372
6	458686	王爱平	2班	131	7	29	167
7	047531	董小明	2班	88	75	2	165
8	109173	朱丽娜	1班	17	41	20	78
9	281178	马玲叶	1班	70	25	126	221
10	231666	准全民	2班	107	30	46	183
11	529499	赵烨	2班	82	120	58	260
12	579881	董斌	3班	103	134	135	372
13	328710	李杰	3班	113	10	1	124
14	555819	穆震	3班	25	144	114	283
15	220989	贺升全	1班	111	94	109	314
16	107513	张护峰	1班	96	121	71	288
17	460405	赵忠文	3班	67	145	77	289

图 16.22　成绩表

示例代码如下。

```
#001  Sub TopRecords()
#002      Dim cnADO As Object
#003      Dim rsADO As Object
#004      Dim strSQL As String
#005      Dim i As Long
#006      Set cnADO = CreateObject("ADODB.Connection")
#007      Set rsADO = CreateObject("ADODB.Recordset")
#008      cnADO.Open "Provider=Microsoft.ACE.OLEDB.12.0;" _
              & "Extended Properties=Excel 12.0;" _
              & "Data Source=" & ThisWorkbook.FullName
#009      strSQL = "SELECT TOP 10 学号,姓名,班级,总分 FROM [成绩$] " _
              & "ORDER BY 总分 DESC"
#010      Set rsADO = cnADO.Execute(strSQL)
#011      Cells.ClearContents
#012      For i = 0 To rsADO.Fields.Count - 1
#013          Cells(1, i + 1) = rsADO.Fields(i).Name
#014      Next i
#015      Range("A2").CopyFromRecordset rsADO
#016      rsADO.Close
#017      cnADO.Close
#018      Set cnADO = Nothing
#019      Set rsADO = Nothing
#020  End Sub
```

❖ 代码解析

第 9 行代码是 SQL 语句，该语句先使用 ORDER BY 子句对成绩表的数据按“总分”字段降序排序，然后使用 TOP 关键字从中查询前 10 名的记录。

ORDER BY 子句可以按升序或降序排列的方式对指定字段查询的返回记录进行排序，其语法格式如下。

```
[ORDER BY field1 [ASC | DESC ][, field2 [ASC | DESC ]][, ...]]]
```

其中，关键字 ASC 是默认值，其值表示由小到大升序排序；与之相反，关键字 DESC 表示由大到小降序排序。

> **注意 →** 　　如果在ORDER BY子句中指定包含OLE对象数据的字段，将会出现错误。Microsoft Jet数据库引擎不能按该类型的字段排序。

TOP 关键字可以检索结果集中前 *n* 条或百分比的记录，其语法格式如下。

```
SELECT TOP number|percent column_name(s) FROM table_name
```

运行 TopRecords 过程，结果如图 16.23 所示。

	A	B	C	D
1	学号	姓名	班级	总分
2	359556	韩伟锋	1班	376
3	103321	郭杰	2班	372
4	579881	董斌	3班	372
5	096291	刘建科	1班	372
6	422955	王海生	3班	370
7	379615	肖战胜	1班	368
8	299784	肖西峰	1班	355
9	588998	宋党国	3班	350
10	042413	成博	2班	343
11	411614	雷换庆	1班	338

图 16.23　TopRecords 过程运行结果

❖ 代码扩展

在 ORDER BY 子句中，当排序的字段有多个时，应按照字段的排序优先顺序依次排列。与此同时，对于排序字段可以指定不同的排序规则。例如，查询总分前 10 名的学员记录，并将查询结果中的"班级"字段按降序排列，SQL 语句如下。

```
SELECT TOP 10 学号,姓名,班级,总分 FROM [成绩表$] ORDER BY 总分 DESC,班级 DESC
```

查询结果如图 16.24 所示。

	A	B	C	D
1	学号	姓名	班级	总分
2	359556	韩伟锋	1班	376
3	579881	董斌	3班	372
4	103321	郭杰	2班	372
5	096291	刘建科	1班	372
6	422955	王海生	3班	370
7	379615	肖战胜	1班	368
8	299784	肖西峰	1班	355
9	588998	宋党国	3班	350
10	042413	成博	2班	343
11	411614	雷换庆	1班	338

图 16.24　多字段排序查询结果

16.19　分组聚合查询

16.19.1　聚合函数

在数据分析与处理过程中，经常需要对一组数据进行计算，求其最大值、最小值、平均值、总和及统计数量等，这些操作统称为聚合分析。而用来实现聚合分析的函数称为聚合函数。

在 SQL 语句中，常用的聚合函数有 SUM（总和）、MAX（最大值）、MIN（最小值）、AVG（平均值）及 COUNT（计数）等。

以图 16.22 所示的成绩表为例，计算"班级"字段为 1 班的总分和人数，示例代码如下。

```
#001  Sub AggregationData()
#002      Dim cnADO As Object
#003      Dim strSQL As String
#004      Set cnADO = CreateObject("ADODB.Connection")
#005      cnADO.Open "Provider=Microsoft.ACE.OLEDB.12.0;" _
              & "Extended Properties=Excel 12.0;" _
              & "Data Source=" & ThisWorkbook.FullName
#006      strSQL = "SELECT SUM(总分) ,COUNT(姓名)  FROM [成绩$] " _
              & "WHERE 班级 ='1 班'"
#007      Cells.ClearContents
#008      Range("A1:B1") = Array("1 班总分", "人数")
#009      Range("A2").CopyFromRecordset cnADO.Execute(strSQL)
#010      cnADO.Close
#011      Set cnADO = Nothing
#012  End Sub
```

❖ 代码解析

第 6 行代码是 SQL 语句，该语句先使用 WHERE 子句从成绩表中筛选出"班级"为 1 班的记录，然后使用聚合函数对"总分"字段求和、对"姓名"字段计数。

WHERE 子句可以提取满足指定标准的记录，其语法格式如下。

```
SELECT column_name FROM table_name WHERE column_name operator value
```

"WHERE 班级 ='1 班'"也就是查询班级等于 1 班的记录。

运行 AggregationData 过程结果如图 16.25 所示。

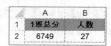

图 16.25　AggregationData 过程运行结果

16.19.2　分组聚合

计算各班级的成绩总分及考试人数，示例代码如下。

```
#001  Sub AggregationGroupData()
#002      Dim cnADO As Object
#003      Dim strSQL As String
#004      Dim rsADO As Object
#005      Dim i As Long
#006      Set cnADO = CreateObject("ADODB.Connection")
#007      Set rsADO = CreateObject("ADODB.Connection")
#008      cnADO.Open "Provider=Microsoft.ACE.OLEDB.12.0;" _
              & "Extended Properties=Excel 12.0;" _
```

```
                   & "Data Source=" & ThisWorkbook.FullName
#009         strSQL = "SELECT 班级 ,SUM( 总分 ) AS 总分 ,COUNT( 姓名 ) AS 人数 " _
                   & "FROM [ 成绩 $] GROUP BY 班级 "
#010         Set rsADO = cnADO.Execute(strSQL)
#011         Cells.ClearContents
#012         For i = 0 To rsADO.Fields.Count - 1
#013           Cells(1, i + 1) = rsADO.Fields(i).Name
#014         Next i
#015         Range("A2").CopyFromRecordset rsADO
#016         rsADO.Close
#017         cnADO.Close
#018         Set cnADO = Nothing
#019         Set rsADO = Nothing
#020   End Sub
```

❖ 代码解析

第 9 行代码是 SQL 语句，该语句先使用 GROUP BY 子句按"班级"字段进行分组，然后使用聚合函数对指定字段进行聚合运算，也就是计算各班级的成绩总分和考试人数。

GROUP BY 子句可以根据指定字段对查询结果进行分组统计，通常和聚合函数一起使用。GROUP BY 子句要求 SELECT 子句中的字段名，要么包含在聚合函数中，要么包含在 GROUP BY 子句中，否则程序运行时会出现如图 16.26 所示的错误提示信息。

图 16.26　错误提示信息

运行 AggregationGroupData 过程，结果如图 16.27 所示。

	A	B	C
1	班级	总分	人数
2	1班	6749	27
3	2班	4108	19
4	3班	5840	24

图 16.27　AggregationGroupData 过程运行结果

❖ 代码扩展

HAVING 子句可以对 GROUP BY 子句的分组结果进行条件查询，例如，查询考试人数大于 20 人的班级名称、成绩总分、考试人数，SQL 语句如下。

```
SELECT 班级 ,SUM( 总分 ) AS 总分 ,COUNT( 姓名 ) AS 人数  FROM [ 成绩 $] GROUP BY
班级  HAVING COUNT( 姓名 )>20
```

注意　　由于HAVING子句的运算顺序先于SELECT子句，所以HAVING子句不能使用SE-LECT子句中指定的字段别名。

16.20　从字段不完全相同的多个工作簿提取数据

图 16.28 所示为某公司办公室和工程部的工资表，共有 3 张工作表，分别位于两个工作簿中。每张工作表包含"部门""姓名"性别""基础工资""岗位工资""午餐费"和"野外补贴"7 个字段，但有些表并没有"基础工资"或"野外补贴"字段。现需将 3 个工作表的数据汇总成一张汇总表。

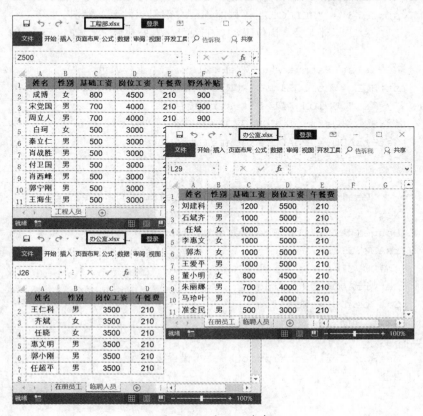

图 16.28　部门工资表

示例代码如下。

```
#001    Sub MultipleWorkbook()
#002        Dim cnADO As Object
#003        Dim rsADO As Object
#004        Dim strSQL1 As String
#005        Dim strSQL2 As String
#006        Dim strSQL3 As String
#007        Dim strSQL As String
#008        Dim strPath As String
#009        Dim i As Integer
#010        On Error GoTo ErrMsg
#011        Set cnADO = CreateObject("ADODB.Connection")
#012        Set rsADO = CreateObject("ADODB.Recordset")
#013        strPath = ThisWorkbook.Path & "\ 工资表 \"
#014        cnADO.Open "Provider=Microsoft.Ace.OLEDB.12.0;" _
```

```
                          & "Extended Properties=Excel 12.0;" _
                          & "Data Source=" & strPath & " 办公室 .xlsx"
#015      strSQL1 = "SELECT ' 办公室 ' AS 部门 ，姓名 ，性别 ，" _
                   & " 基础工资 ，岗位工资 ，午餐费 ,0 AS 野外补贴 FROM [ 在册员工 $]"
#016      strSQL2 = "SELECT ' 办公室 ' AS 部门 ，姓名 ，性别 ，" _
                   & "0 AS 基础工资 ，岗位工资 ，午餐费 ,0 AS 野外补贴 FROM [ 临聘人员 $]"
#017      strSQL3 = "SELECT ' 工程部 ' AS 部门 ，姓名 ，性别 ，" _
                   & " 基础工资 ，岗位工资 ，午餐费 ，野外补贴 " _
                   & "FROM [Excel 12.0;Database=" _
                   & strPath & "\ 工程部 .xlsx;].[ 工程人员 $]"
#018      strSQL = strSQL1 & " UNION ALL " & strSQL2 _
                   & " UNION ALL " & strSQL3
#019      strSQL = strSQL & " ORDER BY 部门 "
#020      Set rsADO = cnADO.Execute(strSQL)
#021      Cells.ClearContents
#022      For i = 0 To rsADO.Fields.Count - 1
#023          Cells(1, i + 1) = rsADO.Fields(i).Name
#024      Next i
#025      Range("A2").CopyFromRecordset rsADO
#026      rsADO.Close
#027      cnADO.Close
#028      Set rsADO = Nothing
#029      Set cnADO = Nothing
#030      Exit Sub
#031   ErrMsg:
#032      MsgBox Err.Description, , " 错误报告 "
#033   End Sub
```

❖ 代码解析

第 15~17 行代码分别列出 3 个表在 SQL 语句中的字符串表达式。设置字段名"办公室""工程部"的别名为"部门"。对相关表中没有的工资项目用"0 AS 字段名"代替，如"0 AS 野外补贴"。

第 18 行代码中使用 UNION 关键字把 3 个 SELECT 子查询连接起来形成 SQL 联合查询语句。其中，UNION 关键字创建联合查询，该查询将两个或两个以上的独立查询或表的结果组合在一起，其语法格式如下。

```
[TABLE] query1 UNION [ALL] [TABLE] query2 [UNION [ALL] [TABLE] queryn
[ ... ]]
```

query1~queryn 可以是一个 SELECT 语句、存储查询的名称或在 TABLE 关键字后面的存储表的名称。在单个 UNION 操作中可以用任何组合方式合并两个或两个以上的查询、表和 SELECT 语句的结果。

默认情况下，使用 UNION 操作时会删除重复的记录，此时可以使用 ALL 关键字确保返回所有记录。由于是返回所有记录，未执行删除重复的操作，所以 UNION ALL 语句查询的效率高于 UNION 语句。

在 UNION 操作中的所有查询必须具有相同数量的字段，但这些字段不必都具有相同的大小或数据类型。另外，只需在第一个 SELECT 语句中使用别名，在其他语句中的别名将被忽略。如果存在 ORDER BY 子句，则应根据第一个 SELECT 语句中使用的字段名来引用该字段。

在每个 query 参数中都可以使用 WHERE、GROUP BY 或 HAVING 子句，对返回的数据进行分组。

第 19 行代码使用 ORDER BY 字句将全部结果按"部门"排序。

第 22~24 行代码使用循环语句将字段名称显示工作表的第 1 行。

第 25 行代码使用 Range 对象的 CopyFromRecordset 方法将记录集数据复制到工作表中。

运行 MultipleWorkbook 过程，部分结果如图 16.29 所示。

	A	B	C	D	E	F	G
1	部门	姓名	性别	岗位工资	午餐费	基础工资	野外补贴
2	办公室	任斌	女	5000	210	1000	0
3	办公室	王仁科	男	3500	210	0	0
4	办公室	准全民	男	3000	210	500	0
5	办公室	马玲叶	男	4000	210	700	0
6	办公室	朱丽娜	男	4000	210	700	0
7	办公室	董小明	女	4500	210	800	0
8	办公室	王爱平	男	3000	210	1000	0
9	办公室	郭米良	男	3000	210	500	0
10	办公室	李惠文	女	5000	210	1000	0
11	办公室	董斌	男	3000	210	500	0
12	办公室	石斌齐	男	5000	210	1000	0
13	办公室	刘建科	男	5500	210	1200	0
14	办公室	任超平	男	3500	210	0	0

图 16.29　多个工作表联合查询结果

❖ 代码扩展

如果不知道有多少个工作簿，多少个工作表需要联合查询，也不知道有多少个不重复字段名，可以先使用 Dir 函数查出文件名，再使用 OpenSchema 方法或 ADOX 取得工作表名，使用 InStr 函数或字典对象取得不重复字段名，最后构建并执行 SQL 语句。具体方法及代码请参阅本示例文件中的 MultipleWorkbook_1、MultipleWorkbook_2 过程。

16.21　使用内、外连接实现字段配对

ADOLeftJoin 过程使用左外连接语句匹配"员工管理 .accdb"数据库文件的"员工档案"表和另一个数据库文件"奖金 .accdb"中的"奖金名单"表的数据，通过"员工编号"字段把两个表连接起来，以获取符合条件的查询记录。示例代码如下。

```
#001    Sub ADOLeftJoin()
#002        Dim objCN As Object
#003        Dim objRS As Object
#004        Dim strPath As String
#005        Dim strSQL As String
#006        Dim i As Long
#007        On Error GoTo ErrMsg
#008        Set objCN = CreateObject("ADODB.Connection")
#009        Set objRS = CreateObject("ADODB.Recordset")
#010        strPath = ThisWorkbook.Path & "\ 员工管理 .accdb"
#011        objCN.Open "Provider=Microsoft.ACE.OLEDB.12.0;" _
                & "Data Source=" & strPath
#012        strSQL = "SELECT a.员工编号 , a.姓名 AS 姓名A, a.性别 , " _
                & "b.姓名 AS 姓名B,b.奖金额 From " _
```

```
                              & " 员工档案 AS a LEFT JOIN [MS Access;Pwd=;Database=" _
                              & ThisWorkbook.Path & "\ 奖金 .accdb;]. 奖金名单 AS b " _
                              & "ON a. 员工编号 = b. 员工编号 "
#013          objRS.Open strSQL, objCN, 1, 3
#014          For i = 1 To objRS.Fields.Count
#015              Cells(1, i) = objRS.Fields(i - 1).Name
#016          Next
#017          Range("a2").CopyFromRecordset objRS
#018          objRS.Close
#019          objCN.Close
#020          Set objRS = Nothing
#021          Set objCN = Nothing
#022          Exit Sub
#023      ErrMsg:
#024          MsgBox Err.Description, , " 错误报告 "
#025      End Sub
```

❖ 代码解析

第 12 行代码的 SQL 语句中使用了 LEFT JOIN 左外连接语句，"ON a. 员工编号 = b. 员工编号"语句确定了两个表之间匹配的字段。

LEFT OUTER JOIN（左外连接）语句和 RIGHT OUTER JOIN（右外连接）语句中的"左"和"右"分别对应 OUTER JOIN 语句的左侧和右侧的"表"（SELECT 子句可视为虚拟表），其中 OUTER 关键字是可以省略的。本例中左表为"员工档案"，右表为"奖金名单"。

查询返回的结果取决于关键字"LEFT"或"RIGHT"。如果关键字是"LEFT"，则表示以显示左表数据为主，如图 16.30 所示，查询的结果包括了没有存在于"奖金名单"表的员工信息，反之则以右表数据为主。

	B	C	D	E
1	姓名A	性别	姓名B	奖金额
2	刘建科	男	刘建科	10000
3	石斌齐	男	石斌齐	80000
4	任斌	女		
5	李惠文	女		
6	郭杰	女		
7	王爱平	男	王爱平	80000
8	董小明	女	董小明	5000
9	朱丽娜	男	朱丽娜	4000
10	马玲叶	男	马玲叶	4000
11	准全民	男	准全民	3000
12	赵烨	男	赵烨	3000

图 16.30　LEFT JOIN 查询结果

将第 12 行代码中的"LEFT JOIN"修改为"RIGHT JOIN"后，返回的结果如图 16.31 所示。该结果以右表为主，显示"奖金名单"中所有行对应的员工资料。如果"奖金名单"中的某行"员工编号"不在"员工档案"表中，则该行只显示"姓名 B"和"奖金额"的信息，而不显示员工信息。

员工编号	姓名A	性别	姓名B	奖金额
100001	刘建科	男	刘建科	10000
100002	石斌齐	男	石斌齐	80000
100006	王爱平	男	王爱平	80000
100007	董小明	女	董小明	5000
100008	朱丽娜	男	朱丽娜	4000
100009	马玲叶	男	马玲叶	4000
100010	准全民	男	准全民	3000
			赵烨	3000
			郭米良	3000
			董斌	3000
100014	李杰	男	李杰	3000
100015	穆震	女	穆震	3000

图 16.31　RIGHT JOIN 查询结果

"INNER JOIN"（内连接）语句则没有左右之分。将第 12 行代码中的 "LEFT JOIN" 修改为 "INNER JOIN" 后，返回的结果只显示两个表中匹配成立的数据，剔除了不符合条件的数据，如图 16.32 所示。

员工编号	姓名A	性别	姓名B	奖金额
100001	刘建科	男	刘建科	10000
100002	石斌齐	男	石斌齐	80000
100006	王爱平	男	王爱平	80000
100007	董小明	女	董小明	5000
100008	朱丽娜	男	朱丽娜	4000
100009	马玲叶	男	马玲叶	4000
100010	准全民	男	准全民	3000
100014	李杰	男	李杰	3000
100015	穆震	女	穆震	3000

图 16.32　INNER JOIN 查询结果

16.22　比较两表提取相同项和不同项

使用 ADO 可以方便快捷地查询两个工作表中指定列完全相同的记录或者某个工作表独有的记录。

以图 16.33 所示的数据为例，以"员工编号"字段为区分标志，将两个工作表都存在的记录、只存在于单个工作表中的记录输出到名为"Sheet3"的工作表中。

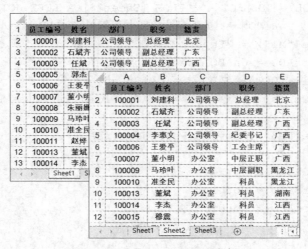

图 16.33　待对比的两张工作表

示例代码如下。

```
#001    Sub SameTitemsDifferenTitems()
#002        Dim cnADO As Object
#003        Dim rsADO As Object
#004        Dim strSQL As String
#005        Dim i As Integer
#006        Dim strPath As String
#007        On Error GoTo ErrMsg
#008        Set cnADO = CreateObject("ADODB.Connection")
#009        strPath = ThisWorkbook.FullName
#010        cnADO.Open "Provider=Microsoft.Ace.OLEDB.12.0;" _
                & "Extended Properties=Excel 12.0;" _
                & "Data Source=" & strPath
#011        strSQL = "SELECT A.* FROM [Sheet1$] A,[Sheet2$] B " _
                & "WHERE A.员工编号 =B.员工编号 "
#012        Set rsADO = cnADO.Execute(strSQL)
#013        Cells.ClearContents
#014        Range("A1") = " 两表相同项 "
#015        For i = 0 To rsADO.Fields.Count - 1
#016            Cells(2, i + 1) = rsADO.Fields(i).Name
#017        Next i
#018        Range("A3").CopyFromRecordset rsADO
#019        strSQL = "SELECT A.* FROM [Sheet1$] A LEFT JOIN [Sheet2$] B " _
                & "ON A.员工编号 =B.员工编号 WHERE B.员工编号 IS NULL"
#020        Range("G1") = "Sheet1 独有项 "
#021        Set rsADO = cnADO.Execute(strSQL)
#022        For i = 0 To rsADO.Fields.Count - 1
#023            Cells(2, i + 7) = rsADO.Fields(i).Name
#024        Next i
#025        Range("G3").CopyFromRecordset rsADO
#026        strSQL = "SELECT A.* FROM [Sheet2$] A LEFT JOIN [Sheet1$] B " _
                & "ON A.员工编号 =B.员工编号 WHERE B.员工编号 IS NULL"
#027        Range("M1") = "Sheet2 独有项 "
#028        Set rsADO = cnADO.Execute(strSQL)
#029        For i = 0 To rsADO.Fields.Count - 1
#030            Cells(2, i + 13) = rsADO.Fields(i).Name
#031        Next i
#032        Range("M3").CopyFromRecordset rsADO
#033        rsADO.Close
#034        cnADO.Close
#035        Set rsADO = Nothing
#036        Set cnADO = Nothing
#037        Exit Sub
#038    ErrMsg:
#039        MsgBox Err.Description, , "错误报告 "
```

```
#040    End Sub
```

❖ 代码解析

第 11 行代码中 SQL 语句用于取得两表共有记录，以"员工编号"字段为区分标志。

> **注意**　如果某个字段存在于多个表中，那么必须声明该字段的从属表，否则可省略从属表。如果关联条件设置不当，将会产生笛卡儿积。

第 19 行代码中 SQL 语句使用左外连接子句进行多表查询，用于取得"Sheet1"表独有的记录。

第 26 行代码中 SQL 语句用于取得"Sheet2"表独有的记录。

运行 SameTitemsDifferenTitems 过程，结果如图 16.34 所示。

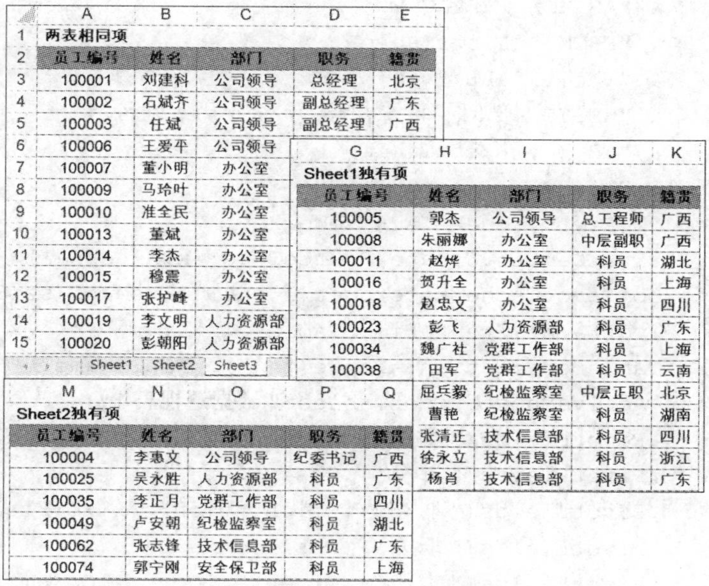

图 16.34　比较两表提取相同项和不同项结果

❖ 代码扩展

本示例也可以用 IN、EXISTS、NOT IN 或 NOT EXISTS 等 SQL 语句实现，完整过程代码请参阅示例文件中的 SameTitemsDifferenTitems_1 和 SameTitemsDifferenTitems_2 等过程。

16.23　使用 SQL 查询创建数据透视表

使用数据透视表可以很方便地汇总分析数据。CreatePivotTable 过程演示以 SQL 查询结果作为数据源创建数据透视表。示例代码如下。

```
#001    Sub CreatePivotTable()
#002        Dim cnADO As Object
#003        Dim strPath As String
#004        Dim strTable As String
#005        Dim strSQL As String
```

```
#006        Dim objPivotCache As PivotCache
#007        Dim i As Long
#008        Set cnADO = CreateObject("ADODB.Connection")
#009        strPath = ThisWorkbook.Path & "\ 员工管理 .accdb"
#010        strTable = " 员工档案 "
#011        On Error GoTo ErrMsg
#012        Application.ScreenUpdating = False
#013        cnADO.Open "Provider=Microsoft.ACE.OLEDB.12.0;" & _
                "Data Source=" & strPath
#014        strSQL = "SELECT 部门 , 职务 ,' 年龄段 ' AS 大类 ," _
                & "Partition(DATEDIFF('YYYY', 出生日期 ,DATE()),20,59,10) " _
                & "AS 细分 , 姓名 " _
                & "FROM " & strTable _
                & " Union ALL " _
                & "SELECT 部门 , 职务 ,' 学历 ', 学历 , 姓名 " _
                & "FROM " & strTable
#015        Cells.Clear
#016        Set objPivotCache = ActiveWorkbook. _
                PivotCaches.Create(SourceType:=xlExternal)
#017        Set objPivotCache.Recordset = cnADO.Execute(strSQL)
#018        objPivotCache.CreatePivotTable _
                TableDestination:=Range("A3"), TableName:=" 数据透视表 1"
#019        With ActiveSheet.PivotTables(" 数据透视表 1")
#020            .PivotFields(" 部门 ").Orientation = xlRowField
#021            .PivotFields(" 部门 ").Position = 1
#022            .PivotFields(" 职务 ").Orientation = xlRowField
#023            .PivotFields(" 职务 ").Position = 2
#024            .PivotFields(" 大类 ").Orientation = xlColumnField
#025            .PivotFields(" 大类 ").Position = 1
#026            .PivotFields(" 细分 ").Orientation = xlColumnField
#027            .PivotFields(" 细分 ").Position = 2
#028            .AddDataField ActiveSheet.PivotTables(" 数据透视表 1").
                    PivotFields(" 姓名 "), " 员工人数 ", xlCount
#029            .RowAxisLayout xlTabularRow
#030            .MergeLabels = True
#031        End With
#032        Range("A1").CurrentRegion.EntireColumn.AutoFit
#033        Set objPivotCache = Nothing
#034        cnADO.Close
#035        Set cnADO = Nothing
#036        Application.ScreenUpdating = True
#037        Exit Sub
#038    ErrMsg:
#039        MsgBox Err.Description, , " 错误报告 "
```

#040　End Sub

❖ 代码解析

第 14 行代码是由两个 SELECT 子句组成的 SQL 语句，第 1 个子句查询员工档案中的"部门""职务""年龄段"和"姓名"字段的记录，第 2 个子句查询"部门""职务""学历"和"姓名"字段的记录。SQL 语句生成的虚拟表如图 16.35 所示。

	A	B	C	D	E
1	部门	职务	大类	细分	姓名
2	办公室	科员	年龄段	:19	准全民
3	办公室	科员	年龄段	20:29	李杰
4	办公室	科员	年龄段	20:29	穆震
5	办公室	科员	年龄段	20:29	贺升全
6	办公室	科员	年龄段	20:29	张护峰
37	人力资源部	中层副职	学历	本科	王乃平
38	人力资源部	科员	学历	大专	魏虎子
39	人力资源部	科员	学历	本科	彭飞
40	人力资源部	科员	学历	大专	郭雪亚
41	人力资源部	科员	学历	本科	吴永胜
42	人力资源部	科员	学历	本科	梁增斌
43	人力资源部	科员	学历	本科	肖新民
44	人力资源部	科员	学历	本科	沈恒星

图 16.35　虚拟表数据

第 16 行代码建立数据透视表缓存对象。使用缓存数据集的 Create 方法可以添加缓存数据，其语法格式如下。

```
ActiveWorkbook.PivotCaches.Create(SourceType,SourceData,Version)
```

其中，ActiveWorkbook.PivotCaches 表示当前工作簿中的数据透视表缓存集合。

参数 SourceType 表示数据来源的类型，其值可以为 xlConsolidation（多重合并计算数据区域）、xlDatabase（Microsoft Excel 列表或数据库）或 xlExternal（其他应用程序中的数据）。示例文件采用 SQL 查询结果，所以取值为 xlExternal。

参数 SourceData 表示缓存数据源，该值可以是工作表数据区域（SourceType 为 xlConsolidation 或 xlDatabase 时）或 Excel 工作簿连接对象（SourceType 为 xlExternal 时）。

参数 Version 为数据透视表的版本，通常以当前工作簿的版本为默认值。一般不需要对此参数进行设定，省略即可。

第 17 行代码将数据透视表缓存的 Recordset 属性设定为 SQL 查询结果。

第 18 行代码使用 CreatePivotTable 方法在 A3 单元格创建名称为"数据透视表 1"的数据透视表。

第 19~31 行代码创建数据透视表。

在 Excel 中创建数据透视表时，系统将首先创建数据透视表缓存，该缓存记录数据源中的所有信息。CreatePivotTable 过程中数据透视表缓存数据来源是 SQL 查询记录集。

运行 CreatePivotTable 过程，创建的数据透视表如图 16.36 所示。

16 章

员工人数		大类	细分												
					年龄段			年龄段 汇总				学历			学历 汇总	总计
部门	职务	:19	20:29	30:39	40:49	50:59			本科	博士	初中	大专	高中	硕士		
	科员	1	4	1				6	3			3			6	12
办公室	中层副职	2						2	2						2	4
	中层正职	1						1				1			1	2
办公室 汇总		4	4	1				9	5			4			9	18
	副总经理				2			2	2						2	4
	工会主席				1			1						1	1	2
公司领导	纪委书记		1					1				1			1	2
	总工程师			1				1		1					1	2
	总经理			1				1					1		1	2
公司领导 汇总			1	2	3			6	3	1		1	1	1	6	12
	科员	1	7					9			3	1	5		9	18
技术信息部	中层副职	2						2	2						2	4
	中层正职			1				1				1			1	2
技术信息部 汇总		3	7	2				12	3		3	1	5		12	24
	科员		8	1				9	6			3			9	18
人力资源部	中层副职	2						2	2						2	4
	中层正职	1						1					1		1	2
人力资源部 汇总			11					12	8			3	1		12	24
总计		7	23	4	2	3		39	19	1	3	9	6	1	39	78

图 16.36　使用 SQL 查询创建透视表结果

16.24　查询文本文件中的数据

文本文件是以文本格式（ASCII 码）存储的文件，经常被用作系统或者用户之间数据交换的载体。根据文本文件中数据格式的不同，使用 ADO 访问文本文件的方法也有所差别。

16.24.1　查询"标准格式"文本文件

"标准格式"文本文件是指使用逗号作为数据分隔符的文本文件，如图 16.37 所示。该文本文件中保存了某公司部分员工的信息。

图 16.37　文本文件"部分员工资料 .txt"的内容

现需将该文本文件的内容导入 Excel 工作表，示例代码如下。

```
#001  Sub ADOForTxt ()
#002      Dim cnADO As Object
#003      Dim rsADO As Object
#004      Dim strSQL As String
#005      Dim i As Integer
#006      On Error GoTo ErrMsg
```

```
#007        Set cnADO = CreateObject("ADODB.Connection")
#008        Set rsADO = CreateObject("ADODB.Recordset")
#009        cnADO.Open "Provider=Microsoft.ACE.OLEDB.12.0;" _
                & "Extended Properties='text;HDR=Yes;FMT=Delimited';" _
                & "Data Source = " & ThisWorkbook.Path
#010        strSQL = "SELECT * FROM 部分员工资料.txt"
#011        Columns("A:D").ClearContents
#012        rsADO.Open strSQL, cnADO, 1, 3
#013        For i = 0 To rsADO.Fields.Count - 1
#014            Cells(1, i + 1) = rsADO.Fields(i).Name
#015        Next i
#016        Range("A2").CopyFromRecordset rsADO
#017        rsADO.Close
#018        cnADO.Close
#019        Set rsADO = Nothing
#020        Set cnADO = Nothing
#021        Exit Sub
#022    ErrMsg:
#023        MsgBox Err.Description, , "错误报告"
#024    End Sub
```

❖ 代码解析

第 9 行代码使用 Connection 对象的 Open 方法打开连接。连接字符串中的 "Provider=" 项指定数据提供者为 Microsoft Jet 数据库。"HDR=Yes"（默认设置，可省略）表示文本文件的第 1 行为字段名称，如果使用 "HDR=No"，则表示第 1 行为数据记录，此时字段的名称为 f1, f2, …fn，其中 n 为字段顺序号。"FMT=Delimited" 表示使用分隔符对字段进行分隔，默认情况下，ADO 假定文本文件使用逗号作为数据分隔符。"Data Source=" 指定要查询的数据源，当数据源是文本文件时，该项为文本文件的路径。

第 10 行代码中 SELECT 语句指定要查询的字段，FROM 子句后为文本文件的名称。

运行 ADOForTxt 过程，结果如图 16.38 所示。

	A	B	C	D
1	员工编号	姓名	性别	出生日期
2	100001	刘建科	男	1969/3/4
3	100002	石斌齐	男	1968/10/14
4	100003	任斌	女	1968/8/16
5	100004	李惠文	女	1998/5/11
6	100005	郭杰	女	1976/1/25
7	100006	王爱平	男	1967/1/3
8	100007	董小明	女	1999/11/8
9	100008	朱丽娜	男	1999/10/28
10	100009	马玲叶	男	1999/6/3
11	100010	准全民	男	1999/4/26
12	100011	赵烨	男	1999/3/25

图 16.38　ADOForTxt 过程运行结果

16.24.2　查询"非标准格式"文本文件

"非标准格式"文本文件是指使用除逗号以外的字符作为数据分隔符，或各字段为定长文本的文本文件。使用 ADO 查询"非标准格式"文本文件进行数据处理有两种方法，一种方法是先按照"标准格式"文本文件进行查询，然后将查询结果使用 Split 函数进行拆分。另一种方法是创建并使用文本规范文件

（Schema.ini）。本示例使用第 2 种方法。

打开 Windows 资源管理器，在文本文件所在文件夹中创建 Schema.ini 文件，其内容如下。

```
[ 部分员工资料 .txt]
FORMAT=Delimited( )
```

> **注意** ━■━■━→ Schema.ini文件是Microsoft.ACE.OLEDB.12.0数据库引擎指定文件名。

Schema.ini 文件的第 1 行指定文本文件的名称，第 2 行代码用来指定数据格式，注意括号中的空格不能省略，因为"部分员工资料 .txt"使用的数据分隔符为空格。表 16.12 列出了数据格式的类型。

表 16.12　Schema.ini 文件的 FORMAT 格式

Schema.ini 格式	格式描述
CSVDelimited	文件中的字段用逗号分隔
TabDelimited	文件中的字段用制表符分隔
Delimited(自定义分隔符)	文件中的字段可以用任何字符分隔，但是双引号除外
FixedLength	文件中的字段为固定长度

创建 Schema.ini 文件后，运行 ADOForTxtWithDelimited 过程即可以得到图 16.38 所示的结果。

另一种比较常见的文本文件是固定长度字段的文本文件。例如，"部分员工资料 B.txt"文件，其内容如图 16.39 所示。

图 16.39　"部分员工资料 B.txt"的内容

为该文本创建 Schema.ini 文件，其内容如下。

```
[ 部分员工资料 B.txt]
COLNAMEHEADER = False
Format = FixedLength
COL1=" 员工编号 " long Width 6
COL2=" 姓名 " Text Width 6
COL3=" 性别 " Text Width 2
COL4=" 出生日期 " DateTime Width 10
```

在 Schema.ini 文件中，"COLNAMEHEADER=False"表示文本文件的第 1 行为数据，如果设置为 True 则表示第 1 行为字段名称，该设置和连接字符串中的"HDR="功能相同。

　　如果在ADODB.Connection对象的连接字符串和Schema.ini文件中存在相互矛盾的设置，例如，分别使用了"HDR=Yes"和"COLNAMEHEADER=False"，那么在执行ADO查询时，将优先使用Schema.ini文件中的设置。

"FORMAT=FixedLength"表示文本文件的字段为固定长度。

"COLn="对各字段进行定义，其语法格式如下。

```
Coln=ColumnName type [Width #]
```

其中，参数 ColumnName 表示字段名称，如果字段名称中包含空格，则需要使用引号将字段名称引起来，否则可以省略引号。

参数 type 表示字段的数据类型，不同数据提供者的 type 定义方式稍有差别，表 16.13 列出了 Microsoft Jet 数据库常用的数据类型。

表 16.13　Schema.ini 文件中的 Jet 连接字段类型

类型	说明
Short	整型
Long	长整型
Currency	货币型
Single	单精度型
Double	双精度型
DateTime	日期时间型
Text	文本型

参数 Width # 表示字段的长度，如果"FORMAT="设置为按字符分隔，则为可选项。如果"FORMAT="设置为 FixedLength，则为必选项。在计算字段的长度时，一个英文字符被视为一个字符，而一个汉字字符则应视为两个字符。

示例代码如下。

```
#001   Sub ADOForTxtWithFixed()
#002       Dim cnADO As Object
#003       Dim strSQL As String
#004       On Error GoTo ErrMsg
#005       Set cnADO = CreateObject("ADODB.Connection")
#006       cnADO.Open "Provider=Microsoft.ACE.OLEDB.12.0;" _
               & "Extended Properties='text;HDR=No;FMT=Fixed';" _
               & "Data Source=" & ThisWorkbook.Path
#007       strSQL = "SELECT * FROM 部分员工资料B.txt"
#008       Columns("A:D").ClearContents
#009       Range("A1:D1") = Array("员工编号", "姓名", "性别", "出生日期")
#010       Range("A2").CopyFromRecordset cnADO.Execute(strSQL)
#011       cnADO.Close
#012       Set cnADO = Nothing
#013       Exit Sub
#014   ErrMsg:
```

16章

```
#015         MsgBox Err.Description, , "错误报告"
#016   End Sub
```

❖ 代码解析

由于已经在 Schema.ini 文件中进行了定义，第 6 行代码的连接字符串"FMT="与"HDR="设置已无效，所以可以省略此处的设置，但是在连接字符串中保留完整的设置是编写代码的良好习惯，这样可以提高代码的可读性。

运行 ADOForTxtWithFixed 过程，结果与 ADOForTxtWithDelimited 过程完全相同。

❖ 代码扩展

除了手工创建 Schema.ini 文件，也可以使用 VBA 创建 Schema.ini 文件，查询完成后再删除该文件，完整过程代码请参阅示例文件中的 ADOForTxtWithFixed_1 过程。

16.25　多类型表内连接关联查询

某公司曾为灾区组织过捐款，同时又给员工、临聘人员发放过奖金。财务部门需要将这些捐过款或得过奖金的人员罗列出来，分别进行统计。所列项目包括编号、姓名、性别、身份、捐款金额和奖金金额等。其中，捐款数据以文本文件保存，临聘人员奖金以 Excel 文件保存，员工奖金以 Access 文件保存。

本示例中共有 5 个表，分别为"员工管理 .accdb"数据库中的"员工档案"表、"临聘人员档案 .xlsx"工作簿中的"临聘人员档案"工作表、"奖金 .accdb"数据库中的"奖金名单"表、"临聘人员奖金 .xlsx"工作簿中的"临聘人员奖金"工作表及"捐款 .txt"文本文件。

示例代码如下。

```
#001   Sub InternalLinksQuery()
#002       Dim cnADO As Object
#003       Dim rsADO As Object
#004       Dim strPath As String
#005       Dim strTable As String
#006       Dim strTempTable As String
#007       Dim strBonusTable As String
#008       Dim strBonusTempTable As String
#009       Dim strDonationsTable As String
#010       Dim strSQL1 As String
#011       Dim strSQL2 As String
#012       Dim strSQL As String
#013       Dim i As Long
#014       On Error GoTo ErrMsg
#015       Set cnADO = CreateObject("ADODB.Connection")
#016       Set rsADO = CreateObject("ADODB.Recordset")
#017       strPath = ThisWorkbook.Path & "\ 员工管理 .accdb"
#018        cnADO.Open "Provider=Microsoft.ACE.OLEDB.12.0;Data Source=" &
strPath
#019       strTable = " 员工档案 "
#020       strTempTable = "[Excel 12.0;Database=" & ThisWorkbook.Path _
```

```
                   & "\ 临聘人员档案 .xlsx;].[ 临聘人员档案 $]"
#021        strBonusTable = "[MS Access;Pwd=;Database=" _
                   & ThisWorkbook.Path & "\ 奖金 .accdb;]. 奖金名单 "
#022        strBonusTempTable = "[Excel 12.0;Database=" _
                   & ThisWorkbook.Path _
                   & "\ 临聘人员奖金 .xlsx;].[ 临聘人员奖金 $]"
#023        strDonationsTable = "[Text;HDR=Yes;Database=" _
                   & ThisWorkbook.Path & "\ 数据表 ;].[ 捐款 .txt]"
#024        strSQL1 = "SELECT 员工编号 AS 编号 , 姓名 , 性别 ," _
                   & "' 员工 ' AS 人员类别 FROM " & strTable _
                   & " UNION ALL SELECT 编号 , 姓名 , 性别 ," _
                   & "' 临聘人员 ' AS 人员类别 FROM " & strTempTable & ""
#025        strSQL2 = "SELECT 员工编号 AS 编号 , 姓名 , 奖金额 ,0 AS 捐款 " _
                   & "FROM " & strBonusTable _
                   & " UNION ALL SELECT 编号 , 姓名 , 奖金额 ,0 AS 捐款 FROM " _
                   & strBonusTempTable _
                   & " UNION ALL SELECT 编号 , 姓名 ,0 AS 奖金额 , 捐款 FROM " _
                   & strDonationsTable
#026        strSQL = "SELECT A. 编号 ,A. 姓名 ,A. 性别 ,A. 人员类别 ," _
                   & "IIF(SUM(B. 奖金额 )=0,NULL,SUM(B. 奖金额 )) AS 奖金额 ," _
                   & "IIF(SUM( 捐款 )=0,NULL,SUM( 捐款 )) AS 捐款 FROM (" _
                   & strSQL1 & ") A INNER JOIN (" & strSQL2 & ") B " _
                   & "ON A. 编号 =B. 编号   " _
                   & "GROUP BY A. 编号 ,A. 姓名 ,A. 性别 ,A. 人员类别 "
#027        rsADO.Open strSQL, cnADO, 1, 3
#028        Cells.ClearContents
#029        For i = 0 To rsADO.Fields.Count - 1
#030            Cells(1, i + 1) = rsADO.Fields(i).Name
#031        Next i
#032        Range("A2").CopyFromRecordset rsADO
#033        rsADO.Close
#034        cnADO.Close
#035        Set rsADO = Nothing
#036        Set cnADO = Nothing
#037        Exit Sub
#038    ErrMsg:
#039        MsgBox Err.Description, , " 错误报告 "
#040    End Sub
```

❖ 代码解析

第 19~23 行代码列出 5 个表达式，分别对应 "员工档案" "临聘人员档案" "奖金名单" "临聘人员奖金" 及 "捐款 .txt" 等文件。

第 24 行代码是利用 UNION ALL 联合语句创建从 "员工档案" 表和 "临聘人员档案 .xlsx" 工作簿中的 "临聘人员档案" 表提取出 "档案虚拟表" 的语句，并赋值给变量 strSQL1。

第 25 行代码是利用 UNION ALL 联合语句创建从"奖金 .accdb"中的"奖金名单"表、"临聘人员档案 .xlsx"工作簿中的"临聘人员奖金"表、"捐款 .txt"文件中提取出"奖金和捐款虚拟表"的语句，并赋值给变量 strSQL2。其中添加了两个虚拟字段"捐款""奖金额"并以零值填充。

第 26 行代码将变量 strSQL1 和变量 strSQL2 这两个"虚拟表"使用内连接的方式（INNER JOIN），按"员工编号"字段匹配，生成最终 SQL 语句。其中，使用 IIF 函数达到不显示奖金额、捐款值为零的效果。

运行 InternalLinksQuery 过程，部分结果如图 16.40 所示。

	A	B	C	D	E	F
1	编号	姓名	性别	人员类别	奖金额	捐款
2	100001	刘建科	男	员工	10000	800
3	100002	石斌齐	男	员工	80000	600
4	100003	任斌	女	员工		600
5	100004	李惠文	女	员工		600
6	100005	郭杰	女	员工		600
7	100006	王爱平	男	员工	80000	600
8	100007	董小明	女	员工	5000	400
9	100008	朱丽娜	男	员工	4000	300
10	100009	马玲叶	男	员工	4000	300
11	100010	准全民	男	员工	3000	100
12	100014	李杰	男	员工	3000	
13	100015	穆震	女	员工	3000	100
14	100016	贺升全	男	员工	3000	100

图 16.40　跨文件查询的结果

16.26　TRANSFORM 交叉表查询

交叉表是指行和列的数据相互交叉形成的统计表。图 16.41 所示为某公司第 2 季度 3 个业务员的销售记录。使用 TRANSFORM 语句能够轻松地统计每个业务员各月和整个季度的销售业绩。

	A	B	C
1	姓名	日期	销售额
2	王五	2014/4/1	669
3	李四	2014/4/2	1192
4	王五	2014/4/5	1043
5	王五	2014/4/8	923
6	张三	2014/4/8	365
7	王五	2014/4/10	1046
8	张三	2014/4/26	952
9	张三	2014/5/6	769
10	李四	2014/5/8	1054
11	王五	2014/5/13	731
12	李四	2014/5/15	397
13	张三	2014/5/20	401
14	张三	2014/5/21	1030

图 16.41　某公司第 2 季度业务员销售记录

示例代码如下。

```
#001  Sub ADOTransForm()
#002      Dim cnADO As Object
#003      Dim rsADO As Object
#004      Dim strSQL As String
```

```
#005        Dim i As Integer
#006        On Error GoTo ErrMsg
#007        Set cnADO = CreateObject("ADODB.Connection")
#008        Set rsADO = CreateObject("ADODB.Recordset")
#009        cnADO.Open "Provider=Microsoft.ACE.OLEDB.12.0;" _
                & "Extended Properties=Excel 12.0;" _
                & "Data Source=" & ThisWorkbook.FullName
#010        strSQL = "TRANSFORM SUM(销售额) " _
                & "SELECT 姓名,SUM(销售额) AS 合计 " _
                & "FROM [数据表$] " _
                & "GROUP BY 姓名 " _
                & "PIVOT FORMAT(日期,'mm月')"
#011        rsADO.Open strSQL, cnADO, 1, 3
#012        Cells.ClearContents
#013        For i = 0 To rsADO.Fields.Count - 1
#014            Cells(1, i + 1) = rsADO.Fields(i).Name
#015        Next i
#016        Range("A2").CopyFromRecordset rsADO
#017        rsADO.Close
#018        cnADO.Close
#019        Set rsADO = Nothing
#020        Set cnADO = Nothing
#021        Exit Sub
#022    ErrMsg:
#023        MsgBox Err.Description, , "错误报告"
#024    End Sub
```

❖ 代码解析

第 10 行代码是 SQL 查询语句。"SELECT 姓名,SUM(销售额) AS 合计、FROM [数据表$]、GROUP BY 姓名"表示从名为"数据表"的工作表，根据"姓名"字段进行分类汇总销售额的合计。

PIVOT 关键字指定的"FORMAT(日期,'mm月')"语句，表示根据"日期"字段生成指定格式的结果。本例将产生"04 月""05 月""06 月"3 个结果。这些结果将附加到查询表的字段后面生成新的查询表，各字段的值为"销售额"合计。附加字段的值由 TRANSFORM 语句指定，其语法格式如下。

```
TRANSFORM aggfunction selectstatement PIVOT pivotfield [IN (value1[,
value2[, ...]])]
```

其中，参数 aggfunction 表示 SQL 聚合函数。

参数 selectstatement 表示 SELECT 查询语句。

参数 pivotfield 表示在查询记录集中用来创建列标题的字段或表达式。可以使用 IN 子句来限制或扩展 pivotfield 列标题的范围。例如，如下 PIVOT 子句仅显示 4 月和 6 月的查询数据。

```
PIVOT FORMAT(日期,'mm月') IN ('04月','06月')
```

运行 ADOTransForm 过程，结果如图 16.42 所示。

	A	B	C	D	E
1	姓名	合计	04月	05月	06月
2	张三	4825	1317	2200	1308
3	李四	5101	1192	2308	1601
4	王五	4886	3681	731	474

图 16.42　季度业务员销售业绩统计结果

16.27　在数组中存储查询结果

使用 Recordset 对象的 GetRows 方法可以在数组中存储记录集中的某些字段的数据，以便于其他代码进行调用。示例代码如下。

```
#001   Sub RecordsetToArray()
#002       Dim cnADO As Object
#003       Dim rsADO As Object
#004       Dim strPath As String
#005       Dim strSQL As String
#006       Dim avntData() As Variant
#007       Dim avntTitle() As Variant
#008       On Error GoTo ErrMsg
#009       Set cnADO = CreateObject("ADODB.Connection")
#010       Set rsADO = CreateObject("ADODB.Recordset")
#011       strPath = ThisWorkbook.Path & "\ 员工管理 .accdb"
#012       cnADO.Open "Provider=Microsoft.ACE.OLEDB.12.0;" & _
               "Data Source=" & strPath
#013       strSQL = "SELECT * FROM 员工档案 "
#014       rsADO.Open strSQL, cnADO, 1, 3
#015       avntTitle = Array(" 员工编号 ", " 姓名 ", " 性别 ", " 学历 ")
#016       rsADO.Filter = " 学历 =' 大专 '"
#017       avntData = rsADO.GetRows(-1, 1, avntTitle)
#018       Cells.ClearContents
#019       Range("a1:d1") = avntTitle
#020       Range("a2").Resize(UBound(avntData, 2) + 1, _
               UBound(avntData, 1) + 1) _
               = Application.Transpose(avntData)
#021       rsADO.Close
#022       cnADO.Close
#023       Set rsADO = Nothing
#024       Set cnADO = Nothing
#025       Exit Sub
#026   ErrMsg:
#027       MsgBox Err.Description, , " 错误报告 "
#028   End Sub
```

❖ 代码解析

第 6 行代码声明储存记录集转换后的数组变量 avntData。

第 13 行和第 14 行代码获取"员工档案"表中的所有数据。

第 16 行代码使用 Recordset 对象的 Filter 属性筛选记录集，提取"学历"为大专的所有记录。

第 17 行代码使用 Recordset 对象的 GetRows 方法将记录集转换为数组。其中，参数 Rows 设置为 −1，表示所有的数据行。参数 Start 设置为 1，表示从第 1 行开始检索数据。参数 Fields 设置为 avntTitle 数组，表示只返回"员工编号""姓名""性别"和"学历"4 个字段的数据。

GetRows 方法用来将 Recordset 对象的多个记录检索到数组中，其语法格式如下。

```
array = recordset.GetRows( [Rows], [Start], [Fields] )
```

其中，array 代表返回值，是一个二维数组。

参数 Rows 是可选的，表示要检索的记录数。默认值为 −1，表示取得 Recordset 对象所有的记录。

参数 Start 是可选的，其值为 String 型或 Variant 型，表示 GetRows 操作开始处的记录书签，可以是表 16.14 列举的 BookmarkEnum 常量之一。

表 16.14　BookmarkEnum 常量表

常量	值	说明
adBookmarkCurrent	0	从当前记录开始
adBookmarkFirst	1	从第 1 个记录开始
adBookmarkLast	2	从最后一个记录开始

参数 Fields 是可选的，其值为 Variant 型。表示单个字段名 / 编号，或字段名 / 编号数组，ADO 仅返回指定字段中的数据。

使用 GetRows 方法可以将 Recordset 对象中的记录复制到一个二维数组中，该数组第 1 个下标是标识字段，第 2 个下标是标识记录编号。

如果未指定 Rows 参数的值，GetRows 方法将自动检索 Recordset 对象中的所有记录。如果请求的记录多于可用的记录，GetRows 仅返回可用的记录数目。

如果 Recordset 对象支持书签，可以通过在 Start 参数中传递该记录的 Bookmark 属性的值来指定 GetRows 方法从哪一个记录开始检索数据。

运行 RecordsetToArray 过程，结果如图 16.43 所示。

	A	B	C	D
1	员工编号	姓名	性别	学历
2	100001	刘建科	男	大专
3	100007	董小明	女	大专
4	100010	准全民	男	大专
5	100016	贺升全	男	大专
6	100018	赵忠文	女	大专
7	100022	魏虎子	男	大专
8	100024	郭雪亚	男	大专
9	100030	张城	男	大专

图 16.43　RecordsetToArray 过程运行结果

注意　使用 GetRows 方法获取的是经过行列转置后的数组，因此在输出到工作表时需要使用工作表函数 Transpose 对其进行再次转置。此外，也可以使用数组转换的方法实现转置的目的，完整过程代码请参阅示例文件中的 RecordsetToArray_1 过程。

16.28　生成各种统计报表

示例文件的"销售明细"工作表中记录了某公司 3 种商品在 3 个地区的销售流水数据，如图 16.44 所示，利用这些数据可以生成各种统计报表。

	A	B	C	D	E
1	商品名称	地区	单价	数量	总价
2	A商品	北京	25.3	10	253
3	A商品	上海	26.2	26	681.2
4	A商品	深圳	24.5	80	1960
5	A商品	深圳	18.5	42	777
6	B商品	上海	18.63	20	372.6
7	B商品	上海	26	65	1690
8	B商品	北京	24.3	22	534.6
9	B商品	深圳	23.6	58	1368.8
10	C商品	深圳	22.3	23	512.9
11	C商品	北京	19.1	15	286.5
12	C商品	北京	18.8	70	1316
13	C商品	上海	26.8	65	1742

图 16.44　销售明细表

按商品及地区分组统计销售数据，示例代码如下。

```
#001    Sub DataGroup()
#002        Dim cnADO As Object
#003        Dim rsADO As Object
#004        Dim strSQL As String
#005        Dim i As Integer
#006        Dim strPath As String
#007        On Error GoTo ErrMsg
#008        Set cnADO = CreateObject("ADODB.Connection")
#009        strPath = ThisWorkbook.FullName
#010        cnADO.Open "Provider=Microsoft.Ace.OLEDB.12.0;" _
                & "Extended Properties=Excel 12.0;" _
                & "Data Source=" & strPath
#011        strSQL = "SELECT 商品名称,地区," _
                & "SUM(总价)AS 金额 ," _
                & "COUNT(*) AS 单数 " _
                & "FROM [明细表$] " _
                & "WHERE 商品名称 IS NOT NULL " _
                & "GROUP BY 商品名称,地区 "
#012        Set rsADO = cnADO.Execute(strSQL)
#013        Cells.ClearContents
#014        For i = 0 To rsADO.Fields.Count - 1
#015            Cells(1, i + 1) = rsADO(i).Name
#016        Next i
#017        Range("a2").CopyFromRecordset rsADO
#018        rsADO.Close
#019        cnADO.Close
#020        Set rsADO = Nothing
```

```
#021        Set cnADO = Nothing
#022        Exit Sub
#023    ErrMsg:
#024        MsgBox Err.Description, , "错误报告"
#025    End Sub
```

❖ 代码解析

第 10 行代码使用 Connection 对象的 Open 方法打开 Excel 工作簿连接。

第 11 行代码创建 SQL 语句，实现按"商品名称"及"地区"字段分组，并对总价和销售单数进行汇总统计。

第 12 行代码使用 Execute 方法执行 SQL 语句。

第 14~17 行代码将查询结果写入工作表中。

运行 DataGroup 过程，结果如图 16.45 所示。

	A	B	C	D
1	商品名称	地区	金额	单数
2	A商品	上海	681.2	1
3	A商品	北京	253	1
4	A商品	深圳	2737	2
5	B商品	上海	2062.6	1
6	B商品	北京	534.6	1
7	B商品	深圳	1368.8	1
8	C商品	上海	1742	1
9	C商品	北京	1602.5	2
10	C商品	深圳	512.9	1

图 16.45　按商品及地区统计的结果

❖ 代码扩展

◯ I　按商品分组统计

按"商品名称"分组，并对总价和销售单数进行统计汇总，SQL 语句如下。

```
strSQL = "SELECT 商品名称," _
    & "SUM(总价)AS 金额 ," _
    & "COUNT(*) AS 单数 " _
    & "FROM [ 明细表 $] " _
    & "WHERE 商品名称 IS NOT NULL " _
    & "GROUP BY 商品名称 "
```

统计结果如图 16.46 所示。

	A	B	C
1	商品名称	金额	单数
2	A商品	3671.2	4
3	B商品	3966	4
4	C商品	3857.4	4

图 16.46　只按商品分组统计结果

◯ II　WHERE 多条件统计查询

筛选地区为北京、销售数量大于 10 的数据，并按"商品名称"分组统计总价和销售单数。SQL 语句如下。

```
strSQL = "SELECT 商品名称 ,地区 ," _
    & "SUM(总价)AS 金额 ," _
```

```
              & "COUNT(*) AS 单数 " _
              & "FROM [明细表$] " _
              & "WHERE 数量>10 AND 地区 ='北京' " _
              & "GROUP BY 商品名称,地区 "
```

由于"数量"字段并未出现在最终查询结果中，所以在 WHERE 子句中设定相应的筛选条件。查询结果如图 16.47 所示。

	A	B	C	D
1	商品名称	地区	金额	单数
2	B商品	北京	534.6	1
3	C商品	北京	1602.5	2

图 16.47　WHERE 多条件统计查询结果

◯ III　HAVING 条件查询

筛选地区为北京、销售数量大于 10 的数据，并按"商品名称"分组统计总价之和及销售单数，查询总价之和大于 1000 的记录。SQL 语句如下。

```
strSQL = "SELECT 商品名称,地区," _
         & "SUM(总价)AS 金额 ," _
         & "COUNT(*) AS 单数 " _
         & "FROM [明细表$] " _
         & "WHERE 数量>10 AND 地区 ='北京' " _
         & "GROUP BY 商品名称,地区 " _
         & "HAVING SUM(总价)>1000"
```

统计结果如图 16.48 所示。

	A	B	C	D
1	商品名称	地区	金额	单数
2	C商品	北京	1602.5	2

图 16.48　HAVING 条件查询结果

16.29　员工管理系统

本示例使用 VBA+SQL 设计员工管理系统，其中，Access 数据库作为后台数据库，Excel 作为用户操作界面，设计用于数据输入、修改、查询的多个窗体。

主要实现如下 3 个方面的功能。

（1）新建数据库。工作簿开启时自动检测是否存在 Access 数据库文件，如果没有则使用代码动态创建 Access 数据库文件。

（2）输入、编辑、查询窗体。使用窗体实现数据的输入、修改、删除和导出等功能。

（3）照片管理窗体。使用窗体实现把文件夹中的图片存储到 Access 数据库，以及查询和删除照片等功能。

16.29.1　新建数据库

示例文件中动态创建数据库的代码如下。

```
#001    Private Sub Workbook_Open()
#002        If Dir(ThisWorkbook.Path & "\员工管理.accdb") = "" _
                Then Call CreateDatabase
#003    End Sub
#004    Sub CreateDatabase()
#005        Dim catADO As New ADOX.Catalog
#006        Dim strPath As String
#007        Dim strSQL As String
#008        strPath = ThisWorkbook.Path & "\员工管理1.accdb"
#009        strTable = "员工档案"
#010        On Error GoTo ErrMsg
#011        catADO.Create "Provider=Microsoft.ACE.OLEDB.12.0;" & _
                "Data Source=" & strPath
#012        strSQL = "CREATE TABLE " & strTable _
                & "(员工编号 int not null primary key," _
                & "姓名 text(20) not null, 性别 text(1) not null," _
                & "民族 text(20) not null,部门 text(20) not null," _
                & "职务 text(20),电话 text(20),学历 text(20)," _
                & "出生日期 date not null," _
                & "籍贯 text(20),简历 text,照片 image)"
#013        catADO.ActiveConnection.Execute strSQL
#014        Set catADO = Nothing
#015        Exit Sub
#016    ErrMsg:
#017        MsgBox Err.Description, , "错误报告"
#018    End Sub
```

❖ 代码解析

第 1~3 行代码是工作簿打开事件。当工作簿打开时，使用 Dir 函数判断指定路径下是否存在"员工管理.accdb"文件，如果不存在，则通过 CreateDatabase 过程创建该文件。

第 4~18 行代码是 CreateDatabase 过程。该过程首先创建一个名为"员工管理"的数据库文件，然后在数据库中新建"员工档案"数据表，设置字段名及类型。

16.29.2　员工管理系统模块设计

员工管理系统模块用于完成对员工管理数据库记录的添加、修改、删除、查询和数据导出等操作。这些操作是通过【员工管理系统】窗体和【修改添加记录】窗体来实现的。下面介绍这两个窗体的结构设计和相关程序代码。

⊃ I　【员工管理系统】窗体的结构设计

【员工管理系统】窗体的结构如图 16.49 所示，窗体的 Caption 属性是"员工管理系统"，名称属性是"frmStaffingSystem"。

图 16.49　员工管理系统窗体的结构

【员工管理系统】窗体中有 3 个标签、12 个文本框、1 个列表框、1 个复选框和 5 个按钮。这些控件的属性及功能说明如表 16.15 所示。

表 16.15　【员工管理系统】窗体的控件属性及功能说明

Caption 属性	Name 属性	控件类型	用途
	lblTitle	标签	说明除 txtResume 以外的文本框的相关内容
【简历】	lblResume	标签	说明 txtResume 文本框的内容是员工的简历
	lblMsg	标签	显示列表框中查询到的记录数
	txtNum	文本框	输入查询员工的编号
	txtName	文本框	输入查询员工的姓名
	txtSex	文本框	输入查询员工的性别
	txtNation	文本框	输入查询员工的民族
	txtSection	文本框	输入查询员工的部门
	txtDuty	文本框	输入查询员工的职务
	txtPhone	文本框	输入查询员工的电话
	txtEducation	文本框	输入查询员工的学历
	txtStarDate	文本框	输入查询员工出生日期的起始时间
	txtEndDate	文本框	输入查询员工出生日期的终止时间
	txtBirthPlace	文本框	输入查询员工的籍贯
	txtResume	文本框	输入查询员工的简历
	lstData	列表框	显示查询结果记录集
【模糊查询】	chkQueryExactOrNo	复选框	控制查询方式为精确查询或模糊查询
【查询】	cmdQuery	命令按钮	将查询到的记录显示在列表框中
【修改或添加】	cmdModifyorAddRecord	命令按钮	启动【修改添加记录】窗体，完成对数据库记录的添加或修改
【删除记录】	cmdDeleteRecord	命令按钮	删除列表框中被选中的数据库记录
【数据导出】	cmdExportData	命令按钮	将查询结果导出为 Excel 工作簿
【退出】	cmdCancel	命令按钮	退出窗体

◐ II 【员工管理系统】窗体的程序代码设计

系统使用 ADO 和 SQL 语句对员工档案信息进行管理和查询，首先引用"Microsoft ActiveX Data Objects 6.1 Library"库，方法详见 16.1 节。

使用公共变量可以实现系统中【员工管理系统】和【修改添加记录】两个窗体协同工作，这些公共变量的声明保存在名为"mdlStaffSystem"的标准模块中。

```
Public gcnADO As ADODB.Connection
Public grsADO As ADODB.Recordset
Public gstrTable As String
```

用户窗体的 Initialize 事件代码如下。当启动窗体时，使用 ADO 建立数据库连接，然后将数据库中的"员工档案"数据表的数据显示在窗体的列表框中。

```
#001  Private Sub UserForm_Initialize()
#002      Dim strSQL As String
#003      Dim strPath As String
```

```
#004        strPath = ThisWorkbook.Path & "\员工管理.accdb"
#005        gstrTable = "员工档案"
#006        Set gcnADO = New ADODB.Connection
#007        gcnADO.Open "Provider=Microsoft.ACE.OLEDB.12.0;" & _
                "Data Source=" & strPath
#008        strSQL = "SELECT 员工编号,姓名,性别,民族,部门,职务," _
                & "电话,学历,出生日期,籍贯,简历 FROM " & strTable
#009        With Me.lstData
#010            .RowSource = ""
#011            .ColumnCount = 11
#012            .ColumnWidths = "46.8;37.2;27.6;27.6;56.4;" _
                    & "46.8;51.6;27.6;57.6;37.2;151.8"
#013        End With
#014        Call ShowData(strSQL)
#015    End Sub
```

第 14 行代码调用 ShowData 过程，其功能是按照指定 SQL 语句取得查询记录集，并将该记录集保存到数组中，再将字段名和查询记录集都保存到另一个二维数组中，最后将该数组赋值给列表框的 List 属性，从而实现在列表框中显示查询结果。ShowData 过程示例代码如下。

```
#001    Public Sub ShowData(strSQL As String)
#002        Dim i As Long
#003        Dim j As Long
#004        Dim avntData As Variant
#005        Dim avntResult() As Variant
#006        On Error GoTo ErrMsg
#007        lstData.Clear
#008        Set grsADO = New ADODB.Recordset
#009        grsADO.Open strSQL, gcnADO, adOpenKeyset, adLockOptimistic
#010        If grsADO.RecordCount > 0 Then
#011            avntData = grsADO.GetRows
#012            On Error Resume Next
#013            ReDim avntResult(-1 To UBound(avntData, 2), _
                    0 To UBound(avntData))
#014            For j = 0 To 10
#015                avntResult(-1, j) = grsADO.Fields(j).Name
#016            Next j
#017            For i = 0 To UBound(avntData, 2)
#018                For j = 0 To UBound(avntData)
#019                    avntResult(i, j) = avntData(j, i)
#020                Next j
#021            Next i
#022            lstData.List = avntResult
#023            lblMsg.Caption = "共查到 " & grsADO.RecordCount & " 条记录"
#024            On Error GoTo 0
#025            grsADO.MoveFirst
```

16 章

```
#026        End If
#027        Exit Sub
#028    ErrMsg:
#029        MsgBox Err.Description, , "错误报告"
#030    End Sub
```

【查询】按钮的 Click 事件代码如下。当单击该按钮时，将根据文本框中的查询条件，以及【模糊查询】复选框中的查询方式（精确查询或模糊查询），调用 ShowData 过程，将查询结果显示在列表框中，并将查询结果记录数量显示在 lblMsg 标签中。

```
#001    Private Sub cmdQuery_Click()
#002        Dim strSQL As String
#003        Dim i As Long
#004        Dim strText As String
#005        Dim avntTitle As Variant
#006        On Error GoTo ErrMsg
#007        avntTitle = Array("txtNum", "txtName", "txtSex", _
                "txtNation", "txtSection", "txtDuty", _
                "txtPhone", "txtEducation")
#008        If chkQueryExactOrNo.Value Then
#009            For i = 0 To 7
#010                If Len(Me.Controls(avntTitle(i)).Text) Then
#011                    strText = strText _
                            & " AND " & grsADO.Fields(i).Name _
                            & " LIKE '%" & Me.Controls(avntTitle(i)).Text & "%'"
#012                End If
#013            Next i
#014            If Len(txtBirthPlace.Text) Then
#015                strText = strText _
                        & " AND " & grsADO.Fields(9).Name _
                        & " LIKE '%" & txtBirthPlace.Text & "%'"
#016            End If
#017            If Len(txtResume.Text) Then
#018                strText = strText _
                        & " AND " & grsADO.Fields(10).Name _
                        & " LIKE '%" & txtResume.Text & "%'"
#019            End If
#020        Else
#021            For i = 0 To 7
#022                If Len(Me.Controls(avntTitle(i)).Text) Then
#023                    If i = 0 Then
#024                        strText = strText _
                                & " AND " & grsADO.Fields(i).Name & "=" _
                                & Me.Controls(avntTitle(i)).Text
#025                    Else
#026                        strText = strText _
```

```
                                       & " AND " & grsADO.Fields(i).Name & "='" _
                                       & Me.Controls(avntTitle(i)).Text & "'"
#027                End If
#028              End If
#029         Next i
#030         If Len(txtBirthPlace.Text) Then
#031             strText = strText _
                     & " AND " & grsADO.Fields(9).Name & "='" _
                     & txtBirthPlace.Text & "'"
#032         End If
#033     End If
#034     If IsDate(txtStarDate.Text) Then
#035         strText = strText _
                 & " AND " & grsADO.Fields(8).Name & ">=#" _
                 & txtStarDate.Text & "#"
#036     End If
#037     If IsDate(txtEndDate.Text) Then
#038         strText = strText _
                 & " AND " & grsADO.Fields(8).Name & "<=#" _
                 & txtEndDate.Text & "#"
#039     End If
#040     If Len(strText) = 0 Then Exit Sub
#041     strSQL = "SELECT 员工编号，姓名，性别，民族," _
                 & "部门，职务，电话，学历，出生日期，籍贯，简历 FROM " _
                 & gstrTable & " WHERE" & Mid(strText, 5)
#042     Call ShowData(strSQL)
#043     Exit Sub
#044 ErrMsg:
#045     MsgBox Err.Description, , "错误报告"
#046 End Sub
```

【修改或添加】按钮的 Click 事件代码如下。当单击该按钮时，如果已经选中列表框中的某条记录，则将该记录输出到【修改添加记录】窗体的文本框中并隐藏本窗体。用户在【修改添加记录】窗体中可以编辑文本框内容，单击【确定】按钮，可以完成更新或插入新记录操作，并返回主窗体。

```
#001 Private Sub cmdModifyorAddRecord_Click()
#002     Dim i As Long
#003     Dim j As Long
#004     Dim avntTxtName As Variant
#005     If lstData.ListIndex > 0 Then
#006         avntTxtName = Array("txtNum", "txtName", "txtSex", _
                 "txtNation", "txtSection", "txtDuty", _
                 "txtPhone", "txtEducation", "txtBirthDate", _
                 "txtBirthPlace", "txtResume")
#007         With lstData
#008             j = .ListIndex
```

```
#009            If j <= 0 Then Exit Sub
#010            For i = 0 To grsADO.Fields.Count - 1
#011                frmModifyorAddRecord.Controls(avntTxtName(i)) _
                        .Text = .List(j, i)
#012            Next i
#013        End With
#014     End If
#015     Me.Hide
#016     frmModifyorAddRecord.Show
#017 End Sub
```

【删除记录】按钮的 Click 事件代码如下。当单击该按钮时，根据 txtNum 文本框选中的员工编号，在数据库中删除相应记录。

```
#001    Private Sub cmdDeleteRecord_Click()
#002    Dim rsNewADO As New ADODB.Recordset
#003    Dim i As Integer
#004    Dim lngNum As Long
#005    Dim strSQL As String
#006    Dim strYesOrNo As String
#007    If lstData.ListIndex <= 0 Then Exit Sub
#008    On Error GoTo ErrMsg
#009    strSQL = "SELECT * FROM " & gstrTable _
                & " WHERE 员工编号 =" & lstData.Value
#010    rsNewADO.Open strSQL, gcnADO, adOpenKeyset, adLockOptimistic
#011    If rsNewADO.RecordCount > 0 Then
#012        strYesOrNo = MsgBox(" 确认要删除该记录？ ", _
                vbYesNo + vbExclamation, " 删除记录 ")
#013        If strYesOrNo = vbYes Then
#014            strSQL = "DELETE FROM " & gstrTable _
                    & " WHERE 员工编号 =" & lstData.Value
#015            gcnADO.Execute strSQL
#016            With lstData
#017                lngNum = .ListIndex
#018                If lngNum > 0 Then
#019                    If .List(lngNum, 0) = lstData.Value Then
#020                        .RemoveItem lngNum
#021                    End If
#022                End If
#023            End With
#024            MsgBox " 已将该记录从数据库中删除！ ", _
                    vbInformation, " 删除记录 "
#025        End If
#026    Else
#027        MsgBox " 没有查到该记录！ ", vbInformation, " 删除记录 "
#028    End If
```

```
#029        rsNewADO.Close
#030        Set rsNewADO = Nothing
#031        Exit Sub
#032  ErrMsg:
#033        MsgBox Err.Description, , "错误报告"
#034  End Sub
```

【数据导出】按钮的 Click 事件代码如下。当单击该按钮时，把列表框中显示的所有数据复制到新建工作簿中。

```
#001  Private Sub cmdExportData_Click()
#002        Dim avntData As Variant
#003        If lstData.ListCount = 0 Then Exit Sub
#004        Application.ScreenUpdating = False
#005        On Error GoTo ErrMsg
#006        avntData = lstData.List
#007        With Workbooks.Add(xlWBATWorksheet).ActiveSheet
#008            .Range("A1").Resize(UBound(avntData) + 1, _
                    UBound(avntData, 2) + 1) = avntData
#009            With .Range("A1").Resize(1, UBound(avntData, 2) + 1)
#010                .Font.Bold = True
#011                .EntireColumn.AutoFit
#012                .HorizontalAlignment = xlCenter
#013            End With
#014            .Columns("K:K").ColumnWidth = 55
#015            .Range("A1").CurrentRegion.RowHeight = 17.25
#016        End With
#017        Application.ScreenUpdating = True
#018        Exit Sub
#019  ErrMsg:
#020        MsgBox Err.Description, , "错误报告"
#021  End Sub
```

【退出】按钮的 Click 事件代码如下。当单击该按钮时，通过窗体 QueryClose 事件关闭与数据库的连接，释放 ADO 对象变量，最后卸载并关闭窗体。

```
#001  Private Sub cmdCancel_Click()
#002        Unload Me
#003  End Sub
#004  Private Sub UserForm_QueryClose(Cancel As Integer, _
                CloseMode As Integer)
#005        On Error Resume Next
#006        grsADO.Close
#007        gcnADO.Close
#008        Set grsADO = Nothing
#009        Set gcnADO = Nothing
#010  End Sub
```

⊃ III 【修改添加记录】窗体的结构设计

【修改添加记录】窗体的结构如图 16.50 所示，窗体的 Caption 属性是"修改添加记录"，窗体的名称属性是"frmModifyorAddRecord"。

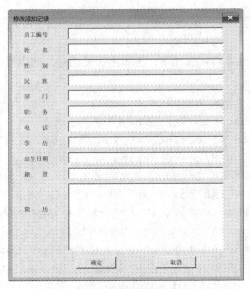

图 16.50 修改添加记录窗体的结构

在【修改添加记录】窗体中有 11 个文本框、11 个标签和 2 个按钮。这些控件的属性及功能说明如表 16.16 所示。

表 16.16 【修改添加记录】窗体的控件属性及功能说明

Caption 属性	Name 属性	控件类型	用途
	txtNum	文本框	显示员工的编号
	txtName	文本框	显示员工的姓名
	txtSex	文本框	显示员工的性别
	txtNation	文本框	显示员工的民族
	txtSection	文本框	显示员工的部门
	txtDuty	文本框	显示员工的职务
	txtPhone	文本框	显示员工的电话
	txtEducation	文本框	显示员工的学历
	txtBirthDate	文本框	显示员工的出生日期
	txtBirthPlace	文本框	显示员工的籍贯
	txtResume	文本框	显示员工的简历
【员工编号】	lblNum	标签	说明 txtNum 文本框内容是员工的编号
【姓 名】	lblName	标签	说明 txtName 文本框内容是员工的姓名
【性 别】	lblSex	标签	说明 txtSex 文本框内容是员工的性别
【民 族】	lblNation	标签	说明 txtNation 文本框内容是员工的民族
【部 门】	lblSection	标签	说明 txtSection 文本框内容是员工的部门
【职 务】	lblDuty	标签	说明 txtDuty 文本框内容是员工的职务

Caption 属性	Name 属性	控件类型	用途
【电　　话】	lblPhone	标签	说明 txtPhone 文本框内容是员工的电话号码
【学　　历】	lblEducation	标签	说明 txtEducation 文本框内容是员工的学历
【出生日期】	lblBirthDate	标签	说明 txtBirthDate 文本框内容是员工的出生日期
【籍　　贯】	lblBirthPlace	标签	说明 txtBirthPlace 文本框内容是员工的籍贯
【简　　历】	lblResume	标签	说明 txtResume 文本框内容是员工的简历
【确定】	cmdOk	命令按钮	将文本框中的内容更新或插入数据库中
【退出】	cmdCancel	命令按钮	显示查询结果记录集

⊃ Ⅳ　【修改添加记录】窗体的程序代码设计

【确定】按钮的 Click 事件代码如下。当单击该按钮时，程序会根据 txtNum 文本框中的员工编号，判断数据库中是否存在该记录，如果已经存在则更新数据库；否则向数据库中插入记录。然后关闭【修改添加记录】窗体，并重新显示【员工管理系统】窗体。

```
#001    Private Sub cmdOk_Click()
#002       Dim rsNewADO As New ADODB.Recordset
#003       Dim strMsg As String
#004       Dim strSQL As String
#005       Dim i As Integer
#006       Dim lngNum As Long
#007       Dim avntTxtName As Variant
#008       avntTxtName = Array("txtNum", "txtName", "txtSex", _
              "txtNation", "txtSection", "txtDuty", _
              "txtPhone", "txtEducation", _
              "txtBirthDate", "txtBirthPlace", "txtResume")
#009       For i = 0 To 8
#010          If i < 5 Or i = 8 Then
#011             If Me.Controls(avntTxtName(i)).Text = "" Then
#012                MsgBox grsADO.Fields(i).Name & " 不能为空! ", _
                       vbInformation, " 修改记录 "
#013                Exit Sub
#014             End If
#015          End If
#016       Next i
#017       strSQL = "SELECT * FROM " & gstrTable & _
              " WHERE 员工编号 =" & txtNum.Text
#018       rsNewADO.Open strSQL, gcnADO, adOpenKeyset, adLockOptimistic
#019       If rsNewADO.RecordCount = 0 Then
#020          rsNewADO.AddNew
#021          For i = 0 To rsNewADO.Fields.Count - 2
#022             rsNewADO.Fields(i) = Me.Controls(avntTxtName(i)).Text
#023          Next i
#024          rsNewADO.Update
#025          With frmStaffingSystem.lstData
```

```
#026                    lngNum = .ListCount
#027                    .AddItem
#028                    For i = 0 To rsNewADO.Fields.Count - 2
#029                        .List(lngNum, i) _
                                = Me.Controls(avntTxtName(i)).Text
#030                    Next i
#031                End With
#032                strMsg = "数据添加到数据库。"
#033            Else
#034                For i = 0 To rsNewADO.Fields.Count - 2
#035                    rsNewADO.Fields(i) = Me.Controls(avntTxtName(i)).Text
#036                Next i
#037                rsNewADO.Update
#038                With frmStaffingSystem.lstData
#039                    lngNum = .ListIndex
#040                    If lngNum > 0 Then
#041                        If .List(lngNum, 0) = txtNum.Text Then
#042                            For i = 0 To rsNewADO.Fields.Count - 2
#043                                .List(lngNum, i) _
                                        = Me.Controls(avntTxtName(i)).Text
#044                            Next i
#045                        End If
#046                    End If
#047                End With
#048                strMsg = "该记录已修改。"
#049            End If
#050            MsgBox strMsg, vbInformation, "提示"
#051            rsNewADO.Close
#052            Set rsNewADO = Nothing
#053            Unload Me
#054            frmStaffingSystem.Show
#055        End Sub
```

【取消】按钮的 Click 事件代码如下。当单击该按钮时，取消本次修改或添加记录操作，关闭【修改添加记录】窗体，重新显示【员工管理系统】窗体。

```
#001    Private Sub cmdCancel_Click()
#002        Unload Me
#003        frmStaffingSystem.Show
#004    End Sub
```

16.29.3 员工照片管理模块设计

员工照片管理模块用于完成对员工管理数据库"照片"字段的添加、修改、删除、查询和导出照片等操作。下面介绍【员工照片管理】窗体的结构设计和程序代码设计。

⊃ Ⅰ　【员工照片管理】窗体的结构设计

【员工照片管理】窗体的结构如图 16.51 所示，窗体的 Caption 属性是"员工照片管理"，名称属性是"frmStaffingPhotoSystem"。

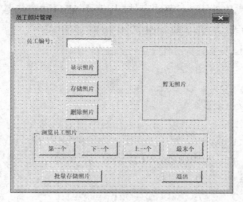

图 16.51　员工照片管理窗体的结构

在【员工照片管理】窗体中有 2 个标签、1 个文本框、1 个图像控件和 9 个命令按钮控件。这些控件的属性及功能说明如表 16.17 所示。

表 16.17　【员工照片管理】窗体的控件属性及功能说明

Caption 属性	Name 属性	控件类型	用途
	lblPic	标签	显示是否存在员工照片
	lblNum	标签	说明 txtNum 文本框的内容是员工的编号
	txtNum	文本框	显示或输入查询的员工编号
	imgPic	图像控件	显示员工的照片
【显示照片】	cmdDisplayPhoto	命令按钮	将对应文本框的员工编号的照片显示在图像控件中
【存储照片】	cmdSavePhoto	命令按钮	保存员工照片到数据库
【删除照片】	cmdDeletePhoto	命令按钮	删除数据库中对应文本框的员工编号的照片
【第一个】	cmdFirstPhoto	命令按钮	显示第 1 个员工的照片
【下一个】	cmdNextPhoto	命令按钮	显示下一个员工的照片
【上一个】	cmdPreviousPhoto	命令按钮	显示上一个员工的照片
【最末个】	cmdLastPhoto	命令按钮	显示最后一个员工的照片
【批量存储照片】	cmdBatchSavePhotos	命令按钮	将指定目录下的多个员工照片保存到数据库中
【退出】	cmdCancel	命令按钮	退出窗体

➲ Ⅱ　【员工照片管理】窗体的程序代码设计

首先定义如下模块级变量。

```
Dim mcnADO As ADODB.Connection
Dim mrsADOPic As ADODB.Recordset
Dim mstrTable As String
Dim mobjDicPic As Object
Private Type mudtGUID
  lngData As Long
  intData1 As Integer
  intData2 As Integer
```

```
        abytData(7) As Byte
     End Type
```

用户窗体的 Initialize 事件代码如下。当启动窗体时，使用 ADO 建立与数据库的连接，将数据库中的"员工档案"数据表的每个员工编号添加到字典 mobjDicPic 的键值中。

```
#001   Private Sub UserForm_Initialize()
#002      Dim strSQL As String
#003      Dim strPath As String
#004      Dim avntData As Variant
#005      Dim i As Long
#006      Set mobjDicPic = CreateObject("scripting.dictionary")
#007      strPath = ThisWorkbook.Path & "\员工管理.accdb"
#008      mstrTable = "员工档案"
#009      Set mcnADO = New ADODB.Connection
#010      gcnADO.Open "Provider=Microsoft.ACE.OLEDB.12.0;" _
             & "Data Source=" & strPath
#011      strSQL = "SELECT 员工编号 FROM " & mstrTable
#012      Set mrsADOPic = New ADODB.Recordset
#013      mrsADOPic.Open strSQL, mcnADO, adOpenKeyset, adLockOptimistic
#014      avntData = mrsADOPic.GetRows
#015      For i = 0 To UBound(avntData, 2)
#016          mobjDicPic(CStr(avntData(0, i))) = i
#017      Next i
#018      mrsADOPic.Close
#019      Set mrsADOPic = Nothing
#020      imgPic.Visible = True
#021      lblPic.Visible = False
#022   End Sub
```

【存储照片】按钮的 Click 事件代码如下。当单击该按钮时，将弹出【选择图片所在文件夹】对话框，以便于选择员工照片文件目录。

```
#001   Private Sub cmdSavePhoto_Click()
#002      Dim abytInfo() As Byte
#003      Dim strPicPath As String
#004      Dim strFileName As Variant
#005      Dim strSQL As String
#006      Dim intFn As Integer
#007      If txtEmployeeID.Text = "" Then Exit Sub
#008      On Error GoTo ErrMsg
#009      strSQL = "SELECT 员工编号,照片 FROM " & mstrTable _
             & " WHERE 员工编号=" & txtEmployeeID.Text
#010      Set mrsADOPic = New ADODB.Recordset
#011      mrsADOPic.Open strSQL, mcnADO, adOpenKeyset, adLockOptimistic
#012      If mrsADOPic.RecordCount Then
#013          strFileName = Application.GetOpenFilename( _
```

```
                      " 图片文件 (*.bmp;*.jpg;*.gif),* bmp;*.jpg;*.gif")
#014          If strFileName <> False Then
#015              intFn = FreeFile
#016              Open strFileName For Binary As #intFn
#017              ReDim abytInfo(LOF(intFn) - 1)
#018              Get #intFn, , abytInfo
#019              Close #intFn
#020              mrsADOPic(" 照片 ") = abytInfo
#021              mrsADOPic.Update
#022              Call cmdDisplayPhoto_Click
#023              MsgBox " 已将照片保存到数据库。", vbInformation
#024          End If
#025      Else
#026          MsgBox " 数据库中没有编号为 " & txtEmployeeID.Text & " 的记录！ "
#027      End If
#028      Set mrsADOPic = Nothing
#029      Exit Sub
#030  ErrMsg:
#031      MsgBox Err.Description, , " 错误报告 "
#032  End Sub
```

【删除照片】按钮的 Click 事件代码如下。当单击该按钮时，在数据库中删除相应员工编号的照片。

```
#001  Private Sub cmdDeletePhoto_Click()
#002      Dim strSQL As String
#003      If txtEmployeeID.Text = "" Then Exit Sub
#004      On Error GoTo ErrMsg
#005      strSQL = "SELECT 照片 FROM " & mstrTable _
                 & " WHERE 员工编号 =" & txtEmployeeID.Text
#006      Set mrsADOPic = New ADODB.Recordset
#007      mrsADOPic.Open strSQL, mcnADO, adOpenKeyset, adLockOptimistic
#008      If Not mrsADOPic.EOF Then
#009          If Not IsNull(mrsADOPic(" 照片 ")) Then
#010              strSQL = "UPDATE " & mstrTable _
                         & " SET 照片 =null WHERE 员工编号 =" & txtEmployeeID.Text
#011              mcnADO.Execute strSQL
#012          End If
#013          imgPic.Picture = LoadPicture("")
#014          imgPic.Visible = False
#015          lblPic.Visible = True
#016      Else
#017          MsgBox txtEmployeeID.Text & _
                 " 编号不存在，请重新输入 ", , " 编号错误 "
#018      End If
#019      mrsADOPic.Close
#020      Set mrsADOPic = Nothing
```

16 章

```
#021        Exit Sub
#022    ErrMsg:
#023        MsgBox Err.Description, , "错误报告"
#024    End Sub
```

4 个命令按钮（【第一个】【上一个】【下一个】和【最末一个】）的 Click 事件代码是相似的。其中【第一个】按钮的 Click 事件代码如下。当单击该按钮时，将显示数据库中第 1 个员工的照片。

```
#001    Private Sub cmdFirstPhoto_Click()
#002        If mrsADOPic Is Nothing Then Call setrsADO(mrsADOPic)
#003        If mrsADOPic.BOF And mrsADOPic.EOF Then Exit Sub
#004        If mrsADOPic.BOF Then Exit Sub
#005        mrsADOPic.MoveFirst
#006        If mrsADOPic.BOF Then Exit Sub
#007        Call DataShow
#008    End Sub
#009    Sub DataShow()
#010        Dim abytInfo() As Byte
#011        If Not IsNull(mrsADOPic("照片")) Then
#012            abytInfo = mrsADOPic("照片")
#013            lblPic.Visible = False
#014            imgPic.Visible = True
#015            imgPic.Picture = ByteToPicture(abytInfo)
#016            imgPic.PictureAlignment = fmPictureAlignmentCenter
#017            imgPic.PictureSizeMode = fmPictureSizeModeStretch
#018            Me.MousePointer = fmMousePointerDefault
#019        Else
#020            imgPic.Picture = LoadPicture("")
#021            imgPic.Visible = False
#022            lblPic.Visible = True
#023        End If
#024        txtEmployeeID.Text = mrsADOPic("员工编号")
#025    End Sub
```

批量存储照片功能与 16.15 节在数据库中存储照片相同，这里不再赘述。

第六篇

高级编程

通过使用内置的 Web 查询功能或简便地通过网络传输控件、Web 浏览器控件、MSXML 解析器等对象，Microsoft 已经将 Excel 的功能扩展到 Internet 及相关技术。现在，使用 Excel 能够从网页获取信息并进行检查和分析、发布信息到网页，通过 XML 方便地存储、共享和交换数据。

在创建对其他 Office 应用程序的引用后，在 Excel VBA 中能够调用该应用程序的对象、属性和方法，利用 Excel 的功能处理其中的数据，从而间接地控制该应用程序，以避免在不同应用程序之间的切换。

Excel VBA 也具有面向对象的功能，允许创建自定义对象及其方法和属性，然后像其他内置对象一样使用自定义对象，并且能够将自定义对象类导出供其他应用程序使用。而且，通过操作 VBE 公开的对象，能够实现对 VBA 工程和模块的自动控制。

本篇主要介绍如何使用 Excel VBA 访问 Internet 及进行相关操作、读写 XML 文档、操控其他的 Office 应用程序，以及类模块和 VBE 对象的使用等技巧。通过学习这些技巧，能够帮助读者进一步熟悉 Excel VBA 的功能，从而根据实际情况灵活地运用这些功能。

第 17 章　Excel 与 Internet

Excel 程序提供了访问 Internet 数据的内置工具及多种有关 Internet 应用的 ActiveX 控件，如 Microsoft Web 浏览器控件等。除了 ActiveX 控件之外，也可以使用 OLE（Object Linking and Embedding，对象连接与嵌入）技术实现访问 Internet 的自动化。

本章所涉及的 Internet 是一个广义上的概念，包括局域网和外部互联网。使用本章的代码，部分示例需要安装 IE 浏览器（Internet Explorer），并具备可用的互联网连接。

17.1　创建和打开超链接

简单地讲，超链接就是一个内容链接，单击超链接将打开该链接的目标。在 Excel 中可以对单元格或 Shape 对象设置超链接，其目标可以是某个 Web 页面，也可以是当前文件或存储在本地主机或局域网上的其他文件，如 Word 文档、PPT 演示文稿或 Excel 工作簿等。对 Microsoft Office 文档的超链接也可以指向该文件的特定位置或对象，如指向 Excel 文档的指定工作表或指定单元格区域。

17.1.1　批量创建超链接

在 Excel 工作簿中按照如下具体步骤操作，可以为单元格创建超链接。

步骤① 打开示例文件，选中任意单元格（如 A1）。

步骤② 依次单击【插入】→【链接】按钮，弹出【插入超链接】对话框，保持默认选中的【现有文件或网页】选项。

步骤③ 在【插入超链接】对话框的【要显示的文字】文本框中输入"ExcelHome 技术论坛 VBA 程序开发版"。

步骤④ 在【地址】文本框中输入网页地址"http://club.excelhome.net/forum-2-1.html"，然后单击【确定】按钮，关闭【插入超链接】对话框完成创建超链接。鼠标指针悬停于 A1 单元格之上，将显示超链接提示，如图 17.1 所示。

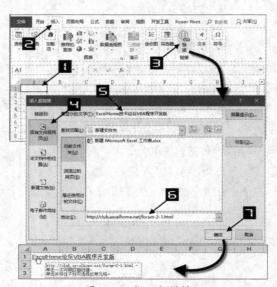

图 17.1　插入超链接

如果需要添加大量的超链接，使用【插入超链接】对话框显然很不方便且效率低下，此时可以使用 VBA 来批量添加超链接。例如，获取指定文件夹下文件名，并创建超链接，可以使用如下代码。

```
#001   Sub AutoAddLink()
#002       Dim strFldPath As String
#003       With Application.FileDialog(msoFileDialogFolderPicker)
#004           .Title = "请选择文件夹"
#005           .AllowMultiSelect = False
#006           If .Show Then strFldPath = .SelectedItems(1) Else Exit Sub
#007       End With
#008       Application.ScreenUpdating = False
#009       Range("a:b").ClearContents
#010       Range("a1:b1") = Array("文件夹", "文件名")
#011       Call SearchFileToHyperlinks(strFldPath)
#012       Range("a:b").EntireColumn.AutoFit
#013       Application.ScreenUpdating = True
#014   End Sub
#015   Function SearchFileToHyperlinks( _
           ByVal strFldPath As String) As String
#016       Dim objFld As Object
#017       Dim objFile As Object
#018       Dim objSubFld As Object
#019       Dim strFilePath As String
#020       Dim lngLastRow As Long
#021       Dim intNum As Integer
#022       Set objFld = CreateObject("Scripting.FileSystemObject") _
               .GetFolder(strFldPath)
#023       For Each objFile In objFld.Files
#024           lngLastRow = Cells(Rows.Count, 1).End(xlUp).Row + 1
#025           strFilePath = objFile.Path
#026           intNum = InStrRev(strFilePath, "\")
#027           Cells(lngLastRow, 1) = Left(strFilePath, intNum - 1)
#028           Cells(lngLastRow, 2) = Mid(strFilePath, intNum + 1)
#029           ActiveSheet.Hyperlinks.Add Anchor:=Cells(lngLastRow, 2), _
                   Address:=strFilePath, ScreenTip:=strFilePath
#030       Next objFile
#031       For Each objSubFld In objFld.SubFolders
#032           Call SearchFileToHyperlinks(objSubFld.Path)
#033       Next objSubFld
#034       Set objFld = Nothing
#035       Set objFile = Nothing
#036       Set objSubFld = Nothing
#037   End Function
```

❖ 代码解析

第 29 行代码使用 Add 方法创建一个 Hyperlink 对象并将其添加到 Hyperlinks 集合中。

注意

Hyperlink对象和Hyperlinks集合不同。在Excel中，Hyperlink对象是Hyperlinks集合的一个成员，只有WorkSheet对象、Chart对象和Range对象能够包含Hyperlinks集合，而与Hyperlink对象相关联的只有Shape对象。

提示

从Excel 2007开始VBA不再支持Application.FileSearch方法，因此示例代码使用了FileSystem-Object对象和递归的方法实现文件夹和文件的遍历功能，详细讲解请参阅15.2节。

运行 AutoAddLink 过程，将显示文件夹对话框，当用户选择一个文件夹后，将在当前工作表的第 1 列和第 2 列分别写入指定文件夹（包括子文件夹）下文件所属文件夹的路径和文件名称。其中，第 2 列的文件名称为指向该文件的超链接，结果如图 17.2 所示。将鼠标指针悬停在第 2 列的文件名称上时，将显示该文件完整路径的提示信息。

	A	B	C
1	文件夹	文件名	
2	D:\ExcelHome技术论坛	Excel透视表.xlsx	
3	D:\ExcelHome技术论坛	写作指南.docx	D:\ExcelHome技术论坛\Excel透视表.xlsx
4	D:\ExcelHome技术论坛	函数与公式.xlsx	
5	D:\ExcelHome技术论坛	基础操作.xlsx	
6	D:\ExcelHome技术论坛\EH公众号	Excel VBA编程学习与实践.xlsx	
7	D:\ExcelHome技术论坛\EH公众号	Excel学习营地.xlsx	
8	D:\ExcelHome技术论坛\EH公众号	IEXCELHOME.pptx	
9	D:\ExcelHome技术论坛\EH公众号	数据分析就用Excel.txt	

图 17.2　AutoAddLink 过程运行结果

例如，下面的示例代码将新建一个 Shape 对象，并在该对象上创建指向 Excel 文件指定区域的超链接。

```
Sub AddHyperlinkAtShape()
    Dim objShape As Shape
    Set objShape = ActiveSheet.Shapes.AddShape(msoShapeRectangle, _
        20, 20, 100, 50)
    objShape.TextFrame.Characters.Text = "单击打开文件"
    ActiveSheet.Hyperlinks.Add Anchor:=objShape, Address:= _
        "c:\test\test.xls", SubAddress:="Sheet1!A3"
    Set objShape = Nothing
End Sub
```

❖ 代码扩展

添加超链接时需要逐个处理，而删除超链接则可以批量处理，示例代码如下。

```
Sub RemoveLink()
    ActiveSheet.Hyperlinks.Delete
End Sub
```

以上代码只删除当前工作表中所有的超链接，但保留了单元格显示的内容。同时删除超链接和内容，示例代码如下。

```
Sub ClearLink()
    Dim objHlk As Hyperlink
```

```
#003        For Each objHlk In ActiveSheet.Hyperlinks
#004            objHlk.Range.Clear
#005        Next objHlk
#006        Set objHlk = Nothing
#007    End Sub
```

17.1.2　使用 Follow 方法打开超链接

在 VBA 中可以使用如下两种方法获取超链接对象。

⊃ I　Hyperlink 属性

利用 Hyperlink 属性返回 Hyperlink 对象的引用，然后使用 Follow 方法打开对应的超链接。例如，如下代码用于打开当前工作表中与第 1 个 Shape 对象关联的超链接。

```
ActiveSheet.Shapes(1).Hyperlink.Follow
```

⊃ II　Item 属性

另一种方法是使用 Hyperlinks 集合的 Item 属性获取 Hyperlink 对象。

```
Hyperlinks.Item(index)
Hyperlinks(index)
```

其中，参数 index 表示 Hyperlinks 集合中的第几个对象，起始值为 1。由于 Item 属性是 Hyperlinks 集合的默认成员，所以尽管后一个表示方法省略了默认 Item 属性，但两种表示方法所引用的对象是相同的。下面的代码用于打开当前工作表单元格区域 B2:B9 中的第 3 个超链接。

```
ActiveSheet.Range("B2:B9").Hyperlinks(3).Follow
```

使用 Follow 方法与在超链接上单击的效果一样，即打开 Hyperlink 对象定义的超链接，下载超链接指向的文档或网页，然后用适当的程序打开，其语法格式如下。

```
expression.Follow([NewWindow],[AddHistory],[ExtraInfo],[Method],[HeaderInfo])
```

参数 NewWindow 是可选的，默认值为 False，其值为 Variant 类型；如果为 True，则在新窗口中显示文档内容。

参数 AddHistory 是可选的，其值为 Variant 类型。

参数 ExtraInfo 是可选的，其值为 Variant 类型，指定 HTTP 处理超链接时要涉及的附加信息，可以是字符串或字节数组。

参数 HeaderInfo 是可选的，默认为空字符串，其值为 Variant 类型，指定用于 HTTP 请求时要涉及的头部信息的字符串或字节数组。

参数 Method 是可选的，其值为 Variant 类型，指定 ExtraInfo 的附属方式，也就是 HTTP 请求提交方式。其值为表 17.1 中的两个常量之一。

表 17.1　参数 Method 的常量值

常量	值	说明
msoMethodGet	0	以 HTTP GET 方式提交请求，ExtraInfo 是一个附加在 URL 地址之后的字符串
msoMethodPost	1	以 HTTP POST 方式提交请求，ExtraInfo 以字符串或字节数组的方式递交

17.1.3 使用 FollowHyperlink 方法打开超链接

FollowHyperlink 方法可以不需要 Hyperlink 对象而直接访问指定地址的超链接，下载指定文档并以默认关联的应用程序打开该文档。示例代码如下。

```
#001   Sub DoFollowHyperlink()
#002       ThisWorkbook.FollowHyperlink _
               Address:="http://s.club.excelhome.net/cse/search", _
                 method:=msoMethodGet, _
                 extrainfo:="s=2089831883715720896&q=excelvba"
#003   End Sub
```

❖ 代码解析

第 2 行代码使用 FollowHyperlink 方法在网页浏览器中打开 ExcelHome 技术论坛的搜索网页，其中的参数 extraInfo 提交数据"s=2089831883715720896&q=excelvba"查询与关键字"excelvba"相关的帖子。

FollowHyperlink 方法的语法格式如下。

```
expression.FollowHyperlink(Address,[SubAddress],[NewWindow],[AddHistory],
[ExtraInfo],[Method],[HeaderInfo])
```

其中，参数 Address 是必需的，其值为 String 类型，表示目标文档的地址；参数 SubAddress 是可选的，为 Variant 类型，表示目标文档中的位置；其他的参数与 Follow 方法相同。

超链接的地址有如下两种表示方法。

➲ Ⅰ　URL 地址

URL 地址既可以指向互联网或内部网资源，如 ExcelHome 论坛的 URL 是 http://club.excelhome.net/forum.php；还可以指向 Web 服务器或内部网服务器上的 Office 文档，如 http://www.cfachina.org/workdoc/kwb.doc；也可以使用 File 协议直接从本地文件系统打开一个 Office 文档，如 file://c:\test\wordtest.doc。

➲ Ⅱ　UNC 地址

UNC（Universal Naming Convention，通用命名约定）地址以两个反斜线符号"\\"开始，然后是远程主机名、共享名和文件名的完整路径。UNC 地址可以指向本地硬盘或局域网上的路径，如\\servername\sharepath\subfolder\test.xls。

如果指向的文件是 Excel 文件，那么单击超链接将启动 Excel 打开该文件。如果指向其他类型的文件，那么单击超链接将启动相应的程序打开文件，如指向文本文件（.txt），则调用记事本程序打开该文件。

运行 DoFollowHyperlink 过程，结果如图 17.3 所示。

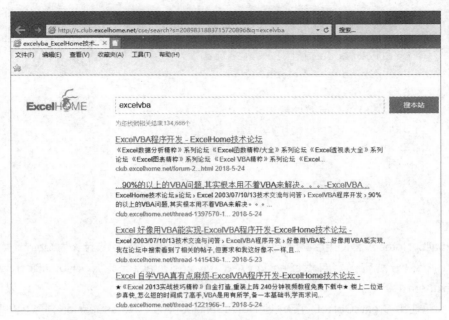

图 17.3　DoFollowHyperlink 过程运行结果

17.2　使用 Lotus Notes 发送邮件

Lotus Notes 是 IBM 公司旗下的企业级通信和协作软件，它是实现和运行办公自动化的平台。Lotus Notes 一般泛指 Domino/Notes，包括 Lotus Domino 应用服务器、Lotus Notes 客户端和 Lotus Domino Designer 应用开发客户端。SendEmailbyNotes 过程演示了在 Excel VBA 中使用 OLE 技术访问 Lotus Notes 客户端，并实现自动发送电子邮件的功能。

```
#001    Sub SendEmailbyNotes()
#002        Dim objNotes As Object
#003        Dim objDatabase As Object
#004        Dim objDocument As Object
#005        Dim objRTItem As Object
#006        On Error GoTo errHandle
#007        Set objNotes = CreateObject("Notes.NotesSession")
#008        Set objDatabase = objNotes.CURRENTDATABASE
#009        Set objDocument = objDatabase.createDocument
#010        objDocument.Subject = "Try"
#011        objDocument.SendTo = "testname@gmail.com"
#012        objDocument.form = "Memo"
#013        objDocument.SAVEMESSAGEONSEND = True
#014        Set objRTItem = objDocument.CREATERICHTEXTITEM("Body")
#015        Call objRTItem.AddNewLine(2)
#016        Call objRTItem.AppendText( _
            "This is a try to attach the document")
```

```
#017        Call objRTItem.AddNewLine(1)
#018        Call objRTItem.EMBEDOBJECT(1454, "", "c:\test\test.xls")
#019        Call objDocument.send(False)
#020        Set objNotes = Nothing
#021        Set objDatabase = Nothing
#022        Set objDocument = Nothing
#023        Set objRTItem = Nothing
#024        Exit Sub
#025     errHandle:
#026        MsgBox Err.Description
#027     End Sub
```

❖ 代码解析

SendEmailbyNotes 过程使用后期绑定的方法，所有的 Notes 对象都被定义为 Object 类型。

第 2~5 行代码分别定义了 NotesSession 对象、NotesDatabase 对象、NotesDocument 对象和 NotesRichtextItem 对象。

第 7 行代码使用 CreateObject 函数创建 NotesSession 对象。NotesSession 对象提供了访问相关 Notes 对象的接口。

第 8 行代码使用 NotesSession 对象的 CurrentDatabase 属性获取当前数据库。此外，还可以使用 NotesSession 对象的 GetDatabase 方法获取指定数据库。

GetDatabase 方法有两个参数：第 1 个参数代表服务器名称；第 2 个参数代表数据库名称。如果是本地数据库文件，则需要将第 1 个参数设置为空字符串。例如，objNotes.GetDatabase("", "EmailBackup. nsf") 获取本地数据库文件 EmailBackup.nsf，objNotes.GetDatabase("ServerName", "DBname") 获取服务器 "ServerName" 上的数据库 "DBname"。

第 9 行代码使用 NotesDatabase 对象的 CreateDocument 方法创建新邮件。

第 10~13 行代码分别设置新邮件的主题、收件人、类型及邮件发送后是否保存原件。

第 14 行代码使用 NotesDocument 对象的 CREATERICHTEXTITEM 方法创建 RTF 域 "body"。RTF 域是 Notes 中很重要的域，能够用于保存文本、声音、图片和附件等文本资料。

第 15~17 行代码分别使用 AddNewLine 方法和 AppendText 方法在 RTF 域中添加空白行和文本。

第 18 行代码使用 EmbedObject 方法在 RTF 域中插入附件，该方法的第 1 个参数值为 1454 时表示插入附件，为 1453 时表示插入对象，为 1452 时表示插入对象链接。

第 19 行代码用来发送邮件。

如果有多个收件人，则应使用数组设置收件人，示例代码如下。

```
#001  Dim avntSend As Variant
#002  avntSend = Array("test1@xxx.com", "test2@xxx.com")
#003  objDocument.SendTo = avntSend
```

在已安装 Lotus Notes 软件的计算机中，运行 SendEmailbyNotes 过程，如果 Lotus Notes 程序未打开，示例代码将打开 Lotus Notes 应用程序，并发送带有一个 Excel 工作簿（该工作簿路径为 C:\test\test. xlsx）作为附件的测试邮件到指定邮箱。

在 VBA 中如果使用后期绑定的方式引用相关类库，在 VBE 代码窗口中编写代码时，输入对象变量将不会出现相应的属性或方法的提示。如果希望在输入代码时出现相应属性或方法的提示，则应首先手动引用【Lotus Notes Automation Classes】库，并在代码中使用前期绑定的方式声明相应对象变量。在 Visual Basic 编辑器中选择【工具】→【引用】选项，打开【引用 - VBAProject】对话框，在【可使用的引用】列表框中选中【Lotus Notes Automation Classes】复选框，如图 17.4 所示。

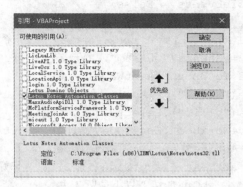

图 17.4　引用【Lotus Notes Automation Classes】库

如需详细地了解 Lotus Notes 对象，请参阅 Lotus Domino 开发指南。

17.3　使用 MailEnvelope 发送邮件

Outlook 是微软办公软件套装的组件之一，能够帮助用户集成和管理多个电子邮件账户中的电子邮件、联系人和个人日历等。借助 Excel 工作表对象的 MailEnvelope 属性，可以访问 Outlook 并实现自动发送邮件的功能。

某公司 9 月份的工资表如图 17.5 所示，其中 A 列是员工的邮箱地址。现需通过 Outlook 将相关工资数据以工资条的形式发送给每位员工。

	A	B	C	D	E	F	G	H	I
1	邮箱	姓名	月份	基本工资	岗位工资	津(补)贴	绩效工资	职称补贴	实发工资
2	text2967@163.com	宋晨	9	1380	600	1100	1400	300	4780
3	text2017@163.com	蒋木云	9	1380	600	1100	1400	300	4780
4	gxjian2953@163.com	陈贤事	9	1380	600	1100	1400		4480
5	text1259@163.com	周茹	9	1480	800	1100	1400		4780
6	text550@163.com	宋佳佳	9	1480	800	1100	1400		4780
7	text3458@163.com	王尚晨	9	1480	800	1100	1400		4780
8	text1731@163.com	司马酒	9	1520	1000	1100	1400	500	5520

图 17.5　工资表

在示例工作簿中新建一张工作表，并按工资表的数据设置所需表头与单元格格式，如图 17.6 所示。

	A	B	C	D	E	F	G	H	I
1	邮箱	姓名	月份	基本工资	岗位工资	津(补)贴	绩效工资	职称补贴	实发工资
2									

图 17.6　设置表头及单元格格式

激活新建工作表，运行如下代码即可实现批量发送工资条的目的。

```
#001    Sub SendMailEnvelope()
#002        Dim avntWage As Variant
#003        Dim i As Long
#004        Dim strText As String
#005        Dim objAttach As Object
```

```
#006        Dim strAttachPath As String
#007        With Application
#008            .ScreenUpdating = False
#009            .EnableEvents = False
#010        End With
#011        strAttachPath = ThisWorkbook.Path & "\关于企业调整职工工资的通知.docx"
#012        avntWage = Sheets("工资表").Range("a1").CurrentRegion
#013        For i = 2 To UBound(avntWage)
#014            Range("a2:i2") = Application.Index(avntWage, i)
#015            Range("b1:i2").Select
#016            ActiveWorkbook.EnvelopeVisible = True
#017            With ActiveSheet.MailEnvelope
#018                strText = avntWage(i, 2) & "您好:" & _
                        vbCrLf & "以下是您" & _
                        avntWage(i, 3) & "月份工资明细,请查收!"
#019                .Introduction = strText
#020                With .Item
#021                    .To = avntWage(i, 1)
#022                    .CC = "treasurer@gmail.com"
#023                    .Subject = avntWage(i, 3) & "月份工资明细"
#024                    Set objAttach = .Attachments
#025                    Do While objAttach.Count > 0
#026                        objAttach.Remove 1
#027                        MsgBox objAttach.Count
#028                    Loop
#029                    .Attachments.Add strAttachPath
#030                    .send
#031                End With
#032            End With
#033        Next i
#034        ActiveWorkbook.EnvelopeVisible = False
#035        With Application
#036            .ScreenUpdating = True
#037            .EnableEvents = True
#038        End With
#039        Set objAttach = Nothing
#040    End Sub
```

❖ 代码解析

第 15 行代码选中 B1:I2 单元格区域,作为邮件的附加表格文本内容。

第 17 行代码引用 Worksheet 的 MailEnvelope 属性。

第 18 行和第 19 行代码设置了邮件的正文内容。

第 21~23 行代码分别设置了邮件的收件人、抄送人及主题。

第 24~28 行代码删除新邮件中可能存在的旧附件,并添加了 **strAttachPath** 变量所指定路径的附件。

本例中附件是示例文件工作簿同一文件夹下名称为"关于企业调整职工工资的通知 .docx"的文件。

第 30 行代码使用 send 方法发送邮件。

运行 SendMailEnvelope 过程，Outlook 软件发送邮件的部分内容如图 17.7 所示。

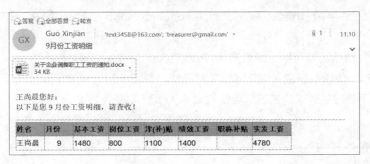

图 17.7　邮件内容

❖ 代码扩展

在已安装 Outlook 软件的前提下，除了使用 Worksheet 的 MailEnvelopo 属性，也可以采取引用 Outlook 类库的方式，利用 Outlook 实现自动发送邮件，详细讲解请参阅 19.2 节。

17.4　网抓基础知识概要

用户通过网络浏览器登录互联网时，会向 Web 服务器请求某个网页页面，服务器收到请求后会做出响应，将设定好的页面文档发送到网络浏览器的显示界面，这便是一个完整的网页请求和处理的过程。网抓是尽量在代码过程中模拟这个交互过程。首先，找到正确的网址；其次，成功发送请求；最后，解析获得的响应信息。

17.4.1　初步了解 HTTP

HTTP(Hyper Text Transfer Protocol)是超文本传输协议，是互联网上应用最为广泛的一种网络协议，所有的 WWW（万维网）文件都必须遵守该协议标准。下面简单介绍与 HTTP 相关的基础知识。

⮑ I　URL

URL 也就是网址，通常格式如下。

通信协议 :// 域名 / 文档路径

例如，http://club.excelhome.net/forum.php。其中，http:// 表示通信协议；club.excelhome.net 表示域名；而 forum.php 则表示资源所在路径及名称。

⮑ II　HTTP 报文

HTTP 有两种报文，即请求报文和响应报文。

HTTP 请求报文由请求行（request line）、请求头部（header）、空行（blank line）和请求数据（request body）4 个部分组成。其格式如下。

```
< request-line >  请求行
< headers >  请求头部
< blank line >  空行
< request-body >  请求数据
```

（1）请求行。请求行由请求方法字段、URL 字段和 HTTP 协议版本字段 3 个字段构成，彼此之间使用空格分隔。请求行示例如下。

```
GET https://www.baidu.com/index.php HTTP/1.1
```

其中，GET 是方法字段；https://www.baidu.com/index.php 是 URL 字段；HTTP/1.1 是协议版本字段。

请求方法字段最常用的有两种，即 GET 和 POST。

（2）请求头部。请求头部由关键字 / 值成对组成，每行一对，关键字和值用半角冒号分隔。请求头部通知服务器关于客户端请求的信息，典型的请求头部列表如表 17.2 所示。

表 17.2　典型的请求头部列表

项	说明
User-Agent	产生请求的浏览器类型
Accept	客户端可识别的内容类型列表
Host	请求的主机名，允许多个域名同处一个 IP 地址，即虚拟主机

（3）空行。最后一个请求头部之后是一个空行，发送回车符和换行符，通知服务器请求头部结束。

（4）请求数据。请求数据不在 GET 方法中使用，而在 POST 方法中使用。当请求行使用 GET 方法时，请求数据会附在 URL 之后，以"？"分割 URL 和请求数据，数据的多个参数之间使用"&"连接。而当请求行使用 POST 方法时，请求数据不会在 URL 地址栏中显示出来，而是放置在 HTTP 的 < request-body > 中。

HTTP 响应报文也由 4 个部分组成，即状态行、消息报头、空行和响应正文。与请求报文相比，唯一的区别是：响应报文第 1 行中用状态信息代替了请求信息，状态行提供一个状态码来说明所请求资源的情况。

17.4.2　HTML 语言简介

HTML 是 Hyper Text Markup Language（超文本标记语言）的缩写，是使用 SGML（标准通用标记语言）来定义的，通过提供标签来识别格式化的文档结构及指向其他文档的链接。

HTML 语言用来在 WWW 上创建超文本文档，这些超文本文档可以显示在 Internet Explorer（下文简称为 IE 浏览器）或 Mozila FireFox 等浏览器中。用户单击文档中的超链接即可跳转到超链接所指向的文档，而这个文档可以是在同一个服务器上，也可以是在地球上任何地方的万维网服务器上。

了解了 HTML 文档的结构后，会发现 HTML 其实并不复杂。HTML 是标记语言，它通过在文档中插入多个"标记"（tag）而赋予文字一些特性，标记需要用"< >"括起来并成对出现，如以 < head > 表示开始，以 < /head > 表示结束。标记不区分大小写，如 < HEAD > 和 < head > 都可以使用，但建议使用小写。

属性是在标记中定义的，如 < tag attribute1=value1 attribute2=value2 ... >，这些属性包括"name""type"或"id"等。

下面是一个最基本的网页内容。

```
<html>
<head>
<title>ExcelHome 论坛 </title>
```

```
</head>
<body>
<a href="http://club.excelhome.net/forum.php">ExcelHome 论坛 </a>
</body>
</html>
```

标签 <html> 和 </html> 表示 HTML 网页的开始和结束。网页的头部分别由 <head> 和 </head> 两个标签表示，网页的主体部分由 <body> 和 </body> 两个标签表示。标签 <a> 表示一个超链接。在记事本程序中输入上面的代码，然后另存为 HTMLtest.htm 文件，使用 IE 浏览器打开此文件，显示结果如图 17.8 所示。

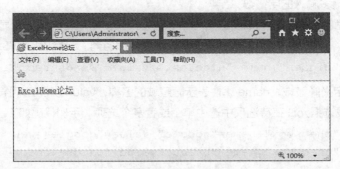

图 17.8　IE 浏览器中的 HTM 文件

实际应用中的 HTML 文档会远比这个示例要复杂得多。在 IE 浏览器中，执行【查看】→【源文件】命令，可以查看当前网页的 HTML 源代码。

在网页中经常需要提交用户名和密码或提交所需查询的股票代码、城市名称等，这些交互过程都需要用到表单。用户和网页之间的数据交互多数都发生在表单中。

表单包括以下 3 个基本部分。

（1）表单标签：包含处理表单数据所用到的 URL 及数据提交方法。

（2）表单域：包括单行文本框、密码框、隐藏域、复选框、单选框、下拉选择框、多行文本框和文件上传框等。

（3）表单按钮：包括提交按钮、复位按钮等。

⊃ I　表单标签

表单标签用来声明表单，<form> 和 </form> 之间包含的数据将被提交到服务器，其语法格式如下。

```
<form action="url" method="GET|POST" target="…" name="">…</form>
```

action=url 指定 URL 处理提交的表单数据。method=GET 或 POST 指明提交表单的 HTTP 方法。target="…" 指定提交的结果文档显示位置，如 target="_blank" 表示在新的窗口载入指定的文档；target="_self" 表示在指向目标元素的相同窗口中载入文档。name 表示表单名称。

⊃ II　表单域

表单域可以包含文本框、密码框、隐藏域、复选框、单选框、下拉选择框和多行文本框等，用于采集用户输入或选择的数据。

（1）单行文本框。单行文本框是一种用于输入信息的表单元素，通常用来输入简短的用户名、电话号码等。示例代码如下。

```
<input type="text" name="txttest" size="20" maxlength="15"
value="youname">
```

type="text" 定义单行文本输入框，name 属性表示文本框的名称，size 属性表示文本框的宽度，maxlength 属性表示输入的字符数上限，value 属性表示文本框的初始值。

（2）密码框。密码框实际是一种特殊的文本输入框，输入文字时将在密码框中显示"*"或其他字符，以隐藏用户输入的实际密码。示例代码如下。

```
<input type="password" name="pwtest" size="20" maxlength="15">
```

type="password" 定义密码框，name 属性表示密码框的名称，size 属性表示密码框的宽度，maxlength 属性表示最多输入的字符数。

（3）隐藏域。隐藏域用来收集或发送信息的不可见元素，用户在浏览网页显示时看不到隐藏域，但浏览器提交表单时，隐藏域中定义的名称和值将被发送到服务器。示例代码如下。

```
<input type="hidden" name="hidetest" value="sendserect">
```

type="hidden" 定义隐藏域，name 属性表示隐藏域的名称，value 属性表示隐藏域的值。

（4）复选框。复选框允许在待选项中选中单个或者多个选项。示例代码如下。

```
<input type="checkbox" name="google" value="google">www.google.com
<input type="checkbox" name="baidu" value="baidu" checked>www.baidu.com
```

type="checkbox" 定义复选框，name 属性表示复选框的名称，value 属性表示值，checked 属性表示默认选中该复选框。

（5）单选框。在待选项中只允许选择唯一选项时则应使用单选框。示例代码如下。

```
<input type="radio" name="search" value="google" checked>www.google.com
<input type="radio" name="search" value="baidu">www.baidu.com
```

type="radio" 定义单选框，name 属性表示单选框组的名称。单选框以组为单位，在同一个组中只能有一个选项被选中，所有的同组单选框都必须用相同 name 属性。value 属性定义单选框的值，同一个组中的值必须不同；checked 属性表示默认选中该选项。

（6）下拉选择框。下拉选择框类似于 Excel 组合框，根据多选属性可以在下拉选择框中选中一个或多个选项。示例代码如下。

```
<select name="…" size="…" multiple>
<option value="…" selected>…</option>
<option value="…">…</option>
</select>
```

size 属性定义下拉选择框的行数，name 属性定义下拉选择框的名称。multiple 属性表示多选，如不设置本属性则为单选。value 属性定义选择项的值，selected 属性表示默认选择本选项。

单选示例代码如下。

```
<select name="province" size="1">
<option value="hunan" selected> 湖南 </option>
<option value="guangdong"> 广东 </option>
<option value="guangxi"> 广西 </option>
</select>
```

多选示例代码如下。

```
<select name="province" size="3" multiple>
<option value="hunan" selected>湖南 </option>
<option value="guangdong">广东 </option>
<option value="guangxi">广西 </option>
</select>
```

⊃ III　表单按钮

表单按钮用来控制表单的运作。单击【提交】按钮可以将表单中输入的信息发送给服务器。示例代码如下。

```
<input type="submit" name="send" value=" 提交 ">
```

type="submit" 定义【提交】按钮，name 属性表示【提交】按钮的名称，value 属性表示在按钮上显示的文字。

单击【复位】按钮可以重置表单内容。示例代码如下。

```
<input type="reset" name="cancel" value=" 重设 ">
```

type="reset" 定义【复位】按钮，name 属性表示【复位】按钮的名称，value 属性表示在按钮上显示的文字为"重设"。

综合应用上述表单内容，示例 HTML 文件源代码如下。

```
<html>
<head>
<title>ExcelHome 论坛
</title>
</head>
<body>
<form name="formtest" method="GET" target="_self">
用 户 名:<input type="text" name="txttest" size="20" maxlength="15" value="youname">
密码:<input type="password" name="pwtest" size="20" maxlength="15"><p>
隐藏域（网页中不可见）:<input type="hidden" name="hidetest" value="sendserect"><p>
多选框<input type="checkbox" name="google" value="google">www.google.com
<input type="checkbox" name="baidu" value="baidu" checked>www.baidu.com<p>
单 选 框 <input type="radio" name="searchengine" value="google" checked>www.google.com
<input type="radio" name="searchengine" value="baidu">www.baidu.com<p>
下拉选择框（单选）<select name="province1" size="1">
<option value="hunan" selected>湖南 </option>
<option value="guangdong">广东 </option>
<option value="guangxi">广西 </option>
</select><p><p>
下拉选择框（多选）<select name="province2" size="3" multiple>
<option value="hunan" selected>湖南 </option>
```

```
<option value="guangdong">广东</option>
<option value="guangxi">广西</option>
</select><p>
<input type="submit" name="send" value=" 提交 ">
<input type="reset" name="cancel" value=" 重设 ">
</form>
</body>
</html>
```

上述代码在 IE 浏览器中显示结果如图 17.9 所示。

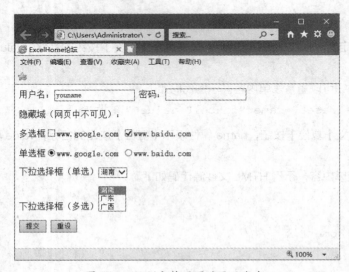

图 17.9 示例文件网页的显示内容

17.4.3 HTML DOM

如果只是需要提取网页中的信息，那么将 HTML 网页内容赋值给字符串变量后，可以使用字符串函数获取所需的信息。但是当用户需要控制网页控件，如在文本框中输入内容或单击【提交】按钮等，则只能使用网页对象，这就需要了解 DOM（Document Object Model，文档对象模型）的相关知识。

全球信息网协会（World Wide Web Consortium，W3C）建立了 DOM 标准，也称为 W3C DOM，它提供了跨浏览器的应用程序实现平台。W3C DOM 是一个能够让程序和脚本动态访问和更新文档内容、结构和样式的语言平台，它提供了标准的 HTML 和 XML 对象集，并具备标准的接口访问和操作这些对象。W3C DOM 可以分为不同的部分（核心、XML 和 HTML）和不同的版本（DOM1/2/3/4 等）。

HTML DOM 是访问并操作 HTML 文档的标准方法。它将 HTML 文档视为嵌套其他元素的树结构元素，所有的元素和包含的文字及树型都可以通过 DOM 树来访问，通过 DOM 还可以修改或删除内容，当然也可以建立新的元素。

以示例文件夹中的 HTML 文档（HTMLTest.htm）为例，其 DOM 树如图 17.10 所示。

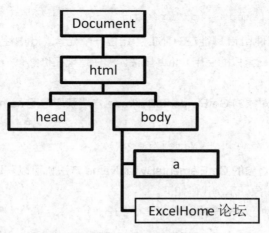

图 17.10　HTML DOM 树

```html
<html>
<head>
<title>ExcelHome 论坛 </title>
</head>
<body>
<a href="http://club.excelhome.net/forum.php">ExcelHome 论坛 </a>
</body>
</html>
```

　　HTML DOM 将 HTML 文档映射为对象的集合。Document 对象是所有的 HTML 文档内其他对象的父节点。document.body 对象代表 HTML 文档中的 <body> 元素，也就是说，body 对象是 Document 对象的子节点。

　　在 VBA 中需要引用 HTML 库才能访问 HTMLDocument 对象。在 Visual Basic 编辑器中选择【工具】→【引用】选项，打开【引用 - VBAProject】对话框，在【可使用的引用】列表框中选中【Microsoft HTML Object Library】复选框，单击【确定】按钮关闭对话框，如图 17.11 所示。

图 17.11　引用 HTML 库

　　在 W3C DOM 中可以使用 id 属性指定元素，这个属性是可选的。下面是一些带 id 属性的标记示例。

```html
<img id="firstimg" src="images/first.jpg" alt="first image">
<div class="fix" id="firstlayer">
```

　　通过 HTMLDocument 对象的 GetElementById 方法可以获取指定 id 属性的元素，示例代码如下。

```
HTMLDocument.GetElementById("firstimg")
```

可以同时使用 name 属性和 id 属性在 HTML 中定位一个元素。id 属性是从 HTML 4.0 标准开始引入的，在这个标准之前访问元素只能使用 name 属性。即使是现在仍然有很多的浏览器要求在表单中使用 name 属性。

使用 HTMLDocument 对象的 GetElementsByName 方法获取指定 name 属性的元素集合，示例代码如下。

```
HTMLDocument.GetElementsByName("send")
```

使用 HTMLDocument 对象的 GetElementsByTagName 方法也可以获取指定标签的元素集合。例如，返回所有的 form 元素对象，示例代码如下。

```
HTMLDocument.GetElementsByTagName("form")
```

微软从 Internet Explorer 4 开始创建了自己的引用元素对象的方法，也就是 HTMLDocument.all。示例代码如下。

```
HTMLDocument.all.Item("firstimg")
```

和 Excel 对象一样，元素对象也有自己的属性、方法和事件。在对象浏览器中可以查看所有对象详细的属性、方法和事件的介绍。

17.5 Fiddler 的安装、设置与使用

网抓的成功需要准确真实的网址，模拟正确的请求报文及分析服务器响应请求后返回的信息，而这些数据可以通过 Fiddler 软件获得。

Fiddler 软件下载地址为 http://rj.baidu.com/soft/detail/10963.html?ald，请读者自行下载。

Fiddler 安装后需进行一些必要的设置，并了解相关界面和按钮的功能。在【Rules】下拉菜单中，分别选中【Hide Image Requests】（隐藏图片包）、【Hide CONNECTs】（隐藏 CONNECTs 包）及【Remove All Encodings】（解密所有加密数据）3 个复选框，如图 17.12 所示。

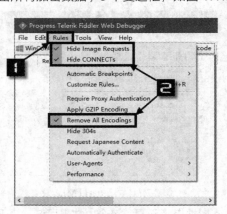

图 17.12　设置 Rules 选项

执行【Tools】→【Options】命令，在弹出的【Options】对话框中选择【HTTPS】选项卡，选中【Capure HTTPS CONNECTs】【Decrypt HTTPS traffic】和【Ignore server certificate errors(unsafe)】（获取 https 包并忽略信任错误）3 个复选框，如图 17.13 所示。

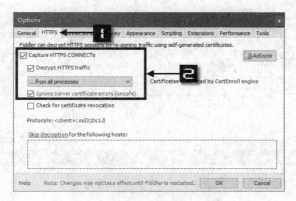

图 17.13　设置 HTTPS 选项卡

　　先打开 Fiddler 应用程序，然后打开浏览器输入某个网址，最后查看 Fiddler 窗口。左侧为 session 会话框，选中该框中任意一条数据，再单击右侧菜单上方的【Inspectors】按钮，右侧菜单会出现上下两个子窗口，上方是 Request 框，包含所有的发送请求数据；下方是 Response 框，包含服务器响应请求后返回的内容，如图 17.14 所示。

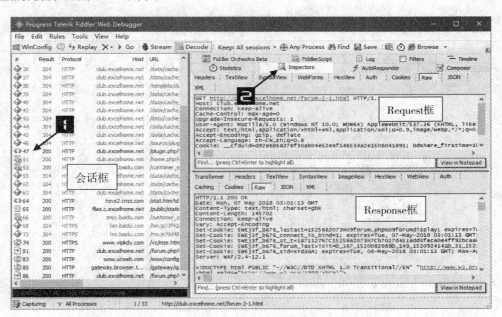

图 17.14　Fiddler 界面

　　在 Request 框中单击【Raw】按钮，可以查看发送请求的 HTTP 报文的详细数据，如请求行、请求头部及当请求方法为 POST 时的请求数据。单击该窗口右下角的【View in Notepad】按钮，可以将相关数据显示在记事本程序中，如图 17.15 所示。

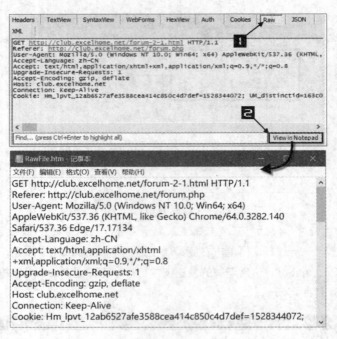

图 17.15　Request 框

在 Response 框中单击【Raw】按钮，可以查看响应报文的详细数据，如状态行、消息报头、响应正文。单击该窗口右下角的【View in Notepad】按钮，同样可以将相关数据显示在记事本程序中，如图 17.16 所示。

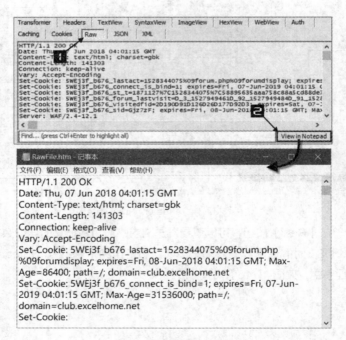

图 17.16　Response 框

在左侧会话框中的任意一条数据上右击，在弹出的快捷菜单中选择【Remove】→【All Sessions】命令，可以快速清空会话框的全部数据，如图 17.17 所示。

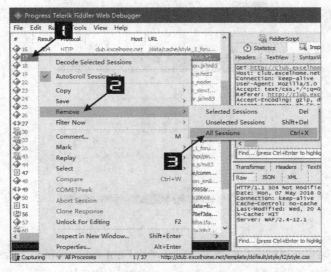

图 17.17　快速清空会话框的全部数据

单击 Fiddler 左下角的【Capturing】命令，可以停止 Fiddler 抓包，如图 17.18 所示。

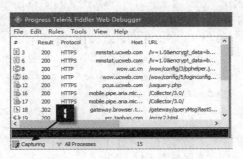

图 17.18　停止 Fiddler 抓包

17.6　获取百度查询结果

百度是读者在日常工作和学习中最常使用的搜索引擎之一，借助 VBA 网抓技巧，可以更方便地采集百度的搜索结果。

17.6.1　抓取百度查询结果的个数

按照如下具体步骤进行操作，可以抓取百度查询结果的个数。

步骤① 打开 Fiddler 软件，在浏览器中打开百度网址 https://www.baidu.com，搜索关键字"excelhome"，等待浏览器中页面加载完毕，单击 Fiddler 左下角的【Capturing】命令停止抓包。

步骤② 在 Fiddler 中，按 <Ctrl+F> 组合键打开【Find Sessions】对话框，在【Find:】文本框中输入关键字"百度为您找到相关结果"，并按回车键进行查询，如图 17.19 所示。

图 17.19　使用 Find Sessions 搜索菜单

如果有符合条件的搜索结果，Fiddler 左侧的会话框相关数据行会被高亮标注为黄色，如图 17.20 所示。

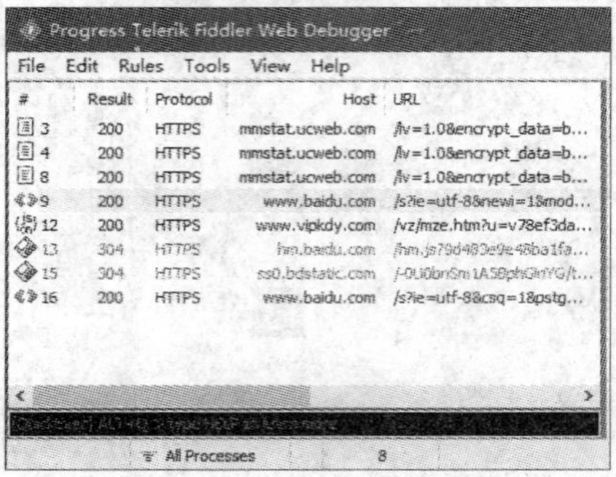

图 17.20　Fiddler 搜索关键字结果

步骤③ 单击会话框中第 1 条呈现黄色的数据，在右侧的 Request 框中单击【Raw】按钮，查看发送请求的 HTTP 报文的详细数据。其中，第 1 行为请求行，内容如下所示。

```
GET https://www.baidu.com/s?ie=utf-8&newi=1&mod=1&isbd=1&isid=a9
41509b0004c7ad&wd=excelhome&rsv_spt=1&rsv_iqid=0x8e84b8950004ac65&is
sp=1&f=3&rsv_bp=1&rsv_idx=2&ie=utf-8&rqlang=cn&tn=request_22_pg&rsv_
enter=1&oq=excelhome&rsv_t=8f5dOvkJ2OXf1H%2BobLi95D0OUTpZk48mSFKoZqGF5uB
BIPvKXzG6%2BhI%2F7BQeA1Sh%2FtFpig&inputT=8&rsv_pq=a941509b0004c7ad&rsv_
sug3=20&rsv_sug1=17&rsv_sug7=100&rsv_sug2=0&prefixsug=excelhome&rsp=3&rsv_
sug4=7789&rsv_sug=1&bs=excelhome&rsv_sid=1427_21087_22073&_ss=1&clist=68f01
1ec916e2ae0&hsug=excelhome&f4s=1&csor=9&_cr1=42619 HTTP/1.1
```

开头的 GET 是请求方法字段，末尾的 HTTP/1.1 是协议版本字段，剩余的信息则是 URL 字段。由于请求行使用的是 GET 方法，所以请求数据附在 URL 之后，以 "?" 分割 URL 和请求数据，其中多个参数之间使用 "&" 连接。

尽管传输数据的参数众多，但并非全部参数都是必需的。选择 Request 框中的【WebForms】选项卡，可以查看多个参数的 Name 及对应的 Value，其中，百度搜索的关键字 "excelhome" 位于参数 wd 下，如图 17.21 所示。因此可以先将 URL 精简如下。

https://www.baidu.com/s?wd=excelhome

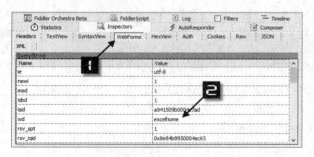

图 17.21　WebForms 数据

步骤④ 在 Request 框中单击【Raw】按钮，可以查看响应报文的详细数据，单击该框右下角的【View in Notepad】按钮，将相关数据转换为记事本的文件形式。在记事本程序中，按 <Ctrl+F> 组合键打开查找对话框，搜索关键字 "百度为您找到相关结果"，可以查看含有该关键字的相关数据。

内容如下所示。

...</div> 百度为您找到相关结果约 10,000,000 个 </div>...

示例代码如下。

```
#001   Sub WebQueryBaidu()
#002       Dim objXMLHTTP As Object
#003       Dim strURL As String
#004       Dim strText As String
#005       Set objXMLHTTP = CreateObject("MSXML2.XMLHTTP")
#006       With objXMLHTTP
#007           strURL = "https://www.baidu.com/s?wd=excelhome"
#008           .Open "GET", strURL, False
#009           .send
#010           strText = .responseText
#011       End With
#012       Range("a1") = " 百度: excelhome 结果个数为: "
#013       Range("a2") = Split( _
               Split(strText, " 百度为您找到相关结果 ")(1), "<")(0)
#014       Set objXMLHTTP = Nothing
#015   End Sub
```

❖ 代码解析

第 5 行代码采用后期绑定的方式，使用 CreateObject 函数创建 MSXML2.XMLHTTP 对象的引用。

第 7 行代码指定发送请求的 URL 网址。

第 8 行代码使用 Open 的方法创建 HTTP 请求。Open 方法语法格式如下。

```
Object.Open(bstrMethod As String, bstrUrl as String, [varAsync],
[bstrUser], [bstrPassword])
```

其中，参数 bstrMethod 表示 HTTP 的请求方法，本例中使用 GET 方法。

参数 bstrUrl 表示请求的 URL 地址。

参数 varAsync 是可选的，其值为 Boolean 类型，表示请求是否为异步方式。默认值为 True，表示当其状态改变时将调用 onReadyStateChange 属性指定的回调函数。在 VBA 中通常建议将此参数设置为 False，表示请求为同步方式，即接收返回数据后才运行下一个语句。

参数 bstrUser 和 bstrPassword 均为可选参数，表示服务器验证时的用户名和密码。

第 9 行代码使用 Send 方法发送 HTTP 请求并接收回应。如果前面的 Open 方法为同步方式，则会等待请求完成或超时才返回；如果采用异步方式，则立即返回。Send 方法的唯一参数表示发送的数据。如果请求行是 GET 方法，通常发送一个零长度的字符串，可以省略。如果请求行是 POST 方法，则可发送字符串、字节数组或 XML DOM 对象等。

第 10 行代码使用 responseText 属性以字符串形式返回响应信息并赋予 HTMLDocument 对象的 body 元素。本例中网页的字符编码为 UTF-8，直接将 responseText 属性赋值给字符串变量即可。如果网页的字符编码为 GB2312，那么 responseText 属性赋值给字符串变量将不能正常地显示中文，需要使用相关函数进行转码，详细代码请参阅 17.15 节。

第 13 行代码使用 Split 函数获取所需的目标数据。

运行 WebQueryBaidu 过程，结果如图 17.22 所示。

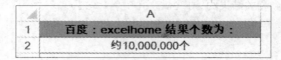

	A
1	百度：excelhome 结果个数为：
2	约10,000,000个

图 17.22　WebQueryBaidu 过程运行结果

17.6.2　抓取百度前 5 页查询结果

在百度中搜索关键字"excelhome"，并将前 5 页查询结果的数据写入当前 Excel 工作表中，示例代码如下。

```
#001    Sub WebQueryBaiduPN()
#002        Dim strURL As String
#003        Dim objXMLHTTP As Object
#004        Dim objDOM As Object
#005        Dim objTitle As Object
#006        Dim intPageNum As Integer
#007        Dim k As Integer
#008        Set objXMLHTTP = CreateObject("MSXML2.XMLHTTP")
#009        Set objDOM = CreateObject("htmlfile")
#010        Cells.ClearContents
#011        Range("a1:c1") = Array(" 序号 ", " 标题 ", " 链接 ")
#012        k = 1
#013        For intPageNum = 0 To 50 Step 10
#014            strURL = "https://www.baidu.com/s?"
#015            strURL = strURL & "wd=excelhome"
#016            strURL = strURL & "&pn=" & intPageNum
#017            With objXMLHTTP
#018                .Open "GET", strURL, False
#019                .setRequestHeader "If-Modified-Since", "0"
#020                .send
#021                objDOM.body.innerHTML = .responseText
#022            End With
#023            For Each objTitle In objDOM.getElementsByTagName("h3")
#024                k = k + 1
#025                Cells(k, 1) = k - 1
#026                With objTitle.getElementsByTagName("a")(0)
#027                    Cells(k, 2) = .innerText
#028                    Cells(k, 3) = .href
#029                End With
#030            Next objTitle
#031        Next intPageNum
#032        Set objXMLHTTP = Nothing
#033        Set objDOM = Nothing
#034        Set objTitle = Nothing
```

```
#035    End Sub
```

❖ 代码解析

第 15 行代码指定百度查询的关键字为"excelhome"。

第 16 行代码指定获取百度查询结果的页数。通过手工操作百度网页翻页并观察 Fiddler 软件 Request 框中【WebForms】界面参数的变化，可以发现参数 pn 代表查询结果的页码，该参数以 10 为单位递增，每递增 10 则网页翻新一页。

第 17~22 行代码使用 MSXML2.XMLHTTP 对象发送请求数据，并将获取的响应信息写入 HTML DOM 对象的 Body 标签。

第 19 行代码指定请求头部字段 If-Modified-Since。由于 MSXML2.XMLHTTP 对象会优先从 Excel 或 IE 缓存中读取数据，所以当互联网浏览器数据刷新而缓存未被删除时，无法获得网页最新数据。

If-Modified-Since 是标准的 HTTP 请求头部，在发送 HTTP 请求时，把浏览器缓存页面的最后修改时间发到服务器，服务器会把该时间与服务器上实际文件的最后修改时间进行比较。

如果时间一致，服务器返回 HTTP 状态码 304，不返回文件内容。客户端接到该信息后，将读取本地缓存文件加载到浏览器中。此时，MSXML2.XMLHTTP 对象实际读取的是本地缓存数据。

与之相反，如果时间不一致，服务器返回 HTTP 状态码 200 和新的文件内容，客户端接到该信息后，丢弃旧文件，把新文件进行缓存，并加载到浏览器中。此时，MSXML2.XMLHTTP 对象读取的是服务器传送的新数据。

第 23~30 行代码遍历 HTML DOM 对象的 h3 标签，也就是百度网页的三级标题。

第 26~29 行代码分别获取该标签下标签名为 a 的首个子节点的文本内容及链接网址。

运行 WebQueryBaiduPN 过程，部分结果如图 17.23 所示。

序号	标题	链接
1	ExcelHome - 全球极具影响力的Excel门户,Office视频教程...	http://www.baidu.com/link?url=8hPIbK1cQUuBrNMRClewmEHGHga2BMiBBxAuqi2jZC9jrynDTUjblo0cONiPixyF
2	...Excel表格交流,Excel技巧培训Office教程下载-ExcelHome技术...	http://www.baidu.com/link?url=t4a-BVEUwy2_f5DCjFzJF51mrRMQXEai1We0pOBFF_SxOq1qCNW3VRXqBQNDqJCO
3	Excel基础应用 - ExcelHome技术论坛	http://www.baidu.com/link?url=qHMf2Z0cXz_0bSsiQcOWyTPTWftWNUaRLEg6htlENYWhRWL04YOCfDGso1kxFYf193k-vHsRqGf4uX6rpukWza
4	ExcelHome简介_ExcelHome - 全球极具影响力的Excel门户,Office...	http://www.baidu.com/link?url=2DdVizWkrAzbHN3if9TfCmMRBScuudaPeb0294IybX52OLzvmvdAUxcQpQKetM_0
5	ExcelVBA程序开发 - ExcelHome技术论坛	http://www.baidu.com/link?url=IvfzaUH82sUytG0qLGVDUjl9bAvRSqoGuc9_Ij-_7JM2TuwDliffyTaEq5XTgs7Ugxwzfhi2HTVvQSiTfq9o4q

图 17.23　WebQueryBaiduPN 过程运行结果

17.7　使用有道翻译实现英汉互译

有道翻译是一款非常方便的免费在线翻译软件，当有多个词条需要批量翻译时，可以通过 VBA 借助网页版有道翻译快速完成翻译工作。

A 列的数据既有英文也有中文，现需要完成英汉互译，如图 17.24 所示。

图 17.24　使用有道翻译实现英汉互译

示例代码如下。

```
#001   Sub WebTranslation()
#002       Dim objXMLHTTP As Object
#003       Dim strURL As String
#004       Dim strText As String
#005       Dim rngSource As Range
#006       Dim avntSource As Variant
#007       Dim i As Long
#008       Set objXMLHTTP = CreateObject("MSXML2.XMLHTTP")
#009       Set rngSource = _
               Range("a2:b" & Cells(Rows.Count, 1).End(xlUp).Row)
#010       avntSource = rngSource.Value
#011       strURL = "http://fanyi.youdao.com/translate"
#012       With objXMLHTTP
#013           For i = 1 To UBound(avntSource)
#014               .Open "POST", strURL, False
#015               .setRequestHeader _
                       "Content-Type", "application/x-www-form-urlencoded"
#016               .send "i=" & avntSource(i, 1) & _
                       "&from=AUTO&to=AUTO&doctype=json"
#017               strText = .responseText
#018               avntSource(i, 2) = Split( _
                       Split(strText, "tgt"":""")(1), """}")(0)
#019           Next i
#020       End With
#021       rngSource.Value = avntSource
#022       Set objXMLHTTP = Nothing
#023       Set rngSource = Nothing
#024   End Sub
```

❖ 代码解析

在浏览器打开有道翻译网页 http://fanyi.youdao.com/，查询翻译多个中英文词汇，通过观察和对比 Fiddler 抓包数据的变化，可以得到 HTTP 请求报文和响应报文的详细数据，如图 17.25 所示。

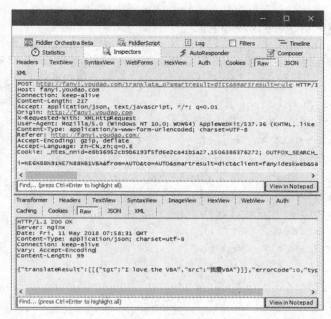

图 17.25　Fiddler 抓包数据

第 11 行代码指定 URL 网址。

第 14 行代码指定请求行的方法字段为 POST。

第 15 行代码发送请求头部。当请求行的方法字段为 POST 时，通常需要发送头部字段。请求头部的默认编码类型为"Content-Type=application/x-www-form-urlencoded"。

第 16 行代码发送请求数据。当请求行的方法字段为 POST 时，请求数据通常存在于请求报文的 < request-body > 中。参数 i 指定需要翻译的词汇，参数 from 和 to 分别指定了翻译语言的规则为自动状态，也就是说，非中文的语种会被默认翻译成中文，而中文则默认翻译为英文。参数 doctype 指定了返回文件的类型为 json。

第 18 行代码通过 Split 函数拆分响应信息获得翻译结果。以"我爱 VBA"为例，响应信息如下。

```
{"type":"ZH_CN2EN","errorCode":0,"elapsedTime":0,"translateResult":[[{"src":"我爱VBA","tgt":"I love the VBA"}]]}
```

观察以上数据，不难发现"我爱 VBA"的翻译结果"I love the VBA"处在"tgt":""字符及""}"字符之间，使用 Split 函数即可获得翻译结果。

运行 WebTranslation 过程，结果如图 17.26 所示。

	A	B
1	数据	翻译结果
2	我爱VBA	I love the VBA
3	天天向上	Day day up
4	I LOVE YOU	我爱你
5	早上好	Good morning
6	城里的月光	The moonlight in the city
7	天下无双	The unique
8	世界和平	The peace of the world
9	Level 3 title	三级标题
10	King glory	王的荣耀

图 17.26　WebTranslation 过程运行结果

17.8　获取当当网图书数据

当当网是知名的综合性网上购物中心，假设需要根据示例文件工作表 A2 单元格所输入的关键字，查询并获取当当网图书类商品的封面、书名、现价、定价、折扣及链接等数据，示例代码如下。

```
#001    Sub WebCrawlerDangD()
#002        Dim objXMLHTTP As Object
#003        Dim objDOM As Object
#004        Dim objDOMLi As Object
#005        Dim objShape As Shape
#006        Dim strURL As String
#007        Dim strText As String
#008        Dim strKey As String
#009        Dim strMsg As String
#010        Dim strMsgYesOrNo As String
#011        Dim strDOMLi As String
#012        Dim astrResult() As String
#013        Dim vntShapePic As Variant
#014        Dim intPageNum As Integer
#015        Dim intLiLength As Integer
#016        Dim lngaResult As Long
#017        Dim i As Long
#018        Dim k As Long
#019        strKey = Range("a2").Value
#020        If Len(strKey) = 0 Then
#021            MsgBox "未在 A2 单元格输入查询关键字。"
#022            Exit Sub
#023        End If
#024        Set objXMLHTTP = CreateObject("MSXML2.XMLHTTP")
#025        Set objDOM = CreateObject("htmlfile")
#026        For intPageNum = 1 To 100
#027            strURL = "http://search.dangdang.com/?"
#028            strURL = strURL & "category_path=01.00.00.00.00.00#J_tab"
#029            strURL = strURL & "&act=input"
#030            strURL = strURL & "&key=" & strKey
#031            strURL = strURL & "&page_index=" & intPageNum
#032            With objXMLHTTP
#033                .Open "GET", strURL, False
#034                .send
#035                strText = .responseText
#036            End With
#037            If InStr(strText, "没有找到") Then Exit For
#038            objDOM.body.innerHTML = strText
#039            Set objDOMLi = objDOM.getElementById("search_nature_rg") _
                   .getElementsByTagName("li")
```

```
#040          intLiLength = objDOMLi.Length
#041          lngaResult = lngaResult + intLiLength
#042          ReDim Preserve astrResult(1 To 7, 1 To lngaResult)
#043          For i = 0 To intLiLength - 1
#044              k = k + 1
#045              astrResult(1, k) = k
#046              strDOMLi = objDOMLi(i).innerHTML
#047              strDOMLi = strDOMLi & _
                      "now_price>search_pre_price>search_discount> ("
#048              astrResult(4, k) = _
                      Val(Mid(Split(strDOMLi, "now_price>")(1), 2))
#049              astrResult(5, k) = _
                      Val(Mid(Split(strDOMLi, "search_pre_price>")(1), 2))
#050              If astrResult(5, k) = 0 _
                      Then astrResult(5, k) = astrResult(4, k)
#051              astrResult(6, k) = _
                      Val(Split(strDOMLi, "search_discount> (")(1))
#052              If astrResult(6, k) = 0 Then astrResult(6, k) = ""
#053              With objDOMLi(i).getElementsByTagName("A")(0)
#054                  astrResult(3, k) = .Title
#055                  astrResult(7, k) = .href
#056              End With
#057              With objDOMLi(i).getElementsByTagName("IMG")(0)
#058                  astrResult(2, k) = .src
#059                  If Left(astrResult(2, k), 4) <> "http" Then
#060                      astrResult(2, k) = _
                              .getAttribute("data-original")
#061                  End If
#062              End With
#063          Next i
#064      Next intPageNum
#065      If k = 0 Then
#066          MsgBox "未找到符合条件的查询结果。"
#067          Exit Sub
#068      End If
#069      ActiveSheet.UsedRange.Offset(3).ClearContents
#070      Application.ScreenUpdating = False
#071      For Each objShape In ActiveSheet.Shapes
#072          If objShape.Type = msoLinkedPicture Then objShape.Delete
#073      Next objShape
#074      strMsg = "一共有" & k & "张图片需要导入 Excel 工作表。"
#075      If k > 50 Then strMsg = strMsg & "耗时过长！不建议导入！"
#076      strMsgYesOrNo = MsgBox("请选择是否需要导入图书图片！" _
              & vbCrLf & strMsg, vbYesNo)
```

17

```
#077        If strMsgYesOrNo = vbYes Then
#078            Const PIC_HEIGHT As Integer = 100
#079            Const RNG_HEIGHT As Integer = 110
#080            Const RNG_WIDTH As Integer = 16
#081            Range("B:B").ColumnWidth = RNG_WIDTH
#082            Range("A5").Resize(k, 1).EntireRow.RowHeight = RNG_HEIGHT
#083            For i = 1 To k
#084                Set vntShapePic = ActiveSheet.Pictures.Insert(astrResult(2, i))
#085                With Cells(i + 4, 2)
#086                    vntShapePic.Height = PIC_HEIGHT
#087                   vntShapePic.Top = (RNG_HEIGHT - PIC_HEIGHT) / 2 + .Top
#088                   vntShapePic.Left = (.Width - vntShapePic.Width) / 2 + .Left
#089                End With
#090                astrResult(2, i) = ""
#091            Next i
#092        End If
#093        Range("a4:g4") = _
               Array("序号", "封面", "书名", "现价", "定价", "折扣", "链接")
#094        Range("A5").Resize(k, UBound(astrResult)) = _
               Application.Transpose(astrResult)
#095        Application.ScreenUpdating = True
#096        Set objXMLHTTP = Nothing
#097        Set objDOM = Nothing
#098        Set objDOMLi = Nothing
#099    End Sub
```

❖ 代码解析

第 19~23 行代码判断 A2 单元格是否已经输入查询关键字，如果 A2 单元格为空格，则退出程序。

第 26 行代码指定遍历网页的页码为 1~100 页。100 页是当当网提供查询结果的最大页数。

第 27~31 行代码指定请求网址。由于请求行方法字段为 GET，所以请求数据附在 URL 之后。参数 key 指定查询的关键值，参数 category_path 指定查询的商品类别为图书类，参数 page_index 指定网页的页码。

第 32~36 行代码使用 MSXML2.XMLHTTP 对象发送请求数据并获取响应信息。

第 37 行代码判断响应信息中是否存在"没有找到"关键字。如果存在该关键字，说明已到达查询结果网页的最大页，然后退出程序。

第 39 行代码获取 li 标签的元素集合。

第 40 行代码获取 li 标签的数量。

第 42 行代码调整数组 astrResult 的大小。

第 43~63 行代码遍历 HTML DOM 对象的 li 标签。

第 48 行代码获取图书的现价。

第 49 行和第 50 行代码获取图书的定价，如果定价为 0，则定价等于现价。

第 51 行和第 52 行代码获取图书的折扣，如果折扣为 0，则折扣返回空值。

第 53~56 行代码分别获取图书的标题和网页地址。

第 57~62 行代码获取图书封面图片的网页地址。

第 65~68 行代码判断是否有符合条件的查询结果，如果结果数为 0，则退出程序。

第 71~73 行代码删除当前工作表中类型为 msoLinkedPicture 的图片。

第 74~76 行代码根据图书封面图片的张数，对用户提出是否导入图片的建议。

第 77~92 行代码如果用户选择导入图书封面图片，则遍历图书封面导入 Excel 工作表。

第 78 行代码设置了图片的高度。

第 79~82 行代码设置放置图片单元格区域的行高和列宽。

第 83~91 行代码，根据 astrResult 数组中保存的图书封面图片的网址，将图书封面插入 Excel 工作表，并居中放置于 B 列相应单元格中。

第 94 行代码将数组 astrResult 的数据写入 Excel 工作表左上角为 A5 的单元格区域。

运行 WebCrawlerDangD 过程，部分结果如图 17.27 所示。

序号	封面	书名	现价	定价	折扣	链接
		A2输入在询关键字				
		excel home				
1		Excel三大神器：函数与公式+数据透视表+VBA其实很简单（套装共3册）	196.7	257	7.7折	http://product.dangdang.com/24023887.html
2		Excel应用大全：数据处理分析、函数公式、图表（套装共3册）	196.1	207	9.5折	http://product.dangdang.com/25247413.html
3		Excel三大利器：函数很简单、别怕VBA、数据透视表（套装共3册）	167.7	177	9.5折	http://product.dangdang.com/25247414.html

图 17.27　WebCrawlerDangD 过程运行结果

17.9　了解 IE 对象

VBA 通过 OLE 自动化技术创建和控制 IE 对象，也可以实现访问网页元素、获取网页数据的目的。这个方法并不是直接读取 HTTP 响应报文，而是浏览器中的网页元素文本数据。相比于模拟 Web 通信，本方法尽管会耗费等待浏览器加载页面图片及运行脚本的时间，但也具有"所见即所得"的独特优势，网页上显示的元素基本都可以被抓取。

WebQueryIETable 过程演示了如何使用 IE 对象抓取网页中的表格数据，将搜狐股票领涨板块的数据写入 Excel 工作表。

```
#001    Sub WebQueryIETable()
#002        Dim objIE As Object
#003        Dim objIEDOM As Object
#004        Dim objTable As Object
#005        Dim objTR As Object
```

```
#006        Dim lngRow As Long
#007        Dim intCol As Integer
#008        Set objIE = CreateObject("InternetExplorer.Application")
#009        With objIE
#010            .Visible = False
#011            .navigate "http://q.stock.sohu.com/"
#012            Do Until .readyState = 4
#013                DoEvents
#014            Loop
#015            Set objIEDOM = .document
#016        End With
#017        Cells.ClearContents
#018        Set objTable = objIEDOM.getElementsByTagName("TABLE")(3)
#019        For Each objTR In objTable.Rows
#020            lngRow = lngRow + 1
#021            For intCol = 0 To objTR.Cells.Length - 1
#022                    Cells(lngRow, intCol + 1) = objTR.Cells(intCol).
innerText
#023            Next intCol
#024        Next objTR
#025        objIE.Quit
#026        Set objIE = Nothing
#027        Set objIEDOM = Nothing
#028        Set objTable = Nothing
#029        Set objTR = Nothing
#030    End Sub
```

❖ 代码解析

第 8 行代码采用后期绑定的方式，使用 CreateObject 函数创建 InternetExplorer 对象的引用。除此之外，也可以采用前期绑定的方式引用 Microsoft Internet Controls 库，具体操作步骤如下。

在 Visual Basic 编辑器中选择【工具】→【引用】选项，打开【引用 - VBAProject】对话框，在【可使用的引用】列表框中选中【Microsoft Internet Controls】复选框，如图 17.28 所示。

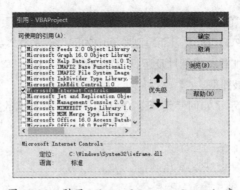

图 17.28　引用 Microsoft Internet Controls 库

第 10 行代码设置 IE 对象不可见。

第 11 行代码使用 Navigate 方法打开指定网页，其语法格式如下。

```
InternetExplorer.Navigate URL, [Flags], [TargetFrameName], [PostData], [Header]
```

参数 URL 是必需的，其值为字符串类型。

参数 Flags 是可选的，其值是一个常量或数值，用来确定是否将资源加进历史记录、是否读取或写入缓冲区。

参数 TargetFrameName 是可选的，表示所显示的文档的框架名。

参数 PostData 是可选的，表示在 HTTP 使用 POST 方法发送到服务器的字符串。

参数 Header 是可选的，表示发送到服务器的 HTTP 头信息。

第 12~14 行代码使用 Do Until 循环语句确保网页载入完毕再进行下一步操作。readyState = 4 用于判断网页是否载入完毕。4 对应的参数常量为 READYSTATE_COMPLETE。

 注意　未在 VBE 中引用 Microsoft Internet Controls 库时，该参数只能使用数字常量，不能使用字符串常量。

第 15 行代码将所创建的 IE 对象的 Document 属性赋值给 objIEDOM 变量。

IE 对象的常用属性和方法如表 17.3 所示。

表 17.3　IE 对象的常用属性和方法

属性 / 方法名称	说明
Navigate 方法	用于加载某个网站
Quit 方法	关闭 IE 对象
Document 属性	获得浏览器当前加载的文档对象
LocationName 属性	获得当前正在浏览页面的 Title
LocationURL 属性	获得当前正在浏览页面的 URL
Busy 属性	返回一个布尔值表示 IE 当前是否正在装入 URL
readyState 属性	返回 IE 的载入状态
Visible 属性	设置 IE 对象是否可见

第 18 行代码使用 getElementsByTagName 方法获取表单标签名称为 TABLE 的第 3 个元素对象。getElementsByTagName 方法返回的是指定标签的集合。

IE 对象查找元素的常用方法如表 17.4 所示。

表 17.4　IE 对象查找元素的常用方法

方法	说明
HTMLDocument.getElementById (ID)	通过 ID 属性查找元素
HTMLDocument.getElementsByName (Name)	通过 Name 属性查找，返回结果是元素集合
HTMLDocument.getElementsByTagName (标签名称)	通过元素的标签名称查找，返回结果是元素集合
HTMLDocument.all.tags (标签名称)	通过元素的标签名称查找，返回结果是元素集合
HTMLDocument.all (ID / Name)	通过 ID 或 Name 属性查找，返回结果为某单个元素或元素集合
HTMLDocument.all (i)	通过元素的数组序号查找元素

第 19~24 行代码通过遍历 objTable 对象的行和单元格对象,将相应元素的文本(innerText)写入 Excel 工作表的单元格中。

网页元素的常用属性如表 17.5 所示。

表 17.5　网页元素的常用属性

属性	说明
ID	元素的 ID
Name	元素的 Name
Value	元素的值,如文本框的字符、密码框的密码字符
href	超链接等元素所指向的 URL 地址
src	图片或者框架页面的 URL 地址
innerText	元素内含的文本
innerHTML	元素内含的 HTML 代码,但不含元素自身的标签
OuterText	含元素自身及内部的文本
OuterHTML	含元素自身标签及内部的 HTML 代码
Length	元素集合的元素数量

第 25 行代码关闭示例过程创建的 IE 对象浏览器。

运行 WebQueryIETable 过程,结果如图 17.29 所示。

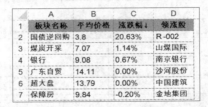

图 17.29　WebQueryIETable 过程运行结果

使用 IE 对象访问网页元素时,务必将 IE 浏览器设置为默认浏览器,否则运行程序可能出现如图 17.30 所示的错误提示。

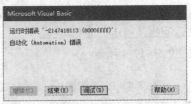

图 17.30　运行时的错误提示

17.10　使用 IE 自动登录网页

使用 VBA 创建和控制 IE 对象,可以方便地处理如下问题:自动登录用户名和密码并获取指定网页的数据;将 Excel 表格中的数据自动填入指定网页表单等。

LoginWeb 过程演示如何使用 VBA 代码控制 IE 对象,使用指定用户名和密码登录厦门市中小学生安全教育平台网站。示例代码如下。

```
#001    Sub LoginWeb()
#002        Dim strURL As String
#003        Dim strName As String
#004        Dim strPassWord As String
#005        Dim sngTime As Single
#006        strName = Range("b1").Value
#007        strPassWord = Range("b2").Value
#008        If Len(strName) = 0 Or Len(strPassWord) = 0 Then
#009            MsgBox "账户名或密码未输入。"
#010            Exit Sub
#011        End If
#012        With CreateObject("InternetExplorer.application")
#013            strURL = "https://xiamen.xueanquan.com/login.html"
#014            .navigate strURL
#015            .Visible = True
#016            Do Until .readyState = 4
#017                DoEvents
#018            Loop
#019            If InStr(1, .LocationURL, "mainpage", vbTextCompare) Then
#020                MsgBox "你已登录，无须重复登录。"
#021            Else
#022                With .document
#023                    .getElementById("Uname").Value = strName
#024                    .getElementById("PassWord").Value = strPassWord
#025                    .getElementById("LoginButton").Click
#026                End With
#027                sngTime = Timer
#028                Do While Timer < sngTime + 3
#029                Loop
#030                If InStr(1, .LocationURL, _
                        "mainpage", vbTextCompare) Then
#031                    MsgBox "恭喜，登录成功。"
#032                Else
#033                    MsgBox "用户名或密码错误，登录失败。"
#034                End If
#035            End If
#036        End With
#037    End Sub
```

❖ 代码解析

第 6 行和第 7 行代码分别获取 B1 和 B2 单元格输入的登录网页所用的用户名和密码。

第 8~11 行代码判断用户名或密码字符串是否为空，如果其中有一个为空则退出程序。

第 13 行代码指定 URL 网址。

第 19 行代码判断 IE 对象打开的 URL 网址是否包含"mainpage"关键字。在用户已登录的情况下，URL 会自动转到已登录的首页，该首页的网址包含"mainpage"关键字。

第 22~26 行代码在网页中输入用户名和密码并模拟单击【登录】按钮。

在编写自动输入表单的程序之前，应先查看网页的源代码确定表单用户名和密码的元素。在 IE 浏览器窗口中按 <F12> 键打开【开发人员工具】窗口，单击左上角的【选择元素】按钮，在出现的页面中选择目标元素，即可查看相关元素对应的源代码。本例中的源代码如图 17.31 所示。

图 17.31　快速查看网页目标元素

第 23 行和第 24 行代码使用 getElementById 方法获取表单中 ID 属性为"Uname"和"PassWord"的文本框元素。并将指定的用户名和密码赋值该元素的 Value 属性，相当于在网页中输入用户名和密码。

第 25 行代码同样使用 GetElementById 方法定位 ID 属性为"LoginButton"的按钮，然后使用 Click 方法激发该按钮的单击事件以递交资料给服务器。

第 30~34 行代码根据 IE 对象打开的 URL 网址是否包含"mainpage"关键字，判断是否登录成功。

运行 LoginWeb 过程将创建新的 Internet Explorer 程序对象，打开中小学校安全教育平台厦门地区的登录页面，并自动登录该网站。

　本节示例文件中提供的用户名和密码只是用于演示目的，并无法真正登录该网站。

17.11　制作简易的网页浏览器

使用 WebBrowser 控件能够在 Excel 应用程序中添加 Internet 浏览器的浏览功能。WebBrowser 控件是 Microsoft Internet Explorer 程序自带的一个 ActiveX 控件，在工作表或用户窗体中插入 WebBrowser 控件后，就可以使用 VBA 代码定制 Web 应用程序。

在用户窗体中所使用的控件如表 17.6 所示。

表 17.6 用户窗体中所使用的控件

控件类型	控件标题	控件名称
文本框	—	txtAddress
命令按钮	转至	cmdGo
命令按钮	前页	cmdPrev
命令按钮	后页	cmdNext
命令按钮	刷新	cmdRefresh
命令按钮	停止	cmdStop
命令按钮	保存	cmdSave
WebBrowser 控件	—	WebBrowser1

用户窗体模块的代码如下。

```
#001    Private  mstrURL As String
#002    Private Sub cmdGo_Click()
#003        If Len(cmbURL.Text) = 0 Then Exit Sub
#004        WebBrowser1.Navigate cmbURL.Text
#005    End Sub
#006    Private Sub cmdNext_Click()
#007        On Error Resume Next
#008        WebBrowser1.GoForward
#009    End Sub
#010    Private Sub cmdPrev_Click()
#011        On Error Resume Next
#012        WebBrowser1.GoBack
#013    End Sub
#014    Private Sub cmdRefresh_Click()
#015        WebBrowser1.Refresh
#016    End Sub
#017    Private Sub cmdSave_Click()
#018        Dim strFile As String
#019        Dim strText As String
#020        Dim i As Integer
#021        strFile = Application.GetSaveAsFilename(InitialFileName:="", _
                FileFilter:=" 文本文件 (*.txt),*.txt,HTML 文件 (*.htm),*.htm")
#022        If strFile = "False" Then Exit Sub
#023        Open strFile For Output As #1
#024        With WebBrowser1.Document
#025            If LCase(Right(strFile, 4)) = ".txt" Then
#026                strText = .body.innertext
#027                Write #1, strText
#028            ElseIf LCase(Right(strFile, 4)) = ".htm" Then
#029                For i = 0 To .all.Length - 1
#030                    If UCase(.all(i).tagName) = "HTML" Then
#031                        strText = .all(i).innerhtml
```

```
#032                    Write #1, strText
#033                    Exit For
#034                End If
#035            Next i
#036        End If
#037    End With
#038    Close #1
#039 End Sub
#040 Private Sub cmdStop_Click()
#041    WebBrowser1.Stop
#042 End Sub
#043 Private Sub UserForm_Initialize()
#044    WebBrowser1.Navigate "http://club.excelhome.net"
#045 End Sub
#046 Private Sub WebBrowser1_BeforeNavigate2(ByVal pDisp As Object, _
        URL As Variant, Flags As Variant, _
        TargetFrameName As Variant, _
        PostData As Variant, Headers As Variant, Cancel As Boolean)
#047    cmdStop.Enabled = True
#048    cmdRefresh.Enabled = False
#049 End Sub
#050 Private Sub WebBrowser1_NavigateComplete2( _
        ByVal pDisp As Object, URL As Variant)
#051    cmdStop.Enabled = False
#052    cmdRefresh.Enabled = True
#053    cmbURL.Text = WebBrowser1.LocationURL
#054 End Sub
#055 Private Sub WebBrowser1_NewWindow2(ppDisp As Object, _
        Cancel As Boolean)
#056    Cancel = True
#057    WebBrowser1.Navigate mstrURL
#058 End Sub
#059 Private Sub WebBrowser1_StatusTextChange(ByVal Text As String)
#060    mstrURL = Text
#061 End Sub
```

❖ 代码解析

第 1 行代码声明模块级的字符串变量 mstrURL，用来保存弹出的 IE 窗口的网页地址。

第 2~5 行代码为【转至】按钮的单击事件代码。

第 3 行代码判断文本框 cmbURL 的内容是否为空，若为空则退出该过程。

第 4 行代码使用 WebBrowser 控件的 Navigate 方法，在控件中打开指定的 URL 或 HTML 文件。

第 6~9 行代码为【后页】按钮的单击事件代码，使用 GoFoward 方法在浏览历史记录中向前移动一页。

第 10~13 行代码为【前页】按钮的单击事件代码，使用 GoBack 方法在浏览历史记录中向后移动一页。

注意 　　单击这两个按钮移动到最后一个URL之后或第1个URL之前时将产生运行时错误，示例代码中并未处理这个错误，而是使用On Error Resume Next忽略错误。

第 14~16 行代码为【刷新】按钮的单击事件代码，使用 Refresh 方法重新载入页面。

第 17~39 行代码为【保存】按钮的单击事件代码。

第 21 行代码使用 GetSaveAsFilename 方法打开【另存为】对话框获取文件名，可另存为文本文件或 HTML 文件，如图 17.32 所示。

图 17.32　两种保存类型

第 22 行代码判断用户是否取消另存为，如果选择取消则退出该过程。

第 23 行代码使用 Open 语句打开指定的文件以待写入数据。

第 24 行代码使用控件的 Document 属性返回当前控件窗口中的 Document 对象，通过该对象的属性和方法获取控件窗口中的网页内容。

第 26 行代码使用 Document 对象的 Body 对象的 InnerText 属性获取当前网页中除了 HTML 元素以外的文本内容。

第 29~35 行代码使用 For…Next 循环搜索 Document 对象中的每个元素，Document 对象的 All 属性返回一个元素集合，当定位到 TagName 为 "HTML" 的元素时，则将该元素的 InnerHTML 属性赋值给字符串变量并写入文件。

第 40~42 行代码为【停止】按钮的单击事件代码，使用 Stop 方法取消当前的网页操作。

第 43~45 行代码是用户窗体的初始化事件，当该用户窗体启动时，在控件中加载 ExcelHome 论坛页面。

第 46~49 行代码是 BeforeNavigate2 事件，当控件从某个 URL 转至另一个 URL 时触发该事件。当 BeforeNavigate2 事件被触发且还没有打开新的网页时，设置【停止】按钮可用，而【刷新】按钮不可用。

第 50~54 行代码是 NavigateComplete2 事件，控件成功地转至新的 URL 时触发该事件。当 NavigateComplete2 事件被触发后，设置【刷新】按钮可用，而【停止】按钮不可用，然后将新的 URL 写入文本框。

第 55~61 行代码使用 NewWindow2 事件和 StatusTextChange 事件控制始终在该控件中打开超链接的窗口。

第 56 行代码是设置 Cancel 参数为 True，禁止在新窗口中打开超链接。

第 57 行代码使用 Navigate 方法在 WebBrowser1 控件中打开被单击的超链接。

需要说明的是，示例代码只是简单地演示了 WebBrowser 控件的使用方法，并没有提供相关错误处理代码，也没有判断【前页】按钮和【后页】按钮的 Enable 属性，读者可以自行完善扩展代码。

运行示例文件中的用户窗体，在文本框中输入 URL 地址 "http://club.excelhome.net/forum. php"，单击【转至】按钮打开网页，如图 17.33 所示。

图 17.33 　简易浏览器

单击【前页】按钮和【后页】按钮分别转至前一页和后一页，单击【刷新】按钮重新载入当前网页，单击【停止】按钮停止正在载入的网页，单击【保存】按钮以 HTML 文件或文本文件的格式保存当前页面到指定的文件中。

17.12 　解析 JSON 文档

17.12.1 　JSON 的对象和数组

JSON（JavaScript Object Notation, JS 对象简谱）是一种轻量级的数据交换格式。它是基于 ECMAScript（欧洲计算机协会制定的 js 规范）的一个子集，采用完全独立于编程语言的文本格式来存储和表示数据。简洁和清晰的层次结构使得 JSON 成为理想的数据交换语言，易于阅读和编写，也易于机器解析和生成的优势，可以有效地提升网络传输效率。

在 JSON 中，对象和数组是比较特殊且常用的两种类型。在 JSON 网页解析过程中，经常用的基本上就是这两种类型数据。

对象在 JSON 中是使用 "{}" 括起来的内容，数据结构为键值对结构，如下所示。

```
{key1: value1,key2: value2,...}
```

key 作为键名是对象的属性，value 是键名对应的值。键名可以使用整数和字符串来表示，键值可以是任意类型。通常键名和值之间使用 "："分隔。例如，定义对象 obj，示例代码如下。

```
var obj={name:" 张三 ",sex:" 男 ",age:20}
```

数组在 JSON 中是 "[ ]" 括起来的内容，是数据结构为 [" 张三 "," 李四 "," 王五 ",...] 的索引结构。

数组是一种比较特殊的数据类型，每个元素之间使用逗号间隔，元素的类型可以是任意的。例如，定义数组 arr，示例代码如下。

```
var arr=[" 张三 "," 李四 "," 王五 "]
```

此时，关键字 var 作为变量的类型是可以省略的，示例代码如下。

```
arr=[" 张三 "," 李四 "," 王五 "]
```

数组和对象之间可以相互嵌套。

❒ I 数组中嵌套对象

```
arr=[{"name":" 张 三 ","sex":" 男 ","age":23},{"name":" 李 四 ","sex":" 女 ","age":20}]
```

❒ II 数组中嵌套数组

```
arr=[[" 张三 "," 男 ",23],[" 李四 "," 女 ",20]]
```

❒ III 对象与数组多层嵌套

```
var obj={"data":[{"name":" 张三 ","sex":" 男 ","age":23},{"name":" 李四 ","sex":" 女 ","age":20}]}
```

17.12.2 使用 VBA 执行 JavaScript 语句

在 VBA 中创建浏览器的 Window（窗口）对象，在该对象下即可执行 JavaScript 语句，进而解析 JSON 数据。

CreateObjWindow 过程演示了如何创建 Window（窗口）对象并执行 JavaScript 语句。

```
#001   Sub CreateObjWindow()
#002       Dim objDOM As Object
#003       Dim objWindow As Object
#004       Dim strText As String
#005       Set objDOM = CreateObject("htmlfile")
#006       Set objWindow = objDOM.parentWindow
#007       strText = "var obj={name: ' 张三 ',sex: ' 男 ', age: 20}"
#008       objWindow.execScript strText
#009       MsgBox objWindow.obj.sex
#010       MsgBox objWindow.eval("obj.name")
#011       Set objDOM = Nothing
#012       Set objWindow = Nothing
#013   End Sub
```

❖ 代码解析

第 5 行代码使用 CreateObject 函数创建 HTML DOM 对象引用。

第 6 行代码创建 Window 对象。

第 7 行代码将 JSON 语句以字符串的形式赋值给 strText 变量。

第 8 行代码使用 Window 对象的 execScript 方法接收 strText 变量。execScript 是 IE 浏览器所独有的方法，可以根据提供的脚本语言执行一段脚本代码。该方法共有两个参数：第 1 个参数指定被执行的脚本代码；第 2 个参数指定脚本代码的语言类别，默认为 JavaScript。

此外，也可以使用 HTML DOM 对象的 write 方法在文档中写入 JSON 代码。在 HTML 文档中，<script>

标签被设计为专门标识 JavaScript 脚本。因此，如果文档中不存在 <script> 标签，需要在文档中至少写入一个 <script> 标签。示例代码如下。

```
objDOM.write "<script>" & strText & "</script>"
```

第 9 行代码使用 MsgBox 函数返回 obj 对象 sex 属性的值。

第 10 行代码使用 MsgBox 函数返回 obj 对象 name 属性的值。

注意
━■■━→
如果使用语句 objWindow.obj.name，VBE 代码编辑器会自动将语句转换为 objWindow.obj.Name，而 JavaScript 语言对大小写敏感，因此会导致程序错误。

使用 JavaScript 的 eval 函数可以避免代码大小写的问题。该函数可以计算某个字符串，并执行其中的 JavaScript 代码，其语法格式如下。

```
eval(string)
```

该函数的参数是必需的，用于指定需要计算的字符串，其中包含进行计算的 JavaScript 表达式或要执行的语句。

17.12.3　获取和讯网融资融券交易详情

WebCatchJSONData 过程演示如何从和讯网下载最新融资融券交易详情数据，示例代码如下。

```
#001    Sub WebCatchJSONData()
#002        Dim objXMLHTTP As Object
#003        Dim objDOM As Object
#004        Dim objWindow As Object
#005        Dim strURL As String
#006        Dim strText As String
#007        Dim intPageNum As Integer
#008        Dim i As Integer
#009        Dim j As Integer
#010        Dim lngRow As Long
#011        Dim intCol As Integer
#012        Dim avntTitle As Variant
#013        Set objXMLHTTP = CreateObject("MSXML2.XMLHTTP")
#014        Set objDOM = CreateObject("htmlfile")
#015        Set objWindow = objDOM.parentWindow
#016        Application.ScreenUpdating = False
#017        strURL = "http://stockdata.stock.hexun.com/" _
                & "rzrq/data/Stock/DetailCollectDay.ashx"
#018        avntTitle = Array("StockName", "FinancBalance", "FinancBuy", _
                "FinancPay", "FinancAllowance", "FinancSell", "FinancPayB", _
                "FinancSecuritiesBalance", "BalanceDiff", "ATurnoverMoney", _
                "ATurnoverDiff")
#019        ActiveSheet.UsedRange.Offset(1).ClearContents
#020        lngRow = 1
#021        Do While True
#022            intPageNum = intPageNum + 1
```

```
#023            With objXMLHTTP
#024                .Open "GET", strURL & "?&page=" & intPageNum, False
#025                .send
#026                strText = .responseText
#027            End With
#028            strText = Split(Split(strText, "]")(0), "[")(1)
#029            If Len(strText) = 0 Then Exit Do
#030            strText = "<script>data=[" & strText & "]</script>"
#031            objDOM.write strText
#032            For i = 0 To objWindow.eval("data.length") - 1
#033                lngRow = lngRow + 1
#034                intCol = 0
#035                For j = 0 To UBound(avntTitle)
#036                    intCol = intCol + 1
#037                    Cells(lngRow, intCol) = _
                           objWindow.eval("data[" & i & "]." & avntTitle(j))
#038                Next j
#039            Next i
#040        Loop
#041        Application.ScreenUpdating = True
#042        Set objXMLHTTP = Nothing
#043        Set objDOM = Nothing
#044        Set objWindow = Nothing
#045    End Sub
```

❖ 代码解析

第 17 行代码指定了数据来源的 URL，该网址可以通过 Fiddler 软件抓包获取。

第 18 行代码使用数组 avntTitle 保存需要获取的数据在 JSON 对象中的属性。

第 19 行代码清除工作表除标题行以外的单元格区域数据。

第 22 行代码设置查询数据的网页页码。

第 23~27 行代码通过 MSXML2.XMLHTTP 对象发送网页请求并获取响应信息。所获取的部分响应信息如下所示。

hxbase_json3({sum:941,list:[{StockName:'中国平安',StockNameLink:'/rzrq/s601318.shtml',FinancBalance:'2,371,977.69',FinancBuy:'69,978.25',FinancPay:'75,333.05',FinancAllowance:'187.99',FinancSell:'41.01',FinancPayB:'60.51',FinancSecuritiesBalance:'2,383,944.93'…'}] })

通过观察该信息可以发现目标数据保存在 JSON 语句的 list 数组内。

第 28 行代码使用 Split 函数获取 list 数组的数据，并保存在 strText 变量中。

第 29 行代码判断 strText 变量是否为空，如果为空，则退出 Do 循环。

第 30 行和第 31 行代码将 strText 字符串命名为 JSON 语句的 data 数组，并增加 <script> 标签，写入 HTML DOM 对象。

第 32~39 行代码遍历 data 数组的元素，并将相关数据写入 Excel 工作表单元格。

第 32 行代码使用数组的 length 属性获取 data 数组的大小，JSON 数组默认下标为 0。

第 37 行代码使用索引法获取 data 数组的元素，本例中数组的元素为 JSON 对象，因此再通过指定属性名的方式获得对应的数据。

运行 WebCatchJSONData 过程，部分结果如图 17.34 所示。

股票名称	融资余额 (万元)	融资买入额 (万元)	融资偿还额 (万元)	融券余量 (万股)	融券卖出量 (万股)	融券偿还量 (万股)	融资融券余额 (万元)	余额差值 (万元)	交易额差值 (万元)	交易差值 比率(倍)
中国平安	2351515.72	51304.01	71021.92	170.13	26.32	103.43	2362372	2340660	49624.54	-0.05
兴业银行	1595039.36	8381.13	13727.56	96.66	19.24	0.08	1596577	1593502	8075.02	-0.46
京东方A	1021736.38	26879.58	25976.41	702.79	2.48	73.29	1024646	1018827	26869.31	-0.60
民生银行	935927.94	5472.71	4140.86	185.63	4.26	25.37	937348	934508	5440.12	0.30
中信证券	834934.16	18608.77	14738.92	540.75	86.99	43.05	845046	824822	16982.06	-0.31
贵州茅台	677342.47	58194.07	46542.97	22.18	0.55	0.54	694768	659917	57761.91	-0.26
格力电器	660397.74	33209.20	35170.39	65.98	7.08	7.86	663592	657203	32866.50	-0.43
中国建筑	587954.36	5099.18	6912.41	94.55	17.83	4.00	588737	587171	4951.55	0.01
科大讯飞	544211.92	20709.35	20482.43	51.59	5.10	6.07	546167	542257	20516.25	-0.03
中国联通	514850.59	5250.37	4191.86	201.51	37.07	44.31	515953	513748	5047.59	0.08
平安银行	495883.24	15959.88	8597.61	61.87	6.83	2.35	496511	495256	15890.62	-0.14
赣锋锂业	485892.39	28016.79	30290.49	35.31	5.49	5.70	487391	484394	27783.74	0.65

图 17.34　WebCatchJSONData 过程运行结果

17.13　获取网页中的表格数据

在网页表格中获取数据进行处理和分析是日常工作中经常遇到的问题，对此 VBA 有多种解决方法，如引用 HTMLFILE 库、使用 Excel 内置的 QueryTable 对象等。

17.13.1　使用 QueryTable 获取网页表格数据

Excel 提供的 Web 查询功能可以很方便地下载网页中的表格内容，还可以设置在打开工作簿或指定时间间隔自动地更新数据。

在示例文件工作表 D1 单元格中输入 6 位股票代码，D2 单元格中输入查询的年份，D3 单元格中输入查询的季度，单击【获取股票历史价格】按钮，即可按指定条件从网易财经网站获取相关股票的历史价格，如图 17.35 所示。

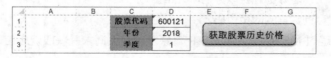

图 17.35　股票查询界面

示例代码如下。

```
#001    Sub DownloadQueryTables()
#002        Dim strQuery As String
#003        Dim intYear As Integer
#004        Dim intQtr As Integer
#005        Dim lngStockCode As Long
#006        lngStockCode = Cells(1, 4).Value
#007        intYear = Cells(2, 4).Value
#008        intQtr = Cells(3, 4).Value
#009        strQuery = _
            "URL;http://quotes.money.163.com/trade/lsjysj_" _
            & lngStockCode
```

```
#010        strQuery = strQuery & ".html?year=" & intYear
#011        strQuery = strQuery & "&season=" & intQtr
#012        ActiveSheet.UsedRange.Offset(4).ClearContents
#013        With ActiveSheet.QueryTables.Add(Connection:=strQuery _
                , Destination:=Range("A5"))
#014            .Name = "history"
#015            .RefreshOnFileOpen = False
#016            .BackgroundQuery = True
#017            .SaveData = True
#018            .PreserveFormatting = True
#019            .AdjustColumnWidth = False
#020            .RefreshPeriod = 0
#021            .WebSelectionType = xlSpecifiedTables
#022            .WebFormatting = xlWebFormattingNone
#023            .WebTables = "4"
#024            .Refresh BackgroundQuery:=False
#025        End With
#026    End Sub
```

❖ 代码解析

第 6~11 行代码将股票代码、查询起始时间组合字符串，并赋值给 strQuery 变量，作为发送给 HTTP 服务器的请求数据。

第 12 行代码在导入数据前清空工作表内容。

第 13 行代码使用 QueryTables 集合的 Add 方法新建查询表，其语法格式如下。

`expression.Add(Connection,Destination,Sql)`

参数 Connection 是必需的，表示查询表的数据源，其值可以是包含 OLE DB 或 ODBC 连接字符串的字符串（"ODBC;< 连接字符串 >"）、QueryTable 对象、ADO 或 DAO RecordSet 对象、Web 查询（"URL;<url>"）、数据查找程序（"FINDER;< 数据查找程序文件路径 >"）或者文本文件（"TEXT;< 文本文件路径和名称 >"）。本例中使用 "URL;<url>"Web 查询的形式。

参数 Destination 是必需的，其值为 Range 类型，表示查询表的目标区域左上角的单元格。

参数 Sql 是可选的，其值为 Variant 类型，表示在 ODBC 数据源上运行的 SQL 查询字符串。

第 14 行代码定义查询的名称。

第 15 行代码设置在打开工作簿时不自动更新数据。

第 16 行代码设置在后台异步执行查询。

第 17 行代码设置与工作簿一起保存查询数据。

第 18 行代码设置保留原单元格格式。

第 19 行代码设置刷新查询表时禁用自动调整列宽。

第 20 行代码设置两次刷新之间的时间间隔，当该值为 0 时，表示定时刷新无效。

第 21 行代码设置 WebSelectionType 属性的值为 xlSpecifiedTables，表示选择指定的表格，此时需要在第 23 行使用 WebTables 属性指定要导入的表格，即为 WebTables 属性赋予表格编号的值。本例中导入网页中第 4 个表。该参数可以通过录制宏或查看网页源代码获得。

第 22 行代码设置忽略网页表格格式。

第 24 行代码更新查询表，如果参数 BackgroundQuery 的值为 True，则在建立连接并提交查询时返回控制（使用后台查询）；如果其值为 False，则在所有的数据被取回工作表时才将控制返回过程。该参数默认为 QueryTable 对象的 BackgroundQuery 属性值。

运行 DownloadHistory 过程，部分结果如图 17.36 所示。

日期	开盘价	最高价	最低价	收盘价	涨跌额	涨跌幅(%)	成交量(手)	成交金额(万元)	振幅(%)	换手率(%)
股票代码		600121								
年份		2018								
季度		1		获取股票历史价格						
2018/3/30	5.60	5.61	5.53	5.58	0.02	0.36	76602	4264	1.44	0.75
2018/3/29	5.41	5.58	5.40	5.56	0.16	2.96	64954	3569	3.33	0.64
2018/3/28	5.38	5.45	5.36	5.40	-0.03	-0.55	33221	1794	1.66	0.33
2018/3/27	5.29	5.44	5.28	5.43	0.20	3.82	51306	2750	3.06	0.51
2018/3/26	5.16	5.27	5.04	5.23	-0.08	-1.51	63246	3249	4.33	0.62
2018/3/23	5.39	5.46	5.31	5.31	-0.28	-5.01	77408	4154	2.68	0.76
2018/3/22	5.56	5.62	5.56	5.59	0.02	0.36	28339	1583	1.08	0.28
2018/3/21	5.55	5.64	5.55	5.57	0.02	0.36	39244	2199	1.62	0.39
2018/3/20	5.43	5.56	5.40	5.55	0.04	0.73	40728	2239	2.90	0.40

图 17.36　DownloadHistory 过程运行结果

注意

　　使用 QueryTable 下载网页数据，Excel 会产生自定义名称，如图 17.37 所示。当多次使用 QueryTable 下载网页数据后，应对定义名称进行清理，避免 Excel 文件体积虚增，导致运行效率下降。

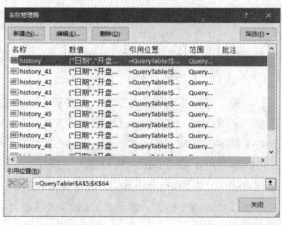

图 17.37　使用 QueryTable 产生的定义名称

17.13.2　使用 HTMLFILE 对象获取网页表格数据

使用 HTMLFILE 对象获取指定条件下股票的历史价格，示例代码如下。

```
#001    Sub DownloadHTMLFile()
#002        Dim objXMLHTTP As Object
#003        Dim objDOM As Object
#004        Dim objTable As Object
#005        Dim objTR As Object
#006        Dim objCell As Object
#007        Dim strURL As String
```

```
#008        Dim intYear As Integer
#009        Dim intQtr As Integer
#010        Dim lngRow As Long
#011        Dim intCol As Integer
#012        Dim lngStockCode As Long
#013        Set objXMLHTTP = CreateObject("MSXML2.XMLHTTP")
#014        Set objDOM = CreateObject("htmlfile")
#015        lngStockCode = Cells(1, 4).Value
#016        intYear = Cells(2, 4).Value
#017        intQtr = Cells(3, 4).Value
#018        strURL = _
                "http://quotes.money.163.com/trade/lsjysj_" _
                & lngStockCode
#019        strURL = strURL & ".html?year=" & intYear
#020        strURL = strURL & "&season=" & intQtr
#021        With objXMLHTTP
#022            .Open "GET", strURL, False
#023            .send
#024            objDOM.body.innerHTML = .responseText
#025        End With
#026        ActiveSheet.UsedRange.Offset(4).ClearContents
#027        Set objTable = objDOM.getElementsByTagName("TABLE")(3)
#028        For Each objTR In objTable.Rows
#029            lngRow = lngRow + 1
#030            intCol = 0
#031            For Each objCell In objTR.Cells
#032                intCol = intCol + 1
#033                Cells(lngRow + 4, intCol) = objCell.innerText
#034            Next objCell
#035        Next objTR
#036        Set objXMLHTTP = Nothing
#037        Set objDOM = Nothing
#038        Set objTable = Nothing
#039        Set objTR = Nothing
#040        Set objCell = Nothing
#041  End Sub
```

❖ 代码解析

第 13 行代码使用 CreateObject 函数创建 MSXML2.XMLHTTP 对象的引用。

第 14 行代码使用 CreateObject 函数创建 htmlfile 对象的引用。

第 15~20 行代码设置通过 HTTP 访问的 URL 网址。

第 24 行代码使用 responseText 属性以字符串形式返回响应信息并赋值给 HTML DOM 对象的 body 元素。

第 26 行代码在导入数据前清空工作表内容。

第 27~35 代码解析 HTML DOM 的第 3 个 Table 元素，获取网页表格内的数据。

17.13.3　借助剪贴板获取网页表格数据

借助系统剪贴板也可以获取指定查询条件下股票的历史价格。该方法直接取出 responseText 属性的 Table 元素，无须分析 Table 元素的内部结构，并且可以保留网页表格的原格式，示例代码如下。

```
#001    Sub DownloadClipbox()
#002        Dim strURL As String
#003        Dim strText As String
#004        Dim intYear As Integer
#005        Dim intQtr As Integer
#006        Dim lngStockCode As Long
#007        lngStockCode = Cells(1, 4).Value
#008        intYear = Cells(2, 4).Value
#009        intQtr = Cells(3, 4).Value
#010        strURL = _
                "http://quotes.money.163.com/trade/lsjysj_" _
                & lngStockCode
#011        strURL = strURL & ".html?year=" & intYear
#012        strURL = strURL & "&season=" & intQtr
#013        With CreateObject("MSXML2.XMLHTTP")
#014            .Open "GET", strURL, False
#015            .send
#016            strText = .responseText
#017        End With
#018        strText = Split(Split(strText, "<table")(4), "</table>")(0)
#019        strText = "<table" & strText & "</table>"
#020        CopyToClipBoard strText
#021        ActiveSheet.UsedRange.Offset(4).ClearContents
#022        Range("a5").Select
#023        ActiveSheet.Paste
#024        Range("a1").Select
#025    End Sub
#026    Sub CopyToClipBoard(strText As String)
#027        With CreateObject( _
                "new:{1C3B4210-F441-11CE-B9EA-00AA006B1A69}")
#028            .SetText strText
#029            .PutInClipboard
#030        End With
#031    End Sub
```

❖ 代码解析

第 16 行代码使用 responseText 属性以字符串形式返回响应信息，并赋值给 strText 变量。

第 18 行代码使用 Split 函数按关键字"<table"拆分 strText 变量，得到网页中第 3 个 table 元素的字符串。

第 19 行代码为 strText 变量增加 <table> 标签。

第 20 行代码调用 CopyToClipBoard 过程将数据复制到剪贴板。

第 21 行代码在导入数据前清空工作表内容。

第 22 行和第 23 行代码选择粘贴目标区域的左上角单元格，并粘贴数据。

第 27 行代码使用 CreateObject 函数创建剪贴板对象引用。

第 28 行代码使用剪贴板的 SetText 属性设定文本。

第 29 行代码使用剪贴板 PutInClipboard 方法将数据从数据对象传输到剪贴板上。

运行 DownloadClipBoard 过程，结果如图 17.38 所示。

日期	开盘价	最高价	最低价	收盘价	涨跌额	涨跌幅(%)	成交量(手)	成交金额(万元)	振幅(%)	换手率(%)
2018/3/30	5.6	5.61	5.53	5.58	0.02	0.36	76,602	4,264	1.44	0.75
2018/3/29	5.41	5.58	5.4	5.56	0.16	2.96	64,954	3,569	3.33	0.64
2018/3/28	5.38	5.45	5.36	5.4	-0.03	-0.55	33,221	1,794	1.66	0.33
2018/3/27	5.29	5.44	5.28	5.43	0.13	3.82	51,306	2,750	3.06	0.51
2018/3/26	5.16	5.27	5.04	5.23	-0.08	-1.51	63,246	3,249	4.33	0.62
2018/3/23	5.39	5.46	5.31	5.31	-0.28	-5.01	77,408	4,154	2.68	0.76
2018/3/22	5.56	5.62	5.56	5.59	0.02	0.36	28,339	1,583	1.08	0.28
2018/3/21	5.55	5.64	5.55	5.57	0.02	0.36	39,244	2,199	1.62	0.39
2018/3/20	5.43	5.56	5.4	5.55	0.04	0.73	40,728	2,239	2.9	0.4

（股票代码 600121　年份 2018　季度 1　获取股票历史价格）

图 17.38　DownloadClipBoard 过程运行结果

17.14　下载网页中的图片等文件

17.14.1　下载图片文件

17.8 节演示了如何将网页中的图片下载到 Excel 工作表中，如需将网页中的图片下载到计算机指定文件夹，可以使用 API 函数 URLDownloadToFile。

DownloadPictures 过程演示了如何根据示例文件 A2 单元格的输入值，在百度搜索相关内容的图片并下载到指定文件夹。运行结果如图 17.39 所示。

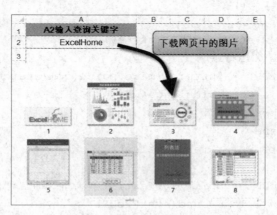

图 17.39　DownloadPictures 过程下载网页图片

示例代码如下。

```
#001  Private Declare PtrSafe Function URLDownloadToFile Lib "urlmon" _
```

```
                Alias "URLDownloadToFileA" (ByVal pCaller As Long, _
                ByVal szURL As String, ByVal szExtName As String, _
                ByVal dwReserved As Long, ByVal lpfnCB As Long) As Long
#002    Private Declare PtrSafe Function DeleteUrlCacheEntry Lib "wininet" _
                Alias "DeleteUrlCacheEntryA" (ByVal lpszUrlName As String) _
                As Long
#003    Sub DownloadPictures()
#004        Dim objXMLHTTP As Object
#005        Dim strKey As String
#006        Dim strURL As String
#007        Dim strFolderPath As String
#008        Dim strText As String
#009        Dim strPicPath As String
#010        Dim strPicURL As String
#011        Dim strExtName As String
#012        Dim avntPicURL As Variant
#013        Dim avntExtName As Variant
#014        Dim i As Long
#015        Dim k As Long
#016        Set objXMLHTTP = CreateObject("MSXML2.XMLHTTP")
#017        strFolderPath = ThisWorkbook.Path & "\ 图片 \"
#018        If Dir(strFolderPath, vbDirectory + vbHidden) > "" Then
#019            If Dir(strFolderPath & "*.*") > "" Then Kill strFolderPath & "*.*"
#020        Else
#021            MkDir strFolderPath
#022        End If
#023        strKey = Range("a2").Value
#024        If Len(strKey) = 0 Then
#025            MsgBox " 未输入查询关键字，程序退出。"
#026            Exit Sub
#027        End If
#028        strKey = strEncodeURI(strKey)
#029        With objXMLHTTP
#030            strURL = "http://image.baidu.com/search/index?" _
                    & "tn=baiduimage&word=" & strKey
#031            .Open "GET", strURL, "False"
#032            .send
#033            strText = .responseText
#034        End With
#035        avntPicURL = Split(strText, """pageNum"":")
#036        For i = 1 To UBound(avntPicURL)
#037            If InStr(1, avntPicURL(i), "objURL", vbTextCompare) Then
#038                k = k + 1
#039                strPicURL = Split(Split( _
                        avntPicURL(i), """objURL"":""")(1), """,")(0)
```

```
#040                    avntExtName = Split(strPicURL, ".")
#041                    strExtName = "." & avntExtName(UBound(avntExtName))
#042                    strPicPath = strFolderPath & k & strExtName
#043                    URLDownloadToFile 0, strPicURL, strPicPath, 0, 0
#044                    DeleteUrlCacheEntry strPicURL
#045            End If
#046      Next i
#047      Set objXMLHTTP = Nothing
#048  End Sub
#049  Function strEncodeURI(ByVal strText As String) As String
#050      Dim objDOM As Object
#051      Set objDOM = CreateObject("htmlfile")
#052      With objDOM.parentWindow
#053          objDOM.Write "<Script></Script>"
#054          strEncodeURI = .eval("encodeURIComponent(" & strText & ")")
#055      End With
#056      Set objDOM = Nothing
#057  End Function
```

❖ 代码解析

第 1 行代码声明 API 函数 URLDownloadToFile。该函数第 1 个参数是控件的接口，如果不是控件则参数为 0；第 2 个参数是下载文件的 URL 地址；第 3 个参数是保存文件的完整路径；第 4 个和第 5 个参数其值通常设置为 0。

第 2 行代码声明 API 函数 DeleteUrlCacheEntry。该函数只有一个参数，指定清除缓存的地址。

第 17 行代码指定保存图片的文件夹，也就是 Excel 工作簿所在路径下名称为"图片"的文件夹。

第 18~22 行代码判断保存图片的文件夹是否存在。如果存在，则删除文件夹内所有的文件。如果不存在，则新建名称为"图片"的文件夹。

第 23~27 行代码指定在百度网站搜索图片的关键字，如果关键字为空，则退出程序。

第 28 行代码调用 strEncodeURI 自定义函数对查询关键字进行转码。

第 29~34 行代码指定了百度搜索图片的 URL 地址，并使用 MSXML2.XMLHTTP 对象发送 HTTP 请求，获取响应信息。

第 35 行代码按关键字""pageNum":"对字符串变量 strText 进行拆分。

第 36~46 行代码遍历网页代码中的图片网址，并下载图片到指定文件夹。

第 39 行代码获取图片的 URL。

第 40 行代码获取图片的扩展名。

第 42 行代码指定图片保存的完整路径，本例以序号为图片名称。

第 43 行代码将图片下载到指定文件夹内。

第 44 行代码清除相应图片的缓存数据。

第 49~57 行代码为 strEncodeURI 自定义函数。该过程通过调用 JavaScript 的 encodeURIComponent 函数对字符串作为 URI 组件进行编码。

17.14.2 下载压缩文件

API 函数 **URLDownloadToFile** 可以下载指定路径下多种类型的文件，如下载指定网址的压缩文件（.rar）。示例代码如下。

```
#001   Sub DownloadaAttachment()
#002       Dim strURL As String
#003       Dim strPath As String
#004       Dim intRetVal As Integer
#005       strURL = "http://club.excelhome.net/forum.php?"
#006       strURL = strURL & "mod=attachment"
#007       strURL = strURL & "&aid=MTkzNzE5OHwyZTZhNGU1Y3wxNTI2NjE2Mj" _
               & "IwfDE4NzExMjd8MTI4NTIwNg%3D%3D"
#008       strPath = ThisWorkbook.Path & "\text.rar"
#009       intRetVal = URLDownloadToFile(0, strURL, strPath, 0, 0)
#010       If intRetVal = 0 Then
#011           MsgBox "下载成功！"
#012       Else
#013           MsgBox "下载失败！"
#014       End If
#015   End Sub
```

❖ 代码解析

第 5~7 行代码指定压缩文件的链接地址。

第 8 行代码指定文件保存的路径和名称。

第 9 行代码使用 API 函数下载文件。

第 10~14 行代码判断文件是否下载成功，并给出相应提示。

17.15 对非 UTF-8 编码的数据进行编码转换

通过 HTTP 发送请求数据，使用 ResponseText 属性以字符串形式返回响应信息，有时会遇到抓取到的数据显示为乱码的情况。这是由于 ResponseText 属性是按照 UTF-8 编码格式来解析获取到的数据，如果中文数据不是 UTF-8 编码，就无法正确显示，如图 17.40 所示。

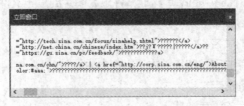

图 17.40　ResponseText 显示乱码

WebCrawlerSina 过程演示了从新浪财经网站获取个股上榜统计的首页数据，示例代码如下。

```
#001   Sub WebCrawlerSina()
#002       Dim objXMLHTTP As Object
#003       Dim objDOM As Object
```

```
#004        Dim objTable As Object
#005        Dim objTR As Object
#006        Dim objCell As Object
#007        Dim strURL As String
#008        Dim strText As String
#009        Dim lngRow As Long
#010        Dim intCol As Integer
#011        Set objDOM = CreateObject("htmlfile")
#012        Set objXMLHTTP = CreateObject("MSXML2.XMLHTTP")
#013        Application.ScreenUpdating = False
#014        strURL = "http://vip.stock.finance.sina.com.cn/"
#015        strURL = strURL & "q/go.php/vLHBData/kind/ggtj/index.phtml"
#016        With objXMLHTTP
#017            .Open "GET", strURL, False
#018            .send
#019            strText = strByteToBstr(.responseBody, "GB2312")
#020        End With
#021        objDOM.body.innerHTML = strText
#022        Set objTable = objDOM.getElementById("dataTable")
#023        Cells.ClearContents
#024        For Each objTR In objTable.Rows
#025            lngRow = lngRow + 1
#026            intCol = 0
#027            For Each objCell In objTR.Cells
#028                intCol = intCol + 1
#029                Cells(lngRow, intCol) = objCell.innerText
#030            Next objCell
#031        Next objTR
#032        Application.ScreenUpdating = True
#033        Set objXMLHTTP = Nothing
#034        Set objDOM = Nothing
#035        Set objTable = Nothing
#036        Set objTR = Nothing
#037        Set objCell = Nothing
#038    End Sub
#039    Function strByteToBstr(ByVal aByte As Variant, _
                ByVal CodeBase As String) As String
#040        Dim objStream As Object
#041        Set objStream = CreateObject("Adodb.Stream")
#042        With objStream
#043            .Type = 1
#044            .Mode = 3
#045            .Open
#046            .write aByte
```

```
#047              .Position = 0
#048              .Type = 2
#049              .Charset = CodeBase
#050              strByteToBstr = .ReadText
#051        End With
#052        objStream.Close
#053        Set objStream = Nothing
#054  End Function
```

❖ 代码解析

第 14 行和第 15 行代码指定 URL 网址。

第 16~20 行代码通过 MSXML2.XMLHTTP 对象发送请求数据，接收响应信息。

第 19 行代码使用 responseBody 属性返回二进制的响应信息，并调用 strByteToBstr 自定义函数按 GB2312 编码格式对其进行转码，并将结果赋值给 strText 变量。

第 21 行代码将 strText 变量写入 HTML DOM 对象的 Body 标签内。

第 22 行代码使用 getElementById 方法定位 ID 属性为 dataTable 的标签对象，也就是网页中保存个股上榜统计数据的表格。

第 23 行代码清除工作表中的数据。

第 24~31 行代码遍历 objTable 对象的行和单元格对象，将相应元素的文本（innerText）写入工作表的单元格中。

第 39~54 行代码为 strByteToBstr 自定义函数。该函数使用 Adodb.Stream 对象对二进制数组按指定编码格式进行转码。

第 43 行代码指定数据格式为二进制。

第 46 行代码将二进制数组写入 Adodb.Stream 对象。

第 49 行代码指定编码的格式，本例为 GB2312 编码格式。

运行 WebCrawlerSina 过程，结果如图 17.41 所示。

	A	B	C	D	E	F	G	H
1	股票代码	股票名称	上榜次数	累积购买额（万）	累积卖出额（万）	净额(万)	买入席位数	卖出席位数
2	000576	广东甘化	1	56181.03	25067.25	31113.78	5	5
3	300139	晓程科技	1	24640.77	9476.44	15164.33	5	7
4	000860	顺鑫农业	1	21782.62	8140.18	13642.44	5	4
5	002607	亚夏汽车	4	122405.04	109917.17	12487.86	19	23
6	300746	汉嘉设计	3	21312.68	9098.2	12214.48	14	15
7	603486	科沃斯	6	53674.53	42111.29	11563.23	21	27
8	000735	罗牛山	2	47847.85	37186.66	10661.19	9	8
9	002864	盘龙药业	1	8493.73	2270.09	6223.65	5	5
10	600645	中源协和	1	10829.27	5051.5	5777.78	5	5
11	300624	万兴科技	1	11686.66	5976.42	5710.24	5	5
12	300347	泰格医药	1	29110.83	23528.04	5582.79	5	3
13	300216	千山药机	4	12403.49	6883.82	5519.67	15	15
14	300663	科蓝软件	2	8876.97	3381.01	5495.95	9	9

图 17.41　WebCrawlerSina 过程运行结果

❖ 代码扩展

使用 VBA 自身的 StrConv 函数可以将 LoCale ID（LCID 区域标志符）的 ANSI 数组转换成 Unicode 字符串。在简体中文版里可以将 GB2312 编码格式转换成 Unicode。例如，本例中也可以使用如下语句完成对 responseBody 的转码。

```
strText = StrConv(.responseBody, vbUnicode)
```

但如果数组是非 ANSI 编码，或者 LCID 错误，StrConv 函数则不能正确显示字符串。考虑到网站编码转换的灵活性，推荐使用 Adodb.Stream 对象。

17.16　WinHttp 对象和处理防盗链

防盗链是指采用服务器端编程，通过 URL 过滤来实现防止盗链的一种技术。常见的方法有使用登录验证或验证码验证、使用 URL 动态参数验证、使用 Cookie 验证及使用 Referer 验证等。

Cookie 的英文原意是点心，这里译为在客户端访问 Web 服务器时，服务器在客户端硬盘上保存的信息。服务器可以根据 Cookie 来跟踪用户的状态。另外，服务器也可以在网页中设置动态的 Cookie，然后在处理访问请求时判断 Cookie 是否正确。如果 Cookie 错误则返回错误的提示信息。

Referer 是 HTTP 协议中的一个表头字段，采用 URL 的格式表示从哪里链接到网页或文件。通过 Referer 服务器可以检测访问的来源网页。一旦检测到来源不是指定网页，便可以进行阻止访问或者使访问返回某个指定的页面。

VBA 使用 HTTP 访问技术获取网页数据，经常遇到的是 Referer 和 Cookie 这两种防盗链手段。其中，模拟 Referer 最为简单，如果模拟 Referer 后依然无法获取所需的网页数据，才需考虑模拟或伪造 Cookie。

MSXML2.XMLHTTP.6.0 对象访问网页既简单又方便，该对象可以自动处理 Cookie，默认优先从 Excel 或者 IE 缓存中获取数据，但该对象并不支持设置 Referer，也不支持网页重定向。相比于 XMLHTTP 对象，WINHTTP 对象更加安全和健壮。它独立于 IE，不会从缓存中读取数据，支持网页重定向，也支持伪造、修改 Cookie 和 Referer，因此通常使用 WINHTTP 对象解决网站的防盗链问题。

17.16.1　模拟 Referer 获取上海证券交易所数据

WebCrawlerSSE 过程演示了如何从上海证券交易所数据中心读取股票市价总值排名前 10 名的数据。

```
#001    Sub WebCrawlerSSE()
#002        Dim strURL As String
#003        Dim strText As String
#004        Dim objWINHTTP As Object
#005        Dim objDOM As Object
#006        Dim objWindow As Object
#007        Dim avntTitle As Variant
#008        Dim i As Long
#009        Dim lngRow As Long
#010        Dim intCol As Integer
#011        Set objWINHTTP = CreateObject("WinHttp.WinHttpRequest.5.1")
#012        Set objDOM = CreateObject("htmlfile")
#013        Set objWindow = objDOM.parentWindow
#014        strURL = "http://query.sse.com.cn/"
#015        strURL = strURL & "marketdata/tradedata/queryTopMktValByPage.do?"
```

```
#016        strURL = strURL & "jsonCallBack=jsonpCallback46746"
#017        strURL = strURL & "&isPagination=true"
#018        strURL = strURL & "&searchDate=2018-05-22"
#019        strURL = strURL & "&_=1527077714965"
#020        With objWINHTTP
#021            .Open "GET", strURL, False
#022            .setRequestHeader "Referer", _
                    "http://www.sse.com.cn/market/stockdata/marketvalue/"
#023            .send
#024            strText = .responseText
#025        End With
#026        strText = Split(Split(strText, "[")(1), "]")(0)
#027        objDOM.write "<script>data=[" & strText & "]</script>"
#028        avntTitle = Array("rank", "productA", "productFullName", _
                    "productName", "market", "marketPer")
#029        ActiveSheet.UsedRange.Offset(1).ClearContents
#030        lngRow = 1
#031        For i = 0 To objWindow.eval("data.length") - 1
#032            lngRow = lngRow + 1
#033            For intCol = 0 To UBound(avntTitle)
#034                Cells(lngRow, intCol + 1) = _
                        objWindow.eval("data[" & i & "]." & avntTitle(intCol))
#035            Next intCol
#036        Next i
#037        Set objWINHTTP = Nothing
#038        Set objDOM = Nothing
#039        Set objWindow = Nothing
#040    End Sub
```

❖ 代码解析

第 11 行代码采用后期绑定的方式，使用 CreateObject 函数创建对 WinHttp.WinHttpRequest.5.1
对象引用。如果采用前期绑定的方式引用该对象，需要在 Visual Basic 编辑器中选择【工具】→【引
用】选项，打开【引用 - VBAProject】对话框，在【可使用的引用】列表框中定位并选中【Microsoft
WinHTTP Services, version 5.1】复选框，如图 17.42 所示。

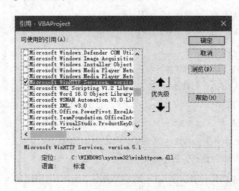

图 17.42　引用【Microsoft WinHTTP Services，version 5.1】库

第 14~19 行代码指定 URL 网址，其中查询的日期参数为 2018-05-22。

第 22 行代码设置请求头部 Referer，该数据可以通过 Fiddler 软件抓包获得。本例中如果未设置 Referer 将无法获得所需网页数据，如图 17.43 所示。

图 17.43 未设置 Referer 获取的 strText 变量值

第 24 行代码使用 Split 函数拆分 strText 变量，以获得目标数据。

第 27 行代码将 strText 变量的数据写入 HTML DOM 文档，并命名为 JSON 语言的 data 数组。

第 28 行代码使用数组 avntTitle 保存需要获取的数据在 JSON 对象中的属性。

第 29 行代码删除 Excel 工作表除标题行以外的数据。

第 31~36 行代码借助 objWindow 对象使用 JavaScript 语言遍历 JSON 对象所需属性的值，写入工作表相应单元格中。

运行 WebCrawlerSSE 过程，结果如图 17.44 所示。

	A	B	C	D	E	F
1	名次	股票代码	股票全称	股票简称	市价总值(万元)	所占总市值的比例(%)
2	1	601398	中国工商银行股份有限公司	工商银行	160958490.89	4.84
3	2	601857	中国石油天然气股份有限公司	中国石油	138605298.61	4.17
4	3	601288	中国农业银行股份有限公司	农业银行	114387509.33	3.44
5	4	600519	贵州茅台酒股份有限公司	贵州茅台	92904620.69	2.79
6	5	601988	中国银行股份有限公司	中国银行	81777019.76	2.46
7	6	600028	中国石油化工股份有限公司	中国石化	69470499.55	2.09
8	7	601318	中国平安保险（集团）股份有限公司	中国平安	68256619.00	2.05
9	8	600036	招商银行股份有限公司	招商银行	61515512.29	1.85
10	9	601628	中国人寿保险股份有限公司	中国人寿	52475295.60	1.58
11	10	600104	上海汽车集团股份有限公司	上汽集团	40623395.17	1.22

图 17.44 WebCrawlerSSE 过程运行结果

17.16.2 伪造 Cookie 获取 QQ 空间说说数据

QQ 空间是非常流行的社交平台。获取指定 QQ 账号空间的说说数据的示例代码如下。

```
#001    Sub WebCrawlerQzone()
#002        Dim strURL As String
#003        Dim strCookie As String
#004        Dim strText As String
#005        Dim strGTK As String
#006        Dim strKey As String
#007        Dim strUserName As String
#008        Dim strMsg As String
#009        Dim lngPageNum As Long
#010        Dim lngCreateTime As Long
#011        Dim k As Long
#012        Dim i As Long
#013        Dim blnClick As Boolean
#014        Dim objIE As Object
#015        Dim objWINHTTP As Object
```

```
#016        Dim objDIC As Object
#017        Dim objDOM As Object
#018        Dim objTagA As Object
#019        Dim objList As Object
#020        Dim objWindow As Object
#021        Dim sngTime As Single
#022        Dim vntQQNum As Variant
#023        Set objDIC = CreateObject("scripting.dictionary")
#024        Set objIE = CreateObject("InternetExplorer.Application")
#025        Set objWINHTTP = CreateObject("WinHttp.WinHttpRequest.5.1")
#026        Set objDOM = CreateObject("htmlfile")
#027        Set objWindow = objDOM.parentWindow
#028        strURL = "https://xui.ptlogin2.qq.com/cgi-bin/xlogin?"
#029        strURL = strURL & "proxy_url=https%3A//qzs.qq.com/"
#030        strURL = strURL & "qzone/v6/portal/proxy.html"
#031        strURL = strURL & "&appid=549000912"
#032        strURL = strURL & "&s_url=https%3A%2F%2Fqzs.qzone.qq.com" _
                & "%2Fqzone%2Fv5%2Floginsucc.html%3Fpara%3Dizone"
#033        With objIE
#034            .navigate strURL
#035            .Visible = True
#036            sngTime = Timer
#037            Do While Timer < sngTime + 4
#038            Loop
#039            Do Until .readyState = 4
#040                DoEvents
#041            Loop
#042            For Each objTagA In .document.getElementsByTagName("a")
#043                If objTagA.TabIndex = 2 Then
#044                    strUserName = objTagA.innerText
#045                    objTagA.Click
#046                    blnClick = True
#047                    Exit For
#048                End If
#049            Next objTagA
#050            If Not blnClick Then
#051                MsgBox strUserName & "您的QQ软件未登录或QQ空间未开通。"
#052                Exit Sub
#053            End If
#054            sngTime = Timer
#055            Do While Timer < sngTime + 4
#056            Loop
#057            strCookie = .document.cookie
#058            .Quit
```

```
#059        End With
#060        strKey = Split(Split(strCookie, "p_skey=")(1), ";")(0)
#061        strGTK = strGetGTK(strKey)
#062        vntQQNum = Range("b1").Value
#063        strURL = "https://user.qzone.qq.com/"
#064        strURL = strURL & "proxy/domain/taotao.qq.com/"
#065        strURL = strURL & "cgi-bin/emotion_cgi_msglist_v6?"
#066        strURL = strURL & "num=20"
#067        strURL = strURL & "&callback=_preloadCallback"
#068        strURL = strURL & "&format=jsonp"
#069        strURL = strURL & "&uin=" & vntQQNum
#070        strURL = strURL & "&g_tk=" & strGTK
#071        ActiveSheet.UsedRange.Offset(2).ClearContents
#072        k = 3
#073        On Error Resume Next
#074        Application.ScreenUpdating = False
#075        Do While True
#076            lngPageNum = lngPageNum + 20
#077            With objWINHTTP
#078                .Open "GET", strURL & "&pos=" & lngPageNum - 20, False
#079                .setRequestHeader "Cookie", strCookie
#080                .send
#081                strText = .responseText
#082            End With
#083            strText = Split(strText, "_preloadCallback(")(1)
#084            strText = Left(strText, InStrRev(strText, ")") - 1)
#085            objDOM.write "<script>var data=" & strText & "</script>"
#086            For i = 0 To objWindow.eval("data.msglist.length") - 1
#087                k = k + 1
#088                Set objList = objWindow.eval("data.msglist[" & i & "]")
#089                lngCreateTime = CallByName(objList, "created_time", VbGet)
#090                If Not objDIC.exists(lngCreateTime) Then
#091                    objDIC(lngCreateTime) = ""
#092                Else
#093                    Exit Do
#094                End If
#095                Cells(k, 1) = CallByName(objList, "createTime", VbGet)
#096                Cells(k, 2) = CallByName(objList, "content", VbGet)
#097                Cells(k, 3) = CallByName(objList, "cmtnum", VbGet)
#098            Next i
#099        Loop
#100        Range("A3:C3") = Array("日期", "说说", "评论数")
#101        Application.ScreenUpdating = True
#102        strMsg = "用户: " & strUserName & vbCrLf & "您好!"
```

```
#103        strMsg = strMsg & " 目标 QQ" & vntQQNum
#104        strMsg = strMsg & " 的说说数据已抓取完成。"
#105        MsgBox strMsg
#106        Set objIE = Nothing
#107        Set objWINHTTP = Nothing
#108        Set objDOM = Nothing
#109        Set objWindow = Nothing
#110        Set objDIC = Nothing
#111        Set objList = Nothing
#112    End Sub
#113    Function strGetGTK(ByVal strKey As String) As String
#114        Dim objNewDom As Object
#115        Dim objNewWindow As Object
#116        Dim strJSON As String
#117        Set objNewDom = CreateObject("htmlfile")
#118        Set objNewWindow = objNewDom.parentWindow
#119        With objNewWindow
#120            strJSON = "gtk=function(skey)"
#121            strJSON = strJSON & "{for(var hash=5381,i=0,"
#122            strJSON = strJSON & "len=skey.length;i<len;++i)"
#123            strJSON = strJSON & "hash+=(hash<<5)"
#124            strJSON = strJSON & "+skey.charAt(i).charCodeAt();"
#125            strJSON = strJSON & "return hash&2147483647}"
#126            strJSON = strJSON & "('" & strKey & "');"
#127            .execScript strJSON
#128            strGetGTK = .gtk
#129        End With
#130        Set objNewWindow = Nothing
#131        Set objNewDom = Nothing
#132    End Function
```

❖ 代码解析

第 28~32 行代码指定 QQ 空间的登录网页 URL 地址，该 URL 通过 Fiddler 软件抓包获取。

第 33~59 行代码使用 IE 对象登录 QQ 空间，获取 QQ 空间网页的 Cookie。

第 42~49 行代码遍历 IE document 文档标签 "a" 的元素。当元素的 TabIndex 的属性值为 2 时，单击该元素对象登录 QQ 空间。

第 44 行代码获取已登录 QQ 的账号和用户名。

第 46 行代码使用 blnClick 变量标识是否成功登录 QQ 空间。

第 60 行代码使用 Split 函数获取 Cookie 中的 p_skey 值。

第 61 行代码根据 p_skey 值，利用网页源代码中的 JSON 算法计算 QQ 空间网页动态参数 g_tk 的值。

第 63~70 行代码指定目标 QQ 空间说说的 URL 地址。

第 75~99 行代码使用 WINHTTP 对象访问 URL 地址，获取并解析响应信息。

第 76 行代码指定网页的页码。

第 79 行代码设置请求数据的 Cookie。

第 83~85 行代码将 JSON 数据写入 DOCMENT 文档，并命名为 data 对象。

第 86 行代码使用 length 函数计算 data 对象中 msglist 数组的元素个数。

第 90~94 行代码使用字典对象，判断 created_time 是否重复出现，如果重复出现，说明已是最后一条说说，因此退出 Do 循环。

第 95~97 行代码，分别获取说说的发表时间、内容及评论数。

第 102~105 行代码显示消息框提示用户，指定 QQ 账号空间的说说数据已抓取完成。

第 113~132 行代码为 strGetGTK 自定义函数。该函数借鉴网页源代码中的 JSON 算法，根据 Cookie 中的 p_skey 参数值，计算真实 QQ 空间网页 URL 的动态参数 g_tk 的值。

 本例代码使用了IE对象，因此务必将IE浏览器设置为默认浏览器，并事先已成功登录QQ或TIM软件，否则代码无法正确执行。

首先在 B1 单元格中输入需要查询说说数据的 QQ 账号，该账号必须已开通 QQ 空间权限，并和读者已登录的 QQ 账号存在好友关系，如图 17.45 所示。

图 17.45　在 B1 单元格中输入目标 QQ 账号

WebCrawlerQzone 过程使用 IE 对象打开 QQ 空间的登录网页，选择用户已登录的首个 QQ 账号进入 QQ 空间，并获取 QQ 空间网页的 Cookie。然后根据 Cookie 中的 p_skey 参数值，以及网页源代码中的 JSON 算法，计算 QQ 空间网页动态参数 g_tk 的值。最后使用 WINHTTP 对象访问该网页，获得响应信息，使用 JavaScript 语句解析该信息，获取所需数据。

运行 WebCrawlerQzone 过程，部分结果如图 17.46 所示。

	A	B	C
1	目标QQ	469772827	
2			
3	日期	说说	评论数
4	2015年11月09日	曾梦想仗剑走天涯，看一看世间的繁华。。	2
5	2015年11月05日	在拥挤的人群中。。。。	2
6	2015年10月31日	茫茫的星空，一个人的旅行	4
7	2015年10月30日	昨夜西风凋碧树，独上高楼，望尽天涯路	4
8	2015年10月26日	苏醒	3
9	2015年10月22日	我是谁？	7
10	2015年10月20日	在人间	4
11	2015年10月17日	日出	3
12	2015年10月14日	给我一个空间，没有人走过	5

图 17.46　WebCrawlerQzone 过程运行结果

17章

第 18 章　Excel 操作 XML

HTML 对整个互联网的发展起着非常重要的作用，然而 HTML 是使用一组固定的、预定义的标签来加入链接、定义数据外观等。这种有限的标签集并不利于系统或平台之间的信息传递和交流，于是一种新的数据交换格式 XML（eXtensible Markup Language，可扩展标记语言）被开发出来。

XML 是 W3C 推荐的通用标记语言，和 HTML 一样，也是 SGML 的子类。但和 HTML 不同的是，XML 标签不是预定义的，用户可以编写自己的标签；另外，HTML 的主要用途是数据显示，而 XML 则被设计为传输和存储数据，其核心是数据内容。目前，XML 已经是各种应用程序之间进行数据传输的最常用的工具之一，并且在信息存储和描述领域变得越来越流行。

Excel 提供了 XML DOM 对象处理 XML 文档。XML DOM 是定义访问和操作 XML 文档的标准方法。

18.1　快速创建 XML 文件

XML 文件本质上是文本文件，因此使用创建文本文件的方式就可以创建 XML 文件。此外，在 VBA 中也可以使用 XML DOM 对象创建 XML 文件，示例代码如下。

```
#001   Sub CreateXML()
#002       Dim objXMLDOM As Object
#003       Dim objNode As Object
#004       Dim objVer As Object
#005       Set objXMLDOM = CreateObject("Microsoft.XMLDOM")
#006       Set objVer = objXMLDOM.createProcessingInstruction("xml", _
               "version=" & Chr(34) & "1.0" & Chr(34))
#007       objXMLDOM.appendChild objVer
#008       Set objNode = objXMLDOM.createElement("Test")
#009       objNode.appendChild objXMLDOM.createTextNode(vbCrLf)
#010       objXMLDOM.appendChild objNode
#011       CreateNode objNode, "FirstName", "张"
#012       CreateNode objNode, "LastName", "三"
#013       CreateNode objNode, "NikName", "张三"
#014       CreateNode objNode, "Level", "版主"
#015       objXMLDOM.Save ThisWorkbook.Path & "\number.xml"
#016       Set objXMLDOM = Nothing
#017       Set objNode = Nothing
#018       Set objVer = Nothing
#019   End Sub
#020   Sub CreateNode(objNode As Object, _
               strName As String, strValue As String)
#021       Dim objNewNode As Object
#022       With objNode
#023           .appendChild .OwnerDocument.createTextNode(Space$(4))
#024           Set objNewNode = .OwnerDocument.createElement(strName)
```

```
#025            objNewNode.Text = strValue
#026            .appendChild objNewNode
#027            .appendChild .OwnerDocument.createTextNode(vbCrLf)
#028        End With
#029        Set objNewNode = Nothing
#030    End Sub
```

❖ 代码解析

第 5 行代码采用后期绑定的方式，使用 CreateObject 函数创建对 Microsoft.XMLDOM 对象的引用。除此之外，也可以使用前期绑定的方式引用【Microsoft XML,v6.0】库，具体操作步骤如下。

在 Visual Basic 编辑器中选择【工具】→【引用】选项，打开【引用 - VBAProject】对话框，在【可使用的引用】列表框中选中【Microsoft XML，v6.0】复选框，如图 18.1 所示。

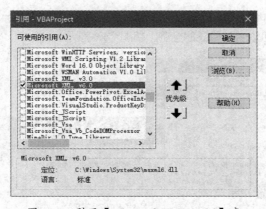

图 18.1　引用【Microsoft XML，v6.0】库

第 6 行代码使用 createProcessingInstruction 方法建立新的处理指令，该指令包含指定的目标和数据。其中，"xml"表示目标或处理指令的字符串，"version="表示处理指令的数据。尽管新的处理指令被建立，但并没有添加到文件树中。

第 7 行代码使用 appendChild 方法将第 6 行代码的处理指令插入文件树中。AppendChild 方法表示加上一个节点作为指定节点最后的子节点。

第 8 行代码使用 createElement 方法创建名称为"Test"的新元素，也可以使用 CreateNode 方法来创建该元素，示例代码如下。

```
Set objNode = xmldoc.CreateNode(1, "Test", "")
```

CreateNode 方法建立一个指定型态、名称及命名空间的新节点，其语法格式如下。

```
xmlDocument.createNode(type, name, nameSpaceURI)
```

其中，参数 type 代表将被建立的节点型态；参数 name 代表新节点的名称；参数 nameSpaceURI 则指定定义命名空间 URI 字符串。

第 9 行代码使用 createTextNode 方法创建新的 text 节点，并指定代表该节点的字符串，使用 appendChild 方法将该节点插入文件树中。

第 10 行代码使用 appendChild 方法将新创建的元素 Test 加入文件树中。

第 11~14 行代码调用 CreateNode 过程创建 Test 元素下的节点。

第 15 行代码使用 Save 方法保存 XML DOM 对象到指定的 XML 文档。

第 20~30 行代码为 CreateNode 过程，该过程在指定元素下创建新的节点并为节点赋值。

运行 CreateXML 过程，将在指定的目录下创建名称为"number.xml"的文档。使用记事本程序打开该文档，结果如图 18.2 所示。

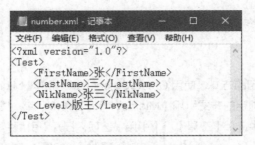

图 18.2　XML 文档的文本内容

在 IE 浏览器中打开"number.xml"文档，单击"<Test>"前面的"－"可以折叠所有的标签，单击"<Test>"前面的"＋"可以展开隐藏的标签，如图 18.3 所示。

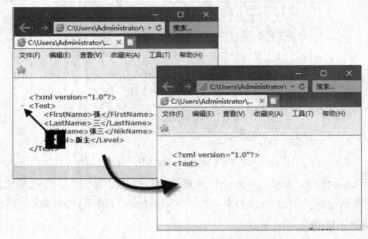

图 18.3　XML 文件在 IE 浏览器中的显示效果

❖ 代码扩展

使用 Workbooks 对象的 OpenXML 方法可以打开 XML 文件，其语法格式如下。

```
Workbooks.OpenXML(Filename,[Stylesheets],[LoadOption])
```

其中，参数 Filename 是必需的，其值代表要打开的文件名。

参数 Stylesheets 是可选的，其值指定 XSLT（XSL 转换）样式表的处理指令。XSL（eXtensible Style Language）是 XML 的样式表语言。XML 用于承载数据，XSL 则用于设置数据的显示格式。XSL 是一个较为复杂的主题，感兴趣的读者可以自行学习相关资料。

参数 LoadOption 是可选的，指定打开 XML 数据文件的方式，其值可以为 xlXmlLoadOption 常量之一。

此外，使用 VBA 代码也能将工作表另存为 XML 文件，只需设置 SaveAs 方法的参数 FileFormat 为 xlXMLSpreadsheet 常量即可，示例代码如下。

```
ActiveSheet.SaveAs ThisWorkbook.Path & "\excelxml.xml", xlXMLSpreadsheet
```

利用 SaveAs 方法保存示例文件为 XML 文件，使用记事本程序打开 XML 文件，结果如图 18.4 所示。

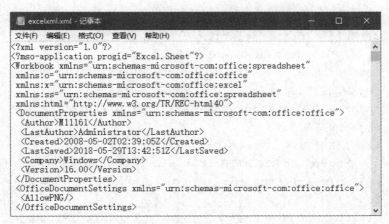

图 18.4　使用 SaveAs 方法将工作簿保存为 XML 文件

除了将整个工作簿保存为 XML 文件外，也可以仅保存指定的单元格范围为 XML 文件。保存当前工作表 A1:B3 单元格区域到代码所在工作簿路径下的"rangexml.xml"文件。示例代码如下。

```
#001  Sub SaveRangetoXML()
#002      Dim strContent As String
#003      strContent = Range("A1:B3").Value(xlRangeValueXMLSpreadsheet)
#004      Open ThisWorkbook.Path & "\rangexml.xml" For Binary As #1
#005      Put #1, , strContent
#006      Close #1
#007  End Sub
```

18.2　定制自己的 Excel RSS 阅读器

RSS 是一个缩写的英文术语，可以是"Rich Site Summary"（丰富站点摘要）或"Really Simple Syndication"（简易信息聚合）。RSS 基于文本格式，是 XML 的一种形式，通常只包含简单的项目列表，即包括一个标题、一段简单的描述、一个 URL 链接等。RSS 可以用于一个站点和其他站点之间共享内容，利于用户及时发现网站内容（如博客、论坛等）的更新。

使用 XML HTTP 对象获取 ExcelHome 论坛 Excel VBA 程序开发版面的 RSS Feed，分析 RSS 内容并输入 Excel 工作表中。示例代码如下。

```
#001  Dim mstrChannelDesc As String
#002  Dim mstrChannelLink As String
#003  Dim mstrChannelTitle As String
#004  Dim mastrItem() As String
#005  Sub ParseFeed()
#006      Dim objXMLHTTP As Object
#007      Dim objXMLDOM As Object
#008      Dim blnRet As Boolean
#009      Dim i As Integer
#010      Dim strText As String
#011      Dim strURL As String
```

18章

```
#012        Dim wksSht As Worksheet
#013        strURL = "http://club.excelhome.net/forum.php?" _
                & "mod=rss&fid=2&auth=0"
#014        Set objXMLHTTP = CreateObject("MSXML2.XMLHTTP")
#015        objXMLHTTP.Open "GET", strURL, False
#016        objXMLHTTP.setRequestHeader "Content-type", "text/html"
#017        objXMLHTTP.send
#018        If objXMLHTTP.Status <> 200 Then
#019            MsgBox objXMLHTTP.Status & ":" & objXMLHTTP.StatusText
#020            GoTo ExitSub
#021        End If
#022        Set objXMLDOM = CreateObject("Microsoft.XMLDOM")
#023        objXMLDOM.async = False
#024        blnRet = objXMLDOM.Load(objXMLHTTP.responseXML)
#025        If Not blnRet Then
#026            MsgBox " 不是合法的 XML 格式！请检查 !"
#027            GoTo ExitSub
#028        End If
#029        strText = strParseXML(objXMLDOM)
#030        If strText <> "OK" Then
#031            MsgBox strText
#032            GoTo ExitSub
#033        End If
#034        With Application
#035            .ScreenUpdating = False
#036            .DisplayAlerts = False
#037        End With
#038        For Each wksSht In Worksheets
#039            If wksSht.Name = "RSS" Then wksSht.Delete
#040        Next
#041        Worksheets.Add
#042        ActiveSheet.Name = "RSS"
#043        Range("A1").ColumnWidth = 150
#044        ActiveWindow.DisplayGridlines = False
#045        Range("A1") = mstrChannelTitle
#046        Range("A1").Hyperlinks.Add Anchor:=Selection, _
                Address:=mstrChannelLink
#047        Range("A2") = mstrChannelDesc
#048        For i = 0 To UBound(mastrItem)
#049            Cells(i * 4 + 4, 1) = (i + 1) & ". " & mastrItem(i, 1)
#050            Cells(i * 4 + 4, 1).Select
#051            Selection.Hyperlinks.Add Anchor:=Selection, _
                    Address:=mastrItem(i, 2)
#052            Cells(i * 4 + 5, 1) = mastrItem(i, 3)
```

```
#053            Cells(i * 4 + 6, 1) = "Created by: " & mastrItem(i, 4) _
                     & " at " & mastrItem(i, 5)
#054       Next i
#055       Range("A1").Select
#056       With Application
#057            .ScreenUpdating = True
#058            .DisplayAlerts = True
#059       End With
#060   ExitSub:
#061       Set objXMLDOM = Nothing
#062       Set objXMLHTTP = Nothing
#063   End Sub
#064   Function strParseXML(ByVal objXMLDOM As Object) As String
#065       Dim objItemNodes As Object
#066       Dim objNode As Object
#067       Dim objChlNode As Object
#068       Dim i As Integer
#069       If objXMLDOM.documentElement.BaseName <> "rss" Then
#070            strParseXML = "不是合法的 RSS 格式！请检查！"
#071            Exit Function
#072       End If
#073       Set objChlNode = _
                objXMLDOM.documentElement.SelectSingleNode("channel")
#074       Set objNode = objChlNode.SelectSingleNode("title")
#075       If Not objNode Is Nothing Then mstrChannelTitle = objNode.Text
#076       Set objNode = objChlNode.SelectSingleNode("description")
#077       If Not objNode Is Nothing Then mstrChannelDesc = objNode.Text
#078       Set objNode = objChlNode.SelectSingleNode("link")
#079       If Not objNode Is Nothing Then mstrChannelLink = objNode.Text
#080       Set objItemNodes = objChlNode.SelectNodes("item")
#081       If objItemNodes.Length = 0 Then
#082            strParseXML = "RSS 没有项目"
#083            Exit Function
#084       End If
#085       ReDim mastrItem(objItemNodes.Length - 1, 5)
#086       i = 0
#087       For Each objNode In objItemNodes
#088            mastrItem(i, 1) = objNode.SelectSingleNode("link").Text
#089            mastrItem(i, 2) = objNode.SelectSingleNode("title").Text
#090            mastrItem(i, 3) = objNode.SelectSingleNode _
                                    ("description").text
#091            mastrItem(i, 4) = objNode.SelectSingleNode("author").Text
#092            mastrItem(i, 5) = objNode.SelectSingleNode("pubDate").Text
#093            i = i + 1
```

```
#094          Next objNode
#095          strParseXML = "OK"
#096          Set objNode = Nothing
#097          Set objItemNodes = Nothing
#098          Set oChannelNode = Nothing
#099    End Function
```

❖ 代码解析

第 1~3 行代码声明模块级字符串变量，用于保存 RSS 描述、链接和标题。

第 4 行代码声明模块级数组变量，用于保存 RSS 每个项目的内容，包括标题、描述、链接、作者和创建日期等。

第 14 行代码使用 CreateObject 函数创建对 MSXML2.XMLHTTP 对象的引用。

第 15~17 行代码使用 MSXML2.XMLHTTP 对象发送请求数据。

第 18~21 行代码判断 XMLHTTP 对象的状态。如果状态错误，则使用消息框显示返回的状态代码及描述，并退出程序。

第 22 行和第 23 行代码创建对 XML DOMDocument 对象的引用，并设置 async 属性为 False，使异步载入无效。

第 24 行代码使用 XMLHTTP 对象的 responseXML 属性将响应信息转换为 XML DOMDocument 对象，并使用 XML DOMDocument 的 Load 方法将返回的 XML DOMDocument 对象载入。

第 25~28 行代码判断是否成功载入 XML DOMDocument 对象并进行相应的处理。

载入 XML 有两种方式：一种是使用 Load 方法载入指定的 XML 文件，如 objXMLDOM.Load（C:\test\index.xml）；另一种是使用 LoadXML 方法载入 XML DOMDocument 对象或文本字符串。示例代码如下。

```
strText = "<?xml version=""1.0"" ?>"
strText = strT &"<table><tr><td>Name</td><td>Password</td></tr></table>"
objXMLDOM.loadXML(strText)
```

第 29 行代码调用自定义函数 strParseXML，并将其返回结果赋值给字符串 strText 变量。

第 30~33 行代码判断是否成功解析 XML DOMDocument 对象并进行相应的处理。

第 38~54 行代码新建一个名称为 "RSS" 的工作表，并在该工作表中输入 RSS 内容。

第 64~99 行代码为 strParseXML 自定义函数。该函数使用 XML DOMDocument 对象解析 XML 内容。DOM 采用树型结构表示 XML 文档，使用 DOM 可以遍历节点树、访问节点及其属性、删除或插入节点等。

第 69~72 行代码使用 documentElement 属性确认 XML 文件的根节点（Root），并使用 documentElement 对象的 BaseName 属性判断文件是不是 RSS 文件。其中，documentElement 是节点树的最高阶层。

第 73 行代码使用 documentElement 对象的 SelectSingleNode 方法获取第 1 个符合指定样式的节点，其中，"channel" 是表示 XSL 样式的字符串。如果没有符合条件的节点，则返回 NULL。

第 74 行和第 75 行代码使用 SelectSingleNode 方法获取 "channel" 节点下的 "title" 节点，并判断是否存在符合条件的节点，将该节点的文本赋值给 strChannelTitle 变量。

第 76~79 行代码使用同样的方法获取 "description" 和 "link" 节点，并将节点文本赋值给相应的变量。

第 80 行代码使用 SelectNodes 方法获取所有符合指定样式的节点,该方法返回一个节点集合。如果没有符合条件的节点,则返回空集合。

第 81~84 行代码使用节点集合的 Length 属性判断是否存在符合条件的节点,并进行相应的处理。

第 87~94 行代码使用 For Each 语句遍历获取所有"item"节点下的其他节点的内容,包括"link"节点、"title"节点、"description"节点、"author"节点和"pubDate"节点,分别表示 RSS 项目的链接、标题、描述、分类、作者和发布时间等,并将节点的值保存到 mastrItem 模块级数组变量中。

运行 ParseFeed 过程,部分结果如图 18.5 所示。

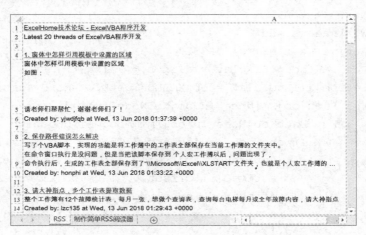

图 18.5　ParseFeed 过程运行结果

❖ 代码扩展

自定义函数 strParseXML 使用了 SelectSingleNode 方法获取指定的节点,除此之外,也可以使用 getElementsByTagName 方法获取指定名称的元素集合,枚举所有元素及其节点内容。示例代码如下。

```
#001   Sub ListAllElements()
#002       Dim objXMLHTTP As Object
#003       Dim objXMLDOM As Object
#004       Dim objXmlNodeList As Object
#005       Dim objXmlNode As Object
#006       Dim objNode As Object
#007       Dim strURL As String
#008       Dim wksSht As Worksheet
#009       strURL = "http://club.excelhome.net/forum.php?" _
               & "mod=rss&fid=2&auth=0"
#010       Set objXMLHTTP = CreateObject("MSXML2.XMLHTTP")
#011       objXMLHTTP.Open "GET", strURL, False
#012       objXMLHTTP.setRequestHeader "Content-type", "text/html"
#013       objXMLHTTP.send
#014       If objXMLHTTP.Status <> 200 Then
#015           MsgBox objXMLHTTP.Status & ":" & objXMLHTTP.StatusText
#016           Exit Sub
#017       End If
#018       Set objXMLDOM = CreateObject("Microsoft.XMLDOM")
```

```
#019          objXMLDOM.async = False
#020          objXMLDOM.Load (objXMLHTTP.responseXML)
#021          With Application
#022              .ScreenUpdating = False
#023              .DisplayAlerts = False
#024          End With
#025          For Each wksSht In Worksheets
#026              If wksSht.Name = "RSS2" Then wksSht.Delete
#027          Next
#028          Worksheets.Add
#029          ActiveSheet.Name = "RSS2"
#030          ActiveWindow.DisplayGridlines = False
#031          Set objXmlNodeList = objXMLDOM.getElementsByTagName("*")
#032          For Each objXmlNode In objXmlNodeList
#033              For Each objNode In objXmlNode.ChildNodes
#034                  If objNode.nodeType = 3 Then
#035                      ActiveCell.Offset(0, 0) = objXmlNode.nodeName
#036                      ActiveCell.Offset(0, 1) = objXmlNode.Text
#037                  ElseIf objNode.nodeType = 4 Then
#038                      ActiveCell.Offset(0, 0) = objXmlNode.nodeName
#039                  End If
#040              Next objNode
#041              ActiveCell.Offset(1, 0).Select
#042          Next objXmlNode
#043          With Application
#044              .ScreenUpdating = True
#045              .DisplayAlerts = True
#046          End With
#047          Set objXMLHTTP = Nothing
#048          Set objXMLDOM = Nothing
#049          Set objXmlNodeList = Nothing
#050          Set objXmlNode = Nothing
#051          Set objNode = Nothing
#052     End Sub
```

❖ 代码解析

第 31 行代码使用 getElementsByTagName（"*"）语句获取 objXMLDOM 对象内所有元素的集合。

ListAllElements 过程同样是获取 ExcelHome 论坛 Excel VBA 程序开发版面的 RSS Feed，读取其内容并输入工作表中。运行 ListAllElements 过程，部分结果如图 18.6 所示。

图 18.6 ListAllElements 过程运行结果

第 19 章 操作其他 Office 应用程序

Windows 提供了完全支持 COM 或 OLE 技术规范的 Microsoft Office 组件，为 Windows 环境下的编程（Visual Basic、Visual C++ 等）提供了高效的接口，使其他的应用程序可以通过其中的对象、方法和属性方便地访问和控制各种 Office 应用程序。同样，在 Excel 中也可以访问和控制其他 Office 应用程序，如 Word、PowerPoint、Outlook 和 Access 等。

19.1 前期绑定与后期绑定

绑定是指对象的某个方法（或属性）的调用与该方法（或属性）所在的类（方法主体）关联起来的过程。通常有两种方式实现这种关联过程：一种是前期绑定；另一种是后期绑定。

简单地讲，后期绑定是指在代码中将变量声明为 Object 或 Variant，在代码编译时编译器就无法确定该变量将引用哪种类型的对象。因此，只有在运行时才能确定该变量对于对象的属性和方法的调用是否有效。前期绑定是指在代码编译时编译器就已经知道被调用属性或方法所隶属的对象。无论使用哪种绑定方式，一旦建立了绑定关系，就可以在代码中访问 Office 应用程序或外部组件的所有对象及其属性和方法。

以常用的字典对象为例，字典对象（Dictionary）具有其独特的属性和方法，其详细用法请参阅第 22 章。由于字典对象并非 VBA 中已集成的对象，所以需要引用相关的库文件后，才可以在 VBA 中使用字典对象。

19.1.1 注册动态链接库

字典对象隶属于 Scrrun.dll 动态链接库，在使用字典对象之前，需要先注册该动态链接库。注册 Scrrun.dll 的具体操作步骤如下。

步骤① 在 Windows 10 系统中的【开始】按钮上右击，在弹出的快捷菜单中选择【设置】命令，并在弹出的【设置】对话框中单击【个性化】按钮，在弹出的对话框中选择【任务栏】选项卡，将"当我右键单击'开始'按钮或按 <Win+X> 组合键时，在菜单中将命令提示符替换为 Windows PowerShell"功能设置为"关闭"状态，如图 19.1 所示。

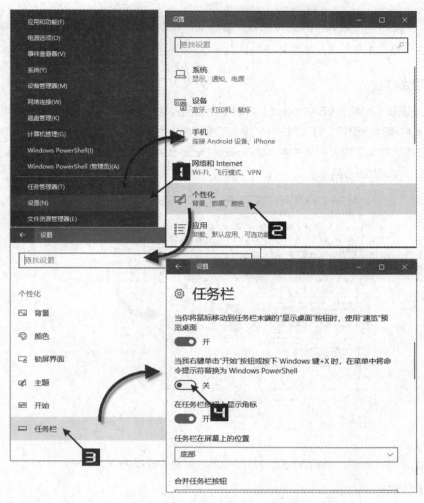

图 19.1 调出"命令提示符"

步骤② 右击【开始】按钮，在弹出的快捷菜单中选择【命令提示符（管理员）】命令。

步骤③ 在【管理员：命令提示符】对话框中输入如下 DOS 命令，并按 <Enter> 键。

```
Regsvr32 scrrun.dll
```

动态链接库注册成功后，将弹出如图 19.2 所示的提示信息框，此后即可在 VBA 中调用字典对象了。

图 19.2 注册 scrrun.dll

19.1.2 前期绑定

前期绑定是指在【引用 - VBAProject】对话框中引用对象所隶属的库。按照如下步骤操作可在 VBE 中添加 Outlook 应用程序引用。在 VBE 中选择【工具】→【引用】选项，打开【引用 - VBAProject】对话框，在【可使用的引用】列表框中选中【Microsoft Outlook 16.0 Object Library】复选框，单击【确定】按钮关闭对话框，如图 19.3 所示。

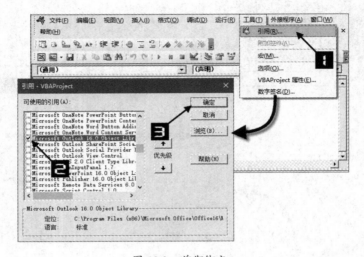

图 19.3　前期绑定

添加引用后，在代码窗口中输入代码时，即可显示对象的成员列表。

19.1.3 后期绑定

使用 CreateObject 方法创建并返回对象的引用，这种方式称为后期绑定。如下代码是以后期绑定方式创建的 Outlook 对象。

```
Set objOutLook = CreateObject("Outlook.Application")
```

CreateObject 方法的参数由应用程序的名称和所创建对象的类名组成。其中，Outlook 是应用程序的名称；Application 是类名。与之类似，如下代码将创建 Word 对象。

```
Set objWord = CreateObject("Word.Application")
```

很多应用程序允许用户创建对象模型中不同级别的对象，如 Excel 允许从其他的程序中创建 WorkSheet 对象或 Chart 对象，可分别使用如下代码。

```
#001  Dim objExcel_Sheet As Object
#002  Dim objExcel_Chart As Object
#003  Set objExcel_Sheet = CreateObject("Excel.WorkSheet")
#004  Set objExcel_Chart = CreateObject("Excel.Chart")
```

在结束对其他 Office 应用程序的访问时，应关闭对该对象的连接并设置其对象变量为 Nothing，以释放所占用的系统资源。

19.1.4　两种方式的优缺点

后期绑定和前期绑定都能够实现相同的功能，但各有优缺点。

使用前期绑定时，编译器将检测类库是否存在或丢失，如在 19.1.2 小节的示例中使用前期绑定引用【Microsoft Outlook 16.0 Object Library】类库，如果在 Office 2003 中运行示例代码，由于 Office 2003 对应的类库是【Microsoft Outlook 11.0 Object Library】，所以找不到 16.0 版本的类库，将产生编译错误，如图 19.4 所示。如果在代码中使用后期绑定，那么可以自动关联最佳版本的类库，使得代码的兼容性更强。

图 19.4　找不到工程或库

使用前期绑定能够在输入代码时显示对象的成员列表，并且能够在 VBE 的【对象浏览器】中查询对象的属性和方法，从而得到相应的帮助。除此之外，在代码中还可以直接使用该应用程序对象中的内置常量，而且使用前期绑定的代码运行速度会更快。

使用后期绑定时，在代码运行之前无法确定被引用对象的属性和方法，因此在输入代码时无法显示对象的成员列表以供自动地完成输入，也不能使用该应用程序对象中的内置常量。

如果需要将代码发送给其他用户使用，建议使用兼容性更强的后期绑定方式编写代码；或者在编写代码时使用前期绑定，提高代码的编写效率与准确性，开发完成后，更改为后期绑定方式，发送给其他用户；也可以通过代码，自动实现前期绑定。

注意　使用后期绑定方式创建的对象实例，如果指定了 Option　Explicit 语句强制声明变量并且未引用该类库时，在设置某些方法的常量值时，如果使用"常量名称"会出现"变量未定义"错误，如图 19.5 所示。此时应使用"常量值"来代替常量名称，或者直接使用前期绑定。

图 19.5　变量未定义

19.2　将电子表格数据通过 Outlook 邮件发送

在 Excel 中可以使用 Outlook 将某个工作簿文件或表格数据直接通过电子邮件发送给其他用户，示例代码如下。

```
#001  Sub SendTest()
#002      SendMail "lishi@gmail.com", "wangmazi@21cn.com", " 测试 ", _
              " 这是一个使用 Outlook 自动发送的测试邮件。", _
              ThisWorkbook.Path & "\try.txt"
```

```
#003    End Sub
#004    Public Sub SendMail( _
            ByVal strTo As String, _
            ByVal strCC As String, _
            ByVal strSubject As String, _
            ByVal strBody As String, _
            Optional ByVal strAttach As String)
#005        Dim objOutLook As Object
#006        Dim objMailItem As Object
#007        On Error GoTo errHandle
#008        Set objOutLook = CreateObject("Outlook.Application")
#009        Set objMailItem = objOutLook.CreateItem(0)
#010        With objMailItem
#011            .To = strTo
#012            .CC = strCC
#013            .Importance = 2
#014            .Subject = strSubject
#015            .Body = strBody
#016            If Len(strAttach) <> 0 Then .Attachments.Add strAttach
#017            .Send
#018        End With
#019        Do Until objMailItem.Sent = True
#020            DoEvents
#021        Loop
#022    errHandle:
#023        objOutLook.Quit
#024        Set objOutLook = Nothing
#025        Set objMailItem = Nothing
#026    End Sub
```

❖ 代码解析

SendMail 过程完成发送邮件的功能，具有 5 个字符串类型的参数。

其中，参数 strTo 指定发送地址，参数 strCC 指定抄送地址，参数 strSubject 指定邮件主题，参数 strBody 指定主体内容，参数 strAttach 为可选参数，指定邮件附件全部路径。

第 5 行和第 6 行代码声明 Object 对象，分别代表 Microsoft Outlook 应用程序和"收件箱"文件夹中的邮件。

第 9 行代码使用 Outlook 对象的 CreateItem 方法创建 Item 对象，其中值 0（olMailItem）表示创建的是 MailItem 对象。应用于 Outlook 对象的 CreateItem 方法的语法如下。

```
CreateItem(ItemType)
```

参数 ItemType 是必需的，其值为表 19.1 中列举的常量之一。

表 19.1　olMailItem 常量值及其说明

常量	值	说明
olMailItem	0	邮件
olAppointmentItem	1	约会
olContactItem	2	联系人
olTaskItem	3	任务

第 10~18 行代码设置 MailItem 对象并发送邮件。如果希望给多人发送邮件，则应使用"；"分隔多个邮件地址，示例代码如下。

```
.To = "lishi@gmail.com;zhangsan@gmail.com"
```

第 19~21 行代码使用 Do Loop 循环结构确定邮件发送完毕再退出 Outlook 程序。其中，第 20 行代码中的 DoEvents 函数在循环的过程中将控制权转让给操作系统处理其他的事务。

注意　某些杀毒软件的自动防护功能将误认为此类示例代码为病毒并清除Excel文件中的VBA代码。此时可以暂时关闭杀毒软件的自动防护功能，再尝试使用上面的示例代码。

在 Excel 中检查 Outlook 应用程序中邮箱内容的示例代码如下。

```
#001   Sub ListUnReadMail()
#002       Dim objOutLook As Object
#003       Dim objNmspc As Object
#004       Dim objFolder As Object
#005       On Error GoTo errHandle
#006       Set objOutLook = CreateObject("Outlook.Application")
#007       Set objNmspc = objOutLook.GetNamespace("MAPI")
#008       Set objFolder = objNmspc.GetDefaultFolder(6)
#009       ListAllFolders objFolder
#010   errHandle:
#011       objOutLook.Quit
#012       Set objOutLook = Nothing
#013       Set objNmspc = Nothing
#014       Set objFolder = Nothing
#015   End Sub
#016   Sub ListAllFolders(ByVal objFolder As Object)
#017       Dim objItem As Object
#018       Dim objSubFolder As Object
#019       Dim strSub As String, strSender As String
#020       Dim strCC As String, strBody As String
#021       For Each objItem In objFolder.Items
#022           If objItem.UnRead = True Then
#023               strSub = objItem.Subject
#024               strSender = objItem.SenderEmailAddress
#025               strCC = objItem.CC
#026               strBody = objItem.HTMLBody
```

19章

```
#027                    MsgBox "发送者: " & strSender & vbCrLf _
                              & "CC: " & strCC & vbCrLf _
                              & " 主题: " & strSub & vbCrLf _
                              & " 主体: " & strBody
#028          End If
#029      Next objItem
#030      For Each objSubFolder In objFolder.Folders
#031          ListAllFolders objSubFolder
#032      Next objSubFolder
#033      Set objItem = Nothing
#034      Set objSubFolder = Nothing
#035  End Sub
```

❖ 代码解析

第 2~5 行代码的声明语句分别定义相关的 Outlook 对象。其中，变量 objNmspc 用于表示 Namespace 对象代表的可识别数据源，如第 7 行代码使用 GetNamespace（"MAPI"）从 Application 对象返回 Outlook.Namespace 对象，表示支持的唯一数据源是 MAPI，允许访问存储在邮件存储区中的所有 Outlook 数据。MAPIFolder 对象代表 Microsoft Outlook 文件夹，该对象可以包含其他的 MAPIFolder 对象及 Outlook 项目。

第 8 行代码使用 Namespace 对象的 GetDefaultFolder 方法返回指向收件箱的对象 objFolder。GetDefaultFolders 方法使用的参数是 olDefaultFolders 常量之一。表 19.2 列出了可以使用的 olDefaultFolders 常量值及其说明。

表 19.2　olDefaultFolder 常量值及其说明

常量	值	说明
olFolderDeletedItems	3	已删除邮件
olFolderOutbox	4	发件箱
olFolderSentMail	5	已发送邮件
olFolderInbox	6	收件箱
olFolderCalendar	9	日历
olFolderContacts	10	联系人
olFolderDrafts	16	草稿

第 9 行代码是将代表收件箱的变量 objFolder 传递给 ListAllFolders 的过程。该过程用来检索收件箱及其子文件夹下所有的未读邮件并在消息框中显示相应内容。由于收件箱中可能包括子文件夹，所以该过程使用递归方法遍历所有的子文件夹。

第 21~29 行代码使用 For Each 循环结构检索所有邮件并判断是否未读，如果未读则在消息框中显示发送者的邮箱地址、抄送者的地址、邮件主题和主体内容等。

第 30~32 行代码使用 For Each 循环结构遍历收件箱中所有的文件夹，然后递归调用 ListAllFolders 过程来获取子文件夹下未读的邮件内容。

运行 ListUnReadMail 过程，将在消息框中逐个显示收件箱中的未读邮件，结果如图 19.6 所示。

图 19.6　在消息框中显示未读邮件的内容

注意　　图 19.6中显示的主体内容为HTML格式，关于HTML的讲解请参阅17.4.2小节。

19.3　将 Excel 数据输出到 PowerPoint 演示文稿

按照如下具体步骤操作，在 Excel 中可以将工作表中的数据自动地生成 PowerPoint 演示文稿。

步骤① 在VBE 窗口中选择【工具】→【引用】选项，打开【引用 - VBAProject】对话框，在【可使用的引用】列表框中选中【Microsoft PowerPoint 16.0 Object Library】复选框，单击【确定】按钮关闭对话框，如图 19.7 所示。

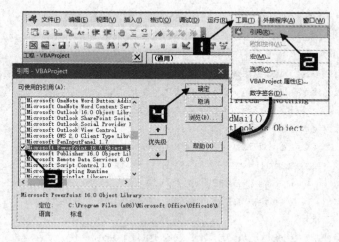

图 19.7　引用【Microsoft PowerPoint 16.0 Object Library】库

步骤② 在标准模块的【代码窗口】中输入如下代码。

```
#001    Sub PPTTest()
#002        Dim objPPTApp As Object
#003        Dim objPPTPresen As Object
#004        Dim objPPTSlide As Object
```

```
#005        Dim strTemp As String
#006        On Error GoTo errHandle
#007        strTemp = ThisWorkbook.Path & "\Training.potx"
#008        Set objPPTApp = CreateObject("Powerpoint.Application")
#009        Set objPPTPresen = objPPTApp.Presentations.Add(msoTrue)
#010        objPPTApp.Visible = True
#011        objPPTPresen.ApplyTemplate Filename:=strTemp
#012        Set objPPTSlide = objPPTPresen.Slides.Add(1, ppLayoutTitle)
#013        With objPPTSlide.Shapes
#014            .Placeholders(1).TextFrame.TextRange.Text = Range("B1")
#015            .Placeholders(2).TextFrame.TextRange.Text = _
                   " 国内与国外浏览器份额比较 "
#016        End With
#017        Set objPPTSlide = objPPTPresen.Slides. _
                   Add(2, ppLayoutTextAndChart)
#018        With objPPTSlide.Shapes
#019            .Placeholders(1).TextFrame.TextRange.Text = Range("B3")
#020            .Placeholders(2).TextFrame.TextRange.Text = " 排名前三: " & _
                   Range("B5") & "," & _
                   Range("B6") & "," & Range("B7")
#021        End With
#022        Sheet2.ChartObjects(1).CopyPicture
#023        objPPTSlide.Shapes.Paste
#024        With objPPTSlide.Shapes(4)
#025            .left = objPPTSlide.Shapes(3).left
#026            .top = objPPTSlide.Shapes(3).top
#027            .ScaleWidth 1.2, msoFalse, msoScaleFromTopLeft
#028        End With
#029        objPPTSlide.Shapes(3).Delete
#030        Set objPPTSlide = objPPTPresen.Slides. _
                   Add(3, ppLayoutTextAndChart)
#031        With objPPTSlide.Shapes
#032            .Placeholders(1).TextFrame.TextRange.Text = Range("B16")
#033            .Placeholders(2).TextFrame.TextRange.Text = " 排名前三: " & _
                   Range("B18") & "," & _
                   Range("B19") & "," & Range("B20")
#034        End With
#035        Sheet2.ChartObjects(2).CopyPicture
#036        objPPTSlide.Shapes.Paste
#037        With objPPTSlide.Shapes(4)
#038            .left = objPPTSlide.Shapes(3).left
#039            .top = objPPTSlide.Shapes(3).top
#040            .ScaleWidth 1.2, msoFalse, msoScaleFromTopLeft
#041        End With
```

```
#042        objPPTSlide.Shapes(3).Delete
#043        objPPTPresen.SaveAs Filename:= _
               ThisWorkbook.Path & "\PPTTest.pptx"
#044        objPPTPresen.Close
#045        objPPTApp.Quit
#046    errExit:
#047        Set objPPTSlide = Nothing
#048        Set objPPTPresen = Nothing
#049        Set objPPTApp = Nothing
#050        Exit Sub
#051    errHandle:
#052        MsgBox Err.Description
#053        Resume errExit
#054    End Sub
```

❖ 代码解析

第 7 行代码将指定模板路径及文件名赋值给 strTemp 变量，运行代码前需确认模板路径和文件名是否正确。

第 9 行代码创建空白演示文稿。

第 11 行代码为演示文稿设置指定模板。

第 12 行代码在空白演示文稿中添加第 1 个幻灯片，并设置幻灯片类型为标题版式，标题版式包括标题和副标题两个占位符，并在第 13~16 行代码中添加标题和副标题的内容。

第 17 行代码添加第 2 个幻灯片，设置为"标题，文本和图表"样式，包括标题、文本和图表 3 个占位符。

第 18~21 行代码设置标题和文本内容。

第 22~28 行代码添加图表。

第 3 个幻灯片的添加方法同上。

第 43~45 行代码将演示文稿另存到指定的路径，关闭演示文稿并退出 PowerPoint 程序。

运行 PPTTest 过程，程序会打开新的 PowerPoint 程序，并新建使用指定模板的空 PowerPoint 演示文稿，然后分别创建 3 个幻灯片并设置指定版式，将 Excel 工作表内容插入幻灯片内容中，最后保存到指定的路径并退出 PowerPoint 程序。生成的 PowerPoint 文件如图 19.8 所示。

图 19.8　生成的 PowerPoint 文件

使用如下代码的 GetObject 方法可以获取当前的 PowerPoint 程序实例。

```
GetObject(, "Powerpoint.Application")
```

19.4 将 Excel 数据输出到 Word 新文档

19.4.1 在 Excel 中创建 Word 报告

如果需要根据 Excel 文件中的数据自动地生成 Word 文档，那么可以使用 VBA 打开 Word 应用程序，然后将 Excel 数据导入 Word 文件中并保存。示例文件数据源如图 19.9 所示。

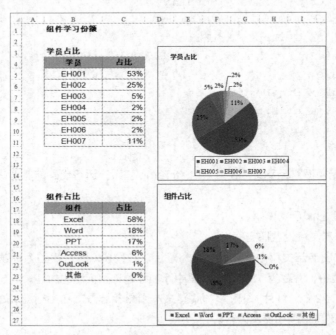

图 19.9　Excel 示例文件数据源

按照如下具体步骤操作，可以将数据生成 Word 报告。

步骤① 在 VBE 窗口中选择【工具】→【引用】选项，打开【引用 - VBAProject】对话框，在【可使用的引用】列表框中选中【Microsoft Word 16.0 Object Library】复选框，单击【确定】按钮关闭对话框，如图 19.10 所示。

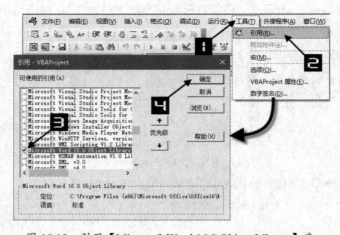

图 19.10　引用【Microsoft Word 16.0 Object Library】库

步骤② 在标准模块的【代码窗口】中输入如下代码。

```
#001    Sub WordTest()
#002        Dim objWordApp As Object
#003        Dim objWord As Object
#004        On Error GoTo errHandle
#005        Set objWordApp = CreateObject("Word.Application")
#006        Set objWord = objWordApp.Documents.Add
#007        objWord.Application.Visible = True
#008        With objWordApp
#009            .Selection.Style = .ActiveDocument.Styles(" 标题 1")
#010            .Selection.TypeText Range("B1").Value
#011            .Selection.TypeParagraph
#012            .Selection.TypeText " 组件学习份额 "
#013            .Selection.TypeParagraph
#014            .Selection.Style = .ActiveDocument.Styles(" 标题 3")
#015            .Selection.TypeText Range("B3").Value
#016            .Selection.TypeParagraph
#017            .Selection.TypeText " 排名前三： " & _
                    Range("B5") & "," & _
                    Range("B6") & "," & Range("B7")
#018            .Selection.TypeParagraph
#019            Sheets(" 示例工作表 ").ChartObjects(1).CopyPicture
#020            .Selection.Paste
#021            .Selection.TypeParagraph
#022            .Selection.Style = .ActiveDocument.Styles(" 标题 3")
#023            .Selection.TypeText Range("B16").Value
#024            .Selection.TypeParagraph
#025            .Selection.TypeText " 排名前三： " & _
                    Range("B18") & "," & _
                    Range("B19") & "," & Range("B20")
#026            .Selection.TypeParagraph
#027            Sheets(" 示例工作表 ").ChartObjects(2).CopyPicture
#028            .Selection.Paste
#029        End With
#030        objWord.SaveAs Filename:=ThisWorkbook.Path & _
                "\WordTest.docx", _
                FileFormat:=wdFormatXMLDocument
#031        objWord.Close
#032        objWordApp.Quit
#033        Set objWordApp = Nothing
#034        Set objWord = Nothing
#035    errHandle:
#036        MsgBox Err.Description
#037        Resume errExit
```

19章

```
#038   End Sub
```

❖ 代码解析

第 5 行代码使用后期绑定方式创建 Word 程序实例。

第 6 行代码使用 Add 方法在文档集合中添加空白文档。

第 7 行代码设置 Visible 属性为 True，使 Word 程序可见。

第 9 行代码设置标题样式。

第 10 行代码插入标题文本。

第 11 行代码插入空段落。

第 12~18 行代码使用相同的方法插入其他内容。

第 19 行和第 20 行代码将 Excel 文件中的图表以图片的形式复制到 Word 文档中。

第 21 行代码插入空段落。

第 22~26 行代码使用相同的方法插入其他内容。

第 27 行和第 28 行代码将 Excel 文件中的图表"组件占比"以图片的形式复制到 Word 文档中。

第 30 行代码保存当前 Word 文档。

第 31 行代码关闭 Word 文档。

第 32 行代码退出 Word 程序。

运行 WordTest 过程将打开新的 Word 程序实例并新建 Word 空白文档，并将单元格数据与图表输出到 Word 文档中，结果如图 19.11 所示。

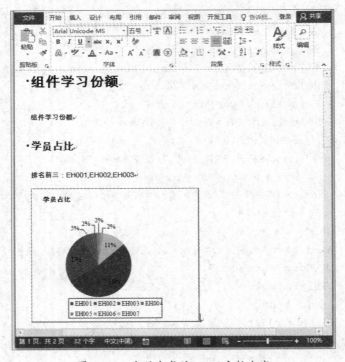

图 19.11　自动生成的 Word 文档内容

WordTest 过程创建新的 Word 程序实例，然后新建 Word 文档。使用如下代码将打开已有 Word 文档。

```
Set objDoc = objApp.Documents.Open(Filename:="D:\WordTest.docx")
```

另外，使用 GetObject 方法也可以打开指定的 Word 文档，示例代码如下。

```
#001   Dim objDoc As Object
#002   Set objDoc = GetObject("D:\test\wordtest.docx", "Word.Document")
#003   objDoc.Application.Visible = True
```

在使用 GetObject 方法时，如果第 1 个参数设置为空字符串，则可创建空白文档。

```
Set objDoc = GetObject("", "Word.Document")
```

如果需要在代码中处理当前已经打开的 Word 文档，则可使用如下示例代码。

```
#001   Sub GetWord()
#002       Dim objApp As Object
#003       Dim objDoc As Object
#004       On Error Resume Next
#005       Set objApp = GetObject(, "Word.Application")
#006       If objApp Is Nothing Then
#007           MsgBox " 当前未检测到打开的 Word 应用程序！ "
#008       Else
#009           For Each objDoc In objApp.Documents
#010               Debug.Print objDoc.Name
#011           Next objDoc
#012       End If
#013       Set objApp = Nothing
#014       Set objDoc = Nothing
#015   End Sub
```

❖ 代码解析

第 4 行代码使用 On Error Resume Next 语句忽略运行时错误。如果当前没有打开的 Word 程序时，代码可以继续运行。

第 5 行代码省略了 GetObject 方法的第 1 个参数，用于获取当前 Word 程序实例。

如果当前没有打开Word程序，那么将产生"运行时错误'429'：ActiveX部件不能创建对象"，如图 19.12所示。

图 19.12　ActiveX 部件不能创建对象

第 6 行代码使用条件语句判断是否获取 Word 程序。

如果没有已打开的 Word 应用程序，第 7 行代码则以消息框形式提示。

如果已经打开了 Word 程序，第 9~11 行代码则使用 For Each 循环结构在【立即窗口】打印出 Word 程序中所有打开文档的名称。

19.4.2 在 Excel 中创建 Word 邮件合并

使用 Word 的邮件合并功能，可以实现将 Excel 中的数据依照指定模板输出到 Word 中。示例中使用的 Word 模板文件如图 19.13 所示。

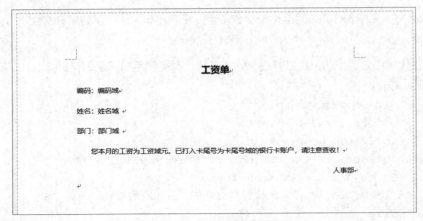

图 19.13 邮件合并模板文件

示例文件 Excel 中数据源如图 19.14 所示。

	A	B	C	D	E
1	编码	姓名	部门	工资	卡尾号
2	UID001	张三	产品部	16752	3615
3	UID002	李四	商品部	19545	6528
4	UID003	王五	财务部	16956	2712
5	UID004	赵六	人事部	16893	3659

图 19.14 邮件合并 Excel 数据源

将 Excel 中的数据按照 Word 模板中的数据位置，输出到 Word 文档中并分别创建新的文档，示例代码如下。

```
#001   Sub SplitMailMerge()
#002       Dim objWord As Object, objWordNew As Object
#003       Dim objMerge As Object, objFso As Object
#004       Dim avntField As Variant
#005       Dim i As Integer, j As Integer
#006       Dim strMyPath As String, strMyName As String
#007       Dim strNewPath As String, strCopyMyPath As String
#008       strCopyMyPath = ThisWorkbook.Path & "\ 模板 .docx"
#009       strNewPath = ThisWorkbook.Path & "\ 模板 temp.docx"
#010       Set objFso = CreateObject("Scripting.FileSystemObject")
#011       objFso.CopyFile strCopyMyPath, strNewPath
#012       strMyPath = ThisWorkbook.Path
#013       Set objWord = CreateObject("Word.Application")
#014       With objWord
#015           Set objWordNew = .Documents.Open(strNewPath)
#016           objWord.Visible = False
#017           With .ActiveDocument
```

```
#018                .MailMerge.OpenDataSource _
                    Name:=ThisWorkbook.FullName, _
                    Connection:="Provider=Microsoft.ACE.OLEDB.12.0;" _
                        & "Data Source=" & ThisWorkbook.FullName & "; ", _
                    SQLStatement:="SELECT * FROM `数据源$`", _
                    SQLStatement1:="", _
                    SubType:=1
#019                avntField = Array("编码", "姓名", _
                    "部门", "工资", "卡尾号")
#020                objWord.Selection.HomeKey Unit:=6
#021                For i = 0 To UBound(avntField)
#022                    objWord.Selection.Find.Execute _
                        (avntField(i) & "域")
#023                    .MailMerge.Fields.Add Range:= _
                        objWord.Selection.Range, Name:=avntField(i)
#024                Next i
#025                Set objMerge = .MailMerge
#026                With objMerge.DataSource
#027                    For j = 1 To .RecordCount
#028                        .FirstRecord = j
#029                        .LastRecord = j
#030                        strMyName = .DataFields(1).Value
#031                        .ActiveRecord = -2
#032                        .Parent.Execute
#033                            objWord.ActiveDocument.SaveAs _
                                strMyPath & "\" & strMyName & ".doc"
#034                            objWord.ActiveDocument.Close True
#035                    Next j
#036                End With
#037            End With
#038        objWordNew.Close
#039        objWord.Quit
#040        Kill strNewPath
#041    End With
#042    Set objWordNew = Nothing
#043    Set objWord = Nothing
#044    Set objFso = Nothing
#045    Set objMerge = Nothing
#046    MsgBox "生成完毕"
#047 End Sub
```

❖ 代码解析

第 11 行代码利用 FSO 对象的 CopyFile 方法复制 Word 模板文件。

第 13 行代码创建 Word 对象。

第 15 行和第 16 行代码打开 Word 副本模板文件，且不显示 Word 应用程序。

第 18 行代码利用 MailMerge 的 OpenDataSource 方法，在 Word 中连接数据源并创建邮件合并。

应用于 MailMerge 的 OpenDataSource 方法，可以创建一个指定数据源的通道，用于数据交换。

其中，参数 Name 是必需的，用于指定数据源的完整路径。参数 Connection 是可选的，用于建立与数据源的数据通道。参数 SQLStatement 是可选的，用于指定在数据源中的查询语句。参数 SubType 是可选的，用于指定数据库类型。

第 19 行代码存储字段信息。

第 20 行代码将鼠标指针定位到首行。

第 21~24 行代码利用 For 循环结构遍历字段名。

第 22 行代码查找并选择当前模板中指定文字。

第 23 行代码将选中的文字替换为邮件合并域代码。

第 26~36 行代码将邮件合并的结果逐条输出并保存为单独的 Word 文档。

第 27 行代码利用 RecordCount 属性读取获取的数据源中数据条数。

第 28 行和第 29 行代码分别将 MailMerge 的 FirstRecord 与 LastRecord 属性设置一致，实现逐条编辑的目的。

第 31 行代码设置 ActiveRecord 属性为 −2（wdNextRecord），激活下一条记录。

第 32 行代码每次执行合并一条记录。

第 33 行和第 34 行代码利用 ActiveDocument 的 SaveAs 方法，将由邮件合并创建的文档，保存到指定路径并以获取的数据集中的第 1 个字段命名。

运行示例代码，结果如图 19.15 所示。

图 19.15　邮件合并运行结果

第 20 章 使用类模块

类是指对某一类对象的定义，由一组按一定结构组织起来并已定义类型的数据构成，这些数据定义了对象的名称、方法、属性和事件等信息。

类是对某一类对象的抽象，可以看作创建对象的模具，而对象是某一种类的实例化，是用模具生产出来的具体产品，同一模具（类）制造的产品（对象）具有相同的属性和功能。例如，VBA 中经常使用的 Range 对象就是 Range 类的实例。没有脱离对象的类，也没有不依赖于类的对象，使用类的属性、方法和事件之前必须先生成类的实例，即创建对象。

20.1 创建和使用自定义对象

在类模块中定义类，生成类的实例后就可以在代码中使用自定义对象，就像使用内置的 Range 对象一样方便快捷。示例文件具体操作步骤如下。

步骤① 新建并打开名称为 "创建和使用自定义对象 .xlsm" 的示例文件，在 Visual Basic 编辑器中选择【插入】→【类模块】选项添加类模块，在【属性】窗口中修改模块的名称为 "clsStudent"，如图 20.1 所示。

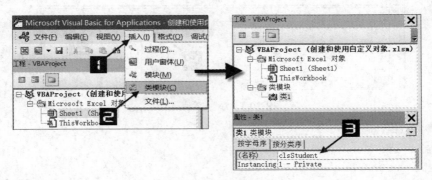

图 20.1 添加类模块

步骤② 在【代码窗口】中输入如下代码。

```
#001    Private mstrName As String
#002    Private mstrGrade As String
#003    Public Property Get Name() As String
#004        Name = mstrName
#005    End Property
#006    Public Property Let Name(ByVal strName As String)
#007        mstrName = strName
#008    End Property
#009    Public Property Get Grade() As String
#010        Grade = mstrGrade
#011    End Property
#012    Public Property Let Grade(ByVal strGrade As String)
#013        mstrGrade = strGrade
```

```
#014    End Property
#015    Public Sub ShowInfo()
#016        MsgBox "姓名: " & mstrName & vbCrLf & "年级: " & mstrGrade
#017    End Sub
```

步骤③ 单击【代码窗口】上部的【对象】列表框并选择【Class】选项，如图 20.2 所示。

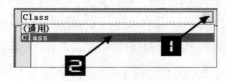

图 20.2　选择 Class 选项

步骤④ 单击【过程】列表框并选择【Initialize】选项，添加 Class_Initialize 事件过程框架；单击【过程】列表框并选择【Terminate】选项，添加 Class_Terminate 事件过程框架，如图 20.3 所示。本章后续示例，不再讲解添加事件过程的具体操作步骤。

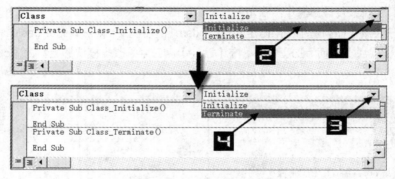

图 20.3　添加事件过程

步骤⑤ 编辑事件过程代码如下。

```
#018    Private Sub Class_Initialize()
#019        mstrGrade = "一年级"
#020    End Sub
#021    Private Sub Class_Terminate()
#022        MsgBox "objStudent 对象使用的内存及系统资源已经释放"
#023    End Sub
```

步骤⑥ 使用类创建对象，测试自定义的 clsStudent 类。在示例文件中新建标准模块，在【代码窗口】中输入如下代码，保存并关闭示例文件。

```
#024    Sub TestclsStudent()
#025        Dim objStudent As New clsStudent
#026        objStudent.Name = "张三"
#027        objStudent.ShowInfo
#028        Set objStudent = Nothing
#029    End Sub
```

❖ 代码解析

第 1 行和第 2 行代码声明两个变量，分别用来保存类的 Name 属性和 Grade 属性的值，在类模块之外获取或设置类的属性值其实就是获取或设置类模块内部对应变量的值。

第 3~5 行代码使用 Property Get 过程为类添加可读的 Name 属性。

第 4 行代码将变量 mstrName 的值赋给 Name 属性，在类模块之外通过使用属性（Name）访问类模块内部相应的变量（mstrName）。

Property Get 过程用于返回属性的值，其语法格式如下。

```
[Public | Private | Friend] [Static] Property Get name([arglist,] value)
[As Type]
        [statements]
        [name = expression]
        [Exit Property]
        [statements]
        [name = expression]
End Property
```

其中，Friend 关键字是可选的，只能在类模块中使用，表示该过程在整个工程中都是可见的，但对于对象实例的控制者是不可见的。Public、Private 和 Static 关键字请参阅 VBA 中的相关帮助。

name 是必需的，用来指定属性的名称。

[arglist,] value 是可选的，用来指定属性过程的参数列表。Value 选项限制 Get 过程只能使用值参数，多个参数使用"，"分隔。

As Type 是可选的，用来指定属性值的数据类型。

statements 是可选的，是属性过程要执行的过程代码。

expression 是可选的，是 Property Get 语句所声明的过程返回的属性值。

Exit Property 用于退出属性过程，不再执行其后的代码。

第 6~8 行代码使用 Property Let 过程为类添加可写的 Name 属性。

第 7 行代码将参数 strName 的值赋给变量 mstrName，在类模块之外为属性（Name）赋值时，该值以参数的形式（strName）传递到类模块内部并赋值给相应的变量（mstrName）。

Property Let 和 Property Set 过程用于为属性赋值，其语法与 Property Get 过程相似，只是没有 As Type 选项。

> 注意
>
> 　　如果属性需要引用对象，应该使用Property Set过程为属性设置需要引用的对象而不是Property Let过程，Property Set过程的[arglist,] reference选项只能使用引用参数，具体用法请参阅20.6节。

Property Let 过程（Property Set 过程）总是比对应的 Property Get 过程多一个参数，其最后一个参数的数据类型必须和在 Property Get 过程中用 As Type 声明的数据类型一致，其他参数必须和 Property Get 过程中对应参数的数据类型一致。

Property Get 过程应该和 Property Let（Property Set）过程成对使用。如果缺少一个过程，或者其中一个过程没有使用 Public 关键字来声明，则将添加只读或只写的属性。

第 9~14 行代码为类添加 Grade 属性。

第 15~17 行代码为类添加 ShowInfo 方法。

方法是指类用来实现一定功能的内部函数或过程，也就是类的具体行为。在类模块中使用 Public 关键字声明 Sub 过程或 Function 过程为类添加方法。

第 18~20 行代码为 Class_Initialize 过程，此过程是类的初始化事件过程，在生成类的实例（创建对象）时触发，通常用来为变量设置初始值。

第 19 行代码为变量 mstrGrade 赋值为"一年级"，即设置 Grade 属性的初始值为"一年级"。

第 21~23 行代码为 Class_Terminate 过程，此过程是类的销毁事件过程，在代码中将任何引用对象的变量设置为 Nothing 时，系统进而删除内存中类的相应实例时触发此过程。如果应用程序非正常退出而从内存中删除类的实例，那么不会触发此过程。

第 25 行代码用来生成类的实例，创建 clsStudent 类型的对象并赋值给变量 objStudent。

> **注意** ➡ 在使用类之前必须先在 Dim 语句或 Set 语句中使用 New 关键字生成类的实例。

第 26 行代码为 objStudent 对象的 Name 属性赋值。

第 27 行代码调用 objStudent 对象的 ShowInfo 方法显示其各属性的值。

第 28 行代码从内存中删除 objStudent 对象，此时将触发类的销毁事件过程（Class_Terminate）弹出消息框。

打开示例文件，单击【TestclsStudent】按钮将弹出消息框显示提示信息，其中 Grade 属性的值是在 Class_Initialize 事件过程中设置的初始值，如图 20.4 所示。

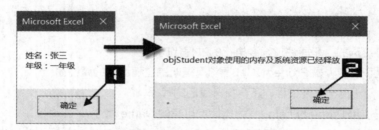

图 20.4　创建和使用自定义对象

20.2　设置类的默认属性和为类添加说明

默认属性是指引用对象名称而无须使用属性名称就可以访问的属性。例如，Range 对象的默认属性是 Value 属性，所以如下两句代码的作用是完全相同的。

```
Range("a1").Value = "EH"
Range("a1") = "EH"
```

类的说明是指在对象浏览器中选择类的属性和方法时显示的帮助信息，用来简要介绍其功能和使用方法。

为自定义类的属性、方法添加说明的具体操作步骤如下。

步骤① 在示例文件中新建名称为"clsSample"的类模块，在【代码窗口】中输入如下代码。

```
#001  Private mstrName As String
#002  Private mintScore As Integer
#003  Public Property Get Name() As String
#004      Name = mstrName
```

```
#005   End Property
#006   Public Property Let Name(ByVal strName As String)
#007       mstrName = strName
#008   End Property
#009   Public Property Get Score() As Integer
#010       Score = mintScore
#011   End Property
#012   Public Property Let Score(ByVal intScore As Integer)
#013       mintScore = intScore
#014   End Property
```

步骤② 在 VBE 中选择【文件】→【移除 clsSample】选项，在弹出的消息框中单击【是】按钮，在弹出的【导出文件】对话框中选择保存位置，单击【保存】按钮将类模块保存为 "clsSample.cls" 文件，如图 20.5 所示。

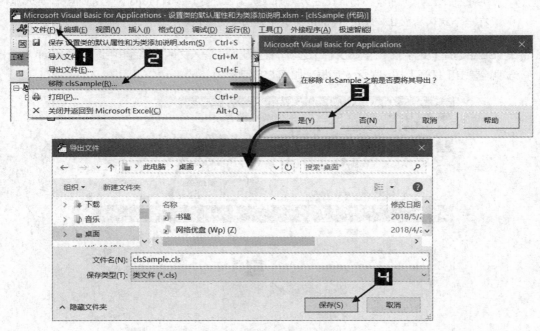

图 20.5　导出并移除类模块

步骤③ 使用记事本程序打开导出的 "clsSample.cls" 文件，在 Property Get Name 过程中插入如下代码，将 Name 属性设置为 clsSample 类的默认属性。

```
Attribute Name.VB_UserMemId = 0
```

步骤④ 在 Property Get Score 过程中插入如下代码，为 Score 属性添加说明，如图 20.6 所示。

```
Attribute Score.VB_Description = " 这是自定义的属性或方法的说明文字 "。
```

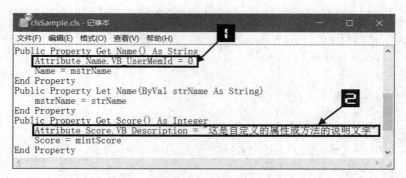

图 20.6 修改类文件

步骤⑤ 保存文件并关闭记事本程序。

> **注意**
>
> 如果某个属性既有Property Get过程也有Property Let（Property Set）过程，只需修改其中一个过程就可以将属性设置为类的默认属性，建议修改Property Get过程。类只能拥有一个默认属性且必须使用Public关键字声明类的默认属性。

步骤⑥ 在 VBE 中选择【文件】→【导入文件】选项，在弹出的【导入文件】对话框中选择【clsSample.cls】选项，单击【打开】按钮关闭对话框，如图 20.7 所示。

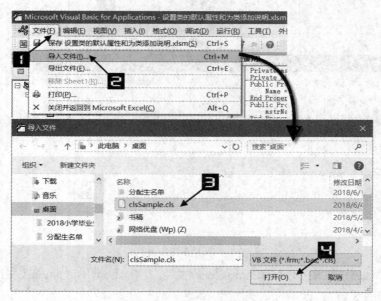

图 20.7 导入类文件

步骤⑦ 在示例文件中新建标准模块，在【代码窗口】中输入如下代码，保存并关闭示例文件。

```
#001  Sub TestclsSample()
#002      Dim objSample As New clsSample
#003      objSample.Name = " 这是 Name 属性的值 "
#004      MsgBox objSample
#005      Set objSample = Nothing
#006  End Sub
```

打开示例文件，单击【TestclsSample】按钮，因为 Name 属性是 objSample 对象的默认属性，虽然第 4 行代码中没有使用对象的 Name 属性，弹出的消息框中仍然显示其 Name 属性的值。

按 <Alt+F11> 组合键打开 Visual Basic 编辑器，按 <F2> 键打开【对象浏览器】窗口，在【类】列表框中选择【clsSample】选项，其 Name 属性的图标为蓝色，这是默认属性的标志，在右侧列表框中选择【Score】选项，【对象浏览器】的底部将显示自定义的 Score 属性的说明，如图 20.8 所示。

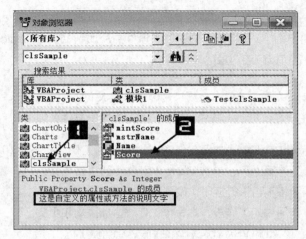

图 20.8　为类设置默认属性和说明

20.3　捕获应用程序事件和嵌入图表事件

应用程序事件是指应用于所有已打开的工作簿的事件，而不仅反映用于包含事件过程的特定工作簿。无法直接使用应用程序级别的事件，必须使用类模块捕获应用程序事件后再使用，具体操作步骤如下。

步骤① 新建一个名称为"clsAppEvent"的类模块，在其声明区输入如下 VBA 代码。

```
#001  Public WithEvents xlApp As Application
```

步骤② 单击 Visual Basic 编辑器中的【对象】列表框，选择【xlApp】选项，单击【过程】列表框并选择【WorkbookBeforePrint】选项，添加 xlApp_WorkbookBeforePrint 事件过程框架，编辑事件过程的代码如下。

```
#002  Private Sub xlApp_WorkbookBeforePrint _
          (ByVal Wb As Workbook, Cancel As Boolean)
#003      Dim wksSht As Worksheet
#004      For Each wksSht In Wb.Worksheets
#005          With wksSht.PageSetup
#006              .CenterHeader = "Excel Home"
#007              .CenterFooter = "第 &P 页 / 共 &N 页"
#008          End With
#009      Next wksSht
#010      Set wksSht = Nothing
#011  End Sub
```

❖ 代码解析

第 1 行代码使用 WithEvents 关键字声明 Application 类型的对象变量 xlApp，为类添加 xlApp 属性，这是捕获应用程序事件所必需的。Application 代表应用程序。

 提示 在类模块中使用Public关键字声明的变量将成为类的属性。使用属性过程也可以为类添加属性，请参阅20.1节。

WithEvents 关键字引出由 As 子句指定的对象的事件并添加到 Visual Basic 编辑器中的【过程】列表框中，使声明的对象变量可以响应对象的事件。

注意 WithEvents关键字只能在类模块、工作表模块和ThisWorkbook模块中使用，并且不能和New关键字一起使用，也不能用WithEvents关键字创建数组。

xlApp_WorkbookBeforePrint 事件过程在任意一个打开的工作簿执行打印操作之前被触发，参数 Wb 返回将要执行打印的工作簿对象，参数 Cancel 用来设置是否终止打印，默认值为 False，设置为 True 表示该过程运行完成后将不再执行打印，设置为 False 表示继续打印。

第 4~9 行代码遍历工作簿中的工作表，为每个工作表添加页眉和页脚。

新建一个标准模块，输入如下 VBA 代码，保存并关闭示例文件。

```
#001  Public gobjApp As New clsAppEvent
#002  Private Sub Auto_Open()
#003      Set gobjApp.xlApp = Application
#004  End Sub
```

❖ 代码解析

第 1 行代码创建 clsAppEvent 类型的对象并赋值给变量 gobjApp。

Auto_Open 过程在打开工作簿时运行，将 Application 对象赋值给 gobjApp 对象的 xlApp 属性，使 gobjApp 对象可以响应 Application 对象的事件。

打开示例文件，然后再打开其他工作簿并在执行打印操作时将为每页添加页眉和页脚。

 注意 重置任何模块级变量或全局变量都将终止捕获应用程序事件，包括在Visual Basic编辑器中修改代码。

使用类模块捕获嵌入图表事件的方法请参阅示例文件"捕获嵌入图表事件 .xlsm"。

20.4 设置屏幕分辨率

类模块可以用来封装常用且复杂的代码，然后将类模块导入其他工作簿（请参阅 20.2 节），在代码中创建类的实例后，就可以使用对象的属性和方法来实现相应的功能，而无须每次都重写大量的代码，如必须调用 API 函数来实现 VBA 无法实现的功能时。这种方式可以更方便地使用和共享代码，有效地提高了代码的可维护性。

在示例文件中新建名称为"clsChangeDisplay"的类模块，在【代码窗口】中输入如下代码。

```
#001    Private Declare Function EnumDisplaySettings Lib "User32" Alias _
            "EnumDisplaySettingsA" (ByVal lpszDeviceName As Long, _
            ByVal iModeNum As Long, lpDevMode As Any) As Long
#002    Private Declare Function ChangeDisplaySettings Lib "User32" _
            Alias "ChangeDisplaySettingsA" (lpDevMode As Any, _
            ByVal dwFlags As Long) As Long
#003    Private Const CCDEVICENAME = 32
#004    Private Const CCFORMNAME = 32
#005    Private Const DM_PELSWIDTH = &H80000
#006    Private Const DM_PELSHEIGHT = &H100000
#007    Private Const ENUM_CURRENT_SETTINGS = -1
#008    Private Type mDEVMODE
#009        strDeviceName As String * CCDEVICENAME
#010        intSpecVersion As Integer
#011        intDriverVersion As Integer
#012        intSize As Integer
#013        intDriverExtra As Integer
#014        lngFields As Long
#015        intOrientation As Integer
#016        intPaperSize As Integer
#017        intPaperLength As Integer
#018        intPaperWidth As Integer
#019        intScale As Integer
#020        intCopies As Integer
#021        intDefaultSource As Integer
#022        intPrintQuality As Integer
#023        intColor As Integer
#024        intDuplex As Integer
#025        intYResolution As Integer
#026        intTTOption As Integer
#027        intCollate As Integer
#028        strFormName As String * CCFORMNAME
#029        intUnusedPadding As Integer
#030        intBitsPerPel As Integer
#031        lngPelsWidth As Long
#032        lngPelsHeight As Long
#033        lngDisplayFlags As Long
#034        lngDisplayFrequency As Long
#035    End Type
#036    Private mDevm As mDEVMODE
#037    Public Property Get Settings() As String
#038        EnumDisplaySettings 0, ENUM_CURRENT_SETTINGS, mDevm
#039        Settings = mDevm.lngPelsWidth & "X" & mDevm.lngPelsHeight
#040    End Property
```

20章

```
#041  Public Sub Change(ByVal intWidth As Integer, _
           ByVal intHeight As Integer)
#042      Dim lngReturn As Long
#043      EnumDisplaySettings 0, ENUM_CURRENT_SETTINGS, mDevm
#044      mDevm.lngFields = DM_PELSWIDTH Or DM_PELSHEIGHT
#045      mDevm.lngPelsWidth = intWidth
#046      mDevm.lngPelsHeight = intHeight
#047      lngReturn = ChangeDisplaySettings(mDevm, 0)
#048      If lngReturn <> 0 Then MsgBox "无效的设置"
#049  End Sub
```

❖ 代码解析

第 1~35 行代码为 API 函数、常量和结构的声明。

第 36 行代码声明变量 mDevm 为 mDEVMODE 结构类型，用来保存 EnumDisplaySettings 函数的返回值。

第 37~40 行代码为类添加只读的 Settings 属性，第 38 行代码调用 EnumDisplaySettings 函数返回屏幕分辨率并保存在变量 mDevm 中。

EnumDisplaySettings 函数返回显示设备所有图形模式的信息并保存到 Visual Basic 编辑器中的结构中。mDEVMODE 结构的 lngPelsWidth 和 lngPelsHeight 元素分别用来保存显示设备水平和垂直方向的像素值。

第 41~49 行代码为类添加 Change 方法。

第 45 行和第 46 行代码分别给变量 mDevm 的 lngPelsWidth 和 lngPelsHeight 元素赋值。

第 47 行代码调用 ChangeDisplaySettings 函数，使用变量 mDevm 中指定的像素值更改屏幕的分辨率。ChangeDisplaySettings 函数把默认显示设备的设置修改为由参数 lpDevMode 设定的图形模式。

在示例文件中新建标准模块，在【代码窗口】中输入如下代码，保存并关闭文件。

```
#001  Sub TestclsChangeDisplay()
#002      Dim objDisplay As New clsChangeDisplay
#003      MsgBox objDisplay.Settings
#004      objDisplay.Change 1280, 960
#005      MsgBox "分辨率已设置为：1280X960"
#006      Set objDisplay = Nothing
#007  End Sub
```

打开示例文件，单击【TestclsChangeDisplay】按钮将弹出消息框显示当前的屏幕分辨率，然后使用指定的像素更改屏幕的分辨率，如图 20.9 所示。

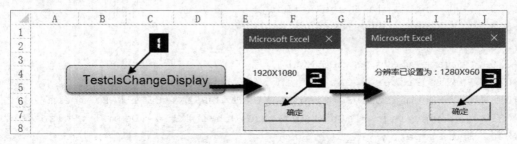

图 20.9　设置屏幕分辨率

20.5　使用类实现控件数组

　　控件数组是由一组相同类型的控件组成的数组，这些控件具有相同的控件名称并使用同一个事件过程，在事件过程中根据控件的 index 属性来区分控件并执行不同的命令。使用控件数组可以有效地简化代码，使程序更具灵活性。

　　控件数组适用于多个同类型控件执行相似操作的情况。例如，要实现如图 20.10 所示的用户界面，但是 VBA 并不支持控件数组，因此只能为 4 个按钮控件分别编写 4 个类似的事件过程，其实使用类模块可以实现类似控件数组的功能。

图 20.10　控件数组

　　在示例文件中新建名称为"clsButton"的类模块，在【代码窗口】中输入如下代码。

```
#001   Public WithEvents cmdBtn As MSForms.CommandButton
#002   Private Sub cmdBtn_Click()
#003       With Sheet1.Range("a1").Font
#004           Select Case cmdBtn.Caption
#005               Case "小"
#006                   .Size = 8
#007               Case "标准"
#008                   .Size = 12
#009               Case "大"
#010                   .Size = 16
#011               Case "特大"
#012                   .Size = 20
#013           End Select
#014       End With
#015   End Sub
```

❖ 代码解析

　　CmdBtn_Click 过程是用户窗体中 4 个按钮控件共用的 Click 事件过程，单击任何一个按钮时都将执行此事件过程，根据按钮控件的 Caption 属性判断用户单击了哪个按钮，然后分别使用不同的字号改变 A1 单元格字体大小。

　　在示例文件中新建用户窗体并添加控件，在【代码窗口】中输入如下代码，保存并关闭示例文件。

```
#001   Private maButton(1 To 4) As clsButton
#002   Private Sub UserForm_Initialize()
#003       Dim i As Integer
#004       Dim objButton As clsButton
#005       For i = 1 To 4
#006           Set objButton = New clsButton
#007           Set objButton. cmdBtn = Me.Controls("CommandButton" & i)
#008           Set maButton(i) = objButton
#009       Next i
#010       Set objButton = Nothing
#011   End Sub
```

❖ 代码解析

第 1 行代码声明 clsButton 类型的数组 maButton，用来保存 clsButton 类的 4 个实例。

UserForm_Initialize 过程在用户窗体初始化时触发，通过循环语句使窗体中的 4 个按钮被单击时都执行类模块中的 cmdBtn_Click 过程。

第 6 行代码创建 clsButton 类型的对象并赋值给变量 objButton。

第 7 行代码将窗体中的按钮对象赋值给 objButton 对象的 cmdBtn 属性，使 objButton 对象可以响应窗体中对应按钮的事件。

第 8 行代码将对象 objButton 保存到数组 maButton 中。

为了便于在循环中遍历控件，各个控件应使用相似且带有连续编号的名称。实际应用中建议使用集合对象代替数组来保存 clsButton 类的实例，这样就不必为控件名称添加连续的编号，当控件的数量变化时也只需修改类模块中的事件过程，请参阅示例文件"使用集合对象 .xlsm"。

20.6　捕获单元格值的改变

使用工作表对象的 Change 事件可以监控指定单元格值的变化，如果单元格包含公式，当公式的值改变时触发 Calculate 事件而不是 Change 事件，因为 Calculate 事件没有 Target 参数，所以无法确定是哪个单元格的值发生了改变。

使用类模块可以捕获指定的公式单元格值的改变，在示例文件中新建名称为"clsRange"的类模块，在【代码窗口】中输入如下代码。

```
#001    Public WithEvents gwksSht As Worksheet
#002    Public Event Change()
#003    Private mrngRange As Range
#004    Private mvntOriginal As Variant
#005    Private mstrMsg As String
#006    Public Property Get Range() As Range
#007      Set Range = mrngRange
#008      Set gwksSht = Nothing
#009    End Property
#010    Public Property Set Range(ByVal rngRange As Range)
#011      Set mrngRange = rngRange
#012      mvntOriginal = mrngRange.Value
#013      Set gwksSht = rngRange.Parent
#014    End Property
#015    Public Sub ShowInfo()
#016      MsgBox mstrMsg
#017    End Sub
#018    Private Sub Class_Terminate()
#019      Set mrngRange = Nothing
#020    End Sub
#021    Private Sub gwksSht_Calculate()
#022      Dim blnChange As Boolean
```

```
#023    Dim vntValue As Variant
#024    Dim intRow As Integer
#025    Dim intCol As Integer
#026    mstrMsg = ""
#027    vntValue = mrngRange.Value
#028    For intRow = 1 To UBound(vntValue)
#029      For intCol = 1 To UBound(vntValue)
#030       If vntValue(intRow, intCol) <> mvntOriginal(intRow, intCol) Then
#031         blnChange = True
#032         mstrMsg = mstrMsg & _
              mrngRange.Cells(intRow, intCol).Address(0, 0) & _
              "单元格变化，原来的值:" & mvntOriginal(intRow, intCol) & _
              " 现在的值:" & vntValue(intRow, intCol) & vbCrLf
#033         mvntOriginal(intRow, intCol) = vntValue(intRow, intCol)
#034       End If
#035      Next intCol
#036    Next intRow
#037    If blnChange = True Then RaiseEvent Change
#038  End Sub
```

❖ 代码解析

第 2 行代码为类添加名称为 Change 的事件，Event 语句用来声明用户自定义的事件，只能在类模块中使用，其语法格式如下。

```
[Public] Event procedurename [(arglist)]
```

procedurename 是必需的，用来指定自定义事件的名称。

（arglist）是可选的，是传递给事件过程的参数列表，多个参数之间使用"，"分隔，必须用"()"括起来，如果没有参数则必须省略圆括号，否则将产生运行时错误。此处不能使用命名参数、Optional 参数和 ParamArray 参数。

第 4 行代码声明变量 mvntOriginal，用来保存单元格改变之前的值。

第 6~8 行代码是 Property Get Range 过程，用来获取被监控的单元格对象。

第 10~14 行代码是 Property Set 过程，用来为类添加 Range 属性。

第 12 行代码将 mrngRange 对象的值赋给变量 mvntOriginal，当单元格的值再次改变时，用来和单元格的当前值进行比较，判断是否发生了改变。

第 13 行代码将参数 rngRange 的 Parent 属性赋值给变量 gwksSht，Parent 属性返回指定对象的父对象。在此之后，gwksSht 对象就可以响应参数 rngRange 所在工作表的相关事件了。

第 21~38 行代码是 gwksSht_Calculate 过程，这是工作表的自动重算事件过程，在任何公式单元格的值改变时被触发。

第 27 行代码将对象 mrngRange 的当前值（改变后的值）赋值给变量 vntValue。

第 28~36 行代码在循环中逐一比较数组变量 vntValue 和 mvntOriginal 中的值，如果某个单元格的值发生了改变，则将单元格的地址及其改变前后的值赋给变量 mstrMsg，将变量 blnChange 设置为 True。变量 blnChange 用来控制是否使用 RaiseEvent 语句引发 Change 事件。

RaiseEvent 语句用来引发在类或窗体中明确声明的事件，其语法和 Event 语句相同。如果要引发的事件在模块内没有声明将产生错误，如不能使用 RaiseEvent 语句来引发窗体内置的 Click 事件。

在 ThisWorkbook 模块中输入如下代码，保存并关闭文件。

```
#001   Private WithEvents pobjRng As clsRange
#002   Private Sub Workbook_Open()
#003     Set pobjRng = New clsRange
#004     Set pobjRng.Range = Sheet1.Range("a1:b2")
#005   End Sub
#006   Private Sub pobjRng_Change()
#007     pobjRng.ShowInfo
#008   End Sub
```

❖ 代码解析

Workbook_Open 过程在打开工作簿时运行，首先创建 clsRange 类型的对象并赋值给变量 pobjRng，将单元格区域 A1:B2 赋值给 pobjRng 对象的 Range 属性。

pobjRng_Change 过程在单元格的值改变时被触发，使用对象的 ShowInfo 方法显示被修改单元格的引用及改变前后的值。

打开示例文件，修改单元格区域 C1:D2 中任意一个单元格的值（如 C1）将弹出消息框，如图 20.11 所示。

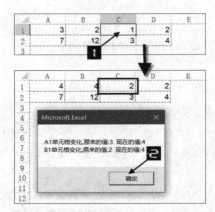

图 20.11　捕获含有公式单元格值的改变

20.7　利用接口实现类的多态

多态是指多个类可以具有相同的属性或方法，在代码中调用这些属性或方法时不需要知道它们属于哪个类，不同的对象使用同一个属性或方法将产生不同的执行结果。

接口和类相似，也声明了一系列属性和方法，但是只包含这些属性和方法的声明部分，其具体功能要在其他实现接口的类模块中编写代码来实现。

面向对象的编程语言通过继承来实现类的多态，VBA 不支持真正意义上的继承，只能通过接口来实现类的多态，具体操作步骤如下。

步骤① 在示例文件中新建名称为 "clsSize" 的类模块，在【代码窗口】中输入如下代码。

```
#001   Public Property Get OData() As Object
```

```
#002   End Property
#003   Public Property Set OData(ByVal objOData As Object)
#004   End Property
#005   Public Sub Zoom()
#006   End Sub
```

该类模块声明了 Get 属性和 Zoom 方法，为实现类的多态提供接口。

步骤② 在示例文件中新建名称为 "clsRange" 的类模块，在【代码窗口】中输入如下代码。

```
#001   Implements clsSize
#002   Private mrngRange As Object
#003   Private Property Get clsSize_OData() As Object
#004       Set clsSize_OData = mrngRange
#005   End Property
#006   Private Property Set clsSize_OData(ByVal objOData As Object)
#007       Set mrngRange = objOData
#008   End Property
#009   Public Sub clsSize_Zoom()
#010       mrngRange.Font.Size = mrngRange.Font.Size + 1
#011   End Sub
```

类模块 clsRange 用来实现在 clsSize 类中提供的接口。

> 注意
> 必须在实现接口的类模块中添加并重写在接口类模块中所有以 Public 关键字声明的属性和方法。

第 1 行代码指定 clsRange 类可以实现 clsSize 接口，Implements 语句用来指定要在包含该语句的类模块中实现的接口或类，提供接口原型与自编过程之间的映射关系，使该类接收对指定接口 ID 的 COM QueryInterface 调用，其语法格式如下。

```
Implements [InterfaceName | Class]
```

InterfaceName 或 Class 是类型库中的接口或类的名称，该类型库中的方法将用与 Visual Basic 类中相一致的方法来实现。

> 注意
> Implements 语句只能在类模块中使用，不能在派生出来的类和接口中使用。

第 3~8 行代码重写在 clsSize 类中声明的 OData 属性过程，使接口可以返回和设置为单元格对象。

第 9~11 行代码重写在 clsSize 类中声明的 Zoom 方法过程，使接口可以改变单元格字体的字号。

步骤③ 在示例文件中新建名称为 "clsShape" 的类模块，在【代码窗口】中输入如下代码。

```
#001   Implements clsSize
#002   Private mobjShape As Object
#003   Public Property Get clsSize_OData() As Object
#004       Set clsSize_OData = mobjShape
#005   End Property
#006   Public Property Set clsSize_OData(ByVal objOData As Object)
#007       Set mobjShape = objOData
```

```
#008   End Property
#009   Public Sub clsSize_Zoom()
#010       mobjShape.Height = mobjShape.Height + 5
#011       mobjShape.Width = mobjShape.Width + 5
#012   End Sub
```

类模块 clsShape 用来实现在 clsSize 类中提供的接口，使接口可以返回和设置为图形对象并能改变图形对象的尺寸。

步骤④ 在示例文件中新建标准模块，在【代码窗口】中输入如下代码。

```
#001   Sub TestSize()
#002       Dim objSize As clsSize
#003       Dim objRng As New clsRange
#004       Dim objShp As New clsShape
#005       Set objSize = objRng
#006       Set objSize.OData = Sheet1.Range("a1")
#007       objSize.Zoom
#008       Set objSize = objShp
#009       Set objSize.OData = Sheet1.Shapes(1)
#010       objSize.Zoom
#011       Set objSize = Nothing
#012       Set objRng = Nothing
#013       Set objShp = Nothing
#014   End Sub
```

❖ 代码解析

第 2~4 行代码分别创建 clsSize、clsRange 和 clsShape 类型的对象并分别赋值给变量 objSize、objRng 和 objShp。

第 5 行和第 8 行代码将对象变量 objRng 和 objShp 赋值给变量 objSize，使 objSize 对象分别引用 objRng 和 objShp 对象。

第 6 行和第 9 行代码给 objSize 对象的 OData 属性赋值，由于 objSize 对象引用的对象类型不同，分别执行 clsRange 和 clsShape 类模块中的 Set clsSize_OData 过程。

第 7 行和第 10 行代码调用 objSize 对象的 Zoom 方法，由于 objSize 对象引用的对象类型不同，分别执行 clsRange 和 clsShape 类模块中的 clsSize_Zoom 方法，产生不同的运行结果。

打开示例文件，单击【TestSize】按钮，使用 objSize 对象的 Zoom 方法分别改变单元格字体的字号和图形对象的大小，实现类的多态，如图 20.12 所示。

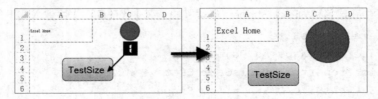

图 20.12　实现类的多态

20.8　创建自定义的集合

　　集合（Collection 对象）是由一组相关成员组成的有序集合，用于将这些成员视为单一对象来引用，其成员可以是不同的数据类型。在类模块中使用 Collection 对象可以创建自定义的集合，只是集合对象固有的属性和方法都需要在类模块中重新定义。

　　在示例文件中新建名称为"clsCollection"的类模块，在【代码窗口】中输入如下代码。

```
#001   Private mcolRange As New Collection
#002   Public Property Get Count() As Long
#003      Count = mcolRange.Count
#004   End Property
#005   Public Sub add(ByVal rngItem As Range)
#006      Dim rngCell As Range
#007      For Each rngCell In rngItem
#008         mcolRange.add rngCell
#009      Next rngCell
#010      Set rngCell = Nothing
#011   End Sub
#012   Public Sub Remove(ByVal vntItem As Variant)
#013      mcolRange.Remove (vntItem)
#014   End Sub
#015   Public Function Item(ByVal vntItem As Variant) As Range
#016      Set Item = mcolRange(vntItem)
#017   End Function
#018   Public Property Get Items() As Collection
#019      Set Items = mcolRange
#020   End Property
```

❖ 代码解析

　　第 1 行代码声明集合对象并赋值给变量 mcolRange，这是创建自定义集合所必需的。

　　第 2~17 行代码分别为类添加 Count 属性和 Add、Remove、Item 方法。

　　第 5 行代码声明 Add 方法的参数类型为 Range，因此自定义的集合只能添加 Range 对象。

　　第 18~20 行代码为类添加 Items 属性，将整个集合对象 mcolRang 赋值给 Items 属性。使用 For Each 语句结构遍历该属性可以实现遍历自定义集合对象的成员。

　　在示例文件中新建标准模块，在【代码窗口】中输入如下代码，保存并关闭文件。

```
#001   Sub TestclsCollection()
#002      Dim objCol As New clsCollection
#003      Dim rngCell As Range
#004      Dim strMsg As String
#005      objCol.add Sheet1.Range("a1:c6")
#006      MsgBox objCol.Item(1)
#007      For Each rngCell In objCol.Items
#008         If rngCell.HasArray Or rngCell.HasFormula Then
#009            strMsg = strMsg & rngCell.Address(0, 0) & _
```

20章

```
                    " 的公式为: " & rngCell.Formula & vbCrLf
#010            End If
#011        Next rngCell
#012        MsgBox strMsg
#013        Set rngCell = Nothing
#014        Set objCol = Nothing
#015  End Sub
```

❖ 代码解析

第 5 行代码使用 Add 方法向 objCol 对象中添加成员。

第 6 行代码使用 Item 方法显示 objCol 对象中第 1 个成员的值,此处必须使用 Item 方法返回自定义集合对象的成员,将 Item 方法设置为类的默认成员才可以省略。设置为类的默认成员的讲解请参阅 20.2 节。

第 7~11 行代码遍历 objCol 对象的 Items 属性,查找 objCol 对象中所有包含公式的成员并将其单元格地址和公式赋值给变量 strMsg。

第 7 行代码中的 Items 不能省略,否则使用 For Each 语句结构直接遍历 objCol 对象的成员将产生错误。

> **提示** ━■━■━➜ 使用 For Each 语句结构遍历 Collection 对象的成员依赖其隐藏的 _NewEnum 方法,无法在类模块中使用 VBA 来实现 _NewEnum 方法。

打开示例文件,单击【TestclsCollection】按钮将弹出消息框显示 objCol 集合对象中第 1 个成员的值,以及所有包含公式的成员的地址和公式,如图 20.13 所示。

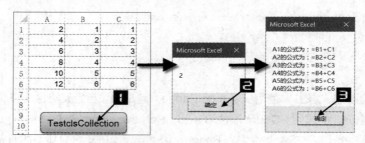

图 20.13　创建自定义的集合

20.9　跨工程使用类

在 VBA 工程中通过添加引用可以运行其他工作簿中的宏,但是不能直接使用其中的类模块创建对象,使用被引用工作簿中类模块的具体操作步骤如下。

(步骤)① 复制 20.1 节的示例文件,修改文件名称为"被引用 .xlsm"并打开文件。

(步骤)② 在 Visual Basic 编辑器中选择【工具】→【VBAProject 属性】选项,在弹出的【VBAProject - 工程属性】对话框中修改工程名称为"TestReference"。

> **注意** ━■━■━➜ 被引用工作簿中的工程名称不能与其他已打开工作簿中的工程名称重复。

步骤③ 在【属性 -clsStudent】窗口中修改 clsStudent 类模块的 Instancing 属性为"2 – PublicNot-Creatable",如图 20.14 所示。

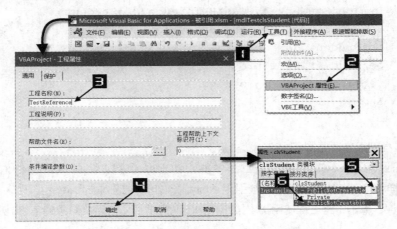

图 20.14 修改 TestReference 工程属性

类的 Instancing 属性设置类是否能被其他工作簿中的工程使用,设置为"1-Private"表示不能使用,设置为"2-PublicNotCreatable"表示其他工程可以将变量声明为该类,但是不能使用该类创建对象。

步骤④ 在"被引用 .xlsm"工作簿的标准模块中添加如下代码,保存并关闭文件。

```
#001  Public Function GetClass() As clsStudent
#002      Set GetClass = New clsStudent
#003  End Function
```

步骤⑤ 修改"被引用 .xlsm"工作簿中 clsStudent 类的 Class_Terminate 事件过程如下,保存并关闭文件。

```
#004  Private Sub Class_Terminate()
#005      MsgBox "使用了 TestReference 工程中的 clsStudent 类"
#006  End Sub
```

步骤⑥ 新建名称为"跨工程使用类 .xlsm"的工作簿,在 Visual Basic 编辑器中选择【工具】→【引用】选项,打开【引用 - VBAProject】对话框,在【可使用的引用】列表框中选中【TestReference】复选框,单击【确定】按钮关闭对话框,添加 TestReference 库的引用,如图 20.15 所示。

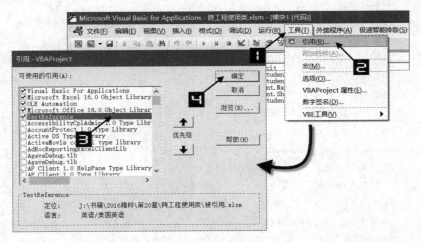

图 20.15 引用 TestReference 库

步骤⑦ 在示例文件中新建标准模块，在【代码窗口】中输入如下代码，保存并关闭文件。

```
#007  Public Sub MyTest()
#008      Dim objStudent As TestReference.clsStudent
#009      Set objStudent = TestReference.GetClass
#010      objStudent.Name = "李四"
#011      objStudent.ShowInfo
#012      Set objStudent = Nothing
#013  End Sub
```

❖ 代码解析

GetClass 过程创建并返回 clsStudent 类型的对象。

第 9 行代码调用【TestReference】工程中的 GetClass 函数，将函数返回的对象赋值给变量 objStudent，这样就可以在代码中使用"被引用 .xlsm"工作簿中的 clsStudent 类了。

打开示例文件，单击【跨工程使用类】按钮将弹出消息框显示自定义对象的信息，如图 20.16 所示。

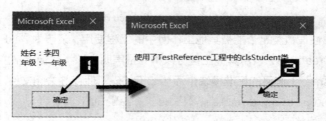

图 20.16　跨工程使用类

20.10　使用 .NET Framework 中的类

随着 .NET Framework 的普及，在 VBA 中也可以很方便地直接使用 .NET Framework 的部分类，如动态数组、栈、队列、哈希表等。

使用动态数组的示例代码如下。

```
#001  Sub UseNET()
#002      Dim i As Integer
#003      Dim vntTemp As Variant
#004      Dim objArrLIst As Object
#005      Set objArrLIst = CreateObject("System.Collections.ArrayList")
#006      For i = 1 To 9
#007          objArrLIst.Add i
#008      Next i
#009      objArrLIst.Remove (5)
#010      If objArrLIst.Contains(5) = False Then
#011          MsgBox "数组元素"5"已经移除"
#012      End If
#013      objArrLIst.Insert 4, 0
#014      Sheet1. Range("a2:b" & Sheet1.Range("a" & _
              Rows.Count).End(3).Row).ClearContents
```

```
#015      vntTemp = objArrLIst.ToArray
#016      Sheet1.Range("a2").Resize(9, 1) = _
             Application.Transpose(vntTemp)
#017      objArrLIst.Sort
#018      vntTemp = objArrLIst.ToArray
#019      Sheet1.Range("b2").Resize(9, 1) = _
             Application.Transpose(vntTemp)
#020      Set objArrLIst = Nothing
#021   End Sub
```

❖ 代码解析

第 5 行代码创建动态数组并赋值给变量 objArrLIst。其中 System.Collections.ArrayList 代表动态数组，与 VBA 中的数组相比，它实现了 ICollection 和 IList 接口；提供了动态的添加和移除元素、排序、灵活设置数组的大小等特性。

> **提示** ➡ 　　　　如果希望利用前期绑定的方式使用动态数组，请先在【引用- VBAProject】对话框中引用 "mscorlib.dll" 库。添加引用之后，在【代码窗口】中紧随 "mscorlib" 输入半角句号，将快速列出可以使用的NET Framework中的类。

第 6~8 行代码为动态数组添加元素，其中 Add 方法用来将指定元素添加到数组末尾。

第 9 行代码移除数组元素 "5"，其中 Remove 方法用来从数组中移除指定元素。

第 10 行代码使用 Contains 方法判断数组中是否包含元素 "5"。

第 13 行代码使用 Insert 方法将元素 "0" 添加到数组指定的索引处，其中参数 "4" 是元素的插入位置，参数 "0" 是要添加的元素。

第 15 行代码为变量 vntTemp 赋值，其中，ToArray 方法可以创建新的 Object 类型数组，并将动态数组的元素复制到其中。

第 17 行代码使用 Sort 方法对动态数组中的元素排序。

打开示例文件，单击【动态数组】按钮，将弹出消息框，单击消息框中的【确定】按钮，将动态数组元素写入工作表中，如图 20.17 所示。

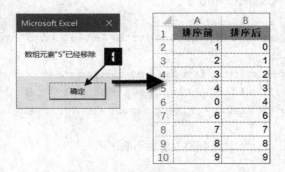

图 20.17　使用 .NET Framework 中的类

20.11 监控 Shape 对象

CommandBars 对象的 OnUpdate 事件在工具栏更新时被触发，可以利用该事件实时监测用户选中、添加、删除 Shape 对象的操作，即 Shape 对象是否发生变化。

> **注意**
> 因为很多常用操作都会导致应用程序界面的变化（如更改工作表的顺序，使用鼠标滚轮滚动表格、鼠标右击等），所以会频繁触发OnUpdate事件，建议谨慎使用该事件。

在示例文件中新建名称为"clsSuperShape"的类模块，在【代码窗口】中输入如下代码。

```
#001  Public WithEvents cbrBars As Office.CommandBars
#002  Public Event ShapeSelectChange(ByVal objShpRng As ShapeRange, _
          blnCountChange As Boolean)
#003  Public Event ShapesAddDelete(blnAdd As Boolean)
#004  Private mobjSelectShpRng As ShapeRange
#005  Private mstrName As String
#006  Private mintSelectCount As Integer
#007  Private mlngCount As Long
#008  Public Property Get Name() As String
#009      Name = mstrName
#010  End Property
#011  Public Property Let Name(ByVal strName As String)
#012      On Error GoTo line
#013      Application.ActiveSheet.Shapes(strName).Select
#014      mstrName = strName
#015      Exit Property
#016  line:
#017      MsgBox "指定的图形不存在"
#018  End Property
#019  Public Property Get Count() As String
#020      Count = mlngCount
#021  End Property
#022  Public Sub Resize(ByVal intWidth As Integer, intHeight As Integer)
#023      If mstrName <> "" Then
#024          Application.ActiveSheet.Shapes(mstrName).LockAspectRatio = msoFalse
#025          Application.ActiveSheet.Shapes(mstrName).Width = intWidth
#026          Application.ActiveSheet.Shapes(mstrName).Height = intHeight
#027      Else
#028          MsgBox "请选择要改变大小的图形"
#029      End If
#030  End Sub
#031  Private Function GetShape() As ShapeRange
#032      Dim objShpRng As ShapeRange
#033      On Error Resume Next
#034      Set objShpRng = Application.Selection.ShapeRange
```

```
#035        On Error GoTo 0
#036        Set GetShape = objShpRng
#037        Set objShpRng = Nothing
#038    End Function
#039    Private Sub Class_Initialize()
#040        Set cbrBars = Application.CommandBars
#041        mlngCount = Application.ActiveSheet.Shapes.Count
#042        Set mobjSelectShpRng = GetShape()
#043        If Not mobjSelectShpRng Is Nothing Then
#044            mstrName = mobjSelectShpRng.Item(1).Name
#045            mintSelectCount = mobjSelectShpRng.Count
#046        Else
#047            mstrName = ""
#048            mintSelectCount = 0
#049        End If
#050    End Sub
#051    Private Sub ShapeEvent()
#052        With Application.ActiveSheet
#053            If .Shapes.Count > mlngCount Then
#054                RaiseEvent ShapesAddDelete(True)
#055            ElseIf .Shapes.Count < mlngCount Then
#056                RaiseEvent ShapesAddDelete(False)
#057            End If
#058            If Not mobjSelectShpRng Is Nothing Then
#059                If .Shapes.Count = mlngCount Then
#060                    If mobjSelectShpRng.Item(1).Name <> mstrName Then
#061                        RaiseEvent ShapeSelectChange(mobjSelectShpRng, False)
#062                    End If
#063                    If mobjSelectShpRng.Count <> mintSelectCount Then
#064                        RaiseEvent ShapeSelectChange(mobjSelectShpRng, True)
#065                    End If
#066                End If
#067            Else
#068                If mstrName <> "" Then
#069                    RaiseEvent ShapeSelectChange(mobjSelectShpRng, True)
#070                End If
#071            End If
#072        End With
#073    End Sub
#074    Private Sub cbrBars_OnUpdate()
#075        Set mobjSelectShpRng = GetShape()
#076        Call ShapeEvent
#077        mlngCount = Application.ActiveSheet.Shapes.Count
#078        If mobjSelectShpRng Is Nothing Then
```

```
#079            mstrName = ""
#080            mintCount = 0
#081        Else
#082            mstrName = mobjSelectShpRng.Item(1).Name
#083            mintSelectCount = mobjSelectShpRng.Count
#084        End If
#085   End Sub
```

❖ 代码解析

第 1 行代码声明变量 cbrBars，WithEvents 关键字的讲解请参阅 20.3 节。

第 2 行代码定义 ShapeSelectChange 事件，当前选中图形发生变化或选中图形的数量变化时被触发。当前选中图形的数量发生变化，参数 blnCountChange 为 True，否则为 False。

第 3 行代码定义 ShapesAddDelete 事件，在当前工作表中添加或删除图形时被触发。当前工作表中的图形增加（添加图形），参数 blnAdd 为 True，如果图形减少（删除图形）则为 False。

第 4~7 行代码定义 4 个变量，分别用来保存当前选中的图形区域、当前选中图形的名称、当前选中图形的数量、当前工作表中图形的总数量。

第 8~18 行代码定义可读写的 Name 属性，用来设置或返回当前选中图形的名称。

第 19~21 行代码定义只读的 Count 属性，用来返回当前工作表中图形的总数量。

第 22~30 行代码定义 Resize 方法，用来改变当前选中图形的尺寸。

第 31~38 行代码为 GetShape 函数，返回值是当前选中的图形区域。

第 39~50 行代码是类的初始化事件过程。

第 41 行代码将当前工作表的图形总数量赋值给变量 mlngCount。

第 42 行代码调用函数 GetShape 并将返回值赋值给变量 mobjSelectShpRng。

第 43~49 行代码判断变量 mobjSelectShpRng 的值是否为 Nothing，如果是则将当前选中图形的名称和数量分别赋值给变量 mstrName 和 mintSelectCount。

第 51~73 行代码是 ShapeEvent 过程。

第 53~57 行代码判断当前工作表中的图形数量是否变化（即是否添加或删除了图形对象），如果是则使用 RaiseEvent 语句引发 ShapesAddDelete 事件并传递不同的 bAdd 参数。

第 60~62 行代码判断当前选中图形对象的名称是否和变量 mstrName 相同，如果不同说明选中图形发生变化，则使用 RaiseEvent 语句引发 ShapeSelectChange 事件，参数 blnCountChange 设置为 False，说明选中图形的数量没有变化。

第 63~65 行代码判断当前选中图形对象的数量和变量 mintSelectCount 是否相同，如果不同说明选中图形的数量发生变化，则使用 RaiseEvent 语句引发 ShapeSelectChange 事件，参数 blnCountChange 设置为 True。

第 68~70 行代码判断变量 mstrName 是否为空字符串，如果是并且当前选中图形区域为 Nothing，说明从选中图形改变为选中其他非图形对象，则使用 RaiseEvent 语句引发 ShapeSelectChange 事件。

第 74~85 行代码是 cbrBars 对象的 OnUpdate 事件过程，选中或取消选中图形对象、添加或删除图形对象时将触发该事件。

第 78~84 行代码根据变量 mobjSelectShpRng 是否为 Nothing，分别为变量 mstrName 和 mintSelectCount 重新赋值。

在 Visual Basic 编辑器中打开 ThisWorkbook 模块，在【代码窗口】中添加 Workbook_Open、mobjSuperShape_ShapeSelectChange 和 mobjSuperShape_ShapesAddDelete 事件过程代码如下。

```
#001    Private WithEvents mobjSuperShape As clsSuperShape
#002    Private Sub Workbook_Open()
#003        Set mobjSuperShape = New clsSuperShape
#004    End Sub
#005    Private Sub mobjSuperShape_ShapesAddDelete(blnAdd As Boolean)
#006        If blnAdd = True Then
#007            MsgBox " 增加了图形 "
#008        Else
#009            MsgBox " 删除了图形 "
#010        End If
#011    End Sub
#012     Private Sub mobjSuperShape_ShapeSelectChange(ByVal objShpRng As
ShapeRange, blnCountChange As Boolean)
#013        If blnCountChange = True Then
#014            MsgBox " 选中图形的数量变化 "
#015        Else
#016            MsgBox " 选中图形 " & objShpRng.Item(1).Name
#017        End If
#018    End Sub
```

在示例文件中新建标准模块，在【代码窗口】中输入如下代码，保存并关闭文件。

```
#001   Dim mobjTestShp As New clsSuperShape
#002   Sub TestShape()
#003       MsgBox mobjTestShp.Count
#004       MsgBox mobjTestShp.Name
#005       mobjTestShp.Name = "Oval 2"
#006       mobjTestShp.Resize 50, 50
#007   End Sub
```

❖ 代码解析

第 3 行代码使用对象的 Count 属性获取当前工作表中图形对象的总数量。

第 4 行代码使用对象的 Name 属性获取当前选中图形的名称。

第 5 行代码为对象的 Name 属性赋值以选中对应的图形对象。

第 6 行代码使用对象的 Resize 方法改变选中图形对象的尺寸。

打开示例文件，选中不同的图形对象时将会触发 ThisWorkbook 模块中的 mobjSuperShape_ShapeSelectChange 事件，弹出消息框提示图形对象的变化，如图 20.18 所示。

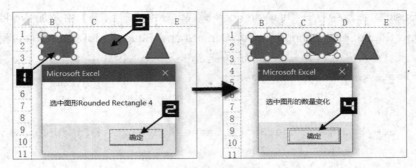

图 20.18　选中图形对象

添加和删除图形对象时将会触发 mobjSuperShape_ShapesAddDelete 事件，弹出消息框提示图形对象的变化，如图 20.19 所示。

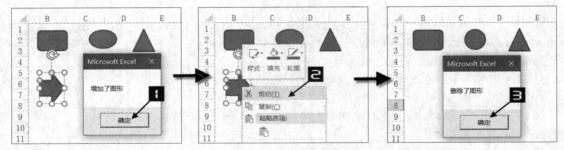

图 20.19　添加和删除图形对象

选中图形对象，单击【测试】按钮则弹出消息框，并改变选中图形对象的尺寸，如图 20.20 所示。

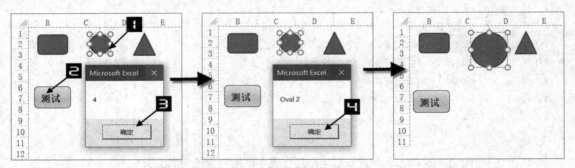

图 20.20　cbrBars 对象的属性和方法

第 21 章　VBE 相关操作

21.1　设置信任对 VBA 工程对象模型的访问

使用代码访问 VBA 工程对象之前需要设置"信任对 VBA 工程对象模型的访问",否则将产生错误号为"1004"的运行时错误,如图 21.1 所示。

图 21.1　"1004"错误信息

通过如下几种方式可以启用"信任对 VBA 工程对象模型的访问"选项。

21.1.1　Excel 界面中操作

Excel 界面中操作的具体步骤如下。

步骤① 在 Excel 中单击【开发工具】选项卡中的【宏安全性】按钮,如图 21.2 所示。

图 21.2　【宏安全性】按钮

步骤② 在弹出的【信任中心】对话框中,选择【宏设置】选项卡,选中【信任对 VBA 工程对象模型的访问】复选框,单击【确定】按钮关闭对话框完成设置,如图 21.3 所示。

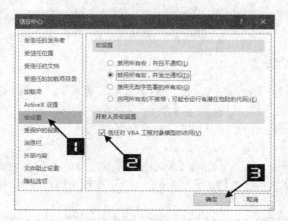

图 21.3　启用"信任对 VBA 工程对象模型的访问"选项

21.1.2 修改注册表

修改注册表的具体操作步骤如下。

步骤① 关闭全部 Microsoft Office 2016 应用程序。

步骤② 在 Windows 10 中按 <Win+R> 组合键打开【运行】对话框，在【打开】文本框中输入 "regedit"，按 <Enter> 键或单击【确定】按钮打开注册表编辑器，如图 21.4 所示。

图 21.4 【运行】对话框

步骤③ 在【注册表编辑器】对话框中展开注册表项 "HKEY_CURRENT_USER\Software\Microsoft\Office\16.0\Excel\Security"，在右侧窗口中双击【AccessVBOM】选项，在弹出的【编辑DWORD(32 位) 值】对话框中，设置【数值数据】为 "1"，单击【确定】按钮关闭对话框，如图 21.5 所示。

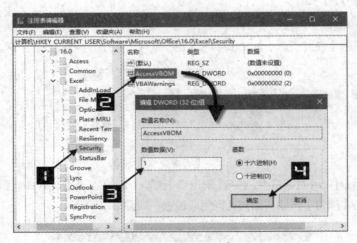

图 21.5 修改注册表

21.1.3 编程方式自动设置

使用 VBA代码可以检测并自动启用【信任对 VBA 工程对象模型的访问】选项，示例代码如下。

```
#001   Sub TrustVBAProjectSetting()
#002       Dim objVBAProject As Object
#003       Dim strPrompt As String
#004       strPrompt = "已完成代码自动勾选" & vbNewLine & _
                       "【信任对 VBA 工程对象模型的访问】"
#005       On Error Resume Next
#006       Set objVBAProject = ThisWorkbook.VBProject
```

```
#007        If Err.Number = 1004 Then
#008            CreateObject("WScript.shell").SendKeys "%V{TAB}~"
#009            Application.CommandBars.ExecuteMso ("MacroSecurity")
#010            MsgBox strPrompt, vbExclamation, _
                    ThisWorkbook.VBProject.Name
#011        End If
#012        Set objVBAProject = Nothing
#013    End Sub
```

❖ 代码解析

第 5 行代码设置忽略运行时错误，即不显示相关错误信息，而继续执行发生错误的语句之后的代码。

第 6 行代码将当前工作簿的 VBA 工程赋值给对象变量 objVBAProject。Workbook 对象的 VBProject 属性返回 VBProject 对象，代表指定工作簿的 VBA 工程。

第 5 行和第 6 行代码设置错误陷阱。如果 Office 应用程序未启用 "信任对 VBA 工程对象模型的访问" 选项，当第 6 行代码访问 VBA 工程时，将产生错误号为 "1004" 的运行时错误。

第 7~11 行代码通过捕捉运行时错误，判断应用程序是否已经启用【信任对 VBA 工程对象模型的访问】选项。

如果捕捉到错误号为 "1004" 的运行时错误，则第 8 行代码调用 "WScript.shell" 的 SendKeys 方法模拟键盘输入，依次发送 <Alt+V> 组合键、<Tab> 键和 <Enter> 键，以完成自动选中【信任对 VBA 工程对象模型的访问】复选框，并关闭对话框。"WScript.shell" 的 SendKeys 方法比使用 Excel 中 Application 对象的 SendKeys 方法更稳定可靠。

第 9 行代码调用 CommandBars 集合的 ExecuteMso 方法执行由 idMso 参数指定的内置控件命令，其效果为打开【信任中心】对话框的【宏设置】选项卡。

CommandBars 集合 ExecuteMso 方法的语法格式如下。

```
CommandBars.ExecuteMso(idMso)
```

参数 idMso 为控件的标识符。

第 10 行代码将显示提示消息框，如图 21.6 所示，其标题为当前工作簿的 VBA 工程名称（ThisWorkbook.VBProject.Name）。

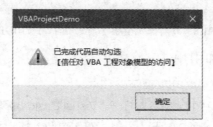

图 21.6　提示信息

　注意　　　发送按键的代码（第8行）在打开【信任中心】对话框（第9行）之前，模拟按键输入才能传送到【信任中心】对话框中。

21.2 引用 VBA 扩展对象库

在代码中访问 VBA 工程对象模型之前，需要在 VBE 中引用"Microsoft Visual Basic for Applications Extensibility 5.3"（通常简称为 VBIDE 库）。如果未引用该对象库，将产生"用户定义类型未定义"或"变量未定义"的编译错误，如图 21.7 所示。

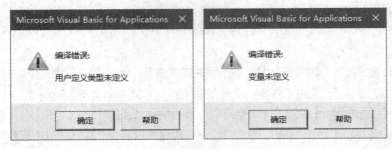

图 21.7　编译错误

VBIDE 对象库对应的系统文件为 VBE6EXT.OLB，默认安装在"C:\Program Files (x86)\Microsoft Office\root\VFS\ProgramFilesCommonX86\Microsoft Shared\VBA\VBA6\"目录中，在 VBE 的【对象浏览器】对话框的【工程 \ 库】组合框中显示的库名称为"VBIDE"，如图 21.8 所示。

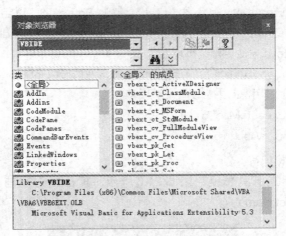

图 21.8　【对象浏览器】对话框中的 VBIDE 库

21.2.1　通过手动方式添加引用

通过手动方式添加引用的具体操作步骤如下。

步骤① 在 Excel 主窗口中按 <Alt+F11> 组合键打开【Visual Basic】编辑器。

步骤② 选择【工具】→【引用】选项，打开【引用 - VBAProject】对话框，在【可使用的引用】列表框中选中【Microsoft Visual Basic for Applications Extensibility 5.3】复选框。

步骤③ 单击【确定】按钮关闭对话框，如图 21.9 所示。

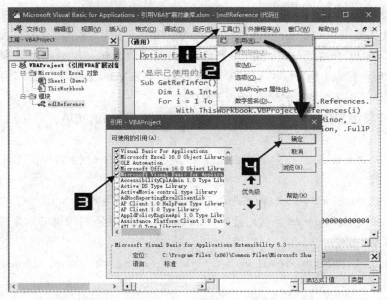

图 21.9　引用 VBIDE 库

21.2.2　通过编程方式添加引用

可以使用代码检查 VBA 工程是否已经引用 VBIDE 库，如果未引用则自动引用该对象库，示例代码如下。

```
#001  Sub CheckAndRefVBIDE()
#002      Dim i As Long
#003      Dim strGuid As String
#004      Dim intRefCnt As Integer
#005      strGuid = "{0002E157-0000-0000-C000-000000000046}"
#006      With ThisWorkbook.VBProject
#007          For i = 1 To .References.Count
#008              If .References(i).GUID = strGuid Then
#009                  MsgBox "本工程已经引用了 VBIDE 库", vbInformation
#010                  Exit Sub
#011              End If
#012          Next i
#013          intRefCnt = .References.Count
#014          .References.AddFromGuid strGuid, 5, 3
#015          If .References.Count - intRefCnt = 1 Then
#016              MsgBox "本工程未引用 VBIDE 库 " & _
                         "代码已经自动添加该库的引用", vbInformation
#017          Else
#018              MsgBox "本工程未引用 VBIDE 库 " & _
                         "代码自动添加引用失败", vbCritical
#019          End If
#020      End With
#021  End Sub
```

❖ 代码解析

第 7~12 行代码使用 For 循环结构逐个判断 VBA 工程中已引用对象库的 GUID 属性是否与 VBIDE 对象库相同。如果 GUID 属性值一致，则第 9 行代码显示提示消息框，第 10 行代码退出过程。

GUID（全球唯一标识）用于区别不同的 COM 对象，当在 VBA 工程中添加某个引用后，该引用的 GUID 属性及相关的类型信息将被保存在 VBA 工程中。

第 7 行代码中使用 VBAProject 对象的 References 属性返回当前 VBA 工程中已添加的 Reference 对象集合。

第 8 行代码中 References（i）返回 References 集合中的 Reference 对象，代表 VBA 工程中某个类型库或工程的引用。

第 13 行代码使用变量 intRefCnt 保存 VBA 工程中已添加的引用数量。

第 14 行代码使用 References 集合对象的 AddFromGuid 方法添加 VBIDE 对象库的引用，该方法的语法格式如下。

```
References.AddFromGuid(Guid As String, Major As Long, Minor As Long) As
Reference
```

其中，参数 Guid 用于指定将要添加的引用库的 GUID，参数 Major 和 Minor 用于指定引用的主版本号和次版本号。

第 15 行代码通过比较当前工程已添加的引用数量和 intRefCnt 的差值，判断是否已成功添加 VBIDE 对象库的引用。

第 16 行和第 18 行代码分别给出相应的提示信息。

除了使用 AddFromGuid 方法之外，也可以使用 References.AddFromFile 方法添加对象库的引用，示例代码如下。

```
#001  Sub AddReferenceByFile()
#002      Dim strOlbFile As String
#003      strOlbFile = "C:\Program Files (x86)\Microsoft Office\" & _
              "root\VFS\ProgramFilesCommonX86\Microsoft Shared\" & _
              "VBA\VBA6\VBE6EXT.OLB"
#004      ThisWorkbook.VBProject.References.AddFromFile strOlbFile
#005  End Sub
```

❖ 代码解析

第 4 行代码使用 AddFromFile 方法通过对象库的文件名（含路径）添加对象库的引用。

21.2.3　查询已添加的引用

通过访问 Reference 对象的相关属性能够获取该对象库的属性信息，示例代码如下。

```
#001  Sub GetRefInfor()
#002      Dim i As Integer
#003      For i = 1 To ThisWorkbook.VBProject.References.Count
#004          With ThisWorkbook.VBProject.References(i)
#005              Debug.Print .GUID, .Major, .Minor, _
                             .Name, .Description, .FullPath
#006          End With
#007      Next i
```

```
#008    End Sub
```

运行示例过程将在【立即窗口】中打印出当前工程中已添加引用的相关信息，如图 21.10 所示。

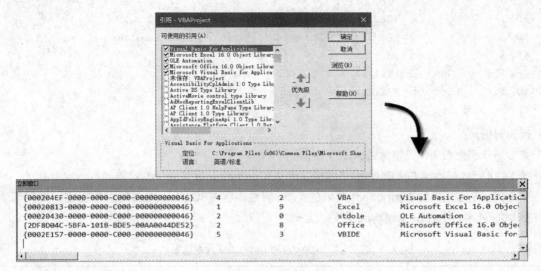

图 21.10　已添加的引用

21.3　列出工程中所有部件信息

VBProject 对象代表 VBA 工程，在其中通常包含多个工程部件。VBProject 对象的 VBComponents 集合包含工程中的所有部件，VBComponent 对象代表一个工程部件。

通过遍历 VBComponents 集合中的对象可以了解 VBA 工程的构成情况及各部件的相关信息，示例代码如下。

```
#001    Sub GetVBComponentsInfo()
#002        Dim objVBComp As Object
#003        Dim strVBCompType As String
#004        Dim i As Long
#005        i = 1
#006        Range("A1:C1") = Array(" 部件名称 ", " 部件类型 ", " 代码行数 ")
#007        For Each objVBComp In ThisWorkbook.VBProject.VBComponents
#008            With objVBComp
#009                Select Case .Type
#010                    Case vbext_ct_Document
#011                        strVBCompType = "Microsoft Excel 对象 "
#012                    Case vbext_ct_StdModule
#013                        strVBCompType = " 标准模块 "
#014                    Case vbext_ct_MSForm
#015                        strVBCompType = " 用户窗体 "
#016                    Case vbext_ct_ClassModule
#017                        strVBCompType = " 类模块 "
```

```
#018                End Select
#019                i = i + 1
#020                Cells(i, 1) = .Name
#021                Cells(i, 2) = strVBCompType
#022                Cells(i, 3) = .CodeModule.CountOfLines
#023            End With
#024        Next objVBComp
#025        Set objVBComp = Nothing
#026    End Sub
```

❖ 代码解析

第 6 行代码为表头单元格区域 A1:C1 赋值。

第 7~24 行代码使用 For Each 循环结构遍历 VBComponents 集合中的对象。

第 9 行代码调用 VBComponent 对象的 Type 属性返回 VBComponent 对象的类型，其值可为表 21.1 列举的 vbext_ComponentType 常量值之一。

表 21.1　vbext_ComponentType 常量

常量	值	说明
vbext_ct_StdModule	1	代表标准模块
vbext_ct_ClassModule	2	代表类模块
vbext_ct_MSForm	3	代表用户窗体
vbext_ct_Document	100	代表 Microsoft Excel 对象

第 20~22 行代码将部件信息写入工作表的前 3 列相应单元格中。

第 22 行代码调用 VBComponent 对象的 CodeModule.CountOfLines 属性返回指定部件代码模块中的代码行数。VBComponent 对象的 CodeModule 属性返回 CodeModule 对象，代表与部件相关的代码，VBA 工程中的每个部件都与一个相应的 CodeModule 对象相关联。

 注意　CountOfLines属性返回的代码行数包含代码模块中的空行。

运行示例代码过程，当前工程中所有部件信息如图 21.11 所示。

图 21.11　列出工程中所有部件信息

21.4　自动添加模块和代码

使用编程方式可以自动地在 VBA 工程中添加模块（部件）及相应的代码。如下示例代码可判断活动工作簿中是否存在名称为"mdlDemo"的部件，如果不存在则添加名称为"mdlDemo"的标准模块，并在该模块中添加代码。

自定义函数 blnModuleExist 用来判断指定工作簿（参数 wkbWork）的 VBA 工程中是否已经存在指定名称（参数 strMdlName）的部件。

```
#001  Function blnModuleExist(ByVal wkbWork As Workbook, _
                  ByVal strMdlName As String) As Boolean
#002      On Error Resume Next
#003      blnModuleExist = (Len(wkbWork.VBProject. _
                  VBComponents(strMdlName).Name) > 0)
#004  End Function
```

❖ 代码解析

第 2 行代码忽略运行时错误，继续执行后续代码。

第 3 行代码使用错误陷阱测试，通过判断 VBComponent 对象的 Name 属性返回值的字符长度是否大于 0，以确定工程中是否已经存在指定名称的部件。

```
#001  Sub AddModuleAndCode()
#002      Dim objVBComp As VBComponent
#003      Dim strMdlName As String
#004      strMdlName = "mdlDemo"
#005      If blnModuleExist(ActiveWorkbook, strMdlName) Then
#006          MsgBox "VBA 工程中已存在模块：" & strMdlName, vbInformation
#007          Exit Sub
#008      Else
#009          Set objVBComp = ActiveWorkbook.VBProject. _
                      VBComponents.Add(vbext_ct_StdModule)
#010          objVBComp.Name = strMdlName
#011      End If
#012      With objVBComp.CodeModule
#013          If Trim(.Lines(1, 1)) <> "Option Explicit" Then
#014              .InsertLines 1, "Option Explicit"
#015          End If
#016          .InsertLines 2, "Private Const STR_CAPTION As String = " & _
                      """Excel Home"""
#017          .InsertLines 3, "Sub Auto_Open()"
#018          .InsertLines 4, vbTab & "MsgBox ""自动添加的 Auto_Open 事件代码""" & _
                      " , vbInformation, STR_CAPTION"
#019          .InsertLines 5, "End Sub"
#020          .AddFromString "Sub Auto_Close()" & vbCr & vbTab & _
                      "MsgBox ""自动插入的 Auto_Close 事件代码""" & _
                      " , vbInformation, STR_CAPTION" & vbCr & _
                      "End Sub"
#021      End With
#022      Set objVBComp = Nothing
#023  End Sub
```

❖ 代码解析

第 5 行代码调用自定义函数 blnModuleExist 判断活动工作簿工程中是否存在名称为 mdlDemo 的部件。

如果活动工作簿中已经存在指定名称的部件，则第 6 行代码显示提示消息框，第 7 行代码退出过程。如果活动工作簿中并不存在指定名称的部件，则第 9 行代码使用 VBComponents 集合的 Add 方法向工程中插入标准模块，并将该模块对象赋值给变量 objVBComp。

使用 VBComponents 集合的相关属性和方法可以查询、添加和删除工程中的部件。VBComponents 集合的 Add 方法将在 VBA 工程中添加部件，其语法格式如下。

```
VBComponents.Add(ComponentType As vbext_ComponentType) As VBComponent
```

其中，参数 ComponentType 指定要添加的部件类型，其值为表 21.1 中列举的常量之一。VBComponents 集合的 Add 方法可以添加除"Microsoft Excel 对象"类型之外的其他 3 种部件。

第 10 行代码修改新建标准模块的名称。

如果 VBE 中未启用"要求变量声明"，那么第 14 行代码将在新建标准模块中插入代码"Option Explicit"。

CodeModule 对象的 InsertLines 方法用于在模块的指定位置插入一行或多行代码，模块中原有代码将依次后移，其语法格式如下。

```
CodeModule.InsertLines Line As Long,Code As String
```

其中，参数 Line 指定代码插入位置的行号，参数 Code 为代码字符串表达式。

第 16~19 行代码使用 InsertLines 方法在模块中添加 4 行代码。

第 20 行代码使用 CodeModule 对象的 AddFromString 方法在模块中添加另一个代码过程（Auto_Close）。

CodeModule 对象的 AddFromString 方法用于将一行或多行文本添加到模块中。与 InsertLines 方法的不同之处在于 AddFromString 方法无法指定插入位置，代码插入点将定位于模块中的第 1 个过程（Sub 或者 Function）之前。因此，在新建标准模块中 Auto_Close（）过程将位于 Auto_Open（）过程之前。

运行示例过程，结果如图 21.12 所示。

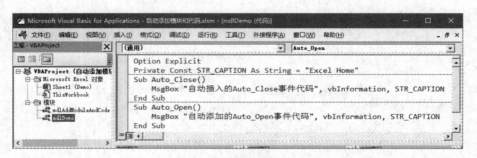

图 21.12　添加的模块和代码

如果仅仅需要在模块中插入为数不多的代码，使用上述 InsertLines 方法或 AddFromString 方法都比较方便。但是当需要插入的代码量较大时，以上方法编写的代码会比较冗长，而且非常容易出错。此时可以将代码保存在文本文件中，然后使用 CodeModule 对象的 AddFromFile 方法将代码直接导入模块中，其语法格式如下。

```
CodeModule.AddFromFile FileName As String
```

参数 FileName 用于指定保存代码的文本文件的名称。与 AddFromString 方法类似，AddFromFile 方法在代码模块中的插入点将定位于模块中的第 1 个过程（Sub 或 Function）之前。

21.5　快速列出模块中的所有过程

对于代码较多的 VBA 项目，如果希望对整个软件项目所开发的模块及其代码量进行统计，那么可以使用自定义函数 strGetProcInfor 来实现，此函数可以用于获取指定工作簿指定组件中的所有过程名称及代码行数。其中，参数 wkbWork 用于指定 Workbook 对象，参数 strComponent 用于指定模块名称，函数返回值为字符串。示例代码如下。

```
#001  Function strGetProcInfor(ByVal wkbWork As Workbook, _
                        ByVal strComponent As String) As String
#002      Dim ProcKind As vbext_ProcKind
#003      Dim lngLineNum As Long
#004      Dim lngProcLine As Long
#005      Dim strMsg As String
#006      Dim strProcName As String
#007      With wkbWork.VBProject.VBComponents(strComponent).CodeModule
#008          lngLineNum = .CountOfDeclarationLines + 1
#009          Do Until lngLineNum >= .CountOfLines
#010              strProcName = .ProcOfLine(lngLineNum, ProcKind)
#011              lngProcLine = .ProcCountLines(strProcName, ProcKind)
#012              strMsg = strMsg & strProcName & ": " & lngProcLine _
                            & ", " & strProcKind(ProcKind) & vbLf
#013              lngLineNum = lngProcLine + lngLineNum
#014          Loop
#015      End With
#016      strGetProcInfor = strMsg
#017  End Function
```

❖　代码解析

第 8 行代码跳过模块中的声明语句代码行，获得第 1 个过程起始行的行号。

第 9~14 行代码使用 Do…Loop 循环结构逐一获取模块中的所有过程。

第 10 行代码获取当前行所在过程的名称，并保存在变量 strProcName 中，同时通过变量 ProcKind 获取该过程的类型值。

第 11 行代码获取当前行所在过程的代码行数，并保存在变量 lngProcLine 中。

第 12 行代码将过程名称、代码行数和过程类型字符组合为一个字符串。

第 13 行代码修改变量 lngLineNum 的值，使 Do…Loop 循环跳到下一个代码过程的开始行继续执行。

第 12 行代码调用自定义函数 strProcKind 将参数 ProcKind 转换为相应的字符串，示例代码如下。

```
#001  Function strProcKind(ByVal ProcKind As vbext_ProcKind) As String
#002      Select Case ProcKind
```

```
#003            Case vbext_pk_Get
#004                strProcKind = "Property Get"
#005            Case vbext_pk_Let
#006                strProcKind = "Property Let"
#007            Case vbext_pk_Set
#008                strProcKind = "Property Set"
#009            Case vbext_pk_Proc
#010                strProcKind = "Sub/Function"
#011        End Select
#012   End Function
```

函数参数类型 vbext_ProcKind 用于指示过程的类型，其值为表 21.2 中列举的常量之一。

表 21.2   vbext_ProcKind 常量

常量	值	说明
vbext_pk_Proc	0	指定一个子过程或函数
vbext_pk_Let	1	指定一个为对象属性赋值的过程
vbext_pk_Set	2	指定一个为对象设置引用的过程
vbext_pk_Get	3	指定一个返回属性值的过程

运行如下示例代码，将在【立即窗口】输出当前工作簿指定模块（mdlListProc）中的所有过程信息，如图 21.13 所示。

```
#001   Sub PrintProcInfor()
#002       Debug.Print strGetProcInfor(ThisWorkbook, "mdlListProc")
#003   End Sub
```

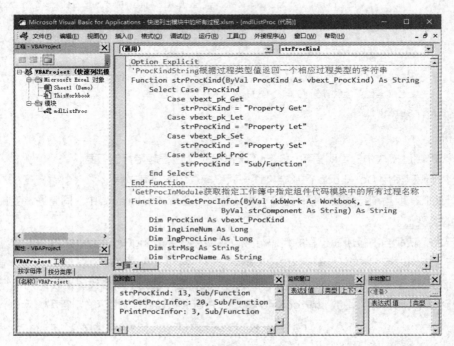

图 21.13   指定模块中的所有过程信息

21.6　自动为对象添加事件过程和代码

对象的事件过程属于 Sub 过程的范畴，当需要使用编程方式在 VBA 工程中创建事件过程时，可以使用 21.4 节介绍的方法添加代码过程，但是由于对象的事件过程一般都包含参数，所以直接添加代码过程的方法比较烦琐，也容易出错。

通过 CodeModule 对象的 CreateEventProc 方法能够方便地为指定对象创建事件过程代码，系统将根据相应的对象事件自动添加所需的参数，示例代码如下。

```
#001    Sub AutoCreateEvents()
#002        Dim objCodeMdl As VBIDE.CodeModule
#003        Dim strCodeName As String
#004        Dim lngStart As Long
#005        Dim i As Integer
#006        With ThisWorkbook
#007            For i = 1 To .Worksheets.Count
#008                strCodeName = .Worksheets(i).CodeName
#009                Set objCodeMdl = _
                        .VBProject.VBComponents(strCodeName).CodeModule
#010                lngStart = objCodeMdl.CreateEventProc("BeforeRightClick", _
                        "Worksheet")
#011                objCodeMdl.ReplaceLine lngStart + 1, vbTab & _
                        "If Not Application.Intersect(Target, [A1:D6])" & _
                        " Is Nothing Then"
#012                objCodeMdl.InsertLines lngStart + 2, vbTab & _
                        vbTab & "Cancel = True"
#013                objCodeMdl.InsertLines lngStart + 3, vbTab & _
                        "End If"
#014            Next i
#015        End With
#016        Set objCodeMdl = Nothing
#017    End Sub
```

❖ 代码解析

第 9 行代码利用工作表的代码名称获取对应的 CodeModule 对象的引用，并赋值给对象变量 objCodeMdl。

第 10 行代码使用 CodeModule 对象的 CreateEventProc 方法为 Worksheet 对象创建 BeforeRightClick 事件，其中变量 lngStart 用于保存该事件过程的起始行号。

CodeModule 对象的 CreateEventProc 方法语法格式如下。

```
CodeModule.CreateEventProc(EventName As String, ObjectName As String) As Long
```

其中，两个参数都是必需的，参数 EventName 用来指定新添加对象事件名称的字符串表达式，参数 ObjectName 用来指定对象名称的字符串表达式。如果调用此方法成功，那么将返回新建事件过程在相应代码模块中的起始行号。

第 10 行代码创建的事件过程中只包含一个空行，如图 21.14 所示。

图 21.14　包含空行的事件过程代码

第 11 行代码使用 CodeModule 对象的 ReplaceLine 方法将事件过程中的空行替换为指定的代码行。

第 12 行和第 13 行代码使用 CodeModule 对象的 InsertLines 方法在事件过程中分别插入一行代码。事件过程的结束行（End Sub）将自动下移，成为第 5 行代码。

示例代码过程将为工作簿中的每个工作表都创建 Worksheet_SelectionChange 事件过程，并在事件过程中添加相应代码。利用 CodeModule 对象的 CreateEventsProc 方法添加事件过程代码时，将自动打开 Visual Basic 编辑器并显示相应部件的【代码窗口】，如图 21.15 所示。

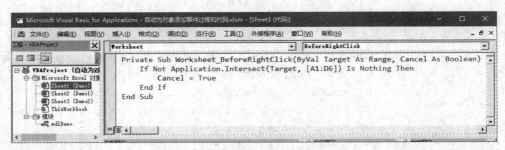

图 21.15　添加事件过程代码

第 22 章　数组与字典

合理使用数组和字典，将极大地提升代码的运行效率。在日常应用中，经常会把数组和单元格区域联合使用。例如，将单元格内容加载到数组中，充分利用数组在内存中的快速处理特性处理数据，然后再将数组回写到工作表单元格之中；或者将数组保存在字典对象中，利用字典调用数组，提高代码的运行效率。本章主要介绍如何利用数组和字典解决日常工作的数据处理需求。

22.1　利用数组完成数据交换

示例文件中有两列数据分别为"编号"和"日期"，如图 22.1 所示。

利用数组可以快速地完成两列数据的位置交换，示例代码如下。

```
#001  Sub uRngTomRng()
#002      Dim avntNum() As Variant
#003      Dim avntDate() As Variant
#004      avntNum = Range("a1:a11")
#005      avntDate = Range("b1:b11")
#006      Range("a1:a11") = avntDate()
#007      Range("b1:b11") = avntNum()
#008  End Sub
```

	A	B
1	编号	日期
2	EH0001	2018/4/8
3	EH0002	2018/4/23
4	EH0003	2018/2/25
5	EH0004	2018/2/3
6	EH0005	2018/2/2
7	EH0006	2018/2/8
8	EH0007	2018/4/2
9	EH0008	2018/4/2
10	EH0009	2018/2/2
11	EH0010	2018/4/30

图 22.1　两列数据源

❖ 代码解析

第 2 行和第 3 行代码声明两个数组变量。

第 4 行和第 5 行代码将两列数据分别加载到两个数组中。

第 6 行和第 7 行代码分别将两个数组变量的数据写入单元格区域。

在代码中经常会见到如下定义数组变量的表示方法。

```
Dim avntNum, avntDate
```

其实该变量并非数组类型变量，而是 Variant 类型变量，最终在复制语句中转化为数组，这是系统识别写入内容之后的结果。

如图 22.2 所示，可以看出变量 avntTest 是没有定义数据类型的 Variant 变量，而 avntTestTwo 则是具有 3 个元素的一维数组。在赋值完成后，avntTest 才自动识别为具有 3 个元素的数组。

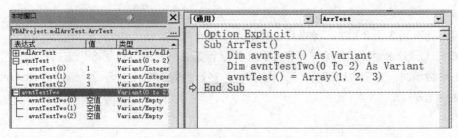

图 22.2　两种定义方式对比

| 注意 → | 在使用单元格区域直接给数组赋值时不能使用avntTestTwo（1 to 3）的形式声明数组变量，只能使用Variant类型，否则需要通过循环才能完成数组赋值。 |

数组的维度与多维数组声明

VBA 中数组的维度可支持一维至六十维，编程时最常用的是一维数组和二维数组。

如下代码声明一维数组。

```
#001  Sub BuildArr()
#002      Dim astrContent(1 To 3) As String
#003      astrContent(1) = " 实战 "
#004      astrContent(2) = " 技巧 "
#005      astrContent(3) = " 精粹 "
#006      Range("a1:c1") = astrContent()
#007  End Sub
```

❖ 代码解析

第 2 行代码定义由 3 个字符串元素组成的一维数组，数组 astrContent 第 1 个保存的位置编号为 1，最后一个保存的位置编号为 3。

第 3~5 行代码分别对数组中 3 个位置进行赋值。

第 6 行代码将数组写入单元格区域 A1:C1 中。

运行 **BuildArr** 过程，结果如图 22.3 所示。

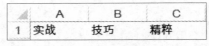

▲	A	B	C
1	实战	技巧	精粹

图 22.3　生成一维数组

如下代码声明二维数组。

```
#001  Sub BuildArrTwo()
#002      Dim astrContent(1 To 3, 1 To 3) As String
#003      astrContent(1, 1) = " 实战 "
#004      astrContent(2, 2) = " 技巧 "
#005      astrContent(3, 3) = " 精粹 "
#006      Range("a1:c3") = astrContent()
#007  End Sub
```

❖ 代码解析

第 2 行代码声明 3 行 3 列的二维数组，其值为 String 类型。

第 3~5 行代码分别对数组的第 1 行第 1 列、第 2 行第 2 列、第 3 行第 3 列进行赋值。

使用二维数组时，为了方便理解，可以将其视为多行多列的单元格区域。运行 **BuildArrTwo** 过程，结果如图 22.4 所示。

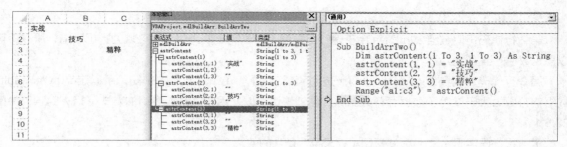

图 22.4 声明二维数组

22.2 罗列符合条件的信息

示例文件中数据源如图 22.5 所示，字段具有关联性，由"序号""编号""日期"等字段描述"金额"字段。

	A	B	C	D
1	序号	编号	日期	金额
2	1	EH002	2018/3/5	1201
3	2	EH002	2018/4/2	1024
4	3	EH001	2018/3/21	627
5	4	EH003	2018/2/28	520
6	5	EH004	2018/3/20	852
7	6	EH001	2018/3/26	877
8	7	EH004	2018/4/8	1025
9	8	EH002	2018/5/4	1174
10	9	EH004	2018/4/14	1040
11	10	EH004	2018/2/25	1043

图 22.5 原始数据信息

如果需要查询所有"编号"为"EH002"的记录，并将查询结果展示在单元格区域中，示例代码如下。

```
#001   Sub LoopArr()
#002       Dim avntData() As Variant
#003       Dim avntResults(1 To 30, 1 To 4) As Variant
#004       Dim intCount As Integer
#005       Dim i As Integer
#006       avntData() = Sheets(" 数据源 ").Range("a2:d31").Value
#007       For i = 1 To UBound(avntData(), 1)
#008           If avntData(i, 2) = "EH002" Then
#009               intCount = intCount + 1
#010               avntResults(intCount, 1) = avntData(i, 1)
#011               avntResults(intCount, 2) = avntData(i, 2)
#012               avntResults(intCount, 3) = avntData(i, 3)
#013               avntResults(intCount, 4) = avntData(i, 4)
#014           End If
#015       Next i
#016       Range("A2").Resize(intCount, 4) = avntResults()
#017   End Sub
```

❖ 代码解析

第 2 行代码声明数组 avntData 用于保存数据源。由于需要使用单元格区域为数组赋值，所以不可以指定数组的维度与大小。

第 3 行代码声明数组 avntResults 用于保存查询结果。由于结果条数未知，所以定义 avntResults 数组的行数为大于或等于数据源行数。除此之外，也可以使用定义动态数组的方式，相关内容请参阅 22.5.1 小节。

第 4 行代码声明 intCount 变量用于记录符合条件的数量。

第 6 行代码将单元格数据加载到数组 avntData 中。

第 7~15 行代码使用 For 循环结构遍历数组。

第 8 行代码判定 B 列数据是否满足条件。

第 10~13 行代码将符合条件的信息保存到数组 avntResults 中。

第 15 行代码将数组 avntResults 写入单元格区域中。

 注意　　数组输出到单元格区域时，通常与 Range.Resize 语句配合使用，以便确定目标单元格区域的范围。

运行 LoopArr 过程，结果如图 22.6 所示。

	A	B	C	D
1	序号	编号	日期	金额
2	1	EH002	2018/3/5	1201
3	2	EH002	2018/4/2	1024
4	8	EH002	2018/5/4	1174
5	11	EH002	2018/2/17	1366
6	12	EH002	2018/4/4	1442
7	14	EH002	2018/2/5	1364
8	17	EH002	2018/4/1	875
9	19	EH002	2018/2/1	1018
10	20	EH002	2018/3/11	1451
11	21	EH002	2018/3/23	1198
12	24	EH002	2018/3/3	696
13	26	EH002	2018/5/1	553

图 22.6　罗列符合条件的信息

数组的上界与下界

在 LoopArr 过程代码中，循环遍历数组时使用 Ubound 函数获取数组某个维度的上界，也就是最后一个保存数据的位置编号。

Ubound 函数的语法格式如下。

```
UBound (arrayname [ ,维度 ] )
```

参数 arrayname 是必需的，其值为一个数组。

参数维度是可选的，其值指定返回某一个维度的界限，此参数应为整数，不指定该参数时，默认值为1。

Lbound 函数与 Ubound 函数的语法格式完全相同，二者的区别在于 Lbound 函数返回数组的下标下界，Ubound 函数返回数组的下标上界。

如下代码将以消息框的形式显示数组各维度的上下界限。

```
#001  Sub Lbound_Ubound()
```

```
#002        Dim avntTest(2 To 30, 3 To 6) As Variant
#003        MsgBox "数组 avntTest 第一维的下界为: " & LBound(avntTest(), 1) & Chr(10) & _
                   "数组 avntTest 第一维的上界为: " & UBound(avntTest(), 1) & Chr(10) & _
                   "数组 avntTest 第二维的下界为: " & LBound(avntTest(), 2) & Chr(10) & _
                   "数组 avntTest 第二维的上界为: " & UBound(avntTest(), 2)
#004    End Sub
```

❖ 代码解析

第 2 行代码声明二维数组变量。

第 3 行代码分别获取两个维度的上下界限。

运行 Lbound_Ubound 过程将在消息框中显示数组 avntTest 两个维度的上下界限，如图 22.7 所示。

图 22.7 数组上下界限

> **注意**
>
> 当引用数组中的元素时，如果引用的位置小于 Lbound 或大于 Ubound 的返回值，将会产生"下标越界"运行时错误，如图 22.8 所示。
>
>
>
> 图 22.8 下标越界错误

22.3 按指定字符拆分字符串

Excel 的内置功能"分列"可以实现将一个字符串以指定分隔符拆分成多个字符串，在 VBA 中，使用函数 Split 可以实现相同功能。

Split 函数返回下标下界从零开始的一维数组，包含以指定分隔符拆分后形成的子字符串，其语法格式如下。

```
Split(expression[,delimiter[,limit[,compare]]])
```

参数 expression 是必需的，指定包含分隔符的字符串。

参数 delimiter 是可选的，指定用于拆分字符串的分隔符。

参数 limit 是可选的，指定需要将字符串拆分成子字符串的个数。默认值为 −1，返回所有子字符串。

参数 compare 是可选的，指定用表 22.1 所示的 4 种方式进行比较，其默认值为 vbBinaryCompare。

表 22.1　Compare 常量列表

常量	值	说明
vbUseCompareOption	−1	用 Option Compare 语句中的设置值执行比较
vbBinaryCompare	0	执行二进制比较
vbTextCompare	1	执行文字比较
vbDatabaseCompare	2	仅用于 Microsoft Access，基于数据库的信息执行比较

如下代码将以半角逗号分隔字符串，保存到数组中，并写入指定单元格区域。

```
#001  Sub SplitDemo()
#002      Dim astrNum() As String
#003      Dim strMyString As String
#004      strMyString = "EH001,EH002,EH003,EH004,EH005,EH006"
#005      astrNum() = Split(strMyString, ",")
#006      Range("a1").Resize(1, UBound(aStr) + 1) = astrNum()
#007  End Sub
```

❖ 代码解析

第 2 行代码定义数组 astrNum，其值为 String 类型。

第 5 行代码使用 Split 函数，将变量 strMyString 以分隔符 "，" 拆分成一维数组，并保存到数组 astrNum 中。

第 6 行代码将数组 astrNum 写入以单元格 A1 为起点的 1 行 UBound(astr)+1 列的区域中。由于 Split 函数生成的数组下界始终为 0，不受 Option Base 语句限制，所以 Split 函数生成的数组中元素的个数为数组的上界加 1。Option Base 语句的讲解请参阅 22.4.1 小节。

注意

由于Split函数返回的数组是由字符串组成的，所以第2行代码不能声明为avntNum() as Variant，使用这种声明方式，将允许数组中的元素为任意数据类型，与Split函数所返回的数组类型不一致，将产生"类型不匹配"运行时错误，如图 22.9所示。

图 22.9　类型不匹配错误

运行 SplitDemo 过程，数据将填写在工作表第 1 行的横向区域中，如图 22.10 所示。

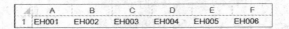

图 22.10　一维数组写入横向单元格区域

若需要将数据写入工作表第 1 列的纵向单元格区域中，第 6 行代码应改写为以下代码。

```
Range("a1").Resize(UBound(aStr)+1,1)= WorksheetFunction.Transpose(aStr())
```

其中，工作表函数 Transpose 将一维数组中的元素进行了行列转置。

运行示例过程，结果如图 22.11 所示。

图 22.11　一维数组写入纵向单元格区域

22.4　以指定分隔符连接字符串

在日常工作中，不仅需要将字符串进行拆分，而且可能还需要将多个字符串以指定的分隔符进行连接。此时可以使用 Join 函数，其语法格式如下。

```
Join(sourcearray, 分隔符)
```

参数 sourcearray 是必需的，指定一个一维数组。

参数分隔符是必需的，指定用于分隔字符串的字符，当不指定分隔符时，字符串将以空格连接。如果不需要使用分隔符连接，则需要指定该参数长度为零的字符串。

22.4.1　使用 Array 函数对数组赋值

如下代码使用 Join 函数将数组中的元素以"-"为分隔符进行连接。

```
#001  Sub JoinDemo()
#002      Dim avntNum() As Variant
#003      Dim strMyStr As String
#004      avntNum() = Array("EH001", "EH002", 65536, "EH003", Date, "连接")
#005      strMyStr = Join(avntNum(), "-")
#006      MsgBox strMyStr
#007  End Sub
```

❖ 代码解析

第 2 行代码声明 Variant 类型数组变量，由于 Array 函数的各元素可以为任意数据类型，所以在使用 Array 函数对数组进行赋值时，必须将数组的数据类型定义为 Variant。

第 4 行代码使用 Array 函数对数组进行赋值。

Array 函数语法格式如下。

```
Array(arglist)
```

第 5 行代码使用 Join 函数将数组中的元素以"-"进行连接。

运行 JoinDemo 过程，结果如图 22.12 所示。

arglist 是以半角逗号分隔的参数列表，如不指定任何参数，将返回一个零元素的空数组。

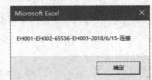

图 22.12　Join 函数连接字符串

通过 Array 函数所得到的数组，下标下界将与 Option Base 语句设置一致。如果未指定 Option Base 语句，其下标下界为 0；如果指定了 Option Base 语句，其下标下界为 1，如图 22.13 所示。

Option Base 语法格式如下，当不指定该语句时，数组下标下界默认为 0。

```
Option Base {0|1}
```

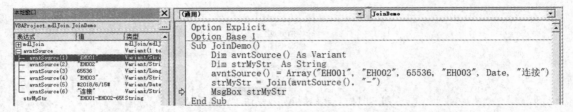

图 22.13　Option Base 语句

22.4.2　使用单元格直接对数组进行赋值

如果数组来源并非 Array 函数创建，而是由单元格引用而来的，此时需要对数组进行处理后，才能使用 Join 函数进行连接。示例文件中数据源如图 22.14 所示。

图 22.14　单列数据源

示例代码如下。

```
#001   Sub JoinDemo2()
#002       Dim avntSource() As Variant
#003       Dim avntMine() As Variant
#004       Dim strTemp As String
#005       avntSource() = Range("A1:A6").Value
#006       avntMine() = WorksheetFunction.Transpose(avntSource())
#007       strTemp = Join(avntMine(), "-")
#008       MsgBox strTemp
#009   End Sub
```

❖ 代码解析

第 2 行代码定义数组变量，通过单元格引用直接对数组进行赋值时，需要将数组定义为 Variant 类型。

第 5 行代码将 A1:A6 单元格区域中的数据加载到数组 avntSource 中。

第 6 行代码使用 Transpose 函数将数组 avntSource 转置为一维数组。

注意　　　无论是将单行单列还是将多行多列的单元格区域数据加载到数组中，所得到的都是下标下界为 1 的二维数组。

若需要将单行数据使用 Join 函数进行连接，应使用如下代码。

```
#001   Sub JoinDemo3()
#002       Dim avntSource() As Variant
#003       Dim avntTranspose() As Variant
#004       Dim avntMine() As Variant
#005       Dim strTemp As String
#006       avntSource() = Range("A1:F1").Value
#007       avntTranspose() = WorksheetFunction.Transpose(avntSource())
#008       avntMine() = WorksheetFunction.Transpose(avntTranspose())
#009       strTemp = Join(avntMine(), "-")
#010       MsgBox strTemp
#011   End Sub
```

❖ 代码解析

第 6 行代码将 A1:F1 单元格区域数据加载到数组中。

第 7 行代码将 1 行 6 列的二维数组转置为 6 行 1 列的二维数组。

第 8 行代码将 6 行 1 列的二维数组转置为 6 个元素的一维数组。

第 9 行代码使用 Join 函数连接数组中的元素。

通过两次转置，可将仅有 1 行的二维数组转置为一维数组。以调试方式运行示例过程，在本地窗口中可查看转置过程，如图 22.15 所示。

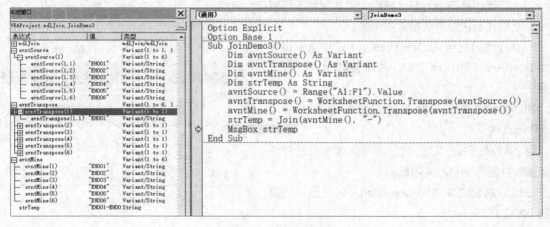

图 22.15　两次数组转置

22.5　以指定条件连接字符串

示例文件中数据源如图 22.16 所示，需要根据 B 列编号，将指定编号的日期连接成一个字符串。

示例代码如下。

```
#001   Function ConditionJoin(ByVal rngList
As Range, ByVal strCondition As String)
#002       Dim avntList() As Variant
#003       Dim avarResult() As Variant
```

	A	B	C	D
1	序号	编号	日期	金额
2	1	EH002	2018/3/5	1201
3	2	EH002	2018/4/2	1024
4	3	EH001	2018/3/21	627
5	4	EH003	2018/2/28	520
6	5	EH004	2018/3/20	852
7	6	EH001	2018/3/26	877
8	7	EH004	2018/4/8	1025
9	8	EH002	2018/5/4	1174
10	9	EH004	2018/4/14	1040
11	10	EH004	2018/2/25	1043
12	11	EH002	2018/2/17	1366
13	12	EH002	2018/4/4	1442
14	13	EH001	2018/3/4	1142

图 22.16　指定条件连接字符串数据源

```
#004        Dim i As Integer, j As Integer
#005        avntList() = Intersect(rngList, rngList.Parent.UsedRange).Value
#006        For i = 1 To UBound(avntList(), 1)
#007            If avntList(i, 2) = strCondition Then
#008                j = j + 1
#009                ReDim Preserve avarResult(1 To j)
#010                avarResult(j) = avntList(i, 3)
#011            End If
#012        Next
#013        ConditionJoin = Join(avarResult(), "、")
#014    End Function
```

❖ 代码解析

第 1 行代码定义具有两个参数的自定义函数过程，其返回值为 String 类型。

第 2 行代码声明数组 avntList 用于保存数据源。

第 3 行代码声明数组 avarResult 用于保存符合条件的结果。

第 5 行代码将用户选择的单元格区域加载到数组中。利用 Intersect 方法获取工作表的已用区域与用户选择区域的重叠区域，避免用户选中整行整列而导致代码运行效率低下。

第 6 行代码使用 For 循环结构遍历数组，直至数组 avntList 第一维的下标上界。

第 7 行代码判定 avntList 数组的第 2 列数据是否符合条件。

第 8 行代码记录符合条件的个数。

第 9 行代码利用 ReDim Preserve 语句重新定义数组 avarResult 的存储空间，并保留数组中的原有数据。

第 10 行代码将符合条件的数据保存到数组 avarResult 中。

第 13 行代码以 "、" 为分隔符，连接符合条件的数据，并回写到自定义函数。

在单元格公式中使用 ConditionJoin 函数，结果如图 22.17 所示。

图 22.17　以指定条件连接字符串

动态数组与静态数组

一般情况下，在声明数组时将指定数组的上下界限与维度，由此创建的数组为静态数组。如下代码声明 5 行 2 列的静态二维数组，在代码中将不再允许修改数组的维度。

```
Dim aStr(1 to 5,1 to 2) As String
```

运行 StaticArray 过程，将返回"数组维数已定义"错误提示，如图 22.18 所示。

图 22.18　数组维数已定义

```
#001  Sub StaticArray()
#002      Dim astrStatic(1 To 5, 1 To 2) As String
#003      ReDim astrStatic(1 To 5, 1 To 3)
#004  End Sub
```

在实际应用中，如果需要数组根据代码运行的结果动态调整数组大小，可以使用 ReDim 语句，其语法格式如下。

```
ReDim [Preserve] 数组变量 ( 元素与维度 )
```

其中，Preserve 为可选关键字，表示是否保留数组中的原有数据。

在首次声明某个数组时，如果不指定数组的上下界限与维度，此时所创建的数组为动态数组。如下代码声明了一个未指定维度与元素个数的动态数组。

```
Dim astrList() As String
```

在此过程中可以先定义动态数组，然后修改动态数组大小，示例代码如下。

```
#001   Sub RedimArray()
#002       Dim avntData() As Variant
#003       avntData() = Array("EH001", "EH002", 65536, _
               "EH003", Date, "连接")
#004       ReDim avntData(1 To 7)
#005   End Sub
```

❖ 代码解析

第 3 行代码使用 Array 函数创建一维数组，并为数组 avntData 赋值。

第 4 行代码使用 ReDim 语句重新分配动态数组内存空间。

以调试方式运行 RedimArray 过程，代码分别运行至第 4 行和第 5 行，在本地窗口中可以看到数组大小的变化，此时数组内容被清空，如图 22.19 所示。

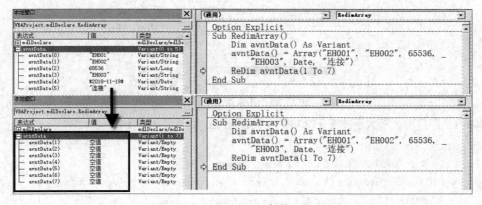

图 22.19　ReDim 语句清空数组内容

若要保留数组中的已有数据，则应使用 Preserve 关键字，示例代码如下。

```
#001   Sub RedimPreArray()
#002       Dim avntRedimPre() As Variant
#003       avntRedimPre() = Array("EH001", "EH002", 65536, _
               "EH003", Date, "连接")
#004       ReDim Preserve avntRedimPre(0 To 7)
#005   End Sub< 更新代码行号 >
```

❖ 代码解析

第 4 行代码使用 Preserve 关键字重新定义数组大小。

> | 注意 | 当数组尚未定义维度与大小时，允许修改数组的维数和下标下界各一次，数组的最后一维的下标上界可以反复修改；当数组已经定义维度与大小后，将只允许修改最后一维的下标上界。 |
> |---|---|

例如，在 RedimPreArray 过程中，第 4 行代码使用 Array 函数创建数组，由于示例代码中并未使用 Option Base 语句，所以数组 avntRedimPre 的下标下界由 Array 函数定义为 0，在此之后无法使用 ReDim 语句修改数组 avntRedimPre 的下标下界。

22.6 多表查询

在日常工作中，原始数据经常分散在多个工作表中。例如，示例工作簿中有 6 个月的数据分别保存在不同的工作表中，如图 22.20 所示。

	A	B	C	D
1	序号	编号	发生日期	金额
2	1	EH002	2018/1/1	1201
3	2	EH002	2018/1/2	1024
4	3	EH001	2018/1/3	627
5	4	EH003	2018/1/4	520
6	5	EH004	2018/1/5	852
7	6	EH001	2018/1/8	877
8	7	EH004	2018/1/9	1025
9	8	EH002	2018/1/10	1174
10	9	EH004	2018/1/11	1040
11	10	EH004	2018/1/12	1043
12	11	EH002	2018/1/15	1366
13	12	EH002	2018/1/16	2000
14	13	EH001	2018/1/17	1142
15	14	EH002	2018/1/18	1364

多表查询　1月　2月　3月　4月　5月　6月

图 22.20　多表查询数据源

现需要将全部月份金额大于或等于 2000 的数据罗列出来，示例代码如下。

```
#001   Sub TablesQuery()
#002       Dim wksList As Worksheet
#003       Dim avntList() As Variant, avntResults() As Variant
#004       Dim i As Integer, j As Integer
#005       For Each wksList In Worksheets
#006           If wksList.Name <> "多表查询" Then
#007               avntList() = wksList.Range("a1").CurrentRegion.Value
#008               For i = 2 To UBound(avntList())
#009                   If avntList(i, 4) >= 2000 Then
#010                       j = j + 1
#011                       ReDim Preserve avntResults(1 To 4, 1 To j)
#012                       avntResults(1, j) = wksList.Name
#013                       avntResults(2, j) = avntList(i, 2)
#014                       avntResults(3, j) = avntList(i, 3)
#015                       avntResults(4, j) = avntList(i, 4)
```

```
#016                  End If
#017              Next i
#018          End If
#019      Next wksList
#020      Range("a2").Resize(j, 4) = _
              WorksheetFunction.Transpose(avntResults())
#021      Set wksList = Nothing
#022  End Sub
```

❖ 代码解析

第 5~19 行代码使用 For Each 循环结构遍历所有工作表。

第 6 行代码判定当前遍历的工作表名称是否为"多表查询"。

第 7 行代码将指定工作表中 A1 单元格开始的连续数据区域加载到数组 avntList 中。

第 8~17 行代码使用 For 循环结构遍历数组 avntList。

第 9 行代码设定数据提取规则，即金额大于等于 2000。

第 10 行代码记录符合查询条件的数量。

第 11 行代码重新定义数组 avntResults 大小。由于 ReDim Preserve 只能修改数组的最后一维下标上界，所以需要将结果的列数作为第一维，结果的行数作为数组第二维，以此重新定义数组。

第 12 行代码将工作表名称加载到数组中。

第 13~15 行代码将符合条件的数据加载到数组中。

第 20 行代码将利用 Transpose 函数实现数组 avntResults 转置，并将结果写入相应的单元格区域。

运行 TablesQuery 过程，结果如图 22.21 所示。

	B	C	D
1	编号	发生日期	金额
2	EH002	2018/1/16	2000
3	EH004	2018/1/22	2536
4	EH014	2018/2/1	2159
5	EH002	2018/2/2	2213
6	EH004	2018/2/6	2051
7	EH019	2018/2/14	2391
8	EH007	2018/2/15	2210
9	EH014	2018/2/16	2349
10	EH011	2018/2/20	2289
11	EH018	2018/2/23	2078
12	EH006	2018/2/27	2098
13	EH007	2018/2/28	2242

图 22.21 多表查询结果

22.7 两列数据对比重复

示例文件中数据源如图 22.22 所示，两列不同的数据存在着重复数据。

	A	B	C
1	编号		编号
2	EH001		EH001
3	EH002		EH002
4	EH003		EH003
5	EH004		EH004
6	EH005		EH009
7	EH006		EH010
8	EH007		EH011
9	EH008		EH012
10	EH009		EH013
11	EH010		EH014
12	EH011		EH015
13	EH012		EH016

图 22.22　数据对比数据源

如果需要提取两列数据中的重复项和唯一项，可以使用 Filter 函数，示例代码如下。

```
#001   Sub getSame()
#002       Dim avntData() As Variant, avntList() As Variant
#003       Dim astrResultsSame() As String, astrResultsDis() As String
#004       Dim avntTemp As Variant
#005       Dim intCountSame As Integer, intCountDis As Integer
#006       Dim intTemp As Integer
#007       avntData() = WorksheetFunction.Transpose _
               (Range("a2:a13").Value)
#008       avntList() = WorksheetFunction.Transpose _
               (Range("c2:c13").Value)
#009       For intTemp = 1 To UBound(avntData())
#010           avntTemp = Filter(avntList(), avntData(intTemp), True)
#011           If UBound(avntTemp) >= 0 Then
#012               intCountSame = intCountSame + 1
#013               ReDim Preserve astrResultsSame(1 To intCountSame)
#014               astrResultsSame(intCountSame) = avntData(intTemp)
#015           Else
#016               intCountDis = intCountDis + 1
#017               ReDim Preserve astrResultsDis(1 To intCountDis)
#018               astrResultsDis(intCountDis) = avntData(intTemp)
#019           End If
#020       Next intTemp
#021       Range("F2").Resize(intCountSame, 1) = _
               WorksheetFunction.Transpose(astrResultsSame())
#022       Range("G2").Resize(intCountDis, 1) = _
               WorksheetFunction.Transpose(astrResultsDis())
#023   End Sub
```

❖ 代码解析

第 7 行和第 8 行代码分别将两列数据加载到数组中。

第 9~20 行代码使用 For 循环结构遍历数组。

第 10 行代码将 Filter 筛选后的数据保存到数组 avntTemp 中，利用 Filter 函数，可以筛选一个一维数组，并以数组形式返回筛选结果。

第 11 行代码判断筛选结果数组下标上界是否大于等于 0。

第 12~14 行代码将重复出现的数据保存到数组 astrResultsSame 中。

第 16~18 行代码将不重复的数据保存到数组 astrResultsDis 中。

第 21 行和第 22 行代码将筛选结果输出到相应的单元格区域。

第 10 行代码中，Filter 函数可根据条件筛选出一维数组中包含指定字符串的数据，并返回一个下标上界大于等于 0 的新数组，若未筛选出包含字符串的数据，新数组的下标上界将为 −1，其语法格式如下。

```
Filter( sourcearray, match [ , include [ , compare ]] )
```

参数 sourcearray 是必需的，指定待筛选的一维数组。

参数 match 是必需的，其值指定待查询的字符串。

参数 include 是可选的，其值为 Boolean 类型，指定返回的数组是否包含字符串。值为 True 时返回包含字符串的子集；值为 False 时，返回不包含字符串的子集。

参数 compare 是可选的，指定使用字符串比较类型，通常用于区分大小写，不指定该参数时默认为 0。

示例代码如下。

```
#001  Sub FilterDemo()
#002      Dim avntList() As Variant, avntTemp As Variant
#003      avntList = Array("A", "AB", "BC", "AC", "ac", "ab", "a")
#004      avntTemp = Filter(avntList(), "A", True, vbBinaryCompare)
#005      MsgBox Join(avntTemp, ",")
#006  End Sub
```

❖ 代码解析

第 4 行代码筛选包含大写字母 A 的元素，并写入变量 avntTemp。

运行 FilterDemo 过程，结果如图 22.23 所示。

如果将第 4 行代码 Filter 函数中的第 3 个和第 4 个参数分别设置为 False 和 vbTextCompare，将只会返回不包含 A 或 a 的结果，筛选结果如图 22.24 所示。

图 22.23　包含且区分大小写　　图 22.24　不包含且不区分大小写

 　Filter 函数只能筛选一维数组并且只能筛选出包含字符串的数据，若需要精确查找数组数据，可以组合使用工作表函数 Index 与 Match。

22.8　精确查找数组数据

示例文件中数据源如图 22.25 所示，A 列的"科目代码"字段是具有包含关系的数据。

▲	A	B	C	D	E	F
1	科目代码	科目名称	类别	方向	外币核算	期末调汇
2	1001	库存现金	现金	借	所有币种	是
3	1002	银行存款	银行存款	借	所有币种	是
4	1012	其他货币资金	流动资产	借	所有币种	是
5	101201	外埠存款	流动资产	借	所有币种	是
6	101202	银行本票存款	流动资产	借	所有币种	是
7	101203	银行汇票存款	流动资产	借	所有币种	是
8	101204	信用卡存款	流动资产	借	所有币种	是
9	101205	信用保证金存款	流动资产	借	所有币种	是
10	101206	存出投资款	流动资产	借	所有币种	是
11	1101	交易性金融资产	流动资产	借	所有币种	是
12	110101	本金	流动资产	借	所有币种	是
13	11010101	股票	流动资产	借	所有币种	是
14	11010102	债券	流动资产	借	所有币种	是
15	11010103	基金	流动资产	借	所有币种	是
16	11010104	权证	流动资产	借	所有币种	是

图 22.25　示例文件数据源

如果需要查找某一个科目代码对应的科目名称，此时使用 Filter 函数筛选科目代码，将不能准确地返回结果。调用工作表函数 Index 与 Match 可以实现对数组的精确查询。示例代码如下。

```
#001   Sub IndexMatch()
#002       Dim avntData() As Variant, avntResult() As Variant
#003       Dim avntTemp() As Variant
#004       Dim intMatch As Integer
#005       avntData() = Range("a1").CurrentRegion.Value
#006       avntTemp() = Application.Index(avntData(), 0, 1)
#007       intMatch = Application.Match(1122, avntTemp(), 0)
#008       avntResult() = Application.Index(avntData(), intMatch, 0)
#009       Range("H2:M2") = avntResult()
#010   End Sub
```

❖ 代码解析

第 6 行代码调用工作表函数 Index 引用二维数组的第 1 列数据，并赋值给数组 avntTemp。

第 7 行代码调用工作表函数 Match 在数组 avntTemp 中查找科目代码"1122"所在位置。

第 8 行代码再次调用工作表函数 Index，读取二维数组中的整行数据，并赋值给数组 avntResult。

第 9 行代码将数组 avntResult 写入单元格区域 H2：M2。

运行 IndexMatch 过程，结果如图 22.26 所示。

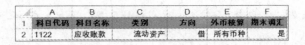

▲	A	B	C	D	E	F
1	科目代码	科目名称	类别	方向	外币核算	期末调汇
2	1122	应收账款	流动资产	借	所有币种	是

图 22.26　IndexMatch运行结果

Index 函数返回数组指定行和指定列交叉的位置数据，当行参数为 0 时，返回数组指定列数据；当列参数为 0 时，返回数组指定行数据，并生成新的数组。

Match 函数返回待查找数据在一维数组中的位置，第 3 个参数设置为 0 时表示精确查找。

22.9　按条件拆分工作表

示例文件中数据源结构为关系型数据结构，如图 22.27 所示。

	A	B	C	D
1	序号	编号	日期	金额
2	1	EH002	2018/3/5	1201
3	2	EH002	2018/4/2	1024
4	3	EH001	2018/3/21	627
5	4	EH003	2018/2/28	520
6	5	EH004	2018/3/20	852
7	6	EH001	2018/3/26	877
8	7	EH004	2018/4/8	1025
9	8	EH002	2018/5/4	1174
10	9	EH004	2018/4/14	1040
11	10	EH004	2018/2/25	1043
12	11	EH002	2018/2/17	1366
13	12	EH002	2018/4/4	1442
14	13	EH001	2018/3/4	1142
15	14	EH002	2018/2/5	1364

图 22.27 示例文件数据源

现需要根据某个指定字段对数据源进行拆分，利用数组在内存中的快速处理特性，可以较为高效地完成此类操作，示例代码如下。

```
#001   Sub SplitTable()
#002      Dim avntList() As Variant, avntTemp()
#003      Dim avntTableName() As Variant
#004      Dim i As Integer, intResult As Integer
#005      Dim wksNew As Worksheet
#006      Dim intCount As Integer, j As Integer
#007      Application.ScreenUpdating = False
#008      avntList() = Range("a1").CurrentRegion.Value
#009      avntTableName = Array("EH001", "EH002", "EH003", "EH004")
#010      For i = 0 To UBound(avntTableName)
#011         For j = 2 To UBound(avntList())
#012            If avntList(j, 2) = avntTableName(i) Then
#013               intResult = intResult + 1
#014               ReDim Preserve avntTemp(1 To 4, 1 To intResult)
#015               avntTemp(1, intResult) = avntList(j, 1)
#016               avntTemp(2, intResult) = avntList(j, 2)
#017               avntTemp(3, intResult) = avntList(j, 3)
#018               avntTemp(4, intResult) = avntList(j, 4)
#019            End If
#020         Next j
#021         Set wksNew = Worksheets.Add(after:=Worksheets( _
                 Worksheets.Count))
#022         wksNew.Name = avntTableName(i)
#023         With wksNew
#024            .Range("a1:d1") = Array("序号", "编号", "日期", "金额")
#025            .Range("a2").Resize(intResult, 4) = _
                 WorksheetFunction.Transpose(avntTemp)
#026            .UsedRange.Borders.LineStyle = xlContinuous
#027         End With
#028         Erase avntTemp()
```

```
#029              intResult = 0
#030       Next i
#031       Application.ScreenUpdating = True
#032   End Sub
```

❖ 代码解析

第 7 行代码禁用屏幕刷新，提升代码运行效率。

第 8 行代码将数据区域加载到数组 avntList 中。

第 9 行代码设置新工作表个数及工作表名称，并赋值数组 avntTableName。

第 10~30 行代码利用 For 循环结构遍历数组 avntTableName。

第 11~20 行代码利用 For 循环结构遍历数组 avntList。

第 12 行代码判断编号是否为当前指定工作表的名称。

第 13~18 行代码记录符合条件的元素个数，并调整数组大小，将数据保存到数组 avntTemp 中。

第 21 行和第 22 行代码新建工作表并命名为指定名称。

第 24 行和第 25 行代码将数组 avntTemp 写入相应的单元格区域。

第 26 行代码设置单元格区域的边框线。

第 28 行代码在写入下一个工作表的数据前，使用 Erase 释放数组，即清空数组。

Erase 方法语法格式如下。

```
Erase 数组变量
```

> **注意** 当使用Erase语句释放静态数组时，数组中每个元素将设置为对应数据类型的初始值，并保留数组维度与元素数量。释放动态数组时，将清除数组中所有元素及维度。

第 29 行代码重置记录符合条件个数的变量 intResult 为 0。

运行 SplitTable 过程，结果如图 22.28 所示。

	A	B	C	D
1	序号	编号	日期	金额
2	5	EH004	2018/3/20	852
3	7	EH004	2018/4/8	1025
4	9	EH004	2018/4/14	1040
5	10	EH004	2018/2/25	1043
6	16	EH004	2018/4/5	1151
7	18	EH004	2018/3/29	728
8	29	EH004	2018/2/10	696

例1 | EH001 | EH002 | EH003 | EH004

图 22.28 拆分工作表

22.10 利用数组制作工资条

示例文件中数据源为某公司工资明细表，如图 22.29 所示。

	A	B	C	D	E	F
1	编号	基本工资	绩效工资	险金	个税	实发工资
2	EH001	14500	2000	1683	1824.25	12992.75
3	EH002	10000	2000	1224	900.2	9875.8
4	EH003	14000	2000	1632	1712	12656
5	EH004	15000	2000	1734	1936.5	13329.5
6	EH005	14000	2000	1632	1712	12656
7	EH006	11500	2000	1377	1169.6	10953.4
8	EH007	9000	2000	1122	720.6	9157.4
9	EH008	14500	2000	1683	1824.25	12992.75
10	EH009	13500	2000	1581	1599.75	12319.25
11	EH010	10500	2000	1275	990	10235
12	EH011	12000	2000	1428	1263	11309
13	EH012	10500	2000	1275	990	10235
14	EH013	9000	2000	1122	720.6	9157.4
15	EH014	10000	2000	1224	900.2	9875.8
16	EH015	11000	2000	1326	1079.8	10594.2
17	EH016	9000	2000	1122	720.6	9157.4
18	EH017	13500	2000	1581	1599.75	12319.25

图 22.29　工资条数据源

现需要将数据源以工资条形式输出，即每条数据均具有表头，示例代码如下。

```
#001   Sub ArticleWages()
#002       Dim avntList() As Variant, avntDetail() As Variant
#003       Dim avntResults() As Variant
#004       Dim intRows As Integer, i As Integer, j As Integer
#005       avntList() = Range("a1:f18").Value
#006       ReDim Preserve avntResults(1 To 6, 1 To UBound( _
               avntList(), 1) * 3 - 3)
#007       For i = 2 To UBound(avntList(), 1)
#008           avntDetail() = Application.Index(avntList(), i, 0)
#009           intRows = (i - 1) * 3 - 2
#010           For j = 1 To UBound(avntDetail())
#011               avntResults(j, intRows) = _
                       Application.Index(avntList(), 1, 0)(j)
#012               avntResults(j, intRows + 1) = avntDetail(j)
#013           Next j
#014       Next i
#015       With Sheets("工资条").Range("a1").Resize( _
               UBound(avntResults(), 2), 6)
#016           .Value = Application.Transpose(avntResults())
#017           Range("a1:f3").Copy
#018           Sheets("工资条").Select
#019           .SpecialCells(xlCellTypeConstants, 23).Select
#020           .PasteSpecial xlPasteFormats
#021           Application.CutCopyMode = False
#022       End With
#023   End Sub
```

❖ 代码解析

第 6 行代码重新定义数组 avntResults 大小。

第 7~14 行代码利用 For 循环结构遍历数组 avntList。

第 8 行代码使用数组 avntDetail 保存当前整行数据。

第 9 行代码确定表头位置。

第 10 行和第 11 行代码利用 For 循环结构遍历数组 avntDetail 。

第 11 行代码将表头信息保存到数组 avntResults 中。

第 12 行代码将工资信息保存到数组 avntResults 中表头的下一行。

第 15~21 行代码将数组 avntResults 的结果写入单元格区域并设置单元格格式。

运行 ArticleWages 过程，结果如图 22.30 所示。

图 22.30　工资条效果

22.11　冒泡排序法

排序是数据处理与分析最常用的方式之一，使用高效的排序算法，可以极大地提高代码运行效率。本示例介绍如何编写冒泡排序算法实现对数据的排序。

利用双层循环嵌套语句结构可以实现冒泡排序法，外层循环用于区分有序区与无序区。内层循环始终遍历无序区，在无序区中比较相邻的两个元素，按需求顺序决定是否交换。对每一组相邻元素进行比较，从第一组至最后一组，依次处理直到最后一个元素为需求顺序的最大值或最小值。利用外层循环缩小无序区后再次对无序区中相邻的数据进行比较。重复上述步骤，直至无序区只剩一个元素。

示例文件中数据源如图 22.31 所示。

现需要对实发工资进行升序排列，并将结果输出到指定区域，示例代码如下。

图 22.31　冒泡排序数据源

```
#001  Sub Bubble_sort()
#002      Dim avntList() As Variant, i As Long, j As Long
#003      Dim lngTemp As Long, strTemp As String
#004      avntList() = Range("a2:b18").Value
#005      For i = UBound(avntList()) To 1 Step -1
#006          For j = 1 To i - 1
```

```
#007                    If avntList(j, 2) >= avntList(j + 1, 2) Then
#008                        strTemp = avntList(j, 1)
#009                        lngTemp = avntList(j, 2)
#010                        avntList(j, 1) = avntList(j + 1, 1)
#011                        avntList(j, 2) = avntList(j + 1, 2)
#012                        avntList(j + 1, 1) = strTemp
#013                        avntList(j + 1, 2) = lngTemp
#014                    End If
#015                Next j
#016            Next i
#017        Range("e2").Resize(UBound(avntList()), 2) = avntList()
#018  End Sub
```

❖ 代码解析

第 5~16 行代码利用 For 循环结构从后至前遍历数组进行外层循环。

第 6~15 行代码利用 For 循环结构遍历数组进行内层循环。

第 7 行代码比较相邻的两个元素。

第 8~13 行代码实现数据位置交换。

运行 Bubble_sort 过程，结果如图 22.32 所示。

	E	F
1	编号	实发工资
2	EH011	1781
3	EH012	1876
4	EH001	1943
5	EH006	1954
6	EH008	2130
7	EH004	3569
8	EH007	3738
9	EH009	4101
10	EH015	4248
11	EH010	5077
12	EH003	6033
13	EH016	6044
14	EH002	6398
15	EH013	6997
16	EH017	7451
17	EH014	8515
18	EH005	8906

图 22.32　冒泡排序结果

22.12　字典的前期绑定与后期绑定

字典（Dictionary）具有独特的属性和方法，但该对象并非 VBA 内部集成的对象，需要添加引用才可以在 VBA 中使用。字典对象被集成在 Scrrun.dll 动态链接库中，在使用之前需要先注册该动态链接库。注册 Scrrun.dll 动态链接库的方法，请参阅 19.1.1 小节。

在 VBA 中调用字典对象有前期绑定与后期绑定两种方式，根据不同的需求可以选用不同的绑定方式。前期绑定与后期绑定方式的详细实现方法与优缺点请参阅 19.1 节。

22.12.1　前期绑定

按照如下具体步骤操作，可以实现字典对象的前期绑定。

步骤① 在 VBE 中选择【工具】→【引用】选项，如图 22.33 所示。

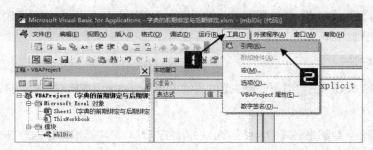

图 22.33　【工具】选项卡

步骤② 打开【引用 -VBAProject】对话框，在【可使用的引用】列表框中选中【Microsoft Scripting

Runtime】复选框，单击【确定】按钮关闭对话框，如图 22.34 所示。

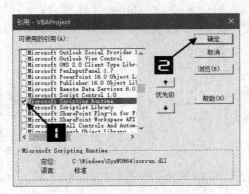

图 22.34　引用【Microsoft Scripting Runtime】库

添加引用后，在【代码窗口】中输入代码时，即可自动列出成员列表，如图 22.35 所示。

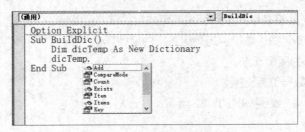

图 22.35　属性方法列表

22.12.2　后期绑定

为了确保即使用户没有对"Microsoft Scripting Runtime"进行引用，也可以使用字典对象，可以在 VBA 代码中使用后期绑定的方式创建字典对象。示例代码如下。

```
Set dicTemp = CreateObject("Scripting.Dictionary")
```

关于前期绑定与后期绑定的详细讲解请参阅 19.1 节。

22.13　字典对象的常用方法与属性

字典对象用于保存两个相关联的一维数组，分别为关键字 Key 组成的关键字列表与对应条目 Item 组成的元素列表。其中，关键字 Key 具有唯一性，即在关键字 Key 所代表的数组中，将不允许出现重复数据，而 Item 则无此限制。

22.13.1　Add 方法

使用字典对象的 Add 方法可以将一组关联的关键字与条目添加到字典对象中，其语法格式如下。

```
Object.Add Key, Item
```

Key 和 Item 两个参数都是必需的，使用 Add 方法在字典对象中新增的数据总是一组数据。如下过程可以在字典中添加一组数据，关键字 Key 为"Excel"，对应条目 Item 为"Home"。

```
#001  Sub BuildDic()
```

```
#002        Dim dicTemp As Object
#003        Set dicTemp = CreateObject("Scripting.Dictionary")
#004        dicTemp.Add "Excel", "Home"
#005        MsgBox dicTemp("Excel")
#006        Set dicTemp = Nothing
#007   End Sub
```

❖ 代码解析

第 2 行代码声明 Object 类型的对象变量。

第 3 行代码使用后期绑定方式创建字典对象。

第 4 行代码使用字典的 Add 方法为字典添加一组条目。

由于关键字 Key 具有唯一性，所以在同一个字典对象中，不能使用 Add 方法再次添加相同关键字，否则将提示运行时错误"该关键字已经与该集合的一个元素相关联"，如图 22.36 所示。

图 22.36 使用 Add 方法重复添加相同 Key 的错误提示

22.13.2 Key 属性与 Item 属性

Key 属性用于更新字典对象已有的关键字，该属性仅支持写入并不支持读取，其语法格式如下。

```
Object.Key(key) = NewKey
```

Item 属性用于读取或修改关键字对应条目，其语法格式如下。

```
Object.Item(key) [= NewItem]
```

当省略 NewItem 参数时，代码将读取关键字 Key 对应的条目。示例代码如下。

```
#001   Sub ReadKey()
#002        Dim dicTemp As Object
#003        Set dicTemp = CreateObject("Scripting.Dictionary")
#004        With dicTemp
#005            .Add "Excel", "VBA"
#006            .Key("Excel") = "Microsoft Excel"
#007            .Item("Microsoft Excel") = "Excel Home"
#008            MsgBox .Item("Microsoft Excel")
#009        End With
#010        Set dicTemp = Nothing
#011   End Sub
```

❖ 代码解析

第 3 行代码使用后期绑定方式创建字典对象。

第 5 行代码使用 Add 方法为字典对象添加一组数据。

第 6 行代码使用 Key 属性修改关键字"Excel"为"Microsoft Excel"。

第 7 行代码使用 Item 属性修改关键字"Microsoft Excel"的对应条目为"Excel Home"。

第 8 行代码使用 Item 属性读取关键字"Microsoft Excel"的对应条目。

运行 ReadKey 过程，结果如图 22.37 所示。

通过 Item 属性读取关键字对应的条目时，如果在关键字列表中没有其指定的关键字，字典将会增加一个该关键字的条目。

使用 Item 方法增加关键字为"Excel"的条目，示例代码如下。

图 22.37　ReadKey 运行结果

```
#001  Sub ItemBuild()
#002      Dim dicTemp As Object
#003      Set dicTemp = CreateObject("Scripting.Dictionary")
#004      dicTemp.Item("Excel") = "Home"
#005      MsgBox dicTemp.Item("Excel")
#006      Set dicTemp = Nothing
#007  End Sub
```

❖ 代码解析

第 4 行代码使用 Item 属性修改关键字"Excel"对应的 Item 值，但此时字典中并没有"Excel"为关键字对应的条目，因此字典对象将会增加关键字为"Excel"、对应条目为"Home"的一组数据。

22.13.3　Remove 方法和 Exists 方法

Remove 方法用于删除字典对象中的一个关键字和其对应的条目，其语法格式如下。

```
Object.Remove key
```

其中，参数 key 应指定字典对象中已经存在的关键字。

当需要清除字典对象全部关键字时，应使用 RemoveAll 方法，其语法格式如下。

```
Object.RemoveAll
```

删除关键字"Excel"对应的整条信息，示例代码如下。

```
#001  Sub RemoveDemo()
#002      Dim dicTemp As Object
#003      Dim strExists As String
#004      Set dicTemp = CreateObject("Scripting.Dictionary")
#005      With dicTemp
#006          .Add "Excel", "VBA"
#007          .Add "Word", " 域 ""
#008          .Add "PPT", " 动画 "
#009          .Remove "Excel"
#010          strExists = IIf(.Exists("Excel"), "", " 不 ") & " 存在 "
#011          MsgBox " 字典中 " & strExists & " 关键字 Excel" & _
                  Chr(10) & " 字典中含有 " & .Count & " 条数据 "
#012      End With
#013      Set dicTemp = Nothing
```

❖ 代码解析

第 5~8 行代码为字典对象添加数据。

第 9 行代码利用 Remove 方法删除字典对象中的关键字"Excel"。

第 10 行代码利用字典的 Exists 方法，判断字典对象中是否存在关键字"Excel"。该方法的返回值为 True 或 False。本例中返回结果为 False。

第 11 行代码利用 Count 属性获取字典的数据条数。

运行 RemoveDemo 过程，结果如图 22.38 所示。

图 22.38 Remove 方法

22.14 利用字典实现条件查询

示例文件中数据源如图 22.39 所示，"科目代码"与"科目名称"呈一一对应的关系。

	A	B
1	科目代码	科目名称
2	1001	库存现金
3	1002	银行存款
4	1012	其他货币资金
5	1101	交易性金融资产
6	1121	应收票据
7	1122	应收账款
8	1123	预付账款
9	1131	应收股利
10	1132	应收利息
11	1221	其他应收款
12	1231	坏账准备
13	1321	受托代销商品
14	1401	材料采购
15	1402	在途物资
16	1403	原材料
17	1404	材料成本差异

图 22.39 字典查找

如果需要根据"科目代码"查询对应的"科目名称"，示例代码如下。

```
#001  Function strLookDic(ByVal rngData As Range, ByVal rngLook As Range) As String
#002    Dim dicData As Object
#003    Dim avntList() As Variant, i As Integer
#004    Set dicData = CreateObject("Scripting.Dictionary")
#005    avntList() = Intersect(rngData, rngData.Parent.UsedRange).Value
#006    For i = 1 To UBound(avntList())
#007        dicData.Item(avntList(i, 1)) = avntList(i, 2)
#008    Next i
#009    strLookDic = dicData.Item(rngLook.Value)
#010    Set dicData = Nothing
#011  End Function
```

❖ 代码解析

第 1 行代码声明具有两个参数的自定义函数过程。rngData 参数为数据源区域，rngLook 参数为查找值。函数返回值为字符串类型。

第 2 行代码定义 Object 对象变量，用于加载字典对象。

第 4 行代码使用后期绑定方式创建字典对象，加载到变量 dicData。

第 5 行代码将用户选择的单元格区域加载到数组 avntList 中。

第 6~8 行代码使用 For 循环结构遍历数组 avntList。

第 7 行代码利用 Item 属性在字典中新增关键字。

第 9 行代码读取字典中关键字 rngLook 对应的条目，并赋值到自定义函数的返回值。

在单元格公式中调用自定义函数 strLookDic，结果如图 22.40 所示。

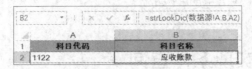

图 22.40 strLookDic 返回结果

22.15 利用字典实现分类汇总

对数据源进行分类汇总，是数据处理与分析时最常用的统计方式之一，利用字典可以快速地完成此类操作，示例文件中数据源如图 22.41 所示。

	A	B
1	编号	金额
2	EH002	1201
3	EH002	1024
4	EH001	627
5	EH003	520
6	EH004	852
7	EH001	877
8	EH004	1025
9	EH002	1174
10	EH004	1040
11	EH004	1043

图 22.41 数据源

如果需要完成"编号"字段对应金额的汇总，示例代码如下。

```
#001   Sub dicTotal()
#002       Dim dicData As Object
#003           Dim avntList() As Variant, aNum(), _
aAmount(), i As Integer
#004       Set dicData = CreateObject("Scripting.Dictionary")
#005       avntList() = Sheets("例1").Range("a1").CurrentRegion.Value
#006       With dicData
#007           For i = 2 To UBound(avntList())
#008               .Item(avntList(i, 1)) = avntList(i, 2) + _
                   .Item(avntList(i, 1))
#009           Next i
#010           Range("a2").Resize(UBound(.Keys) + 1, 1) = _
                   Application.Transpose(.Keys)
#011           Range("b2").Resize(UBound(.Keys) + 1, 1) = _
                   Application.Transpose(.Items)
#012       End With
#013       Set dicData = Nothing
#014   End Sub
```

❖ 代码解析

第 7~9 行代码使用 For 循环结构遍历数组。

第 8 行代码使用字典的 Item 属性创建关键字列表，并累加对应条目。

第 10 行代码使用字典的 Keys 方法，将字典中关键字列表写入单元格区域。

第 11 行代码使用字典的 Items 方法，将字典中关键字对应的条目写入单元格区域。

第 10 行代码中的 **Keys** 方法，可以返回一个没有重复项的一维数组，其中包含字典中所有关键字，其语法格式如下。

`Object.Keys`

字典的 **Items** 方法，可以返回一维数组，数组中包含字典对象中所有关键字所对应的条目，其语法格式如下。

`Object.Items`

运行 dicTotal 过程，结果如图 22.42 所示。

	A	B
1	编号	金额
2	EH002	13362
3	EH001	5111
4	EH003	5230
5	EH004	6535

图 22.42　分类汇总

22.16　利用字典制作二级下拉菜单

字典的 Item 条目可以保存多种类型的数据或对象，如果为 Item 条目添加一个新的字典对象，那么在引用关键字的 Item 条目时，将返回一个字典对象。

示例文件数据源如图 22.43 所示。

	A	B	C
1	省份	市级	县、县级市、区…
2	北京市	北京市	东城区
3	北京市	北京市	西城区
4	北京市	北京市	崇文区
5	北京市	北京市	宣武区
6	北京市	北京市	朝阳区
7	北京市	北京市	丰台区
8	北京市	北京市	石景山区
9	北京市	北京市	海淀区
10	北京市	北京市	门头沟区
11	北京市	北京市	房山区
12	北京市	北京市	通州区
13	北京市	北京市	顺义区
14	北京市	北京市	昌平区
15	北京市	北京市	大兴区

图 22.43　二级菜单数据源

按照如下具体步骤操作，将根据数据源创建二级下拉菜单

步骤① 按 <Alt+F11> 组合键打开 VBE 窗口，选择【插入】→【用户窗体】选项。

步骤② 在用户窗体上添加两个 ComboBox 控件。

步骤③ 在用户窗体上添加两个 Label 控件，分别修改其 Caption 属性为"省"和"市"，如图 22.44 所示。

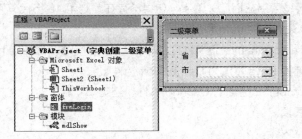

图 22.44　创建用户窗体

双击用户窗体，在【代码窗口】中添加如下代码。

```
#001    Dim mdicData As Object
#002    Dim mdicTemp As Object
#003    Private Sub UserForm_Initialize()
#004        Dim i As Integer
#005        Dim strFirst As String, strSecond As String
#006        Dim avntList() As Variant
#007        avntList() = Range("a1").CurrentRegion.Value
#008        Set mdicData = CreateObject("Scripting.Dictionary")
#009        With mdicData
#010            For i = 2 To UBound(avntList())
#011                strFirst = avntList(i, 1)
#012                strSecond = avntList(i, 2)
#013                If Not .Exists(strFirst) Then
#014                    Set mdicTemp = _
                           CreateObject("Scripting.Dictionary")
#015                    Set .Item(strFirst) = mdicTemp
#016                End If
#017                .Item(strFirst).Item(strSecond) = ""
#018            Next i
#019        End With
#020        cmbFirst.List = mdicData.keys
#021    End Sub
#022    Private Sub cmbFirst_Change()
#023        cmbSecond.Clear
#024        cmbSecond.List = mdicData(cmbFirst.Value).keys
#025    End Sub
```

❖ 代码解析

第 1 行和第 2 行代码声明模块级变量，用于加载字典对象。

第 3~21 行代码是用户窗体的初始化事件，用于加载一级类目列表项。

第 8 行代码使用后期绑定方式创建字典对象，并加载到变量 mdicData。

第 10~18 行代码使用 For 循环结构遍历数组 avntList。

第 13 行代码利用字典的 Exists 方法，判断在字典中是否存在指定关键字。

第 14 行代码使用后期绑定的方式创建字典对象，并加载到变量 mdicTemp。

第 13~16 行代码判断是否存在指定关键字，如果不存在，则第 15 行代码为字典创建该关键字，并将字典 mdicTemp 作为该关键字的 Item 条目。

第 17 行代码为字典 mdicData 的关键字对应的条目，也就是字典 mdicTemp 创建的关键字条目。

第 20 行代码利用字典的 Keys 方法为 ComboBox 控件赋值。

第 22~25 行代码为 cmbFirst 控件的 Change 事件，当选择"省"时，为二级类目"市"，也就是 cmbSecond 控件加载列表项。

第 23 行代码清空控件内容。

第 24 行代码调用字典 mdicData 中关键字所对应的字典对象，并将该字典的 Keys 方法得到的数据，加载到 cmbSecond 控件中。

运行示例代码，结果如图 22.45 所示。

图 22.45 二级菜单

22.17 利用字典与数组实现多条件查询

多条件查询并返回多列数据，是在数据查询时经常会使用的功能，利用字典与数组结合，能够高效地实现此功能。示例文件中数据源如图 22.46 所示。

	A	B	C	D	E
1	款号	编号	工艺	数量	报价
2	15240703	EM000135	绣花	109	65.56
3	15240703	PT124002A	厚板	139	61.28
4	15240703	EM124002	绣花	144	54.45
5	15240703	Z1013	烫画主唛	139	73.74
6	15241701	PT124006	匹印	143	40.51
7	15241701	EMKG005	绣花	147	52.29
8	15241701	EM124003	包边绣	139	47.62
9	15241702	PT124005	镭射色丁布	131	39.54
10	15241702	EM000135	绣花	133	62.35
11	15241702	EM124003	包边绣	124	29.94
12	15241703	PT124013	平浆	138	74.28

图 22.46 多条件查询数据源

现需要根据款号、编号两个条件，查询工艺、数量、报价信息，示例代码如下。

```
#001  Function strDicLook(ByVal rngRegion As Range _
                     , ByVal rngConditionO As Range _
                     , ByVal rngConditionT As Range _
                     , ByVal intColumn As Integer) As String
#002      Dim dicData As Object, avntList() As Variant
#003      Dim i As Integer
#004      Set dicData = CreateObject("scripting.dictionary")
#005      avntList = Intersect(rngRegion, _
              rngRegion.Parent.UsedRange).Value
#006      For i = 1 To UBound(avntList)
#007          dicData(avntList(i, 1) & avntList(i, 2)) = _
              Array(avntList(i, 1), _
                  avntList(i, 2), _
                  avntList(i, 3), _
                  avntList(i, 4), _
```

```
                          avntList(i, 5))
#008          Next i
#009          strDicLook = dicData(rngConditionO & _
                 rngConditionT)(intColumn - 1)
#010   End Function
```

❖ 代码解析

第 1 行代码声明 4 个参数的自定义函数，其返回值为字符串类型。第 1 个参数指定查询的数据源区域，第 2 个参数和第 3 个参数分别指定查询的条件，第 4 个参数指定查询结果在数据源中的列数。

第 7 行代码将数组中前两列的数据合并作为字典的关键字，并将由 Array 函数创建的 3 个元素的一维数组写入该关键字对应的 Item 条目。

第 9 行代码读取该关键字对应的 Item 条目中的数组，并获取数组中指定位置的元素。

由于数组不能根据指定的关键字直接检索数据，所以先在字典的 Item 中保存数组，再利用字典的关键字来查询对应的数据，这样可以极大地提升查询效率。

在单元格公式中使用 strDicLook 函数，结果如图 22.47 所示。

图 22.47　数组字典结合高效查询

第七篇

代码调试与优化

在开发 Excel VBA 程序时，无论规划得多么细致周到，开发过程中仍然会遇到或多或少的问题或错误。非常幸运的是，Visual Basic 编辑器（简称为 VBE）中提供了一套方便的调试工具，使得开发者能够简单、快捷地追踪代码中的问题，定位发生错误的原因，捕获错误并使用错误处理技术解决问题，最终使代码正常运行。此外，值得注意的是，Excel VBA 通常可以通过多种不同的方法完成相同的任务，其代码的运行效率却可能截然不同。

本篇介绍 Excel VBA 代码调试和错误处理的技巧，以及一些有效的代码优化技术。通过学习这些技巧，能够帮助读者掌握常用的代码调试方法和错误处理技术，加以运用代码优化技巧，从而编写出更健壮、更高效的代码。

第 23 章　代码调试

据有关调查，相当比例的程序员将一半的程序开发时间用于代码调试，由此可见代码调试在程序开发中的重要性。Excel 中的 Visual Basic 编辑器提供了丰富的调试工具，如【立即窗口】【本地窗口】【监视窗口】和断点调试等。

VBA 代码中的错误一般可以分为如下 3 类。

（1）编译错误：该类错误是由不正确的代码产生的，如使用了错误的关键字，或者使用了 If…Then 语句，但没有与之对应的 End If 语句等。此类错误在 VBE 中编译代码时，将被系统检测到并给出相应的错误提示信息（提示消息框和错误代码行高亮显示）。

（2）运行时错误：当代码试图运行不可能完成的操作时，会产生运行时错误，如重命名已经打开的文本文件、被除数为零等。

（3）逻辑错误：当程序代码语法完全正确，运行中也没有不正当的操作时，却没有出现预计的结果。

代码调试主要针对后两种错误，即运行时错误和逻辑错误。

23.1　断点调试

在 Visual Basic 编辑器中选择【视图】→【工具栏】→【调试】选项，将显示如图 23.1 所示的【调试】工具栏。

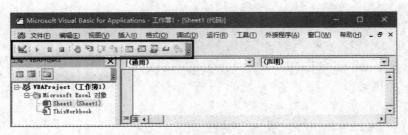

图 23.1　Visual Basic 编辑器及【调试】工具栏

【调试】工具栏中的按钮名称如表 23.1 所示。

表 23.1　【调试】工具栏按钮名称

按钮图标	按钮名称	按钮图标	按钮名称
	设计模式		跳出
	运行子过程 / 用户窗体		本地窗口
	中断		立即窗口
	重新设置		监视窗口

按钮图标	按钮名称	按钮图标	按钮名称
	切换断点		快速监视
	逐语句		调用堆栈
	逐过程		

23.1.1　程序状态

VBE 开发代码时有 3 种状态：设计时、运行时和中断模式。

（1）设计时（Design Time）是指用户创建程序的过程。在此状态下可以设计窗体、插入控件、编写代码、使用【属性】窗口设置或查看属性值。此时不可以运行代码或使用调试工具，但可以设置断点或创建监视表达式。

（2）运行时（Run Time）是指程序代码运行过程中。在此状态下可以查看代码和使用调试工具，但是不能编辑代码。

（3）中断模式（Break Mode）是指暂停运行程序。在此状态下可以编辑代码、修改数据、结束或继续运行程序。程序进入中断模式后将停留在第 1 个可以运行的语句代码行之上（高亮黄色标注此代码行）。

➲ I　设计时切换到运行时

方法 1：单击【调试】工具栏上的【运行子过程 / 用户窗体】按钮 ▶ 。

方法 2：依次单击 VBE 菜单【运行】→【运行子过程 / 用户窗体】按钮。

方法 3：按 <F5> 键。

➲ II　设计时切换到中断模式

方法 1：单击【调试】工具栏上的【逐语句】按钮 ⧉ 。

方法 2：依次单击 VBE 菜单【调试】→【逐语句】或【运行到光标处】按钮。

方法 3：按 <F8> 键或 <Ctrl+F8> 组合键。

➲ III　运行时切换到设计时

方法 1：单击【调试】工具栏上的【重新设置】按钮 ▪ 。

方法 2：依次单击 VBE 菜单【运行】→【重新设置】按钮。

➲ IV　运行时切换到中断模式

方法 1：单击【调试】工具栏上的【中断】按钮 ▪ 。

方法 2：依次单击 VBE 菜单【运行】→【中断】按钮。

方法 3：按 <Ctrl+Break> 组合键。

➲ V　中断模式切换到设计时

方法 1：单击【调试】工具栏上的【重新设置】按钮 ▪ 。

方法 2：依次单击 VBE 菜单【运行】→【重新设置】按钮。

➲ VI　中断模式切换到运行时

方法 1：单击【调试】工具栏上的【继续】按钮 ▶ （在中断模式下，原来的【运行子过程 / 用户窗体】按钮将变成【继续】按钮）。

方法 2：按 <F5> 键。

23.1.2　异常运行状态

VBE 中的"错误捕获"设置决定出现 VBA 代码运行时错误后，为用户提供哪种形式的错误提示信息。在 VBE 菜单选择【工具】→【选项】选项，在弹出的【选项】对话框中选择【通用】选项卡，在【错误捕获】选项区域中选中【发生错误则中断】单选按钮，单击【确定】按钮，如图 23.2 所示。

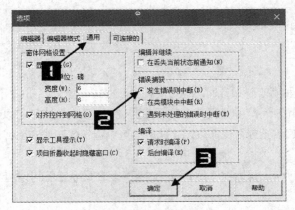

图 23.2　错误捕获选项

运行 VBA 代码时如果出现错误，将弹出错误提示对话框，如图 23.3 所示。此时单击【调试】按钮将打开 Visual Basic 编辑器进入中断模式，在【代码窗口】中出错的语句行将处于高亮显示状态。

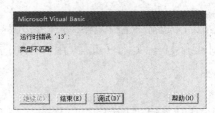

图 23.3　错误提示对话框

如果在图 23.2 中选中【遇到未处理的错误时中断】单选按钮，运行 VBA 代码时如果出现错误，将弹出错误提示对话框，如图 23.4 所示。此时单击【确定】按钮将关闭消息框终止程序运行，并无法打开 Visual Basic 编辑器。

图 23.4　遇到未处理的错误时中断

当程序出现长时间运行无法正常结束（死循环或其他异常）时，可以按 <Ctrl+Pause> 组合键暂停程序运行进入中断状态。

> 如果确信代码中没有死循环或无法自行结束的代码，使用如下代码可以禁止用户按
> <Ctrl+Pause>组合键中断程序运行。
>
> ```
> Application.EnableCancelKey = xlDisabled
> ```

注意

23.1.3　设置断点

断点就是在程序中设置代码暂时停止运行的位置，设置断点是代码调试的一个重要方法。设置断点后，当代码运行到断点所在的语句时，程序便进入中断模式，【代码窗口】中将显示断点所在的模块，并高亮显示断点代码行，如图 23.5 所示。此时在【立即窗口】和【本地窗口】中可以查看变量及对象的属性值。

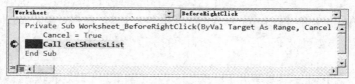

图 23.5　断点中断状态

在 VBE 中设置断点的方法如下。

方法 1：将鼠标指针悬停在【代码窗口】左侧灰色区域内时，鼠标指针将显示为指向左上方的箭头，此时单击即可设置该代码行为断点，如图 23.6 所示。

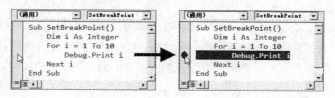

图 23.6　添加断点

方法 2：在指定代码行中任意位置单击，进入编辑状态，此时鼠标指针显示为 I 状态，然后按 <F9> 键或依次单击 VBE 菜单【调试】→【切换断点】按钮，即可设置指定代码行为断点。

23.1.4　清除断点

在 VBE 中清除断点的方法如下。

方法 1：单击【代码窗口】左侧灰色区域的断点标识●。

方法 2：在指定代码行中任意位置单击，进入编辑状态，此时鼠标指针显示为 I 状态，然后按 <F9> 键或依次单击 VBE 菜单【调试】→【切换断点】按钮。

如果需要清除所有的断点，可以按 <Ctrl+Shift+F9> 组合键，或者依次单击 VBE 菜单【调试】→【清除所有断点】按钮。

23.1.5　Stop 语句设置断点

Stop 语句可以暂停程序的运行。在代码中使用 Stop 语句相当于设置断点，程序运行到 Stop 语句将自动进入中断模式，如图 23.7 所示。

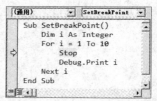

图 23.7　Stop 语句中断状态

23.1.6 单步调试

在代码调试过程中，如果无法确定错误发生在哪一句代码上，则可以使用单步调试来定位发生错误的代码的准确位置。单步调试看似比较费时费力，但这是最行之有效的调试方法之一。通过逐步地排查错误，可以准确地定位问题之所在。熟练地掌握断点设置和单步调试技术后，将极大地提高代码开发效率。

在 Visual Basic 编辑器中进行单步调试的方法如下。

◯ I "逐语句"调试

单击【调试】工具栏上的【逐语句】按钮或按 <F8> 键，也可以依次单击 VBE 菜单【调试】→【逐语句】按钮，进行"逐语句"调试。

"逐语句"调试每次运行一个代码语句。使用手工断行的多行代码（即在代码行末使用"_"作为续行标识）虽然在【代码窗口】中显示为多行，但是运行代码时仍被视为"一个代码语句"。

按 <F8> 键，VBA 将运行当前语句，然后高亮显示下一个语句并进入中断模式。被高亮显示的语句可以是在同一个过程中，也可以属于另外一个被调用的子过程或函数。

> **注意** Visual Basic 编辑器为某些操作同时提供了菜单、工具栏和功能键3种方式，用户可以根据各自的使用习惯选择其中之一来完成相关操作。

◯ II "逐过程"调试

单击【调试】工具栏上的【逐过程】按钮或按 <Shift+F8> 组合键，也可以依次单击 VBE 菜单【调试】→【逐过程】按钮，进行"逐过程"调试。

在单步调试中如果当前语句包含对子过程或函数的调用，"逐语句"方式将进入被调用的子过程或函数中逐句运行。而"逐过程"方法将被调用的子过程或函数作为一个整体来运行（被调用的子过程或函数中有断点或 Stop 语句时除外），然后高亮显示当前过程中的下一个语句并进入中断模式。如果不需要分析被调用的子过程或函数代码，则应使用"逐过程"调试。

◯ III "跳出"调试

当单步调试进入被调用的子过程或函数后，如果不再需要继续分析此过程中的后续代码，则可以单击【调试】工具栏上的【跳出】按钮或按 <Ctrl+Shift+F8> 组合键，也可以依次单击 VBE 菜单【调试】→【跳出】按钮，运行剩余代码至子过程或函数的结束处，并在调用此子过程或函数的语句之后进入中断模式。

◯ IV "运行到光标处"调试

在【代码窗口】中将鼠标指针定位在代码过程中任意可运行的代码行，然后依次单击 VBE 菜单【调试】→【运行到光标处】按钮，或者按 <Ctrl+F8> 组合键，即可运行代码至鼠标指针所在的代码行暂停，并进入中断模式，此时高亮显示的代码行尚未被运行。

如果【代码窗口】中处于编辑状态的代码行不可运行（如变量声明语句），此时按 <Ctrl+F8> 组合键将弹出提示消息框，如图 23.8 所示。

图 23.8 代码行不可执行

23.2　使用 Debug 对象

Debug 对象是代码调试中非常重要的工具，也可以说是 VBE 中调试工具的基石。Debug 对象有两个方法：Print 方法和 Assert 方法。

23.2.1　Print 方法

Debug 对象的 Print 方法可以在不暂停程序运行的情况下监控某个变量在代码运行过程中的变化，将结果输出到【立即窗口】中，示例代码如下。

```
#001   Sub DebugDemo()
#002       Dim blnVar As Boolean
#003       Dim dteVar As Date
#004       Dim vntVar As Variant
#005       Debug.Print blnVar
#006       dteVar = Now
#007       Debug.Print
#008       Debug.Print dteVar
#009       vntVar = Null
#010       Debug.Print vntVar
#011       vntVar = Empty
#012       Debug.Print vntVar
#013       Set vntVar = ActiveCell
#014       Debug.Print vntVar.Address
#015   End Sub
```

❖ 代码解析

DebugDemo 过程使用 Debug 对象的 Print 方法在【立即窗口】打印不同类型的数据。

第 5 行代码打印 Boolean 类型变量，其结果为 True 或 False。由于在代码过程中，没有为变量 blnVar 赋值，所以将打印其默认值 False。

第 7 行代码使用不带参数的 Print 方法打印一个空白行。

第 8 行代码打印 Date 类型变量。

第 10 行代码中 Print 方法的参数是值为 Null 的变量，【立即窗口】中输出结果为"Null"。

第 12 行 代 码 中 Print 方 法 的 参 数 是 值 为 Empty 的变量，【立即窗口】中输出结果为一个空白行。

第 14 行代码使用 Print 方法打印对象变量 vntVar 的 Address 属性值。

运行 DebugDemo 过程，结果如图 23.9 所示。

在 Excel 界面中运行 VBA 代码时将无法看到 Debug.Print 语句的打印结果，只有打开 Visual

图 23.9　Debug.Print 语句在【立即窗口】打印内容

Basic 编辑器才能在【立即窗口】中查看结果。基于 Print 方法的这个特性，发布 VBA 应用程序时，并不需要清除代码中 Debug.Print 调试语句。

23.2.2　Assert 方法

Assert 语句可以用于判断某个条件是否成立，如果参数逻辑表达式不成立，那么程序将在该语句暂停并进入中断模式。与 Print 方法类似，Assert 方法仅在 Visual Basic 编辑器中有效。

Assert 语句的用法与 If 语句类似，二者的不同之处在于 If 语句无法暂停程序的运行。示例代码如下。

```
#001   Function AssertDemo(intNumerator As Integer, _
              intDenominator As Integer) As Double
#002       Debug.Assert intDenominator <> 0
#003       If intDenominator <> 0 Then
#004           AssertDemo = intNumerator / intDenominator
#005       End If
#006   End Function
#007   Sub DemoMain()
#008       MsgBox AssertDemo(88, 2)
#009       MsgBox AssertDemo(88, 0)
#010   End Sub
```

❖ 代码解析

DemoMain 过程使用 MsgBox 函数显示调用自定义函数 AssertDemo 的返回值。

第 1~6 行代码为自定义函数 AssertDemo。其中，第 2 行代码使用 Debug 对象的 Assert 方法判断除数变量 intDenominator 是否为 0。如果变量等于 0，程序代码将进入中断模式，如图 23.10 所示。

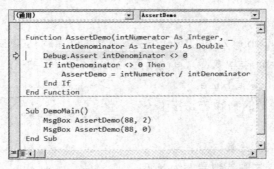

图 23.10　Assert 方法的中断模式

23.3　使用【立即窗口】

默认情况下【立即窗口】显示在 Visual Basic 编辑器中【代码窗口】的下方，用户可以根据需要调整窗口的大小及位置，也可以隐藏【立即窗口】。在 Visual Basic 编辑器中单击【视图】→【立即窗口】按钮，或者按 <Ctrl+G> 组合键可以打开【立即窗口】。

【立即窗口】最常用的功能就是打印当前过程中某个变量或表达式的值，打印指令是关键字"Print"或"?"，后者只能用于【立即窗口】中。除此之外，在【立即窗口】中也可以直接修改变量的值。

注意　　　　【立即窗口】中的输出结果为滚动覆盖方式，如果超过200行，则只显示最后200行的打印内容。

在【立即窗口】中输入"?3.14*5*5"后按 <Enter> 键，将在下一行打印计算结果，如图 23.11 所示。

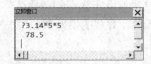

图 23.11　【立即窗口】中的命令行

在【立即窗口】中可以查询指定变量的值，示例代码如下。

```
#001    Sub ImmWinDemo()
#002        Dim wksSht As Worksheet
#003        Dim strName As String
#004        For Each wksSht In Worksheets
#005            If strName = "" Then
#006                strName = wksSht.Name
#007            Else
#008                strName = strName & vbCrLf & wksSht.Name
#009            End If
#010        Next wksSht
#011        MsgBox strName
#012    End Sub
```

❖ 代码解析

ImmWinDemo 过程使用 For 循环结构遍历 Worksheets 集合中的所有对象，然后使用 MsgBox 函数显示所有 Worksheet 对象的名称。

第 5 行代码使用 If 语句判断 strName 变量的值，如果为空字符串（此时循环变量为第 1 个 Worksheet 对象），则在第 6 行代码中将 Worksheet 对象的名称赋值给 strName 变量；否则在第 8 行代码中使用连接符将换行符（vbCrLf）和 Worksheet 对象的名称连接到 strName 变量字符串的尾部。

打开示例文件，按照如下具体步骤操作。

步骤① 使用"逐语句"方式运行至第 5 行代码。

步骤② 在【立即窗口】中输入"?worksheets. Count"并按 <Enter> 键，将在下一行打印当前工作簿中工作表总数。

步骤③ 在【立即窗口】中输入"?wksSht. name"并按 <Enter> 键，将在下一行打印出循环变量所代表工作表的名称"DEMO"，如图 23.12 所示。

图 23.12　中断模式下使用【立即窗口】进行查询

在【立即窗口】中也可以调用自定义函数，并打印出函数的返回值。对于 23.2 节中的自定义函数 AssertTest，在【立即窗口】中输入"?AssertDemo(88,8)"并按 <Enter> 键，将在下一行打印函数返回值结果，如图 23.13 所示。

在【立即窗口】中直接运行 VBA 语句时，不需要在代码语句之前使用打印指令简写符号"?"。例如，单步调试中当遇到循环次数很多的代码时，可以使用此方法手工改变循环计数器的值而跳过部分循环过程，示例代码如下。

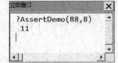

图 23.13　在【立即窗口】中调用自定义函数

```
#001    Sub Demo2()
#002        Dim intVar As Integer
#003        For intVar = 1 To 100
#004            Debug.Print intVar * intVar
#005        Next intVar
#006    End Sub
```

逐句运行代码至变量 intVar 的值为 2，第 4 行代码中 Debug.Print 语句将在【立即窗口】中分别打印出 1 和 4，此时在【本地窗口】中可以查看变量 intVar 的值为 2，如图 23.14 所示。

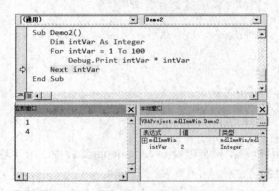

图 23.14　逐句运行代码

在【立即窗口】新的一行中输入"intVar=88"并按 <Enter> 键，此时可以看到【本地窗口】中变量 intVar 的值变为 88，如图 23.15 所示。

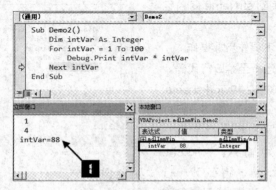

图 23.15　在【立即窗口】中更改变量值

继续逐句运行至下一个循环，变量 intVar 的值将递增为 89，此时【立即窗口】打印的结果为变量当前值的平方 7921，如图 23.16 所示。

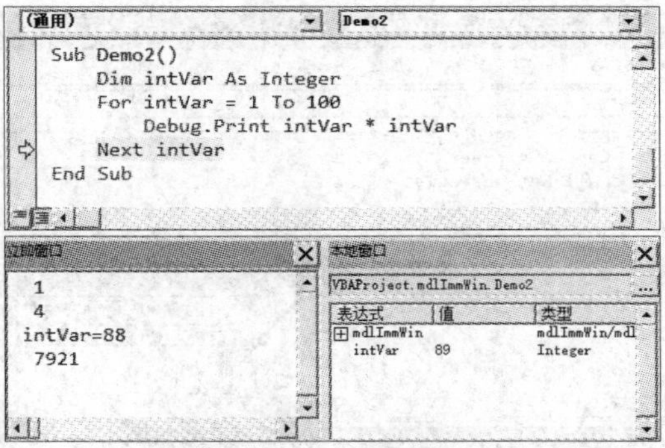

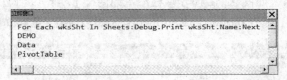

图 23.16　在【立即窗口】中的输出结果

除了在【立即窗口】中查看和修改变量值外，也可以运行多句代码。需要注意的是，在【立即窗口】中只能运行一行代码，因此多个语句之间必须使用"："连接而组成一行代码。

例如，在【立即窗口】中输入如下代码。

```
For Each wksSht In Sheets:Debug.Print wksSht.Name:Next
```

然后按 <Enter> 键，将在【立即窗口】打印当前工作簿中全部工作表名称，如图 23.17 所示。

图 23.17　在【立即窗口】中运行多句代码

23.4　使用【本地窗口】

在 Visual Basic 编辑器中单击【视图】→【本地窗口】按钮将打开相应的对话框。【本地窗口】只显示当前过程中变量或对象的值，当程序从某个过程跳转到另一个过程时，【本地窗口】的内容也会相应地发生改变。单步调试代码时，在中断状态下使用【本地窗口】可以非常方便地查看当前过程的所有变量和对象的状态及属性。

【本地窗口】中的内容分为 3 列：第 1 列是表达式，表示变量或对象名；第 2 列是变量或对象属性的值；第 3 列是变量或对象类型。

【本地窗口】中第 1 个对象 Me 指的是工作表对象"Sheet1（DEMO）"，变量 Cancel 和对象变量 Target 是当前过程中的局部变量。在第 1 列中，每个对象名称的前面都有一个"＋"号，单击该符号或双击对象名称将展开显示对象的属性和成员列表，并且"＋"号变成"-"号，此时单击对象名称前面的"-"号或再次双击对象名称可以折叠显示，如图 23.18 所示。

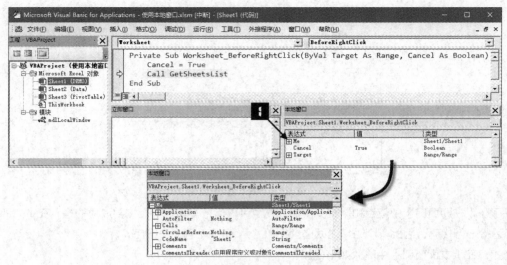

图 23.18 【本地窗口】中的内容

继续运行示例代码，调用过程 GetSheetsList 进入标准模块，此时【本地窗口】中只显示标准模块中相关对象和变量，如图 23.19 所示。在【本地窗口】中可以看出变量 wksSht 是当前过程 GetSheetsList 的局部变量；展开 mdlLocalWindow 可以查看模块级变量 mstrName 的值。

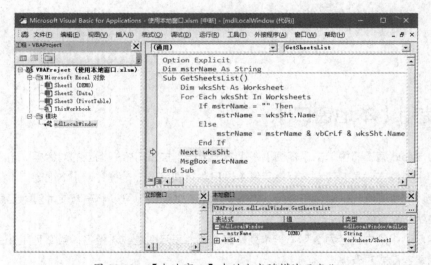

图 23.19 【本地窗口】中的内容随模块而变化

【本地窗口】是代码调试中十分有效的查看工具，尤其如果需要查询数组或变量的值时，【本地窗口】比【立即窗口】更方便直观。

23.5 使用【监视窗口】

【本地窗口】能够在中断状态时查看变量的当前值，而【监视窗口】则提供了更加灵活的功能。针对指定变量或对象可以设置特定的监视类型及条件，当监视条件被触发时，程序将暂停运行而进入中断状态。

在单步调试时可以使用【监视窗口】显示指定的变量、对象或表达式随着程序的运行而变化的值。在 Visual Basic 编辑器中单击【视图】→【监视窗口】按钮将打开【监视窗口】，如图 23.20 所示。

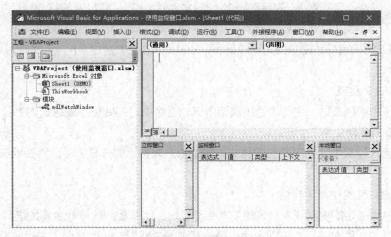

图 23.20　VBE 中的【监视窗口】

VBE 的【调试】菜单中包含 3 个与监视相关的命令，分别是【添加监视】【编辑监视】和【删除监视】，在【监视窗口】中右击，在弹出的快捷菜单中也提供了这 3 个命令，如图 23.21 所示。

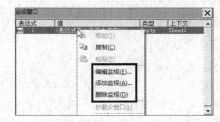

图 23.21　【监视窗口】中的右键快捷菜单

23.5.1　添加监视

在【代码窗口】的代码编辑区域中，选中变量 blnFlag，在高亮代码上右击，在弹出的快捷菜单中选择【添加监视】命令将弹出【添加监视】对话框，变量名称自动填写在【表达式】文本框中，如图 23.22 所示。

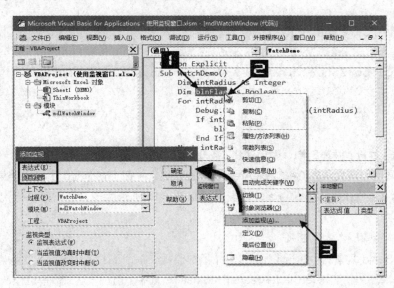

图 23.22　添加监视

【添加监视】窗口由如下 3 个部分组成。

第 1 部分是【表达式】文本框，默认显示在代码过程中被选中的变量名称（如 blnFlag）。如果用户在添加监视时没有选中任何变量，则可在【表达式】文本框中输入需要监视的变量名称或表达式字符串。

第 2 部分是【上下文】，即需要监视的变量所在的过程及该过程所在的模块。

第 3 部分是【监视类型】，用于指定监视类型，分别为【监视表达式】【当监视值为真时中断】和【当监视值改变时中断】。

⊃ Ⅰ 【监视表达式】类型

程序代码处于中断模式时，使用【监视窗口】可以查看指定的变量或表达式的值。

⊃ Ⅱ 【当监视值为真时中断】类型

在程序代码运行过程中，当指定的表达式（或变量）为真（或非零）时，将在相应代码处暂停而进入中断模式。

⊃ Ⅲ 【当监视值改变时中断】类型

在程序运行中当指定的变量或表达式的值发生改变时，将在相应代码处暂停而进入中断模式。

使用断点调试时，每次都只能在固定代码行位置进入中断模式，而使用【监视窗口】调试可以在满足监视条件（如"当监视值为真时中断"和"当监视值改变时中断"）时进入中断模式。当无法确定程序代码逻辑错误何时发生时，【监视窗口】将是最有效的调试工具，而不再需要逐句调试来定位可能出现错误的代码行。

示例代码如下。

```
#001  Sub WatchDemo()
#002      Dim intRadius As Integer
#003      Dim blnFlag As Boolean
#004      For intRadius = 1 To 10
#005          Debug.Print GetCircleArea(intRadius)
#006          If intRadius > 7 Then
#007              blnFlag = True
#008          End If
#009      Next intRadius
#010  End Sub
#011  Function GetCircleArea(ByVal intRadius As Integer) As Double
#012      GetCircleArea = intRadius ^ 2 * 3.14
#013  End Function
```

❖ 代码解析

第 4~9 行代码为 For 循环结构，循环变量 1~10 以步长为 1 递增。

第 5 行代码调用自定义函数 GetCircleArea 计算圆面积，并在【立即窗口】打印结果。

变量 blnFlag 的初始值为默认值 False，当循环变量 intRadius 大于 7 时，第 7 行代码将 blnFlag 变量值修改为 True。

按照如下具体步骤操作添加监视。

步骤① 在 Visual Basic 编辑器中执行【调试】→【添加监视】命令，在弹出的【添加监视】对话框的【表达式】文本框中输入"GetCircleArea(intRadius)"，选中【监视表达式】单选按钮，然后单击【确定】按钮关闭对话框。该监视条件用于监视自定义函数 GetCircleArea 的返回值，如图 23.23 所示。

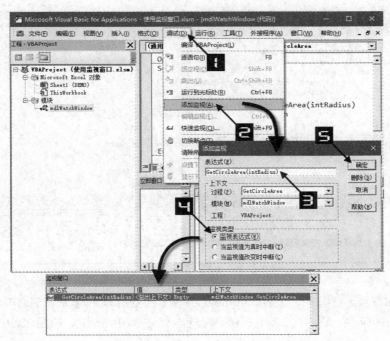

图 23.23　添加监视表达式

步骤② 使用类似操作，在【添加监视】对话框的【表达式】文本框中输入"intRadius"，选中【监视表达式】
单选按钮，然后单击【确定】按钮关闭对话框。该监视条件用于监视 intRadius 的值。

步骤③ 使用类似操作，在【添加监视】对话框的【表达式】文本框中输入"intRadius = 5"，选中【当
监视值为真时中断】单选按钮，单击【确定】按钮关闭对话框。该监视条件在程序运行到循环计
数器 intRadius 等于 5（即"intRadius = 5"表达式为真）时被触发，程序暂停运行而进入中断模式。

步骤④ 使用类似操作，在【添加监视】对话框的【表达式】文本框中输入"blnFlag"，选中【当监视
值改变时中断】单选按钮，单击【确定】按钮关闭对话框。该监视条件在变量 blnFlag 的值发生
改变时被触发，程序暂停运行而进入中断模式。

设置完成后的【监视窗口】如图 23.24 所示。

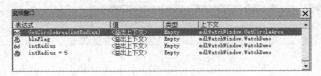

图 23.24　【监视窗口】中的监视条件

步骤⑤ 在 Visual Basic 编辑器中按 <F5> 键运行 WatchDemo 过程，程序将在第 5 行代码处暂停运行而
进入中断模式。在【监视窗口】中可以看到表达式"intRadius = 5"的值为 True，被触发的监
视项目为高亮显示状态（【监视窗口】中蓝色标识），如图 23.25 所示。

23章

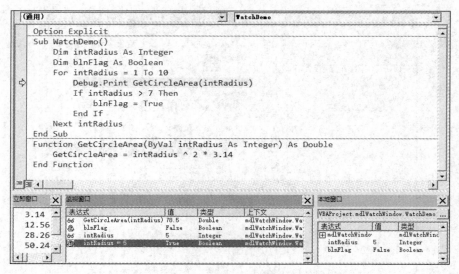

图 23.25　当监视条件为真时进入中断模式

步骤⑥ 按 <F5> 键继续运行程序，当变量 intRadius 等于 8 时变量 blnFlag 被赋值为 True，此变化触发了第 2 个监视条件，程序将在第 8 行代码暂停运行而进入中断模式，如图 23.26 所示。

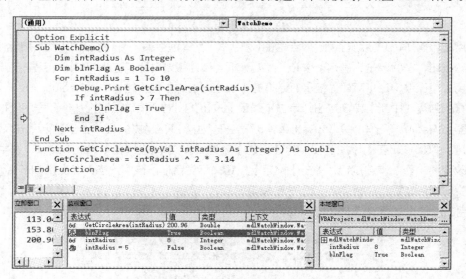

图 23.26　当变量值改变时进入中断模式

此时在【监视窗口】中也可以查看表达式"GetCircleArea(intRadius)"的值为 200.96。

23.5.2　编辑监视

在【监视窗口】中选择需要编辑的监视项目，然后按 <Ctrl+W> 组合键或执行【调试】→【编辑监视】命令，弹出【编辑监视】对话框；也可以在相应监视项目上右击，在弹出的快捷菜单中选择【编辑监视】命令。【编辑监视】对话框如图 23.27 所示。

图 23.27　【编辑监视】对话框

【编辑监视】对话框与【添加监视】对话框十分类似，修改完毕单击【确定】按钮保存修改即可。

23.5.3　删除监视

如果需要删除指定的监视项目，可以在【监视窗口】中选中相应的监视项目，然后按 <Delete> 键，或者在该项目上右击，在弹出的快捷菜单中选择【删除监视】命令即可。

第 24 章　错误处理

无论程序员如何认真地编写代码，在程序运行时仍然有可能发生意想不到的事情。例如，在操作文件时，文件已经被删除或正在被其他的程序使用。这些意外情况都可能产生运行时错误而中断程序的运行或产生错误的结果。因此，在程序中需要使用相应的错误处理代码进行必要的容错处理。使用错误处理代码可以实现对预知错误进行适当的处理，从而无须中断用户的操作；而对于无法预见的错误，则可以给出友好的错误提示，并适时地释放系统资源，然后退出程序。

24.1　捕捉错误

当发生运行时错误而程序中没有相应的错误处理代码时，Excel 将弹出默认的错误提示对话框，并暂停程序的运行，这样的交互方式不够友好。例如，当计算机中不存在驱动器 Z 时，运行代码 ChDrive "Z"，将弹出"设备不可用"的运行时错误提示，如图 24.1 所示。

图 24.1　"设备不可用"错误提示

使用 On Error 语句可以在运行发生错误时，由指定的 VBA 代码来处理，而不再简单地显示默认的错误提示对话框。On Error 语句可以用于设置错误陷阱，在发生错误时跳转到程序过程中指定的代码来进行相应处理，使用 On Error 语句也可以设置为忽略运行错误，其语法格式如下。

```
On Error GoTo line|Resume Next|GoTo 0
```

On Error GoTo line 语句设定发生错误时，跳转到指定的错误处理程序入口，其中参数 line 代表代码行标签或行号，必须和 On Error 语句在同一个过程中。

ErrTrapDemo1 过程中第 2 行代码指定在发生错误时跳转至行标签为 ErrHandler 的错误处理程序如下（即第 5 行代码），行标签代码行需以"："结尾。

```
#001   Sub ErrTrapDemo1()
#002       On Error GoTo ErrHandler
#003       ChDrive "Z"
#004       Exit Sub
#005   ErrHandler:
#006       MsgBox "程序发生错误，请通知技术支持人员 " & vbCrLf & _
               "错误编号：" & Err.Number & "," & Err.Description, _
               vbInformation, "错误提示 "
#007       Err.Clear
#008   End Sub
```

ErrTrapDemo2 过程中第 2 行代码指定在发生错误时跳转至行号为 100 的代码行（即第 5 行代码）。

```
#001  Sub ErrTrapDemo2()
#002      On Error GoTo 100
#003      ChDrive "Z"
#004      Exit Sub
#005  100  MsgBox "程序发生错误，请通知技术支持人员 " & vbCrLf & _
               "错误编号:" & Err.Number & "," & Err.Description, _
               vbInformation, "错误提示 "
#006      Err.Clear
#007  End Sub
```

如果计算机中不存在驱动器 Z 时，运行示例代码，将弹出友好提示消息框，如图 24.2 所示。

图 24.2　友好错误提示消息框

如果代码中使用了 On Error Resume Next 语句，那么程序运行发生错误时，将继续运行发生错误的语句之后的代码。On Error Resume Next 语句一般用于用户事先评估不重要的代码过程中，即可以忽略发生的错误或该错误对后面的程序没有重大影响。运行 ErrTrapDemo3 过程，即使计算机中不存在驱动器 Z，也不会给出任何错误提示。

```
#001  Sub ErrTrapDemo3()
#002      On Error Resume Next
#003      ChDrive "Z"
#004      ' 后续操作
#005  End Sub
```

在使用 On Error Resume Next 语句的过程中，在预计可能发生错误的语句之后，可以使用 Err 对象来监测是否发生了运行时错误。

```
#001  Sub ErrTrapDemo4()
#002      On Error Resume Next
#003      ChDrive "Z"
#004      If Err.Number = 68 Then
#005          MsgBox "程序发生错误：设备不可用，请通知技术支持人员 ", _
                 vbInformation, "错误提示 "
#006          Exit Sub
#007      ElseIf Err.Number <> 0 Then
#008          ' 其他错误
#009          Exit Sub
#010      Else
#011          ' 没有错误发生
#012      End If
#013  End Sub
```

❖ 代码解析

第 4 行代码使用 Err 对象的 Number 属性来判断是否发生错误，以及是哪一种错误。示例中 Err 对象的 Number 属性为 68，表示"设备不可用"错误。如果 Err 对象的 Number 属性为 0 或 Err 对象的 Description 属性为空，则表示没有发生错误。

使用 On Error Resume Next 语句时，在监测到错误发生后，应使用 Err.Clear 方法清除错误，以便在后续代码中能够再次使用 Err 对象的 Number 属性或 Description 属性监测其他错误。

在一个过程中可以使用多个 On Error 语句转换错误处理方法。

```
#001  Sub ErrTrapDemo5()
#002      On Error Resume Next
#003      ChDrive "Z"
#004      On Error GoTo ErrHandler
#005      i = 5 / 0
#006      Exit Sub
#007  ErrHandler:
#008      MsgBox "程序发生错误，请通知技术支持人员 " & vbCrLf & "错误编号 :" & _
              Err.Number & "," & Err.Description, vbInformation, "错误提示 "
#009      Err.Clear
#010  End Sub
```

❖ 代码解析

第 2 行代码使用 On Error Resume Next 语句忽略第 3 行代码产生的错误。

第 4 行代码设置 On Error GoTo ErrHandler 后，第 5 行代码产生的错误将导致程序跳转至第 7 行代码开始的错误处理代码。

代码过程运行结束后，系统错误处理机制将恢复到默认状态。如果用户希望禁止当前过程中任何已启动的错误处理程序，则可运行 On Error GoTo 0 语句。运行该语句后，捕捉到错误后仍然会弹出图 24.1 中的错误提示而不再跳转至错误处理例程。即使过程中有编号为 0 的代码行，也不会将该行指定为错误处理程序的入口。

On Error GoTo 0 语句在过程中的任何地方甚至错误处理例程中都可以使用。在使用 On Error Resume Next 语句的过程中，如果没有使用其他的 On Error 语句，程序过程将忽略所有的运行时错误，此时可以使用 On Error GoTo 0 语句禁止当前过程中任何已启动的错误处理程序，恢复系统默认的错误处理机制。

24.2　处理错误

当捕捉到运行时错误时，应根据实际情况采用恰当的方法进行处理，示例代码如下。

```
#001  Sub OverWriteFile(strFile As String, strContent As String)
#002      Dim intErr As Integer
#003      On Error GoTo ErrHandler
#004      ChDrive Left(strFile, 1)
#005      If Dir(strFile) <> "" Then
#006          Open strFile For Output As #1
```

```
#007          Print #1, strContent
#008          Close #1
#009      Else
#010          MsgBox strFile & "不存在", vbInformation, "提示"
#011      End If
#012  ErrExit:
#013      Exit Sub
#014  ErrHandler:
#015      If Err.Number = 68 Then
#016          If MsgBox("设备未准备好, YES- 重试, NO- 退出。", _
                    vbYesNo, "错误提示") = vbYes Then
#017              Resume
#018          End If
#019      ElseIf Err.Number = 52 Then
#020          MsgBox strFile & "非法文件名。", vbInformation, "提示"
#021      ElseIf Err.Number = 75 Then
#022          If MsgBox("文件不可写, 更改属性后按 YES 重试, 按 NO 退出。", _
                    vbYesNo, "错误提示") = vbYes Then
#023              Resume
#024          End If
#025          Close #1
#026      Else
#027          Close #1
#028          intErr = Err.Number
#029          Err.Clear
#030          Err.Raise Number:=intErr
#031      End If
#032      Resume ErrExit
#033  End Sub
#034  Sub DemoMain()
#035      Call OverWriteFile("D:\try.txt", "This is a demo")
#036  End Sub
```

❖ 代码解析

OverWriteFile 过程的两个参数分别为 strFile 和 strContent，参数 strFile 代表要写入的文件路径及名称，参数 strContent 代表要写入的内容。

第 5 行代码使用 Dir 函数判断文件是否存在。如果文件存在，则在第 6~8 行代码中使用 Open 语句、Print 语句和 Close 语句分别打开文件并写入内容，然后关闭文件。如果文件不存在，则第 10 行代码使用消息框给出提示。

从第 14 行代码开始的错误处理代码判断第 5 行代码中 Dir 函数可能出现的各种错误状态并分别加以处理。

要创建错误处理代码段，首先需要添加一个行标签表示错误处理例程的入口，此行标签应该是一个描述性的名称并以一个 "：" 结尾，如第 12 行代码的 ErrExit 和第 14 行代码的 ErrHandler。一般情况下建议将错误处理代码段放在代码过程的最后部分，在行标签之前需要使用 Exit Sub、Exit Function 或

Exit Property 等语句结束代码的运行，以避免没有错误发生时也运行错误处理代码段。

实际上，只有行标签 ErrHandler 后的代码是错误处理例程（第 15~32 行代码），行标签 ErrExit 后的第 13 行代码是公共过程出口。在一个过程中可以有多个有效的错误处理例程，但任何时候都只能存在一个活动的错误处理例程。

当发生运行时错误时，Err 对象的属性被系统更新，因此可以用来识别错误及处理该错误的信息。Err 对象的默认属性是 Number 属性。

在错误处理例程中，一般使用 Select Case 语句或 If…Then…Else 语句和 Err 对象结合针对各种不同的错误类型采取相应的措施。

第 15 行代码判断 Err 对象的 Number 属性值是否为 68，如果结果为 True，则说明驱动器设备不能使用。当产生此错误时，程序转至第 16 行代码显示图 24.3 所示的消息提示窗口，让用户选择下一步的操作。单击【否】按钮将运行第 32 行代码的 Resume ErrExit 语句，程序转至行标签 ErrExit 处退出程序；单击【是】按钮将运行第 17 行代码的 Resume 语句，程序将重新运行产生错误的第 3 行代码。

图 24.3 驱动器不可用时的错误提示

第 19 行代码判断 Err 对象的 Number 属性值是否为 52，如果结果为 True，说明是非法文件名，此错误一般是由第 6 行代码的 Open 语句在使用非法文件名时产生。对于此错误，仅使用消息框给出错误提示，未做其他处理。

第 21 行代码判断 Err 对象的 Number 属性值是否为 75，如果结果为 True，说明 Open 语句无法以 Output 方式打开文件，一般由第 6 行代码的 Open 语句在驱动器有写保护或指定文件不可写时产生。产生此错误时，将弹出如图 24.4 所示的消息窗口，让用户选择下一步的操作。单击【否】按钮将运行第 25 行代码关闭文件，然后运行第 32 行代码，程序转至行标签 ErrExit 处退出程序；单击【是】按钮将运行第 23 行代码的 Resume 语句，程序将重新运行产生错误的第 6 行代码。

图 24.4 有写保护时的错误提示

第 27~30 行代码处理其他的运行时错误，如磁盘空间已满等，代码中没有使用消息框提示。

第 28 行代码将错误编号赋值给变量 intErr。

第 29 行代码使用 Err 对象的 Clear 方法清除 Err 对象的所有属性。

第 30 行代码使用 Raise 方法重新产生运行时错误。此自定义错误将被传递给调用过程 OverWriteFile 的父过程 DemoMain。如果过程 DemoMain 中没有错误处理代码，将显示类似图 24.1 所示的错误提示对话框，单击【调试】按钮将打开 Visual Basic 编辑器，并在过程 OverWriteFile 中第 30 行代码的 Err.Raise 语句处进入中断模式。

Err 对象的 Raise 方法的语法格式如下。

`Err.Raise number,source,description,helpfile,helpcontext`

其中，参数 number 为错误编号，用来标识错误性质。其范围为 0~65535，其中 0~512 为系统错误保留范围，513~65535 属于用户自定义错误。在类模块中设置 Number 属性可以使用 vbObjectError 常量，当设置自定义错误编号时，将错误编号同 vbObjectError 常量相加。

source 参数用来命名产生错误的对象或应用程序的字符串表达式。设置该属性值需要使用 "project. class" 的表达方式，如果省略 source 参数，则使用当前 Visual Basic 工程的程序设计 ID。在 VBA 代码中如果省略参数 source，则默认使用 VBAProject。

参数 description 用来描述错误的字符串表达式。如果没有指定此参数，则检查 Number 属性值，并将错误映射到 Visual Basic 的运行时错误编号。如果没有对应的 Visual Basic 错误，则使用 "应用程序定义的错误或对象定义的错误" 作为错误描述字符串。

参数 number 是必需的，其他的参数都是可选的。如果使用 Raise 方法而不指定参数，而 Err 对象的属性设置仍未清除，则使用这些值作为 Err 对象的属性。

24.3　退出错误处理过程

Resume 语句用于退出错误处理程序恢复代码的正常运行。Resume 语句等同于 Resume 0，默认值 0 可以省略。Resume 语句使得程序从产生错误的语句处恢复运行，或者从最近一次调用保护错误处理过程的语句处重新运行。一般用在修正产生错误的触发环境条件后重新运行该语句。

Resume line 语句则在指定的行标签或行号处恢复运行，该行标签或行号必须和错误处理程序位于同一个过程中。

另一种退出错误处理程序的语句是 Resume Next，它将是程序从紧随产生错误语句的下一个可执行语句恢复运行。如果错误发生在被调用的过程中，则返回最后一次调用包含错误处理程序的过程代码，从紧随该语句的下一个可执行语句恢复运行。

> **注意** 在错误处理程序之外的任何地方使用 Resume 语句将产生错误。

Resume 语句从产生错误的语句恢复程序的运行，而 Resume Next 语句则是从紧随产生错误语句的下一个可执行语句恢复程序的运行。一般情况下，对于可以修正的错误触发环境可以使用 Resume 语句，如插入光驱、更改文件只读属性等。而对于不能修正的错误触发环境，则可使用 Resume Next 语句忽略该错误。

```
#001   Sub ResumeLineDemo()
#002       Dim sngNumer As Single
#003       Dim sngDenom As Single
#004       Dim sngResult As Single
#005   ErrRestart:
#006       On Error GoTo ErrHandler
#007       sngNumer = Val(InputBox("请输入被除数 ", " 提示 "))
#008       sngDenom = Val(InputBox("请输入除数 ", " 提示 "))
#009       sngResult = sngNumer / sngDenom
```

```
#010        MsgBox sngNumer & " / " & sngDenom & " = " & sngResult
#011        Exit Sub
#012    ErrHandler:
#013        If Err.Number = 11 Or Err.Number = 6 Then
#014            Resume ErrRestart
#015        Else
#016            MsgBox "其他错误 " & Err.Number & ":" & _
                    Err.Description, vbInformation
#017        End If
#018        Resume Next
#019    End Sub
```

❖ 代码解析

第 7 行和第 8 行代码两次显示输入框提示用户输入被除数和除数。

第 10 行代码使用 MsgBox 函数显示两个数相除的结果。

当被除数不为零而除数为零时，将产生"除数为零"的运行时错误，这时 Err 对象的 Number 属性值为 11。当除数和被除数同时为零时，将产生"溢出"的运行时错误，此时 Err 对象的 Number 属性值为 6。当上述任何一种错误发生时，第 14 行代码 Resume ErrRestart 语句将跳转到第 5 行代码重新提示用户输入除数和被除数。

> 在退出错误处理过程之前应当清除所有的正在使用的系统资源，如关闭打开的文件、断开已经建立的数据库连接等。

24.4　生成错误

VBA 开发人员在调试错误处理程序时，为了测试所有可能的错误，可以使用 Err 对象的 Raise 方法模拟生成运行时错误。

程序运行 Resume 语句时，将自动调用 Err 对象的 Clear 方法。如果需要将错误消息传递到调用该过程的父过程，则可以使用代码模拟错误，即重新生成一个运行时错误。示例代码如下。

```
#001  Sub ErrRaise2(blnTurnOn As Boolean)
#002      If blnTurnOn = True Then
#003          Err.Raise Number:=1001, Description:="Raise by ErrRaise2"
#004      End If
#005  End Sub
#006  Sub ErrRaise1(blnTurnOn1 As Boolean, blnTurnOn2 As Boolean)
#007      Call ErrRaise2(blnTurnOn2)
#008      If blnTurnOn1 = True Then
#009          Err.Raise Number:=1002, Description:="Raise by ErrRaise1"
#010      End If
#011  End Sub
#012  Sub ErrRaiseDemo()
```

```
#013        On Error GoTo ErrHandler
#014        Call ErrRaise1(True, True)
#015        Exit Sub
#016   ErrHandler:
#017        If Err.Number = 1002 Then
#018            MsgBox " 这是第一层调用里的错误 ", vbInformation, _
                    Err.Description
#019        ElseIf Err.Number = 1001 Then
#020            MsgBox " 这是第二层调用里的错误 ", vbInformation, _
                    Err.Description
#021        Else
#022            MsgBox Err.Description
#023        End If
#024        Resume Next
#025   End Sub
```

❖ 代码解析

ErrRaiseDemo 过程调用 ErrRaise1 过程，然后 ErrRaise1 过程调用 ErrRaise2 过程，ErrRaise2 过程和 ErrRaise1 过程中分别使用 Err 对象的 Raise 方法产生编号分别为 1001 和 1002 的运行时错误。在 ErrRaiseDemo 过程中对 Err 对象的 Number 属性值进行判断，可以确定错误是在 ErrRaise2 过程还是在 ErrRaise1 过程中发生的。

第 14 行代码调用 ErrRaise1 过程的参数为 "True，True"，第 7 行代码调用 ErrRaise2 过程的参数为 "True"，由于满足第 2 行代码判断条件，所以第 3 行的 Raise 方法将产生编号为 1001 的运行时错误。

ErrRaise2 过程中没有错误处理例程，在此过程中发生错误时，Visual Basic 将在调用堆栈列表中依次搜索。首先搜索调用过程 ErrRaise2 的父过程 ErrRaise1，该过程中也没有错误处理例程；然后继续搜索列表中调用过程 ErrRaise1 的父过程 ErrRaiseDemo；最后由 ErrRaiseDemo 过程的错误处理例程来处理 ErrRaise2 过程中产生的错误。如果 ErrRaiseDemo 过程也没有错误处理例程，将在 ErrRaise2 过程中的第 3 行代码进入中断模式。

第 17~23 行代码通过判断 Err 对象的 Number 值，可以确定运行时错误是由 ErrRaise2 过程产生的，第 18 行代码弹出提示消息框，如图 24.5 所示。

图 24.5　ErrRaise2 过程产生的错误

单击【确定】按钮关闭提示框，第 24 行代码 Resume Next 将跳转到第 15 行代码运行。

注意 ▬■▬■▬→　Resume 语句将在具有错误处理例程的过程中恢复运行，并不会跳转到产生错误的过程中恢复运行（即第 4 行代码），具体代码行位置取决于使用的是 Resume 语句还是 Resume Next 语句。

如果修改第 14 行代码中调用 ErrRaise1 过程时参数为"True，False"，第 7 行代码调用 ErrRaise2 过程的参数为 False，由于第 2 行代码判断条件不成立，所以第 3 行代码的 Raise 方法将被跳过，即 ErrRaise2 过程没有产生运行时错误。继续运行第 8~10 行代码将产生编号为 1002 的运行时错误。该错误将被回传到父过程（ErrRaiseDemo）而进入错误处理例程。第 17~23 行代码通过判断 Err 对象的 Number 值，可以确定运行时错误是由 ErrRaise1 过程产生的，其中，第 18 行代码弹出提示消息框，如图 24.6 所示。

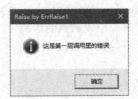

图 24.6　ErrRaise1 过程产生的错误

24.5　强制声明变量

在 VBA 中无须声明变量就可以在代码中直接使用，很多 VBA 初学者不愿意使用 Option Explicit 语句，这种方式将极大地增加出现错误代码的可能性，并且将导致代码调试难度加大，因此这不是一个良好的编程习惯。不经意的一个小小拼写错误可能导致完全错误的结果，然而要从代码中定位错误又将是一件费时费力的事情，尤其当代码的行数非常巨大时。

Option Explicit 语句要求在程序中强制显式声明模块中的所有变量，即先声明变量再使用变量。如果代码中使用了未声明的变量名，VBA 编译时将出现错误提示，如图 24.7 所示。

图 24.7　变量未定义

 注意　　Option Explicit 语句必须写在模块的所有过程之前。

按如下具体步骤操作启用"要求变量声明"。

步骤① 在 Visual Basic 编辑器中选择【工具】→【选项】选项，打开【选项】对话框。

步骤② 在【选项】对话框的【编辑器】选项卡中选中【要求变量声明】复选框，然后单击【确定】按钮关闭对话框，如图 24.8 所示。

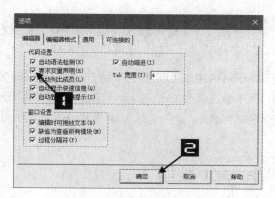

图 24.8 【选项】对话框

完成如上设置后，在 VBE 菜单中选择【插入】→【模块】（或【类模块】）选项时，在其【代码窗口】中，将会自动添加 Option Explicit 语句；与此类似，在工作表和 ThisWorkbook 对象的【代码窗口】中也会自动添加 Option Explicit 语句，如图 24.9 所示。

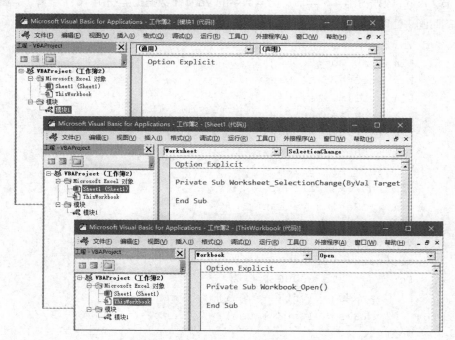

图 24.9 自动添加 Option Explicit 语句

第 25 章　代码优化与高效编程

俗话说"条条大路通罗马"。在 VBA 中也可以通过不同的方法完成同样的任务。对于编程初学者来说，往往只要达到目标就可以了，而不会过多考虑代码的运行速度、资源消耗和编码效率的问题。不过，随着编程水平的提高及项目复杂程度的增大，用户会越来越体会到代码优化和编码效率的重要性。

25.1　避免使用 Variant 类型

很多 VBA 初学者都喜欢使用 Variant 类型变量，其好处是比较省事，因为任何类型的数据和对象都可以保存在此类型的变量中，无须考虑因数据太大超出 Integer 或 Long 数据类型的范围而出现内存溢出的问题。然而，Variant 类型数据比其他指定类型的数据消耗更多的额外内存空间（例如，Integer 数据占用 2 个字节，Long 数据占用 4 个字节，而全数字的 Variant 数据仍需占用 16 个字节），相应的 VBA 也需要更多的时间来处理 Variant 类型的数据。示例代码如下。

```
#001    Sub VariantDemo()
#002        Dim i As Long
#003        Dim dteStart As Date
#004        Dim strTime As String
#005        Dim intX As Integer
#006        Dim intY As Integer
#007        Dim intRes As Integer
#008        Dim vntX As Variant
#009        Dim vntY As Variant
#010        Dim vntRes As Variant
#011        vntX = 50
#012        vntY = 25
#013        dteStart = Timer
#014        For i = 1 To 8000000
#015            vntRes = (vntX + vntY) * (vntX - vntY)
#016            vntRes = (vntX + vntY) / (vntX - vntY)
#017        Next i
#018        strTime = Format((Timer - dteStart), "0.00000")
#019        Debug.Print "Variant: " & strTime & "秒"
#020        intX = 50
#021        intY = 25
#022        dteStart = Timer
#023        For i = 1 To 8000000
#024            intRes = (intX + intY) * (intX - intY)
#025            intRes = (intX + intY) / (intX - intY)
#026        Next i
#027        strTime = Format((Timer - dteStart), "0.00000")
#028        Debug.Print "Integer: " & strTime & "秒"
```

```
#029  End Sub
```

❖ 代码解析

第 14~17 行代码完成 800 万次的 Variant 变量加减乘除运算。

第 23~26 行代码完成 800 万次的 Integer 变量加减乘除运算。

在笔者的计算机上 Variant 变量的运算花费时间约为 1.43 秒，而 Integer 变量的运算时间约为 0.38 秒。不同配置的计算机运行的结果可能不一样，但是不难看出使用 Integer 变量的运算速度明显比使用 Variant 变量的运算速度快很多。代码过程中计算量越大，两种方式的耗时差距也越大。因此，在代码中应尽量避免使用 Variant 变量，除非必须使用 Variant 变量的应用场景。

25.2　减少引用符号的数量

在调用某个对象的方法或属性时需要通过 OLE 组件的 IDispatch 接口，而这些 OLE 组件的调用则需要消耗或多或少的时间。因此，减少对 OLE 组件的引用次数可以提高代码的运行速度。

在 VBA 代码中对于对象属性或方法的调用，采用 Object.[Property | Method] 的表示方法，即使用"."符号（半角字符句号，下文简称为引用符号）来调用属性和方法。因此，可以根据引用符号的数量来粗略判断属性或方法的调用次数，引用符号越少代码运行效率也就越高。

如下代码包括 3 个引用符号。

```
ThisWorkbook.Sheet1.Range("A1").Value = 0.5
```

下面介绍一些技巧来减少引用符号的数量以获得更高的代码运行效率。

第一，如果需要多次重复引用同一对象，那么可以将该对象设置为对象变量，从而减少调用的次数。如下代码中每一句都需要两次调用。

```
#001  ThisWorkbook.Sheets("Data").Cells(1, 1) = 100
#002  ThisWorkbook.Sheets("Data").Cells(2, 1) = 200
#003  ThisWorkbook.Sheets("Data").Cells(3, 1) = 300
```

由于需要重复引用 Sheets("Data") 对象，所以可以先将此对象的引用赋值给对象变量 wksData，这样每句代码只需一次调用即可。

```
#001  Set wksData = ThisWorkbook.Sheets("Data")
#002  wksData.Cells(1, 1) = 100
#003  wksData.Cells(2, 1) = 200
#004  wksData.Cells(3, 1) = 300
```

第二，如果代码中有大量的循环，那么应尽可能地使对象的引用处于循环结构之外。对于在循环中重复使用的同一对象的属性值，可以在循环结构之外将该属性值赋给变量，然后在循环中直接使用此变量，这样可以获得更快的运行速度。

```
#001  For i = 1 To 5000
#002      ThisWorkbook.Sheets("Data").Cells(i, 1) = Cells(1, 2).Value
#003      ThisWorkbook.Sheets("Data").Cells(i, 2) = Cells(1, 2).Value
#004      ThisWorkbook.Sheets("Data").Cells(i, 3) = Cells(1, 2).Value
#005  Next i
```

代码中的每一次循环都需要 3 次读取单元格 Cells（1，2）的 Value 属性值，如果在循环结构之前将该属性值赋给一个变量，那么将提升代码的运行效率。

```
#001   intKey = Cells(1, 2).Value
#002   For i = 1 To 5000
#003       ThisWorkbook.Sheets("Data").Cells(i, 1) = intKey
#004       ThisWorkbook.Sheets("Data").Cells(i, 2) = intKey
#005       ThisWorkbook.Sheets("Data").Cells(i, 3) = intKey
#006   Next i
```

上述代码中每一次循环仍需要多次调用 ThisWorkbook.Sheets("Data") 对象。引用另一对象变量代表此工作表对象，并且移到循环结构之外，从而获得更快的运行速度。

```
#001   intKey = Cells(1, 2).Value
#002   Set wksData = ThisWorkbook.Sheets("Data")
#003   For i = 1 To 5000
#004       wksData.Cells(i, 1) = intKey
#005       wksData.Cells(i, 2) = intKey
#006       wksData.Cells(i, 3) = intKey
#007   Next i
```

25.3　用数组代替引用 Range 对象

如果在代码中仅仅需要处理 Range 对象的数据，而无须涉及单元格的其他属性和方法，那么推荐使用数组变量，因为数组变量的运算速度远远快于 Range 对象的运算速度（后者受限于 Range 对象的读写）。

如下代码将单元格区域 A1：E400 的值一次性加载到二维数组（400 行 5 列）。该数组的下标下界是 1，并且不受 Option Base 语句的影响。此处变量 avntData 必须被声明为 Variant 类型。

```
Dim avntData As Variant
avntData = Range("A1:E400").Value
```

数据处理完成后，可以将数据一次性回写到工作表单元格区域中，示例代码如下。

```
Range("A1:E400").Value = avntData
```

关于数组用法的详细讲解请参阅第 22 章。

25.4　让代码"专注"运行

默认情况下，当程序代码改变工作表中的显示内容或格式（如改变单元格内容或单元格底色）时，Excel 将随时刷新屏幕，以确保用户看到的是最新结果，显而易见这将消耗系统资源。如果发生变化的单元格范围较大或对象较多，屏幕刷新将严重影响代码的运行速度。

此时关闭屏幕刷新，代码运行速度将会获得很大的提升。示例代码如下。

```
#001   Sub ScreenUpdatingDemo()
#002       Dim i As Long
#003       Dim dteStart As Date
#004       Dim strTime As String
#005       Application.ScreenUpdating = False
#006       dteStart = Timer
#007       For i = 1 To 10000
#008           Cells(3, 1) = Now
#009           Cells(3, 1).Interior.Color = vbGreen
#010       Next i
#011       strTime = Format((Timer - dteStart), "0.00000")
#012       Debug.Print "禁用屏幕更新: " & strTime & "秒"
#013       Application.ScreenUpdating = True
#014       dteStart = Timer
#015       For i = 1 To 10000
#016           Cells(3, 1) = Now
#017           Cells(3, 1).Interior.Color = vbGreen
#018       Next i
#019       strTime = Format((Timer - dteStart), "0.00000")
#020       Debug.Print "启用屏幕更新: " & strTime & "秒"
#021   End Sub
```

❖ 代码解析

第 5 行代码关闭屏幕刷新。在程序代码过程结束之前，应恢复 ScreenUpdating 属性的值为 True。

第 7~10 行代码和第 15~18 行代码分别使用 For 循环结构执行相同的操作，二者的区别在于第 1 个循环运行时已禁用屏幕刷新，而第 2 个循环运行时未禁用屏幕刷新。在笔者的计算机上运行示例代码时，第 1 个循环用时约为 0.78 秒，而第 2 个循环用时约为 4.74 秒，二者的差别是显而易见的。

25.5　快速输入代码

"工欲善其事，必先利其器"。在编写 VBA 代码时，开发人员应该充分利用 VBE 的相关设置和工具，并了解相关使用技巧，这将有助于快速准确地输入与调试代码。

25.5.1　编辑器设置

在 VBE 中选择【工具】→【选项】选项，在弹出的【选项】对话框中，保持默认选中的【编辑器】选项卡，该选项卡中包含与代码输入相关的设置。建议取消选中【自动语法检测】复选框，如图 25.1 所示。

如果选中【自动语法检测】复选框，在【代码窗口】中按 <Enter> 键完成一行代码的输入时，只要存在语法错误，VBE 都将弹出"编译错误"提示消息框，如图 25.2 所示。

25章

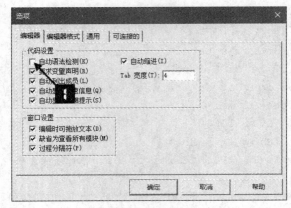

图 25.1　【选项】对话框

图 25.2　自动语法检测"编译错误"提示消息框

　　此时只有单击【确定】按钮关闭消息框，才能修改代码或继续输入代码。如果在【编辑器】选项卡中取消选中【自动语法检测】复选框，则不会弹出此消息框，但存在编译错误的代码行仍会被标记颜色以提醒开发者。

　　除了上述设置外，建议在【编辑器】选项卡中选中【自动列出成员】【自动显示快速信息】及【自动显示数据提示】复选框，如图 25.3 所示。这样在输入 VBA 代码时可以提供辅助输入提示或必要的参考信息，从而有助于代码的输入。

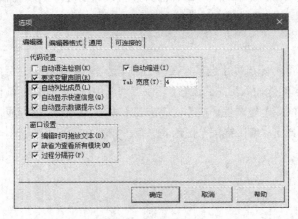

图 25.3　编辑器设置

选中【自动列出成员】复选框后，在输入代码时将显示对象的成员列表，包括该对象的属性、方法和事件，选择需要的成员后按 <Space> 键即可完成自动输入。

选中【自动显示快速信息】复选框后，在输入函数、属性和方法时将显示相关的参数变量信息。

选中【自动显示数据提示】复选框后，在代码处于调试状态时，鼠标指针悬停于变量名称上方将显示此时变量的值。

25.5.2　使用"编辑"工具栏

在 VBE 菜单中选择【视图】→【工具栏】→【编辑】选项，将显示【编辑】工具栏，合理使用此工具栏上的按钮有助于快速地输入代码，如图 25.4 所示。

图 25.4　【编辑】工具栏

【编辑】工具栏中的按钮名称如表 25.1 所示。

表 25.1　【编辑】工具栏按钮名称

按钮图标	按钮名称	按钮图标	按钮名称
	属性 / 方法列表		切换断点
	常数列表		设置注释块
	快速信息		解除注释块
	参数信息		切换书签
	自动完成关键字		下一个书签
	缩进		上一个书签
	凸出		清除所有书签

在【代码窗口】中，输入对象名称和引用符号（半角句号）之后，将弹出与该对象相关的属性和方法列表，按 <Esc> 键将关闭列表，此时单击【编辑】工具栏上的【属性 / 方法列表】按钮，将再次显示属性和方法列表。与此类似，单击【编辑】工具栏上的【参数信息】按钮，可以再次显示参数信息。

在使用常量的语句中（如 Range("A1").End( )，插入点位于最后一对括号之间）单击【常数列表】按钮，将弹出相关的常数（常量）列表。

在【代码窗口】中选中函数、方法、过程名称或常数后，单击【编辑】工具栏上的【快速信息】按钮，将显示所选项目的语法格式或常量值。

在【代码窗口】中输入 VBA 关键字的前几个字母后，按下 <Ctrl+Space> 组合键，或者单击【编辑】工具栏上的【自动完成关键字】按钮，将自动输入该关键字的全部字符；如果有多个关键字都可以匹配已输入的字符，那么将弹出关键字列表供选择输入。

　　　在中文操作系统中，由于<Ctrl+Space>组合键经常作为切换中英文输入法的快捷键，所以无法使用此快捷键自动完成关键字。

25.5.3　导入代码

对于可以复用的通用 VBA 代码模块，可以保存在计算机中作为代码库，需要时可以随时将这些代码导入新的工程中修改使用，而不必重新输入全部代码。

按照如下具体步骤操作可以将代码文件导入工作簿文件中。

步骤① 按 <Alt+F11> 组合键打开 VBE 窗口。

步骤② 在【工程资源管理器】对话框中的任意位置右击，在弹出的快捷菜单中选择【导入文件】命令。

步骤③ 在弹出的【导入文件】对话框中，选中被导入的文件，单击【打开】按钮完成代码导入，如图 25.5 所示。

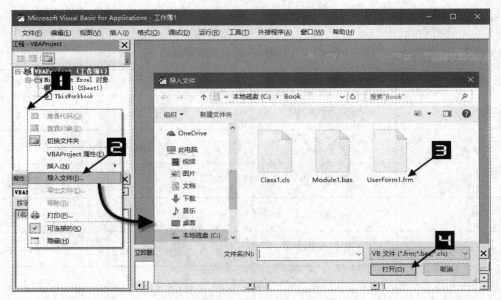

图 25.5　导入代码

导入文件的类型包括"*.frm"（窗体文件）、"*.bas"（模块文件）和"*.cls"（类文件）。

对于普通的模块和类模块，复制代码其实也很方便；但是对于用户窗体来说，"导入代码"功能并非仅仅导入用户窗体的代码，而是将整个用户窗体的设计和代码全部导入目标工作簿文件中。

25.5.4　录制宏快速获取代码

如果需要使用代码实现 Excel 的内置功能，那么可以先使用宏录制器将 Excel 中的操作记录为相应的代码。特别是需要输入大量代码时，宏录制器能够帮助快速地生成代码。当然对于这些代码，往往需要进行必要的修改才能满足开发需求。关于录制宏的详细讲解请参阅 1.7 节。

25.5.5　代码缩进

代码缩进是指在每一行的代码左端保留一定数量的空格，使得从外观上更加容易地识别出程序的逻辑结构，如图 25.6 所示。

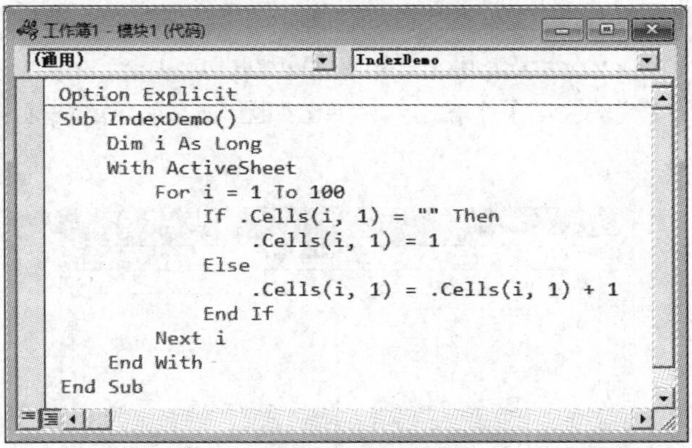

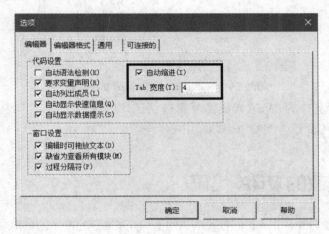

图 25.6 应用缩进格式的代码过程

在【编辑器】选项卡中，选中【自动缩进】复选框，并设置【Tab 宽度】，如图 25.7 所示。VBE
的默认设置中 Tab 相当于 4 个空格字符。

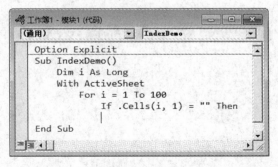

图 25.7 启用自动缩进

启用自动缩进后，在【代码窗口】中编辑代码时，按 <Enter> 键完成一行代码的输入后，编辑器中
新代码行的光标位置将与上一行代码缩进位置保持一致，如图 25.8 所示。此时按 <Tab> 键可以增加缩
进；与之相反，按 <Shift+Tab> 组合键可以减少缩进。

图 25.8 自动缩进

在【代码窗口】中录入代码时应用缩进格式是一个良好的编程习惯，不过即使是经验丰富的开发人
员也不可避免地需要在调试过程中编辑代码。如果删除了部分代码，那么代码过程的缩进格式可能就需

要重新调整。如果代码量比较大，手工处理代码缩进将会花费较多时间。推荐大家使用免费工具 Smart Indenter（下载地址 http://www.oaltd.co.uk/Indenter/Default.htm）。

软件安装完成后，在【代码窗口】中右击，将弹出如图 25.9 所示的快捷菜单，选择相关的命令即可完成代码缩进格式调整。

图 25.9　快捷菜单中的 Smart Indenter

Excel Home 最新发布的"VBA 代码宝"也提供了代码缩进工具（下载地址 http://vbahelper. excelhome.net/），详细介绍请参阅前面彩插页内容。

25.6　编写高效的 VBA 代码

对于 VBA 代码开发者来说，无论是经验丰富的资深开发者还是初学的新用户，大家都希望能够编写出高效的代码。本节从多个角度简要地说明如何编写高效的 VBA 代码。

25.6.1　强制要求变量声明

在 VBE 的【选项】对话框中选中【要求变量声明】复选框，以强制要求声明所有变量，如图 25.10 所示。

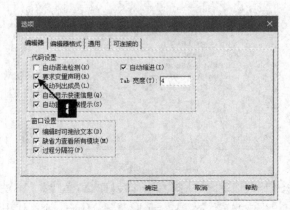

图 25.10　启用【要求变量声明】

强制要求变量声明有如下 3 个好处。

（1）对于变量名拼写错误，代码编译时将给出如图 25.11 所示的编译错误提示。如果未设置强制要求变量声明，VBA 会将错误的拼写视作一个新的 Variant 类型变量，并赋值为 0 或空（字符）。

图 25.11　编译错误提示

（2）编译器不必每次编译时都对变量进行检查，这将提高程序的执行速度。

（3）输入代码时，对象变量将自动列出可用的属性和方法列表，以防止由于拼写错误而导致的无效方法或属性。

在声明变量时，应该明确变量的作用域，避免变量混淆。在使用变量时，应该遵守变量的语法规则。例如，使用 Set 关键字为对象变量赋值，使用 New 关键字实例化对象变量。在对象变量使用完成后应及时释放变量。

25.6.2　变量与常量命名

变量名不能使用 VBA 中的保留关键字（如 Sub、Case 等）作为变量名，但可以把保留字嵌入变量名中（如 strSubName）。为变量起一个合适的名称并遵循一定的命名规范，将有助于理解变量的作用，也便于日后的代码维护与升级。

建议变量命名采用如下格式。

< 范围前缀 >< 数组前缀 >< 数据类型前缀 >< 描述名称 >

变量命名规则由以下 4 个部分组成。

➲ I　范围前缀

指示变量的作用域，一般分为下列 3 种情况。

（1）对于 Public 类型的变量，使用"g"作为前缀。

（2）对于模块级变量，使用"m"作为前缀。

（3）对于过程（Sub 或 Function）内的局部变量，则不使用范围前缀。

➲ II　数组前缀

对于数组变量，在数据类型前缀之前增加"a"表示该变量为数组。

➲ III　数据类型前缀

常用数据类型前缀如表 25.2 所示，读者也可以根据需要自行定义更多的数据类型前缀。

表 25.2　常用数据类型前缀

前缀	数据类型	前缀	数据类型	前缀	数据类型
bln	Boolean	cm	ADODB.Command	cmb	MSForms.ComboBox
byt	Byte	cn	ADODB.Connection	chk	MSForms.CheckBox
cur	Currency	rs	ADODB.Recordset	cmd	MSForms.CommandButton
dte	Date	dic	Scripting.Dictionary	fra	MSForms.Frame
dec	Decimal	cht	Excel.Chart	lbl	MSForms.Label
dbl	Double	rng	Excel.Range	lst	MSForms.ListBox
sng	Single	ser	Excel.Series	mpg	MSForms.MultiPage
int	Integer	wkb	Excel.Workbook	opt	MSForms.OptionButton
lng	Long	wks	Excel.Worksheet	spn	MSForms.SpinButton
obj	Object	cbr	Office.CommandBar	txt	MSForms.TextBox
str	String	ctl	Office.CommandBarControl	ref	RefEdit Control
udt	User-defined type	cls	Class（自定义类）	frm	UserFrom（用户窗体）
vnt	Variant	col	VBA.Collection	a	Array（数组）

➲ IV　描述名称

变量的描述部分应使用单个或多个英文单词组成的字符串，并且每个单词都应采用首字母大写的形式，如"strUserName""intEmployeeAge"。除了 i、j、k 可以作为循环变量使用外，代码中应尽量避免使用这种无意义的短变量名称，但也不要使用太长的不易记忆的变量名称。

例如，全局公用字符串数组变量声明代码如下。

```
Public gastrProductName(1 To 10) As String
```

常量应使用全部大写的形式与变量相区别，单词之间可以使用连字符，这样更便于阅读。示例代码如下。

```
Const STR_CLUB_NAME As String = "Excel Home"
```

25.6.3　声明函数返回值类型

在声明自定义函数时，建议用 As 关键字声明函数返回值的数据类型，并且函数名称应使用数据类型前缀。如下代码声明返回值为 Boolean 类型的自定义函数。

```
Function blnSheetExist( … ) As Boolean
```

25.6.4　合理使用循环

在使用循环结构时，无论是否满足预设的循环结束条件，只要达到了目的就应及时使用 Break 语句跳过后续循环，以减少不必要的循环次数，提高运行效率。

25.6.5　使用名称

在代码中对单元格区域引用时，最好对该单元格区域指定名称。定义名称后，无论该单元格区域是否添加（或删除）行 / 列，都能保证该引用是正确的单元格区域，并且还能使用对象的一些通用属性。

25.6.6　限制 GoTo 语句的使用

在 VBA 中已经提供了多种分支结构语句以实现控制程序流程的功能，而使用 GoTo 语句违背了结构化程序设计的基本原则，使得程序代码更难阅读，也更容易出错。因此，建议大家尽量不要使用 GoTo 语句，除非该语句能够真正有效地简化代码，或者非得使用该语句不可。

25.6.7　尽量避免省略

在 VBA 中大部分对象都有一个默认的属性，如 Range 对象的默认属性是 Value 属性。在书写代码时可以省略 ".Value"，其运行结果不变。但是建议在编写代码时，即使是默认的属性也应写全，以便于后期的维护和升级，从而养成良好的程序设计习惯。

在调用其他过程时应使用 Call 关键字。虽然 Call 关键字可以省略，但是使用 Call 关键字能够清楚地表明该程序正在调用另一个过程。

25.6.8　模块或窗体功能单一化

代码越简单，就越容易维护和修改，并且较小的程序代码段也更容易理解和调试。如果过程的代码很长，那么既不便于阅读，也难于维护。

运用模块化的方法，将代码中具有独立功能的过程分离出来，形成几个具有单一功能的过程，然后在主过程中调用这些过程；同时将实现不相关功能的代码放置在不同的模块中，而在一个模块中仅包含所有相关过程的代码。这样的代码结果则更容易维护，也更容易阅读理解，在以后的开发工作中还可以重复利用。

同样，应规划一个用户窗体只实现一项（或一类）功能，尽量保持用户窗体简洁易用，并且用户窗体代码应该只包含操作用户窗体控件的过程，而没有涉及用户窗体操作及其中任何控件的过程代码则应该放置在标准代码模块中。

25.6.9　使用错误处理技术，让代码更健壮

健全的应用程序必须能够对可能发生的错误进行相应处理。通常运行程序时发生的错误将会导致 VBA 停止运行，用户将会看到系统给出的提示对话框（显示错误编号和错误说明），这些提示消息往往不够友好，而且普通用户很难理解其具体含义，所以优秀的应用程序必须集成必要的错误处理代码。

25.6.10　善于使用代码注释

在编写代码的同时添加必要的注释，简要地说明每个过程的目的、关键语句实现的操作或描述变量含义等，可以使代码更容易阅读和维护，如图 25.12 所示。

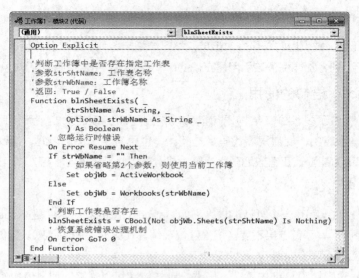

图 25.12　代码注释

单击 VBE 中【编辑】工具栏的【设置注释块/解除注释块】按钮，可以将代码段暂时设置成注释块，以便于调试代码。

附录　高效办公必备工具——Excel 易用宝

尽管 Excel 的功能无比强大，但是在很多常见的数据处理和分析工作中，需要灵活地组合使用包含函数、VBA 等高级功能才能完成任务，这对于很多人而言是个艰难的学习和使用过程。

因此，Excel Home 为广大 Excel 用户量身定做了一款 Excel 功能扩展工具软件，中文名为 "Excel 易用宝"，以提升 Excel 的操作效率。针对 Excel 用户在数据处理与分析过程中的多项常用需求，Excel 易用宝集成了数十个功能模块，从而让烦琐或难以实现的操作变得简单可行，甚至能够一键完成。

Excel 易用宝永久免费，适用于 Windows 各平台。经典版（V1.1）支持 32 位的 Excel 2003/2007/2010，最新版（V2018）支持 32 位及 64 位的 Excel 2007/2010/2013/2016 和 Office 365。

经过简单的安装操作后，Excel 易用宝会显示在 Excel 功能区独立的选项卡上，如附图 1 所示。

附图 1　【易用宝】选项卡

例如，在浏览超出屏幕范围的大数据表时，如何准确无误地查看对应的行表头和列表头，一直是许多 Excel 用户烦恼的事情。这时只要单击 Excel 易用宝【聚光灯】按钮，就可以用自己喜欢的颜色高亮显示选中单元格 / 区域所在的行和列，效果如附图 2 所示。

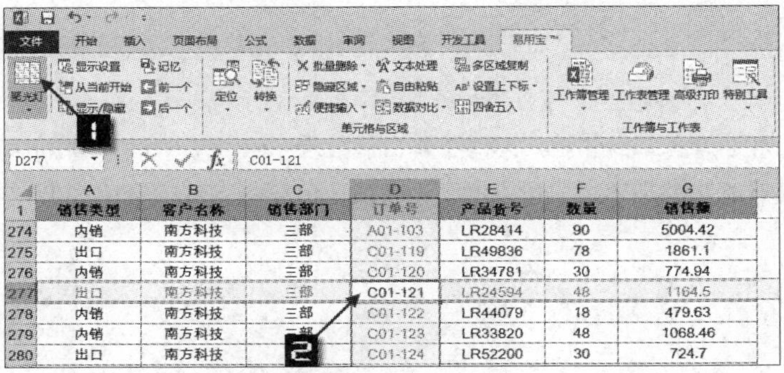

附图 2　【聚光灯】按钮

又如，工作表合并也是日常工作中常用的操作，但如果自己不懂编程，这就是一项"不可能完成"的任务。Excel 易学宝可以让这项工作变得轻而易举，它能批量合并某个文件夹中任意多个文件中的数据，如附图 3 所示。

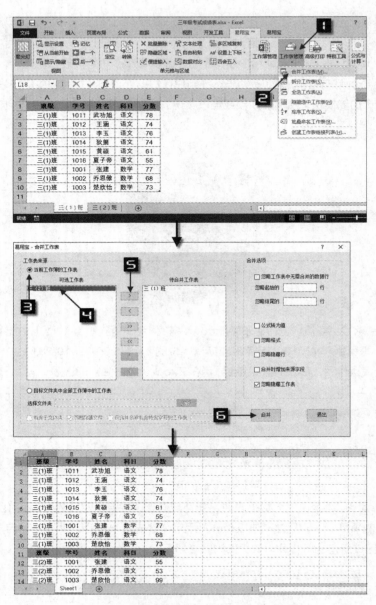

附图 3　工作表合并

更多实用功能，欢迎读者亲身体验。详情了解，请登录：http://yyb.excelhome.net/。

如果读者有非常好的功能需求，也可以通过软件内置的联系方式提交给我们，可能很快就能在新版本中看到了！